"十二五"职业教育国家规划教材修订版

高等职业教育新形态一体化教材

Principles of Chemical Engineering

# 化工原理

## （第三版）


主　编　蒋丽芬
副主编　林木森
　　　　石荣荣

HUAGONG YUANLI


高等教育出版社·北京

内容提要

本书是“十二五”职业教育国家规划教材修订版、高等职业教育新形态一体化教材，是根据高职高专教育对化工技术类专业学生的要求，以培养在扎实理论支撑下的化工单元操作岗位的实际应用能力为目标对相关内容进行精选汇编而成的。全书共有十章，包括流体流动、流体输送机械、非均相物系的分离、传热、蒸发、气体吸收、液体的蒸馏、液液萃取、固体干燥和现代分离技术。每章均编有适量的例题、习题和复习与思考题，各主要章节还安排了一些实际案例分析，目的是培养学生发现问题、分析问题和解决问题的能力。

本书配有一体化的教学资源，包括微视频、动画等，可通过扫描二维码在线学习，在提升学习兴趣的同时，也为学习者提供更多自主学习的空间。此外，本书还配套有数字课程，可登录爱课程网站(www. icourses. cn)，在“化工单元操作”课程页面在线观看、学习。

本书可作为高职高专化工技术类及其相关专业相应课程的教材或教学参考书，也可供化工企业一般工程技术人员及化工操作人员参考。

**图书在版编目(CIP)数据**

化工原理/蒋丽芬主编.--3版.--北京:高等教育出版社,2021.8

ISBN 978-7-04-055571-4

Ⅰ.①化… Ⅱ.①蒋… Ⅲ.①化工原理-高等职业教育-教材 Ⅳ.①TQ02

中国版本图书馆CIP数据核字(2021)第023940号

| | | | | | | | |
|---|---|---|---|---|---|---|---|
| 策划编辑 | 董淑静 | 责任编辑 | 董淑静 | 封面设计 | 姜　磊 | 版式设计 | 童　丹 |
| 插图绘制 | 邓　超 | 责任校对 | 刘丽娴 | 责任印制 | 耿　轩 | | |

| | | | |
|---|---|---|---|
| 出版发行 | 高等教育出版社 | 网　　址 | http://www.hep.edu.cn |
| 社　　址 | 北京市西城区德外大街4号 | | http://www.hep.com.cn |
| 邮政编码 | 100120 | 网上订购 | http://www.hepmall.com.cn |
| 印　　刷 | 河北信瑞彩印刷有限公司 | | http://www.hepmall.com |
| 开　　本 | 787mm×1092mm　1/16 | | http://www.hepmall.cn |
| 印　　张 | 31.5 | 版　　次 | 2007年11月第1版 |
| 字　　数 | 740千字 | | 2021年8月第3版 |
| 购书热线 | 010-58581118 | 印　　次 | 2021年8月第1次印刷 |
| 咨询电话 | 400-810-0598 | 定　　价 | 69.90元 |


物 料 号　55571-00

# 第三版前言

本书自2014年再版以来，得到许多读者的支持，并提出一些宝贵的意见和建议。本次修订，编者综合读者、同行和企业技术人员的建议，严格按照教育部颁布的化工类各专业教学标准中关于化工原理（化工单元操作）课程要求，既保证相关理论知识的完整性，更加重视相关内容在实际生产中的应用，注重培养和启发学生发现问题、分析问题和解决问题的方法和能力。

在第二版教材的基础上，本次修订主要有以下几方面的变化：

兼顾各类别、各层次生源的不同需求，适当增加拓展理论深广度和与行业最新技术相衔接的内容，将企业技术发展的成果及时纳入教材之中，使教材的深广度和难易程度有更大的兼容性和适应性，满足高职生源类别和层次的变化，以及社会学习者个性化的学习要求，适应中职与高职、高职与本科衔接的要求。

结合化工从业人员对规范操作等职业素质要求，教材修订中对各主要章节的工业案例和相关内容进行了优化，有效融入安全生产、团队协作、爱岗敬业等职业素养内容，在方便师生案例式教学或学习的同时，通过具体任务的设计与实施，融理论知识、实践操作及素质培养于一体，促进学生专业技能和职业素养同步提升。

为适应当前高职教育教学改革和学生学习方式变化的要求，每个章节增加了丰富的二维码学习资源，并在教材中链接了配套的在线开放课程。学习者可以通过扫码获得丰富优质的数字化学习资源，实现纸质教材与优质课程资源的便捷配套使用，方便学生自主学习，满足不同地区、不同条件的各类学习者泛在化的学习需要。

根据需要，调整了部分章节内容，筛选优化了各章节后部分思考题和习题，使之更具有典型性，达到对教材主要知识点、技能点的有效覆盖，方便学生对教材相关内容有针对性地阅读和练习。

本书由南京科技职业学院蒋丽芬老师担任主编并进行统稿，感谢南京科技职业学院石荣荣、林木森两位老师为本教材修订所做的大量工作，感谢南京科技职业学院化工原理教研室同事们在修订过程中给予的帮助，感谢中石化南京工程有限公司的郑代颖和中国石化集团南京化学工业有限公司的畦二明在修订过程中给予的帮助。

主　编

2020年11月

# 第二版前言

本书自2007年出版以来，得到许多读者的支持，并提出一些宝贵的意见和建议。本次修订，综合读者和同行的建议，根据高等职业教育对化工技术类专业技术技能型人才的培养要求，在保证学生掌握扎实的理论所必需的相关内容的同时，更加重视相关内容在实际生产中的应用，注重培养和启发学生发现问题、分析问题和解决问题的能力。在第一版的基础上，教材主要有以下几方面变化：

1. 纠正了原来正文、附图和附录中的文字和符号错误，根据需要，调整了部分章节内容；

2. 在各主要章节后面都在原来基础上增加了案例的数量和类别，以方便师生案例式教学或学习的需要，提高学生对相关知识的实际应用能力；

3. 为提高学习效果，每个章节都增加资源链接，保证不同地区、不同条件的学习者都能享受到尽可能多的学习资源；

4. 修改了部分思考题和习题，使之更符合生产实际。

本书由南京化工职业技术学院蒋丽芬主编，南京化工职业技术学院林木森、石荣荣担任副主编。感谢南京化工职业技术学院王纬武、季锦林、汤立新老师和泰州职业技术学院李融、王立中老师在修订过程中提出的宝贵意见，感谢南京化工职业技术学院化工原理教研室同事们在修订过程中给予的帮助。

编　者

2014年1月

# 第一版前言

本书是根据最新高等职业教育化工技术类专业人才培养目标而编写的。本书根据高等职业教育的特点，以“必需、够用”为度对内容进行精简、提炼，适用于化工技术类专业和化工机械、化工仪表、化工分析、环境保护、化工管理、轻工、制药及其相近专业的相应课程。

为适应高等职业教育应用性、技能型的特点，本书内容避开烦琐的公式推导，增加实用的案例分析，尽量简化但保留够用的成熟基础理论，努力反映学科的现代特点，强调实际应用技能和分析能力的培养。在文字上力求简练，通俗易懂，尽量符合化工专业技术人员的特点和需要。全书侧重于基础知识、基本理论在实际应用中的分析讨论，注意培养和启发学生解决问题的思路、方法及能力。

全书共分十章，参考教学时数约为 130 学时，其中，第一、二、三章介绍动量传递过程，第四、五章介绍热量传递过程，第六、七、八、十章介绍物质传递过程，第九章固体干燥则属于热、质同时传递过程。

本书由南京化工职业技术学院蒋丽芬主编、统稿并编写了第三、六、十章，参加编写的人员有：南京化工职业技术学院王纬武（第一、七章）、季锦林（第二章）、汤立新（第四、五章），泰州职工技术学院李融（第九章）和王立中（第八章）。

本书承蒙南京化工职业技术学院许宁教授和常州工程职业技术学院张裕萍副教授审定，提出了一些宝贵的意见和建议；在编写过程中，得到了编者所在学校相关领导和教师的关心和大力支持，在此一并表示衷心的感谢。

由于编者水平有限，书中难免有欠妥和错误之处，希望专家、读者予以批评指正。

编　者

2007 年 6 月

# 动画和视频资源总览

高压聚乙烯生产的主要步骤
苯乙烯气相烷基化流程图
U 形管压差计
液封装置演示
测速管
截止阀
固定球阀和液控水电球阀
隔膜阀
安全阀
雷诺实验装置
湍流流动形态
文丘里流量计流动形态
转子流量计
叶轮
离心泵工作原理
汽蚀
多级往复泵的工作原理
齿轮泵
罗茨鼓风机
水环真空泵
颗粒沉降形式
颗粒颗粒在降尘室中的运动情况
旋风分离器工作原理
滤饼过滤
板框压滤机的过滤和洗涤
叶滤机
大容积沸腾曲线
圆管外膜状冷凝
逆流传热的温度变化曲线
蛇管换热器
套管换热器
单管程换热器管壳程流体流动
合成氨生产流程
表压与真空度
压差法测量液位
定态流动与非定态流动
闸阀
旋塞阀
三通球阀
止回阀
雷诺实验
层流流动的流速分布
文丘里流量计
孔板流量计
离心泵输送示意图
多级离心泵
离心泵开车步骤
往复泵工作原理
双动往复泵
罗茨泵
往复式空气压缩机
喷射泵工作原理
降尘气道
连续沉降槽
扩散式旋风分离器
深层过滤
滤板和滤框
单层平壁定态热传导
蒸汽冷凝
辐射能的吸收、反射和透过
并流传热的温度变化曲线
喷淋式换热器
列管式换热器
双管程换热器内的流体流动

# 目 录

# 绪　论

## 一、化工生产过程与单元操作

化学工业是将自然界中的各种物质，经过化学和物理方法将其加工为产品的制造业。化工产品的品种数以万计，它包括了各种生产资料和生活资料，在国民经济和日常生活中占有重要地位。

动画
高压聚乙烯生产的主要步骤

化学工业是一个多门类、多品种的生产部门，其中任何一种化工产品的生产都是将各种原料通过许多工序和设备，在一定的工艺条件下，进行一系列的加工处理，最后制得产品。一种产品从原料到成品的生产过程中，除了化学反应过程外，还有大量的物理加工过程。不同的原料、不同的产品具有不同的生产过程，但在其过程中都要用到一些类型相同、具有共同特点的基本过程和设备。如流体输送、换热、精馏等物理操作，反应器中进行的化学反应等典型操作。由此可见，任一个化工生产过程都是由化学反应过程和一系列物理过程构成，而化学反应过程是化工生产过程的核心。

动画
合成氨生产流程

一个完整的化工生产过程包括如下步骤：

在反应进行之前，须对原料进行一系列的处理。为使化学反应过程得以经济有效地进行，反应器内必须保持适宜的反应条件，如适当的温度、压强及物料组成等；原料必须经过一系列处理以达到较高的纯度。通常将反应前对原料进行的处理称为原料的预处理或前处理过程；在反应进行过程中，为维持适宜的反应条件，需向体系输入或输出热量以保证适宜的反应温度；在反应结束后，仍需对反应产物进行分离、精制等，以制得合格产品，称之为反应产物的后处理过程。因而，可以认为，化工生产过程是由原料的前处理过程、化学反应过程和反应产物的后处理过程组成。化学工业中将具有共同的物理变化，遵循共同的物理学规律，以及具有共同作用的基本操作称为**单元操作**。

动画
苯乙烯气相烷基化流程图

## 二、本课程的性质、内容和任务

化工原理是化工专业必修的一门技术基础课，它在基础课程与专业课程之间起着承前启后的作用。

单元操作按其理论基础可分为三类：

(1) 流体流动过程　包括流体输送、沉降、过滤等。

(2) 传热过程　包括传热、蒸发等。

(3) 传质过程　包括吸收、蒸馏、萃取、吸附等。

本课程的主要任务是使读者熟悉相关单元操作的基本原理、典型设备的结构原理、操作性能和基本计算方法，能在工程实践中运用这些知识去分析和解决实际问题。学会单元操作过程的具体操作和调节，解决操作中的实际问题，确保操作在最优化条件下进行。

## 三、化工生产过程中的几个基本概念

在分析单元操作或工艺过程中，经常要用到物料衡算、能量衡算、平衡关系和过程速率等概念来反映物料的变化规律，以探索化工生产过程理论上的可能性、技术上的可行性及经济上的合理性。它们是分析任一化工过程的出发点。



### (一) 物料衡算

物料衡算是以质量守恒定律为基础，用来分析和计算化工生产过程中物料的进、出量及组成变化的定量关系，确定原料消耗定额、产品的产量和产率，还可以用来核定设备的生产能力，确定设备的工艺尺寸，发现生产中所存在的问题，从而找到解决方案。所以，物料衡算是化工计算的基础。

进行物料衡算时，首先根据需要将衡算对象人为地划定一个衡算范围，其次要规定一个衡算基准。衡算基准要根据实际需要来决定，在连续操作中以单位时间为基准较为方便；若产品量已确定，则可用单位产品量为基准，由此来衡算出其他各股物料量。

**小贴士**

参与衡算的物料量要以质量或物质的量表示，一般不宜用体积表示，这是由于体积尤其气体的体积是随着温度、压强的变化而变化的。

若进入体系的各股物料总量为$\sum G_i$，从体系中排出的各股物料总量为$\sum G_o$，体系内的物料累积量为$G_a$，根据质量守恒定律应有

$$\sum G_i = \sum G_o + G_a$$

对于连续操作，进、出体系的各股物料量恒定，体系内任一位置处物料的各参数(温度、压强、组成、流速等)都不随时间而变化，这样的操作过程称为**定态过程**。对定态过程，若衡算范围内无物料累积，即$G_a=0$，则物料衡算式为

$$\sum G_i = \sum G_o$$

物料衡算中衡算范围的概念同样可以用到能量衡算或动量衡算中去。

### (二) 能量衡算

能量衡算的依据是能量守恒定律。根据此定律，输入体系的能量应等于从体系输出的能量与体系内累积的能量之和。

对定态操作体系，若输入体系的热量为$\sum Q_i$，输出体系的热量为$\sum Q_o$，体系的热损失

为 $Q_a$，该体系的热量衡算式为

$$\sum Q_i = \sum Q_o + Q_a$$

通过热量衡算可以了解热量的利用和损失情况，确定过程中需要加入的热量，是生产工艺条件的确定、设备设计不可缺少的环节，也是评价技术经济效果的重要工具。

**（三）平衡关系**

任何一个物理或化学变化过程，在一定条件下必然沿着一定方向进行，直至达到动态平衡为止。这类平衡现象在化工生产中很多，如化学反应中的反应平衡，吸收、蒸馏操作中的气-液平衡，萃取操作中的液-液平衡等。

任何过程的平衡状态都是在一定条件下达到暂时、相对统一的状态，一旦条件变化，则原来的平衡就要被破坏，直至建立起新的平衡。因此只要适当地改变操作条件，过程就可按指定的方向进行，并尽可能使过程接近平衡，使设备能发挥最大的效能。平衡关系也为设备尺寸的设计提供了理论依据。

**（四）过程速率**

平衡关系只能说明过程的方向和限度，而不能确定过程进行的快慢，过程进行的快慢只能用过程速率来描述。过程速率受诸多因素影响，目前还不能用一个简单的数学式来表示化工过程速率与其影响因素之间的关系。工业生产中过程速率常以过程推动力与过程阻力的比值来表示，即

$$过程速率 = \frac{过程推动力}{过程阻力}$$

不同过程的推动力有不同的含义，如冷、热两流体之间传热推动力应为冷、热两流体之间的温度差，流体流动的推动力为势能差，而物质传递的推动力则为浓度差。无论是什么含义，它们有一个共同点，即过程达平衡时推动力均为零。过程阻力较为复杂，应根据具体过程进行分析。

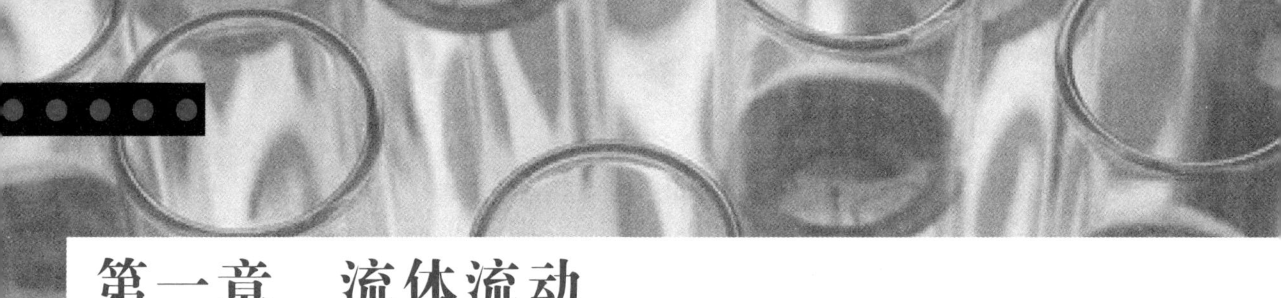

# 第一章　流体流动

## 学习目标

**知识目标：**

了解流体的主要性质，化工管路的基本知识，复杂管路计算原则，流量计的测量原理；

理解温度、压强对流体性质的影响，流体内摩擦力产生的原因，不同流动条件对流体阻力的影响；

掌握流体主要物性及压强、流量的获取方法，压强的单位换算，流体流动基本方程在化工计算中的应用，流体在管内的阻力损失的计算，简单管路计算与布置。

**能力目标：**

能应用流体流动基本方程解决简单管路计算问题，能分析流体阻力对管内流动的影响；

能根据需要正确选用管子、管件和阀门，完成简单管路的拆装。

# 知识框图

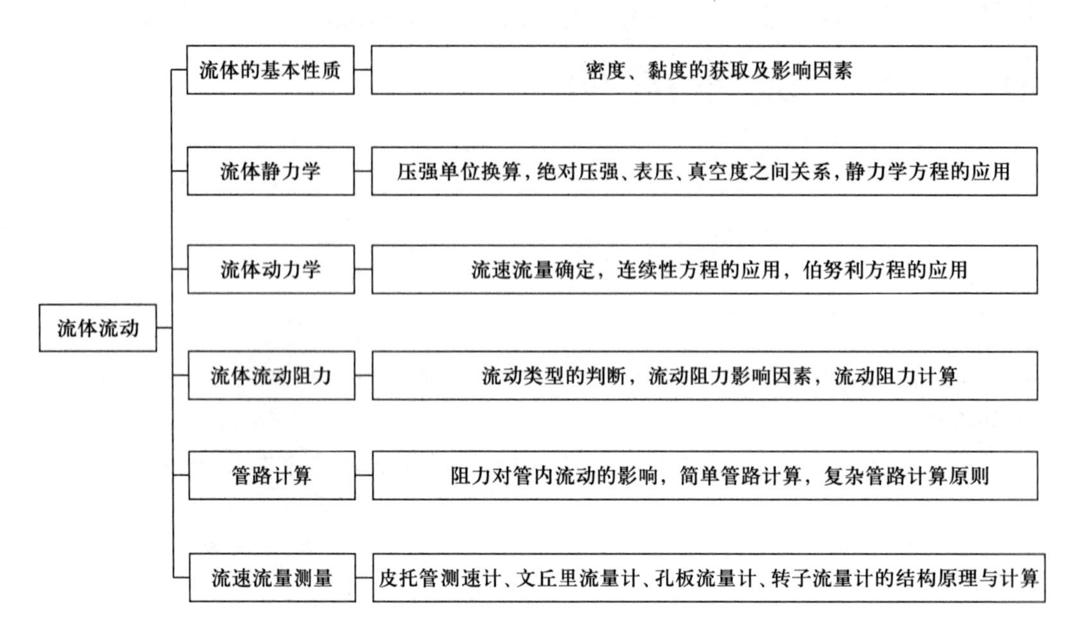

流体流动
流体的基本性质
密度、黏度的获取及影响因素
流体静力学
压强单位换算，绝对压强、表压、真空度之间关系，静力学方程的应用
流体动力学
流速流量确定，连续性方程的应用，伯努利方程的应用
流体流动阻力
流动类型的判断，流动阻力影响因素，流动阻力计算
管路计算
阻力对管内流动的影响，简单管路计算，复杂管路计算原则
流速流量测量
皮托管测速计、文丘里流量计、孔板流量计、转子流量计的结构原理与计算

# 第一节 概 述

## 一、流体流动的研究对象

流体流动研究的是流体的宏观运动规律，并运用这些规律去解决实际工程问题。

流体流动的研究对象是流体，流体的基本特性是具有流动性。气体和液体同属流体，它们有共性，也有各自的特性：如液体不容易被压缩，而气体则很容易被压缩等。所以在讨论它们共性的同时，也要讨论它们各自的特性和处理方法。

## 二、流体连续性假定

从物理学中知道，流体是由大量的流体分子组成，分子之间有间隙，所以从微观上看，流体不是一种连续的物质。这些流体分子处于杂乱的热运动状态中，要想跟踪每一个分子，详细地去研究分子的运动规律是没有实际价值的，工程上只需要研究流体宏观运动规律就够了。因此，流体流动引入了流体具有连续性的假定：认为流体是由彼此之间没有间隙的无数流体微团（又称为流体质点）所组成，是一个内部没有间隙的连续体。事实说明，引入这样一个假定是合理的，这是因为在工程实际中，所要解决的流体流动问题，都有较大的特征尺寸，其最小尺寸也是远大于分子自由程，可以将流体看为无间隙的连续体。因此就能用连续函数去分析和研究流体流动的实际问题。

小贴士

并不是在任何情况下都可以将流体视为连续介质，如高度真空下的气体，连续性假定就不再适用。

## 三、流体流动在化工生产中的应用

化工生产中所处理的物料，不论是原料、中间产品还是产品，大部分都是流体。在生产过程中，流体从一个设备流到另一个设备，从一个车间送到另一个车间，为了完成流体输送的任务，必须解决管路的配置，流量、压强的测定，输送流体所需能量的确定和输送设备选用等技术问题。除此以外，设备中的传热、传质及化学反应都是在流动流体中进行的，它们与流体流动形态密切相关，研究流体的流动形态和条件，可作为强化化工设备的依据。因此，流体流动与输送是化工生产中必不可少的单元操作，流体流动基本原理是本课程的重要基础。

# 第二节 流体的基本性质

在研究流体平衡和运动规律之前，必须要熟悉流体的一些基本性质。它们是流体的密度、黏度等。

## 一、流体的密度

### (一) 密度

流体和其他物体一样具有质量。单位体积流体所具有的质量称为**密度**，通常用 $\rho$ 表示。如均质流体的体积为 $V$，质量为 $m$，则密度 $\rho$ 为

$$\rho=\frac{m}{V} \tag{1-1}$$

在 SI 单位中质量单位用 kg，体积单位用 $m^3$，所以密度的单位为 $kg/m^3$。

1. 液体的密度

一定的流体，其密度是压强和温度的函数。液体可视为不可压缩流体，密度随压强变化很小(极高压强下除外)，可忽略其影响。温度对液体的密度有一定的影响，在查取液体密度时，要注意标明其温度条件。但在温度变化不大的情况下，也可忽略温度的影响。如水在常温下的密度都可按 1 000 $kg/m^3$ 计。

2. 气体的密度

气体的压缩性和膨胀性要比液体大得多，无论是压强还是温度，对气体密度的影响都不能忽略。所以气体为可压缩流体，气体的密度是温度和压强的函数。在压强不太高、温度不太低的情况下，对空气和一些不易液化的理想气体，可以用下式表达气体密度与其压强和温度之间的关系：

$$\rho=\frac{pM}{RT} \tag{1-2}$$

式中 $\rho$——气体的密度，$kg/m^3$；

$p$——气体的绝对压强，kPa；

$M$——气体的摩尔质量，g/mol；

$T$——气体的热力学温度，K；

$R$——摩尔气体常数，数值为 8.314 J/(mol·K)。

气体的密度亦可按下式进行计算：

$$\rho=\rho_0\frac{T_0 p}{T p_0}$$

式中 $\rho_0$——标准状态下气体的密度，$kg/m^3$，$\rho_0=\frac{M}{22.4\ L\cdot mol^{-1}}$；

$T_0$——标准状态温度($T_0=273$ K)，K；

$p_0$——标准状态压强($p_0=101.325$ kPa)，kPa。

尽管气体具有较大的压缩性和膨胀性，但是在许多实际问题中，只要气体速度远小于音速，密度变化不大，即$\frac{\rho_2-\rho_1}{\rho_1}\times 100\%\leqslant 20\%$时，也可将气体作为不可压缩流体处理。本章主要讨论的是不可压缩流体的运动规律，如对可压缩流体进行讨论时，将特别指出。

3. 混合物密度的确定

化工生产中常见的流体为混合物，下面介绍液体混合物和气体混合物平均密度的计

算方法。

若几种纯液体混合前的分体积之和等于混合后的总体积，则混合液体的平均密度可按下式计算：

$$\frac{1}{\rho_m}=\frac{w_1}{\rho_1}+\frac{w_2}{\rho_2}+\cdots+\frac{w_n}{\rho_n} \tag{1-3}$$

式中 $\rho_m$——液体混合物的平均密度，$kg/m^3$；

$w_1,w_2,\cdots,w_n$——液体混合物中各组分的质量分数，$w_1+w_2+\cdots+w_n=1$；

$\rho_1,\rho_2,\cdots,\rho_n$——液体混合物中各组分的密度，$kg/m^3$。

对理想气体混合物的平均密度仍可用式(1-2)计算，即

$$\rho_m=\frac{pM_m}{RT}$$

应注意：式中的 $p$ 为混合气体的总压，$M_m$ 为混合气体的平均摩尔质量，即

$$M_m=M_1y_1+M_2y_2+\cdots+M_ny_n \tag{1-4}$$

式中 $M_1,M_2,\cdots,M_n$——气体混合物中各组分的摩尔质量，g/mol；

$y_1,y_2,\cdots,y_n$——气体混合物中各组分的摩尔分数或体积分数，$y_1+y_2+\cdots+y_n=1$。

常见液体和气体的密度可从有关书刊或手册中查取。本书附录中选录部分气体和液体的密度，可在计算时选用。

**（二）比体积**

单位质量流体所具有的体积称为流体的**比体积**，用符号 $v$ 表示。其表达式如下：

$$v=\frac{V}{m}=\frac{1}{\rho} \tag{1-5}$$

由式(1-5)可见，流体的比体积是密度的倒数，单位为 $m^3/kg$。

**（三）相对密度**

流体的密度 $\rho$ 与 4 ℃时蒸馏水的密度 $\rho_w$ 之比值称为**相对密度**，用 $d$ 表示：

$$d=\frac{\rho}{\rho_w} \tag{1-6}$$

相对密度是一个量纲一的量，不要与密度相混淆。

## 二、流体的黏度

### （一）牛顿黏性定律

静止流体不能承受任何切向应力，当有切向应力作用时，流体不再静止，将发生连续不断的变形，其内部质点间产生相对运动，同时各质点间产生剪切力以抵抗其相对运动，流体的这种性质称为**黏性**。所对应的切向应力称为**黏滞力**，也称为**内摩擦力**。

设有两块平行的平板，其间充满流体，如图1-1所示。假定A板固定，B板以某一速度 $u_0$ 向右移动。由于流体与板间的附着力，紧贴B板的流体层附着在板上，以速度 $u_0$ 随

B板向右运动，而紧贴A板的一层流体将如A板一样静止不动。介于两板之间的各层流体，自上而下以逐层递减的速度向右移动。流动较快的流体层带动流动较慢的流体层；反之流动较慢的流体层却又阻止流动较快的流体层向前运动，从而两层流体之间产生了内摩擦力。

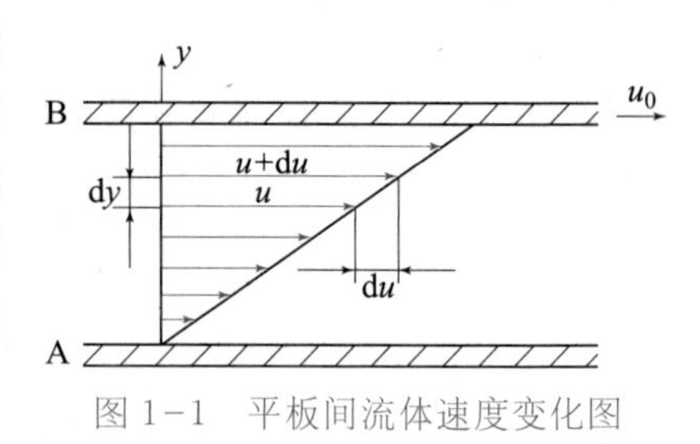

图1-1　平板间流体速度变化图

根据牛顿研究的结果，发现流体运动时所产生的内摩擦力与流体的物理性质有关，与流体层的接触面积和接触面法线方向的速度梯度成正比。其关系可用下式表示：

$$F=\mu S\frac{du}{dy} \tag{1-7}$$



式中　$F$——流体层与流体层间的摩擦力，N；

$S$——流体层间的接触面积，$m^2$；

$\frac{du}{dy}$——法向速度梯度，即流体在垂直于运动方向上的速度变化率，1/s；

$\mu$——表示流体物理性质的比例系数，称为**动力黏度**，简称**黏度**，Pa·s。

单位面积上的内摩擦力（称为**剪应力**）可表示为

$$\tau=\frac{F}{S}=\mu\frac{du}{dy} \tag{1-8}$$

式（1-7）和式（1-8）两表达式称为**牛顿黏性定律**。流体静止时，$du/dy=0$，流体不受内摩擦力作用。对运动的流体，凡遵循牛顿黏性定律的流体称为**牛顿型流体**，如空气和水等低分子流体；凡不遵循牛顿黏性定律的流体称为**非牛顿型流体**，如油脂、牙膏、水泥浆和高分子化合物溶液等。本书只限于讨论牛顿型流体。

**（二）流体的黏度及其影响因素**

流体的黏度是流体的一个重要的物理性质，在$S$和$du/dy$相同的情况下，黏度越大，其内摩擦力越大。因此黏度在数值上可看成是当速度梯度$du/dy=1$时，由于黏性引起的流体层间单位面积上的内摩擦力。由此也可推出，流体的黏度越大，在相同的流动条件下，所产生的流动阻力也就越大。

**小贴士**

在SI单位中，黏度的单位为Pa·s；在CGS单位中，黏度的单位为P（泊），1 P=100 cP（厘泊），它与Pa·s之间的换算关系为

$$1\ Pa·s=10\ P=1\ 000\ cP$$

不同的流体具有不同的黏度，同一种流体的黏度在不同的温度和压强下数值也不相同。液体的黏度随温度升高而减小，而压强的影响则可忽略；气体的黏度随温度升高而增大，当压强变化范围较大时，要考虑压强变化的影响，一般气体的黏度是随压强升高而

增大。当气体的压强变化不大时，一般情况下也可忽略其影响。水和常压空气及其他常见流体在不同温度下的黏度可见附录。

在分析黏性流体运动规律时，动力黏度 $\mu$ 和密度 $\rho$ 常同时出现，所以在流体流动中习惯于将其组成一个量用 $\nu$ 来表示，称为**运动黏度**。

$$\nu=\frac{\mu}{\rho} \tag{1-9}$$

运动黏度的单位在 SI 单位中为 $m^2/s$，在 CGS 单位中为 St(stokes 1 St=$10^{-4}$ $m^2/s$=1 $cm^2/s$)，1 St=100 cSt(centistokes)。

**(三) 混合物的黏度**

黏度是流体的物理性质之一，其值均由实验测定，一般流体的黏度值可从有关手册中查取。而对混合物的黏度，在缺乏实验测定条件和数据时，可选用适当的经验公式进行估算。

对分子不缔合的液体混合物黏度，可用下式估算：

$$\lg \mu_m=\sum x_i \lg \mu_i \tag{1-10}$$

式中 $\mu_m$——液体混合物的黏度，Pa·s；

$x_i$——液体混合物中 $i$ 组分的摩尔分数；

$\mu_i$——与液体混合物同温度下 $i$ 组分的黏度，Pa·s。

常压下气体混合物的黏度，可用下式估算：

$$\mu_m=\frac{\sum y_i \mu_i M_i^{1/2}}{\sum y_i M_i^{1/2}} \tag{1-11}$$

式中 $\mu_m$——气体混合物的黏度，Pa·s；

$y_i$——气体混合物中 $i$ 组分的摩尔分数或体积分数；

$M_i$——气体混合物中 $i$ 组分的摩尔质量，g/mol；

$\mu_i$——与气体混合物同温度下 $i$ 组分的黏度，Pa·s。

**[例 1-1]** 空气可近似地看为由 21%的氧气和 79%的氮气(均为体积分数)组成的混合气体。试求温度为 200 ℃时常压空气的黏度。(200 ℃常压氧气的黏度为 0.028 6 mPa·s；200 ℃常压氮气的黏度为0.024 9 mPa·s。)

**解：**由于为常压空气，所以此题有两种确定方法。一种可在本书附录中直接查取，可得 101.3 kPa、200 ℃空气的黏度为 0.026 mPa·s。

另一种可按混合气体处理，由式(1-11)：

$$\mu_m=\frac{\sum y_i \mu_i M_i^{1/2}}{\sum y_i M_i^{1/2}}=\frac{0.028\,6\times0.21\times32^{1/2}+0.024\,9\times0.79\times28^{1/2}}{0.21\times32^{1/2}+0.79\times28^{1/2}}\ \text{mPa}\cdot\text{s}$$

$$=0.025\,7\ \text{mPa}\cdot\text{s}$$

与查附录所得的结果基本相同。

综上所述，黏性是产生流动阻力的内在原因，它对流体运动有着重要的影响。但由于黏性的存在，往往给流体流动研究带来了极大的困难，为了简化理论分析，在此提出了理想流体的概念。所谓**理想流体**是一种假想的无黏性流体，是一种流动时没有阻力的流体。当然这种流体实际上是不存在的。引入理想流体概念后，就可以大大地简化理论分析过程，比较容易得出一些结果。若实际流体在流动过程中黏性的影响很小，可以忽略，则上述的结果可以直接加以应用。若实际流体黏性影响必须考虑，则可通过实验对上述的结果加以修正和补充，这样就能比较容易地解决一些实际问题。

最后，必须指出，黏性只有在流体运动时才显示出来，而对处于静止的流体，黏性不表现出任何作用。

## 第三节　流体静力学

### 一、流体的压强



#### (一) 流体静压强及其单位

**流体静压强**是作用在单位面积上的流体静压力，简称为**压强**。化工生产中习惯将压强称为压力，而将流体静压力称为总压力。若以 $F$ 表示流体的总压力、$A$ 表示流体的作用面积，则流体的压强 $p$ 为

$$p=\frac{F}{A}$$

总压力 $F$ 的单位为 N、面积 $A$ 的单位为 $m^2$，则压强 $p$ 的单位为 $N/m^2$，也称为帕斯卡(Pa)，简称为帕。压强单位除了用 Pa 表示以外，还有许多种表示法，常见压强单位之间的关系如下：

$$1\ \text{atm}=101.325\ \text{kPa}=760\ \text{mmHg}=1.033\ \text{kgf/cm}^2=10.33\ \text{mH}_2\text{O}$$

$$1\ \text{at}=98.07\ \text{kPa}=735.6\ \text{mmHg}=1\ \text{kgf/cm}^2=10\ \text{mH}_2\text{O}$$

其中符号 atm 为标准大气压(物理大气压)，符号 at 为工程大气压。

#### (二) 绝对压强、表压强和真空度

在化工计算中，常采用两种基准来度量压强的数值大小，即绝对压强和相对压强。

以没有气体分子存在的绝对真空作为基准所量得的压强称为**绝对压强**(绝压)；以当地大气压强为基准所量得的压强称为**相对压强**。

动画

表压与真空度

绝对压强永远为正值，而相对压强则可能为正值，也可能为负值。化工生产中所使用的各种压强测量装置，其读数一般都为相对压强，当设备中绝对压强大于当地大气压时，相对压强为正值，所用的测压仪表称为压力表，压力表上的读数为被测流体绝对压强高出当地大气压的数值，称为**表压强**(表压)。它与绝对压强之间的关系为

$$\text{绝对压强}=\text{当地大气压}+\text{表压}$$

当设备中绝对压强低于当地大气压时，相对压强为负值，所用的测压仪表称为真空表，真空表上的读数为被测流体绝对压强低于当地大气压力的数值，称为**真空度**。它与绝对压强之间的关系为

$$\text{绝对压强}=\text{当地大气压}-\text{真空度}$$

真空度与表压之间的关系为

$$真空度 = -表压$$

显然,此时设备内绝对压强越低,则它的真空度越大。当绝对压强为零时,设备内达到了完全真空。从理论上讲,真空度的最大值为当地大气压,但实际上,当设备中有液体时,液体在一定的温度下有对应的饱和蒸气压,当设备内绝对压强降低到等于液体饱和蒸气压时,液体就会汽化。只要液体温度不变,设备内压强不再降低,且等于该温度下液体的饱和蒸气压。

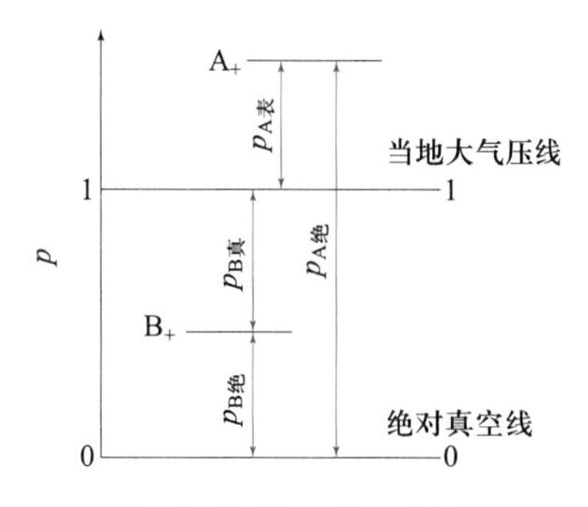

图 1-2 压强的基准

绝对压强、表压和真空度之间的关系可用图 1-2 来表示。取 $0-p$ 为压强轴;0-0 线为绝对真空线,即绝对压强的零线;1-1 线为当地大气压线。可观察大气压线上 $A$ 点与表压及大气压线下 $B$ 点的真空度、绝对压强之间的关系。

当地大气压不是固定不变的,它应按当时当地气压计上的读数为准。另外为了避免绝对压强、表压和真空度三者的混淆,在今后的讨论中,对表压和真空度均加以标注,如200 kPa(表)、20 kPa(真),没有标注的均指的是绝对压强。

**[例 1-2]** 设备外环境大气压为 720 mmHg,而以真空表测得设备内真空度为 580 mmHg。问设备内的绝对压强是多少(kPa)? 设备内外的压强差为多少(kPa)?

**解:** 分别以 $p$ 表示设备内绝对压强,以 $p_{大气}$ 表示环境的大气压,以 $p_{真}$ 表示设备的真空度,有

$$\begin{aligned} p &= p_{大气} - p_{真} = 720\ \mathrm{mmHg} - 580\ \mathrm{mmHg} \\ &= 140\ \mathrm{mmHg} = \left(140 \times \frac{101.325}{760}\right)\ \mathrm{kPa} = 18.67\ \mathrm{kPa} \end{aligned}$$

设备内外的压强差为

$$\Delta p = p_{大气} - p = 720\ \mathrm{mmHg} - 140\ \mathrm{mmHg} = 580\ \mathrm{mmHg} = 77.3\ \mathrm{kPa}$$

## 二、流体静力学基本方程

在重力场,处于静止状态下的流体所受到的力只有重力。用于描述重力作用下流体内部压强变化规律的数学表达式称为**静力学基本方程**。此方程的推导如下:

设重力作用下的静止液体如图 1-3 所示,在液体中取一垂直的小流体柱,其截面积为 $A$,高度为 $h$,上表面与自由表面重合,压强为 $p_0$,下底面压强为 $p$。

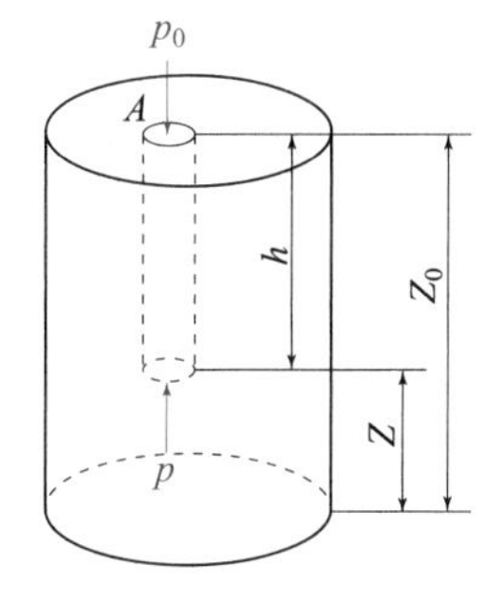

图 1-3 静力学基本方程的推导

因为流体柱处于静止状态,也就是处于平衡状态,根据受力平衡条件,流体柱所受到的一切外力,在空间任意一轴上投影的代数和等于零。现取 $z$ 轴为投影轴,向上的作用力为正,则流体柱受到的力如下:

上底面的总压力为 $-p_0A$

下底面的总压力为 $pA$

流体柱受到的重力为 $-\rho hgA$

流体柱侧面上的流体静压力方向与侧面垂直，即与 $z$ 轴垂直，因而在 $z$ 轴上的投影为零。

根据受力平衡条件：

$$\sum F_z = 0$$

$$pA - p_0A - \rho hgA = 0$$

消去 $A$ 并整理

$$p = p_0 + \rho hg \tag{1-12a}$$



由图 1-3 可得知：式中的 $h$ 为 $Z_0 - Z$，将其代入，可写为

$$p = p_0 + \rho(Z_0 - Z)g \quad 或 \quad p + \rho Zg = p_0 + \rho Z_0 g \tag{1-12b}$$

式(1-12a)、式(1-12b)均称为流体静力学基本方程，它表明了在重力作用下静止流体内部压强的变化规律。即重力作用下的流体内任一点的压强，等于自由表面上压强 $p_0$ 加上两截面间流体产生的重力压强 $\rho(Z_0 - Z)g$。若在图 1-3 中任取两水平面 1-1、2-2，相对于基准面的高度分别为 $Z_1$ 和 $Z_2$，对自由表面作受力分析，同理可得出：

$$p_1 + \rho Z_1 g = p_2 + \rho Z_2 g = p_0 + \rho Z_0 g = C \tag{1-12c}$$

令 $p_m = p + \rho Zg$，定义为**虚拟压强**，则式(1-12c)可写为

$$p_{m1} = p_{m2} = p_{m0} = C$$

说明在静止流体内部任意一点处的虚拟压强 $p_m$ 均相等，为一常数。

以下是有关流体静力学基本方程的讨论：

(1) 当液体自由表面上的压强 $p_0$ 大小一定时，静止液体内部任一点处的压强 $p$ 大小与流体本身的密度 $\rho$ 和该点距液面的深度 $h$ 有关。因此得出：静止的连通着的同一液体内，处于同一水平面上的各点压强都相等，也就是**等压面**。着手解决流体静力学问题时，常需要利用这一点去找到一个关键的等压面，所以这一点很重要。

(2) 当液面上方压强 $p_0$ 有变化时，液体内部各点的压强也发生同样大小的改变。

(3) 式(1-12a)可改写为 $\dfrac{p - p_0}{\rho g} = h$，说明压强差的大小也可以用一定高度的液体柱来表示，这就是压强的单位可以用液柱高度来表示的依据。必须注意的是：当用液柱高度来表示压强或压强差时，必须注明是何种液体，否则就失去了意义。

(4) 以上方程是由液体推导而来，其密度可按常数处理。对于气体，在有限的高度范围内，密度可取其平均值并视为常数，因此静力学基本方程也适用于可压缩流体。



## 三、静力学基本方程的应用

### (一) 液柱式测压计

测量压强的仪表根据其转换原理不同，大致可分为四类：液柱式压强计、弹簧式压强

计、电气式压强计和活塞式压强计。这里仅介绍几种液柱式压强计。

液柱式压强计的精度较高，但量程较小，所以常用于测量低压、真空度和压强差。

1. 测压管

测压管是一种简单的液柱式压强计。它是一根玻璃管，为减少毛细管现象引起的测量误差，玻璃管内径不小于 5 mm，管下端与测量压强的地方相连接，管上端与大气相通，如图 1-4 所示。

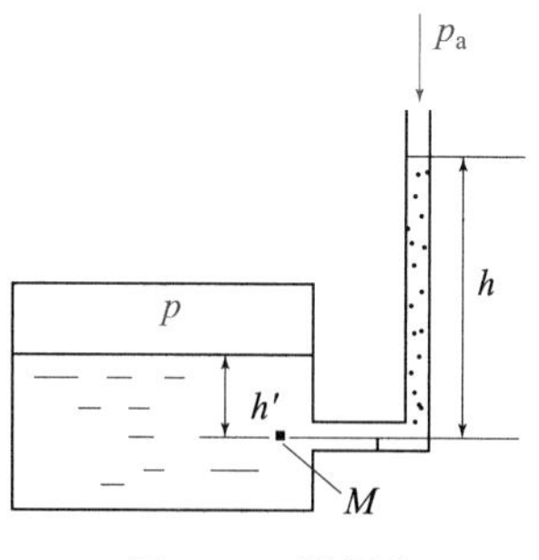

图 1-4　测压管

该容器中液体的密度为 $\rho$，当地大气压为 $p_a$，可得 $M$ 点处的绝对压强为

$$p_M = p_a + \rho g h$$

$M$ 点的表压为

$$p_{表M} = \rho g h$$

容器液面上的绝对压强 $p$ 为

$$p = (h - h')\rho g + p_a \tag{1-13a}$$

容器液面上的表压 $p_{表}$ 为

$$p_{表} = (h - h')\rho g \tag{1-13b}$$

2. U 形管测压计

U 形管测压计是由一个 U 形玻璃管内装有选定的工作液体（又称为指示液）组成的。管口一端通大气，另一端与测压口相连接，如图 1-5 所示。

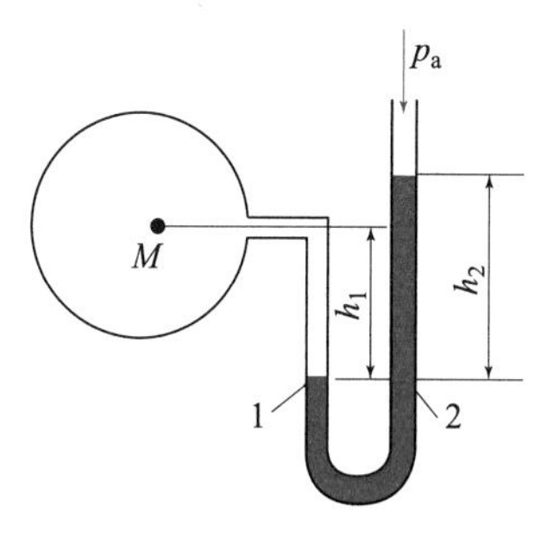

图 1-5　U 形管测压计

设容器中液体密度为 $\rho$，U 形管内的指示液密度为 $\rho_i$，$M$ 点的绝对压强为 $p$，1 点处的绝对压强为 $p_1$，2 点处的绝对压强为 $p_2$。由图可见，与两液体交界面处于同一水平面的 1、2 两处压强必然相同，有 $p_1 = p_2$，由静力学基本方程可得下式：

$$p_1 = p + h_1\rho g \quad , \quad p_2 = p_a + h_2\rho_i g$$

由 $p_1 = p_2$ 可得

$$p = p_a + h_2\rho_i g - h_1\rho g \tag{1-14a}$$

$M$ 点的表压 $p_{表M}$ 为

$$p_{表M} = h_2\rho_i g - h_1\rho g \tag{1-14b}$$

当指示液密度 $\rho_i$ 和被测流体密度 $\rho$ 已知时，根据现场测得的 $h_1$ 和 $h_2$，就可以求得 $M$ 点的绝对压强或表压。

## 小贴士

在选择U形管内指示液时，指示液的密度要大于被测流体的密度，且两种液体不能互溶。常用的指示液有水、酒精、四氯化碳和水银。当被测流体为气体时，由于气体密度与指示液密度相比很小，计算时可略去式(1-14a)或式(1-14b)中的 $h_1\rho g$ 一项。

**(二) 压差计**

1. U形管压差计

压差计是用来测量流体两点压强差的仪器。它的装置仍是U形玻璃管，只是两端均需接到被测的装置上去。如图1-6所示，图中U形管内指示液的密度为 $\rho_i$，被测流体密度为 $\rho$，测量点1、2相对于基准面的高度分别为 $Z_1$ 和 $Z_2$。根据流体静力学基本方程，$A$ 点的压强为



动画

U形管压差计

$$p_A = p_1 + x\rho g + R\rho g$$

$B$ 点的压强为

$$p_B = p_2 + x\rho g + (Z_2 - Z_1)\rho g + R\rho_i g$$

$A$ 点和 $B$ 点为连通着的同一种流体处在同一个水平面上的静止流体，压强必然相同，即 $p_A = p_B$，联立以上两式并加以整理，1、2两点的压强差为

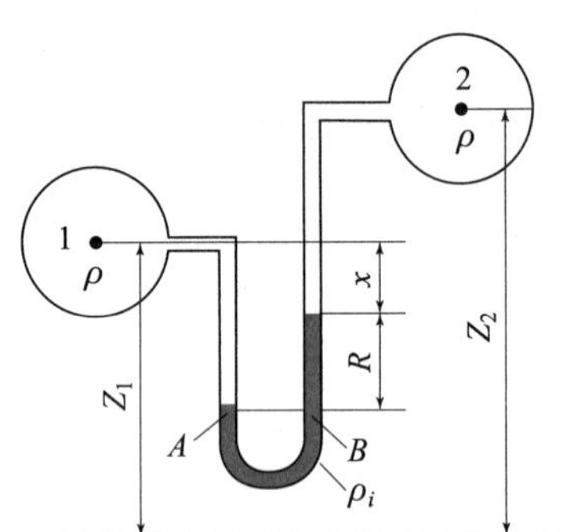

图1-6 正U形管压差计

$$p_1 - p_2 = R(\rho_i - \rho)g + (Z_2 - Z_1)\rho g \tag{1-15a}$$

1、2两点的虚拟压强差为

$$(p_1 + Z_1\rho g) - (p_2 + Z_2\rho g) = R(\rho_i - \rho)g$$

$$\Delta p_m = p_{m1} - p_{m2} = R(\rho_i - \rho)g \tag{1-15b}$$

由此可见，U形管压差计所测的为虚拟压强差。

若两测压点处于同一个水平面上，$Z_1 = Z_2$，1、2两点的虚拟压强差等于压强差，式(1-15b)可写为

$$\Delta p_m = p_1 - p_2 = R(\rho_i - \rho)g \tag{1-15c}$$

当被测流体为气体时，气体密度很小，可忽略，压强差计算式又为

$$\Delta p_m = p_1 - p_2 = R\rho_i g \tag{1-15d}$$

当所选的指示液密度比被测流体密度要小时，可用如图1-7所示的倒U形管压差计来测量。同理可导出1、2两点的虚拟压强差与读数 $R$ 之间的关系为

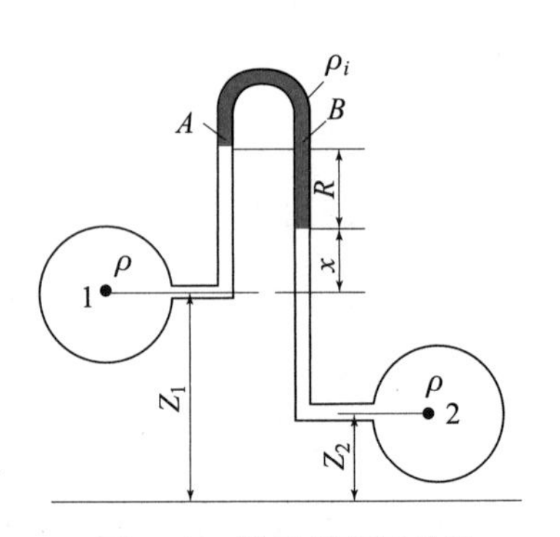

图1-7 倒U形管压差计

$$\Delta p_m = p_{m1} - p_{m2} = R(\rho - \rho_i)g \tag{1-16a}$$

**[例 1-3]** 用正 U 形管压差计测定某水平水管两截面的压强差,压差计内的指示剂为水银,其密度为13 600 kg/m³。经测量后,读数 $R$ 仅为 5 mm。现拟安装一倒 U 形管压差计来测量该水平水管两截面的压强差,以空气为指示液,试问:倒 U 形管压差计中的读数 $R'$是正 U 形管压差计中的读数 $R$ 多少倍?若倒 U 形管压差计中指示液不是空气,而装的是煤油,煤油的密度为900 kg/m³。此时倒 U 形管压差计中的读数 $R''$又是正 U 形管压差计中的读数 $R$ 多少倍?水的密度取 1 000 kg/m³。

**解:** 对正 U 形管压差计,两测压点处于同一水平面上,$Z_1=Z_2$,两截面上的虚拟压强差为

$$\Delta p_m = p_1 - p_2 = R(\rho_i - \rho)g = [0.005 \times (13\,600 - 1\,000) \times 9.81] \text{ Pa} = 618 \text{ Pa}$$

当使用倒 U 形管压差计测量时,两截面上的压差仍为 618 Pa,若指示液选为空气,则有

$$p_1 - p_2 = R'\rho g$$

$$R' = \frac{618}{1\,000 \times 9.81} \text{ m} = 0.063 \text{ m} = 63 \text{ mm}$$

$$\frac{R'}{R} = \frac{63 \text{ mm}}{5 \text{ mm}} = 12.6$$

若指示液选为煤油,则有

$$p_1 - p_2 = R''(\rho - \rho_i)g$$

$$R'' = \frac{p_1 - p_2}{(\rho - \rho_i)g} = \frac{618}{(1\,000 - 900) \times 9.81} \text{ m} = 0.63 \text{ m} = 630 \text{ mm}$$

$$\frac{R''}{R} = \frac{630 \text{ mm}}{5 \text{ mm}} = 126$$



由例 1-3 可以得出这样一个结论:在相同的压差情况下,指示液与被测流体的密度值越接近,则压差计的读数越大,精度越高。

2. 双杯式微差压差计

根据例 1-3 的结论,人们制造了一种能够测量微小压差的双杯式微差压差计,用它来测量微小压差或微小压强,都可获得较大的读数。装置如图 1-8 所示。它与前述的压差计不同之处,在于它使用了两种密度接近,而又互不相混的指示液。

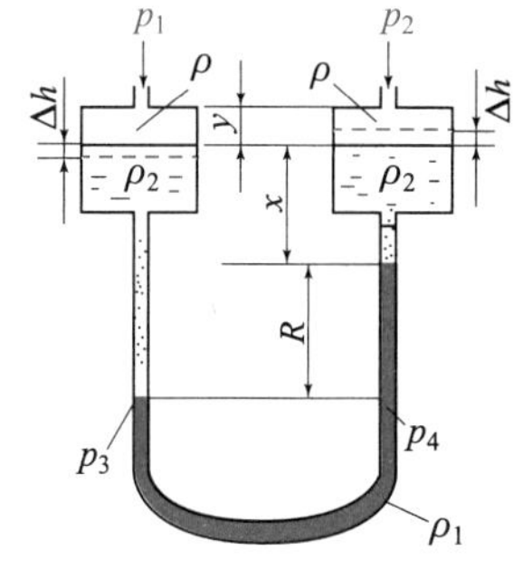

图 1-8 双杯式微差压差计

设两种指示液密度分别为 $\rho_1$ 和 $\rho_2$,且 $\rho_1 > \rho_2$,如忽略杯中指示液高度差 $\Delta h$ 的变化,很容易推出其计算公式为

$$\Delta p_m = R(\rho_1 - \rho_2)g \qquad (1-16b)$$

**想一想**

如 $\Delta h$ 的变化对测量影响较大,不能忽略,试确定 $\Delta p_m$ 与 $R$ 之间的关系。设 $d$ 为 U 形管的内径,$D$ 为杯的内径。

**(三) 液位的测量**

化工生产中经常要用到测量容器内的液位高度,或要控制设备内的液面,因此要进行液位测量。大多数液位计的作用原理均遵循静止液体内部压强的变化规律。

最原始的液位计是在容器底部器壁及液面上方器壁处各开一小孔,两孔间用一玻璃管相连。玻璃管内所示的液面高度即为液面高度。这种结构易于破损,而且不便于远处观测。下面介绍两种利用液柱压差计测量液位的方法。

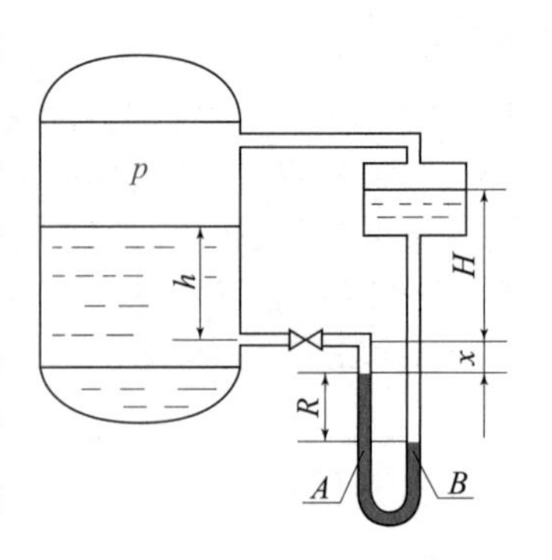

图 1-9 压差法测量液位

如图 1-9 所示,在容器或设备外面设置一称为平衡器的小室,用一装有指示液的 U 形管压差计将容器与平衡器连通起来。小室内装的液体与容器内相同,室内液面维持在容器液面允许达到的最大高度处,由压差计读数 $R$ 便可换算出容器内的液面高度。容器内的液面高度达到最大时,压差计读数 $R$ 为零,液位越低,压差计的读数越大。



**[例 1-4]** 某容器内装有密度为 950 kg/m³ 的液体,采用图 1-9 所示的液位计测量其液位高度,液位计内的指示液为四氯化碳,其密度为 1 594 kg/m³。现读得 $R$ 值为 400 mm,$H$ 为 4 m,问容器内的液面高度 $h$ 为多少米?

**解**:根据静力学基本方程,可写出

$$p_A = p + (h + x)\rho g + R\rho_i g$$

$$p_B = p + (H + x + R)\rho g$$

由 $p_A = p_B$ 联立以上两式,并将 $H = 4$ m,$R = 0.4$ m,$\rho = 950$ kg/m³,$\rho_i = 1\ 594$ kg/m³ 代入,解得 $h$ 为

$$h = \frac{(H + R)\rho - R\rho_i}{\rho} = \frac{(4 + 0.4) \times 950 - 0.4 \times 1\ 594}{950}\ \text{m} = 3.73\ \text{m}$$

**想一想**

为什么要在图 1-9 所示的液位测量装置中设置平衡器?平衡器上方管子为什么要与容器上方连通?

**(四) 液封高度的确定**

工业生产中为了保证设备能安全正常运转,经常要利用液柱产生的压力把气体封闭在设备中,以防止气体泄漏、倒流或有毒性气体逸出而污染环境;有时则是为了防止设备内压强过高而自动泄压,以保护设备等。所用的装置称为**液封**,由于通常所使用的液体为水,所以又称为水封或安全水封。现举例说明。

**[例 1-5]** 如图 1-10 所示,为了控制乙炔发生器 1 内的压强不超过 80 mmHg(表压),在炉外装有安全液封装置,其作用是当炉内压强超过规定值时,气体从液封管 2 排出,试求此安全水封管应插入槽 3 水面以下的深度。

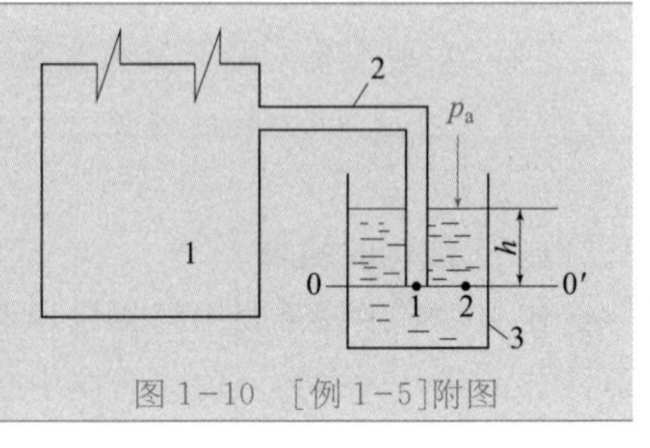

图 1-10 [例 1-5]附图

**解**:安全操作时,炉内的最高表压为 80 mmHg。此时液封管内充满气体,水封槽水面的高度保持 $h$(m)。而当炉内压强超过规定值时,气体将从液封管中排出。所以应按

炉内允许的最高压力计算液封管插入槽内水面以下的深度。

过液封管口作 0-0′基准水平面，在上取 1、2 两点。根据静力学基本方程可得 $p_1$、$p_2$分别为

$$p_1 = p_a + \left(\frac{80}{760} \times 1.013 \times 10^5\right)\ \mathrm{Pa}$$

$$p_2 = p_a + h\rho g = p_a + 1\ 000\ \mathrm{kg/m^3} \times 9.81\ \mathrm{m/s^2} \times h$$

因为 $p_1 = p_2$，所以

$$\left(\frac{80}{760} \times 1.013 \times 10^5\right)\ \mathrm{Pa} = 1\ 000\ \mathrm{kg/m^3} \times 9.81\ \mathrm{m/s^2} \times h$$

$$h = 1.09\ \mathrm{m}$$

为了安全起见，实际安装时管子插入槽内水面以下的深度应略小于 1.09 m。

上例液封称为**静液封**，即封液是静止的。实际生产中遇到的多是动液封，即封液处于流动状态。动液封高度的确定，可先按静液封高度估算，然后依封液流动的影响再作适当的校正。



动画

液封装置演示

## 第四节　流体动力学

流体与其他物质一样，运动是绝对的，而静止是相对的，静止只是运动的一种特殊形式，研究流体运动规律才具有更普遍的意义。因此，从本节开始我们将研究流体流动时的规律和应用。本节首先讨论流体运动的基本概念和基本方程。

### 一、定态流动与非定态流动

在流动空间的各点上，流体的流速、压强等所有的流动参数仅随空间位置变化，而不随时间变化，这样的流动称为**定态流动**；若流动参数既随空间位置变化，又随时间变化，这样的流动称为**非定态流动**。

动画

定态流动与非定态流动

如图 1-11 所示，水箱 3 上部不断有水从进水管 1 注入，而从下部排水管 4 不断地排出，且要求进水量大于排水量，多余的水从水箱上方溢流管 2 溢出，以维持箱内水位恒定不变。若在流动系统中，任取两个截面 $A-A'$及 $B-B'$，经测定发现，该两截面上的流速和压强虽不相同，但每一截面上的流速和压强均不随时间而变化，这种情况属于定态流动。若将图中进口管阀门关闭，水箱内的水仍不断地由排水管排出，水箱内的水位逐渐下降，各截面上水的流速和压强也随之减小，此时各截面上的流速和压强不但随位置而变化，还随时间而变化，这种流动情况，属于非定态流动。

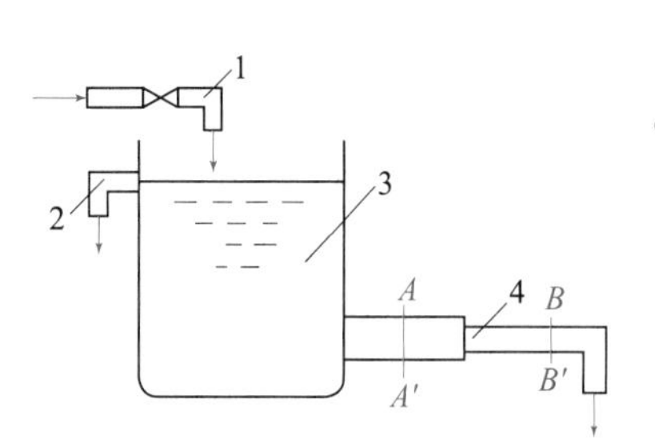


图 1-11　流体的流动情况

化工生产过程多为连续操作，少数过程为间歇操作，所以流体在管内和设备内的流动多为定态流动，本节仅对定态流动进行讨论。

动画

测速管

## 二、流量与流速

### （一）流量

单位时间内流经设备或管道任一截面的流体数量称为流量。通常有两种表示方法。

1. 体积流量

单位时间内流经管道任一截面上的体积，称为体积流量，用符号 $q_{V,s}$ 或 $q_{V,h}$ 表示，单位为$m^3/s$或 $m^3/h$。

2. 质量流量

单位时间内流经管道任一截面上的质量，称为质量流量，用符号 $q_{m,s}$ 或 $q_{m,h}$ 表示，单位为kg/s或 kg/h。

体积流量与质量流量之间的关系为

$$q_{m,s}=\rho q_{V,s} \tag{1-17}$$



由于气体的体积随压强和温度的变化而变化，当气体流量以体积流量表示时，应注明压强和温度。

### （二）流速

1. 平均流速

流速是指流体质点在单位时间内、在流动方向上所流经的距离。实验证明，由于黏性的作用，流体流经管道截面上各点速度是沿半径变化的。工程上为了计算方便，通常以整个管道截面上的平均流速来表示流体在管道中的流速。平均流速的定义是：流体的体积流量 $q_{V,s}$除以管道的流通截面积 $A$，以符号 $u$ 表示，单位为 m/s。

体积流量与流速（平均流速）之间的关系为

$$u=\frac{q_{V,s}}{A} \tag{1-18}$$

质量流量与流速之间的关系为

$$q_{m,s}=\rho q_{V,s}=\rho uA \tag{1-19}$$

化工生产中常见到的管道流通截面为圆形，若以 $d_i$表示管道的内径，则式(1-18)可变为

$$u=\frac{q_{V,s}}{\frac{\pi}{4}d_i^2}$$

于是管道内径为

$$d_i=\sqrt{\frac{4q_{V,s}}{\pi u}} \tag{1-20}$$

流体输送管道的直径可根据流量和流速，用式(1-20)进行计算。流量一般为生产任务所决定，所以确定管径的关键在于选择合适的流速，详细内容可见第六节管路计算。

2. 质量流速

单位时间内流经管道单位面积的流体质量，称为质量流速，以符号 $G$ 表示，其单位

为kg/(m²·s)。

质量流速与质量流量及流速之间的关系为

$$G_s = \frac{q_{m,s}}{A} = \rho \cdot u \tag{1-21}$$

气体的体积流量是随压强和温度变化而变化，其流速将随之变化；但流体的质量流量是不变的，当管道截面积不发生变化时，质量流速不会变化，对气体，采用质量流速计算较为方便。

**[例 1-6]** 在一 $\phi$108 mm×4 mm 的钢管中输送压强为 202.66 kPa，温度为 100 ℃的空气。已知空气在标准状态下的体积流量为 1 300 m³/h。试求空气在管内的流速、质量流速、体积流量和质量流量。

**解**：首先要将空气在标准状态下的体积流量换算为操作状态下的体积流量。因压强不高，故可用理想气体状态方程进行计算。操作状态下的体积流量为

$$q_{V,s} = q_{V,s0}\left(\frac{T}{T_0}\right)\left(\frac{p_0}{p}\right) = \left(1\ 300 \times \frac{273+100}{273} \times \frac{101.325}{202.66}\right)\ \mathrm{m^3/h}$$

$$= 888\ \mathrm{m^3/h} = 0.247\ \mathrm{m^3/s}$$

管道直径的表示方法为 $\phi$108 mm×4 mm，即管外径为 108 mm，壁厚为 4 mm，则管内径为 108 mm−2×4 mm=100 mm=0.1 m。管内流速为

$$u = \frac{q_{V,s}}{A} = \frac{0.247}{\frac{\pi}{4} \times 0.1^2}\ \mathrm{m/s} = 31.5\ \mathrm{m/s}$$

空气的平均摩尔质量可取 29 g/mol，操作状态下的空气的平均密度为

$$\rho_m = \left(\frac{29}{22.4} \times \frac{273}{273+100} \times \frac{202.66}{101.325}\right)\ \mathrm{kg/m^3} = 1.895\ \mathrm{kg/m^3}$$

质量流速为

$$G_s = \rho u = (1.895 \times 31.5)\ \mathrm{kg/(m^2 \cdot s)} = 59.7\ \mathrm{kg/(m^2 \cdot s)}$$

质量流量为

$$q_{m,s} = q_{V,s}\,\rho = (0.247 \times 1.895)\ \mathrm{kg/s} = 0.468\ \mathrm{kg/s} = 1\ 685\ \mathrm{kg/h}$$

## 三、定态流动的物料衡算——连续性方程

定态流动系统的物料衡算为质量守恒定律在流体流动中的应用。如图 1-12 所示的管道，在管道上取截面 1-1′和 2-2′，截面积分别为 $A_1$ 和 $A_2$，流体从截面 1-1′流入，从截面 2-2′流出。流速分别为 $u_1$ 和 $u_2$，流体的密度分别为 $\rho_1$ 和 $\rho_2$。流体进入截面 $A_1$ 的体积流量为 $q_{V,s1}$，从截面 $A_2$ 流出的体积流量为 $q_{V,s2}$，则进入管道截面 1-1′及由截面2-2′流出的流体质量流量 $q_{m,s1}$ 和 $q_{m,s2}$ 分别为

$$q_{m,s1} = \rho_1 q_{V,s1} = \rho_1 u_1 A_1$$
$$q_{m,s2} = \rho_2 q_{V,s2} = \rho_2 u_2 A_2$$

由于流体为连续介质，它在管道内做定态流动时，不可能从管壁流出，在管内也不可

能出现任何缝隙。根据质量守恒定律，输入截面 1-1′的流体质量应与从截面 2-2′输出的流体质量相等，则应有

$$\rho_1 q_{V,s1}=\rho_2 q_{V,s2} \quad 或 \quad \rho_1 u_1 A_1=\rho_2 u_2 A_2 \tag{1-22a}$$

式(1-22a)为流体在管内做定态流动时的连续性方程。

对不可压缩流体，其密度在管道各个截面上均相同，即 $\rho_1=\rho_2$，上述的连续性方程又可写为

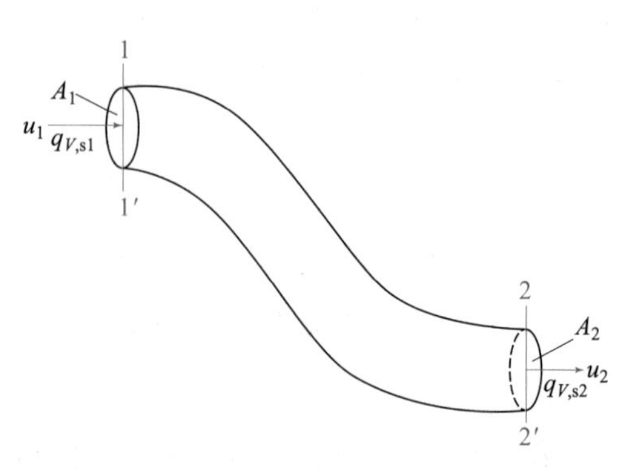

图 1-12 连续性方程推导



$$u_1 A_1=u_2 A_2 \quad 或 \quad \frac{u_1}{u_2}=\frac{A_2}{A_1} \tag{1-22b}$$

式(1-22b)说明了不可压缩流体在简单管路内做定态流动时，流过管路各截面上的体积流量相同，任意两截面上的平均流速与其截面积成反比。

对圆形管，$A=\frac{\pi}{4}d_i^2$，将其代入式(1-22b)，可得 $\frac{u_2}{u_1}=\left(\frac{d_1}{d_2}\right)^2$。由此可见，当流通截面为圆形时，平均流速与管内径平方成反比。

**［例 1-7］** 用压缩机压缩氨气，其进口管内径为 45 mm，氨气密度为 0.7 kg/m³，平均流速为 10 m/s。经压缩后，从内径为 25 mm 的出口管以 3 m/s 的平均流速送出。求通过压缩机的氨气质量流量及出口管内氨气的密度。

**解：** 设进口管内径为 $d_1$，进口管内氨气的流速为 $u_1$，氨气密度为 $\rho_1$；出口管内径为 $d_2$，出口管内氨气的流速为 $u_2$，氨气密度为 $\rho_2$。通过压缩机氨气的质量流量为

$$q_{m,s1}=\rho_1 u_1 A_1=\left(0.7\times10\times\frac{\pi}{4}\times0.045^2\right)\ \text{kg/s}=11.13\times10^{-3}\ \text{kg/s}$$

氨气为可压缩流体，压缩机进出口管的体积流量不一定相同，但其质量流量在系统内不会发生变化，因此出口管内的氨气密度可由式(1-22a)确定：

$$\rho_1 u_1 A_1=\rho_2 u_2 A_2$$

$$\rho_2=\frac{\rho_1 u_1 A_1}{u_2 A_2}=\frac{11.13\times10^{-3}}{3\times\frac{\pi}{4}\times0.025^2}\ \text{kg/m}^3=7.56\ \text{kg/m}^3$$

## 四、定态流动的能量衡算——伯努利方程

在流体流动中单位质量流体的机械能守恒的概念，最早是由伯努利(Bernoulli)提出来的。他根据牛顿第二定律，对恒密度流体在重力场中的定态流动进行分析，在没有外加机械功及不存在机械能耗散为热力学能的前提条件下，导出了流体机械能守恒方程，该方程就是著名的伯努利方程。目前，伯努利方程的推导方法有多种，下面介绍一种最为简单的方法，即能量衡算的方法。

### (一) 理想流体定态流动时的机械能衡算

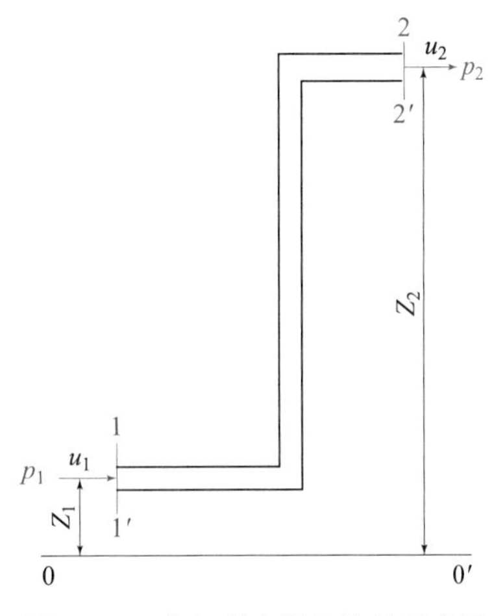


图 1-13　伯努利方程的推导示意图

在图 1-13 中所示的定态连续流动系统中，理想流体从截面 1-1′流入，经粗细不同的管道后，从截面 2-2′流出。

衡算范围：管道的内壁面、截面 1-1′与 2-2′之间。

衡算基准：1 kg 流体。

基准水平面：0-0′平面。

设　$u_1, u_2$——流体分别在截面 1-1′与 2-2′处的平均流速，m/s；

$p_1, p_2$——流体分别在截面 1-1′与 2-2′处的压强，Pa；

$Z_1, Z_2$——截面 1-1′与 2-2′的中心至基准水平面 0-0′的垂直距离，m；

$A_1, A_2$——截面 1-1′与 2-2′处的截面积，$m^2$；

$v_1, v_2$——流体分别在截面 1-1′与 2-2′处的比体积，$m^3/kg$。

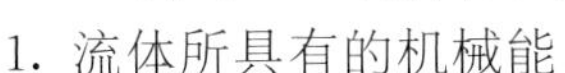

1. 流体所具有的机械能

物质所具有的能量有多种形式，在流体流动系统中，只需要考虑流体的机械能，即位能、动能和压力能。

(1) **位能**　位能是指流体因处于地球重力场内而具有的能量。确定位能的大小时，要规定一个水平基准面，如图 1-13 中的 0-0′面。若质量为 $m$ 的流体相对于水平基准面的垂直高度为 $Z$，则其位能相当于将质量为 $m$ 的流体，在重力场中自基准水平面升举到高度为 $Z$ 所做的功。即

$$位能 = mgZ \quad (J)$$

1 kg 流体在截面 1-1′和 2-2′处的位能分别为 $gZ_1$ 与 $gZ_2$，其单位为 J/kg。位能是一个相对值，其值大小随所选的基准水平面位置而定，在基准水平面上方的位能为正值，以下为负值。若不强调基准面，仅强调位能的绝对值是没有意义的。

(2) **动能**　动能是指流体以一定速度运动时具有的能量。质量为 $m$ 的流体从静止加速到平均流速为 $u$ 时，所具有的动能为

$$动能 = m\frac{u^2}{2} \quad (J)$$

1 kg 流体在截面 1-1′和 2-2′处的动能分别为$\frac{u_1^2}{2}$与$\frac{u_2^2}{2}$，其单位为 J/kg。

(3) **压力能**　固体运动时只考虑其位能和动能，而流体与其不同的是它还具有另一种能量形式——压力能。已知在静止流体内部任一处都有一定的静压强，流动着的流体内部在任何位置也都有一定的静压强。如果管内有液体流动，在管壁上开孔接一垂直的玻璃管，液体便会在玻璃管内上升一定的高度，如图 1-14 所示。上升的液柱高度就是运动的流体在该截面处的静压强的表现。

对于图 1-13 所示的流动系统，流体通过截面 1-1′时，由于该截面处流体具有一定的压力，这就需要对流体做相应的功，以克服这个压力，才能把流体推进系统中去。于是通过截面 1-1′的流体必定要带着与所需功相当的能量进入系统，流体所具有的这种能量称为压力能或流动功。

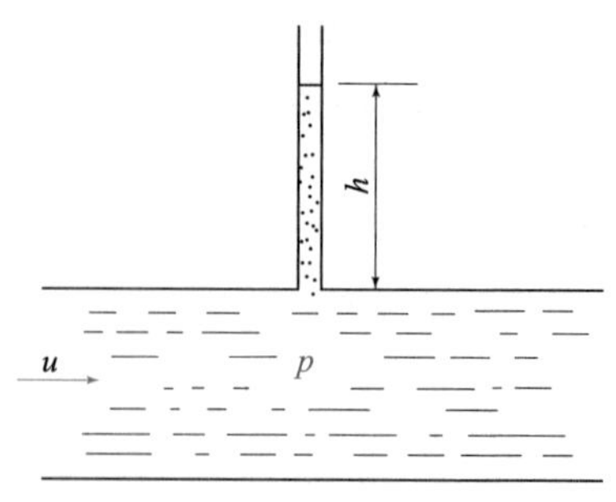

图 1-14　压力能的表现

设质量为 $m$、体积为 $V_1$ 的流体通过截面 1-1′，将该流体推进此截面所需的力为 $p_1A_1$，而流体通过此截面所走的距离为 $\frac{V_1}{A_1}$，则流体带入系统的压力能为



$$输入的静压能 = p_1A_1\frac{V_1}{A_1} = p_1V_1 \quad (\mathrm{J})$$

对 1 kg 流体，则

$$输入的静压能 = \frac{p_1V_1}{m} = p_1v_1 \quad (\mathrm{J/kg})$$

同理，1 kg 流体在截面 2-2′处的压力能为 $p_2v_2$，其单位为 J/kg。

由于流体的比体积与密度之间的关系为 $v=\frac{1}{\rho}$。所以 1 kg 流体在截面 1-1′和 2-2′处的压力能又分别可写为 $\frac{p_1}{\rho_1}$ 和 $\frac{p_2}{\rho_2}$。

2. 理想流体的机械能衡算——伯努利方程

根据以上分析可得出 1 kg 流体在截面 1-1′带入的总机械能 $E_入$ 为

$$E_入 = gZ_1 + \frac{u_1^2}{2} + \frac{p_1}{\rho_1}$$

1 kg 流体在截面 2-2′带出的总机械能 $E_出$ 为

$$E_出 = gZ_2 + \frac{u_2^2}{2} + \frac{p_2}{\rho_2}$$

根据能量守恒定律，对定态流动系统应有 $E_入 = E_出$，即

$$gZ_1 + \frac{u_1^2}{2} + \frac{p_1}{\rho_1} = gZ_2 + \frac{u_2^2}{2} + \frac{p_2}{\rho_2}$$

理想流体没有压缩性，其密度为常数，即 $\rho_1=\rho_2=\rho$，则

$$gZ_1 + \frac{u_1^2}{2} + \frac{p_1}{\rho} = gZ_2 + \frac{u_2^2}{2} + \frac{p_2}{\rho} \tag{1-23a}$$

也可写为如下形式：

$$\frac{u_1^2}{2}+\frac{p_{m1}}{\rho}=\frac{u_2^2}{2}+\frac{p_{m2}}{\rho} \qquad (1-23b)$$

式中$p_m/\rho$为1 kg流体的压力能与位能之和，为1 kg流体的总势能。

式(1-23a)和式(1-23b)就是著名的**伯努利方程**。根据以上推导过程可知，该式仅适用于不可压缩的理想流体做定态流动，以及流动过程中衡算范围内与外界无能量交换的情况。

3. 流体机械能之间的相互转换

由式(1-23a)可知，理想流体在管内做定态流动且与外界没有能量交换时，管路任一截面上单位质量流体所具有的动能、位能和压力能，即总机械能为一常数，即

$$gZ+\frac{u^2}{2}+\frac{p}{\rho}=C$$

小贴士

由于各种形式的机械能在流动过程中可以相互转换，如动能与压力能之间的转换，位能与压力能之间的转换，所以每一种形式的机械能在各截面上不一定相等。

想一想

日常生活中所见的流体流动有哪些与位能、动能、压力能之间转换有关。

**(二) 实际流体定态流动时的机械能衡算**

实际流体在图1-15管路流动，若在截面1-1′和2-2′之间对其做能量衡算，除了要考虑各截面上流体自身带有的机械能(动能、位能、压力能)外，还要考虑流动过程中损失能量和流体输送机械的外加能量。

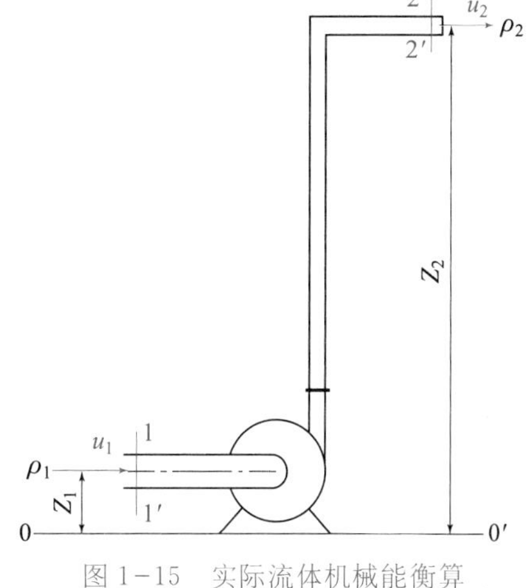

图1-15 实际流体机械能衡算

1. 损失能量

实际流体具有黏性，流动时有阻力，为克服此流动阻力而消耗了流体一部分机械能，这部分机械能转变成热，使得流体温度略微升高，而不能直接用于流体的输送。因此从实用上讲，可认为这部分机械能是损失掉了，常称为**损失能量**。我们将1 kg流体在系统中流动时，因克服流动阻力而损失的能量用符号$\sum h_f$表示，其单位为J/kg。

2. 外加能量

图1-15中截面1-1′和2-2′之间安装有流体输送机械，输送机械的作用就是将机械能输送给流体，使得流体的机械能增加。我们将1 kg流体通过泵或其他流体输送机械后

所获得的能量，称为**外加能量**，以 $W_e$ 表示，其单位为 J/kg。

由上述可知，实际流体做定态流动时的能量衡算式为

$$\frac{u_1^2}{2}+\frac{p_1}{\rho}+gZ_1+W_e=\frac{u_2^2}{2}+\frac{p_2}{\rho}+gZ_2+\sum h_f \tag{1-24a}$$

或

$$\frac{u_1^2}{2}+\frac{p_{m1}}{\rho}+W_e=\frac{u_2^2}{2}+\frac{p_{m2}}{\rho}+\sum h_f \tag{1-24b}$$

式(1-24a)或式(1-24b)是伯努利方程的引申，习惯上也称为伯努利方程。

**(三) 伯努利方程的讨论**

(1) 式(1-24a)和式(1-24b)中的各项单位均为 J/kg，表示单位质量流体所具有的能量，这里应注意 $gZ$，$\frac{u^2}{2}$，$\frac{p}{\rho}$ 与 $W_e$，$\sum h_f$ 的区别。前三项指的是在某截面上流体自身所具有的机械能，而后两项为流体在两截面之间与外界交换的能量。其中损失能量 $\sum h_f$ 永远为正值，外加能量 $W_e$ 是输送机械对单位质量流体做的有效功，是决定流体输送设备的重要数据。单位时间输送设备所做的有效功称为**有效功率**，以 $N_e$ 表示，即

$$N_e=q_{m,s}\cdot W_e \tag{1-25}$$

式中 $q_{m,s}$ 为流体的质量流量，所以有效功率 $N_e$ 的单位为 J/s 或 W。

(2) 以上所述伯努利方程中的各项均为单位质量流体所具有的能量，是以 1 kg 流体为衡算基准的，若衡算基准不同，式(1-24b)可变为以下两种形式：

① 以单位重量流体为衡算基准。是将式(1-24b)中各项同除以重力加速度 $g$，可得

$$\frac{u_1^2}{2g}+\frac{p_{m1}}{\rho g}+H_e=\frac{u_2^2}{2g}+\frac{p_{m2}}{\rho g}+\sum H_f \tag{1-26}$$

式(1-26)中 $H_e=\frac{W_e}{g}$，$\sum H_f=\frac{\sum h_f}{g}$。不难发现式中各项的单位为 J/N，它表示各项为单位重量流体所具有的能量。其单位还可以简化为 m，是高度单位，因此，式中各项的物理意义可表示：单位重量流体所具有的机械能可以把它自身从水平基准面升举的高度。工程上将 $\frac{u^2}{2g}$，$Z$，$\frac{p}{\rho g}$ 与 $\sum H_f$ 分别称为动压头、位压头、静压头与压头损失，而 $H_e$ 则称为输送设备对流体提供的外加压头或有效压头，它表示 1 N 流体通过流体输送机械所获得的能量。

② 以单位体积流体为衡算基准。对于气体输送，以单位体积气体作为衡算基准较为方便，将式(1-24b)中各项同时乘以流体密度 $\rho$，即可得到

$$p_{m1}+\frac{u_1^2}{2}\rho+H_T=p_{m2}+\frac{u_2^2}{2}\rho+\sum\Delta p_f \tag{1-27}$$

式(1-27)中 $H_T=W_e\cdot\rho$，$\sum\Delta p_f=\sum h_f\cdot\rho$，分别称为风压和压强降，各项单位为 $J/m^3$ 或 Pa，它表示单位体积气体所具有的能量。风压则指的是单位体积气体通过输送机械后所获得的能量。

在应用伯努利方程时，需要使用哪一种衡算基准形式，应根据具体情况确定。

(3) 以上伯努利方程是对不可压缩流体流动进行推导的，而对可压缩流体，若所选系统两截面之间的绝对压强变化小于原来绝对压强的 20%$\left(\text{即}\dfrac{p_1-p_2}{p_1}\times 100\%<20\%\right)$时，伯努利方程仍可应用，但公式中的流体密度必须要用两截面之间流体的平均密度 $\rho_m$ 代替，这种处理方法所导致的误差，在化工计算上是允许的。

(4) 若系统内流体是静止的，则 $u=0$；流体没有运动，自然没有流动阻力，$\sum h_f=0$；由于流体保持静止状态，也无需外功加入，即 $W_e=0$。于是式(1-24a)就变为

$$gZ_1+\frac{p_1}{\rho}=gZ_2+\frac{p_2}{\rho}$$

即

$$p_{m1}=p_{m2}$$

上式与流体静力学基本方程无异。由此可见，伯努利方程除表示流体的流动规律外，还表示了流体静止状态的规律，而流体静止状态只不过是流动状态的一种特殊形式。

**(四) 伯努利方程应用**

1. 伯努利方程应用注意事项

伯努利方程是化工生产中用来分析、计算各种流体流动问题的重要公式，学会使用伯努利方程，对今后工作中处理流体流动问题具有重要的实用意义。下面首先对方程在应用时要注意的问题作几点说明。

(1) 作图与确定衡算范围　根据生产要求画出流动系统的示意图，指明流体的流动方向和上下游的截面，以明确流动系统的衡算范围。

(2) 截面的选取　两截面应与流动方向相垂直，两截面间的流体必须是连续的。所求的未知量应在两截面之间或在截面上，截面上的 $Z$、$u$、$p$ 等有关物理量，除所需求取的未知量以外，都应该是已知或通过其他关系可以计算出来的。方程式中的能量损失指的是流体在两个截面之间流动的能量损失。习惯上是以 1-1′表示上游截面，2-2′表示下游截面。

(3) 基准水平面的选择　伯努利方程中的 $Z$ 值的大小与所选的水平基准面有关。由于实际过程中主要是确定两截面上的位能差，所以基准水平面的选择是任意的，但是水平基准面必须与地平面平行，而两个截面必须是同一个水平基准面。为了使列出的方程尽量简单，通常取水平基准面通过衡算范围的两个截面中任意一个截面，一般是选在位置较低的截面，当截面与地面平行时，则基准面与该截面重合；若截面与地面垂直，则基准面通过该截面的中心。

(4) 单位必须一致　在应用伯努利方程之前，必须要将有关物理量换算成一致的单位，然后再进行计算。两截面上的压强除单位要求一致外，还要求表示方法一致，就是说两截面上的压强要同时用绝对压强，也可以同时用表压表示。绝对不允许在一个截面上用绝对压强，而另一个截面上用表压。

2. 伯努利方程应用示例

(1) 确定管路中流体的流量　对一定的管路，若没有流量测量装置，就无法得知管路中流体的输送量，此时可利用管路中其他参数，如 $Z$、$p$ 等，对系统列出伯努利方程，即可

估算管路的流体输送量。

**［例 1-8］** 为测量管路中水的流量，将管路中的一段做成如图 1-16 所示的异径管形式。U 形管压差计中的指示液为水银，其密度为 13 600 kg/m³，读得 $R=251$ mm。异径管的大管内径为 100 mm，小管内径为 50 mm，已测得 $AB$ 两截面之间的异径管阻力为 $\sum h_{\mathrm{f}}=0.15u_B^2$，管内水的密度按 1 000 kg/m³ 计。试求：管内水的流量为多少(m³/h)？

**解：** 根据题意知 $Z_A=Z_B$，$\sum h_{\mathrm{f}}=0.15u_B^2$，由连续性方程可得：$u_A=u_B\left(\dfrac{d_B}{d_A}\right)^2$，即

$$u_A=u_B\left(\frac{50}{100}\right)^2=0.25u_B$$

由 U 形管压差计计算式可得 $A$、$B$ 两截面的压强差为

$$\begin{aligned}p_A-p_B&=R(\rho_i-\rho)g\\&=[0.251\times(13\ 600-1\ 000)\times9.81]\ \mathrm{Pa}\\&=31\ 025\ \mathrm{Pa}\end{aligned}$$

图 1-16　［例 1-8］附图

对 $A$、$B$ 两截面列伯努利方程，可得

$$\frac{p_A}{\rho}+\frac{u_A^2}{2}=\frac{p_B}{\rho}+\frac{u_B^2}{2}+\sum h_{\mathrm{f}}$$

$$\frac{u_B^2}{2}+0.15u_B^2-\frac{(0.25u_B)^2}{2}=\frac{R\ (\rho_i-\rho)g}{\rho}$$

$$u_B^2=\frac{31\ 025}{1\ 000\times0.618\ 75}\ \mathrm{m^2/s^2}=50.141\ \mathrm{m^2/s^2}$$

$$u_B=7.08\ \mathrm{m/s}$$

$$q_{V,\mathrm{h}}=(7.08\times0.785\times0.05^2\times3\ 600)\ \mathrm{m^3/h}=50.02\ \mathrm{m^3/h}$$

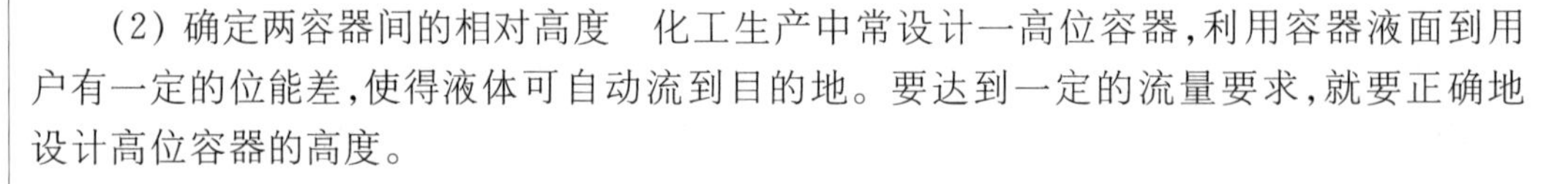

(2) 确定两容器间的相对高度　化工生产中常设计一高位容器，利用容器液面到用户有一定的位能差，使得液体可自动流到目的地。要达到一定的流量要求，就要正确地设计高位容器的高度。

**［例 1-9］** 如图 1-17 所示，要将水塔中水送到所需要的地方。要求输水量为 8 m³/h，输送管路的内径为 33 mm，图中管路出口阀前有一个压力表，操作时压力表上的读数为 $40\times10^3$ Pa，从水塔到压力表之间管路的流体能量损失在流量为 8 m³/h 时为 30 J/kg，试求水塔液面比地面至少要高出多少(m)？

**解：** 已知截面 1-1′上 $u_1\approx0$，$p_1=0$(表)，$Z_1=h$，$W_{\mathrm{e}}=0$，截面 2-2′上 $p_2=40\times10^3$ Pa(表)，$\sum h_{\mathrm{f}}=30$ J/kg，$u_2=\dfrac{4\times8}{3\ 600\times\pi\times0.033^2}$ m/s $=2.6$ m/s，以地面为基准面 $Z_2=1.2$ m。对两截面列伯努利方程：

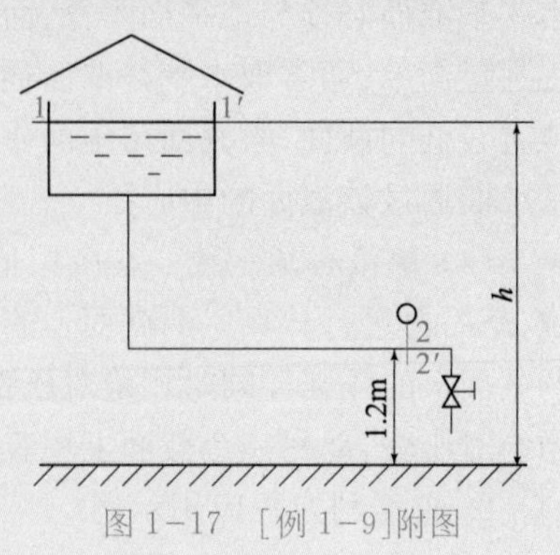


图 1-17　［例 1-9］附图

$$gZ_1=gZ_2+\frac{u_2^2}{2}+\frac{p_2}{\rho}+\sum h_{\mathrm{f}}$$

$$\begin{aligned}h=Z_1&=Z_2+\frac{u_2^2}{2g}+\frac{p_2}{\rho g}+\frac{\sum h_{\mathrm{f}}}{g}\\&=\left(1.2+\frac{2.6^2}{2\times9.81}+\frac{40\times10^3}{1\ 000\times9.81}+\frac{30}{9.81}\right)\ \mathrm{m}\\&=8.68\ \mathrm{m}\end{aligned}$$

(3) 确定输送设备的有效功率　化工生产中常见的液体输送和气体输送,需要用泵或通风机向流体加入能量,以增加流体的势能或用来克服流体在管路中流动的能量损失。确定输送机械的外加能量或有效功率的多少,是流体流动计算中要解决的问题。

**[例 1-10]**　要将江水用泵送到贮水池中去,如图 1-18 所示。已知贮水池中水面要比江面高出 4 m,从江边到贮水池的全部管路阻力损失为 200 J/kg,若要求每小时输送水量为 300 m³,试求泵提供的有效功率为多少(kW)?

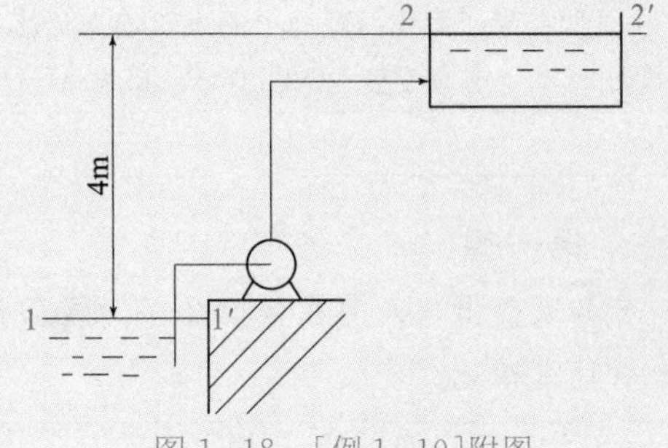

图 1-18　[例 1-10]附图

**解:** 取江面为截面 1-1′,贮水池水面为截面2-2′,有

$p_1=0$(表),$u_1\approx 0$,$Z_1=0$,$p_2=0$(表),$u_2\approx 0$,$Z_2=4$ m,$\sum h_f=200$ J/kg,求泵外加能量 $W_e$:

对截面 1-1′与截面 2-2′之间列出伯努利方程:

$$W_e = gZ_2+\sum h_f = 4\times 9.81\ \text{J/kg}+200\ \text{J/kg}=239\ \text{J/kg}$$

求有效功率 $N_e$:

$$N_e = W_e q_{m,s} = 239\times\frac{300\times 1\,000}{3\,600}\ \text{W} = 19\,917\ \text{W}\approx 19.92\ \text{kW}$$

(4) 确定管路中流体的压强　设备内或管路某一截面上的压强,是化工设计计算中的重要参数,正确地确定其压强,是流体能按指定工艺要求顺利送达目的地的保证。

**[例 1-11]**　水在图 1-19 所示的虹吸管中做定态流动,管路直径没有变化,水流经管路的能量损失可以忽略不计,试计算截面 2-2′、3-3′处的压强。当地大气压为760 mmHg。

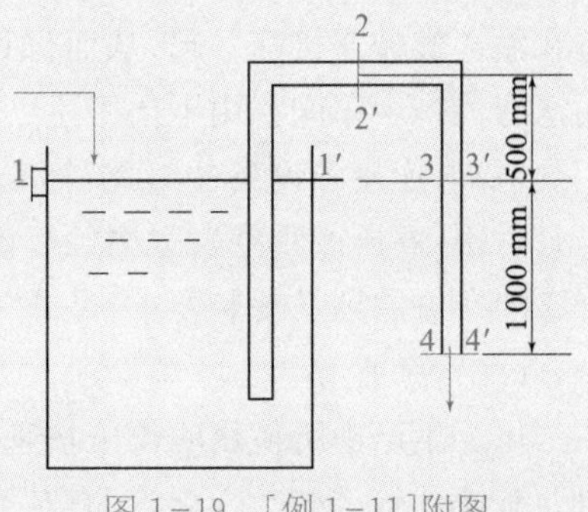

图 1-19　[例 1-11]附图

**解:** 为计算管内各截面上的压强,应首先计算管内水的流速。先在贮槽水面 1-1′及出口内侧 4-4′截面之间列伯努利方程。并以截面 4-4′为基准水平面。由于管路的能量损失可忽略不计,即$\sum h_f=0$,故伯努利方程可写为

$$gZ_1+\frac{u_1^2}{2}+\frac{p_1}{\rho}=gZ_4+\frac{u_4^2}{2}+\frac{p_4}{\rho}$$

式中,$Z_1=1.0$ m,$Z_4=0$,$p_1=0$(表),$p_4=0$(表),$u_1\approx 0$。

将上列数值代入上式,并简化得

$$9.81\times 1=\frac{u_4^2}{2}\ ,\quad u_4=4.43\ \text{m/s}$$

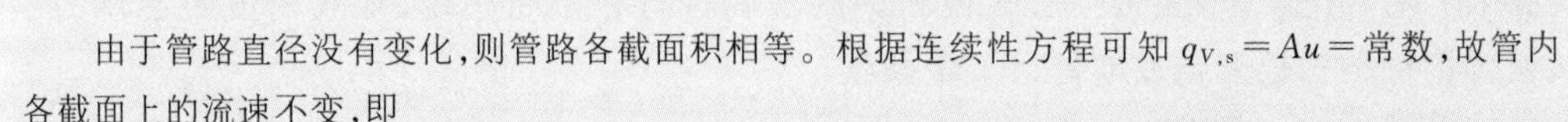

由于管路直径没有变化,则管路各截面积相等。根据连续性方程可知 $q_{V,s}=Au=$常数,故管内各截面上的流速不变,即

$$u_2=u_3=u_4=4.43\ \text{m/s}$$

对截面 2-2′及管出口内侧截面 4-4′列伯努利方程,并以截面 4-4′为基准水平面,则 $Z_2=1.5$ m。截面2-2′的表压为

$$p_2 = -gZ_2\rho = (-9.81 \times 1.5 \times 1\ 000)\ \text{Pa} = -14\ 715\ \text{Pa}$$

对截面3-3′及管出口内侧截面4-4′列伯努利方程，并以截面4-4′为基准水平面，则 $Z_3=1$ m。截面3-3′的表压为

$$p_3 = -gZ_3\rho = (-9.81 \times 1 \times 1\ 000)\ \text{Pa} = -9\ 810\ \text{Pa}$$

由计算结果可得出两截面上的表压均为负值，说明两截面上的压强均是低于当地大气压的真空度，截面2-2′上的真空度为14 715 Pa，截面3-3′上的真空度为9 810 Pa。

**想一想**

若虹吸管出口高度在截面3-3′处，容器中水是否能自动流出？若要流量大一些，应采取什么措施？



## 第五节　管内流动阻力

流体在管内的流动阻力分为两大类：直管阻力和局部阻力。**直管阻力**就是流体在一定的管道中流动时，为克服流体的黏性阻力而消耗的能量，亦可称为沿程阻力。**局部阻力**是流体流过管件、阀件时，因流体的流速和方向发生改变而损失的能量。在没有讨论管路阻力如何计算之前，要首先对化工管路的构成有所了解。

### 一、化工管路

化工管路主要是由管子、管件和阀件构成，它在化工生产中像“血管”一样将各种设备和输送机械连接在一起，从而保证了流体从一个设备输送到另一个设备，从一个车间输送到另一个车间。由于化工生产中所输送物料的种类、输送量及所处的工艺条件不尽相同，要求连接各设备的管路除满足工艺要求的输送量以外，还要满足耐温（高温或低温）、耐压（高压或真空）、耐腐蚀等性能的要求。因此了解化工管路的构成、管子的选用、管路的布置原则及安装要求，是非常必要的。

(一) 管子

化工生产中所使用的管子按管材的不同可分为金属管、非金属管和复合管。金属管主要有铸铁管、钢管、合金管、有色金属管，有色金属管又可分为紫铜管、黄铜管、铅管及铝管等。非金属管有陶瓷管、水泥管、塑料管及橡胶管等。复合管则是由金属与非金属材料复合而成的管子，如在金属管内衬以搪瓷、橡胶等材料，这样能同时满足强度和防腐的要求。随着化学工业的发展，各种新型的耐腐蚀材料不断出现，如高密度聚乙烯等有机聚合物材料管越来越多地替代了金属管。

1. 钢管

按结构可分为无缝钢管和有缝钢管。

(1) 无缝钢管　无缝钢管是用棒料钢材经穿孔热轧和冷拔制成，故有热轧管和冷拔管之分。用于制造无缝钢管的材料有普通碳素钢、优质碳素钢、低合金钢、普通合金钢及

不锈耐热钢等，其特点是质地均匀、强度高。碳钢管可用于压强较高且无腐蚀性的流体输送，其极限温度为435 ℃；低合金钢管、普通合金钢管及不锈耐热钢管则可用于腐蚀性较强或高温(900～950 ℃)流体的输送；无缝钢管也是制作换热器、蒸发器、裂解炉等化工设备的主要材料。

无缝钢管的规格用 $\phi$ 外径(mm)×壁厚(mm)的形式表示，如管子的规格为 $\phi$68 mm×3 mm，指的外径为 68 mm，壁厚为 3 mm，而实际内径为 62 mm。其规格见附录。

(2) 有缝钢管　又称为焊接钢管。有缝钢管多用低碳钢制成，分为水煤气钢管、直缝电焊钢管和螺旋电焊钢管三种。

水煤气钢管适用于水、煤气、蒸汽及一些腐蚀性很低的液体、空气的输送。按表面是否处理来分，有镀锌管和黑铁管(不镀锌)两种；根据能够承受压力的大小，又可分为普通管和加厚管，普通管的极限工作压力为 1 MPa(表压)，加厚管的极限工作压力为1.6 MPa(表压)。其规格用公称口径(直径)DN(mm)表示，公称口径 DN 不是管内径，也不是管外径，它是一个与管内径相近的值，有缝钢管的规格习惯上也用 in(英寸)表示。如 DN25 的水煤气钢管，也可以表示为1″(1 英寸)，其外径为 33.5 mm，其中普通管的壁厚为 3.25 mm，内径为27 mm，而加厚管的壁厚为 4 mm，内径为 25.5 mm。有缝钢管的规格见附录。

直缝电焊钢管和螺旋电焊钢管是用钢板焊制而成，它适用于直径要求较大而壁厚较薄的情况，因此，它在工业中使用很少。

2. 铸铁管

铸铁管主要有普通铸铁管和硅铸铁管。

普通铸铁管由上等灰铸铁铸造而成，有价格低廉、耐浓硫酸和碱腐蚀的优点，但强度差、性脆、紧密性差、壁厚且笨重。它仅适用于地下给水总管、煤气总管、地下污水管等。

硅铸铁管分为高硅铁管和抗氯铸铁管。高硅铁管具有抗硫酸、硝酸和温度为 573 K 以下盐酸等强腐蚀的优点；抗氯铸铁管具有抗各种温度和浓度盐酸腐蚀的优点。硅铸铁管硬度高、性脆，在敲击、剧冷或剧热的条件下极易破裂，机械强度低，只能在 0.25 MPa(表压)以下使用。

一种直径的铸铁管只有一个壁厚，所以铸铁管的规格常用 $\phi$ 内径(mm)表示。如 $\phi$100 mm 的铸铁管，表示铸铁管的内径为 100 mm。

3. 有色金属管

用有色金属材料制造的管子称为有色金属管，有紫铜管、黄铜管、铅管及铝管等。

(1) 紫铜管和黄铜管　导热性能好，低温下冲击韧性好，适用于制造换热器所用的换热管及低温流体输送管(但不能作为氨的输送管)，在海水输送管路中也广泛应用；另外由于紫铜管易于弯曲成型，故常用于油压系统和润滑系统来输送有压液体。其不足之处是不能在操作温度高于 523 K 和高压的情况下使用。

(2) 铅管　性软，易于锻制和焊接，工业上主要用于硫酸及稀盐酸的输送，但不能用于浓盐酸、硝酸及乙酸的输送。但其机械强度差，性软而笨重，耐热性能差(最高工作温度为 423 K)，导热性能差。目前化学工业中已很少使用，逐步被耐酸合金钢管及工程塑料管取代。

(3) 铝管　有较好的耐酸性，导热性能好，质量轻，但不耐碱和含有氯离子的化合物。

广泛应用于浓硫酸、浓硝酸、甲酸和醋酸的输送，也用于制造换热器。必须注意的是：当工作温度超过 433 K 时，不宜在较高的压力下使用。

有色金属管的规格一般用 $\phi$ 内径(mm)×壁厚(mm)来表示。

4. 非金属管

非金属管有水泥管、陶瓷管、玻璃管、塑料管及橡胶管等，化工生产中常用的有陶瓷管、塑料管和橡胶管。

(1) 陶瓷管　陶瓷管的耐腐蚀性好，除氢氟酸以外的所有酸碱物料均可输送，但性脆、机械强度低，不耐压和不耐温度剧变，在工业生产中主要用于输送压力低于 0.2 MPa，温度低于 423 K 的腐蚀性流体，多用于输送腐蚀性污水。

(2) 塑料管　塑料管的种类很多，常用的有聚氯乙烯管、聚乙烯管、增强塑料管(玻璃钢管)等。其共同特点为质量轻、抗腐蚀性好、易于加工，但耐热性能差，强度低。一般用于常温常压条件下的酸碱输送，也用于蒸馏水和去离子水的输送。



(3) 橡胶管　能耐酸碱，抗腐蚀性好，有弹性，可任意弯曲，但易老化。橡胶管主要用于临时性管道，但要注意不能用于硝酸、有机酸及石油产品的输送。

**(二) 管件与阀件**

1. 管件

管件为管与管之间的连接部件。它主要用在改变管路流向、连接管路支路、改变管路直径、延长管路、堵塞管路五种情况。

用于改变管路流向的管件有 90°弯头、45°弯头、180°回弯头等；

用于连接管路支路的管件有三通、四通等；

用于改变管路直径的管件有异径管(大小头)、内外螺纹接头(补芯)等；

用于延长管路的管件有管箍(俗称轴节、管接头等)、活接头、法兰等；

用于堵塞管路的管件有管帽、丝堵、盲板等。管帽、丝堵用于螺纹连接管路，盲板用于法兰连接管路。

常见的管件如图 1-20 所示。

2. 阀件

在管路中用作调节流量，启闭或切换管路及对管路起安全、控制作用的机械装置称为**阀件**，通常称为**阀门**。根据阀门在管路中的作用不同可将其分为截止阀、节流阀、止回阀、安全阀等；根据阀门的结构形式不同可将其分为闸阀、旋塞(常称考克)、球阀、蝶阀、隔膜阀等；根据制造阀门的材质不同可将其分为铸铁阀、不锈钢阀、塑料阀及陶瓷阀等；按启动力来源可将其分为他动启闭阀和自动启闭阀，他动启闭阀又有手动、气动和电动之分。各种阀门的选用和规格可从有关手册和样本中查到。下面仅对化工生产中常见的几种阀作简单的介绍。

(1) 闸阀　也称为闸板阀，其结构如图 1-21 所示。主要部分是安装在阀体内的闸板，通过转动手轮，使得连接在阀杆上的闸板在阀体内上升或下降，以达到启闭管路的目的。闸阀形体较大，造价较高，密封面容易磨损。但全开时流体阻力小，密封性能较好，多用于大直径管路作为启闭阀，也适宜用作放空阀及真空系统的阀门。但不适宜用作调节流量和用于含有固体颗粒的极易沉降物料的管路上，以免引起密封面磨损和影响闸板的闭合。

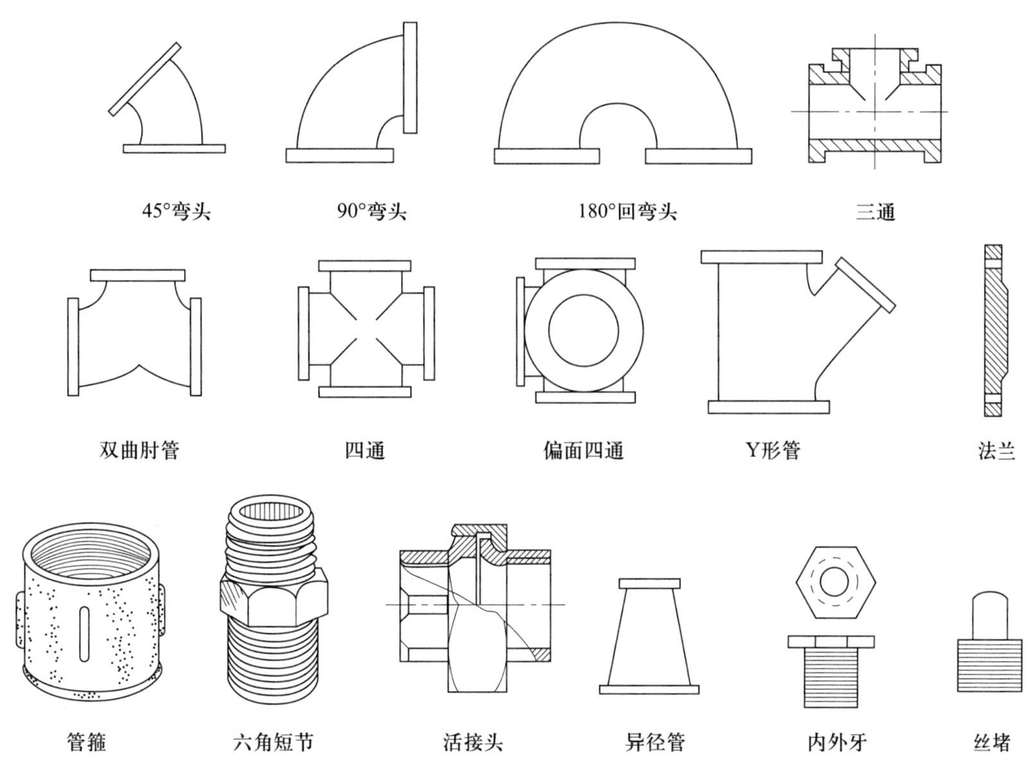

图 1-20　常见的管件

(2) 截止阀　截止阀又称为球心阀，结构如图 1-22 所示。主要部分是圆形阀盘和阀座，流体自下而上通过阀座。它也是通过转动手轮来带动阀杆上下移动，使得与阀杆连接的圆形阀盘上升或下降，由此改变其与阀座之间的距离，以启闭管路和调节流量。截止阀与闸阀相比，调节性能好，多用于流量调节。但流体阻力大，也不宜用于黏度大含有颗粒易沉淀的介质，也不宜用作放空阀及真空系统的阀门。

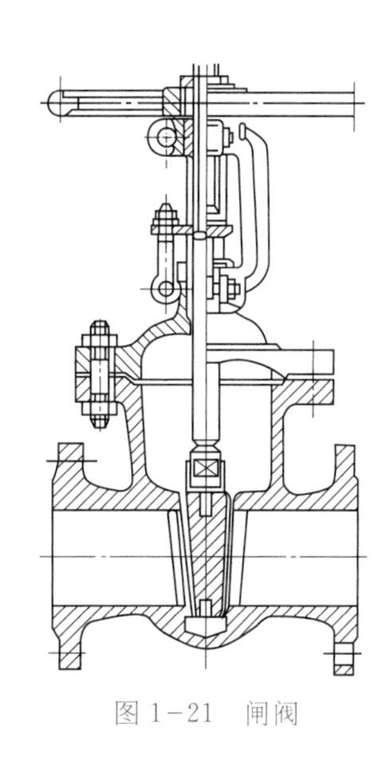
图 1-21　闸阀

节流阀是截止阀的一种，其结构与截止阀相似，如图 1-23 所示。所不同的是阀座的口径小，用一个圆锥或流线形的阀芯代替圆形阀盘，可以较好地控制和调节流体流量，或进行节流调压等。节流阀的外形尺寸小、质量轻、调节性较盘形节流阀好，但调节精度不高。适用于温度较低、压力较高的介质，以及需要调节流量和压力的部位，但不宜用于黏度大含有颗粒易沉淀的介质，不宜作隔断阀。

安装截止阀时要注意流体流向与截止阀指定的方向一致。

(3) 旋塞　又称为考克，结构如图 1-24 所示。它是在阀体内插入一个中间有穿孔的圆锥形旋塞作为阀芯，利用旋塞的转动来启闭管路和调节流量，旋塞的启闭常用手柄

动画

闸阀

动画

截止阀

动画

旋塞阀

动画

固定球阀和液控水电球阀

动画

三通球阀

而不用手轮，将手柄转动 90°即可使旋塞全开或全关。旋塞结构简单，开关迅速，操作方便，流体阻力小，零部件少，质量轻。适用于温度较低、黏度较大的流体，一般不适用于蒸汽和温度较高的流体。

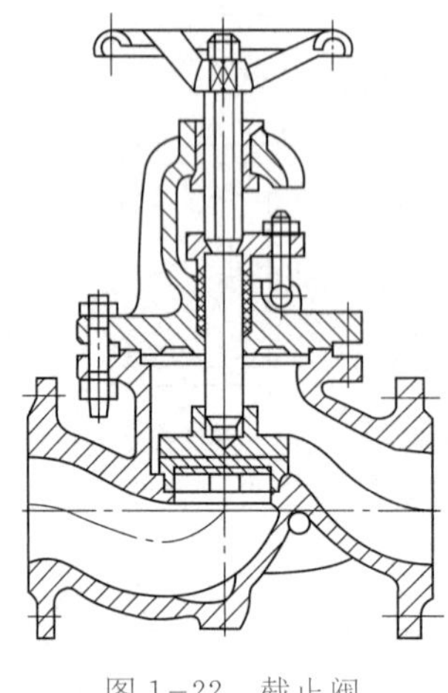

图 1-22　截止阀

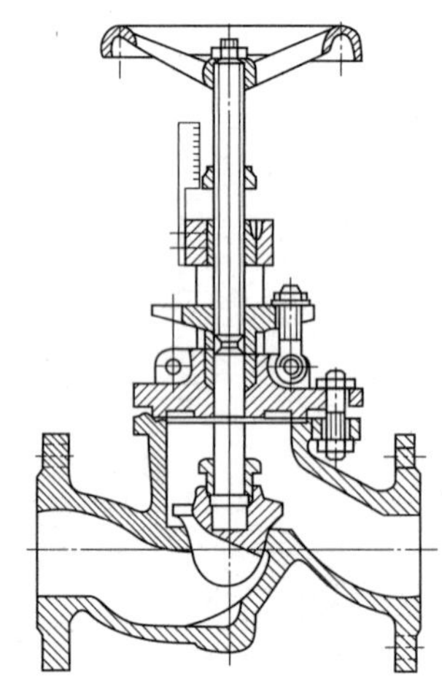

图 1-23　节流阀

(4) 球阀　结构与旋塞相似，如图 1-25 所示，所不同的是利用一个中间开孔的球体作为阀芯，依靠球体的旋转来控制阀门的开启和关闭，图中的球阀处于全开状态。球阀的特点也与旋塞相似，只是密封面比旋塞易于加工而不易擦伤。适用于低温、高压及黏度大的流体和要求开关迅速的部位，不能用作调节流量。

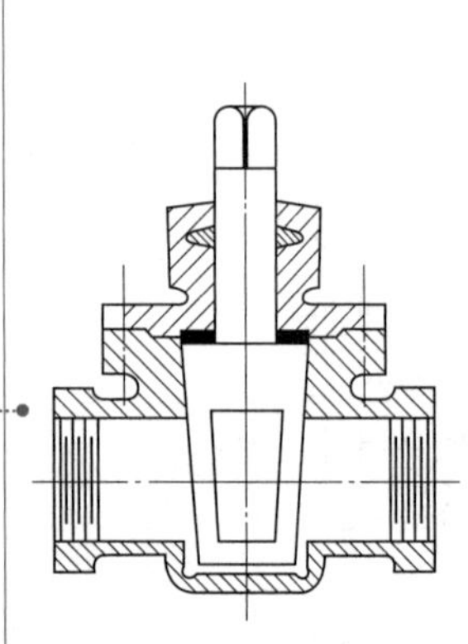

图 1-24　旋塞

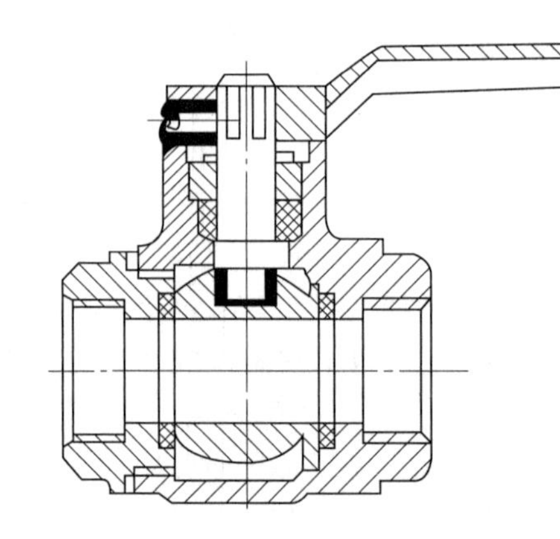

图 1-25　球阀

(5) 隔膜阀　如图 1-26 所示为常见的隔膜阀，用一块特制的橡胶膜片，置于阀体与阀盖之间，关闭时，阀杆下的圆盘将膜片紧紧压在阀体上达到截流的目的。隔膜阀结构简单，密封性能好，流体阻力小，适用于输送与橡胶没有相互作用的流体和含有悬浮物的流体。

(6) 止回阀　又称为单向阀，按结构可分为升降式和摇板式两种，图 1-27 所示的止回阀为摇板式。它是利用阀前后的压强差启闭的阀门，其作用是只允许流体向一个方向流动，而不允许流体朝着反方向流动。一般不适用于含颗粒和黏度大的流体，安装时同截止阀一样要注意流体流向和安装方位。

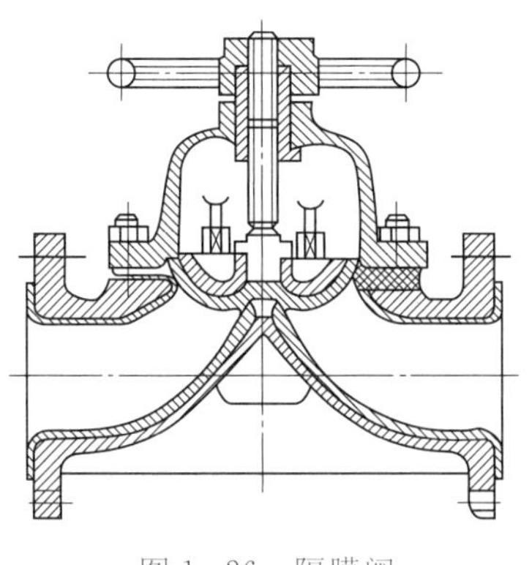

图 1-26　隔膜阀

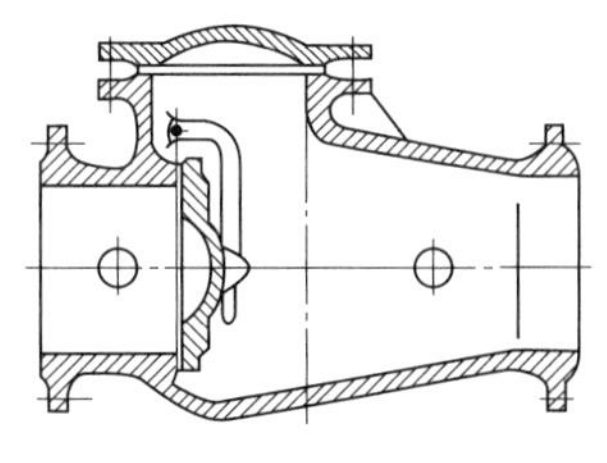

图 1-27　止回阀

(7) 安全阀　安全阀是用来防止管路或设备中压力超过规定的指标的装置。当工作压力超过规定值时,阀门可自动开启,以排出流体达到泄压目的,当压力达到规定的指标后,阀门又自动关闭,用此来保证化工生产的安全。

安全阀可分为两种类型:弹簧式和重锤式。如图 1-28 所示为弹簧式安全阀。弹簧式安全阀主要依靠弹簧的作用力达到密封效果,当设备内压力超过弹簧的弹力时,阀门被流体顶开,流体排出,设备压力降低。当设备或管内的压力降到与弹簧压力平衡时,阀门重新关闭。而重锤式安全阀是靠杠杆上重锤的作用力来达到密封效果,作用过程与弹簧式安全阀相同。

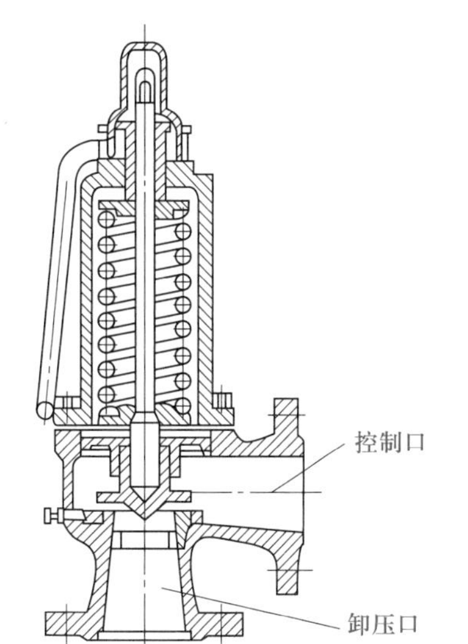


图 1-28　弹簧式安全阀

以上所述的闸阀、截止阀、旋塞、球阀、隔膜阀为他动启闭阀,止回阀、安全阀为自动启闭阀。

**(三) 化工管路的连接方式与布置原则**

1. 化工管路的连接方式

管路的连接包括管子与管子的连接,管子与管件、阀门及各种设备接口之间的连接。目前普遍采用的连接方式有法兰连接、螺纹连接、焊接连接及承插式连接。

(1) 法兰连接　如图 1-29 所示,这是一种可拆式的连接,是化工管路最常用的连接方法。它由法兰盘、垫片、螺栓和螺母组成,法兰盘与管子通过焊接而连接在一起。这种连接简单、便宜、牢固且严密,多用于无缝钢管、大直径有缝钢管和有色金属管的连接。

(2) 螺纹连接　如图 1-30 所示,这也是一种可拆式的连接,它由管箍、弯头等各种带有螺纹的管件及拆卸方便的活接头组成。螺纹连接是靠螺纹之间的咬合及在螺纹之间加敷密封材料来达到密封的目的,因此,其密封可靠性较低,使用压力和温度不宜过高。多用于DN≤50 mm的管子连接,常见于水、煤气管路、压缩空气管路及低压水蒸气管路中。

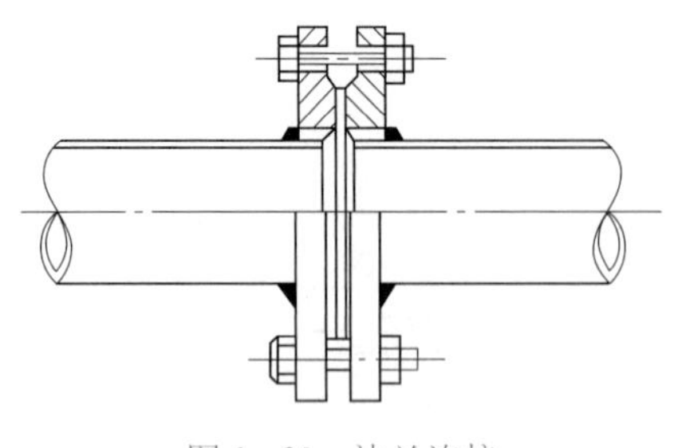

图 1-29　法兰连接

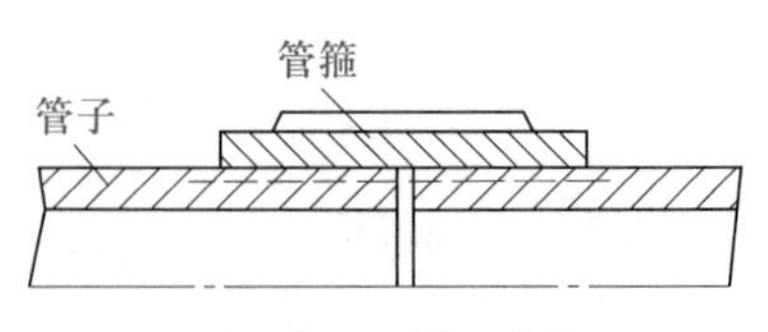


图 1-30　螺纹连接

(3) 焊接连接　焊接连接是用焊接的方法将管子与管子、管子与三通、弯头等管件连成一体的连接方式。这种连接结构简单，密封可靠，安装方便，广泛地应用于钢管、有色金属管及塑料管的连接。但由于它是一种不可拆卸的连接，给清理检修工作带来不便，所以对需要经常拆卸的管路或不允许动火的场合，不宜采用焊接连接法。

管路的焊接有对焊、搭焊、加衬环对接焊、加管箍焊接等方法，如图 1-31 所示，实际工作中可根据管路材料和施工要求合理选择。

(4) 承插式连接　对于铸铁管、水泥管和陶瓷管常采用承插式连接。用承插式连接的管子的一端做成口径较大的钟形插套，另一端做成平头，连接时，是将一根管子的平头插入另一根管子的钟形插套内，并在形成的环隙内充以填料加以密封，如图 1-32 所示。常用的填料有麻丝、石棉绳、水泥、铅等。其优点是安装方便，两管同心度偏差较大不会影响密封效果，缺点是难以拆除，不耐高压。

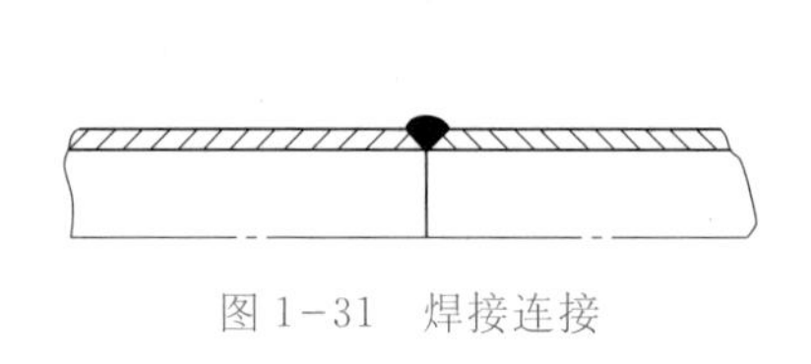

图 1-31　焊接连接

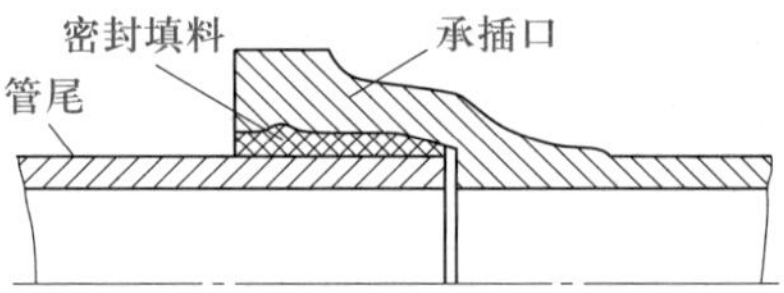

密封填料
承插口
管尾

图 1-32　承插式连接

2. 化工管路布置的一般原则

化工管路的布置要考虑安装、检修、操作方便和操作安全，同时要尽可能减少基建费用和操作费用，并根据生产的特点、设备的布置、物料的特性及建筑结构等进行综合考虑。化工管路布置的一般原则如下：

(1) 各种管道应成列平行铺设，尽量走直线，少拐弯(因自然补偿，方便安装、检修、操作除外)，少交叉以减小阻力，便于共用管架，减少管架的数量和材料并做到整齐美观便于施工。为了便于操作和安装检修，管道铺设尽可能采用明线，对于上下水管及废水管需要采用地下铺设的，其埋地深度应在当地冰冻线以下，并列管路上的管件和阀门位置应错开安装。

(2) 设备之间的管道连接，应尽可能短而直，尤其用合金钢的管道和工艺要求阻力小的管道，对加热炉的出口管道、真空管道等，还要有一定的柔性，以减少人工补偿和由热膨胀产生位移的力和力矩。整个装置的管道，纵向与横向的高度要错开，一般情况下管道改变方向时应改变高度。

(3) 当管道需要改变高度和方向时，尽量做到“步步高”或“步步低”，避免在管道内形成积聚气体的“气袋”或积聚液体的“液袋”，如不可避免时应于高点设置放空(气)阀，低点设置放净(液)阀。

(4) 不得在人行道和机泵上设置法兰，以免法兰渗漏介质时落于人体和机泵上，造成人身安全和机泵损坏事故。对输送有腐蚀性流体的管道上法兰应设置安全防护罩。输送易燃、易爆的流体的管道，不得设置在生活间、楼梯间和走廊处。管道布置不应挡门、窗，应避免通过电动机、配电盘、仪表盘上方。

(5) 管道离地的高度，以便于检修和安全为准。通过人行通道时，最低离地距离不低于2 m；通过公路时，高度不得小于 4.5 m；与铁轨面的净距离不小于 6 m；通过工厂主要交通干线时，一般高度为 5 m。当管道沿墙壁安装时，管架可固定在墙上，管中心与墙壁之间的距离可参考表 1-1。



表 1-1 管中心与墙壁之间的距离

| 管径 DN/mm | 25 | 40 | 50 | 80 | 100 | 125 | 150 |
|---|---|---|---|---|---|---|---|
| 管中心离墙距离/mm | 120 | 150 | 160 | 170 | 190 | 210 | 230 |

(6) 输送易燃、易爆如醇类、醚类及烃类等物料时，因它们在管道中流动而产生静电，使管道变为导电体。为防止这种静电的积聚，必须将管道可靠接地。在蒸汽管路上，每隔一段距离，应设置冷凝水排出器，管道要有一定的坡度，以免管路内积液。对一些温度变化较大的管路，由于管材的热胀冷缩造成的压力或拉力，很容易造成管子的弯曲、断裂或接头松脱，为了消除这种热应力，要对管路的长度进行补偿，这就是**热补偿**。热补偿的方式有两种：一是自然补偿，是利用管路改变方向拐弯处的自由伸缩进行补偿；二是利用补偿器补偿，常见的有方形、波形和填料三种补偿器。

视频

雷诺实验

(7) 多根管道并列安装时应考虑管道之间的相互影响。在垂直方向上，通常要求热管道在上，冷管道在下；高压管道在上，低压管道在下；无腐蚀的管道在上，有腐蚀的管道在下；输气的管道在上，输液的管道在下；保温的管道在上，不保温的管道在下；不经常检修的管道在上，经常检修的管道在下。在水平方向上，通常是常温管道、大管道、震动大的管道及不经常检修的管道靠近墙或柱子。

动画

雷诺实验装置

(8) 由于管道法兰处容易漏液，故管道除与法兰连接的设备、阀门、特殊管件连接处必须采用法兰连接外，其他均应采用对焊连接。对镀锌管除特别要求外，不允许焊接，DN≤50 mm的管子，允许用螺纹连接(阀门为法兰时除外)，但阀门与设备连接之间，必须要加活接头以便于检修。

## 二、流体流动现象

### (一) 流体的两种流动类型

1. 雷诺实验及流体的两种流型

19 世纪初，人们就已经发现流体流经管路时的能量损失与流速有着一定的关系，在流速较小时，能量损失与流速的一次方成正比，流速较大时，能量损失与流速的二次方或接近于二次方成正比。直到 1883 年，英国物理学家雷诺经过实验研究，发现能量损失与流速之间的关系之所以不同，是因为流体流动时存在着两种截然不同的流动类型。

雷诺实验装置如图 1-33 所示，在水箱 A 的侧壁上接一玻璃管 B，玻璃管末端安装阀门 C，用来控制管内流体的流速。在水箱上方安置一小容器 D，其中装有密度与水箱中液体接近的有颜色水。从小容器引出一细管 E，其出口伸入玻璃管进口中心位置上，有颜色水的流量用阀门 F 控制。

实验之前首先将水箱 A 中加满水，利用水箱上部的溢流装置，使水箱中水位维持恒定。实验开始时，先徐徐开启管路上的阀门 C，让水从玻璃管 B 中流出。为了观察玻璃管中水的流动状态，开启细管上的阀门 F，使有颜色的水流入玻璃管。

当玻璃管中水的流速较小时，细管流出的有颜色水是一条界线分明的直线，与周围清水不相混合，如图 1-34(a)所示。这种现象表明玻璃管内水的质点是沿着与管轴平行的方向做直线运动，这种流动状态称为**层流或滞流**；若逐渐加大阀门 C 的开启度，当玻璃管内水的流速增加到某一数值时，有颜色水的流动直线开始抖动，直到有颜色水流动线完全消失，有颜色水从细管流出后随即破碎为小旋涡，向四处扩散，与周围清水相混合，如图1-34(b)所示，这表明此时管中水的质点运动轨迹没有规律，水质点在管中不仅有轴向运动，而且还有径向运动，各质点之间彼此相互碰撞且相互混合，质点运动速度的大小和方向随时发生变化，这种流动状态称为**湍流或紊流**。



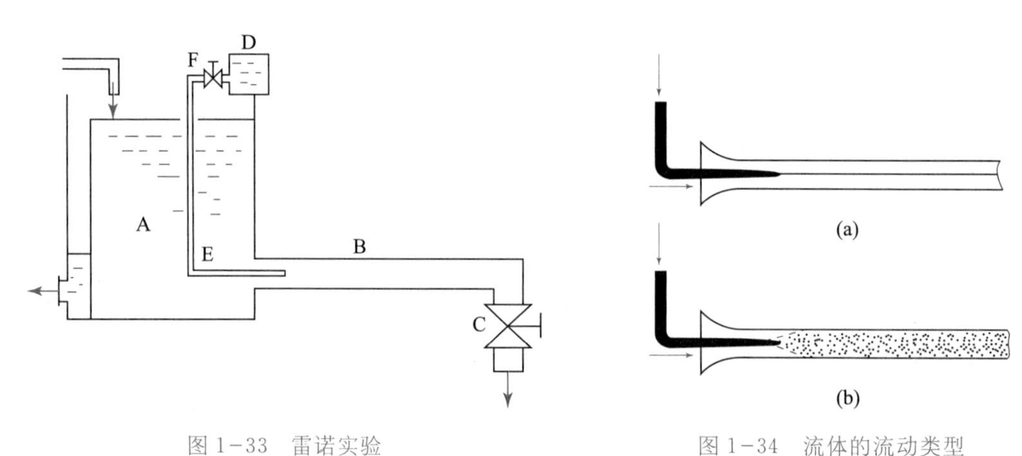


图 1-33　雷诺实验　　　　图 1-34　流体的流动类型

2. 流型的判断依据

若采用不同的管径和不同的流体分别进行实验，发现不仅流体的流速 $u$ 能引起流动状态的变化，而且管径 $d$、流体的黏度 $\mu$ 和密度 $\rho$ 都能引起流动状态的变化。可见，流体的流动状态是由多方面因素决定的。通过进一步分析研究，可将这些影响因素组合成为一个数群，称为**雷诺数**，用 $Re$ 表示，其表达式为

$$Re=\frac{ud\rho}{\mu} \tag{1-28}$$

若将各物理量的单位代入，即

$$[Re]=\left[\frac{ud\rho}{\mu}\right]=\frac{\mathrm{m/s\cdot m\cdot kg/m^3}}{\mathrm{kg/(m\cdot s)}}=\mathrm{m^0\cdot kg^0\cdot s^0}$$

可见雷诺数是一个没有单位的数群，将其称为量纲为1的数群。利用雷诺数的大小可以判断流体的流动状态，就是说无论管径大小，流体的密度、黏度、流动速度如何不同，只要是雷诺数相同，流动类型必然相同。

实验证明，流体在管内流动，当 $Re \leqslant 2\ 000$ 时，流体流动类型是**层流流动**；当 $Re \geqslant 4\ 000$ 时，流体流动类型是**湍流流动**；而当 $2\ 000 < Re < 4\ 000$ 时，流体的流动类型随外界的干扰情况不同，有时出现层流，有时出现湍流，流体流动处于不稳定的流动状态，称为**过渡区**。

3. 雷诺数的计算

(1) 单位制度要一致　雷诺数是量纲为1的数群，组成该数群的各物理量，必须采用一致的单位表示，才能得到正确的计算结果。但无论采用何种单位制度，只要数群中各物理量单位所取的制度一致，算出的 $Re$ 值必然相等。

(2) 非圆形管内的雷诺数计算　前面所讨论的都是流体在圆形管内流动，在化工生产中，还会遇到非圆形管道或设备。如通风管道常是矩形的，有时流体也会在两根成同心圆的套管之间的环形通道内流动。显然，对非圆形管道内流体雷诺数的计算，必须找到一个与圆形管直径 $d$ 相当的"直径"代替。由此，我们引入了**水力半径** $r_H$ 的概念。水力半径的定义是流体在流道里的流通截面积 $A$ 与润湿周边长度 $\Pi$ 之比，即

$$r_H = \frac{A}{\Pi} \tag{1-29}$$

对于内径为 $d_i$ 的圆形管，其流通截面积 $A = \frac{\pi}{4} d_i^2$，润湿周边长度 $\Pi = \pi d_i$，故

$$r_H = \frac{\frac{\pi}{4} d_i^2}{\pi d_i} = \frac{d_i}{4} \quad 或 \quad d_i = 4 r_H$$

即圆形管的直径为其水力半径的4倍。将此概念推广到非圆形管，用4倍的水力半径来代替非圆形管的"直径"，称为**当量直径**，以 $d_e$ 表示，即

$$d_e = 4 r_H = 4 \times \frac{A}{\Pi} \tag{1-30}$$

若流体从如图1-35所示的套管环隙内流过，设内管的外径为 $d_o$，套管(外管)的内径为 $D_i$，套管环隙的流通截面积 $A = \frac{\pi}{4}(D_i^2 - d_o^2)$，流体的润湿周边长度 $\Pi = \pi(D_i + d_o)$，套管环隙的当量直径为

$$d_e = 4\frac{\frac{\pi}{4}(D_i^2 - d_o^2)}{\pi(D_i + d_o)} = D_i - d_o$$

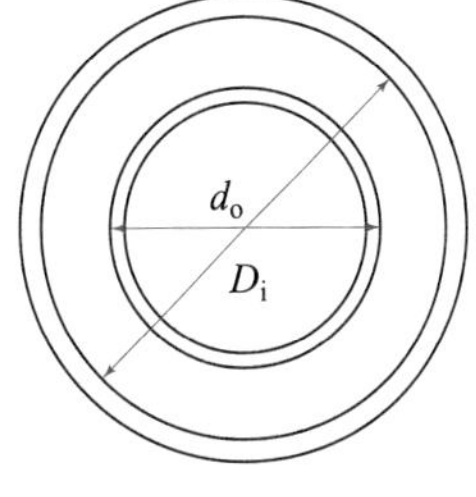

图1-35　套管环隙

流通截面为其他形状的非圆形管路，其当量直径均可按此法推得。

**[例 1-12]** 某油的黏度为 $70\times10^{-3}$ Pa·s，密度为 1 050 kg/m³，在管径为 $\phi114$ mm×4 mm 的管路中流动。若油的流量为 30 m³/h，试确定管内油的流动类型。

**解：** 已知 $\mu=70\times10^{-3}$ Pa·s，$\rho=1\ 050$ kg/m³，$d=d_{\mathrm{i}}=(114-2\times4)$ mm $=106$ mm $=0.106$ m

$$u=\frac{q_{V,\mathrm{h}}}{(3\ 600\ \mathrm{s/h})\ \dfrac{\pi}{4}d^2}=\frac{30}{3\ 600\times0.785\times0.106^2}\ \mathrm{m/s}=0.945\ \mathrm{m/s}$$

$$Re=\frac{ud\rho}{\mu}=\frac{0.945\times1\ 050\times0.106}{70\times10^{-3}}=1\ 503<2\ 000$$

管内流体流动类型为层流。

### （二）流体在圆形管内的质点运动及速度分布



流体的黏度一节已经介绍，当流体流过固体壁面时，紧贴着固体壁面的流体由于附着力使得这一部分流体速度为零。同理流体在圆形管内流动时，无论是层流还是湍流，管壁上的流体速度为零，其他部位的质点速度沿着管径方向变化。离开管壁越远，其速度越大，直至管中心处速度最大。至于圆形管内的质点速度如何分布，要取决于流体的流动类型如何。下面对层流和湍流分别讨论。

流体在圆形管内做层流流动时，流体质点仅随主流沿管轴向做规则的平行运动，由实验测得其速度分布如图 1-36 中曲线所示。呈抛物线状分布，管中心处的流体质点速度最大。用理论分析法和实验均可证明，管内流体的平均流速 $u$ 等于管中心处最大流速 $u_{\max}$ 的 0.5 倍，即

$$u=0.5u_{\max}$$

视频

层流流动的流速分布

流体在管内做湍流流动时，流体质点运动十分复杂，流体质点不仅在轴向有运动，在径向也有运动，质点之间互相碰撞和混合，运动速度快的质点碰到速度慢的质点，使得速度慢的质点加快了速度，而速度慢的质点则阻碍了速度快的质点运动，质点之间有了动量交换。最终使得管内截面上的各质点速度趋于一致，各质点速度差别不是很大。流体在圆形管内做湍流时的流速分布曲线如图 1-37 所示。由图可以看出，截面上靠管中心部分各点速度彼此扯平，速度分布比较均匀，管内的流速分布不再是严格的抛物线。实验证明，雷诺数越大，管中心的速度分布曲线越平坦。湍流时，管内流体的平均流速 $u$ 与管中心最大流速 $u_{\max}$ 随雷诺数变化而变化，一般可认为 $u\approx0.8u_{\max}$。

视频

湍流流动形态

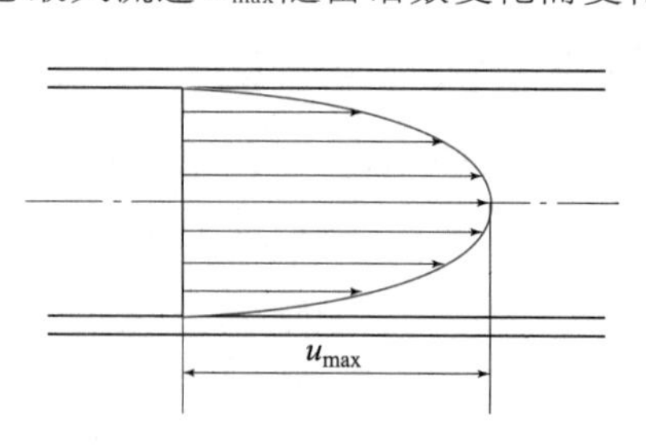


图 1-36 层流流动的流速分布

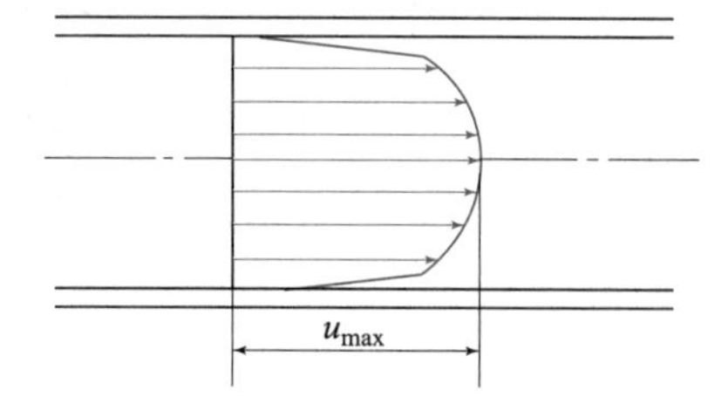


图 1-37 湍流流动的流速分布

湍流流动时，流体主体质点充分湍动，速度梯度很小。但是靠近管壁处的质点运动速度骤然减小，速度梯度很大，在壁面上，流体速度仍然为零，此处的流体在做层流流动。

所以流体在管内做湍流流动时，靠近管壁处仍有一层做层流流动的流体薄层，我们将该层流体称为**层流内层或滞流内层**。该层流体的厚度随雷诺数增加而减薄。由层流内层向管中心推移，流体速度逐渐增大，出现了一个层流和湍流交替出现的缓冲区，再向管中心推移才是稳定的湍流主体。尽管层流内层厚度很薄，但它对传热、传质操作有着重要的影响，理解它的意义将会对今后的学习提供很多的帮助。

平均流速与管中心最大流速之间的关系随雷诺数改变而变化。

### 三、流体在管内流动阻力的计算

流体在管内的流动阻力，有直管阻力和局部阻力，下面分别讨论其有关概念和计算方法。

#### （一）直管阻力计算

经过大量的实验研究发现，流体流过直管的阻力与其流体的动能$\frac{u^2}{2}$、管长 $l$ 成正比，与其管径成反比，即

$$h_f=\lambda\frac{l}{d}\cdot\frac{u^2}{2} \tag{1-31}$$

式中　$h_f$——直管阻力，J/kg；

$\lambda$——比例系数，又称为摩擦系数；

$l$——直管长度，m；

$d$——管内径，m；

$u$——流体在管内的平均流速，m/s。

式(1-31)为直管阻力计算通式，称为**范宁公式**。范宁公式还可以写为以下两种形式：

$$\Delta p_f=\lambda\frac{l}{d}\cdot\frac{\rho u^2}{2} \tag{1-31a}$$

$$H_f=\lambda\frac{l}{d}\cdot\frac{u^2}{2g} \tag{1-31b}$$

式中　$\Delta p_f$——直管压强降，Pa；

$H_f$——直管损失压头，m。

范宁公式不仅适用于层流也适用于湍流的阻力计算，但式中摩擦系数 $\lambda$ 的处理方法不同。以下分别对层流和湍流两种情况的摩擦系数 $\lambda$ 确定进行讨论。

1. 流体在圆形直管内做层流流动时摩擦系数 $\lambda$ 确定

经过理论分析和大量的实验研究，流体在圆形直管内做层流流动时的压强降 $\Delta p_f$ 可用下式进行计算，即

$$\Delta p_f=\frac{32\mu lu}{d^2} \tag{1-32}$$

式(1-32)称为**哈根-泊谡叶公式**。由式(1-32)可得出：流体在圆形直管内做层流流动时的压强降 $\Delta p_f$ 与平均流速 $u$ 和管长 $l$ 成正比。

**想一想**

流体在圆形直管内做层流流动时，流量一定，压强降 $\Delta p_f$ 与其管径 $d$ 是怎样的关系？

由于 $\Delta p_f = h_f\rho$，再将式(1-32)做如下变化：

$$h_f = \frac{32\mu l u}{d^2\rho} = \frac{32\times 2}{\frac{du\rho}{\mu}}\cdot\frac{l}{d}\cdot\frac{u\cdot u}{2} = \frac{64}{Re}\cdot\frac{l}{d}\cdot\frac{u^2}{2}$$

与范宁公式比较，可得



$$\lambda = \frac{64}{Re} \tag{1-33}$$

式(1-33)为流体在圆形直管内做层流流动时摩擦系数 $\lambda$ 计算式，由式可得出此时的 $\lambda$ 仅与 $Re$ 有关，且成反比关系。

**[例 1-13]** 若[例 1-12]中的直管长度为 120 m，试确定该管路的直管阻力；若管路的长度和流体的流量不变，仅将管径增大为 $\phi$165 mm×4.5 mm，试确定此时的直管阻力。

**解：** 由[例 1-12]解得其 $Re$ 为 1 503，属层流流动，因其为圆形直管，所以

$$\lambda = \frac{64}{Re} = \frac{64}{1\,503} = 0.060\,8$$

$$h_f = \lambda\frac{l}{d}\cdot\frac{u^2}{2} = 0.060\,8\times\frac{120}{0.106}\times\frac{0.945^2}{2}\ \text{J/kg} = 30.73\ \text{J/kg}$$

当管径增大后，其内径为

$$d' = (165 - 4.5\times 2)\ \text{mm} = 156\ \text{mm} = 0.156\ \text{m}$$

当流量不变，仅管径发生变化，则压强降 $\Delta p_f$ 与其管径 $d$ 的四次方成反比，即

$$\frac{\Delta p_f'}{\Delta p_f} = \frac{h_f'}{h_f} = \left(\frac{d}{d'}\right)^4$$

此时的流动阻力为

$$h_f' = h_f\times\left(\frac{d}{d'}\right)^4 = 30.73\times\left(\frac{0.106}{0.156}\right)^4\ \text{J/kg} = 6.55\ \text{J/kg}$$

由此例得出管路直径增大，阻力可大幅度地减小。

2. 流体在圆形直管内做湍流流动时的流动阻力

在湍流情况下，流体质点在管内做无规则的运动，此时不仅有流体质点之间的内摩擦，而且还有质点之间的碰撞。此种流动类型的能量损失要比层流时大得多，其内摩擦力不能简单地用牛顿黏性定律来表示，用理论分析方法导出计算摩擦系数 $\lambda$ 的公式是不可能的。工程上常采用实验方法来解决。实验发现，流体在管内做湍流流动时，其摩擦系数不仅与 $u$、$d$、$\rho$ 和 $\mu$ 有关，而且还与管壁的粗糙度有关，在这里我们首先讨论管壁的粗糙度对摩擦系数的影响。

(1) 管壁的粗糙度对摩擦系数的影响　化工生产中所采用的管道,按其材料的性质和加工情况,大致可分为光滑管和粗糙管。通常把玻璃管、黄铜管、塑料管等列为光滑管,把钢管和铸铁管列为粗糙管。实际上,即使使用同一材质的管子铺设的管路,由于使用时间的长短,腐蚀与结垢的程度不同,管壁的粗糙程度也会有很大的差异。

管壁的粗糙度可用绝对粗糙度与相对粗糙度来表示。绝对粗糙度指的是管壁面凸出部分的平均高度,以 $\varepsilon$ 表示。表 1-2 中列出了某些工业管道的绝对粗糙度数值。在选取管壁的绝对粗糙度 $\varepsilon$ 值时,必须考虑流体对管壁的腐蚀性,流体中的固体杂质是否会黏附在壁面上及使用情况等因素。

**表 1-2　某些工业管道的绝对粗糙度**

| 管道类型 | | 绝对粗糙度 $\varepsilon$/mm |
| --- | --- | --- |
| 金属管 | 无缝黄铜管、铜管及铝管 | 0.01～0.05 |
| | 新无缝钢管或镀锌铁管 | 0.1～0.2 |
| | 新铸铁管 | 0.3 |
| | 具有轻度腐蚀的无缝钢管 | 0.2～0.3 |
| | 具有显著腐蚀的无缝钢管 | 0.5 以上 |
| | 旧的铸铁管 | 0.85 以上 |
| 非金属管 | 干净的玻璃管 | 0.0015～0.01 |
| | 橡皮软管 | 0.01～0.03 |
| | 木管道 | 0.25～1.25 |
| | 陶土排水管 | 0.45～6.0 |
| | 很好平整的水泥管 | 0.33 |
| | 石棉水泥管 | 0.03～0.8 |

相对粗糙度指的是绝对粗糙度与管道直径之比值,即 $\frac{\varepsilon}{d}$。管壁粗糙度对摩擦系数 $\lambda$ 的影响程度与管径大小有关,绝对粗糙度相同而管径不同的管道,对摩擦系数 $\lambda$ 的影响就不同,对于直径小的影响较大。所以在流动阻力计算中,不仅要考虑绝对粗糙度的大小,还要考虑相对粗糙度的大小。

流体在做层流流动时,管壁上凹凸不平的地方都被有规则的流体层所覆盖,而流动速度又比较缓慢,流体质点对管壁突出的地方不会有碰撞作用。所以,在层流流动时,摩擦系数与管壁粗糙度无关。当流体做湍流流动时,靠近管壁处总有一层层流内层,如层流内层厚度 $\delta_b$ 大于壁面的绝对粗糙度 $\varepsilon$,即 $\delta_b>\varepsilon$,如图 1-38(a)所示,此时管壁粗糙度对摩擦系数的影响与层流相近。随着雷诺数的增大,层流内层的厚度逐渐减薄,当 $\delta_b<\varepsilon$ 时,如图 1-38(b)所示,壁面的突出部分便伸入湍流区内与流体质点发生碰撞,使湍动加剧,此时壁面粗糙度对摩擦系数的影响便成为重要的因素。雷诺数越大,层流内层的厚度越薄,这种影响越显著。

(2) 湍流时 $\lambda$ 的确定　湍流流动时 $\lambda$ 的影响因素很多,但经过许多学者实验研究并

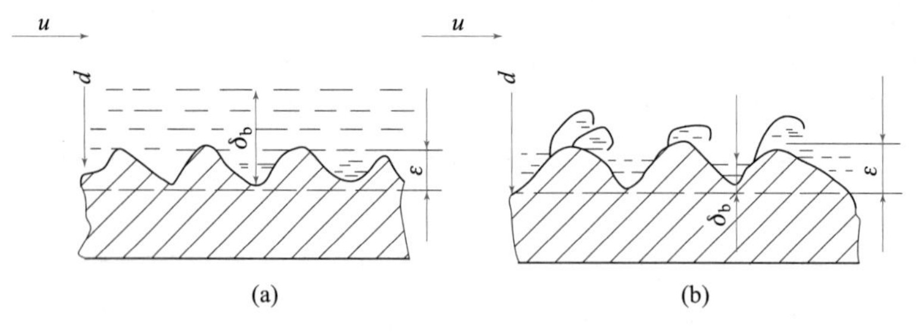


图 1-38　流体流过管壁面的情况

处理后，发现 $\lambda$ 的影响因素最终可归纳两个量纲为 1 数群，即雷诺数和相对粗糙度 $\frac{\varepsilon}{d}$，具体关系可由实验确定。其中莫迪图是将实验数据进行整理后，以 $Re$ 为横坐标，$\lambda$ 为纵坐标，$\frac{\varepsilon}{d}$ 为参数，绘出 $Re$ 与 $\lambda$ 之间的关系，如图 1-39 所示。当雷诺数与相对粗糙度已知时，即可由图 1-39 确定 $\lambda$ 值。



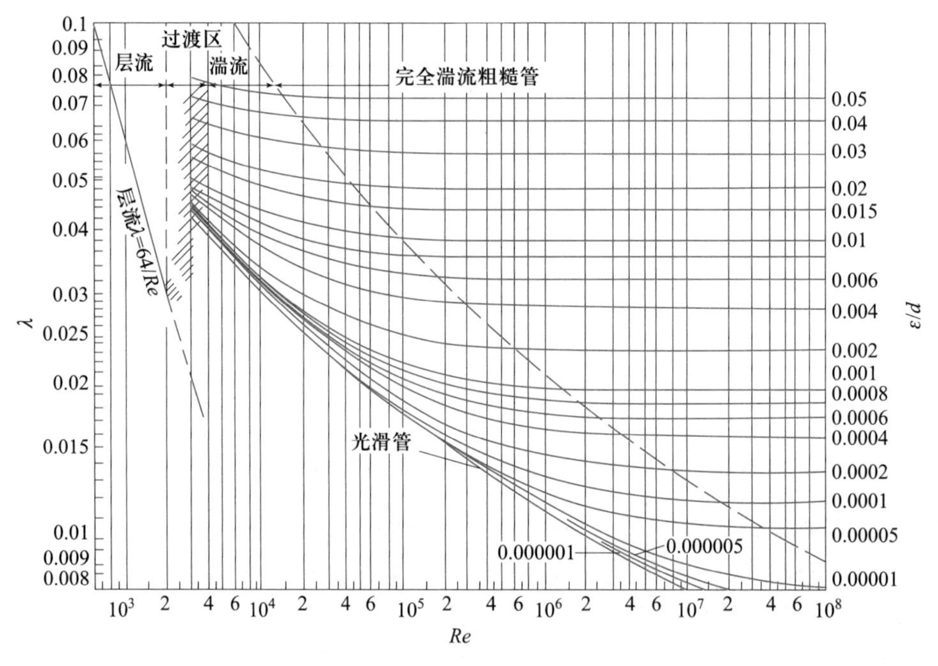


图 1-39　莫迪图

由莫迪图可以看出有四个不同的区域：

① **层流区**　$Re \leqslant 2\,000$。$\lambda$ 与管壁粗糙度无关，与 $Re$ 呈直线关系，且随 $Re$ 增加而减小。对圆形直管表达这一直线的方程即为式(1-33)。

② **过渡区**　$2\,000 < Re < 4\,000$。在此区域内层流或湍流 $\lambda$-$Re$ 曲线都可使用，但为了安全起见一般将湍流时的曲线延伸，以查取 $\lambda$ 值。

③ **一般湍流区**　$Re \geqslant 4\,000$ 及图中虚线以下的区域。在区域内 $\lambda$ 不仅与 $Re$ 有关，

而且还与$\frac{\varepsilon}{d}$有关。当$\frac{\varepsilon}{d}$一定时，$\lambda$ 随 $Re$ 增加而减小；当 $Re$ 一定时，$\lambda$ 随$\frac{\varepsilon}{d}$值的增加而增大。

④ **完全湍流区**　$Re \geqslant 4\ 000$ 及图中虚线以上的区域。在此区域内，发现各条 $\lambda - Re$ 曲线趋于水平线，即 $\lambda$ 仅与$\frac{\varepsilon}{d}$有关，而与 $Re$ 无关。也就是说若流动处于该区域，对一定的管路，其$\frac{\varepsilon}{d}$为定值，$\lambda$ 为一常数。显然，在此区域内流体的流动阻力与流速 $u$ 的平方成正比，所以该区域又称为阻力平方区，或称为完全湍流区。

图 1-39 中湍流区的最下面一条曲线为光滑管曲线，这里光滑管指的是玻璃管、塑料管、铝管、铜管等。在 $Re = 3\times10^3 \sim 1\times10^5$，其关系可用**柏拉修斯公式**表示，即

$$\lambda = \frac{0.316\ 4}{Re^{0.25}} \tag{1-34}$$

**想一想**

流体在圆形直管内做完全湍流流动时，流量一定，压强降 $\Delta p_f$ 与其管径 $d$ 是怎样的关系。

3. 流体在非圆形直管内的阻力计算

在流体流动类型一节中介绍了非圆形直管内的 $Re$ 计算，这里 $Re$，$\frac{\varepsilon}{d}$，$\frac{l}{d}$中的 $d$ 仍然可以用当量直径 $d_e$ 代入计算。对于流体在非圆形直管内做层流流动的 $\lambda$ 计算，可将圆形直管内的 $\lambda$ 计算公式 $\lambda = \frac{64}{Re}$写为下面一般表达式：

$$\lambda = \frac{C}{Re} \tag{1-35}$$

式中 $C$ 为一常数，对不同断面形状的管子 $C$ 值不同，一些常见的非圆形直管 $C$ 值见表 1-3。

**表 1-3　某些非圆形直管的 $C$ 值**

| 管断面形状 | 正方形 | 等边三角形 | 环形 | 长方形长∶宽＝2∶1 | 长方形长∶宽＝4∶1 |
|---|---|---|---|---|---|
| $C$ | 57 | 53 | 96 | 62 | 73 |

**［例 1-14］** 水管为一根长 30 m，内径为 75 mm 的新铸铁管，绝对粗糙度 $\varepsilon$ 为 0.25 mm，流量为 7.25 L/s，水温为 10 ℃，试求该管段的压头损失 $H_f$。

**解：** 首先计算 $Re$、$\varepsilon/d$ 确定 $\lambda$。

$$u = \frac{q_{V,s}}{A} = \frac{0.007\ 25}{\frac{\pi}{4}0.075^2}\ \mathrm{m/s} = 1.642\ \mathrm{m/s}$$

查 10 ℃时水的黏度为 $1.308\times10^{-3}$ Pa·s，密度为 1 000 kg/m³，则

$$Re = \frac{ud\rho}{\mu} = \frac{1.642\times0.075\times1\ 000}{1.308\times10^{-3}} = 94\ 151 > 4\ 000 \quad 为湍流$$

$$\frac{\varepsilon}{d}=\frac{0.25}{75}=0.0033$$

由莫迪图查得　$\lambda=0.028$,则

$$h_f=\lambda\frac{l}{d}\cdot\frac{u^2}{2}=0.028\times\frac{30}{0.075}\times\frac{1.642^2}{2}\ \mathrm{J/kg}=15.1\ \mathrm{J/kg}$$

$$H_f=\frac{h_f}{g}=\frac{15.1}{9.81}\ \mathrm{m}=1.54\ \mathrm{m}$$

也可用下式计算:

$$H_f=\lambda\frac{l}{d}\cdot\frac{u^2}{2g}=0.028\times\frac{30}{0.075}\times\frac{1.642^2}{2\times9.81}\ \mathrm{m}=1.54\ \mathrm{m}$$

**[例 1-15]**　某套管换热器,内管与外管的直径分别为 $\phi30\ \mathrm{mm}\times2.5\ \mathrm{mm}$ 与 $\phi56\ \mathrm{mm}\times3\ \mathrm{mm}$。每小时有10 $\mathrm{m^3}$的某种油流过套管的环隙,该油在操作温度下的密度为 992 $\mathrm{kg/m^3}$,黏度为 $65.6\times10^{-3}\ \mathrm{Pa\cdot s}$。试估算该油通过环隙时每米管长的压强降 $\Delta p_f$。

**解:** 先计算 $Re$,确定流动类型。

$$u=\frac{q_{V,s}}{A}=\frac{10}{3600\times\frac{\pi}{4}\times(0.05^2-0.03^2)}\ \mathrm{m/s}=2.21\ \mathrm{m/s}$$

套管环隙的当量直径为　　$d_e=D_i-d_o=0.05\ \mathrm{m}-0.03\ \mathrm{m}=0.02\ \mathrm{m}$

$$Re=\frac{ud_e\rho}{\mu}=\frac{2.21\times0.02\times992}{65.6\times10^{-3}}=668.4<2000$$

流体在套管环隙内做层流流动,摩擦系数计算式为

$$\lambda=\frac{C}{Re}=\frac{96}{Re}=\frac{96}{668.4}=0.1436$$

$$h_f=\lambda\frac{l}{d_e}\cdot\frac{u^2}{2}=0.1436\times\frac{1}{0.02}\times\frac{2.21^2}{2}\ \mathrm{J/kg}=17.53\ \mathrm{J/kg}$$

$$\Delta p_f=h_f\cdot\rho=17.53\times992\ \mathrm{Pa}=1.74\times10^4\ \mathrm{Pa}$$

### (二) 局部阻力

在工业管道中往往设有阀门、弯头、三通等管部件,流体流经这些部件时,不仅有流体质点之间的内摩擦,而且由于部件形体的改变还引起流速的大小、方向或分布发生变化,由此所产生的摩擦阻力与形体阻力之和称为**局部阻力**,所引起的能量损失称为**局部损失**。实验证明,即使流体在直管内做层流流动,流过管件或阀门时也容易变为湍流,由此多消耗了一部分能量。为克服局部阻力所引起的能量损失有两种计算方法,一种是阻力系数法,另一种是当量长度法。

1. 阻力系数法

克服局部阻力所引起的能量损失,与管路中流体的动能$\frac{u^2}{2}$成正比,即

$$h'_f=\zeta\frac{u^2}{2}\quad 或\quad \Delta p'_f=\zeta\frac{\rho u^2}{2}\tag{1-36}$$

式中 $\zeta$ 称为局部阻力系数,一般由实验测定。其数值与管件和阀门的类型及阀门的开启度有关,即不同的管件和阀门的类型及阀门的开启度有不同的 $\zeta$ 值。下面介绍一些典型

的管件和阀门阻力系数的确定方法。

(1) 突然扩大和突然缩小管道的局部阻力系数　图 1-40 中(a)为突然扩大管道，(b)为突然缩小管道。两种管道中的局部阻力均可用式(1-36)进行计算，式中的局部阻力系数用图 1-40 中右图查取，必须注意的是式中流速应以小管内流速为准。

对于管路出口(流体由管路排入大气或排入某容器)，显然它是属于突然扩大管道类型，且 $A_2$ 很大，$A_1/A_2$ 接近于零，由图 1-40 可得出此时的局部阻力系数 $\zeta=1.0$。

对于管路进口(流体由容器流入管路)，显然它是属于突然缩小管道类型，且 $A_1$ 很大，$A_2/A_1$ 接近于零，由图 1-40 可得出此时的局部阻力系数 $\zeta=0.5$。

(2) 管件与阀门的阻力系数　管路上的配件如弯头、三通、活接头等不同管件的局部阻力系数可从有关手册中查取，表 1-4 中列举了一些常见的管件和阀门的局部阻力系数。

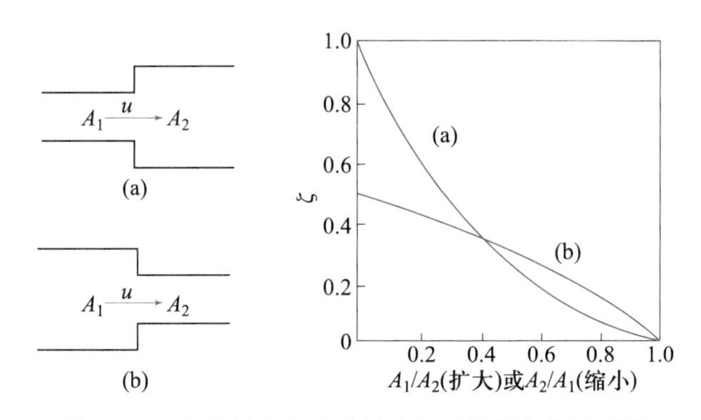


图 1-40　突然扩大和突然缩小管道的局部阻力系数

**表 1-4　一些常见的管件和阀门的局部阻力系数**

| 名称 | 局部阻力系数 $\zeta$ | | | | |
|---|---|---|---|---|---|
| 标准弯头 | 45° | $\zeta=0.35$ | | | |
| | 90° | $\zeta=0.75$ | | | |
| 90°方形弯头 | 1.3 | | | | |
| 180°回弯头 | 1.5 | | | | |
| 标准三通 | $\zeta=0.4$ | $\zeta=1.5$ 当弯头用 | $\zeta=1.3$ 当弯头用 | $\zeta=1$ | |
| 活管接 | 0.4 | | | | |
| 闸阀 | 开启度 | 全开 | 3/4 开 | 1/2 开 | 1/4 开 |
| | $\zeta$ | 0.17 | 0.9 | 4.5 | 24 |
| 隔膜阀 | $\zeta$ | 2.3 | 2.6 | 4.3 | 21 |

续表

| 名称 | 局部阻力系数$\zeta$ | | | | | | | |
|---|---|---|---|---|---|---|---|---|
| 截止阀 | $\zeta$ | 6.4 | | | | 9.5 | | |
| 旋塞 | 开启角度 | 5° | 10° | 20° | 30° | 40° | 50° | 60° |
| | $\zeta$ | 0.05 | 0.29 | 1.56 | | 17.3 | | 206 |
| 蝶阀 | $\zeta$ | 0.24 | 0.52 | 1.54 | 3.91 | 10.8 | 30.6 | 118 |
| 单向阀(止逆阀) | 摇板式 $\zeta=2$ | | | | 球形式 $\zeta=70$ | | | |
| 角阀 90° | $\zeta=5$ | | | | | | | |
| 底阀 | $\zeta=1.5$ | | | | | | | |
| 滤水器(滤水网) | $\zeta=2$ | | | | | | | |
| 水表 | $\zeta=7$ | | | | | | | |

2. 当量长度法

为了便于管路计算,常将流体流过某管件或阀门时的局部阻力折算成同样流体流过具有相同直径、长度为 $l_e$ 的直管阻力,这个直管长度 $l_e$ 称为该管件或阀门的**当量长度**。此时的局部阻力所造成的能量损失计算公式可仿照直管阻力计算公式写出,即

$$h'_f=\lambda\frac{l_e}{d}\cdot\frac{u^2}{2} \tag{1-37}$$

式中的 $d,u,\lambda$ 为与管件相连接的直管管径、管内流体平均流速及摩擦系数。各种管件和阀门的当量长度可由有关手册查得,表 1-5 列出了常见管件和阀门的$\frac{l_e}{d}$值,即当量长度 $l_e$ 与管内径 $d$ 的比值。

如截止阀在全开时的$\frac{l_e}{d}$为 300 时,若在管径为 $\phi$114 mm×4 mm 的管路内安装全开的截止阀,它的当量长度为 $l_e=300\times(114-4\times2)\times10^{-3}$ m=31.8 m;若在管径为 $\phi$89 mm×4 mm 的管路内安装全开的截止阀,它的当量长度为 $l_e=300\times(89-4\times2)\times10^{-3}$ m=24.3 m。

**表 1-5　常见管件和阀门的以管径计的当量长度**

| 名称 | $\frac{l_e}{d}$ | 名称 | $\frac{l_e}{d}$ |
|---|---|---|---|
| 45°标准弯头 | 15 | | |
| 90°标准弯头 | 30～40 | | |
| 90°方形弯头 | 60 | | 40 |
| 180°回弯头 | 50～75 | | |
| 三通管,流向为(标准) | | | |

续表

| 名称 | $\frac{l_e}{d}$ | 名称 | $\frac{l_e}{d}$ |
| --- | --- | --- | --- |
| | | (1/2 开) | 200 |
| | 60 | (1/4 开) | 800 |
| | | 单向阀(摇板式)(全开) | 135 |
| | | 带有滤水器的底阀(全开) | 420 |
| | 90 | 蝶阀(6″以上)(全开) | 20 |
| | | 吸入阀或盘形阀 | 70 |
| 截止阀(球心阀)(全开) | 300 | 盘式流量计(水表) | 400 |
| 角阀(标准式)(全开) | 145 | 文氏流量计 | 12 |
| 闸阀(全开) | 7 | 转子流量计 | 200～300 |
| (3/4 开) | 40 | 由容器入管口 | 20 |



**[例 1-16]** 某管路直管部分长度为 50 m,管路中装有两个全开球心阀,3 个 90°的标准弯头,管内径为 150 mm,$\varepsilon=0.3$ mm。管内流体流速为 1.5 m/s,所输送的流体密度为 1 000 kg/m³,黏度为 $0.65\times10^{-3}$ Pa·s。试求该段管路的流体阻力。

**解:** 首先求取 $Re$。

$$Re=\frac{ud\rho}{\mu}=\frac{1.5\times0.15\times1\,000}{0.65\times10^{-3}}=346\,154>4\,000$$

管内为湍流流动,相对粗糙度为

$$\frac{\varepsilon}{d}=\frac{0.3}{150}=0.002$$

根据莫迪图查得 $\lambda=0.024$,直管阻力为

$$h_f=\lambda\frac{l}{d}\cdot\frac{u^2}{2}=0.024\times\frac{50}{0.15}\times\frac{1.5^2}{2}\ \text{J/kg}=9\ \text{J/kg}$$

若局部阻力用阻力系数法确定,由表 1-4 查得标准弯头局部阻力系数为 $\zeta=0.75$;全开球心阀局部阻力系数为 $\zeta=6.4$。

$$h_f'=(3\times0.75+2\times6.4)\frac{1.5^2}{2}\ \text{J/kg}=17\ \text{J/kg}$$

管路总阻力为

$$\sum h_f=h_f+h_f'=9\ \text{J/kg}+17\ \text{J/kg}=26\ \text{J/kg}$$

若局部阻力用当量长度法确定,查表 1-5,90°标准弯头 $\frac{l_e}{d}=35$,全开球心阀 $\frac{l_e}{d}=300$,管内径为 150 mm时,其当量长度分别为

90°标准弯头　$l_e=35\times150\times10^{-3}\ \text{m}=5.25\ \text{m}$

全开球心阀　$l_e=300\times150\times10^{-3}\ \text{m}=45\ \text{m}$

$$h_f'=\lambda\frac{\sum l_e}{d}\cdot\frac{u^2}{2}=0.024\times\frac{5.25\times3+45\times2}{0.15}\times\frac{1.5^2}{2}\ \text{J/kg}=19\ \text{J/kg}$$

管路总阻力为

$$\sum h_f = h_f + h'_f = 9\ \text{J/kg} + 19\ \text{J/kg} = 28\ \text{J/kg}$$

阻力的确定为一个估算过程，所以用不同的计算方法结果有所差异。

#### 四、减小流动阻力的途径

(1) 减小管长 $l$　在满足生产需要和工作安全的前提下，管路长度尽可能短一些，尽可能走直线，少拐弯。

(2) 适当增加管径 $d$　流体在管内做层流流动时，流动阻力与管径的四次方成反比；流体在管内流动处于湍流粗糙区内，流动阻力与管径的五次方成反比。可以看出：加大管径可以减小流动阻力，使得能量消耗小，操作费用低。但是，随着管径的加大，管子的价格必然随之增加，设备费用高。因此，在选择管径时，要综合考虑设备费用与操作费用的矛盾，当流动阻力为影响过程经济效益的主要因素时，可适当地增加管径来减小能量消耗。



(3) 减小管壁的绝对粗糙度 $\varepsilon$　对于铸造管道，内壁面应清砂和清除毛刺；对焊接钢管，内壁面应清除焊瘤，以减小 $\varepsilon$。

(4) 在流体内加入少量的添加剂，使其影响流体运动的内部结构来减小阻力　目前已研究出来的具有减阻性能的添加剂大致有三类：高分子聚合物、金属皂及分散的悬浮物。这些添加剂的加入能减少流体对管壁的腐蚀和杂物的沉淀，从而减少旋涡，使流体阻力减小。

(5) 减小局部阻力的途径　在管路系统允许的情况下，尽量减少弯头、阀门等局部管件。对于管路系统中必须装置的管件，可以改善管件的边壁形状来减小阻力。如管子入口可以采用流线型的进口；对弯管可以在弯道内安装呈流线月牙形的导流叶片等。

## 第六节　管 路 计 算

在化工计算中，可根据管路铺设方式将管路分为简单管路和复杂管路两大类。简单管路为管径相同或不同的单一管线；复杂管路指的是复杂的管网，在这里指的是分支管路、汇合管路及并联管路。无论是简单管路还是复杂管路，其主要计算工具只有三个，即连续性方程、伯努利方程和阻力计算式。

本节先对管内流动作一个定性分析，然后介绍简单管路和复杂管路的计算方法。

### 一、阻力对管内流动的影响

#### (一) 简单管路

图 1-41 为典型的简单管路，其中 $A-B$、$B-C$、$C-D$ 三管段直径相同，高位槽内液位维持恒定，液体在管内做定态流动。在阀门全开时，各管段的阻力分别为 $\sum h_{fA-B}$，$\sum h_{fB-C}$，$\sum h_{fC-D}$，其中 $\sum h_{fB-C}$ 为阀门阻力，各断面上的压强分别为 $p_A$，$p_B$，$p_C$，$p_D$。

现若将阀门关小，阀门的阻力系数增大，阀门阻力 $\sum h_{fB-C}$ 增大，流量减小，使得管内各处流速均降低，$A-B$ 管段的阻力 $\sum h_{fA-B}$ 和 $C-D$ 管段的阻力 $\sum h_{fC-D}$ 均减小。根据给定条件，高位槽液面高度 $Z_A$ 和压强 $p_A$ 及管路出口压强 $p_D$ 不会发生变化。

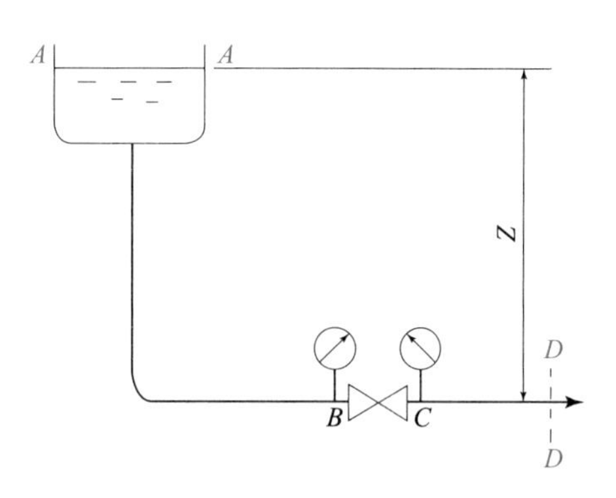

图 1-41　简单管路

对 $A-B$ 两断面列伯努利方程可得

$$\frac{p_A}{\rho}+gZ_A=\frac{u_B^2}{2}+\frac{p_B}{\rho}+\sum h_{fA-B}$$

当流量减小时，$A$ 断面压力能和位能不变，即总机械能不变，$B$ 断面动能减小，$A-B$ 管段间的阻力 $\sum h_{fA-B}$ 减小，此处的压力能必然增大，也就是 $p_B$ 升高。

对 $C-D$ 两断面列伯努利方程可得

$$\frac{p_C}{\rho}=\frac{p_D}{\rho}+\sum h_{fC-D}$$

可得 $D$ 断面压力能不变，$C-D$ 管段间的阻力 $\sum h_{fC-D}$ 减小，$C$ 断面的压力能随之减小，也就是 $p_C$ 降低。

由此可得：① 管路中任何局部阻力增加，都会造成管内流体流量减小；② 下游阻力增大将使上游压强升高，上游阻力增大将使下游压强降低；③ 阻力损失总是表现为流体机械能的减少，对等径水平管则表现为压强的降低。

**（二）分支管路**

图 1-42 为一根总管分为两个分支的管路，其中支管 A、B 阀门处于全开状态，现将支管 A 的阀门关小来分析。

支管 A 的阀门阻力系数增大，阀门 A 的阻力增加，通过支管 A 的流量减少，由简单管路分析结果很容易得出 $C$ 处的压强在升高，总管流量必然减小。但由于阀门 B 仍处于全开状态，$C$ 处压强升高必然导致支管 B 的流量增加。

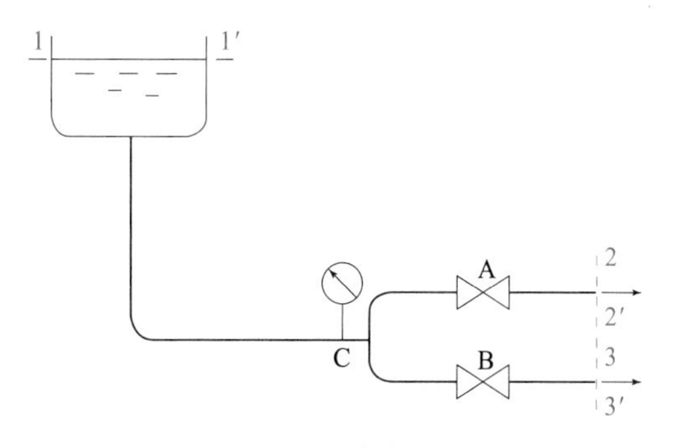

图 1-42　分支管路

上述讨论为一般情况，以下两种特殊情况是管路设计必须注意的问题：

(1) 若整个管路以支管阻力为主，而总管阻力可忽略不计。阀门 A 的关小，支管 A 的阻力增大，流量减少。由于整个管路阻力取决于支管，所以整个管路阻力随之增大，总流量减少。但 $p_1$ 和 $Z_1$ 不变，总管阻力可忽略，$C$ 处的压强也几乎不变，支管 B 的流量不受影响。即在这种情况下，任一支管阻力的改变，只会改变本身的流量，也改变了总流量，但对其他支管流量没有影响。化工厂冷却水及城市供水、煤气管线应基于这种设计。

(2) 若整个管路以总管阻力为主，而支管阻力可忽略不计。阀门 A 的关小，支管 A 的流量减少。由于支管阻力可忽略，不会因此变化而改变整个管路的阻力，管路总流量也不会因此发生变化，只会引起支管 B 的流量增加。即在这种情况下，任一支管阻力的改变，除改变本身流量外，其他支管流量也随之改变，但总流量不变。化工厂冷却水及城市供水、煤气管线的铺设不希望出现这种情况。

经过以上分析可得出：在一定的流动条件下，流体在管路中任意断面上的压强或势能是一个定值。管路中任一局部或管段阻力发生改变时，必将引起管路各断面上的压强或势能变化，直到流动再次稳定后，压强或势能在管路各断面上又有一个重新分布，压强或势能的重新分布，也就是各断面上流体机械能改变，由机械能守恒得知，流体流量的改变是必然的。

## 二、简单管路计算

流体在一根直径相同或不同但没有分支的管路中流动，这样的管路称为简单管路。此类管路计算中常遇到的问题，归纳起来有设计型和操作型两类情况。



### （一）简单管路设计型

设计型计算问题是指管路还没有存在，要按生产给定的输送任务，设计经济上合理的管路。

典型的设计型命题是已知管长、管件和阀门的设置及流体的输送量，需液点的压强和高度。选择管径、计算流体通过该管路系统的能量损失，以便最终确定供液点处的压强、高度或输送设备所加入的外功。

1. 管子直径的确定与管子的选择

在化工生产中，管路配置是一项重要的技术问题，管路直径的大小与工程所需费用有着直接的关系。很显然，若选用较小的管径，设备投资少，但在规定的流量下，管径越小其流速越大，流动阻力越大，能量损失增大，由此增大了输送流体的动力消耗。反之，则将使得设备投资增加。因此，选择的管径不宜太大或太小，要合理考虑，以设备折旧费用与动力消耗费用之和最小为确定原则。

若要按照上述原则确定合理的管径，就要通过选择流体的适宜流速来达到这一目的。所以当流体以大流量在长距离的管路中输送时，需根据具体情况在操作费用与基建费用之间通过经济权衡来确定适宜的流速。对于室内的管线，通常较短，管内流速可选用经验数据。经过大量的实验，研究人员将各种流体的适宜流速测出，以供选用参考。表 1-6 为某些常见流体在管道中的适宜流速（经济流速）。

**表 1-6　某些流体的适宜流速**

| 流体种类及状况 | 适宜流速 $u/(m\cdot s^{-1})$ | 流体种类及状况 | 适宜流速 $u/(m\cdot s^{-1})$ |
| --- | --- | --- | --- |
| 水及低黏度液体 | 1～3 | 高压空气 | 15～25 |
| 黏度较大的液体 | 0.5～1.0 | 饱和水蒸气 | 20～40 |
| 低压空气 | 10～15 | 过热水蒸气 | 30～50 |

要正确地选择管子，首先要根据流体的工作压力和温度、流体的腐蚀性来确定管材和类型。一般常压流体可选用有缝钢管，高压流体可根据压强的高低选用合用的无缝钢管，一些特殊情况（如有腐蚀性的流体），则可选择合用的合金管及其他材料制造的管子。

然后根据流体的性质由表 1-6 确定适宜流速，当适宜流速确定以后，可以由下式算出管径。即

$$d_i = \sqrt{\frac{4q_{V,s}}{\pi u}}$$

最后由计算所得的管径，从有关手册查取管子的标准，选用与计算内径相近的标准管径，通常可向偏大的内径选用。这种由计算数据去选用某种标准的过程，在化工计算中称为圆整。在本书附录中附有常见的无缝钢管、有缝钢管（水煤气管）及铸铁管的规格，对于其他管子规格表示法可参考有关手册。

**[例 1-17]** 用泵将河水送至某水塔，要求送水量为 45 $m^3/h$，管路系统压力不高于 0.6 MPa(表压)，试确定输送水管的规格。

**解：** 根据题目的要求，应选用普通级水煤气管。管内流体为水，可取适宜流速 $u_{适宜} = 1.5$ m/s，输送水管的计算管径为

$$d_i = \sqrt{\frac{4q_{V,s}}{\pi u_{适宜}}} = \sqrt{\frac{4 \times 45}{3\ 600 \times \pi \times 1.5}}\ \text{m} = 0.103\ \text{m} = 103\ \text{mm}$$

查附录，普通级水煤气管中没有正好内径为 103 mm 的管子，一个最靠近 103 mm，少许偏大的管子规格为 $\phi 114$ mm×4 mm 的管子，其外径为 114 mm，壁厚为 4 mm，内径为(114－4×2) mm＝106 mm。若选用该管子作为输送水管，在输送流量不变的情况下，管内水的实际流速为

$$u = \frac{4q_{V,s}}{\pi d^2} = \frac{4 \times 45}{3\ 600 \times \pi \times 0.106^2}\ \text{m/s} = 1.42\ \text{m/s}$$

实际流速仍在适宜流速范围之内，所选用的管子应为 $\phi 114$ mm×4 mm 普通级水煤气管。

2. 供液点液位高度的确定

**[例 1-18]** 相对密度为 1.1 的水溶液，由常压贮槽经 50 m 长、直径为 $\phi 114$ mm×4 mm 的钢管流入一个大水池，如图 1-43 所示。已知水溶液的黏度为 $1 \times 10^{-3}$ Pa·s，管子的绝对粗糙度为 0.5 mm。试求当管内流量保证为 31.75 $m^3/h$ 时，贮槽的液面距管出口的垂直高度为多少米？

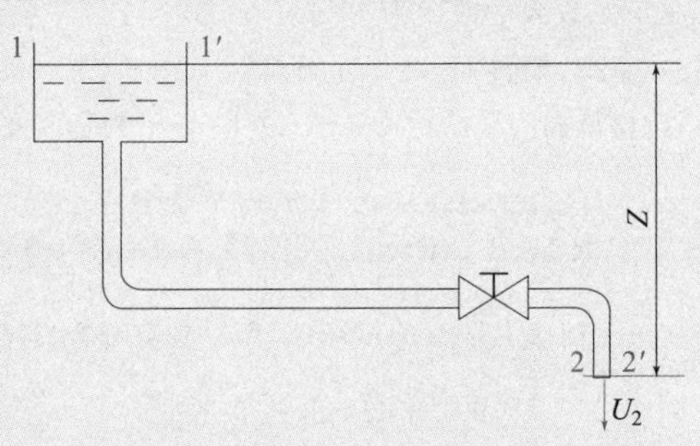


图 1-43 [例 1-18]附图

**解：** 已知 $\rho = 1\ 000 \times 1.1\ \text{kg/m}^3 = 1\ 100\ \text{kg/m}^3$，$d = (114 - 2 \times 4)\ \text{mm} = 106\ \text{mm}$，则

$$u = \frac{q_{V,s}}{\frac{\pi}{4}d^2} = \frac{31.75}{0.785 \times 0.106^2 \times 3\ 600}\ \text{m/s} = 1\ \text{m/s}$$

$$Re = \frac{ud\rho}{\mu} = \frac{1 \times 0.106 \times 1\ 100}{1 \times 10^{-3}} = 1.166 \times 10^{5} > 4\ 000$$

$$\frac{\varepsilon}{d} = \frac{0.5}{106} = 0.005$$

根据 $Re=1.166\times10^{5}$，$\frac{\varepsilon}{d}=0.005$，查莫迪图可得 $\lambda=0.031$；由表 1-5 查得管路系统各管件的当量长度与管径比值 $\frac{l_e}{d}$。由贮槽流入管子的 $\frac{l_e}{d}=20$；2 个 90°标准弯头，$2\frac{l_e}{d}=2\times40=80$；一个全开闸阀，$\frac{l_e}{d}=7$。管路的总压头损失为

$$\sum H_f = \lambda\left(\frac{l+\sum l_e}{d}\right)\frac{u^2}{2g} = 0.031 \times \left(\frac{50}{0.106}+20+80+7\right)\frac{1^2}{2\times9.81}\ \text{m} = 0.91\ \text{m}$$



取贮槽液面为截面 1-1′，管出口内侧为截面 2-2′，在两截面上列伯努利方程，可得

$$Z_1 = \sum H_f + \frac{u_2^2}{2g}$$

式中 $u_2=u=1$ m/s，将其代入为

$$Z_1 = \left(0.91 + \frac{1^2}{2\times9.81}\right)\ \text{m} = 0.96\ \text{m}$$

3. 输送设备外加功确定

**［例 1-19］** 用泵将密度为 880 kg/m³，黏度为 $0.65\times10^{-3}$ Pa·s 的液体从贮槽送到高位槽，流量为18 m³/h，高位槽液面比贮槽液面高 10 m。泵吸入管用 $\phi$89 mm×4 mm 的无缝钢管，计算长度为 24 m（不包括流体由贮槽进入管子突然缩小的当量长度）；泵排出管为 $\phi$57 mm×3.5 mm 的无缝钢管，计算长度为 72 m（不包括流体由管子流出突然扩大的当量长度）。管路的绝对粗糙度均为 0.3 mm，贮槽和高位槽液面上方均与大气相通，且液面维持恒定。试求泵的轴功率，设泵的效率为 70%。

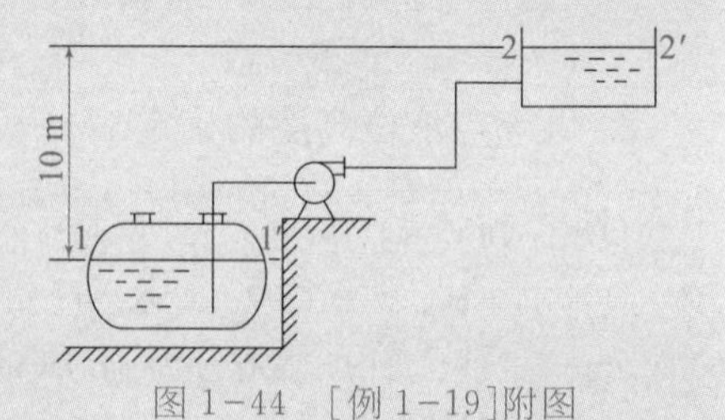

图 1-44 ［例 1-19］附图

**解：** 根据题意画出流程示意图，如图 1-44 所示，取贮槽液面为上游截面 1-1′，高位槽液面为下游截面 2-2′，并以 1-1′为基准面。在两截面之间列伯努利方程，即

$$Z_1 g + \frac{u_1^2}{2} + \frac{p_1}{\rho} + W_e = Z_2 g + \frac{u_2^2}{2} + \frac{p_2}{\rho} + \sum h_f$$

式中 $Z_1=0$，$Z_2=10$ m，$p_1=p_2=0$（表），$u_1\approx0$，$u_2\approx0$。所以伯努利方程可简化为

$$W_e = Z_2 g + \sum h_f$$

由于泵进出口管径不同，所以能量损失应分段计算，即

$$\sum h_f = \sum h_{f进} + \sum h_{f出}$$

(1) 吸入管路的能量损失 $\sum h_{f进}$：

$$\sum h_{f进} = h_{f进} + \sum h'_{f进} = \left(\lambda_{进}\frac{l_{进}+\sum l_{e进}}{d_{进}} + \zeta_{进}\right)\frac{u_{进}^2}{2}$$

管进口阻力系数 $\zeta_{进}=0.5$,泵进口管内流速为

$$u_{进}=\frac{18}{3\ 600\times0.785\times0.081^2}\ \text{m/s}=0.97\ \text{m/s}$$

进口管内流体的雷诺数为

$$Re_{进}=\frac{ud\rho}{\mu}=\frac{0.97\times0.081\times880}{0.65\times10^{-3}}=1.06\times10^5$$

$$\frac{\varepsilon}{d_{进}}=\frac{0.3}{81}=0.003\ 7$$

根据以上两个参数查莫迪图得 $\lambda_{进}=0.029$,进口管阻力为

$$\sum h_{f进}=\left(0.029\times\frac{24}{0.081}+0.5\right)\frac{0.97^2}{2}\ \text{J/kg}=4.28\ \text{J/kg}$$

(2) 排出管路上的能量损失$\sum h_{f出}$:

$$\sum h_{f出}=\left(\lambda_{出}\frac{l_{出}+\sum l_{e出}}{d_{出}}+\zeta_{出}\right)\frac{u_{出}^2}{2}$$

管出口阻力系数 $\zeta_{进}=1.0$,泵出口管内流速为

$$u_{出}=\frac{18}{3\ 600\times0.785\times0.05^2}\ \text{m/s}=2.55\ \text{m/s}$$

出口管内流体的雷诺数为

$$Re_{出}=\frac{ud\rho}{\mu}=\frac{2.55\times0.05\times880}{0.65\times10^{-3}}=1.73\times10^5$$

$$\frac{\varepsilon}{d_{出}}=\frac{0.3}{50}=0.006$$

根据以上两个参数查莫迪图得 $\lambda_{出}=0.031\ 3$,出口管阻力为

$$\sum h_{f出}=\left(0.031\ 3\times\frac{72}{0.05}+1.0\right)\frac{2.55^2}{2}\ \text{J/kg}=150\ \text{J/kg}$$

(3) 管路系统总能量损失:

$$\sum h_f=\sum h_{f进}+\sum h_{f出}=(4.28+150)\ \text{J/kg}=154.28\ \text{J/kg}$$

所以

$$W_e=(10\times9.81+154.28)\ \text{J/kg}=252.4\ \text{J/kg}$$

泵的有效功率为

$$N_e=W_e\cdot q_{m,s}=252.4\times\frac{18}{3\ 600}\times880\ \text{W}=1\ 111\ \text{W}\approx1.11\ \text{kW}$$

泵的轴功率为

$$N=\frac{N_e}{\eta}=\frac{1.11}{0.7}\ \text{kW}=1.59\ \text{kW}$$

### (二) 简单管路操作型

操作型计算问题是输送管路已经存在,要求核算某指定生产条件下管路的输送能力或某项技术指标。

典型的操作型命题为已知管径、管长、管件和阀门的设置，管路进出口的压强及高度，求流体的流速或流量。

由于此类命题中的流速为未知，阻力无法求取，要想确定管中的流速或流量，就必须采用试差法或迭代法。用以下例题说明试差过程步骤。

**[例 1-20]** 如图 1-45 所示，水从水塔引入车间，管路为 $\phi$114 mm×4 mm 的钢管，绝对粗糙度为0.2 mm，共长 150 m(其中包括管件及阀门的当量长度，但不包括管路进出口的当量长度)。水塔内水面维持恒定，并高于排水口 12 m，问当水温为 12 ℃时，此管路的输水量为多少($m^3/h$)?

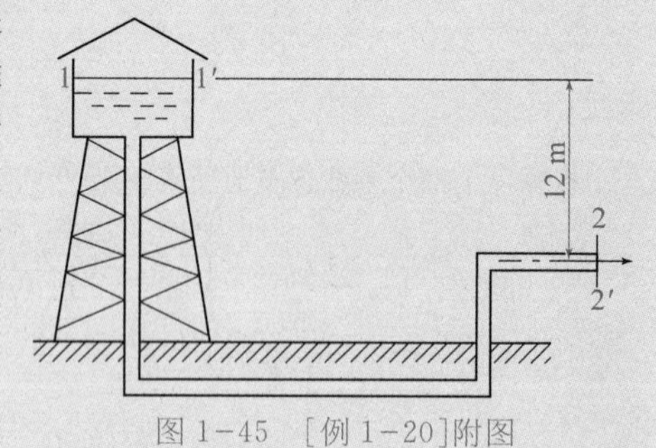

图 1-45 [例 1-20]附图

**解：** 取水塔水面为上游截面 1-1′，排水管出口内侧为下游截面 2-2′，并以排水管出口中心为基准面，在两截面间列伯努利方程，即

$$Z_1g+\frac{u_1^2}{2}+\frac{p_1}{\rho}=Z_2g+\frac{u_2^2}{2}+\frac{p_2}{\rho}+\sum h_f$$

式中 $Z_1=12$ m，$Z_2=0$，$u_1\approx0$，$u_2=u$，$p_1=p_2$。

$$\sum h_f=\left(\lambda\frac{l+\sum l_e}{d}+\zeta\right)\frac{u^2}{2}=\left(\lambda\frac{150}{0.106}+0.5\right)\frac{u^2}{2}$$

将以上各值代入伯努利方程，整理出管内水的流速为

$$u=\sqrt{\frac{2\times9.81\times12}{\lambda\dfrac{150}{0.106}+1.5}}=\sqrt{\frac{235.4}{1\ 415\lambda+1.5}}$$

要从上式解得 $u$，必须知道 $\lambda$，而 $\lambda$ 值取决于 $Re$，又需先知道 $u$。在这种情况下，只有采用试差法求解。试差法的步骤为：在 $u$ 和 $\lambda$ 两个未知数中任选一个，在合理的范围内对它假设一个数值，然后由上式求得另一未知数，再由莫迪图对假设数进行校核，如不正确，则需重新假设，直至所设的数与按莫迪图校核所得的数相符或接近为止。此题由于摩擦系数 $\lambda$ 变化范围很小，在输送液体时，$\lambda$ 值常在 0.02～0.03 范围，故可先假设 $\lambda$ 值，代入上式算出 $u$。今设 $\lambda=0.02$，代入上式得

$$u=\sqrt{\frac{235.4}{1\ 415\times0.02+1.5}}\ \text{m/s}=2.81\ \text{m/s}$$

查得 12 ℃时水的黏度为 $1.236\times10^{-3}$ Pa·s，此时水在管中的雷诺数为

$$Re=\frac{ud\rho}{\mu}=\frac{2.81\times0.106\times1\ 000}{1.236\times10^{-3}}=2.41\times10^5$$

$$\frac{\varepsilon}{d}=\frac{0.2}{106}=0.001\ 89$$

根据以上雷诺数和相对粗糙度，从莫迪图查得 $\lambda=0.024$。发现查得的 $\lambda$ 值与假设的 $\lambda$ 值不相符，故需第二次试算。重设 $\lambda=0.024$，代入上式，解得 $u=2.58$ m/s，由此值算得 $Re=2.2\times10^5$，从莫迪图中查得 $\lambda=0.024\ 1$，查得的 $\lambda$ 值与所设的 $\lambda$ 值基本相符。故根据第二次试算结果，管内水的流速为 $u=2.58$ m/s。所以管内的输水量为

$$q_{V,h}=3\ 600\times0.785\times0.106^2\times2.58\ \text{m}^3/\text{h}=81.92\ \text{m}^3/\text{h}$$

此题也可以先假设流速 $u$ 值，由 $u=\sqrt{\dfrac{235.4}{1\,415\lambda+1.5}}$ 算出 $\lambda$ 值，再由所假设的 $u$ 值计算出 $Re$ 值，并根据 $Re$ 及 $\varepsilon/d$ 值由莫迪图查得 $\lambda$ 值，以此 $\lambda$ 值与计算出的 $\lambda$ 值进行比较，从而判断所假设的流速 $u$ 是否合适。

## 三、复杂管路计算原则

### （一）并联管路

由两个或两个以上简单管路并接而成的管路，称为并联管路。图 1-46 主管 $A$ 处分为三支，然后又在 $B$ 处汇合为一个主管的并联管路。

此类管路的特点为：① 总管流量等于并联的各管段流量之和；② 各并联管段内的流体能量损失皆相同。对图 1-46 并联管路，应有

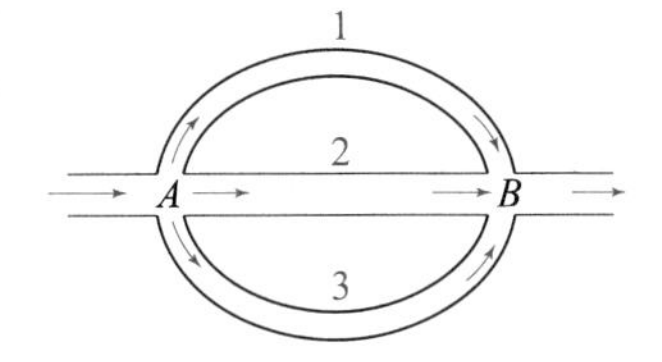

图 1-46　并联管路

$$q_{m,s}=q_{m,s1}+q_{m,s2}+q_{m,s3} \tag{1-38}$$

对不可压缩流体，上式可为

$$q_{V,s}=q_{V,s1}+q_{V,s2}+q_{V,s3} \tag{1-39}$$

$$\sum h_{fA-B}=\sum h_{f1}=\sum h_{f2}=\sum h_{f3} \tag{1-40}$$

由于

$$\sum h_f=\frac{8\lambda\left(l+\sum l_e\right)q_{V,s}^2}{\pi^2 d^5} \tag{1-41}$$

式(1-40)可写为

$$\frac{8\lambda_1(l+\sum l_e)_1 q_{V,s1}^2}{\pi^2 d_1^5}=\frac{8\lambda_2(l+\sum l_e)_2 q_{V,s2}^2}{\pi^2 d_2^5}=\frac{8\lambda_3(l+\sum l_e)_3 q_{V,s3}^2}{\pi^2 d_3^5}$$

由式(1-41)可得

$$q_{V,s}=\sqrt{\frac{\pi^2 d^5\sum h_f}{8\lambda\left(l+\sum l_e\right)}}$$

则

$$q_{V,s1}:q_{V,s2}:q_{V,s3}=\sqrt{\frac{d_1^5}{\lambda_1(l+\sum l_e)_1}}:\sqrt{\frac{d_2^5}{\lambda_2(l+\sum l_e)_2}}:\sqrt{\frac{d_3^5}{\lambda_3(l+\sum l_e)_3}} \tag{1-42}$$

### （二）分支管路

分支管路是在主管某处有分支，但最终各分支不再汇合。如图 1-47 所示。

分支管路的特点为：① 主管流量等于各分支管内流量之和；② 各分支管中，流量可以不同，但单位质量流体在各支管流动终了时的总机械能与能量损失之和必然相等。若图 1-47 所示的管路中流动的是不可压缩流体，则应有

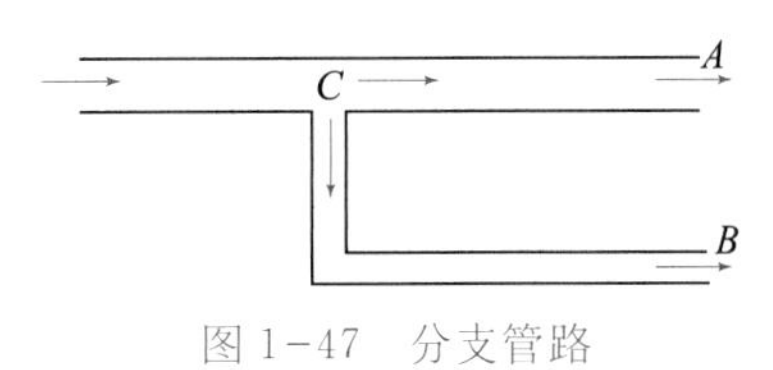

图 1-47　分支管路

$$q_{V,s}=q_{V,s1}+q_{V,s2} \tag{1-43}$$

$$gZ_A + \frac{u_A^2}{2} + \frac{p_A}{\rho} + \sum h_{f0-A} = gZ_B + \frac{u_B^2}{2} + \frac{p_B}{\rho} + \sum h_{f0-B} \tag{1-44}$$

## 第七节　流量的测量

化工生产过程中，流量和流速的测量方法很多，这里仅介绍利用流体的动能与势能之间的转换为原理制造的测量装置。这些装置可分为两类：一类为定截面、变压差的流量计或流速计，它的流道截面是固定的，当流过截面的流体流量改变时，造成动能与压力能之间的转换，表现为压强差的改变，通过压强差的变化来确定流速的变化，皮托测速计、文丘里流量计及孔板流量计均属此类；另一类为定压差、变截面流量计，即流道的截面随流量的大小而变化，而流体流过流道截面的压强降则为固定值，常见的有转子流量计。



### 一、皮托测速计

皮托测速计的结构如图 1-48 所示，它是由两根直径不同且弯成直角的同心套管组成，其内管与外套管的直径均很小。皮托测速计内管的前端敞口，其管口 $A$ 冲对流体流动方向，即其轴向与流体流动方向平行；外套管前端封死，在离前端点一定距离的 $B$ 处一周均匀开有若干测压孔，开孔方向与流体流动方向垂直；内管与外套管的另一端分别与 U 形管压差计的两臂相接。

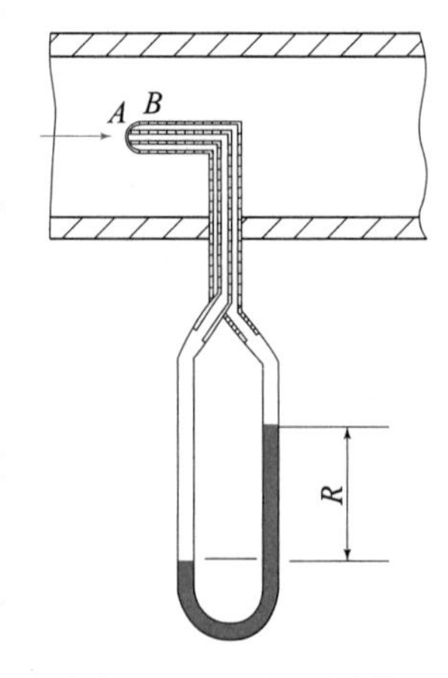

图 1-48　皮托测速计

皮托测速计可安装在管道截面的任一点上，图 1-48 中皮托测速计安装在管中心。密度为 $\rho$、压强为 $p$ 的某一点流体以流速 $u_r$ 向皮托测速计口流动且达 $A$ 处时，因内管中已充满被测流体，故流体在 $A$ 处被遏制住，使其速度降为零，即流体的动能转变成压力能，所以内管口 $A$ 处所测得的压力能为流体动能$\frac{u_r^2}{2}$与压力能$\frac{p}{\rho}$之和，称为冲压能，即

$$\frac{p_A}{\rho} = \frac{u_r^2}{2} + \frac{p}{\rho}$$

冲压能即 $A$ 点的压强通过皮托测速计内管传至 U 形管压差计的左端。而流体沿皮托测速计外壁平行流过测压小孔时，由于皮托测速计直径很小，流速 $u$ 可视作不变，压强 $p$ 通过外套管侧壁小孔传至 U 形管压差计的右端，即

$$\frac{p_B}{\rho} = \frac{p}{\rho}$$

U 形管压差计所测得的 $A$、$B$ 两点压强差为

$$p_A - p_B = R(\rho_i - \rho)g$$

由以上三式处理可得该点流速为

$$u_r=\sqrt{\frac{2R(\rho_i-\rho)g}{\rho}}$$

考虑到皮托测速计的尺寸和制造精度等原因，应对上式进行适当修正：

$$u_r=C\sqrt{\frac{2R(\rho_i-\rho)g}{\rho}} \tag{1-45}$$

式中 $C$ 为皮托测速计校正系数，由实验标定，其数值范围为 0.98～1.0。

由以上分析得知：① 皮托测速计所测得的速度为管道截面上某一点轴向线速度，所以用它可测定管截面上的流速分布；② 对圆形管，若要测量平均流速，需将皮托测速计安装在管中心，先测出管中心最大流速 $u_{max}$ 后，然后由图 1-49 确定平均流速。

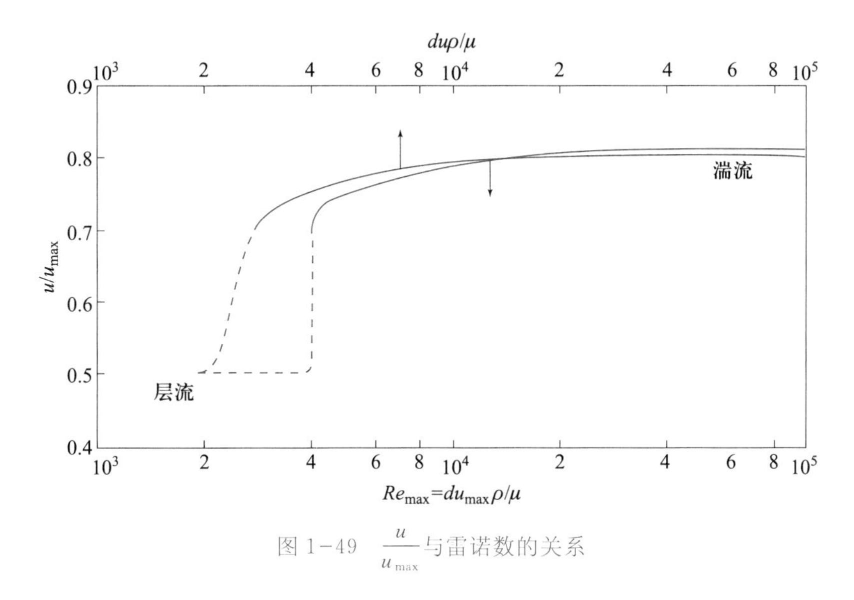


图 1-49 $\frac{u}{u_{max}}$ 与雷诺数的关系

皮托测速计安装时要注意：① 测点上下游各留有 $50d$ 长度的直管段，以保证测点处于均匀流段；② 皮托测速计的管口截面必须垂直于流体流向，如偏离较大将会造成明显的偏差；③ 皮托测速计外套管外径 $d_0$ 应小于管道直径 $d$ 的 1/50，即 $d_0<d/50$。

## 二、文丘里流量计

文丘里流量计的示意图如图 1-50 所示。它是由渐缩管、喉管和渐扩管三部分组成。当有流体流过时，由于喉管断面面积缩小，流速增大，动能的增大势必使喉管处的势能减小，压强降低。如在渐缩管前断面 1-1′和喉管断面 2-2′处安装一 U 形管压差计，则可由压差计上所测得的 $R$ 值求得管路中的流量大小。

设断面 1-1′处的平均流速为 $u_1$，压强为 $p_1$，高度为 $Z_1$；断面 2-2′上的平均流速为 $u_2$，压强为 $p_2$，高度为 $Z_2$。若暂不考虑能量损失，对 1-1′、2-2′两断面之间列伯努利方程：

$$\frac{p_{m1}}{\rho g}+\frac{u_1^2}{2g}=\frac{p_{m2}}{\rho g}+\frac{u_2^2}{2g}$$

图 1-50　文丘里流量计示意图

由连续性方程有

$$u_2 = u_1 \frac{A_1}{A_2}$$

由 U 形管压差计计算式得 $p_{m1} - p_{m2} = R(\rho_i - \rho)g$，代入上式并整理为

$$u_2 = \frac{1}{\sqrt{1-\left(\frac{A_2}{A_1}\right)^2}} \sqrt{\frac{2R(\rho_i - \rho)g}{\rho}}$$

动画

文丘里流量计

若考虑流体流过文丘里流量计的能量损失，必须对上式进行修正，乘以一修正系数 $C$，上式变为

$$u_2 = \frac{C}{\sqrt{1-\left(\frac{A_2}{A_1}\right)^2}} \sqrt{\frac{2R(\rho_i - \rho)g}{\rho}}$$

动画

文丘里流量计流动形态

令

$$C_V = \frac{C}{\sqrt{1-\left(\frac{A_2}{A_1}\right)^2}}$$

则

$$u_2 = C_V \sqrt{\frac{2R(\rho_i - \rho)g}{\rho}} \tag{1-46}$$

$$q_{V,s} = u_2 A_2 = C_V \frac{\pi}{4} d_2^2 \sqrt{\frac{2R(\rho_i - \rho)g}{\rho}} \tag{1-47}$$

式中　$q_{V,s}$——体积流量，$m^3/s$；

$C_V$——文丘里流量计的流量系数，由实验测得，一般为 0.98～0.99；

$d_2$——喉管的内径，m；

$R$——U 形管压差计的读数，m；

$\rho$——流体的密度，$kg/m^3$；

$\rho_i$——U 形管压差计内指示液的密度，$kg/m^3$。

文丘里流量计以能量损失小、测量精度高为其优点。但各部分尺寸要求严格，需要精细加工，所以造价较高，在使用上受到了限制。因此，在许多场合被测量原理相同、而结构简单得多的“孔板流量计”所代替。

## 三、孔板流量计

为使流体流动的截面收缩或扩大，可在管内安装一具有中心圆孔的圆板，如图 1-51 所示。这种开有中心圆孔的板叫"孔板"。这种测量流量装置称为"孔板流量计"。孔板流量计的流量计算公式可仿文丘里流量计的推导方法，可推出其计算式为

$$q_{V,s}=C_0\frac{\pi}{4}d_0^2\sqrt{\frac{2R(\rho_i-\rho)g}{\rho}} \tag{1-48}$$

式中　$C_0$——孔板流量计的流量系数；

$d_0$——孔板的孔径，m。

孔板流量计的流量系数 $C_0$ 可由实验测得。它与管道内流体的雷诺数有关，与管道截面面积 $A_1$ 及孔板的圆孔面积 $A_0$ 有关$\left(设\ m=\frac{A_0}{A_1}\right)$，其数值可由图 1-52 查取。$Re_1=\frac{d_1u_1\rho}{\mu}$，指孔板上游侧的雷诺数。对于标准孔板流量计，流量系数 $C_0$ 为 0.6～0.7。

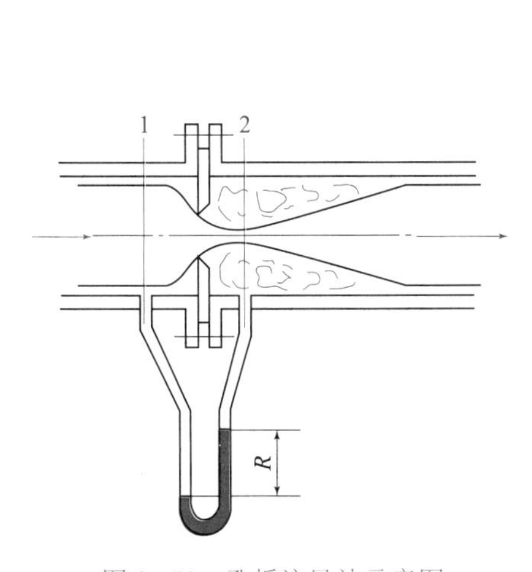


图 1-51　孔板流量计示意图

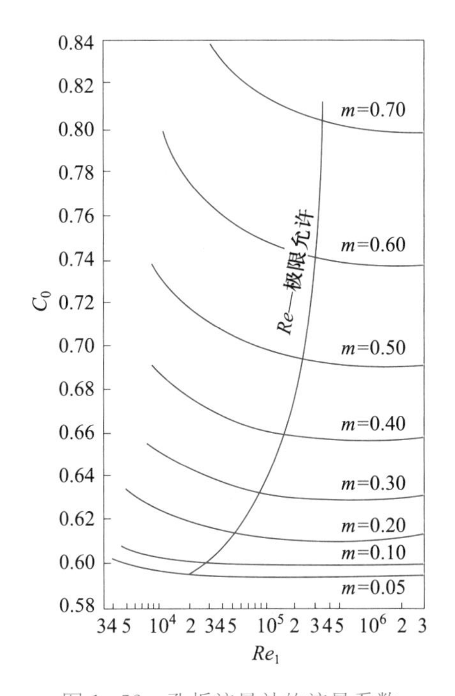


图 1-52　孔板流量计的流量系数

孔板流量计的结构简单，价格低，检修方便。其主要缺点是流体流经孔板时的能量损失大，而且孔口边缘容易腐蚀和磨损，所以孔板流量计要定期进行校正。

孔板流量计安装时要在上下游留有一段管径不变的直管段，以保证流体通过孔板之前速度分布稳定。通常要求上游直管长度为 $50d_1$（$d_1$ 为管道直径），下游直管长度为 $10d_1$。

## 四、转子流量计

转子流量计的结构如图 1-53 所示。它的外壳为一倒圆锥形的玻璃管（或透明塑料

管)，锥度为4°左右，在玻璃管上刻有刻度。管内有一枚“浮子”，因操作时浮子会自旋，故又称为“转子”。转子流量计必须垂直安装，流体只能从转子与玻璃管之间的环形截面由下而上流过。当流量增大时，转子稳定的位置升高；流量减小时，转子位置下降，可由转子稳定停留的位置直接从玻璃管上的刻度读得流量值。用这种流量计测量流量比较方便、直观。

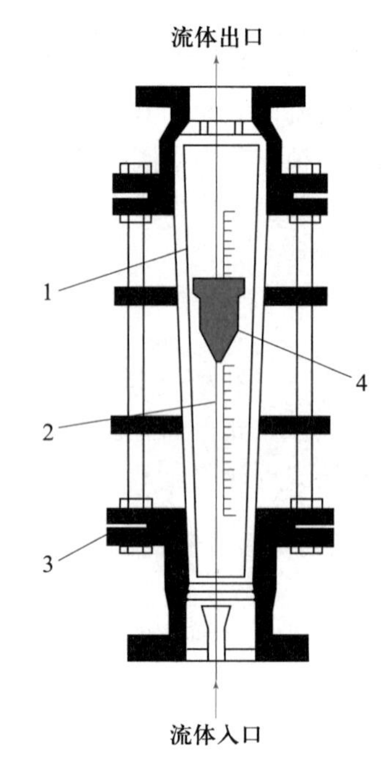

1—玻璃管；2—刻度；
3—突缘填函盖板；4—转子
图 1-53　转子流量计

设 $V_f$ 为转子的体积，$A_f$ 为转子最大部分的截面积，$\rho_f$ 为转子材质的密度，$\rho$ 为被测流体的密度，$A_R$ 为转子与玻璃管之间的环形面积。由转子停留在某一位置时的受力分析可得转子流量计的流量 $q_{V,s}$ 计算公式为



$$q_{V,s}=C_R A_R\sqrt{\frac{2gV_f(\rho_f-\rho)}{\rho A_f}} \tag{1-49}$$

式中 $C_R$ 为转子流量计的流量系数，是一个没有单位的数，它与转子的形状及雷诺数有关，其关系可查有关资料。

由仪表厂家制造的转子流量计，其刻度是针对某一种流体进行标定的，并绘制有流量曲线。通常，用于液体的转子流量计是以 20 ℃清水作为标定刻度的依据；用于气体的转子流量计是以 101 325 Pa、20 ℃($\rho$=1.2 kg/m$^3$)空气作为标定刻度的依据。所以当用于测量其他流体流量时，应对原有的刻度加以修正。

若以下标 1 表示出厂标定时所用的流体，下标 2 表示实际工作时的流体，设 $C_R$ 不变，根据式(1-49)，在同一刻度之下，两种流体流量之间关系为

动画

转子流量计

$$\frac{q_{V,s2}}{q_{V,s1}}=\sqrt{\frac{\rho_1(\rho_f-\rho_2)}{\rho_2(\rho_f-\rho_1)}} \tag{1-50a}$$

有时对于某种特定流体的流量测定，为使转子流量计有更合适的测量范围，可另外备一只转子。该转子形状要与原转子相同，但转子材料(密度)可根据要求选定。这时的流量换算仍可用式(1-49)，只是转子材料密度 $\rho_f$ 也有原来与后来的变化。式(1-50a)可写为

$$\frac{q_{V,s2}}{q_{V,s1}}=\sqrt{\frac{\rho_1(\rho_{f2}-\rho_2)}{\rho_2(\rho_{f1}-\rho_1)}} \tag{1-50b}$$

转子流量计读数方便，阻力损失小，测量范围宽，安装流量计时，前后无需保留稳定段，能用于腐蚀性流体测量。但因转子流量计的管壁多为玻璃制品，不能承受高温和高压，操作时不能猛开阀门，否则会由于转子猛烈冲撞而震坏玻璃管壁。安装时流量计必须保持垂直，以免受损破碎及影响测量的准确度。为了便于检修，通常在安装时，加设旁通支路。

## 案例分析

**［案例1］ 利用流体流动机械能守恒原理设计配料装置**

某精细化工厂要将几种性质不同的原料送入一反应器进行反应，要求配料要精确，且配料过程必须在密闭的条件下进行。若采用人工配料，可达到精确配料的要求，但这样不仅劳动强度大，且违背了密闭条件的要求，存在诸多不安全的因素。如何能使操作过程满足上述条件，正确地设计流程和制定操作规程是关键。

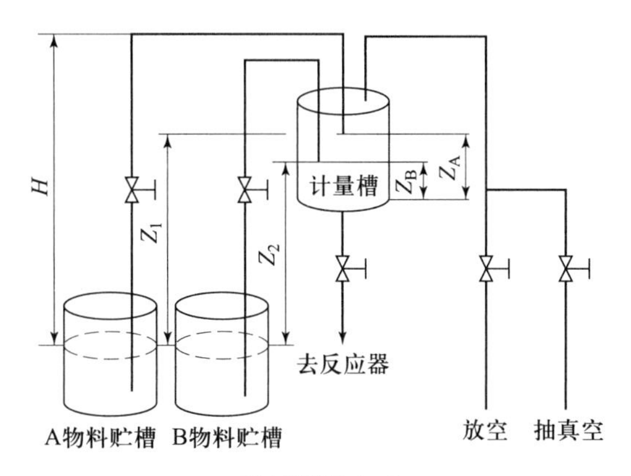


案例附图 1-1

现以用两种原料的配料过程来说明所设计的配料流程，见案例附图 1-1。A、B两原料放置在两个位置较低的贮槽内，各原料贮槽分别有一管道从密闭的计量槽上方接入，并伸入槽内，其管口离开计量槽底部高度分别为 $Z_A$ 和 $Z_B$。另在计量槽顶部接一管道并有分支，其中一个分支接真空泵，一个分支作为放空使用。$Z_A$ 和 $Z_B$ 高度的确定是物料计量的关键，要求当计量槽液位为 $Z_A$ 时，槽内A物料的质量要与工艺要求一致；当液位为 $Z_B$ 时，计量槽内B物料的质量要与工艺要求一致。

该流程设计的依据是由流体流动机械能守恒原理构思而成。由伯努利方程得知，当流体静止时应有 $\dfrac{\Delta p}{\rho}+\Delta Zg=0$，而 $\dfrac{\Delta p}{\rho}+\Delta Zg\neq 0$ 时，流体必然流动，即有 $\dfrac{\Delta p}{\rho}+\Delta Zg=\dfrac{\Delta u^2}{2}+\sum h_f$。对本案例而言，只要对计量槽抽真空，使其达到 $\dfrac{p_{计量}}{\rho}+Z_1g<\dfrac{p_{A槽}}{\rho}$，A物料就会被吸入计量槽，其流速可对A贮槽液面与管出口两截面进行机械能衡算确定。当真空支管阀门被关闭，放空阀打开，计量槽液面压力与A贮槽液面压力相同，A物料不会向计量槽流动。由于此时A输送管内充满液体，根据压力能与位能之间的转换关系，很容易得出较高的 $H$ 势必会造成A管顶端有较低的压力，只要有 $\dfrac{p_{顶端}}{\rho}+(H-Z_1)g<\dfrac{p_{计量}}{\rho}$，管内产生虹吸现象，计量槽内液体就开始向物料槽流动。

该流程必须按正确的操作顺序进行，才能达到预想的计量目的。现以A物料配料过程来说明操作方法：首先打开A物料管道阀门，再打开真空支管阀门，由于计量槽内被抽，压强逐渐降低，当压强降低到一定程度，A物料被吸入计量槽，直至槽内液位超

过 $Z_A$ 后，关闭真空支管阀门，打开放空阀，空气被吸入计量槽，计量槽压力升至常压，A 物料管道成为虹吸管，计量槽内高于 $Z_A$ 的物料倒流回 A 物料贮槽，直到没有流体流出为止，计量槽内剩余物料液位停留在 $Z_A$。此时打开计量槽去反应器的阀门，流入反应器的 A 物料必然是所需计量的质量。然后对 B 物料采用同样的操作，也可准确计量出 B 的质量。

本案例是利用所学的流体流动知识，巧妙地构思流程和操作程序，达到了在密闭的条件下精确配料的生产要求。因此可得知，只要我们善于利用所学过的知识去分析问题和解决问题，在今后的工作中才能不断地进步和取得成果。

## ［案例 2］ 雷诺数与管道使用寿命



**问题的提出：**

在冶金矿山中，选矿厂的精尾矿输送，大多是采用泵和管道进行的，属于高浓度的液体输送。在生产中，每年都要消耗相当多的管道，大多是由于磨损所致。

**理论分析：**

从输送矿浆的设备来看，大多是采用旋转的离心泵进行的，矿浆中矿物小颗粒（以下简称为质点）的运动都呈旋转状态的紊流而进入输送管道，因此，在管道中各质点的运动都是呈旋转的紊流状态。另外由于在重力的作用下，质点的聚流所形成的流柱，紧靠在下面的管道内壁上，因而，其管道下部的部分与运动的质点流柱摩擦力较大，使下部的管道磨损较快。

由案例附图 1-2 中质点运动情况可知，质点在管道内总的动态是做螺旋线运动，其运动可以分解成沿平行于管道轴线的运动 $v_x$、与管道轴线方向垂直的运动 $v_y$ 及与 $v_x$ 和 $v_y$ 垂直的 $v_z$。在这三种运动状态中，第二种运动 $v_y$ 对于矿浆输送来说是无用运动，第一种运动 $v_x$ 才是有用运动。此外矿浆在运动过程中，由于各运动质点受其内部的摩擦力及相互间的碰撞作用，除了以上的运动外，还围绕着其主体做一些无规则的运动。这种无规则的运动及沿管道内壁的周向运动，都加剧了管道的剥落及磨损，只是沿管道的周向运动才是有益运动。因而，如何提高管道的使用寿命也就成了如何改变质点在管道中的运动状态的问题。

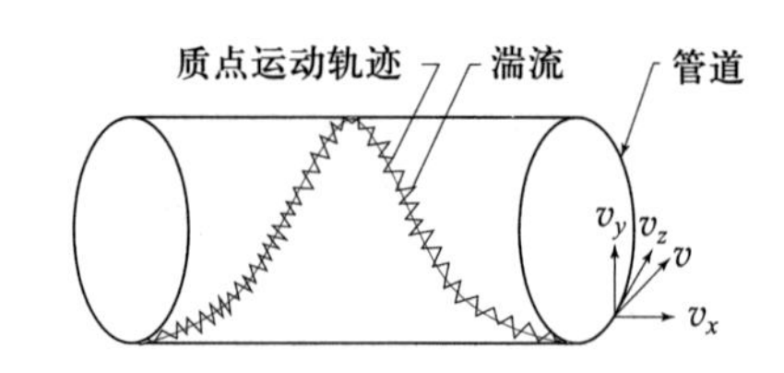

案例附图 1-2　质点在管道中的运动图

**提高管道使用寿命的方法：**

以下两种方法可提高管道的使用寿命。

1. 定期对管道翻转

管道的磨损通常位于管道下部 1/3 处的区域内，而其他部位则磨损量较小或无磨损。通过一段时间的使用，可进行取样观察。若下部磨损量已达极限（视管道壁厚，通常在3 mm左右就认为达到极限）即施行对管道进行以管子中心线为轴线进行翻转。第一次翻转角为 120°，经过一段时期使用，再进行第二次翻转。这样通过二次翻转，管道本身的使用寿命就提高了两倍。这种方法简便易行，已在选矿厂得到应用，效果很好。不足之处是没有从根本上解决管道本身磨损量减少的问题。

2. 改变质点运动状态

对质点在管道中的运动状态进行分析中得知，在实际应用中，期望质点沿着管道轴线做平行运动，这样对探讨的问题有利，而其他的运动状态都是有害的。怎样使质点只做平行于管道轴线的方向运动，根据流体力学理论，要使管道中的质点做平行于管道轴线的运动，管道中的流体必须是处于层流运动状态，而判断流体是否做层流运动的依据是雷诺数的取值范围。

液体是否做层流运动，与液体在管道中的流速、管径及液体的黏度有关。在实际生产中管径是确定的，流速是可以控制的，剩下的主要问题是流速与雷诺数的关系。

雷诺数公式为

$$Re=\frac{du\rho}{\mu}$$

式中 $Re$——雷诺数，量纲为1；

$u$——液体流速，m/s；

$d$——管道直径，m；

$\mu$——液体的黏度，Pa・s。

流体的流速 $u$，通常与液体的动力源有关，而在矿山中，矿浆在管道中的运动动力通常是由旋转的离心泵来提供的，由于其惯性作用液体在离开泵后，仍然有旋转运动，最后在管道中呈螺旋曲线运动。由此可知此种泵不易使流体做有规则的层流运动，必须改选泵的类型，而从泵的工作原理来看，轴向柱塞泵及隔膜泵较好，易于保证液体做轴向运动，其他方向的运动较弱。这样就可施行改变液体的运动状态即矿浆的流速，再来验算雷诺数的值来判断其矿浆的运动状态。

对于一般圆管上、下临界雷诺数分别为 8 000～10 000 和 2 300。在圆管中流动的液体，当 $Re>8\ 000$ 时，管中液体的流态一定是紊流，当 $2\ 300<Re<8\ 000$ 时，则流态可能是层流，也可能是紊流，主要取决于管中流体流速的变化规律。上述两种流态都不稳定，可能相互转变。如何控制矿浆的流速及其范围，我国目前尚无专门的研究及试验数据，国外对此已有了探讨和应用。如铁精矿高浓度输送采用往复式隔膜泵就是一实例。采用此方法，管道磨损量较小。但从理论上的雷诺数进行分析，此种运动状态还没有达到最佳值。采用隔膜泵输送且又是高浓度，液体没有沿着管壁做周向运动的分量，这样就减小了流体中的颗粒与管道内壁的摩擦行程，因而也减小了磨损量。另外由于此时的运动状态介于层流与紊流之间，流体力学的运动论，当在管道内流动的流体做层流运动时，由于管壁的吸附作用及摩擦作用，靠近管壁的流层的流速较中心层慢，在管壁内易形成一层很薄的膜，这层膜对管道的内壁有保护作用，而对靠近此膜的流层则有相对润滑作用。因此，当流速一旦被控制在某一范围时，形成层流的条件就得以满足，就会形成层流，此时对管道内壁就有保护作用，反之则有相对摩擦而形成磨损。因此对于高浓度的管道输送，如何控制其流速，使其处在某一最佳状态，是所要探讨的问题。

### [案例3] 虹吸现象破坏依据静力学原理设计的两相溶液分离

情况介绍：

某企业用依靠静力学原理的两相分离器分离废碱中和产物——焦油、硫酸钠溶液的混合物,废碱中和产物从二楼分离器的中部进入,在分离器中焦油和硫酸钠溶液依靠重力分离,上层焦油有机相从分离器的上部溢流至地面焦油储槽,下层硫酸钠溶液无机相从分离器的下部流至地面硫酸钠溶液储槽,如案例附图 1-3 所示。

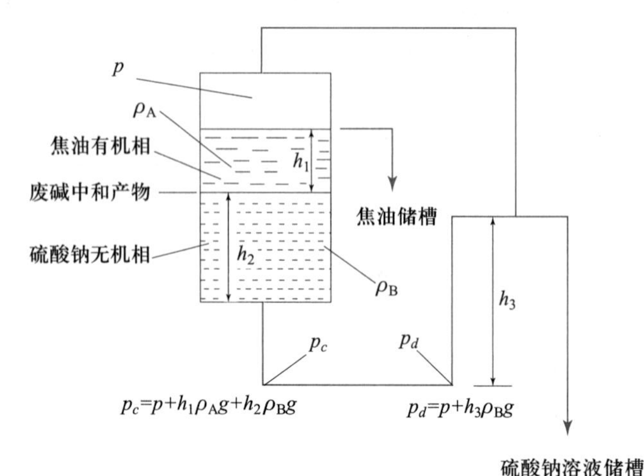


案例附图 1-3　依靠静力学原理的两相分离器



**事故经过:**

一次废碱中和装置正常运行,中和产物不断进入分离器,但是焦油储槽未收集到焦油,而硫酸钠溶液储槽的液位却迅速上升,造成装置漫料事故。

**现场检查、原因分析:**

事故发生后组织技术人员到现场,对分离器及其进、出口管和相关仪表进行了认真仔细的检查,最后发现连接分离器和硫酸钠溶液出口管的气相平衡管被油垢堵塞。

在依靠静力学原理的两相分离过程中,废碱中和产物从二楼分离器的中部进入后,焦油密度较小,向上流动,形成有机层;硫酸钠溶液密度较大,向下流动,形成无机层,中间有一两相界面。当分离器中液面上升至溢流口时,焦油有机相将由溢流口流至焦油储槽。在无机相出口管的 $c$、$d$ 两点的压强分别为

$$p_c=p+h_1\rho_A g+h_2\rho_B g$$
$$p_d=p+h_3\rho_B g$$

正常情况下在推动力 $p_c-p_d=\delta$ 的作用下,硫酸钠溶液由出口管流出,两相界面应该稳定在某一位置。当两相界面位置升高时 $p_c$ 增大 ,硫酸钠溶液由出口管流出的推动力 $p_c-p_d=\delta$ 增大,无机相出口管内硫酸钠溶液的流动加快,使两相界面位置降低;反之当两相界面位置降低时 $p_c$ 减小,硫酸钠溶液由出口管流出的推动力 $p_c-p_d=\delta$ 减小,无机相出口管内硫酸钠溶液的流动减慢,使两相界面位置升高。只要无机相出口倒 U 形管的最高点高度不变,分离器内两相界面的位置将由无机相流出的快慢来保持恒定。但当连接分离器和硫酸钠溶液出口管的气相平衡管堵塞后,硫酸钠溶液在出口管内流动,一旦硫酸钠溶液充满出口管,由于虹吸作用分离器内的物料将被抽光,并全部进入硫酸钠溶液储槽,无法实现两相的有效分离。

**解决办法及效果：**

了解了事故原因后，将连接分离器和硫酸钠溶液出口管的气相平衡管由原来 DN25 mm 更换为 DN50 mm，同时要求现场操作人员加强巡回检查，此后再没有类似事故的发生。

## ［案例 4］ 调节控制液体输送系统中的流量

化工生产中通常需要进行输送系统中的流量调节，以完成正常的生产任务，而流量调节的方法较多，比如通过控制液体流动的阻力损失，就可实现其流量的调节。

如案例附图 1-4 所示，反应器 R-301 的压强为 250 kPa，反应器 R-302 的压强为 170 kPa，两反应器的压强差$\Delta p=80$ kPa，是物料从反应器 R-301 流至 R-302 的推动力，反应器 R-301 的出料流量25 $m^3/h$。

$$\Delta p=\lambda\ \frac{l+l_e}{d}\frac{u^2}{2}\rho\ \frac{1}{1\ 000}$$

式中 $\Delta p=80$ kPa 的压强差对应一定的流速，对应反应器 R-301 的出料流量 25 $m^3/h$。

由于外界原因，当反应器 R-301 的压强上升至 260 kPa 时，两反应器的压强差上升至$\Delta p'=90$ kPa。

$$\Delta p'=\lambda\ \frac{l+l_e}{d}\frac{u'^2}{2}\rho\ \frac{1}{1\ 000}$$

此时式中 $\Delta p'=90$ kPa 的压强差对应新的流速 $u'$，对应反应器 R-301 的出料流量将增大至 27 $m^3/h$。

然后 FIC306 检测到流量 27 $m^3/h$ 大于设定值 25 $m^3/h$ 将关小自调阀。这样式中 $\Delta p'=\lambda\ \frac{l+l'_e}{d}\frac{u^2}{2}\rho\ \frac{1}{1\ 000}$，关小自调阀后其当量长度 $l_e$ 将增大至 $l'_e$，对应的流速 $u$，此流速 $u$ 对应反应器 R-301 的出料流量将恢复至25 $m^3/h$。

这里关小自调阀后其当量长度 $l_e$ 将增大至 $l'_e$，增加了流体通过自调阀的压强降，且增加值大于 10 kPa，减少了流体通过直管的压强降，使流速由 $u'$ 恢复到 $u$，反应器 R-301 的出料流量将由 27 $m^3/h$ 恢复至 25 $m^3/h$。以保证控制变量的稳定。

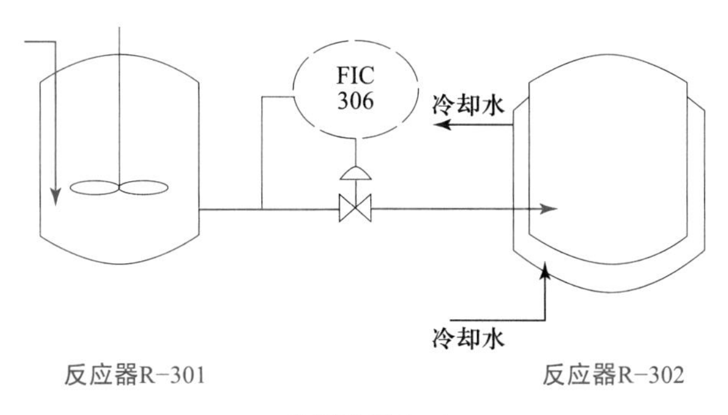


案例附图 1-4

所以，自动控制系统是通过改变调节阀的开度，而改变流体通过的局部阻力，消化外界给系统的扰动，确保控制变量的稳定。显然自动控制系统抗外界干扰的能力是有一定限制的，由此可见操作、调整系统时幅度不能太大、速度也不能太快。

## 复习与思考

1. 写出绝对压强、表压、真空度三者之间的关系。

2. 写出黏度的物理意义；当温度升高时流体黏度如何变化？

3. 一定流量，管径越小输送费用越少，这种说法对吗？为什么？

4. 说明伯努利方程的应用条件，在应用伯努利方程时要注意哪些事项？

5. 何谓等压面？在解决流体静力学问题时，如何选择等压面？

6. 流体流动有哪几种流型？如何判断？

7. 流体在圆形直管内做层流流动时，其流速分布是什么形状？管中心处的流体流速是管内平均流速的几倍？

8. 何谓层流内层？



9. 流体在圆形直管内做层流流动，若流速增加一倍，流动阻力如何变化？若流量不变，将管径减小一半，阻力又如何变化？

10. 非圆形直管内的流动阻力如何确定？

## 习　　题

1-1　求空气在 1 MPa 和 25 ℃时的密度。

1-2　某混合液中乙醇含量为 35%（质量分数），其余为水，试确定该混合液在温度为 293 K 时的密度。

1-3　某水泵进口管处真空表读数为 650 mmHg，出口管处的压力表读数为 2.5 $kgf/cm^2$。试求泵进口和出口两处的压强差为多少（以 kPa 和 $mH_2O$ 表示）？

1-4　某水管两端设置一水银 U 形管压差计，用以测量水管两端的压强差。指示液的最大读数值为20 mm，现因读数太小而影响测量精度，拟将最大读数放大 20 倍左右。试问：应选密度为多少的液体为指示液？

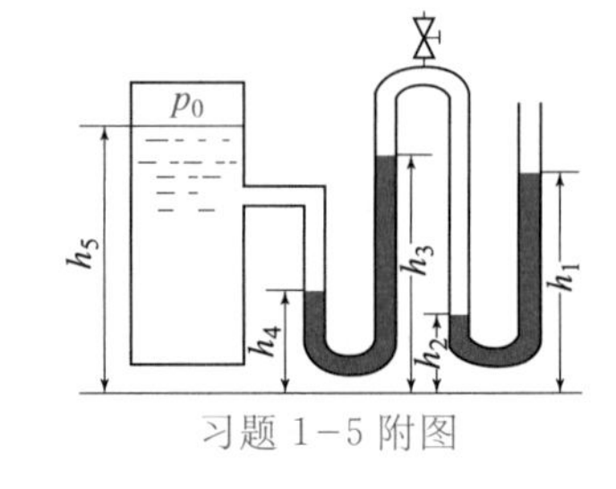

习题 1-5 附图

1-5　某蒸汽锅炉用一复式 U 形管压差计测量液面上方的蒸气压，如本题附图所示。已知水银液面离水平基准面距离分别为 $h_1=2.3$ m、$h_2=1.2$ m、$h_3=2.5$ m、$h_4=1.4$ m，两 U 形管间的连接管内充满了水。锅炉中水面与基准面间的垂直距离 $h_5=3.0$ m，当地大气压为 745 mmHg。试求锅炉上方水蒸气的压强 $p_0$ 为多少（Pa）？

1-6　两根高度差为 200 mm 的水管，与一个倒 U 形管压差计相连，压差计两臂的水面差 $R=100$ mm，见本题附图。试求下列两种情况的压强差：

（1）指示液密度为 1.2 $kg/m^3$ 的空气；

（2）指示液密度为 917 $kg/m^3$ 的油。

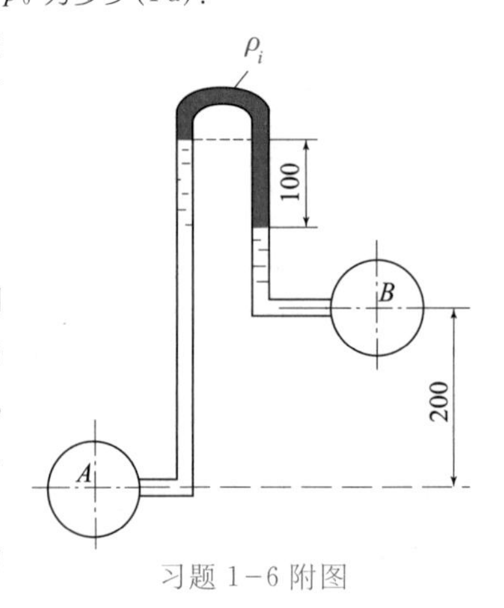

习题 1-6 附图

1-7　列管换热器的管束由 121 根 $\phi 25$ mm×2.5 mm 的钢管组成。空气以 9 m/s 流速在列管内流动。空气的平均温度为 50 ℃，操作压强为 $196\times10^3$ Pa（表），当地大气压为 $98.7\times10^3$ Pa。试求：（1）空气的质量流量，kg/h；（2）操作条件下的体积流量，$m^3/h$。

1-8　如本题附图所示，水在一水平管路中流过，其流量为

9 $m^3/h$,已知 $d_1=50$ mm,$d_2=25$ mm,$h_1=0.8$ m。若不计能量损失,试问连接于该管的收缩断面上的细水管可将水自容器液面吸上的高度 $h_2$ 为多少(m)?

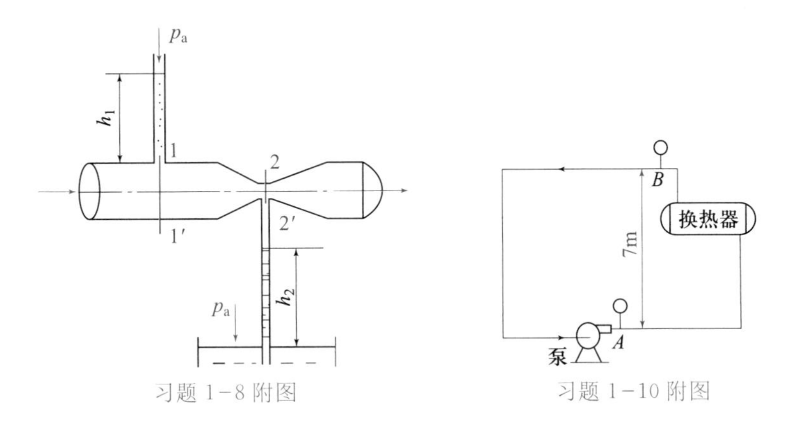


习题 1-8 附图　　习题 1-10 附图



1-9　一水箱下部接一内径为 50 mm 的钢管,水箱内水位维持恒定,液面离管出口的垂直高度为 6 m,已知管路的全部能量损失可以用公式 $\sum h_f=40\times\dfrac{u^2}{2}$ 表示。试求:(1) 水的流量为多少($m^3/h$)?(2) 若要使流量增加 20%,水箱内水位要增加多少(m)?

1-10　如本题附图所示的冷冻盐水循环系统示意图。已知盐水的密度为1 100 $kg/m^3$,循环量为 36 $m^3/h$,从 $A$ 处经换热器至 $B$ 处的总能量损失为 98.1 J/kg,从 $B$ 处到 $A$ 处的总能量损失为 49 J/kg,$B$ 处比 $A$ 处高7 m,求泵的有效功率;若 $A$ 处的压力表读数为 $2.45\times10^5$ Pa,求 $B$ 处的表压力。

1-11　用离心泵把 293 K 的水从敞口清水池送到水洗塔的顶部。塔内工作压力为 400 kPa(表),操作温度为 300 K,清水池的水面在地面以下 1 m 保持恒定,从地面到水洗塔的顶部垂直高度为 15 m。水洗塔供水量为 80 $m^3/h$,水管直径均为 $\phi$108 mm×4 mm,水从水管进口处到塔顶出口处的压头损失估计为10 $mH_2O$。若当地大气压为 750 mmHg。问此离心泵对该管路提供的有效功率为多少?

1-12　一管段的内径由 200 mm 逐渐缩小到 100 mm 的水平异径管。在粗细两管上分别连接 U 形管压差计两臂接口,其指示液为水。当密度为 0.645 $kg/m^3$ 的甲烷气从粗管流过细管时,测得 U 形管压差计 $R$ 值为112 mm,设 U 形管压差计两接口之间管路的能量损失可忽略不计,试问甲烷气的流量为多少($m^3/h$)?

1-13　283 K 的水在内径为 25 mm 的钢管中流动,流速为 1 m/s,试计算 $Re$,并判断其流动类型。

1-14　有一根内管及外管组合成的套管换热器,内管直径为 $\phi$57 mm×3.5 mm,外管直径为 $\phi$108 mm×4 mm,套管环隙内流过冷冻盐水,其流量为 5 000 kg/h。盐水的密度为 1 150 $kg/m^3$,黏度为 $1.2\times10^{-3}$ Pa·s。试判断盐水的流动类型。

1-15　输水管的内径为 150 mm,管内油的流量为 16 $m^3/h$,油的运动黏度为 0.2 $cm^2/s$,密度为 860 $kg/m^3$。试求直管长度为 1 000 m 的沿程能量损失及压强降。

1-16　水在 $\phi$38 mm×1.5 mm 的水平钢管内流过,流速为 2.5 m/s,温度为 20 ℃,管长为 100 m,管子的绝对粗糙度为 0.3 mm。试求直管阻力($mH_2O$)和压强降(kPa)。

1-17　$A$ 到 $B$ 一段管路,直管长度为 20 m,管内径为 100 mm,摩擦系数为 0.042,管路上装有三个 90°的标准弯头,一个全开的截止阀。若通过的流量为 25 L/s,试求该段管路的总压头损失。

1-18　水在管路中流动,流量为 50 $m^3/h$,试选用有缝钢管普通级管子的型号。

1-19　从密闭容器 A 沿一内径为 25 mm,直管长度为 10 m 的管道流入敞口容器 B。已知 A 容器水面的表压为 196 133 Pa,B 水面比 A 水面高出 5 m,内摩擦系数为 0.025,管路上安装有三个 90°的标准弯头,一个全开的截止阀,试求管路中的流速和流量,$m^3/h$。

1-20 一油泵将密度为 1 050 kg/m$^3$,黏度为 $70\times10^{-3}$ Pa·s 的油从一常压贮槽 A 送至表压为 1.3 MPa的设备中去。贮槽中液面比管路出口低 15 m,管路直径均为 $\phi$108 mm×4 mm 的钢管,直管长度为50 m,管路中装有一单向吸入底阀($\zeta=4.5$),3 个 90°的标准弯头,一个全开截止阀,流量为 30 m$^3$/h。试问泵提供的有效功率为多少?

1-21 泵将水池中 20 ℃水送到比水池水面高 35 m 的水塔中去。输水管为直径 $\phi$106 mm×3 mm,长度1 700 m的钢管(包括管件的当量长度,但不包括管路进、出口的当量长度)。已知泵的送液能力为 60 m$^3$/h,管路的绝对粗糙度为 0.2 mm,泵的总效率为 0.65,试求泵的轴功率,W。

1-22 从水塔引水至车间,采用直径为 $\phi$114 mm×4 mm,绝对粗糙度为 0.3 mm 的水煤气管,其计算长度为 500 m,设水塔内水面维持恒定,高于排水管口 15 m,若水的温度为 285 K,试确定管内的流量,m$^3$/h。

1-23 在内径为 50 mm 的管内装有孔径 25 mm 的孔板,管内流体为 25 ℃清水按标准测压方式以 U 形管压差计测压差,指示液为汞。测得压差计读数 $R$ 为 500 mm,设孔板流量系数 $C_0$ 为 0.64,试求管内水的流量。



1-24 某新购置的转子流量计,要用于常压 15 ℃氯气流量的测定,试写出氯气实际流量与刻度读数流量之间的关系。

## 本章主要符号说明

**英文字母**

$A$——管路的流通截面积,m$^2$;
$C_0$——孔板流量计流量系数;
$C_V$——文丘里流量计流量系数;
$d$——管径,m(或流体的相对密度);
$D$——管径或容器直径,m;
$F$——流体的内摩擦力,N;
$g$——重力加速度,m/s$^2$;
$G_s$——流体的质量流速,kg/(m$^2$·s);
$H$——高度,m;
$H$——泵的扬程,m;
$H_e$——泵的有效压头,m;
$\sum h_f$——流动阻力损失,J/kg;
$\sum H_f$——流动压头损失,m;
$H_T$——通风机的风压,Pa;
$m$——流体的质量,kg;
$M$——流体的摩尔质量,kg/kmol;
$N_e$——有效功率,W;
$p$——流体的静压强,Pa;
$\Delta p_f$——压强降,Pa;
$\Delta p$——压强差,Pa;
$F$——静压力,N;
$Q$——离心泵流量或通风机风量,m$^3$/s;
$R$——摩尔气体常数,kJ/(kmol·K);
$R$——U 形管压差计的读数,m;
$S$——流体层之间的接触面积,m$^2$;
$u$——流体的平均流速,m/s;
$v$——流体的比体积,m$^3$/kg;
$V$——流体的体积,m$^3$;
$q_{V,s}$——流体的体积流量,m$^3$/s;
$q_{m,s}$——流体的质量流量,kg/s;
$W_e$——外加能量,J/kg;
$Z$——流体距基准面的高度,m。

**希腊字母**

$\varepsilon$——管路的绝对粗糙度,m;
$\rho$——流体的密度,kg/m$^3$;
$\mu$——流体的动力黏度,Pa·s;
$\nu$——流体的运动黏度,m$^2$/s;
$\zeta$——局部阻力系数;
$\lambda$——流体的内摩擦系数;
$\tau$——流体的剪应力,N/m$^2$。

# 第二章　流体输送机械

## 学习目标

**知识目标：**

理解流体输送机械的基本结构及原理。

**能力目标：**

掌握流体输送机械的规格型号及选用；

掌握流体输送机械的操作和简单故障的分析、排除。

# 知 识 框 图

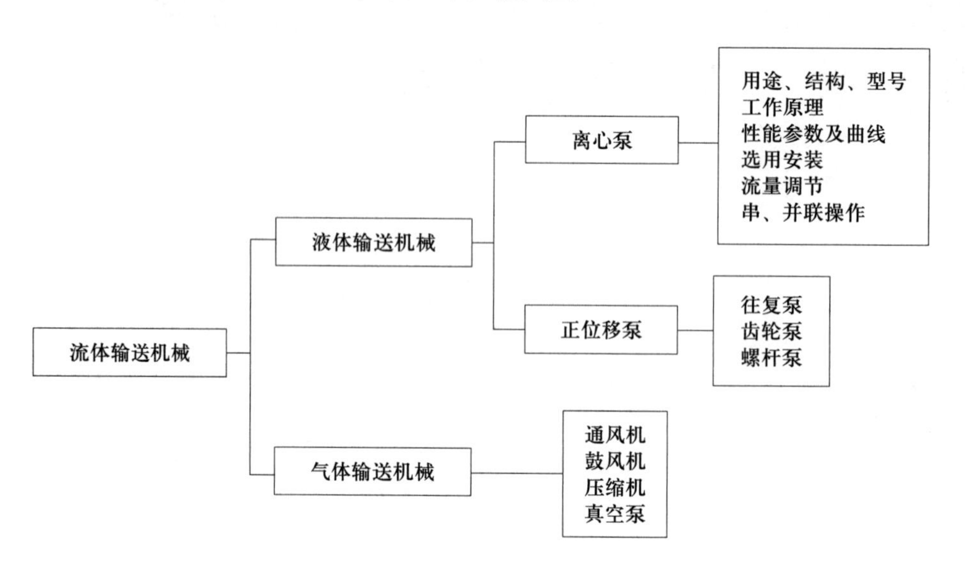

流体输送机械
液体输送机械
气体输送机械
离心泵
正位移泵
用途、结构、型号
工作原理
性能参数及曲线
选用安装
流量调节
串、并联操作
往复泵
齿轮泵
螺杆泵
通风机
鼓风机
压缩机
真空泵

## 第一节 概 述

生产工艺复杂、流程路线长是化工生产的一个显著特点，生产一种化工产品常需要对流体进行十几甚至上百工序加工处理，在这过程中，为了满足工艺条件的要求，常需将流体从低处送至高处，或从低压送至高压，或沿管道送至较远的地方。无论是提高其位置或使其压力升高，还是克服流动阻力，都需要对流体做功，以增加流体的机械能。这种对流体做功以完成输送任务的机械统称为流体输送机械。向液体提供能量的输送机械称为泵。向气体提供能量的输送机械则按输送机械进出口压差的不同分别称为通风机、鼓风机、压缩机和真空泵。

流体输送机械依结构及运行方式不同可分如下四种类型：

① 离心式 依靠叶轮的旋转运动工作，如离心泵；

② 往复式 依靠活塞的往复运动工作，如蒸汽往复泵；

③ 旋转式 依靠轮子的旋转运动工作，如齿轮泵；

④ 流体作用式 依靠另一种流体工作，如喷射泵。

离心式流体输送机械因操作可靠，结构简单，流量均匀，价格低廉且设备取材较广，易于满足不同性质流体的需要，因而应用很广泛。但离心式流体输送机械难以满足需要外加压头很高的工作要求，此时往往采用往复式流体输送机械，如往复泵尤其适用于液体流量小且外加压头高的场合。

由于输送任务不同、流体种类繁多、工艺条件复杂，输送机械的型式、规格也是多种多样的。

本章将重点介绍工业生产中应用最广的离心泵的结构、性能、选型及操作调节等，并简单介绍其他流体输送机械的性能及结构特点。

动画

离心泵输送示意图

## 第二节 离 心 泵

### 一、离心泵的结构类型与工业应用

#### （一）离心泵的用途

在工业生产和国民经济的许多领域，常需对液体进行输送或加压，而其中靠离心作用实现对液体进行输送或加压的泵叫离心泵。由于离心泵具有结构简单、性能稳定、检修方便、操作容易和适应性强等特点，在化工生产中应用十分广泛，据统计超过液体输送机械的80%。所以离心泵是化工生产中最基本的液体输送机械。

离心泵是一种常用的液体输送机械，属于动设备，运行过程中出现泄漏等故障的可能性相对较大，所以在化工生产中通常是将两台离心泵并联安装，一台运行一台备用，称为“一开一备”。

#### （二）离心泵的结构

图2-1所示为安装于管路中的一台卧式单级单吸离心泵。图2-1中(a)为其基本结构，(b)为其在管路中的示意图。离心泵的主要部件有叶轮2与蜗形泵壳12等。由6～

12 片弯曲叶片构成的叶轮安装在固定的泵壳内,并紧固于泵轴 6 上。泵壳中央的吸入口 11 与吸入管 14 相连接。

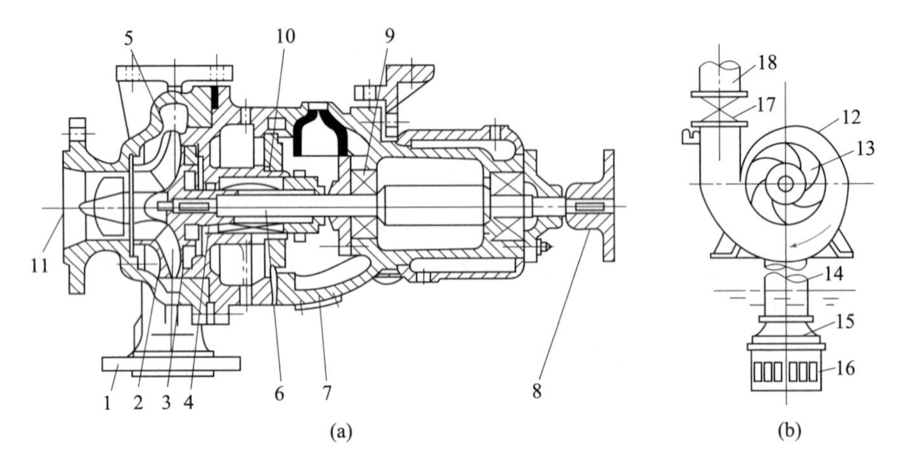


1—泵体;2—叶轮;3—密封环;4—轴套;5—泵盖;6—泵轴;7—托架;8—联轴器;9—轴承;10—轴封装置;11—吸入口;12—蜗形泵壳;13—叶片;14—吸入管;15—底阀;16—滤网;17—调节阀;18—排出管

图 2-1　单级单吸离心泵的结构



叶轮是离心泵的心脏部件,离心泵之所以能输送液体,主要是靠高速旋转的叶轮对液体做功,即叶轮的作用是将原动机的机械能传递给液体。

叶轮具有不同的结构,按其叶片的两侧有无盖板(盘面),分为敞式、半敞式和闭式叶轮,如图 2-2 所示。按吸入方式分,则有单吸式及双吸式。单吸式叶轮的结构简单,液体只能从叶轮的一侧被吸入;双吸式叶轮是液体可同时从叶轮两侧被吸入,因而具有较大的吸液能力,且可以消除轴向推力,但其构造比较复杂,常用于大流量场合。

动画

叶轮

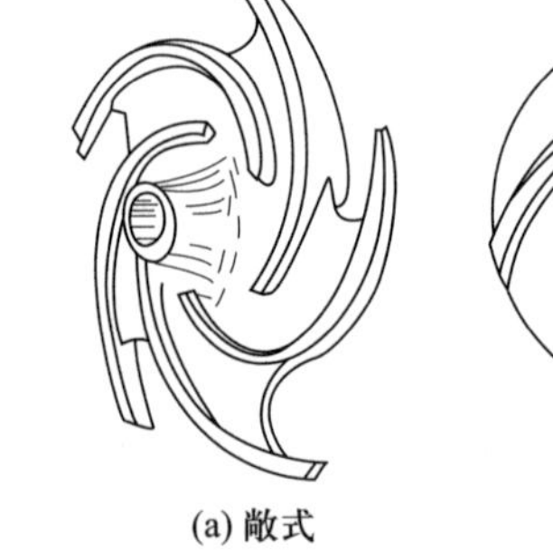

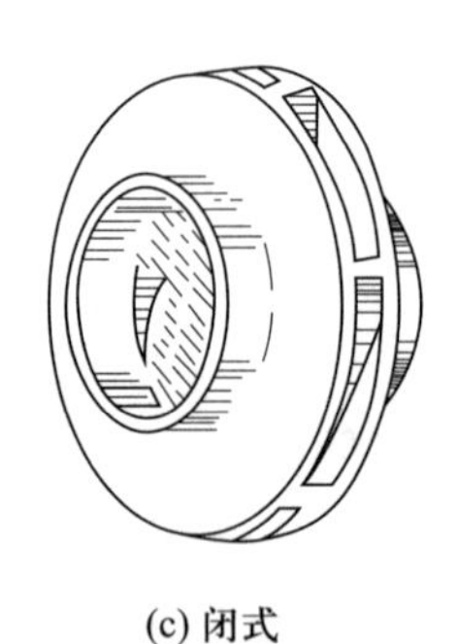

(a) 敞式　(b) 半敞式　(c) 闭式

图 2-2　叶轮的类型

若离心泵的吸入口位于吸液贮槽液面的上方,在吸入管路的进口处应安装一单向底阀 15 和滤网 16。底阀是防止启动前所灌入的液体从泵内漏失,滤网可以阻拦液体中固体物质被吸入而堵塞管道和损坏叶轮。靠近泵出口处的排出管路上装有调节阀 17,以供开泵、停泵及调节流量时使用。

离心泵的泵轴 6 水平地支承在托架 7 内的轴承 9 上,泵轴的一端悬出,端部装有叶轮。为了减少离开叶轮的部分高压液体漏入低压区内,通常在泵体和叶轮上分别装有密封环 3,填料轴封装置 10 的作用是防止泵内高压液体外泄及外界空气渗入。闭式或半敞式叶轮的后盖板上一般开有平衡孔以平衡轴向推力。在叶轮和泵壳之间有时还装有固定不动的导轮。泵壳上方设有排气螺钉,目的是排出泵壳内的空气,排气后应当旋紧。泵壳下方设有放液孔,以便停泵后打开放空壳内液体,防止壳内贮存液冻结而损坏泵壳或影响交出检修。

**(三)离心泵的型号及命名**

1. 离心泵的型号

离心泵种类繁多,相应的分类方法也多种多样,例如,按液体的性质可分为水泵、耐腐蚀泵、油泵、杂质泵、屏蔽泵、液下泵和低温泵等。各种类型的离心泵按其结构特点各自成为一个系列,并以一个或几个汉语拼音字母作为系列代号,在每一系列中,由于有各种不同的规格,因而附以不同的字母和数字来区别。以下仅对化工厂中常用离心泵的类型作一简单说明。



(1) 水泵(IS 型、D 型、Sh 型) 水泵是应用最广的离心泵,在化工生产中用来输送清水及物理、化学性质类似于水的清洁液体。

最普通的水泵是单级单吸式,其系列代号为 IS,称为 IS 型水泵,其结构如图 2-3 所示。泵体和泵盖都是用铸铁制成的。全系列扬程范围为 5～125 m,流量范围为 6.3～400 $m^3/h$。这类泵的结构特点是泵体和泵盖为后开门结构型式,优点是检修方便,不用拆卸泵体、管路和电动机,只需拆下加长联轴器的中间连接件即可退出转子部件进行检修。

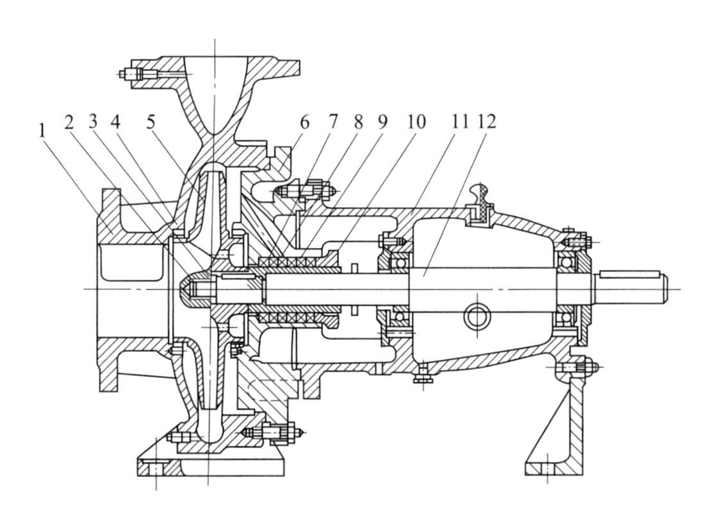


1—泵体;2—叶轮螺母;3—止动垫圈;4—密封环;5—叶轮;6—泵盖;7—轴盖;
8—填料环;9—填料;10—填料压盖;11—悬架轴承部件;12—轴

图 2-3 IS 型离心泵结构

若输送液体的流量较大而所需的压头并不高时,则可采用双吸式离心泵,双吸式离心泵的叶轮有两个入口,如图 2-4 所示。由于双吸式叶轮的宽度与直径之比加大,且有两个吸入口,故输送液体流量较大。我国生产的双吸式代号为 Sh,全系列扬程范围为 9～125 m,流量范围为20～1 260 $m^3/h$。

若要求的压头较高而流量并不太大时，则可采用多级泵。如图 2-5 所示，在一根轴上串联多个叶轮，从一个叶轮流出的液体通过泵壳内的导轮，引导液体改变流向，同时将一部分动能转变为静压能，然后进入下一个叶轮入口，液体从几个叶轮中多次接受能量，故可达到较高的压头。我国生产的多级泵系列代号为 D，称为 D 型离心泵。一般自 2 级到 9 级，最多可达 12 级，全系列扬程范围为 14～540 m，流量范围为 10.8～450 $m^3/h$。

动画

多级离心泵



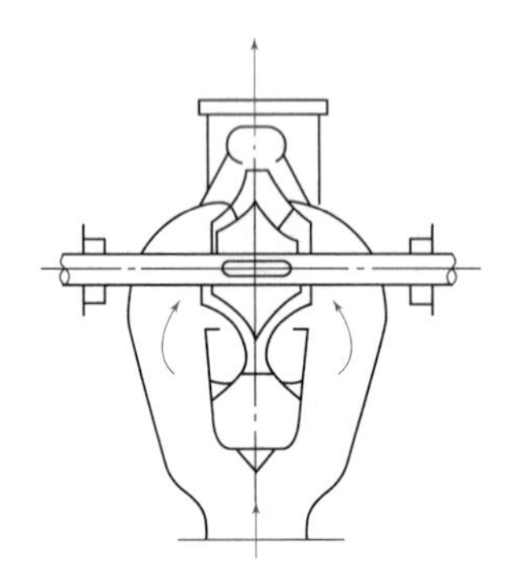

图 2-4　双吸式离心泵示意图

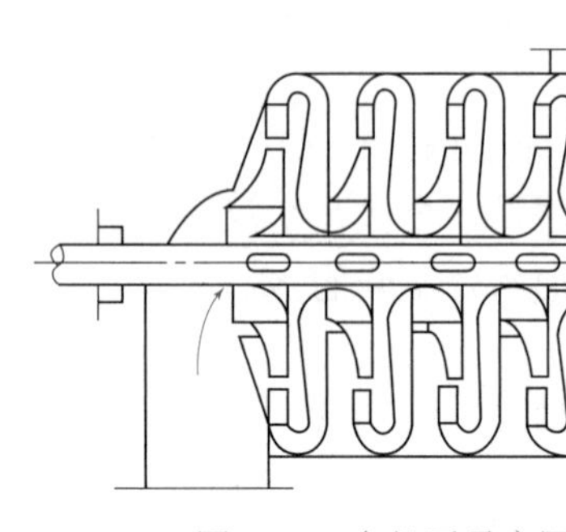

图 2-5　多级泵示意图

(2) 耐腐蚀泵(F 型)　输送酸、碱等腐蚀性液体时采用耐腐蚀泵，其特点是与液体接触的部件(即过流部件)用耐腐蚀材料制成。各种材料制造的耐腐蚀泵在结构上基本相同，其系列代号为 F。在 F 后面再加一个字母表示材料代号。例如：

灰口铸铁——材料代号为 H，用于输送浓硫酸；

高硅铸铁——材料代号为 G，用于输送压强不高的硫酸或以硫酸为主的混酸；

铬镍合金钢——材料代号为 B，用于输送常温低浓度的硝酸，氧化性酸液、碱液和其他弱腐蚀性液体；

铬镍钼钛合金钢——材料代号为 M，最适用于硝酸及常温的高浓度的硝酸；

聚三氟氯乙烯塑料——材料代号为 S，适用于 90 ℃以下的硫酸、硝酸、盐酸和碱液。

F 型泵的另一个特点是密封要求高，既要防止空气从填料函漏入泵内，又不能让腐蚀性液体从填料函漏出过多。由于填料本身被腐蚀的问题也难彻底解决，所以 F 型泵常根据需要采用机械密封装置。

F 型泵全系列扬程范围为 15～300 m，流量范围为 2～400 $m^3/h$，耐腐蚀泵还可用玻璃、陶瓷、硬橡胶等制造，多为小型，不属于 F 型系列。

(3) 油泵(Y 型)　输送石油产品的泵称为油泵。石油产品的特点之一是易燃、易爆，因此要求油泵必须有良好的密封性能。当输送 200 ℃以上的热油时，还要求其具有良好的冷却措施，故热油泵的轴封装置和轴承都装有冷却水夹套，运转时通冷水冷却。

我国生产的油泵系列代号为 Y，有单吸和双吸(YS)，单级和多级(2～6 级)，全系列扬程范围为 32～2 000 m，流量范围为 2～600 $m^3/h$，效率为 50%上下或更低。

(4) 杂质泵(P 型)　输送悬浮液及黏稠的浆液等常用杂质泵。其系列代号为 P，又细分为污水泵 PW、砂泵 PS、泥浆泵 PN 等。对这类泵的要求是不易堵塞，容易拆卸，耐磨。它在构造上的特点是要求叶轮流道宽，叶片数目少，常采用半敞式或敞式叶轮。有些泵壳内衬以耐磨的铸钢护板。

(5) 屏蔽泵　屏蔽泵是一种无泄漏泵，它的叶轮和电动机联为一个整体并密封在同一泵壳内，不需要轴封装置，又称为无密封泵。近年来屏蔽泵发展很快，在化工生产中常用以输送易燃、易爆、剧毒及具有放射性的液体。其缺点也是效率较低，为 26%～50%。

(6) 液下泵（EY 型）　液下泵在化工生产中作为一种化工过程泵或流程泵有着广泛的应用，液下泵经常安装在液体贮槽内，对轴封要求不高，适用于输送化工过程中各种腐蚀性液体和高凝固点液体。既节省了空间，又改善了操作环境。其缺点是效率不高。

2. 离心泵的命名

离心泵型号包括：吸入口直径（英寸或毫米），泵名，扬程，叶轮是否已被车削。

在泵的产品目录或样本中，泵的型号是由字母和数字组合而成，以代表泵的系列类型、规格等，现举例说明。

(1) IS 型单级单吸离心泵　IS 型泵适用于输送清水或物理、化学性质类似于清水的其他液体，温度不高于 80 ℃。其性能范围：流量 $q$ 为 6.3～400 $m^3/h$；扬程 $H$ 为 5～125 m。

IS 型泵是根据国际标准 ISO—2858 所规定的性能和尺寸设计的。本系列共 29 种。

型号意义：例如，IS80—65—160

IS——国际标准单级单吸清水离心泵；80——泵入口直径，mm；65——泵出口直径，mm；160——泵叶轮名义直径，mm。

(2) BL 型单级单吸离心泵　BL 型泵适用于输送清水或物理、化学性质类似于清水的其他液体。这类泵的叶轮轴直接使用加长的轴，从而省去轴承及轴承座，故有结构简单、体积小、质量轻、装卸方便等优点。

型号意义：例如，2BL—6A

2——泵入口直径，in(1 in＝25.4 mm)；BL——单级单吸悬臂式离心泵；6——泵的比转数除以 10 的整数值；A——该型号泵的叶轮直径比基本型号 2BL—6 的小一级，即基本型号叶轮经第一次车削。

(3) DF 型耐腐蚀离心泵　DF 型泵是卧式、单吸、多级分段式离心泵。适用于输送温度为－20～105 ℃、不含固体颗粒、有腐蚀性的液体。泵的进口压强小于 600 kPa。

型号意义：例如，DF85—67×5

DF——多级耐腐蚀离心泵；85——泵设计点流量值，$m^3/h$；67——泵设计点单级扬程值；5——泵的级数（即叶轮数）。

IS 型离心泵的性能可从有关手册中查到，表 2－1 标出了 IS 型离心泵有关性能参数。为了选用方便，泵的生产厂家有时还对同一类型的泵提供系列特性曲线，图 2－6 为 IS 型离心泵的系列特性曲线。图 2－6 是把同一类型的各型号泵与高效率范围相对应的一段 $H-q$ 曲线，绘制在一张总图上。图中扇形面的上方弧线代表基本型号，下方弧线代表叶轮直径比基本型号小一级的型号 A。若扇形面有三条弧形线，则中间弧形线代表型号 A，下方弧形线代表叶轮直径比基本型号小二级的型号 B。

表 2-1　IS 型离心泵性能参数

| 型号 | 流量 $q$ | | 扬程 | 转速 | 功率 $N$/kW | | 效率 | 必需汽蚀余量 |
|---|---|---|---|---|---|---|---|---|
| | $m^3 \cdot h^{-1}$ | $L \cdot s^{-1}$ | $H$/m | $r \cdot min^{-1}$ | 轴功率 | 电动机功率 | $\eta$/% | /m |
| IS50—32—200 | 12.5 | 3.47 | 50 | 2 900 | 3.54 | 5.5 | 48 | 2.0 |
| | 6.3 | 1.74 | 12.5 | 1 450 | 0.51 | 0.75 | 42 | 2.0 |
| IS50—32—250 | 12.5 | 3.47 | 80 | 2 900 | 7.16 | 11.0 | 38 | 2.0 |
| | 6.3 | 1.74 | 20 | 1 450 | 1.06 | 1.5 | 32 | 2.0 |
| IS65—40—200 | 25.0 | 6.94 | 50 | 2 900 | 5.67 | 7.5 | 60 | 2.0 |
| | 12.5 | 3.47 | 12.5 | 1 450 | 0.77 | 1.1 | 55 | 2.0 |
| IS65—50—160 | 25.0 | 6.94 | 32.0 | 2 900 | 3.35 | 5.5 | 65 | 2.0 |
| | 12.5 | 3.47 | 12.5 | 1 450 | 0.77 | 1.1 | 55 | 2.0 |
| IS65—40—315 | 25.0 | 6.94 | 125 | 2 900 | 21.3 | 30 | 40 | 2.5 |
| | 12.5 | 3.47 | 32 | 1 450 | 2.94 | 4 | 37 | 2.5 |
| IS80—65—125 | 50.0 | 13.9 | 20 | 2 900 | 2.63 | 5.5 | 75 | 3.0 |
| | 25.0 | 6.94 | 5.0 | 1 450 | 0.48 | 0.75 | 71 | 2.5 |
| IS80—65—160 | 50.0 | 13.9 | 32 | 2 900 | 5.97 | 7.5 | 73 | 2.5 |
| | 25.0 | 6.94 | 8 | 1 450 | 0.79 | 1.5 | 69 | 2.5 |
| IS80—50—200 | 50.0 | 13.9 | 50 | 2 900 | 9.87 | 15 | 69 | 2.5 |
| | 25.0 | 6.94 | 12.5 | 1 450 | 1.31 | 2.2 | 65 | 2.5 |
| IS80—50—250 | 50.0 | 13.9 | 80 | 2 900 | 17.3 | 22 | 63 | 2.5 |
| | 25.0 | 6.94 | 20 | 1 450 | 2.27 | 3 | 60 | 2.5 |
| IS80—50—315 | 50.0 | 13.9 | 125 | 2 900 | 31.5 | 37 | 54 | 2.5 |
| | 25.0 | 6.94 | 32 | 1 450 | 4.19 | 5.5 | 52 | 2.5 |
| IS100—80—125 | 100.0 | 27.8 | 20 | 2 900 | 7.0 | 11 | 78 | 4.5 |
| | 50.0 | 13.9 | 5 | 1 450 | 0.91 | 1.5 | 75 | 2.5 |
| IS100—80—160 | 100.0 | 27.8 | 32 | 2 900 | 11.2 | 15 | 78 | 4.0 |
| | 50.0 | 13.9 | 8.0 | 1 450 | 1.45 | 2.2 | 75 | 2.5 |
| IS100—65—200 | 100.0 | 27.8 | 50 | 2 900 | 17.9 | 22 | 76 | 3.6 |
| | 50.0 | 13.9 | 12.5 | 1 450 | 2.33 | 4 | 73 | 2 |
| IS100—65—250 | 100.0 | 27.8 | 80 | 2 900 | 30.3 | 37 | 72 | 3.8 |
| | 50 | 13.9 | 20 | 1 450 | 4 | 5.5 | 68 | 2.0 |
| IS100—65—315 | 100.0 | 27.8 | 125 | 2 900 | 51.6 | 75 | 66 | 3.6 |
| | 50.0 | 13.9 | 32 | 1 450 | 6.92 | 11 | 63 | 2 |
| IS125—100—200 | 200.0 | 55.5 | 50 | 2 900 | 33.6 | 45 | 81 | 4.5 |
| | 100.0 | 27.8 | 12.5 | 1 450 | 4.48 | 7.5 | 76 | 2.5 |
| IS125—100—315 | 200.0 | 55.6 | 125 | 2 900 | 90.8 | 110 | 75 | 4.5 |
| | 100.0 | 27.8 | 32 | 1 450 | 11.2 | 15 | 73 | 2.5 |
| IS125—100—400 | 100.0 | 27.8 | 50 | 1 450 | 21.0 | 30 | 65 | 2.5 |
| IS150—125—250 | 200.0 | 55.6 | 20 | 1 450 | 13.5 | 18.5 | 81 | 3 |
| IS150—125—400 | 200.0 | 55.6 | 50 | 1 450 | 36.3 | 45 | 75 | 2.8 |
| IS200—150—315 | 400.0 | 111.1 | 32 | 1 450 | 42.5 | 55 | 82 | 3.5 |
| IS200—150—400 | 400.0 | 111.1 | 50 | 1 450 | 67.2 | 90 | 81 | 3.8 |

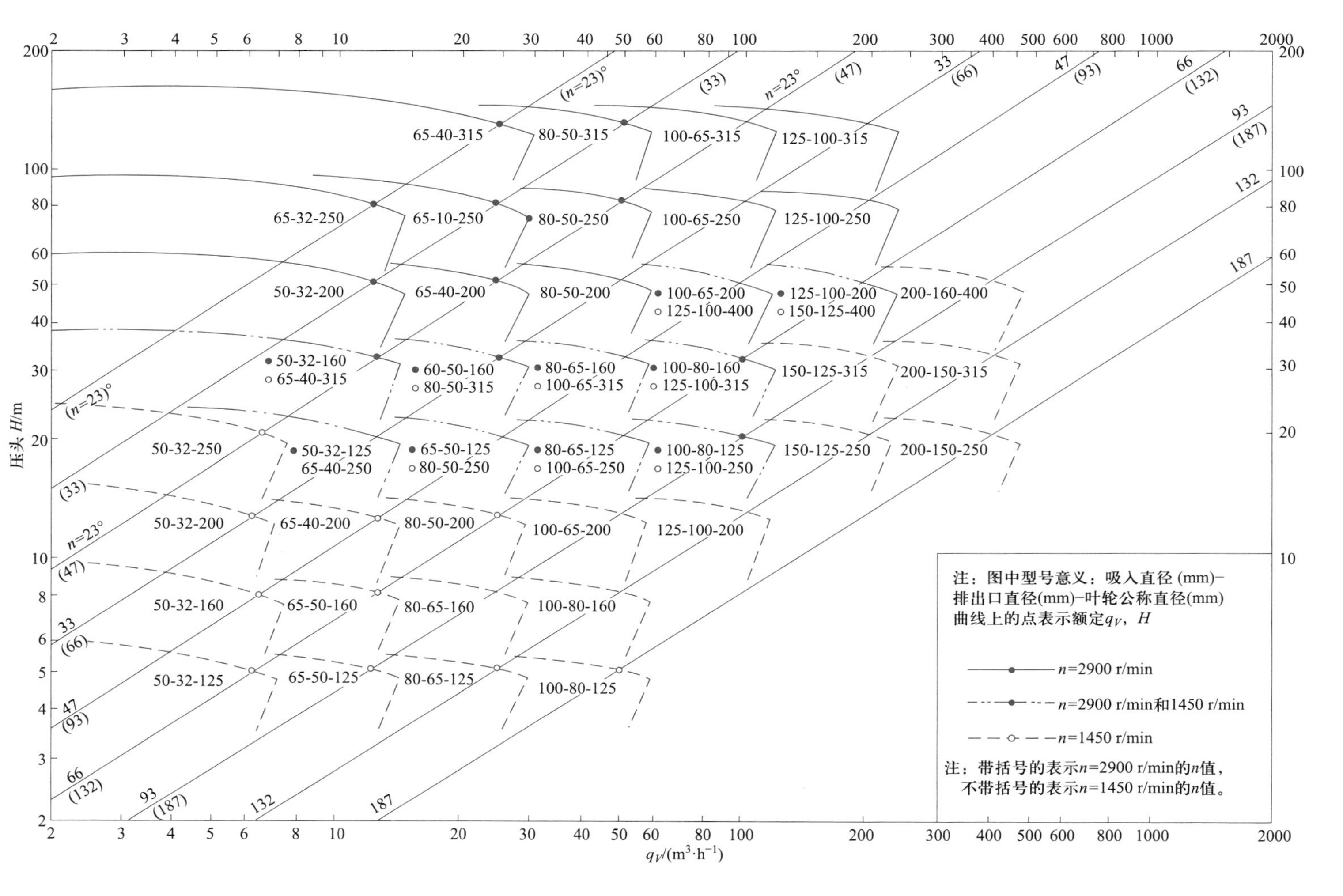


图 2-6 IS 型离心泵系列特性曲线

## 二、离心泵的原理与性能

### (一) 离心泵的工作原理

离心泵的装置简图如图 2-7 所示。

动画

离心泵工作原理

(1) 叶轮被泵轴带动旋转,对位于叶片间的液体做功,液体受离心力的作用,由叶轮中心被抛向外围。当液体到达叶轮外围时,流速非常高。

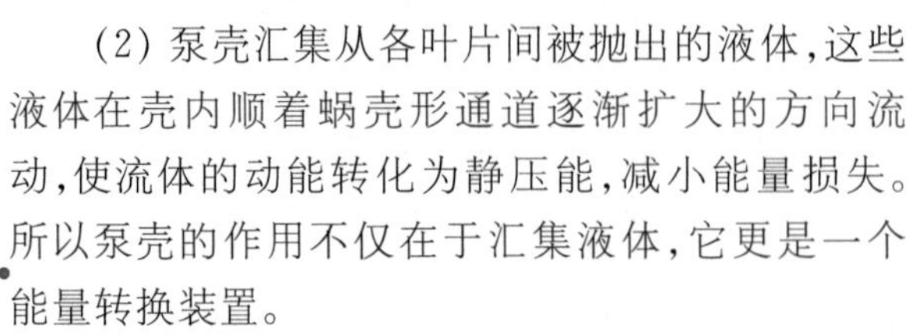

(2) 泵壳汇集从各叶片间被抛出的液体,这些液体在壳内顺着蜗壳形通道逐渐扩大的方向流动,使流体的动能转化为静压能,减小能量损失。所以泵壳的作用不仅在于汇集液体,它更是一个能量转换装置。



(3) 液体吸上原理:依靠叶轮高速旋转,迫使叶轮中心的液体以很高的速度被抛开,从而在叶轮中心形成低压,低位槽中的液体因此被源源不断地吸上。

动画

离心泵开车步骤

若离心泵在启动前壳内充满的是空气体,则启动后叶轮中心空气体被抛时不能在该处形成足够大的真空度,这样槽内液体难以吸入,不能输送液体,这一现象称为气缚。

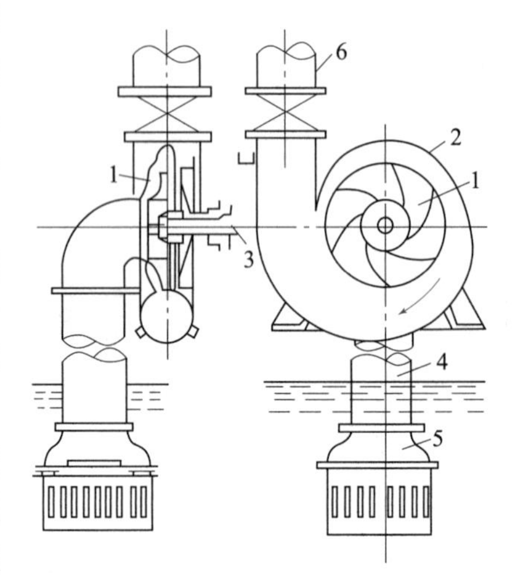


1—叶轮;2—泵壳;3—泵轴;
4—吸入管;5—底阀;6—压出管

图 2-7 离心泵装置简图

为防止气缚现象的发生,离心泵启动前要用外来的液体将泵壳内空间灌满。这一步操作称为灌泵。为防止灌入泵壳内的液体因重力流入低位槽内,在泵吸入管路的入口处装有止逆阀(底阀);如果泵的位置低于槽内液面,则启动前无需灌泵,只要将进口阀打开,液体便自动流入泵内。

(4) 为使泵内液体能量转换效率增高,叶轮外围安装导轮。导轮是位于叶轮外围固定的带叶片的环。这些叶片的弯曲方向与叶轮叶片的弯曲方向相反,其弯曲角度正好与液体从叶轮流出的方向相适应,引导液体在泵壳通道内平稳地改变方向,将使能量损耗减至最小,提高动能转换为静压能的效率。

(5) 后盖板上的平衡孔用以消除轴向推力。离开叶轮周边的液体压力已经较高,有一部分会渗到叶轮后盖板后侧,而叶轮前侧液体入口处为低压,因而产生了将叶轮推向泵入口一侧的轴向推力。这容易引起叶轮与泵壳接触处的磨损,严重时还会产生振动。平衡孔使一部分高压液体泄漏到低压区,减小叶轮前后的压力差。但由此也会引起泵效率的降低。

(6) 轴封装置保证离心泵正常、高效运转。离心泵在工作时泵轴旋转而泵壳不动,其间的环隙如果不加以密封或密封不好,则液体会从泵内漏出或外界的空气会渗入叶轮中心的低压区,使泵的流量、效率下降。严重时流量为零,出现气缚现象。通常,可以采用机械密封或填料密封来实现泵轴与泵壳之间的密封。



### (二) 离心泵的主要性能参数

离心泵的性能参数是用以描述离心泵性能的一组物理量。包括流量、扬程、功率、效率等。

(1) 叶轮转速 $n$　1 000～3 000 r/min，最常见为 2 900 r/min。

(2) 流量　离心泵的流量是指离心泵在单位时间内排入管路系统内的液体体积，以 $q$ 表示，其单位为 $m^3/h$ 或 L/s。离心泵的流量取决于泵的结构尺寸（如叶轮的直径与叶片的宽度）和叶轮的转速。应该指出，离心泵总是和特定的管路相联系的，因此离心泵的实际流量还与管路特性有关。

(3) 扬程　离心泵的扬程从能量观点来说是指离心泵向单位重量液体提供的机械能，以 $H$ 表示，其单位为 m。扬程又称为压头，不要误以为扬程是升举高度，升举高度只是扬程的一部分。离心泵的扬程取决于泵的结构（如叶轮的直径、叶片的弯曲情况等）、叶轮的转速和离心泵的流量。在指定的转速下，压头与流量之间具有一确定的关系。

(4) 效率　离心泵在运转时，由于泵轴与轴承、填料函等的机械摩擦、液体从叶轮进口到出口途径中的流动阻力及其泄漏等，而要消耗一部分能量。所以电动机传给泵轴的能量，不可能全部都传给液体成为有效能量，而要打一个折扣，通常用效率来反映能量的损失，故泵的效率就是反映上述几方面原因而造成总能量损失的一个参数，也称为总效率，以 $\eta$ 表示。离心泵的效率与泵的大小、类型、制造精密程度和所输送液体的性质、流量有关，一般小型泵的效率为 50%～70%，大型泵可达到 90%左右，此 $\eta$ 值由实验测得。

(5) 轴功率　离心泵的轴功率是指泵轴所需的功率。当泵直接由电动机带动时，它即是电动机传给泵轴的功率，以 $N$ 表示，单位 W 或 kW。而每秒钟液体从泵所得到的功，称为泵的有效功率，以 $N_e$ 表示，单位为 W 或 kW。

$$N=\frac{N_e}{\eta} \tag{2-1}$$

而有效功率 $N_e$ 可由下式计算：

$$N_e=qH\rho g \tag{2-2}$$

式中　$q$——泵在输送条件下的流量，$m^3/s$；

$H$——泵在输送条件下的扬程，m；

$\rho$——被输送液体的密度，$kg/m^3$；

$g$——重力加速度，$m/s^2$。

若式(2-2)中 $N_e$ 用 kW 作单位，则

$$N_e=qH\rho g/1\,000=qH\rho/102 \tag{2-3}$$

泵的轴功率为

$$N=\frac{qH\rho}{102\eta} \tag{2-4}$$

### （三）离心泵的特性曲线

1. 离心泵的特性曲线

从前面的讨论可以看出，对一台特定的离心泵，在转速一定的情况下，其扬程、轴功率和效率都与其流量有一一对应的关系，其中以扬程与流量之间的关系最为重要。这些关系的图形表示就称为**离心泵的特性曲线**（由于扬程受阻力损失影响的复杂性，这些关

系一般都通过实验来测定)，包括 $H-q$ 曲线、$N-q$ 曲线和 $\eta-q$ 曲线。

离心泵的特性曲线一般由离心泵的生产厂家提供，标注于泵的产品说明书中，其测定条件一般是20 ℃清水，转速也固定。典型的离心泵特性曲线如图2-8所示。

(1) $H-q$ 曲线　表示泵的扬程与流量的关系。离心泵的扬程随流量的增大而下降(在流量极小时有例外)。

(2) $N-q$ 曲线　表示泵的轴功率与流量的关系。离心泵的轴功率随流量的增大而上升，流量为零时轴功率最小。故离心泵启动时，应关闭泵的出口阀门，使电动机的启动电流减少，以保护电动机。

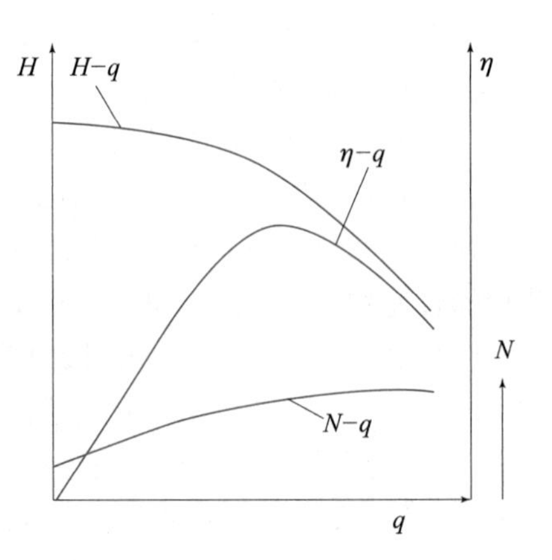

图 2-8　离心泵特性曲线示意图

(3) $\eta-q$ 曲线　表示泵的效率与流量的关系。当 $q=0$ 时 $\eta=0$；随着流量的增大，效率随之而上升达到一个最大值；而后随流量再增大时效率便下降。说明离心泵在一定转速下有一最高效率点，称为**设计点**。泵在与最高效率相对应的流量及扬程下工作最为经济，所以与最高效率点对应的 $q$，$H$，$N$ 值成为最佳工作状态参数。离心泵的铭牌上标出的性能参数就是指该泵在最高效率点运行时的工作状态参数。根据输送条件的要求，离心泵往往不可能正好在最佳工作状态下运转，因此一般只能规定一个工作范围，称为**泵的高效率区**，通常为最高效率的 92%左右。选用离心泵时，应尽可能使泵在此范围内工作。

讨论：① 从 $H-q$ 特性曲线中可以看出，随着流量的增加，泵的压头是下降的，即流量越大，泵向单位重量流体提供的机械能越小。但是，这一规律对流量很小的情况可能不适用。

② 轴功率随着流量的增加而上升，零流量时的轴功率最小。因此，离心泵应在关闭出口阀的情况下启动，这样可以使电动机的启动电流最小。

③ 泵的效率先随着流量的增加而上升，达到一最大值后便下降，根据生产任务选泵时，应使泵在最高效率点附近工作，其范围内的效率一般不低于最高效率的 92%。

④ 离心泵的铭牌上标有一组性能参数，它们都是与最高效率点相对应的性能参数。

2. 离心泵特性曲线的实验测定

实验可在如图 2-9 所示的装置中进行。在截面 1-1′与 2-2′间列机械能衡算式：

$$Z_1+\frac{p_1}{\rho g}+\frac{u_1^2}{2g}+H=Z_2+\frac{p_2}{\rho g}+\frac{u_2^2}{2g}+\sum H_{f1-2}$$

实验中要测定的数据通常为：泵进口处压强 $p_1$，出口处压强 $p_2$，流量 $q$ 和轴功率 $N$。

测定开始时，先将出口阀关闭，此时流量 $q=0$，所得压头称为封闭压头(或封闭扬程)，同时测得轴功率 $N$。然后逐渐开启阀门，改变其流量。这样就可得出一系列的流量 $q$，扬程 $H$ 及相应的轴功率 $N$，从而作出 $H-q$ 及 $N-q$ 曲线。

根据 $N$，$q$ 及 $H$ 值，即可计算 $\eta$，从而作出 $\eta-q$ 曲线。

将上述 $H-q$，$N-q$ 及 $\eta-q$ 曲线绘制在同一张坐标纸上，即为一定型式离心泵在一定转速下的特性曲线。它们分别反映了这台泵的扬程、轴功率及效率与流量的关系。

［例 2-1］ 采用图 2-9 的实验装置来测定离心泵的性能。泵的吸入管与排出管具有相同的直径，两测压口间垂直距离为 0.5 m。泵的转速为 2 900 r/min。以20 ℃清水为介质测得以下数据：流量为 15 L/s，泵出口处表压为 255 kPa，入口处真空表读数为 26.7 kPa，功率表测得所消耗功率为 6.2 kW，泵由电动机直接带动，电动机的效率为 93%，试求该泵在输送条件下的扬程、轴功率、效率。

**解**：(1) 泵的扬程　在真空表和压力表所处位置的截面分别以 1-1′和 2-2′表示，列伯努利方程，即

$$Z_1+\frac{p_1}{\rho g}+\frac{u_1^2}{2g}+H=Z_2+\frac{p_2}{\rho g}+\frac{u_2^2}{2g}+\sum H_{f1-2}$$

其中 $Z_2-Z_1=0.5$ m，$p_1=-26.7$ kPa(表压)，$p_2=255$ kPa(表压)，$u_1=u_2$。

因两测量口的管路很短，其间流动阻力可忽略不计，即 $\sum H_{f1-2}=0$，所以

$$H=\left(0.5+\frac{255\times10^3+26.7\times10^3}{1\ 000\times9.81}\right)\ \text{m}=29.2\ \text{m}$$

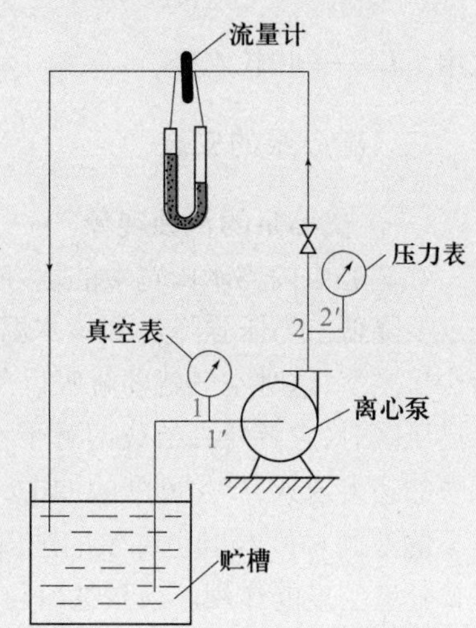

图 2-9　离心泵特性曲线的测定装置

(2) 泵的轴功率　功率表测得的功率为电动机的消耗功率，由于泵由电动机直接带动，传动效率可视为 100%，所以电动机的输出功率等于泵的轴功率。因电动机本身消耗部分功率，其效率为 93%，于是电动机输出功率为

$$\text{电动机消耗功率}\times\text{电动机效率}=6.2\times0.93\ \text{kW}=5.77\ \text{kW}$$

$$\text{泵的轴功率为 } N=5.77\ \text{kW}$$

(3) 泵的效率　根据式(2-4)得知

$$\eta=\frac{qH\rho}{102N}=\frac{15\times29.2\times1\ 000}{1\ 000\times102\times5.77}\times100\%=74.4\%$$

3. 离心泵特性的影响因素

(1) 流体的性质

① 液体的密度　离心泵的扬程和流量均与液体的密度无关，有效功率和轴功率随密度的增加而增加，这是因为离心力及其所做的功与密度成正比，但效率又与密度无关。

离心泵的扬程与液体的密度无关，离心泵的进出口压差近似正比于离心泵的扬程。但是因为离心泵输送液体的密度增大使离心泵腔体内液体质量增加，叶轮旋转所产生的离心力增大导致离心泵的出口压力上升，所以离心泵的出口压力正比于离心泵输送液体的密度。

② 液体的黏度　黏度增加，泵的流量、扬程、效率都下降，但轴功率上升。所以，当被输送液体的黏度有较大变化时，泵的特性曲线要进行修正。

(2) 转速　离心泵的转速发生变化时，其流量、压头和轴功率都要发生变化，当转速变化小于 20%时，遵循如下比例定律：

$$\frac{q_2}{q_1}=\frac{n_2}{n_1}\quad,\quad\frac{H_2}{H_1}=\left(\frac{n_2}{n_1}\right)^2\quad,\quad\frac{N_2}{N_1}=\left(\frac{n_2}{n_1}\right)^3 \tag{2-5}$$

式中　$n$——叶轮转速，r/min。

(3) 叶轮直径　前已述及，叶轮尺寸对离心泵的性能也有影响。当切割量小于 20%时，遵循如下切割定律：

$$\frac{q_2}{q_1}=\frac{D_2}{D_1}\quad,\quad\frac{H_2}{H_1}=\left(\frac{D_2}{D_1}\right)^2\quad,\quad\frac{N_2}{N_1}=\left(\frac{D_2}{D_1}\right)^3\tag{2-6}$$

动画

汽蚀

式中　$D$——叶轮直径，m。

## 三、离心泵的安装

### (一) 离心泵的汽蚀现象

在离心泵内当水由宽敞的地方向狭窄的地方以高速流进时，根据流体机械能衡算其压强就要降低。当压强降低到该水温下的饱和蒸气压强时，水就会汽化。此外，在水中还溶解少量空气，这时空气就要解吸以气泡形式出现，当所出现的这种蒸汽或空气的气泡被带入高压区时，它就要凝结或溶解于水中消失掉。在蒸汽或气泡消失的同时，周围的水将以很快的速度流入，产生剧烈的冲击，引起声响和振动。如图 2-10 所示，当处于常压或大气压下的液面 0-0′与其上部泵的进口截面 1-1′之间无外加能量时，离心泵吸上液体主要靠泵进口处真空度的作用。当泵进口与吸水液面之间的垂直距离即安装高度过高或叶轮转速过快时，则随着流量的增大泵进口处的压强可能降至所输送液体的饱和蒸气压强。实际上，由于液体由泵进口处流至叶轮时的流动方向发生了变化，又受到叶片的撞击，同时也由于叶片内部液体的环流，其压强最低处常处于叶轮内缘叶片的背面 $K$ 处，如图 2-11 所示。如果该处部分液体汽化生成大量气泡，随液体进入叶片时，由于压强升高，气泡又随即急剧冷凝而产生局部真空，瞬时间周围液体即以极高的速度冲向这些凝聚处，在冲击点处压强高达几百个大气压，而冲击频率又非常之高，再加上可能产生的化学腐蚀作用，长期下去就会使叶片出现斑痕和裂缝而过早损坏。这种现象称为离心泵的**汽蚀**(或空蚀)。

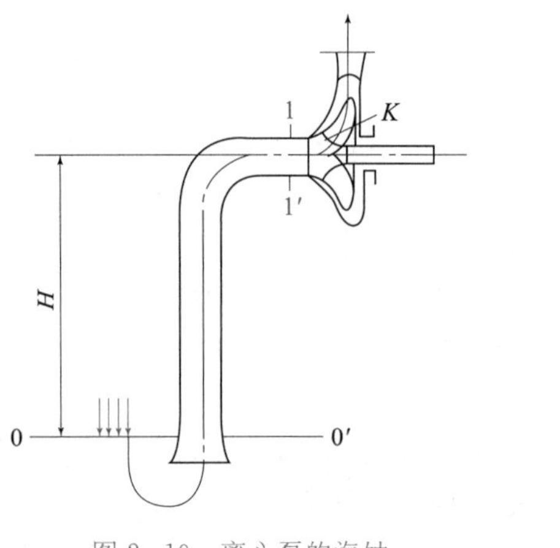

图 2-10　离心泵的汽蚀

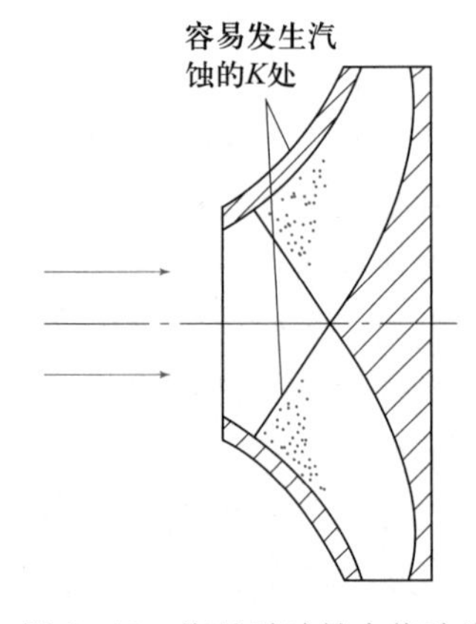

图 2-11　汽蚀时叶轮内缘叶片

离心泵在产生汽蚀时将发出噪声，泵体振动，流量不能再增大，扬程和效率都明显下降，以致无法继续工作。

### (二) 离心泵的安装高度

为使泵在工作时不产生汽蚀现象，泵进口处必须具有超过输送温度下液体的汽化压强的能量，使泵在工作时不产生汽蚀现象所必须具有的富余能量——**必需汽蚀余量**。必需汽蚀余量，国际上普遍称此为**必需净正吸入头**（Req'd Net Positive Suction Head），用$(NPSH)_r$表示，国内以前用$\Delta h$表示，国家标准中也正式用$(NPSH)_r$表示必需汽蚀余量，并规定在设计制造时给出。

必需汽蚀余量是泵本身具有的一种特性，一般由泵生产厂通过实验测定。

为了防止汽蚀现象发生，装置汽蚀余量为离心泵入口处的静压头与动压头之和超过被输送液体在操作温度下的饱和蒸气压头之值，用$(NPSH)_a$表示：

$$(NPSH)_a=\left(\frac{p_1}{\rho g}+\frac{u_1^2}{2g}\right)-\frac{p_v}{\rho g} \tag{2-7}$$

$$\frac{p_1}{\rho g}+\frac{u_1^2}{2g}=\frac{p_v}{\rho g}+(NPSH)_a \tag{2-8}$$

式中　$p_1$——泵吸入口处的绝对压强，Pa；

$u_1$——泵吸入口处的液体流速，m/s；

$p_v$——输送液体在工作温度下的饱和蒸气压，Pa；

$\rho$——液体的密度，$kg/m^3$。

泵的必需汽蚀余量$(NPSH)_r$值越小，则允许的入口压强就越低，说明泵的抗汽蚀能力越强，而装置汽蚀余量$(NPSH)_a$值越高，则泵避免汽蚀的安全性就越大。

泵的安全运行要求：

输送清水时　　$(NPSH)_a \geqslant (NPSH)_r+0.3\ m$　　(2-9)

输送工艺流体时　$(NPSH)_a \geqslant (1.1\sim1.3)(NPSH)_r$　　(2-10)

对于重要装置及容易汽化的介质，安全系数取较大值。

离心泵的允许吸上高度又称为**允许安装高度**，是指泵的吸入口1-1′与吸入贮槽液面0-0′间可允许达到的最大垂直距离，以符号$H_g$表示。假定泵在可允许的最高位置上操作，以液面为基准面，列贮槽液面0-0′与泵的吸入口1-1′两截面间的伯努利方程，可得

$$H_g=\frac{p_0-p_1}{\rho g}-\frac{u_1^2}{2g}-\sum H_{f0-1} \tag{2-11}$$

式中　$\sum H_{f0-1}$——表示液体流经吸入管路的压头损失，m；

$p_0$，$p_1$——液面和泵入口的绝对压强，Pa；

$\rho$——液体的密度，$kg/m^3$；

$H_g$——泵的允许安装高度，m。

若贮槽上方与大气相通，则$p_0$为大气压强$p_a$，式(2-11)可表示为

$$H_g=\frac{p_a-p_1}{\rho g}-\frac{u_1^2}{2g}-\sum H_{f0-1}$$

将式(2-7)代入上式得

$$H_g=\frac{p_a}{\rho g}-\frac{p_v}{\rho g}-(NPSH)_a-\sum H_{f0-1} \tag{2-12}$$

式(2-12)为离心泵允许吸上高度（即允许安装高度）的计算公式。

泵的实际安装高度必须低于或等于此值，否则在操作时，将有发生汽蚀的危险。

**[例 2-2]** 型号为 IS65—40—200 的离心泵，转速为 2 900 r/min，流量为 25.0 $m^3/h$，扬程为 50 m，$(NPSH)_r$ 为 2.0 m，此泵用来将敞口水池中 50 ℃的水送出。已知吸入管路的总阻力损失为 2 m 水柱，当地大气压为 100 kPa，求泵的安装高度。

**解：** 查得 50 ℃水的饱和蒸气压为 12.34 kPa，水的密度为 988.04 $kg/m^3$，已知 $p_0=100$ kPa，$(NPSH)_r=2.0$ m，$\sum H_{f1-2}=2$ m，由式(2-9)得

$$(NPSH)_a \geqslant (NPSH)_r + 0.3\ m$$

可得

$$(NPSH)_a \geqslant 2.0\ m + 0.3\ m = 2.3\ m$$

再由式(2-12)$H_g=\dfrac{p_a}{\rho g}-\dfrac{p_v}{\rho g}-(NPSH)_a-\sum H_{f0-1}$可得

$$H_g=\left(\frac{100\times10^3}{988.04\times9.81}-\frac{12.34\times10^3}{988.04\times9.81}-2.3-2\right)\ m=7.29\ m$$

故泵的允许安装高度不应超过液面 7.29 m。



## 四、离心泵的选用

离心泵的选用，通常可按下列原则进行：

(1) 根据被输送液体的性质和操作条件，初步确定离心泵的类型；

(2) 根据具体管路提出的流量和扬程的要求确定离心泵的型号；

(3) 若有几种型号的泵同时在较高效率范围内满足管路的具体要求，则应按效率较高和$(NPSH)_r$ 较小的原则选择一个型号。

即选择哪一种类型的离心泵，要根据所输送的液体性质来决定。例如，液体的温度、黏度、腐蚀性、固体粒子含量及是否易燃、易爆等性质都是选用离心泵类型的重要依据。

离心泵的类型确定以后，便可在离心泵样本中查阅该类型泵的系列特性曲线，根据管路要求的流量 $q$ 和扬程 $H$ 来选定合用的离心泵。

在化工生产中，输送液体的流量和压头往往是变化的，如冷却器中的冷却水用量，冬季和夏季就会有较大的差别，化工装置的负荷也经常需要调整。将液体送到高压设备中，应考虑设备中压力的波动。此外，液体黏度随季节的变化也对泵所需要供给液体的扬程产生影响。因此，在选用泵时，应按最大流量和压头为准，并注意留有余地，还要符合节约原则，所选的离心泵应稍大一些。但若选得过大，一方面增加泵的投资（设备费高），另一方面使离心泵经常在远离设计点的条件下工作，则泵的效率降低，动力消耗（操作费高）增大，会造成很大的浪费。

总之，选择离心泵时，应该选择流量、扬程范围较接近于生产所需的范围，且在该条件下效率较高，$(NPSH)_r$较小和操作稳定的一个型号，同时也应考虑泵的价格。

## 五、离心泵的日常运行与操作

### （一）流量调节

在泵的叶轮转速一定时，一台泵在具体操作条件下所提供的液体流量和扬程可用

$H-q$ 特性曲线上的一点来表示。至于这一点的具体位置，应视泵前后的管路情况而定。讨论泵的工作情况，不应脱离管路的具体情况。泵的工作特性由泵本身的特性和管路的特性共同决定。

1. 管路特性曲线

考虑由伯努利方程导出的外加压头计算式：

$$H_e=\Delta Z+\frac{\Delta p}{\rho g}+\frac{\Delta u^2}{2g}+\sum H_f \tag{2-13}$$

$q$ 越大，则$\sum H_f$ 越大，流动系统所需要的外加压头 $H_e$越大。将通过某一特定管路的流量与其所需外加压头之间的关系，称为管路的特性。

考虑式(2-13)中的压头损失：

$$\sum H_f=\lambda\left(\frac{l+l_e}{d}\right)\frac{u^2}{2g}=\frac{8\lambda}{\pi^2 g}\left(\frac{l+l_e}{d^5}\right)q^2 \tag{2-14}$$



忽略上、下游截面的动压头差，则

$$H_e=\Delta Z+\frac{\Delta p}{\rho g}+\frac{8\lambda}{\pi^2 g}\left(\frac{l+l_e}{d^5}\right)q^2 \tag{2-15}$$

当管路和流体一定时，$\lambda$ 是流量的函数。令 $A=\Delta Z+\frac{\Delta p}{\rho g}$，则式(2-15)变为

$$H_e=A+f(q) \tag{2-16}$$

称为**管路特性方程**，表达了管路所需要的外加压头与管路流量之间的关系。在 $H-q$ 坐标中对应的曲线称为**管路特性曲线**。说明：

(1) $A=\Delta Z+\frac{\Delta p}{\rho g}$为管路特性曲线在 $H$ 轴上的截距，表示管路系统所需要的最小外加压头。

(2) 当流动处于阻力平方区，摩擦因数与流量无关，管路特性方程可以表示为

$$H_e=A+Bq^2 \tag{2-17}$$

其中 $B=\frac{8\lambda}{\pi^2 g}\left(\frac{l+l_e}{d^5}\right)$。

(3) 高阻管路，其特性曲线较陡；低阻管路其特性曲线较平缓。

2. 离心泵的工作点

将泵的 $H-q$ 曲线与管路的 $H-q$ 曲线绘在同一坐标系中，两曲线的交点称为**泵的工作点**。如图 2-12 所示。说明：

(1) 泵的工作点由泵的特性和管路的特性共同决定，可通过联立求解泵的特性方程和管路的特性方程得到。

(2) 安装在管路中的泵，其输液量即为管路的流量；在该流量下泵提供的扬程也就是管路所需要的外加压头。因此，泵的工作点对应的泵压头既是泵提供的，也是管路需要的。

(3) 工作点对应的各性能参数($q,H,\eta,N$)反映了一台泵的实际工作状态。

3. 离心泵的流量调节

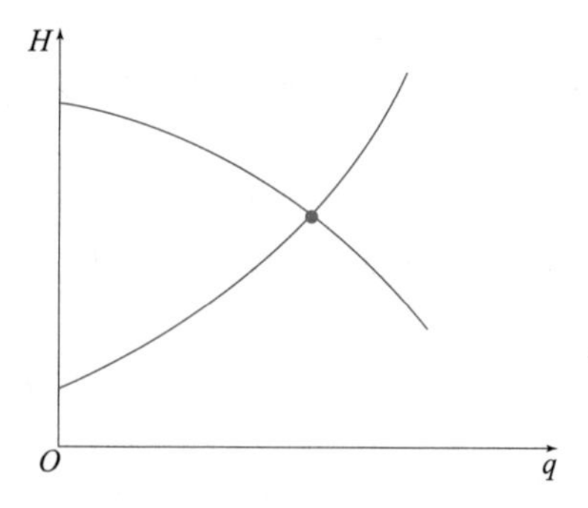

图 2-12　离心泵的工作点

由于生产任务的变化，管路需要的流量有时是需要改变的，这实际上就是要改变泵的工作点。由于泵的工作点由管路特性和泵的特性共同决定，因此改变泵的特性和管路特性均能改变工作点，从而达到调节流量的目的。

(1) 改变出口阀的开度——改变管路特性　出口阀的开度与管路局部阻力当量长度有关，后者与管路特性有关。所以改变出口阀的开度实际上是改变管路的特性。关小出口阀开度，$\sum l_e$ 增大，曲线变陡，工作点由 $C$ 变为 $D$，流量下降，泵所提供的压头上升；相反，开大出口阀开度，$\sum l_e$ 减小，曲线变平缓，工作点由 $C$ 变为 $E$，流量上升，泵所提供的压头下降。如图 2-13 所示。此种流量调节方法方便随意，但不经济，实际上是人为增加管路阻力来适应泵的特性，且使泵在低效率点工作。但也正是由于其方便性，在实际生产中被广泛采用。

(2) 改变叶轮转速　如图 2-14 所示，$n_3<n_1<n_2$，转速增加，流量和压头均能增加。这种调节流量的方法合理、经济，但曾被认为是操作不方便，并且不能实现连续调节。随着现代工业技术的发展，无级变速设备在工业中的应用克服了上述缺点，使该种调节方法能够使泵在高效区工作，这对大型泵的节能尤为重要。

(3) 车削叶轮直径　这种调节方法实施起来不方便，且调节范围也不大。

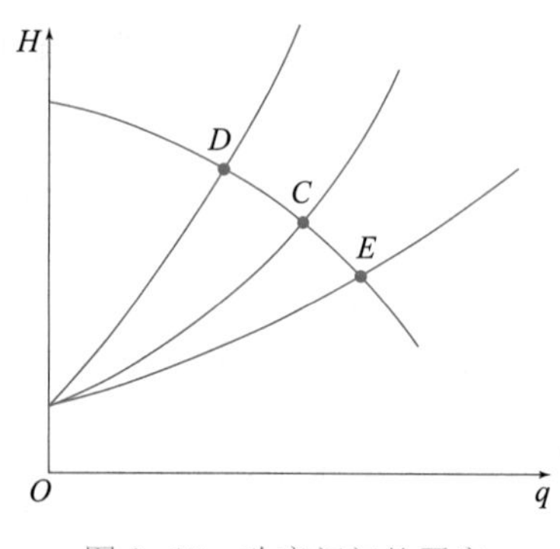

图 2-13　改变阀门的开度

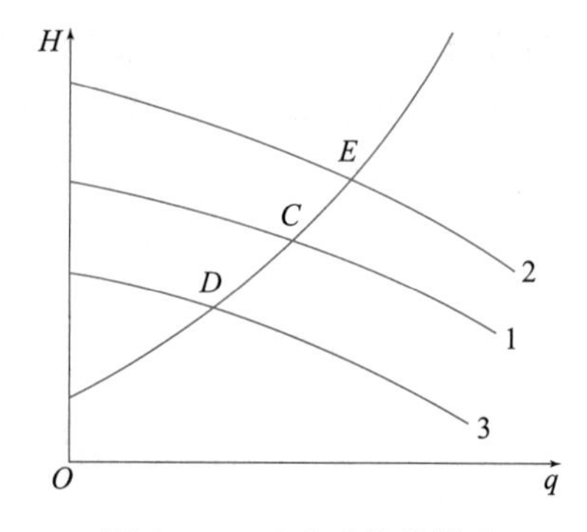

图 2-14　改变叶轮的转速

**[例 2-3]**　确定泵是否满足输送要求。将浓度为 95% 的硝酸自常压罐输送至常压设备中去，要求输送量为 36 m³/h，液体的升扬高度为 7 m。输送管路由内径为 80 mm 的钢化玻璃管构成，总长为 160 m(包括所有局部阻力的当量长度)。现采用某种型号的耐酸泵，其性能列于本题附表中。问：(1) 该泵是否合用？(2) 实际的输送量、压头、效率及功率消耗各为多少？

| $q/(\mathrm{L\cdot s^{-1}})$ | 0 | 3 | 6 | 9 | 12 | 15 |
|---|---|---|---|---|---|---|
| $H/\mathrm{m}$ | 19.5 | 19 | 17.9 | 16.5 | 14.4 | 12 |
| $\eta/\%$ | 0 | 17 | 30 | 42 | 46 | 44 |

已知:酸液在输送温度下黏度为 $1.15\times10^{-3}$ Pa·s;密度为 1 545 kg/m³。摩擦系数可取为 0.015。

**解**:(1) 对于本题,管路所需要压头通过在贮槽液面 1-1′和常压设备液面 2-2′之间列伯努利方程求得

$$\frac{u_1^2}{2g}+Z_1+\frac{p_1}{\rho g}+H_e=\frac{u_2^2}{2g}+Z_2+\frac{p_2}{\rho g}+\sum H_{f1-2}$$

式中 $Z_1=0$,$Z_2=7$ m,$p_1=p_2=0$(表压),$u_1=u_2\approx0$。

管内流速: $u=\dfrac{4q}{\pi d^2}=\dfrac{36}{3\ 600\times0.785\times0.080^2}$ m/s=1.99 m/s

管路压头损失:$\sum H_f=\lambda\dfrac{l+\sum l_e}{d}\dfrac{u^2}{2g}=0.015\times\dfrac{160}{0.08}\times\dfrac{1.99^2}{2\times9.81}$ m=6.06 m

管路所需要的压头:$H_e=(Z_2-Z_1)+\sum H_f=(7+6.06)$ m=13.06 m

以(L/s)计的管路所需流量: $q=\dfrac{36\times1\ 000}{3\ 600}$ L/s=10 L/s

由附表可以看出,该泵在流量为 12 L/s 时所提供的压头即达到了 14.4 m,当流量为管路所需要的10 L/s,它所提供的压头将会更高于管路所需要的 13.06 m。因此该泵对于完成题给输送任务是可用的。

另一个值得关注的问题是该泵是否在高效区工作。由附表可以看出,该泵的最高效率为 46%;流量为10 L/s时该泵的效率大约为 43%。因此该泵是在高效区工作的。

(2) 实际的输送量、功率消耗和效率取决于泵的工作点,而工作点由管路特性和泵的特性共同决定。

由伯努利方程可得管路的特性方程为:$H_e=7+0.060\ 58q^2$(其中流量单位为 L/s),据此可以计算出各流量下管路所需要的压头,如下表所示:

| $q/(\mathrm{L\cdot s^{-1}})$ | 0 | 3 | 6 | 9 | 12 | 15 |
|---|---|---|---|---|---|---|
| $H$/m | 7 | 7.545 | 9.181 | 11.91 | 15.72 | 20.63 |

由上可以作出管路的特性曲线和泵的特性曲线,如图 2-15 所示。两曲线的交点为工作点,其对应的压头为 14.8 m;流量为 11.4 L/s;效率 45%,轴功率可计算如下:

$$N=\frac{Hq\rho}{102\eta}=\frac{14.8\times11.4\times1.545}{102\times0.45}\ \mathrm{kW}=5.68\ \mathrm{kW}$$

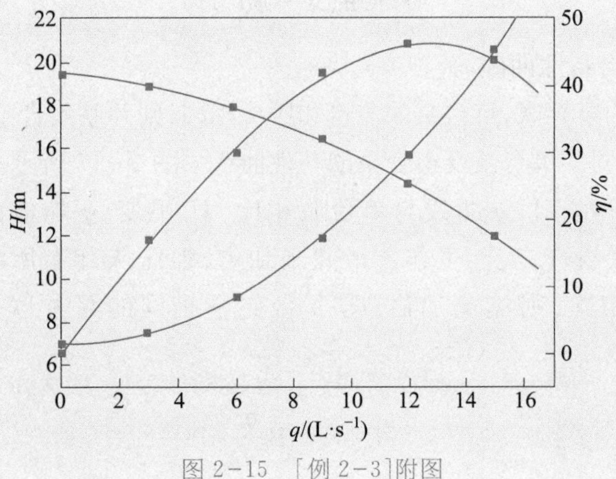


图 2-15 [例 2-3]附图

注意:(1) 判断一台泵是否合用,关键是要计算出与要求的输送量对应的管路所需压头,然后将此压头与泵能提供的压头进行比较,即可得出结论。另一个判断依据是泵是否在高效区工作,即实际效率不低于最高效率的 92%。

(2) 泵的实际工作状况由管路的特性和泵的特性共同决定,此即工作点的概念。它所对应的流量(如本题的 11.4 L/s)不一定是原本所需要的流量(如本题的 10 L/s)。此时,还需要调整管路的特性以适用其原始需求。

在泵的叶轮转速一定时,一台泵在具体操作条件下所提供的液体流量和压头可用 $H-q$ 特性曲线上的一点来表示。具体位置应视泵前后的管路情况而定。讨论泵的工作情况,不应脱离管路的具体情况。泵的工作特性由泵本身的特性和管路的特性共同决定。

**想一想**

离心泵的流量调节有哪些方法?

**(二) 离心泵的串、并联操作**

在实际生产中,有时单台泵无法满足生产要求,需要几台泵组合运行。组合方式可以有串联和并联两种方式。下面讨论的内容限于多台性能相同的泵的组合操作。基本思路是:多台泵无论怎样组合,都可以看作是一台泵,因而需要找出组合泵的特性曲线。

1. 串联泵的组合特性曲线

两台完全相同的泵串联,每台泵的流量与扬程相同,则串联组合泵的扬程为单台泵的 2 倍,流量与单台泵相同。单台泵及组合泵的特性曲线如图 2-16 所示。

讨论:① 组合泵的 $H-q$ 曲线与单台泵相比,$q$ 不变,$H$ 加倍;② 管路特性一定时,采用两台泵串联组合,实际工作压头并未加倍,但流量却有所增加;③ 关小出口阀开度,使流量与原先相同,则实际压头就是原先的 2 倍;④ 对 $n$ 台完全相同的泵串联,组合泵的特性方程:

$$H=n(A-Bq^2)$$

2. 并联泵的组合特性曲线

两台完全相同的泵并联,每台泵的流量和压头相同,则并联组合泵的流量为单台的 2 倍,压头与单台泵相同。单台泵及组合泵的特性曲线如图 2-17 所示。

讨论:① 组合泵的 $H-q$ 曲线与单台泵相比,$H$ 不变,$q$ 加倍;② 管路特性一定时,采用两台泵并联组合,实际工作流量并未加倍,但压头却有所增加;③ 开大出口阀,使压头与原先相同,则流量加倍;④ $n$ 台完全相同的泵并联,组合泵的特性方程为

$$H=A-B\frac{q^2}{n^2}$$

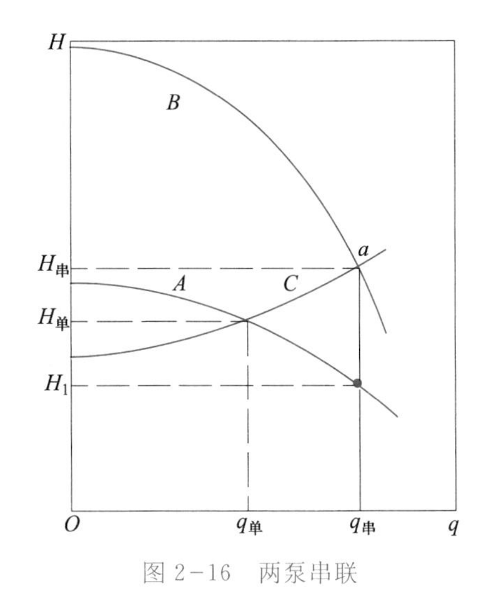

图 2-16　两泵串联

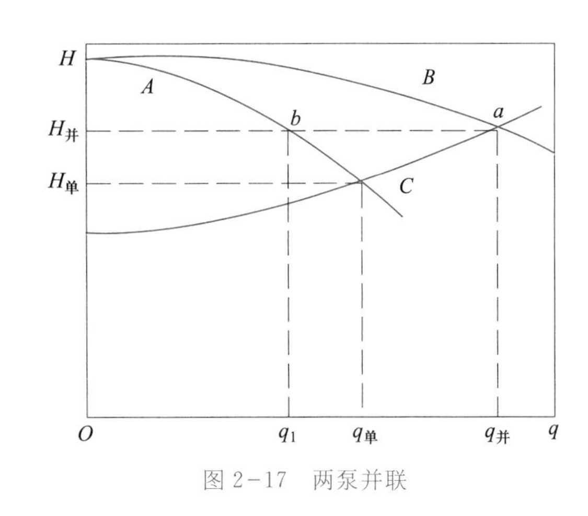

图 2-17　两泵并联



3. 组合方式的选择

单台泵不能完成输送任务可以分为两种情况:① 扬程不够,$H < \Delta Z + \dfrac{\Delta p}{\rho g}$;② 扬程合格,但流量不够。对于情形①,必须采用串联操作;对于情形②,应根据管路的特性来决定采用何种组合方式。如图 2-18 所示,对于高阻管路,串联比并联组合获得的 $q$ 增值大;但对于低阻管路,则是并联比串联获得的 $q$ 增值大。

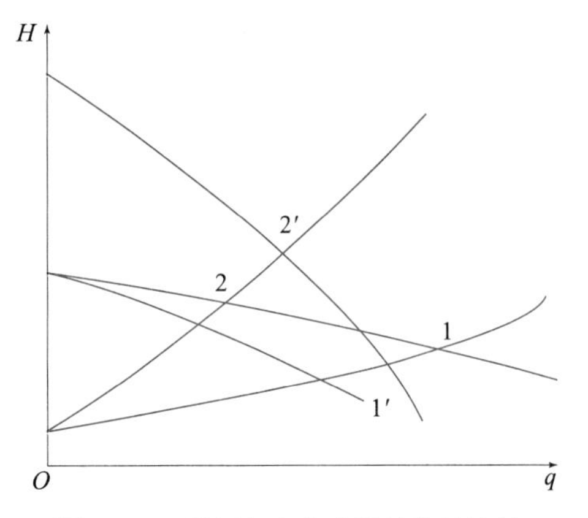

图 2-18　不同组合方式泵性能的比较

**(三) 离心泵的操作**

1. 开停车

(1) 开车前的准备工作

① 要详细了解被输送物料的物理化学性质,有无腐蚀性、有无悬浮物、黏度大小、凝固点、汽化温度及饱和蒸气压等;

② 详细了解被输送物料的工况:输送温度、压力、流量、输送高度、吸入高度、负荷变动范围等;

③ 综合上述两方面的因素,参阅离心泵的特性曲线,从而选出最适合生产实际使用的离心泵;

④ 对一些要求较高的离心泵,应在设计中考虑在进口管安装过滤器,在出口阀后安装止逆阀,同时应在操作室及现场设置两套监控装置,以应付突发事故的发生;

⑤ 安装完毕后要进行试运转,在试运转中各项性能指标均符合要求的泵,才能投入生产。

(2) 开车程序

① 开泵前应先打开泵的进口阀及密封液阀,检查泵体内是否已充满液体;

② 在确认泵体内已充满液体且密封液流动正常时,通知接料岗位,启动离心泵;

③ 慢慢打开泵的出口阀,通过流量及压力指示,将出口阀调节至需要流量。

(3) 停车程序

① 与接料岗位取得联系后,慢慢关离心泵的出口阀;

② 按电动机按钮,停止电动机运转;

③ 关闭离心泵进口阀及密封液阀。

(4) 两泵切换

在生产过程中经常遇到两台泵切换的操作,应先启动备用泵,慢慢打开其出口阀,然后缓慢关闭原运行泵的出口阀,在这过程中要保持与中央控制室的联系,维持离心泵输出流量的稳定,避免因流量波动造成系统停车。

**想一想**

为防止汽蚀现象,离心泵应如何安装?



2. 日常运行与维护

(1) 运行过程中的检查

① 检查被抽出液罐的液面,防止物料抽空;

② 检查泵的出口压强或流量指示是否稳定;

③ 检查端面密封液的流量是否正常;

④ 检查泵体有无泄漏;

⑤ 检查泵体及轴承系统有无异常声及振动;

⑥ 检查泵轴的润滑油是否充满完好。

(2) 离心泵的维护

① 检查泵进口阀前的过滤器,看滤网是否破损,如有破损应及时更换,以免焊渣等颗粒进入泵体,定时清洗滤网。

② 泵壳及叶轮进行解体、清洗重新组装。调整好叶轮与泵壳的间隙。叶轮有损坏及腐蚀情况的应分析原因并进行及时处理。

③ 清洗轴封、轴套系统。更换润滑油,以保持良好的润滑状态。

④ 及时更换填料密封的填料,并调节至合适的松紧度;采用机械密封的应及时更换动环和密封液。

⑤ 检查电动机。长期停车后,再开车前应将电动机进行干燥处理。

⑥ 检查现场及遥控的一、二次仪表的指示是否正确及灵活好用,对失灵的仪表及部件进行维修或更换。

⑦ 检查泵的进、出口阀的阀体,是否有因磨损而发生内漏等情况,如有内漏应及时更换阀门。

**想一想**

离心泵的启动应注意哪些?

## 第三节　其他类型泵

### 一、往复泵

#### (一) 往复泵的结构类型及工作原理

图 2-19 表示单缸单作用往复泵的工作原理，由活塞(或柱塞)、泵缸和单向阀构成了主体。此泵不采用活塞而用柱塞。活塞为扁的圆盘，而柱塞为长的圆柱，后者可以承受更大的轴向力，故适用于较高的操作压力。当柱塞在外力的作用下从左侧向右运动时，泵缸内的工作容积增大而形成低压，排出阀在压出管内液体的压力作用下关闭，吸入阀则被泵外液体的压力推开，将液体吸入泵缸内。当柱塞移到右端，工作室的容积最大，吸入行程结束。随后，柱塞便自右向左移动，泵缸内液体受到挤压，压力增大，使吸入阀关闭，而排出阀打开，将液体排出。柱塞移至左端时，排液结束，完成了一个工作循环。接着柱塞又向右移动，开始另一个工作循环。

#### (二) 往复泵的性能

往复泵即靠柱塞在泵缸左右两端间做往复运动而吸入和压出液体。柱塞在两端点间移动的距离称为**冲程**。柱塞往复一次的容积，叫做**冲程容积**。

如上所述具有一个泵缸的往复泵，在一个循环中，即柱塞往复一次仅吸入和排出液体各一次，称之为单缸单作用或单动泵。

单缸单作用往复泵在吸入过程中无液体排出，所以排液是不连续的，加之柱塞做直线运动并非恒速，在排出过程中的排液量也将随之波动。这种泵的流量曲线如图2-20(a)所示。

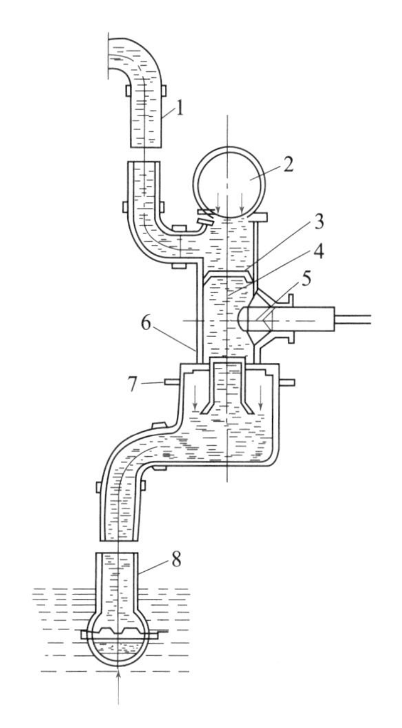


1—压出管路；2—压出空气室；3—排出阀；
4—缸体；5—柱塞；6—吸入阀；
7—吸入空气室；8—吸入管路

图 2-19　往复泵的作用原理

泵的排液量不均匀，还会额外引起惯性阻力，增加动力消耗。为改善流量的不均匀性，于是有单缸双作用，双缸双作用或三个单缸单作用泵并联操作的三作用泵等多种型式，图2-21为一单缸双作用往复泵的简图。活塞左侧和右侧都有吸入阀(在下方)、排出阀(在上方)。活塞向右移动时，左侧吸入阀开启，右侧吸入阀关闭，液体经左侧的吸入阀进入左侧的工作室。同时，左侧的排出阀关闭，右侧的排出阀开启，液体从右侧的工作室排出，当柱塞向左移动时，情况就反过来。单缸双作用泵在每一个工作循环中，吸液和排液各两次，整个循环中均有液体吸入和排出，使排液连续，但流量仍波动较大，如图 2-20(b)所示。三缸单作用往复泵的流量曲线如图 2-22 所示。然而与单缸单作用往复泵相比，其排液流量波动程度要小得多。为使流量平稳，还可在泵缸排出和吸入端增设空气室，如图 2-19 中 2 和 7 所示。当一侧压力较高排液量较大时，将有一部分液体压入该侧的空气室内暂存起来。当该侧压力下降至一定程度，流量减少时，在空气室内压力作用下，可将室内的液体压出，补充到排出液中。这样，依靠空气室内空气的压缩和膨胀作用进行缓冲调节，使泵的流量更为平稳。

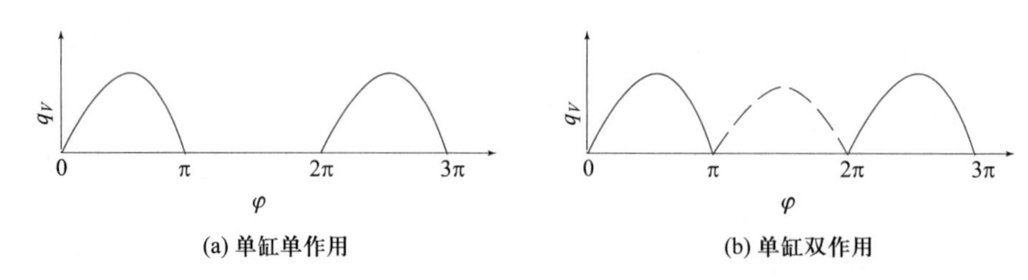


图 2-20　往复泵的流量曲线



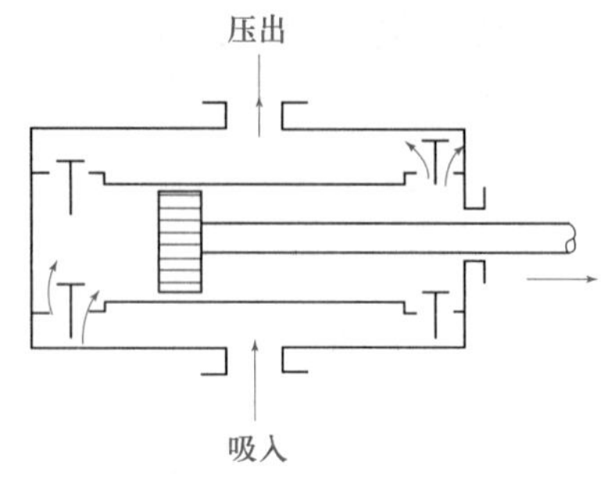

图 2-21　单缸双作用往复泵

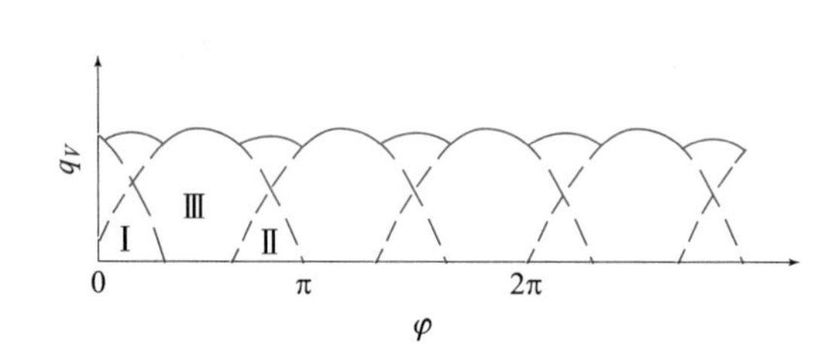


图 2-22　三缸单作用往复泵的流量曲线

单作用往复泵的工作过程是由交替进行的吸入和排出两个冲程组成的循环过程。活塞每往复一次完成一个工作循环。在阀件启闭无滞后，容积效率等于 1 的理想情况下，则单作用往复泵的平均理论流量 $q_T$ 为

$$q_T = \frac{ZASn_r}{60} \tag{2-18}$$

双作用往复泵为

$$q_T = \frac{Z(2A - A')Sn_r}{60} \tag{2-19}$$

式中　$q_T$——往复泵的平均理论流量，$m^3/s$；

$Z$——泵缸数目；

$A$——活塞面积，$m^2$；

$S$——活塞冲程，m；

$n_r$——活塞往复频率，1/min；

$A'$——活塞杆截面积，$m^2$。

实际上，由于阀件不能及时开关，活塞与泵体间存在间隙；且随压头增高而使泄漏量增大等原因，往复泵的实际流量小于理论流量。

往复泵系正位移泵，其实际流量只与活塞面积、活塞冲程及单位时间内往返次数有关，与管路的情况无关；而泵的压头只取决于管路系统的实际需要，与流量无关。往复泵

的工作点如图2-23所示。可见，对于往复泵只要泵的机械强度及电动机功率允许，管路系统需要多高的压头便可提供多高的压头。所以，在化工生产中，当要求压头较高而流量不大时，常采用往复泵。

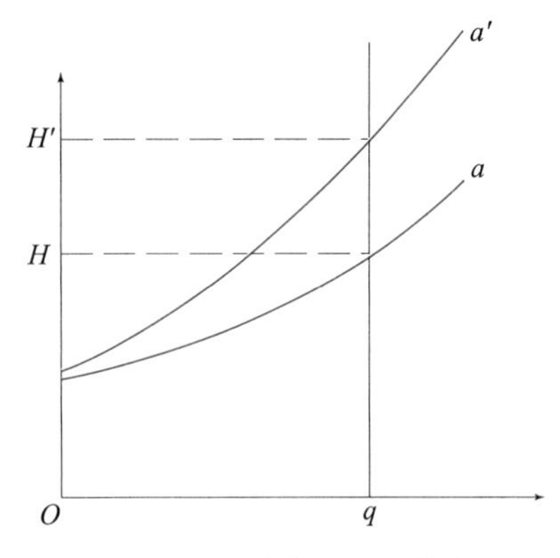

图 2-23　往复泵的工作点

往复泵的流量调节，可通过改变冲程的大小或单位时间内活塞往复的次数来实现。改变冲程的大小是通过改变曲柄的长度或偏心轮的偏心度实现的；而改变活塞的往复次数则由调节转速或动力蒸汽的压力来完成。但是，一般常采用安装回流支路或称为旁路的办法来调节流量，如图2-24所示。这种办法比较简便，但会引起一定的能量损失。此外，必须注意的是，当支路阀 1 未打开时，不允许像离心泵那样关闭出口阀而启动往复泵，或者说排出阀和支路阀不可同时关闭。



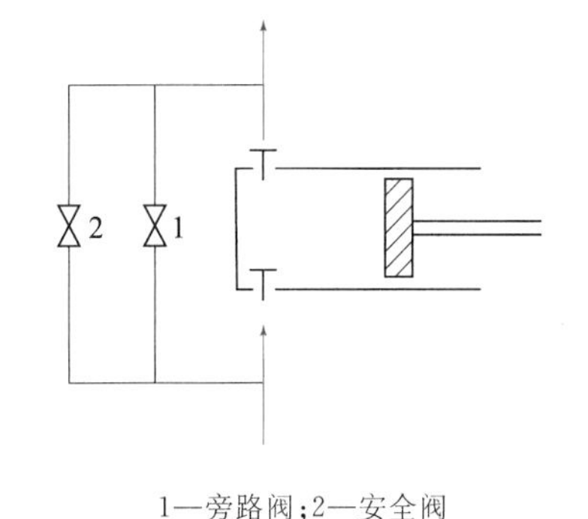

1—旁路阀；2—安全阀

图 2-24　往复泵旁路调节流量示意图

往复泵的吸上高度亦随泵安装地区的大气压、输送液体的性质和温度而变，所以往复泵的吸上高度也有一定的限制。但是，往复泵的低压是靠工作室的扩张来造成的，所以在启动之前，泵内无需充满液体，即往复泵有自吸作用。

基于以上特点，对流量小而扬程高、离心泵无法达到的高压情况，采用往复泵是适宜的；当排出压力相当大，使活塞杆无法承受时，则可采用柱塞来代替活塞，且可直接利用蒸汽传动。输送高黏度液体时的效果也比离心泵好，但不能输送腐蚀性液体和有固体粒子的悬浮液。

**（三）往复泵的日常运行与操作**

1. 往复泵的运转特点

（1）往复泵的排出压力取决于管路特性，最大排出压力取决于泵的强度、密封和配备的原动机功率。

（2）流量与排出压力无关，而取决于泵缸的结构尺寸、活塞行程及往复运动的频率。

（3）往复泵适用于输送高压、小流量和高黏度液体。

（4）往复泵活塞的瞬时速度是变化的、不均匀的。因此，往复泵的瞬时流量也是不均匀的、脉动的。为了改善泵的排液不均匀性，可用双作用泵或三缸泵。为了进一步使往复泵的流量均匀和操作平稳，在泵入口和排出口处设有空气室，其构造如图 2-19 所示。吸入空气室的出口与泵入口连接，室内上方的空气有一定的压强。在操作中，若泵缸吸液量逐渐减小，小于吸入管平均流量时，则多余液体便贮存于空气室中，使室内气体压强增大，当吸液量逐渐增大，大于吸入管的平均流量时，空气室内所贮存的多余液体，在室内气体的压力下，进入泵入口，室内气体膨胀恢复原来的压强。这样，依靠空气室内空气的压缩与膨胀的作用进行调节，使吸入管中的流量几乎保持稳定不变。排出空气室的作用是使排出管中的流量保持稳定，其作用原理与吸入空气室相同。

(5) 往复泵具有自吸能力，启动前可以不用灌液，实际操作中为避免干摩擦，一般在初次启动前注满液体。

(6) 在活塞移动时，往复泵吸入的液体不能倒流，必须排出，故属于正位移泵。

2. 往复泵的运转

往复泵和离心泵一样，吸上高度也有一定的限度，应按照泵性能和实际操作条件确定实际安装高度。启动前先用液体灌满泵体，以排出泵内存留的空气，缩短启动过程，避免干摩擦。由于往复泵属于正位移泵，在启动前，必须先将出口阀门打开，否则，泵内的压强将因液体排不出而急剧升高，造成事故。往复泵在运行中应注意以下问题：

(1) 开车前要严格检查往复泵进、出口管线及阀门、盲板等，如有异物堵塞管路，一定要予以清除。



(2) 机体内加入清洁润滑油至油窗上指示刻度。油杯内加入清洁润滑油，并微微开启针形阀，使往复泵保持润滑。

(3) 运转前先打开泵缸冷却水阀门，确保泵缸在运转时冷却状态良好。

(4) 运转中应无冲击声，否则应立即停车找出原因，进行修理或调整。

(5) 在严寒冬季停车时，水套内的冷却水必须放尽，以免水在静止时结冰冻裂泵缸。

(6) 经常清洁泵体。

3. 往复泵的流量调节

由于往复泵的流量与管路特性曲线无关，使往复泵不能采用出口阀门来调节流量。往复泵的流量调节方法如下：

(1) 旁路调节　若流量的调节范围不大，则可采用安装回流旁路的方法进行调节，如图2-24所示。液体经吸入管路阀进入往复泵内，经排出管路排出，一部分液体经旁路阀返回吸入管路。往复泵的出口增加旁路，并没有改变往复泵的总流量，只是使部分液体经旁路分流，从而改变了主管路中液体的流量。这种调节方法虽简单，但造成额外的能量损失，效率降低。安全阀的作用是当排出管的压力超过一定限度时，阀自动开启，使部分液体回流，以减小泵及管路所承受的压力。安装回流支路来调节流量的方法适用于所有正位移泵。

(2) 改变转速和活塞冲程　改变曲柄转速（即改变往复频率）或改变活塞的冲程，均可改变往复泵的流量。

## 二、齿轮泵

齿轮泵的结构如图 2-25 所示，泵壳内有两个齿轮，一个是靠电动机带动旋转，称为主动轮，另一个是靠与主动轮相啮合而转动，称为从动轮。两齿轮与泵体间形成吸入和排出两个空间。当齿轮按图中所示的箭头方向转动时，吸入空间内两轮的齿互相拨开，形成了低压而将液体吸入，液体分两路在齿轮与壳体的空隙间被齿轮推动前进，并随齿轮转动达到排出空间。由于排出空间两个齿轮的齿互相合拢，齿端与外壳间缝隙很小，使液体不致返回，于是形成高压由排液口排出。

齿轮泵可用于输送黏稠液体乃至膏状物，如向离心油泵的填料函灌注封油。但不能输送有固体颗粒的悬浮液。

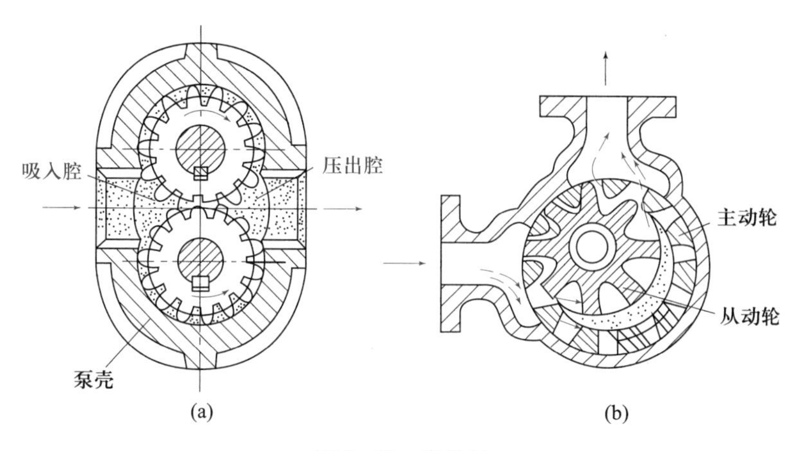


图 2-25　齿轮泵

### 三、螺杆泵

螺杆泵按螺杆的数目可分为单螺杆泵、双螺杆泵、三螺杆泵和五螺杆泵。

图 2-26 所示的双螺杆泵实际是齿轮泵的变形,利用两根相互啮合的螺杆来压送液体。当所需的压强很高时可采用较长的螺杆。螺杆泵(图 2-27)的效率较齿轮泵高,运转时无噪声,无振动,流量均匀,特别适用于高黏度液体的输送。

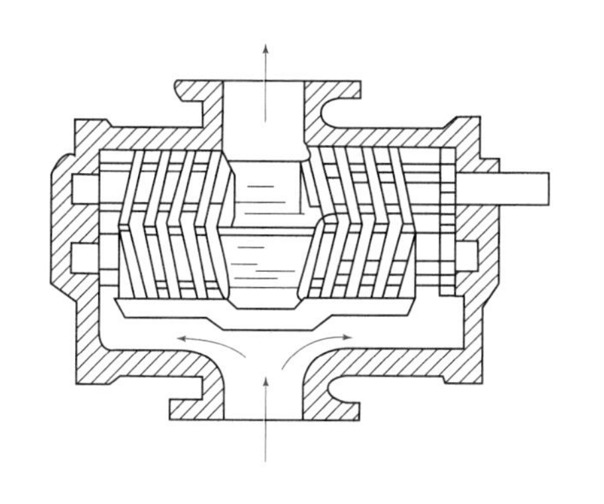

图 2-26　双螺杆泵

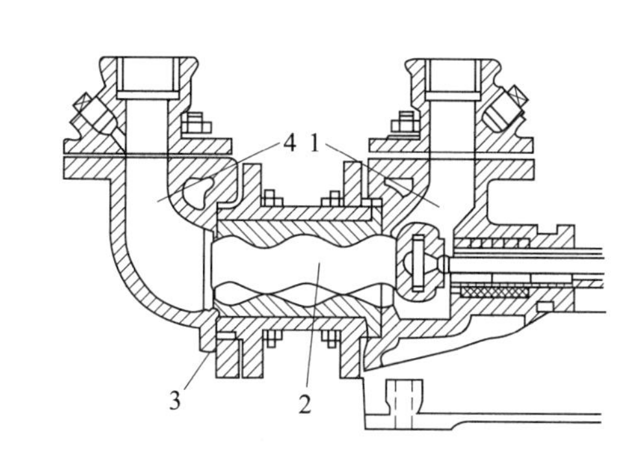


1—吸入口;2—螺杆;3—泵壳;4—压出口

图 2-27　螺杆泵

### 四、旋涡泵

#### (一) 旋涡泵的结构、原理

旋涡泵是一种特殊类型的离心泵,如图 2-28 所示,由泵壳 2 和叶轮 4 组成,叶轮 4 是一个圆盘,四周铣有凹槽而构成叶片 5 成辐射状排列,叶片数目可多达几十片,在泵壳 2 内旋转,壳内有引水流道 3,叶轮旋转时,在边缘区形成高压强,因而构成一个与叶轮周围垂直的径向环流。在径向环流的作用下,液体自吸入至排出的过程中可多次进入叶轮并获得能量,旋涡泵的效率相当低,一般为 20%～50%。

液体在旋涡中所获得的能量,与液体在流动过程中进入叶轮的次数有关。当流量减少时，流道内液体的运动速度减小，液体流入叶轮的平均次数增多，泵的压头必然增大；若流量增大，情况则相反。因此，旋涡泵的 $H-q$ 特性曲线呈陡降形。如图 2-29 所示。

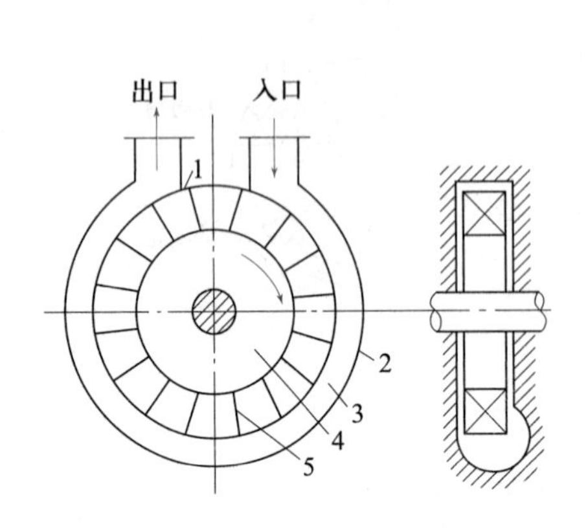


1—隔舌；2—泵壳；3—流道；4—叶轮；5—叶片

图 2-28　旋涡泵的结构示意图

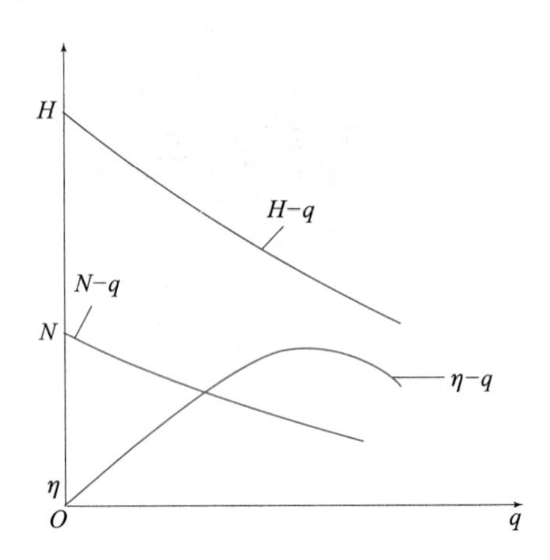


图 2-29　旋涡泵的特性曲线

（二）旋涡泵的特点

旋涡泵具有如下特点：

(1) 旋涡泵是结构最简单的高扬程泵，与叶轮直径和转速相同的离心泵相比，它的扬程要比离心泵高 2～4 倍。与相同扬程的容积式泵相比，它的尺寸要小得多，结构也简单得多。

(2) 大多数旋涡泵具有自吸能力，有些旋涡泵还能输送气液混合物。在石油化工厂中，旋涡泵可以用来输送汽油等易挥发产品。但旋涡泵的吸入性能不如离心泵，若将它与离心泵配合使用，则既可使扬程提高，又可改善吸入能力。

(3) 由于旋涡泵中的液体在剧烈旋涡运动中进行能量转换，能量损耗很大，效率较低，因此，旋涡泵很难做成大功率泵，一般只适于小功率泵。

(4) 旋涡泵的流量小，扬程高，适宜输送流量小、外加压头高的清液。不适宜输送高黏度液体，否则扬程及效率将降低很多。旋涡泵通常用来输送酒精、汽油、碱液，或用作小型锅炉给水泵。

(5) 旋涡泵体积小，结构简单，主要零、部件加工制造容易，作为耐磨蚀的旋涡泵叶轮、泵体可以用不锈钢及塑料、尼龙等来制造。

## 五、轴流泵

轴流泵的简单构造如图 2-30 所示。转轴带动轴头转动，轴头上装有叶片 2，液体顺箭头方向进入泵壳，经过叶片，然后又经过固定于泵壳的导叶 3 流入压出管路。

轴流泵叶片形状与离心泵叶片形状不同，轴流泵叶片的扭角随半径增大而增大，因而液体的角速度 $\omega$ 随半径增大而减小。如适当选择叶片扭角，使 $\omega$ 在半径方向按某种规律变化，可以使势能 $\left(\dfrac{p}{\rho g}+Z\right)$ 沿半径基本保持不变，从而消除液体的径向流动。通常把轴流泵叶片制成螺旋桨式，其目的就在于此。

叶片本身做等角速度旋转运动。而液体沿半径方向的角速度不等，显然，两者在圆周方向必存在相对运动。也就是说，液体以相对速度逆旋转方向对叶片做绕流运动。正是这绕流运动在叶轮两侧形成压差，产生输送液体所需要的压头。

轴流泵提供的压头一般较小，但输液量却很大，特别适合大流量、低压头的流体输送。

轴流泵的特性曲线如图 2-31 所示。由图可以看出轴流泵有下列特点：

(1) $H-q$ 特性曲线很陡，最大压头($q=0$ 时)可能达到额定值的 1.5～2 倍。

(2) 与离心泵不同，轴流泵流量越小，所需功率越大，在 $q=0$ 时，其功率可能超过额定点的 20%～40%。

(3) 高效操作区很小，在额定点两侧效率急骤下降。

轴流泵一般不设置出口阀，调节流量是采用改变泵的特性曲线的方法实现的，常用方法有：

(1) 改变叶轮转速。

(2) 改变叶片安装角度。轴流泵的叶片可以做成可调形式，借助叶压或机械结构进行调整，可使泵在较大操作范围内保持高效率。

轴流泵的叶轮一般都浸没在液体中，即大多在负的吸水高度下工作。若叶轮高出液面，则启动前同样必须灌泵。

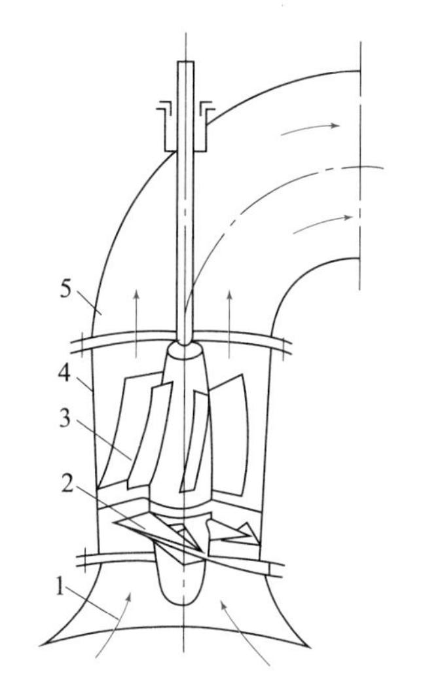


1—吸入室；2—叶片；3—导叶；4—泵体；5—出水弯管

图 2-30　轴流泵

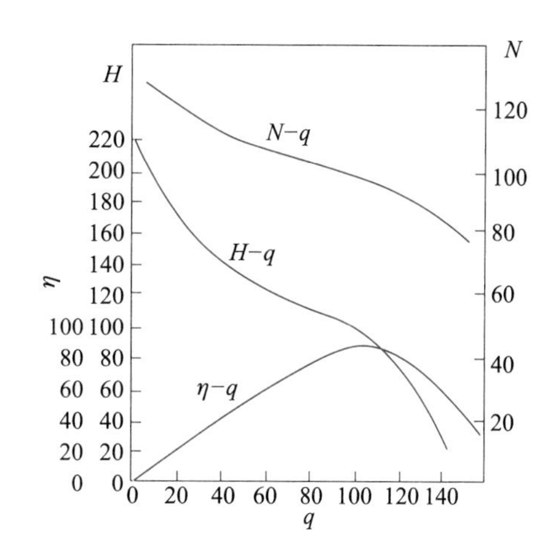


图 2-31　轴流泵的特性曲线

## 第四节　气体输送机械

气体输送机械在化工生产中具有广泛的应用。气体输送机械的结构和原理与液体输送机械大体相同。但气体具有可压缩性和比液体小得多的密度(约为液体密度的 1/1 000)，从而使气体输送具有某些不同于液体输送的特点。

对于一定的质量流量，气体由于密度很小，其体积流量很大，因此，气体输送管路中的流速要比液体输送管路中的流速大得多。由前可知，液体在管道中的经济流速为1～3 m/s，而气体为15～25 m/s，约为液体的10倍。这样，若利用各自最经济流速输送同样的质量流量，经过同管长后气体的阻力损失约为液体阻力损失的10倍。换句话说，气体输送管路对输送机械所提出的压头要求比液体管路大得多。

气体输送机械按其终压（出口压强）或压缩比（气体加压后与加压前绝对压强之比）可分为通风机、鼓风机和压缩机及真空泵。

**通风机**　终压不大于15 kPa（表压），压缩比小于1.15；

**鼓风机**　终压15～300 kPa（表压），压缩比小于4；

**压缩机**　终压大于0.3 MPa（表压），压缩比大于4；

**真空泵**　用于减压，终压为0.1 MPa，其压缩比由真空度决定。

通风机和鼓风机是常用的气体输送机械，其基本构型及其操作原理与液体输送机械颇为类似。但是由于气体在一般压力下具有远比液体小的密度，使气体输送机械又具有某些不同于液体输送机械的特点。



压缩机和真空泵，若就其应用和所产生的压缩比而言，则可统称为气体的压缩机械。其结构和作用原理亦与液体输送机械大体相同，也有离心式、旋转式、往复式及喷射式等类型，但因气体具有可压缩性，且在受压后体积和温度都有显著变化，这些变化对气体压缩机械的结构、形状有很大影响。如气体在压缩过程中所接受的能量有很大一部分转变为热能，导致气体温度急剧升高，故压缩机内一般都有冷却装置。

## 一、离心式通风机

### （一）离心式通风机的工作原理与结构

工业上常用的通风机主要有离心式通风机和轴流式通风机两种型式。轴流式通风机所产生的风压很小，一般只作通风换气之用。用于气体输送的，多为离心式通风机。离心式通风机的工作原理和离心泵一样，在蜗壳中有一高速旋转的叶轮，借叶轮旋转时所产生的离心力将气体压力增大而排出。离心式通风机的结构与单级离心泵也大同小异。图2-32所示为离心式通风机。它的机壳也是蜗壳形，壳内逐渐扩大的气体通道及其出口的截面则有方形和圆形两种，一般中、低压通风机多是方形，高压的多为圆形。通风机叶轮上叶片数目较多且长度较短，叶片有平直的，有后弯的，亦有前弯的。图2-33所示为低压通风机所用的平叶片叶轮。中、高压通风机的叶片是弯曲的，因此，高压通风机的外形与结构更像单级离心泵。根据所生产的压头大小，可将离心式通风机分为

（1）低压离心式通风机　出口风压低于0.980 7 kPa（表压）；

（2）中压离心式通风机　出口风压为0.980 7～2.942 kPa（表压）；

（3）高压离心式通风机　出口风压为2.942～14.7 kPa（表压）。

### （二）离心式通风机的性能参数与特性曲线

离心式通风机的主要性能参数有风量、风压、轴功率和效率。

1. 风量

风量是气体通过进风口的体积流量，以符号 $q$ 表示，单位为 $m^3/s$ 或 $m^3/h$。

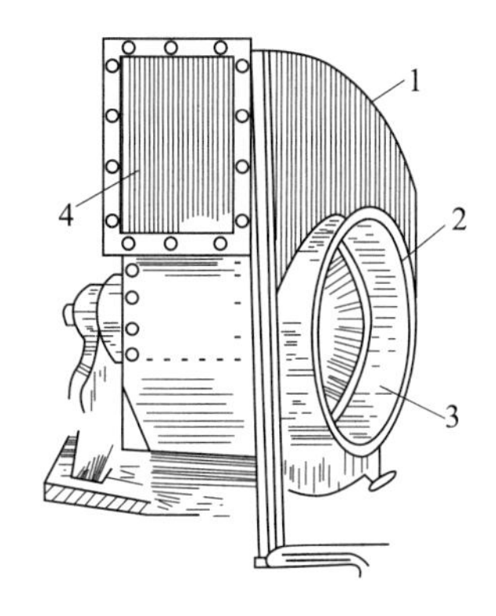


1—机壳;2—叶轮;3—吸入口;4—排出口

图 2-32　离心式通风机

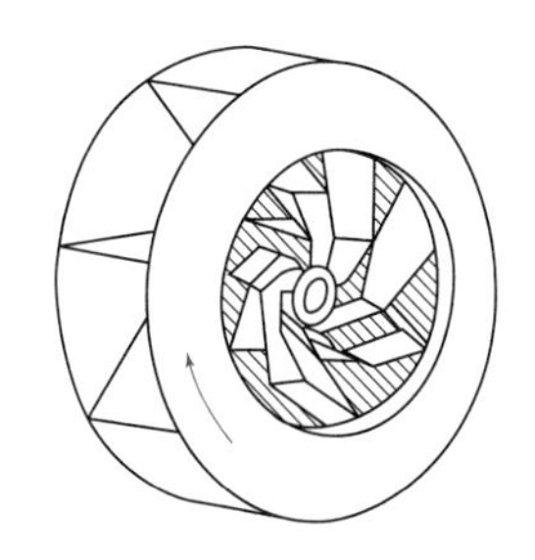

图 2-33　低压通风机的叶轮



2. 风压

风压是指单位体积的气体经过通风机时所获得的能量,以 $H_T$表示,单位为 $J/m^3=N/m^2$,即表示所提高的风压。

由于气体通过通风机的压力变化较小,在通风机内的气体可视为不可压缩流体,对通风机进出截面(分别以下标 1,2 表示)作能量衡算,可得风机的压头为

$$H_e=(Z_2-Z_1)+\frac{p_2-p_1}{\rho g}+\frac{u_2^2-u_1^2}{2g}+\sum H_{f1-2}$$

为使用上的方便,习惯上以 1 $m^3$气体为计算基准,于是上式即改为

$$H_T=\rho g(Z_2-Z_1)+(p_2-p_1)+\frac{\rho(u_2^2-u_1^2)}{2}+\rho g\sum H_{f1-2} \tag{2-20}$$

上式中 $\rho g(Z_2-Z_1)$与 $\rho g\sum H_{f1-2}$都不大,当气体直接由大气进入通风机,$u_1$也较小,若均予忽略不计,则式(2-20)又可简化为

$$H_T=(p_2-p_1)+\frac{\rho u_2^2}{2}=H_p+H_k \tag{2-21}$$

从式(2-21)可以看出,通风机的压头由两部分组成,其中$(p_2-p_1)$称为静风压 $H_p$;$\rho u_2^2/2$ 称为动风压 $H_k$,两者之和为全风压 $H_T$。图 2-34 中所示$H_T-q$ 和 $H_p-q$ 曲线即分别表示全风压和静风压与流量的关系。

和离心泵一样,通风机在出厂前,必须通过实验测定其特性曲线,实验介质是压强为 $1.013\ 3\times10^5$ Pa,温度为 20 ℃的空气,该条件下空气的密度$\rho=1.2\ kg/m^3$。由于风压与密度有关,故若实际操作条件与上述实验条件不同时,应按下式将操作

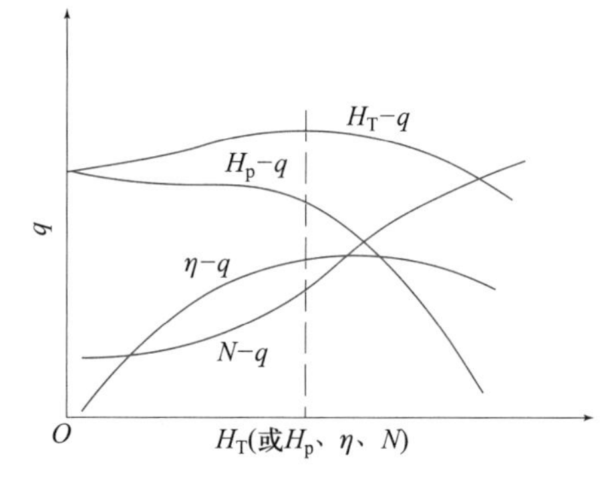


图 2-34　离心式通风机特性曲线示意图

条件下的风压 $H'_T$ 换算为实验条件下的风压 $H_T$，然后以 $H_T$的数值来选用风机。

$$H_T=H'_T\frac{\rho}{\rho'}=H'_T\frac{1.2}{\rho'} \qquad (2-22)$$

式中　$\rho'$——操作条件下气体的密度，$kg/m^3$；

$H'_T$——操作条件下气体的风压，$N/m^2$。

3. 轴功率与效率

离心式通风机的轴功率为

$$N=\frac{H_Tq}{1\ 000\eta} \qquad (2-23)$$

式中　$N$——轴功率，kW；

$q$——风量，$m^3/s$；

$H_T$——风压或全风压，$N/m^2$；

$\eta$——效率，因按全风压定出，故又称全压效率。



应用式(2-23)计算轴功率时，式中的 $q$ 与 $H_T$必须是同一状态下的数值。

风机的轴功率与被输送气体的密度有关，通风机性能表上所列出的轴功率均为实验条件下即空气的密度为 1.2 $kg/m^3$时的数值，若所输送的气体密度与此不同，可按下式进行换算，即

$$N'=N\frac{\rho'}{1.2} \qquad (2-24)$$

式中　$N'$——气体密度为 $\rho'$时的轴功率，kW；

$N$——气体密度为 1.2 $kg/m^3$时的轴功率，kW。

因此，通风机的全压效率符合下列关系，即

$$\eta=\frac{H_Tq}{1\ 000\times N}=\frac{H'_Tq}{1\ 000\times N'}$$

**（三）离心式通风机的选用**

离心式通风机的选用和离心泵的情况相类似，其选择步骤为：

(1) 根据机械能衡算式，计算输送系统所需的操作条件下的风压 $H'_T$并按式(2-22)将 $H'_T$换算成实验条件下的风压 $H_T$。

(2) 根据所输送气体的性质(如清洁空气，易燃、易爆或腐蚀性气体及含尘气体等)与风压范围，确定通风机类型。若输送的是清洁空气，或与空气性质相近的气体，可选用一般类型的离心式通风机。

(3) 根据实际风量 $q$(以风机进口状态计)与实验条件下的风压 $H_T$，从通风机样本或产品目录中的特性曲线或性能表选择合适的机号，选择的原则与离心泵相同，不再详述。

(4) 若所输送气体的密度大于 1.2 $kg/m^3$时，需按式(2-24)计算轴功率。



**[例 2-4]**　已知空气的最大输送量为 14 500 kg/h，在最大风量下输送系统所需的风压为 1 600 Pa(以通风机进口状态计)。由于工艺条件的要求，通风机进口与温度为 40 ℃、真空度为 196 Pa的设备连接。试选合适的离心式通风机。当地大气压为 93.3×$10^3$ Pa。

**解：**按式(2-22)将输送系统所需的操作条件下的风压 $H'_T$换算为实验条件下的风压 $H_T$，即

$$H_T = H'_T \frac{1.2}{\rho'}$$

查得空气在 1.013 3×10⁵ Pa、40 ℃下的密度为 1.128 kg/m³，当地压强下 40 ℃时的密度为

$$\rho' = [1.128\times(93\ 300-196)/101\ 330]\ \mathrm{kg/m^3} = 1.04\ \mathrm{kg/m^3}$$

所以

$$H_T = 1\ 600\times\frac{1.2}{1.04}\ \mathrm{Pa} = 1\ 846\ \mathrm{Pa}$$

风量按通风机进口状态计，即

$$q = (14\ 500/1.04)\ \mathrm{m^3/h} = 13\ 942\ \mathrm{m^3/h}$$

根据风量 $q$=13 942 m³/h 和风压 $H_T$=1 846 Pa，在有关手册中查得 4—72—11NO. 6C 型离心式通风机可满足要求。该机性能见下表所示。

| 转速 r·min⁻¹ | 风压 Pa | 风量 m³·h⁻¹ | 效率 % | 所需功率 kW |
|---|---|---|---|---|
| 2 000 | 1 941.8 | 14 100 | 91 | 10 |



二、鼓风机

在化工生产中常用的鼓风机有离心式和旋转式两种类型。

**（一）离心式鼓风机**

离心式鼓风机又称透平鼓风机，其主要构造和工作原理与离心式通风机类似，但由于单级鼓风机不可能产生很高的风压（出口表压强一般不超过 5.07×10⁴ Pa）。故压头较高的离心式鼓风机都是多级的。如图 2-35 所示，为一台五级离心式鼓风机。离心式鼓风机的出口表压强一般不超 294×10³ Pa。

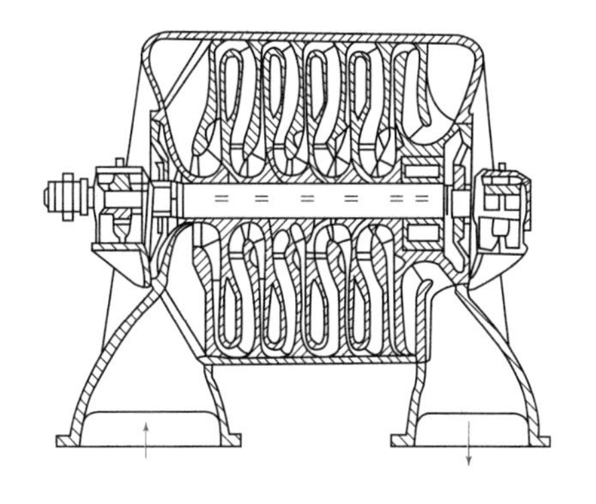

图 2-35　五级离心式鼓风机

动画

罗茨泵

动画

罗茨鼓风机

**（二）罗茨鼓风机**

罗茨鼓风机的工作原理与齿轮泵类似。如图 2-36 所示，机壳内有两个渐开摆线形的转子，两转子的旋转方向相反，可使气体从机壳一侧吸入，从另一侧排出。转子与转子、转子与机壳之间的缝隙很小，使转子能自由运动而无过多泄漏。

属于正位移型的罗茨鼓风机风量与转速成正比，与出口压强无关。该风机的风量范围为 2～500 m³/min，出口表压可达 80 kPa，在 40 kPa 左右效率最高。

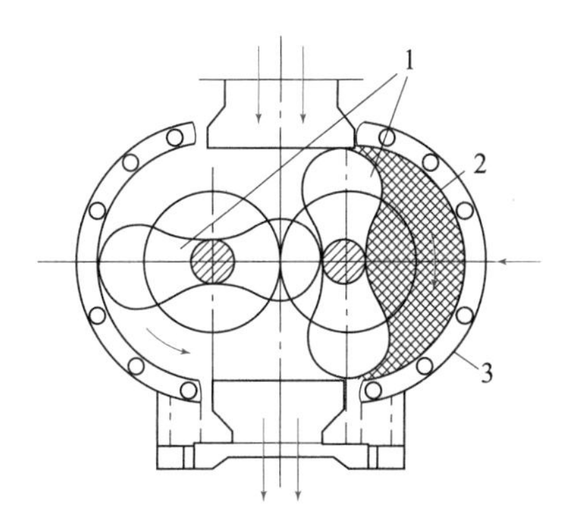


1—工作转子；2—所输送的气体体积；3—机壳

图 2-36　罗茨鼓风机

该风机出口应装稳压罐，并设安全阀。流量调节采用旁路，出口阀不可完全关闭。操作时，气体温度不能超过 85 ℃，否则转子会因受热膨胀而卡住。

## 三、压缩机

### （一）离心式压缩机

1. 离心式压缩机的工作原理、主要构造和型号

离心式压缩机又称透平压缩机，其结构、工作原理与离心式鼓风机相似，只是叶轮的级数更多，通常 10 级以上。叶轮转速高，一般在 5 000 r/min 以上。因此可以产生很高的出口压强。由于气体的体积变化较大，温度升高也较显著，故离心式压缩机常分成几段，每段包括若干级，叶轮直径逐段缩小，叶轮宽度也逐级有所缩小。段与段间设有中间冷却器将气体冷却，避免气体终温过高。



离心式压缩机的主要优点：体积小，质量轻，运转平稳，排气量大而均匀，占地面积小，操作可靠，调节性能好，备件需要量少，维修方便，压缩绝对无油，非常适宜处理那些不宜与油接触的气体。

主要缺点：当实际流量偏离设计点时效率下降，制造精度要求高，不易加工。

近年来在化工生产中，除了要求终压特别高的情况外，离心式压缩机的应用已日趋广泛。

国产离心式压缩机的型号代号的编制方法有许多种。有一种与离心式鼓风机型号的编制方法相似，例如，DA350—61 型离心式压缩机为单侧吸入，流量为 350 $m^3$/min，有 6 级叶轮，第一次设计的产品。另一种型号代号编制法，以所压缩的气体名称的头一个拼音字母来命名。例如，LT185—13—1，为石油裂解气离心式压缩机，流量为 185 $m^3$/min，有 13 级叶轮，第 1 次设计的产品。离心压缩机作为冷冻机使用时，型号代号表示出其冷冻能力。还有其他的型号代号编制法，可参看其使用说明书。

2. 离心式压缩机的性能曲线与调节

离心式压缩机的性能曲线与离心泵的特性曲线相似，是由实验测得的。图 2-37 为典型的离心式压缩机性能曲线，它与离心泵的特性曲线很相像，但其最小流量 $q$ 不等于零，而等于某一定值。离心式压缩机也有一个设计点，实际流量等于设计流量时，效率 $\eta$ 最高；流量与设计流量偏离越大，则效率越低；一般流量越大，压缩比 $\varepsilon$ 越小，即进气压强一定时流量越大出口压强越小。

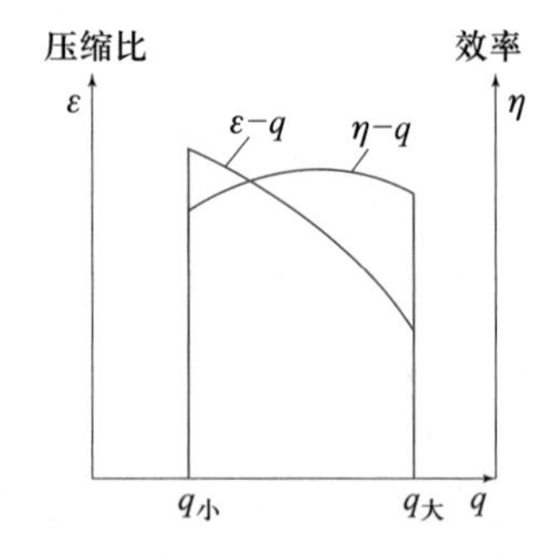

图 2-37 离心式压缩机性能曲线

当实际流量小于性能曲线所表明的最小流量时，离心式压缩机就会出现一种不稳定工作状态，称为喘振。喘振现象开始时，由于压缩机的出口压强突然下降，不能送气，出口管内压强较高的气体就会倒流入压缩机。发生气体倒流后，压缩机内的气量增大，至气量超过最小流量时，压缩机又按性能曲线所示的规律正常工作，重新把倒流进来的气体压送出去。压缩机恢复送气后，机内气量减少，至气量小于最小流量时，压强又突然下降，压缩机出口处压强较高的气体又重新倒流入压缩机内，重复出现上述的现象。这样，周而复始地进行气体的倒流与排出。在

这个过程中，压缩机和排气管系统产生一种低频率高振幅的压强脉动，使叶轮的应力增加，噪声加重，整个机器强烈振动，无法工作。由于离心式压缩机有可能发生喘振现象，它的流量操作范围受到相当严格的限制，不能小于稳定工作范围的最小流量。一般最小流量为设计流量的 70%～85%。压缩机的最小流量随叶轮转速的减小而降低，也随气体进口压强的降低而降低。

离心式压缩机的调节方法有：

(1) 调整出口阀的开度　方法很简便，但使压缩比增大，消耗较多的额外功率，不经济。

(2) 调整进口阀的开度　方法很简便，实质上是保持压缩比，降低出口压强，消耗额外功率较上述方法少，使最小流量降低，稳定工作范围增大。这是常用的调节方法。

(3) 改变叶轮的转速　最经济的方法。有调速装置或用蒸汽机为动力时应用方便。

**(二) 往复式压缩机**

1. 往复式压缩机的基本结构和工作原理

往复式压缩机的基本结构和工作原理与往复泵相似。但因为气体的密度小、可压缩，故压缩机的吸入和排出活门必须更加灵巧精密；为移除压缩放出的热量以降低气体的温度，必须附设冷却装置。

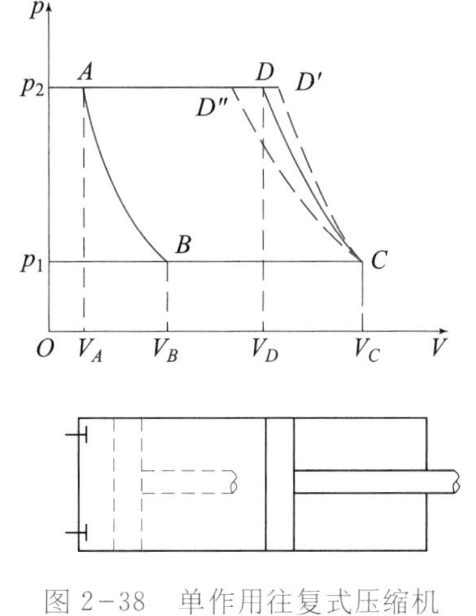

图 2-38　单作用往复式压缩机的工作过程

图 2-38 为单作用往复式压缩机的工作过程。当活塞运动至汽缸的最左端(图中 $A$ 点)，压出行程结束，但因为机械结构上的原因，虽然活塞已达行程的最左端，汽缸左侧还有一些容积，称为**余隙容积**。由于余隙的存在，吸入行程开始阶段为余隙内压强为 $p_2$ 的高压气体膨胀过程，直至气压降至吸入气体 $p_1$(图中 $B$ 点)吸入活门才开启，压强为 $p_1$ 的气体被吸入缸内。在整个吸气过程中，压强 $p_1$ 基本保持不变，直至活塞移至最右端(图中 $C$ 点)，吸入行程结束。当压缩行程开始，吸入活门关闭，缸内气体被压缩。当缸内气体的压强增大至稍高于 $p_2$(图中 $D$ 点)，排出活门开启，气体从缸体排出，直至活塞移至最左端，排出过程结束。

由此可见，压缩机的一个工作循环是由膨胀、吸入、压缩和排出四个阶段组成的。四边形 $ABCD$ 所包围的面积，为活塞在一个工作循环中对气体所做的功。

根据气体和外界的换热情况，压缩过程可分为等温($CD''$)、绝热($CD'$)和多变($CD$)三种情况。由图可见，等温压缩消耗的功最小，因此压缩过程中希望能较好冷却，使其接近等温压缩。实际上，等温和绝热条件都很难做到，所以压缩过程都是介于两者之间的多变过程。如不考虑余隙的影响，则多变压缩后的气体温度 $T_2$ 和一个工作循环所消耗的外功 $W$ 分别为

$$T_2=T_1\left(\frac{p_2}{p_1}\right)^{\frac{k-1}{k}} \tag{2-25}$$

动画

往复式空气压缩机

和

$$W=p_1V_c\frac{k}{k-1}\left[\left(\frac{p_2}{p_1}\right)^{\frac{k-1}{k}}-1\right] \tag{2-26}$$

式中 $k$ 称为多变指数，$V_c$为吸入容积。

式(2-25)和式(2-26)说明，影响排气温度 $T_2$和压缩功 $W$ 的主要因素如下：

(1) 压缩比越大，$T_2$和 $W$ 也越大。

(2) 压缩功 $W$ 与吸入气体量(即式中的 $p_1V_c$)成正比。

(3) 多变指数 $k$ 越大则 $T_2$和 $W$ 也越大。压缩过程的换热情况影响 $k$ 值，热量及时全部移除，则为等温过程，相当于 $k=1$；完全没有热交换，则为绝热过程，$k=\gamma$($\gamma$ 为绝热指数)；部分换热则 $1<k<\gamma$。值得注意的是 $\gamma$ 大的气体 $k$ 也较大。空气、氢气等 $\gamma=1.4$，而石油气则 $\gamma=1.2$ 左右，因此在石油气压缩机用空气试车或用氮气置换石油气时，必须注意超负荷及超温问题。

压缩机在工作时，余隙内气体无疑地进行着压缩膨胀循环，且使吸入气量减少。余隙的这一影响在压缩比 $p_2/p_1$大时更为显著。当压缩比增大至某一极限值时，活塞扫过的全部容积恰好使余隙内的气体由 $p_2$膨胀至 $p_1$，此时压缩机已不能吸入气体，即流量为零。这是压缩机的极限压缩比。此外，压缩比增高，气体温升很高，甚至可能导致润滑油变质，机件损坏。因此，当生产过程的压缩比大于 8 时，尽管离极限压缩比尚远，也应采用多级压缩。

图 2-39 为两级压缩示意图。在第一级中气体沿多变线 $ab$ 被压缩至中间压强 $p$，以后进入中间冷却器等压冷却到原始温度，体积缩小，图中以 $bc$ 线表示。

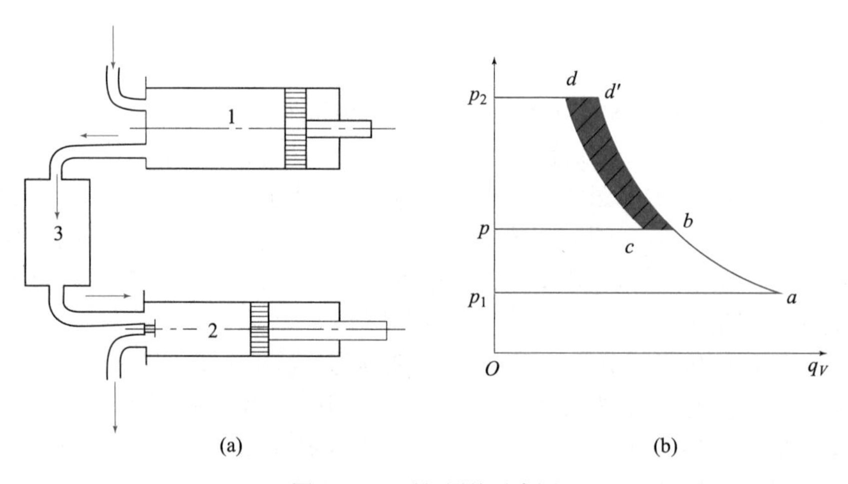


图 2-39　两级压缩示意图

在第二级压缩中，从中间压强开始，图中以 $cd$ 线表示。这样，由一级压缩变为二级压缩后，其总的压缩过程较接近于等温压缩，所节省的功为阴影面积 $bcdd'$所代表。

在多级压缩中，每级压缩比减少，余隙的不良影响减弱。

往复式压缩机的产品有多种，除空气压缩机外，还有氮气压缩机、氢气压缩机、石油气压缩机等，以适应各种特殊需要。

往复式压缩机的选用主要依据是生产能力和排出压强（或压缩比）两个指标。生产能力用 $m^3/min$ 表示，以吸入常压空气来测定。在实际选用时，首先根据所输送气体的特殊性质，决定压缩机的类型，然后再根据生产能力和排出压强，从产品样本中选用合适的压缩机。

与往复泵一样，往复式压缩机的排气量也是脉动的。为使管路内流量稳定，压缩机出口应连接气柜。气柜兼起沉降器作用，气体中夹带的油沫和水沫在气柜中沉降，定期排放。为安全起见，气柜要安装压力表和安全阀。压缩机的吸入口需装过滤器，以免吸入灰尘杂物，造成机件的磨损。

2. 往复式压缩机排气量调节

往复式压缩机排气量调节有下述几种方法：

(1) 补充余隙调节法　调节原理是在汽缸余隙的附近，装置一个补充余隙的容积，打开余隙调节阀时，补充余隙便与汽缸余隙相通，实质上等于增大汽缸余隙，使汽缸容积系数降低，减小吸气量，从而减小排气量。这是大型压缩机常用的经济的调节方法，但结构较复杂。

(2) 顶开吸入阀调节法　在吸入阀处安装一顶开阀门装置，在排气过程中，强行顶开吸入阀，使部分或全部气体返回吸入管道，以减小送气量。具有结构简单、经济的特点，空载启动时常应用此法。

(3) 旁路回流调节法　在排气管与吸气管之间安装旁路阀。调节旁路阀，使排出气体的一部分或全部回到吸入管道，减小送到排出管的气量。可以连续调节，但功率消耗不会因排气量减小而降低，所以不经济，一般在启动时短时间应用，或在操作中为调节或稳定各中间压强时应用。

(4) 降低吸入压强调节法　部分关闭吸入管路的阀门，使吸入气体压强降低，密度下降，使质量流量降低，达到调节的目的。可以连续调节，但不经济。在压缩可燃性气体时，如果吸入管路压强降至低于大气压，空气可能漏入，造成事故。一般适用于空气压缩机站。

(5) 改变转速调节法　最直接而经济的方法，适用于蒸汽机或内燃机带动的压缩机。当用电动机为动力时，需设置变速电动机或变速箱。

(6) 改变操作台数调节法　当选用的压缩机台数较多时，可根据工作需要，决定工作台数，以增加或减小全系统的排气量。可与计划检修配合，便于维修，经济实用。

**想一想**

与往复式压缩机比较，离心式压缩机有哪些优点？

### 四、真空泵

真空泵是将气体由大气压以下的低压经过压缩而排向大气的设备，实际上，也是一种压缩机。真空泵的型式很多,下面就化工厂中常用的几种真空泵及其特点做简要介绍。

**(一) 往复式真空泵**

往复式真空泵的构造和作用原理虽与往复式压缩机基本相同,但因其在低压下操作,汽缸内外压差很小,所用吸入和排出阀门必须更加轻巧而灵活。为了降低余隙的影响,真空泵汽缸左右两端之间设有平衡气道,活塞排气阶段终了,平衡气道连通很短时间,使残留于余隙中的气体可以从活塞一侧流到另一侧,以降低其压强,从而提高容积系数值。

动画

水环真空泵

往复式真空泵属于干式真空泵。若其抽吸气体中含有大量蒸汽,则必须将可凝性气体通过冷凝或其他方法除去之后再进入泵内。

**(二) 旋转真空泵**

1. 液环真空泵

液环真空泵常用的有水环真空泵和液环真空泵,主要用于抽吸气体,特别在抽吸腐蚀性气体时更为常用。

水环真空泵如图 2-40 所示。

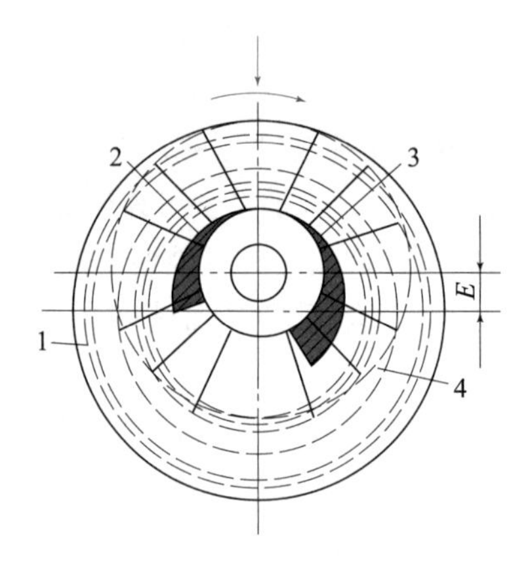


1—水环;2—排气口;3—吸入口;4—转子

图 2-40 水环真空泵

2. 滑片真空泵

另一种典型的旋转真空泵为滑片真空泵,如图 2-41 所示。

**(三) 喷射泵**

喷射泵是利用流体流动时,静压能与动压能相互转换的原理来吸送流体的。它可用于吸送气体,也可吸送液体。在化工生产中,喷射泵常用于抽真空,故又称喷射式真空泵。喷射泵的工作流体可以用蒸汽(称蒸汽喷射泵),也可以用水(称水喷射泵)或其他流体。

图 2-42 所示为一单级蒸汽喷射泵。

动画

喷射泵工作原理

1—排气口;2—排气阀片;3—吸气口;4—吸气管;5—排气管;6—转子;7—旋片;8—弹簧;9—泵体

图 2-41 滑片真空泵的工作原理

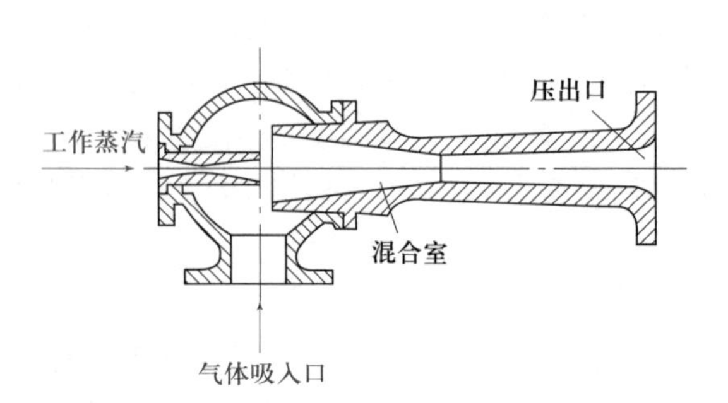


图 2-42 单级蒸汽喷射泵

## 案例分析

### [案例1] 离心泵输送液体的密度对出口压强的影响

问题的提出：

某化工公司羟胺制备装置用离心泵从常压贮槽向一反应器输送无机工艺液，反应器的正常工作压强为2.5 MPa(表压)，无机工艺液的密度为1 250 $kg/m^3$，装置建成后先进行水联动试车(即用水代替工艺介质打通流程)，试车时发现离心泵无法将水打入反应器，后从多方查找原因均无果，试车工作严重受阻。

分析：

离心泵是化工生产中应用最为普遍的流体输送设备，其性能参数有流量、扬程、功率、效率、汽蚀余量等。实际上出口压强也是离心泵的一个重要参数，其与扬程既有联系，也有区别。联系是

$$H \approx \Delta p / \rho g$$

式中 $H$——离心泵的扬程，m；

$\Delta p$——离心泵的进出口压差，Pa；

$\rho$——离心泵输送流体的密度，$kg/m^3$；

$g$——重力加速度，$m/s^2$。

即扬程近似正比于离心泵的进出口压差。区别是离心泵的扬程与输送流体的密度无关；而离心泵的出口压强与输送流体的密度成正比，其理由是：流体的密度增大→离心泵腔体内流体质量增加→离心力增大→离心泵的出口压强增大。经过上述分析可知，虽然扬程与流体密度无关，但离心泵的出口压强与流体密度成正比，而这里离心泵的出口压强直接决定了水能否被送入反应器，因为无机工艺液的密度为1 250 $kg/m^3$，而水的密度为1 000 $kg/m^3$，水的密度小，造成离心泵的出口压强低，其小于反应器内2.5 MPa(表压)的压力，水当然无法进入反应器。

采取措施：

在这种情况下降低了反应器的压强，顺利完成了水联动试车，投料开车时又把反应器压强调整到2.5 MPa(表压)的正常工艺指标，因为该离心泵改输密度为1 250 $kg/m^3$的无机工艺液，出口压强大幅度上升，出口流量调节阀能自如地调控流量，泵的输送能力完全符合工艺要求。

结论：

本案例说明：离心泵的扬程与输送流体的密度无关，而出口压强与流体密度成正比。

### [案例2] 离心泵不能正常启动

案例提出：

某化工厂曾出现过一件事：厂内有一台离心泵在启动时经常会出现跳闸，不能向反应器输送液体。

现场检查发现泵所用的电动机有保护装置，当电动机负荷太大时会自动跳闸。据此，初步判断是轴封太紧，但盘车后发现并非如此。

然后经仔细询问操作人员后得知，反应器为间歇加料，第一次加料时可顺利加入，而再次加料时则会出现跳闸的现象。

另外一个重要的情况是操作人员在开停泵时，从来都不关闭管路上的离心泵出口阀，并没有严格遵照操作规程。

**分析：**

第一次加料时泵的出口管内没有液体，反应器内为常压，离心泵出口背压低，因此电动机只需带动离心泵，并适当提高泵内液体动能即可，即使出口阀是开启的，也不会增大电动机的启动负荷，因此电动机的启动电流仍在过载保护电流以下，泵也就能顺利启动了。



而当再次加料时，反应器内已经具有了一定的压强，此时泵的背压较高，同时出口管内又已充满了液体，因此如果出口阀是开着的，那么离心泵在启动的一瞬间，电动机除了要带动泵从静止加速到 2 900 r/min 外，还要将泵内与管内的液体动能提高到一定值，并要将泵出口处液体的压强提高到比背压略高才能将液体送入反应器，这样一来，启动负荷必然很大，已超出电动机过载保护的设置，所以会出现跳闸。

**问题解决：**

按照操作规程的要求，停泵前先关闭出口阀；开泵前，泵的出口阀必须处于关闭状态；启动电动机待泵运转正常后，再逐渐打开出口阀，调节到所需的流量。

在现场按此步骤进行操作后，泵从此就能正常启动了。

该案例中，如果泵所使用的电动机没有电流过载的保护装置，而操作工又长时间不按操作规程进行操作的话，那就极有可能会把电动机烧坏，从而造成不必要的经济损失。

### [案例 3]　离心泵被严重汽蚀

**案例提出：**

某化肥厂建成开车半年左右，发现全厂生产用水不够用，最终全厂停车。

检查后，发现江边水泵房中的 4 台水泵受到了不同程度的“汽蚀”，最严重的一台是主泵，其叶轮前后盖板被击穿 100 多个孔，最大的孔的面积达到了 52 $mm^2$，另外 3 台备用泵的叶轮上被击穿的孔不多，但是被剥蚀得很严重。显然生产用水不够用是由于泵已经被“汽蚀”损失而造成的。

为什么，仅仅半年时间这些泵就被损坏到如此严重的程度呢？

**分析：**

(1) 那一年长江水位特别低，泵的“安装高度”超过了“允许吸上高度”，这是造成泵被“汽蚀”的主要原因(泵在安装时，没有考虑长江的历年最低水位)。

(2) 不仅如此，在这么短的时间内，主泵损坏的严重程度令专家感到另有原因，继续检查后发现：主泵的入口管内卡着一个施工用的塑料桶，造成泵的进口阻力太大，使得叶轮入口处压强太低，泵在刚开始使用时(尽管当时水位还没有降低到最低水位)就很容易发生“汽蚀”,而操作人员一直没有发现,只是一味地用增加泵来增加流量,而此后长江水位的降低,也就造成其他备用泵发生了“汽蚀”现象。

因此安装时的疏忽与监督不力,以及操作上的判断错误是造成“汽蚀”的第二个原因。

(3) 再经过机械专家对叶轮材料的分析后又发现了第三个原因:叶轮所用的材料也不符合要求。

**问题解决:**

找到原因后,通过更换离心泵、除去施工垃圾、降低安装高度,使生产恢复了正常;但由于疏忽大意,造成的这起轰动一时的重大事件,严重影响了正常生产,教训很深刻。

## 复习与思考



1. 离心泵的主要结构部件、工作原理。
2. 离心泵启动的基本步骤。
3. 离心泵切换的基本步骤及注意点。
4. 离心泵流量调节的方法,用出口阀调节流量的基本原理及优点。
5. 正位移泵的特点、流量如何调节。
6. 正位移泵操作的安全注意事项。
7. 离心式压缩机的优、缺点。
8. 往复式压缩机的工作原理。
9. 什么是喘振?如何防止喘振?
10. 根据本单元,理解盘车、手动升速、自动升速的概念。
11. 什么叫汽蚀现象?汽蚀现象有什么破坏作用?
12. 发生汽蚀现象的原因有哪些?如何防止汽蚀现象的发生?
13. 为什么启动前一定要将离心泵灌满被输送液体?
14. 离心泵在启动和停止运行时泵的出口阀应处于什么状态?为什么?
15. 一台离心泵在正常运行一段时间后,流量开始下降,可能会有哪些原因导致?
16. 离心泵出口压强过高或过低应如何调节?
17. 离心泵入口压强过高或过低应如何调节?
18. 若两台性能相同的离心泵串联操作,其输送流量和扬程较单台离心泵相比有什么变化?若两台性能相同的离心泵并联操作,其输送流量和扬程较单台离心泵相比有什么变化?

## 习　　题

2-1　某离心泵以 71 $m^3/h$ 的送液量输送密度为 850 $kg/m^3$ 的溶液,在压出管路上压力表读数为 313.8 kPa,吸入管路上真空表读数为 29.33 kPa,两表之间的垂直距离为 0.4 m,泵的进出口管径相等。两测压口间管路的流动阻力可忽略不计,如泵的效率为 60%,求该泵的轴功率。

2-2　一离心泵将河水送到 25 m 高的常压水塔中去。泵的进出口管径均为 60 mm,管内流速为 2.5 m/s,测得在该流速下泵入口真空表读数为 $3\times10^4$ Pa,出口压力表读数为 $2.6\times10^5$ Pa,两表之间的垂直高度为 0.4 m,河水密度取 1 000 $kg/m^3$。试求:

(1) 该泵在该流量下所提供的扬程,m;

(2) 该流量下整个管路的能量损失,kPa;

(3) 写出该管路的特性曲线方程。

2-3　一离心泵在转速为 1 450 r/min 时，流量为 22 $m^3/h$，扬程为 25 m，现将转速调至 1 300 r/min 时，此时泵的流量和扬程分别为多少？

2-4　用内径 100 mm 的钢管从江中取水，送入蓄水池。池中水面高出江面 30 m，管路的长度（包括管件的当量长度）为 60 m。水在管内的流速为 1.5 m/s。今仓库里有下列四种规格的离心泵，试从中选一台合用的泵。已知管路的摩擦系数为 0.028。

| 泵 | Ⅰ | Ⅱ | Ⅲ | Ⅳ |
|---|---|---|---|---|
| 流量 $q/(L\cdot s^{-1})$ | 17 | 16 | 15 | 12 |
| 扬程 $H/mH_2O$ | 42 | 38 | 35 | 32 |

2-5　某离心泵用 20 ℃清水做性能实验，测得流量为 580 $m^3/h$ 时，泵出口压力表的读数为 300 kPa，吸入口真空表的读数为 26.7 kPa。两表之间垂直高度为 0.4 m，试求该流量下的扬程（m）。



2-6　某车间丁烷贮槽内贮存温度为 30 ℃的丁烷溶液，贮槽液面压强为 324 kPa（绝），槽内最低液面高度在泵进口管中心线以下 2.4 m。已知 30 ℃时丁烷的饱和蒸气压为 314 kPa，相对密度为 0.58，泵吸入管路的压头损失为 1.6 m，泵的汽蚀余量为 3.2 m。试问该泵的安装高度能否保证正常操作？

2-7　现库房存有一台 $n=1\ 200$ r/min，$q=94.5$ $m^3/h$，$H=22$ m 的离心泵，欲用此泵将贮槽内相对密度为 1.12 的溶液送到高位槽内。高位槽内液面的表压强为 39.2 kPa，地面贮槽的液面表压强为零，两槽液面高度差为 13 m，需要送液体量为 92 $m^3/h$。输送管路均为 $\phi$140 mm×4.5 mm 的钢管，计算长度为 150 m，摩擦系数为 0.03。试问该泵是否适用？

2-8　如本题附图，用离心泵将 20 ℃的水由水池送至常压吸收塔顶。要求流量为 50 $m^3/h$，采用的管路是 $\phi$108 mm×4 mm 的钢管，总长 380 m（包括局部阻力的当量长度），其中吸入管线长（包括其局部阻力）为 60 m。设管路的摩擦系数可取为 0.03。

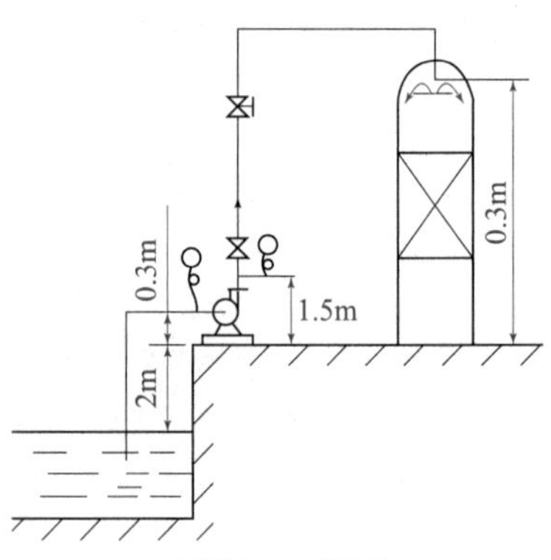

习题 2-8 附图

试求：(1) 写出管路特性曲线方程。(2) 选用一台合适的离心泵。(3) 找出泵的工作点及此时泵的效率，并指出由于调节流量所额外损失的压头。(4) 核算泵的安装高度是否合适，若输送 60 ℃的水，其安装高度应为多少？(5) 若流量增至 70 $m^3/h$，此泵是否仍然适用？(6) 库房有两台 IS100—65—200 的泵，能否满足需要？(7) 若该泵改为输送密度为水的 1.2 倍的水溶液（水溶液的其他物性可视为与水相同），试说明：① 流量有无变化？② 压头有无变化？③ 泵的轴功率有无变化？

2-9　某单级空气压缩机每小时将 360 $m^3$ 的空气压缩到 686.5 kPa（表压）。设空气的压缩过程为：(1) 绝热压缩；(2) 等温压缩；(3) 多变压缩。则该压缩机所消耗的功率各为多少（kW），压缩后的空气温度各为多少（K），空气的进口温度为 20 ℃，大气压为 98.1 kPa。

## 本章主要符号说明

**英文字母**

$d$——管子内径，m；

$D$——叶轮直径，m；

$A$——活塞杆的截面积，$m^2$；

$A'$——活塞的截面积，$m^2$；

$g$——重力加速度，$m/s^2$；

$H_e$——泵的有效压头，m；

$H_g$——离心泵的允许安装高度，m；

$H_k$——离心式通风机的动风压，m；

$H_p$——离心式通风机的静风压，m；

$H_T$——离心式通风机的全风压，m；
$H$——离心泵的理论压头，m；
$\sum H_f$——管路系统的压头损失，m；
$k$——多变指数；
$l$——管道长度，m；
$l_e$——管道当量长度，m；
$n$——离心泵叶轮的转速，r/min；
$N$——泵或压缩机的轴功率，W 或 kW；
$N_e$——泵的有效功率，W 或 kW；
$(NPSH)_a$——装置汽蚀余量，m；
$(NPSH)_r$——离心泵的必需汽蚀余量，m；
$n_r$——活塞的往复频率，1/min；
$p$——压强，Pa；
$p_0$——液面压强，Pa；
$p_v$——液体的饱和蒸气压，Pa；
$q$——泵或风机的流量，$m^3/s$；
$R$——离心泵叶轮半径，m；
$S$——活塞的冲程，m；
$T$——热力学温度，K；
$u$——速度，m/s；
$V$——体积，$m^3$；
$V_c$——往复式压缩机的吸入容积，$m^3$；
$W$——往复式压缩机的理论轴功，J；
$Z$——位压头，m；或泵缸目数。

**希腊字母**

$\beta$——叶片装置角；
$\gamma$——绝热指数；
$\eta$——效率；
$\lambda$——摩擦系数；
$\mu$——黏度，Pa·s；
$\rho$——密度，$kg/m^3$；
$\omega$——叶轮旋转角速度，1/s。

# 第三章　非均相物系的分离

## 学习目标

**知识目标：**

了解非均相物系分离的主要方法、分离过程、主要设备结构特点与工业应用；

理解沉降、过滤的工作原理；

掌握非均相物系分离方法的选择，过程的简单计算。

**能力目标：**

能了解主要设备的操作要点。

# 知 识 框 图

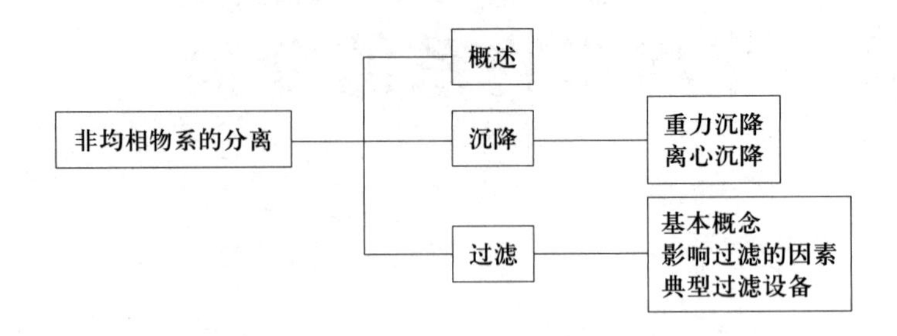

# 第一节 概　　述

化工生产中的原料、半成品、排放的废物等大多为混合物，为了进行加工、得到纯度较高的产品及环保的需要等，常常要对混合物进行分离。混合物可分为均相物系与非均相物系两大类。均相物系是指不同组分的物质混合形成单一相的物系；非均相物系是指存在两个或两个以上相的物系，有气－固、气－液、液－固和液－液等多种形式。

在非均相物系中，处于分散状态的物质称为**分散相**或**分散物质**，如雾中的小水滴、烟气中的尘粒、悬浮液中的固体颗粒、乳浊液中的分散液滴。包围分散物质，处于连续状态的介质称为**连续相**或**分散介质**，如雾和烟气中的气相、悬浮液中的液相、乳浊液中处于连续状态的液相。根据连续相的存在状态可将非均相物系分为气态非均相物系和液态非均相物系。含尘气体和含雾气体属于气态非均相物系；悬浮液、乳浊液及泡沫液则为液态非均相物系。



如图 3－1 所示为碳酸氢铵的生产流程示意图。氨水和 $CO_2$ 在碳化塔 1 中进行反应，生成含有碳酸氢铵的悬浮液，然后通过离心过滤机 2 将液体和固体分离开，再通过气流干燥器 4 将水分进一步除去，干燥后的气－固混合物由旋风分离器 6 和袋滤器 7 进行分离，得到最终产品。在此生产过程中，有多处用到非均相物系的分离操作，包括气－固分离和液－固分离，离心机、过滤机、旋风分离器及袋滤器均是常用的分离设备。

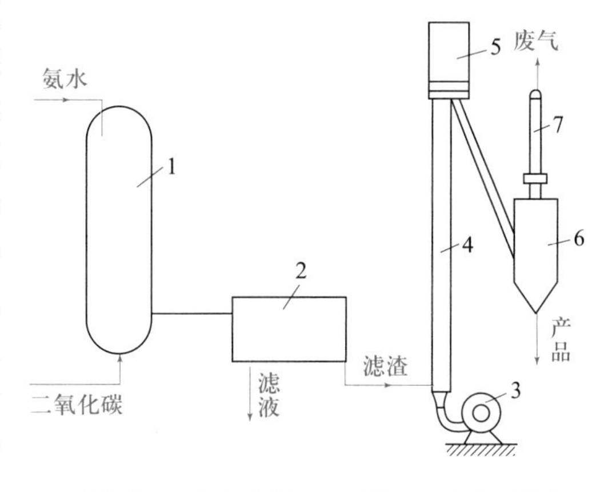


1—碳化塔；2—离心过滤机；3—风机；4—气流干燥器；5—缓冲器；6—旋风分离器；7—袋滤器

图 3－1　碳酸氢铵生产流程

本章讨论非均相物系的分离，它是依据分散相和连续相之间物理性质的差异，采用机械方法进行的分离操作。其应用主要可概括为以下几方面：

1. 净化连续相

工业上的原料气在进入反应器之前，均需进行除尘、除雾沫等净化处理，获得纯净的分散介质，以利于反应的正常进行。

2. 回收有价值的分散相

如从气流干燥器出口的气－固混合物中分离出干燥产品；从流化床反应器的出口气体中回收催化剂颗粒等。

3. 满足环境保护与综合利用的需要

如工业生产中的废气和废液在排放前，必须除去其中对环境有害的物质，同时回收其中的有用物质，重新利用，变废为宝，提高效益。

按照分离依据的不同，非均相物系的分离方法主要有如下几种。

(1) **沉降分离**　依据连续相和分散相的密度差异，在外力(重力或离心力)作用下使两相发生相对运动而分离的操作，可有重力沉降、离心沉降和惯性分离等多种形式。

(2) **过滤分离** 依据两相对固体多孔介质通过性的差异，在重力、压强差或离心力的作用下，流体通过介质、固体颗粒被截留而分离的操作，包括气-固、液-固系统的过滤。

(3) **静电分离** 依据两相电性质的差异，在电场力作用下进行分离的操作，如电除尘和电除雾均属此类操作。

本章将主要介绍沉降与过滤两种分离方法的过程原理、影响因素和各种典型分离设备的结构特点及适用场合。

## 第二节 沉 降

**沉降**是指在外力作用下，利用连续相和分散相间的密度差异，使之发生相对运动而分离的操作。根据所作用的外力不同，沉降又可分为重力沉降和离心沉降。重力沉降通常适用于分离要求不高的场合，常用于一些物料的预处理；离心沉降则可根据分离要求的不同，人为地调整操作条件，达到预期的分离效果。



### 一、重力沉降

在重力作用下使颗粒和流体之间发生相对运动而分离的操作，称为**重力沉降**。它适用于分离较大的固体颗粒。

#### （一）重力沉降速度

流体中的固体粒子在重力作用下沉降时，初始阶段因颗粒下沉的速度较慢，所受到的摩擦阻力较小，颗粒主要受重力和浮力作用，做加速运动。随着颗粒下沉速度的增大，流体阻力也不断增大，当阻力与浮力之和等于颗粒的重力时，颗粒以加速运动的末速度，做等速下降，此时颗粒的下降速度即为沉降速度。其大小表明颗粒沉降的快慢程度。

颗粒越大、固体与流体的密度差越大，则沉降速度越大。流体的黏度越大，阻力越大，则沉降速度越小。沉降速度的大小与 $Re$ 有关。

动画

颗粒沉降形式

当球形固体颗粒重力沉降的雷诺数 $\left(Re_t=\dfrac{u_t d_p \rho}{\mu}\right)$ 不大于 2 时，沉降处于层流区，其沉降速度可用斯托克斯公式计算，即

$$u_t=\frac{g d_p^2(\rho_s-\rho)}{18\mu} \tag{3-1}$$

式中 $d_p$——颗粒直径，m；

$u_t$——沉降速度，m/s；

$\mu$——流体的黏度，Pa·s；

$\rho$——流体的密度，$kg/m^3$；

$\rho_s$——颗粒的密度，$kg/m^3$。

#### （二）典型重力沉降设备

1. 降尘室

借助重力沉降以除去气体中尘粒的设备称为降尘室。降尘室可分为水平气流降尘室和垂直气流降尘室两种。水平气流降尘室如图 3-2(a)所示。它实质上是输送气体管道的扩大部分，使气流减速，保证颗粒有足够的时间可从气流中沉降下来，因此要求降尘室有较大的体积。

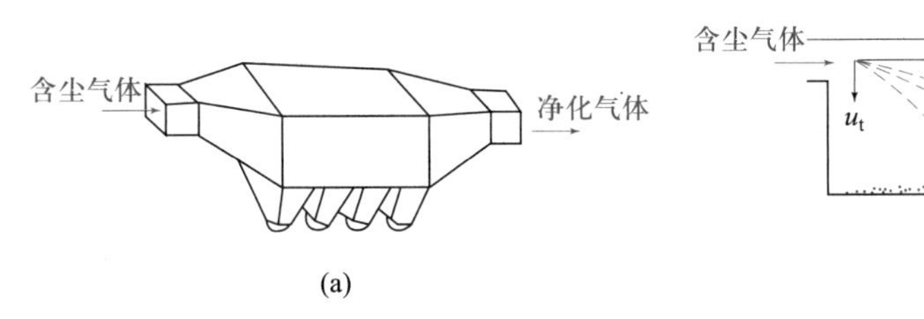


图 3-2　降尘室示意图

动画

降尘气道

令含固体颗粒的气体沿水平方向缓慢流过降尘室，气流中的颗粒除了与气体一样具有水平方向的速度 $u$ 外，受重力作用，还具有向下的沉降速度 $u_t$。颗粒在降尘室内运动情况如图3-2(b)所示。设进入降尘室的气体流量为 $q_{V,s}$($m^3/s$)，降尘室高为 $H$，长为 $L$，宽为 $B$，三者单位均为 m。若气流在整个流动截面上均匀分布，则任一流体质点在降尘室内停留时间为

$$\theta=\frac{L}{u}=\frac{L}{q_{V,s}/BH}=\frac{BLH}{q_{V,s}}$$

动画

颗粒在降尘室中的运动情况

若要使气流中直径为 $d$ 的颗粒能够全部除去，则须在离开设备前将直径为 $d$ 的颗粒全部沉至室底。位于降尘室最高点的直径为 $d$ 的颗粒（沉降速度为 $u_t$）降至室底所需时间为

$$\theta_t=\frac{H}{u_t}$$

为满足除尘要求，气流的停留时间至少必须与颗粒的沉降时间相等，即 $\theta\geqslant\theta_t$，则

$$\frac{BLH}{q_{V,s}}\geqslant\frac{H}{u_t}$$

整理后得

$$q_{V,s}\leqslant BLu_t \tag{3-2}$$

式中 $BL$ 即为降尘室的底面积。

由式(3-2)可知，降尘室的生产能力只取决于降尘室的底面积 $BL$，与其高度 $H$ 无关。因此，降尘室一般都设计成扁平形状，或设置多层水平隔板成为多层降尘室，每层高度为 25～100 mm。

降尘室结构简单，造价低；阻力小，通常为 49～147 Pa；运行可靠，没有磨损部件；可处理大气量、高温气体。但体积大，占地面积大，分离效果不理想，通常只能用于捕集 50～100 μm 的粗颗粒，常作为预除尘设备使用。采用多层隔板可提高分离效果且使设备紧凑，但清灰不便。为保证降尘室内有较好的除尘效果，应控制气体流动的雷诺数处于层流区（$Re\leqslant 2\,000$），以免干扰颗粒沉降或将已沉降的颗粒重新卷起。一般对大多数物料，气速应低于 3 m/s，对轻质颗粒，气速应更低些，通常选用的气速范围为 0.3～3 m/s。

2. 沉降槽

沉降槽也称增稠器或澄清器，是重力沉降设备，用于提高悬浮液浓度并同时得到澄清液。当沉降分离的目的是为了得到澄清液时，所用设备称为澄清器；若分离目的是得到含固体颗粒的沉淀物时，所用设备为增稠器。悬浮液的增稠常作为过滤分离的预处理，以减小过滤设备的负荷。

沉降槽可间歇操作或连续操作。在工业上比较普遍的有沉淀池、多层倾斜板式沉降槽、逆流澄清器、耙式浓密机及沉降锥斗等。沉降槽适用于处理量大而固体含量不高、颗粒不太细微的悬浮料浆。由沉降槽得到的沉渣中还含有约 50% 的液体。

沉降槽具有双重作用。首先要从料浆中分出大量清液，液体向上的速度在任何瞬间都必须小于颗粒的沉降速度。因此，沉降槽应有足够的沉降面积，保证清液向上及增浓液向下的通过能力。其次，沉降槽必须达到增浓液规定的增浓程度，而增浓程度取决于颗粒在槽中的停留时间。为此，沉降槽加料口以下应有足够的高度，保证底流紧聚所需的时间。



要使沉降槽获得满意的澄清效果，在接近槽顶处必须保持一个微量固体含量区，在此区域内颗粒近于自由沉降的状态，使被带到该区域的颗粒依靠超过清液向上的速度而下沉。若该区域太浅，一些小颗粒有可能随溢流液体从顶部溢出。由于通过上部清液区液体的体积流量等于料浆与底流中液体的体积流量之差，因此，底流中固体物的浓度和生产能力决定了澄清区的状况。

为了提高给定尺寸和类型的沉降槽的处理能力，除了确保沉降槽具有足够的沉降面积外，还应尽可能提高颗粒的沉降速度。多数情况下，是通过加入凝聚剂或絮凝剂，促使细微颗粒或胶粒结合成大颗粒而加速沉降。凝聚是通过加入电解质，改变颗粒表面的电性，使颗粒相互吸引而结合；絮凝则是加入高分子聚合物或高聚电解质，使颗粒相互团聚成絮状。常见的凝聚剂和絮凝剂有 $AlCl_3$、$FeCl_3$ 等无机电解质，聚丙烯酰胺、聚乙胺和淀粉等高分子聚合物。也可用加热的方法降低液体黏度，并在溶解小颗粒的同时促使大颗粒长大。沉降槽经常配置缓慢转动的搅拌器，减低悬浮液的表观黏度，紧聚沉淀物。

如图 3-3 所示为连续操作的、带锥形底的沉降槽。悬浮液于沉降槽中心液面下 0.3～1 m 处连续加入，颗粒向下沉降至器底，底部缓慢旋转的齿耙(转速为 0.025～0.5 r/min)将沉降颗粒收集至中心，然后从底部中心处出口连续排出；沉降槽上部得到澄清液体，由四周溢流管连续溢出。

动画
连续沉降槽

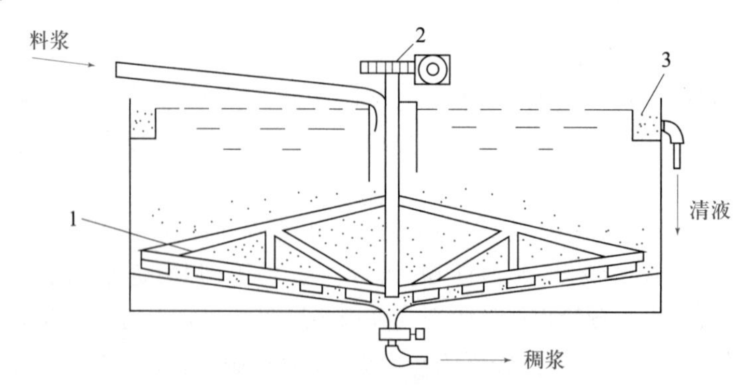


1—齿耙；2—转动机构；3—溢流槽

图 3-3 连续沉降槽

沉降槽一般用于大流量、低浓度、较粗颗粒悬浮液的处理。大的沉降槽直径可达10～100 m，深2.5～4 m，结构简单，处理量大，操作易实现连续化和机械化。工业上大多数污水处理都采用连续沉降槽。

**想一想**

在同种介质中，颗粒的重力沉降速度主要取决于什么因素？同直径颗粒的沉降速度如何？

## 二、离心沉降

### （一）离心沉降速度

当流体围绕某一中心轴做圆周运动时，便形成惯性离心力场。直径为 $d$、密度为 $\rho_s$ 的球形颗粒（旋转半径为 $R$，圆周运动的线速度为 $u_T$）在密度为 $\rho$ 的流体中做圆周运动，颗粒在圆周径向上将受到三个力的作用，即惯性离心力、向心力和阻力。其中，惯性离心力方向从旋转中心指向外周，向心力的方向沿半径指向中心，阻力方向也指向中心，与颗粒运动方向相反。

与重力沉降一样，在三力作用下，颗粒将沿径向发生沉降，其沉降速度即是颗粒与流体的相对运动速度 $u_R$。在三力平衡时，若沉降处于滞流区，离心沉降速度的计算式为

$$u_R=\frac{d_p^2(\rho_s-\rho)}{18\mu}\cdot\frac{u_T^2}{R} \tag{3-3}$$

比较式(3-1)和式(3-3)可知，离心沉降速度与重力沉降速度计算式形式相同，只是将重力加速度 $g$（重力场强度）换成了离心加速度 $u_T^2/R$（离心力场强度）。重力场强度 $g$ 是恒定的，而离心力场强度 $u_T^2/R$ 却随半径和圆周运动的线速度而变，可以人为控制和改变，只要选择合适的转速和半径，就能够根据分离要求完成分离任务，这正是离心沉降的优点。

离心沉降速度远大于重力沉降速度，其原因是离心力场强度远大于重力场强度。对于离心分离设备，通常用两者的比值来表示离心分离效果，称为**离心分离因数**，用 $K_c$ 表示，即$K_c=\frac{u_T^2/R}{g}$。要提高 $K_c$，可通过增大离心加速度来实现。

尽管离心分离沉降速度大、分离效率高，但离心分离设备较重力沉降设备复杂，投资费用大，能耗较高，操作严格，费用高。因而，对分离要求不高或处理量较大的场合采用重力沉降更为经济合理。实际工作中，采用何种方法进行分离，需根据具体情况综合考虑。

### （二）典型离心沉降设备——旋风分离器

1. 旋风分离器结构与原理

旋风分离器是工业中应用较广泛的气-固分离设备之一，与依靠重力分离原理的降尘室不同，含固体颗粒的气流在旋风分离器中做旋转运动，由于作用于固体颗粒的离心力比同体积气体的大，因此固体粒子被甩向旋风分离器的器壁，达到气固分离的目的。

一般旋风分离器主要由外圆筒(上部为圆筒形、下部为圆锥形)、进气管、排气管、排灰口和集尘箱组成,如图 3-4 所示。在圆筒上部沿切向开有长方形通道,含尘气体由此切向进入。在离心力作用下,形成一个绕筒体中心向下做螺旋运动的外旋气流,在外旋气流中粉尘被甩向器壁,并在重力和向下气流的带动下,沿器壁下滑,最后经排灰口落入集灰箱中。外旋气流到达器底后又形成一个向上的内旋气流,内、外旋流气体旋转方向相同。净化后的气体由内旋流经锥体下端沿中心轴而旋转上升,从排气管排出。

动画

旋风分离器工作原理



动画

扩散式旋风分离器

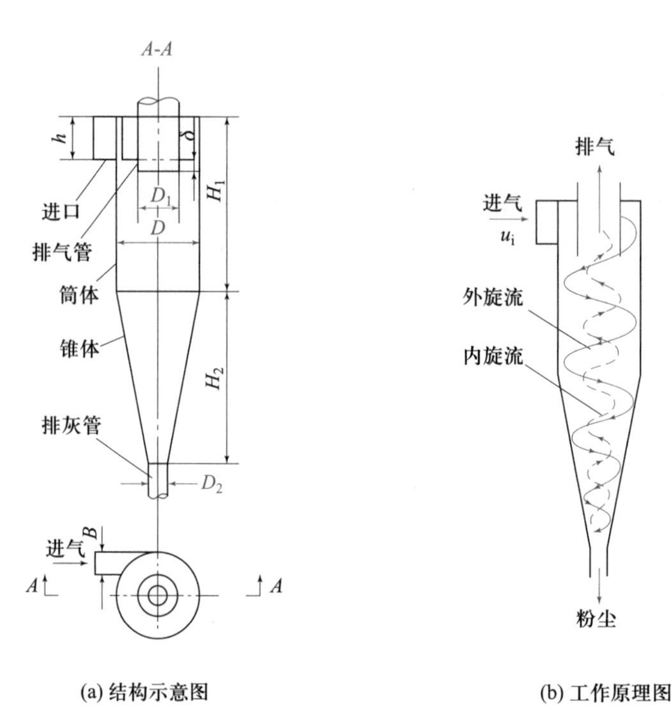


(a) 结构示意图　　(b) 工作原理图

图 3-4　旋风分离器

旋风分离器结构简单,价格低廉,无活动部件,维修简便。操作条件较宽,不受温度和压强的限制,可以处理高温含尘气流,因此广泛应用于工业生产。压强降适中,动力消耗较低。通常旋风分离器适宜分离 5～200 μm 的颗粒(大于 200 μm 的颗粒应先用重力沉降设备除去,以减少对旋风分离器的磨损),固体颗粒浓度为 0.01～500 g/$m^3$ 的气流,都可使用旋风分离器,但对小于5 μm的颗粒其分离效率则较低。在处理风量大时,需要采用多个旋风分离器并联操作。旋风分离器不适用于分离黏性大、含湿量高、腐蚀性强的颗粒,否则会影响分离效率,甚至堵塞分离器。

评价旋风分离器性能的主要参数是气体处理量、分离效率和气流经过旋风分离器的压强降,临界粒径(能够被完全除去的最小颗粒直径)是判断分离效率高低的重要指标。

临界粒径随气速增大而减小,表明气速增大,分离效率提高。但气速过大会将已沉降颗粒卷起,反而降低分离效率,且使流动阻力急剧上升。临界粒径随设备尺寸的减小而减小,临界粒径越小,则设备的分离效率越高。

气体通过旋风分离器的压强降应尽可能低,压强降的大小除了与设备的结构有关外，主要取决于气体的速度，气速越小，压强降越低，但气速过小，又会使分离效率降低，应选择适宜的气速以满足对分离效率和压强降的要求。

2. 旋风分离器的结构型式

旋风分离器是一种较为常用的通用设备，已定型生产。其中标准型旋风分离器最为成熟，使用也最广泛。但标准型旋风分离器在操作时，已收集在圆锥容器内的尘粒有可能被气体内旋流重新卷起，使除尘效率降低。为避免尘粒被重新卷起，开发出了扩散式旋风分离器。该型式分离器圆筒部分与标准型的相同，但圆锥体改为上小下大形状，收集的颗粒进入底部集尘箱，如图3-5(a)所示。在集尘箱上侧有一个中心开孔的圆锥形分割屏，可使向下的外旋流改变为朝上的内旋流，过程阻力减小。该屏中心的圆孔使随尘粒进入集尘箱的气体可顺利返回上升的内旋流。同时，在处理黏性颗粒时，可避免排尘口堵塞。



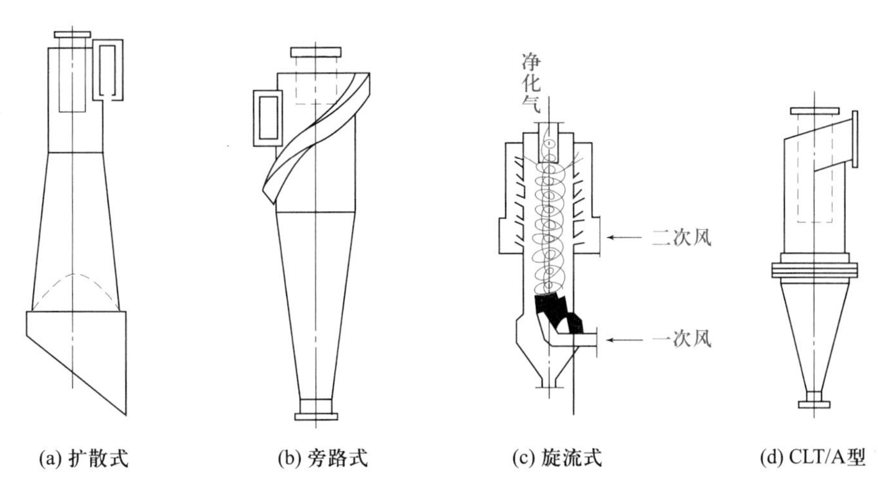


图 3-5　旋风分离器的类型

标准型旋风分离器在操作时圆筒内上端中心管外侧会产生“集尘环”。集尘环的存在会降低除尘效率，故宜将这部分气体直接导流至分离器内下部集尘区。于是出现了旁路式旋风分离器，如图 3-5(b)所示。这种旋风分离器设置了由集尘环通至分离器底部的外通道，使进入分离器的气流分出一小股夹带着大量尘粒直达分离器底。这种设备虽然结构复杂一些，但减少了集尘环，提高了小颗粒的分离效率。

在标准型旋风分离器的基础上，人们还设计出一种旋流式旋风分离器，如图 3-5(c)所示。它是利用高效的二次气流消除了颗粒反弹的影响，主气流的方向不发生逆转，且没有标准型旋风分离器上部的集尘环。缺点是压强降较其他型式的高得多。

上述三种旋风分离器(扩散式、旁路式和旋流式)均为高效旋风分离器。它们都在不同程度上对分离性能有所改进，但结构都较复杂，推广使用受到一定限制。

同一类型的旋风分离器，各部分尺寸比例的改变会对除尘效率、压强降与阻力系数均产生一定影响，对最佳尺寸的探索工作仍将继续。目前应用较广的除了标准型旋风分离器外，还有一些与标准型旋风分离器尺寸比例接近的旋风分离器已定型生产并取得较好的效果，如国产的 CLT/A 型等，如图 3-5(d)所示。

想一想

离心沉降速度与哪些因素有关？在同种介质中的同一颗粒的离心沉降速度是否保持不变？离心沉降与重力沉降相比，有什么优势？

动画

滤饼过滤

## 第三节　过　　滤

### 一、基本概念

过滤是在推动力作用下，使悬浮液中的液体通过多孔介质，固体颗粒被截留，从而实现液–固分离的单元操作。过滤操作所处理的悬浮液称为滤浆，通过多孔介质的液体称为滤液，被截留的固体颗粒为滤饼或滤渣，多孔介质称为过滤介质。工业上常用的过滤介质有织物介质(也称滤布)和颗粒介质等，前者可由棉、毛、丝、麻等天然纤维及各种合成纤维制成，也可以用玻璃丝、金属丝制成丝网，后者则由固体颗粒简单堆积或经特殊处理整合而成，如金属粉末烧结成过滤材料。



动画

深层过滤

按照固体颗粒被截留的情况，过滤可分为深层过滤和滤饼过滤两类。

**深层过滤**时，过滤介质表面孔口较大，固体颗粒被截留在过滤介质的内部孔隙中，在介质表面无滤饼生成。这种过滤形式下，起截留作用的是介质内部的曲折细长通道，过滤过程中过滤介质内部通道会逐渐变小，因而常用于澄清固相体积分数小于0.1%的细颗粒(直径小于5 μm)悬浮液，且过滤介质必须定期更换或清洗再生。

**滤饼过滤**情况下，滤渣在过滤介质表面上沉积并逐渐增厚，且起过滤介质的作用，过滤时滤液须克服过滤介质和滤饼双重阻力，其中滤饼的阻力随颗粒层的增厚而不断增大，是过滤的主要阻力。滤饼过滤要求滤饼能够迅速生成，常用于分离固相体积分数大于1%的悬浮液，是化工生产中应用最广的过滤形式，也是本节的主要内容。

过滤进行的推动力可以是重力、压强差和离心力。单纯依靠重力的过滤速度太慢，工业上很少采用。离心过滤速度快，但受到过滤介质强度及其孔径的限制，设备投资和动力消耗也较大，多用于固相粒度大、浓度高的悬浮液。在工业上应用最广的是压差过滤，包括加压过滤和真空过滤。

### 二、影响过滤速度的因素

过滤过程实质上是液体通过滤饼层和过滤介质的流动过程。滤饼是由被截留的固体颗粒累积而成的固定床层，颗粒之间存在着网络状的空隙，滤液即从中流过。

单位时间通过单位过滤面积所获得的滤液体积称为**过滤速度**。若采用压强差为推动力进行滤饼过滤，则过滤基本方程可表示为

$$\frac{\mathrm{d}V}{A\,\mathrm{d}\theta}=\frac{\Delta p}{\mu r L} \tag{3-4}$$

式中　$\Delta p$——过滤推动力，Pa；

$\theta$——过滤时间,s;

$V$——滤液量,$m^3$;

$A$——过滤面积,$m^2$;

$\mu$——滤液黏度,Pa·s;

$L$——滤饼厚度,m;

$r$——滤饼的比阻,$1/m^2$。

由式(3-4)可知,过滤速度的大小取决于两个因素:促使滤液流动的因素即过滤推动力 $\Delta p$,阻碍滤液流动的因素即过滤阻力 $\mu rL$。过滤阻力由两方面因素决定:一方面是滤液本身的性质(滤液黏度 $\mu$),另一方面是滤渣层本身的性质 $rL$。现将各因素对过滤的影响分析如下:

1. 滤液的性质

滤液的黏度对过滤速度有较大影响。黏度越小,过滤阻力越小,过滤速度越快。因此热料比冷料过滤效果好。有时对低温滤浆还可适当预热,对过于黏稠的料液可稀释后再进行过滤。

2. 滤饼的厚度 $L$

过滤阻力与颗粒层的厚度和过滤介质的疏密程度有关。颗粒层越厚,滤饼层的阻力就越大。在操作过程中,随着滤饼层的不断增厚,液体的流动阻力不断增大,使过滤速度逐渐减小,为此应及时清除滤布上的滤饼。

3. 滤饼的比阻 $r$

比阻 $r$ 是单位厚度滤饼的阻力,它表示滤饼结构对过滤速度的影响。比阻 $r$ 在数值上等于黏度为 1 Pa·s 的滤液以1 m/s 的平均流速通过厚度为 1 m 的滤饼层时所产生的压强降。其值大小反映了滤液通过滤饼层的难易程度(即过滤操作的难易程度)。若滤饼颗粒越细,结构越紧密,孔隙流通截面积越小,则比阻 $r$ 越大,滤液流动阻力也越大。

由刚性颗粒形成的滤饼,在过滤过程中颗粒形状和颗粒间的空隙率保持不变(即紧密程度不变),称为不可压缩滤饼,比阻 $r$ 为常数。此时式(3-4)可理解为:过滤速度与滤饼层和过滤介质前后两侧的压强差成正比,与滤饼厚度和滤液黏度成反比。而非刚性颗粒形成的滤饼(可压缩滤饼)在压强差作用下会压缩变形(可压缩滤饼),这种滤饼的空隙率会随压强差或滤饼层厚度的增加而减小,使液体流动阻力增加,甚至可能将过滤介质孔道堵塞,使过滤困难。此时 $r$ 不仅取决于悬浮液的性质,且随操作压强差的增大而增大。

$$r=r_0\Delta p^s$$

式中 $r_0$——单位压强差下滤饼的比阻,$1/m^2$。

$s$——滤饼压缩性指数,量纲为 1。$0<s<1$。滤饼的可压缩性越大,$s$ 越大;对不可压缩滤饼,$s=0$。

对可压缩滤饼,可使用助滤剂改善饼层结构。助滤剂是多孔性、不可压缩的细小固体颗粒,如硅藻土、石棉等,可预敷在过滤介质表面以防孔道堵塞,或直接混入悬浮液中以改善滤饼结构,但在滤饼需回收时不宜使用。

4. 过滤推动力

要使过滤操作得以进行，必须保持一定的推动力，即在滤饼和介质的两侧之间保持有一定的压强差。通常，对不可压缩滤饼，通过加压增大推动力可有效提高过滤速度，但对可压缩滤饼，加压在增大了推动力的同时，也使滤饼变得更加紧密而使过滤阻力显著增大，因而不能有效提高过滤速度。

若要维持过滤速度恒定不变，需要不断增大压强差，此为**恒速过滤**；若维持压强差不变，过滤速度将逐渐下降，称为**恒压过滤**。在过滤初始阶段，为避免压强差过大引起小颗粒的过分流失或损坏滤布，可先采用低压强差低速的恒速过滤，到达规定压强差后再进行恒压过滤，直至过滤终了。

过滤机的生产能力用单位时间内所得滤液量表示。连续式过滤机的生产能力主要取决于过滤速度，间歇式过滤机的生产能力除了与过滤速度有关外，还取决于操作周期。操作周期包括滤浆过滤、滤饼洗涤、卸渣和清理等的时间，过滤设备必须能完成各个阶段的不同操作任务。理论和实验表明，过滤所得滤液总量近似地与过滤时间的平方根成正比。因此，过滤时间过长会降低生产能力。



## 三、典型过滤设备

过滤悬浮液的设备称为过滤机，过滤机的种类很多。按操作方式可分为间歇式和连续式；按产生压强差的方式不同，可分为重力式、压(吸)滤式和离心式三类，其中重力式过滤设备较为简单。本节主要介绍压(吸)滤式和离心式过滤设备。

### (一) 压(吸)滤式设备

1. 板框压滤机

板框压滤机是广泛应用的一种间歇操作的加压过滤设备，主要由机头、滤框、滤板、尾板和压紧装置构成，滤框、滤布和滤板交替排列组成若干个滤室，如图 3-6 所示。滤板和滤框的数量可在机座长度内根据需要自行调整，过滤面积为 2～80 $m^2$。

动画
板框压滤机的过滤和洗涤

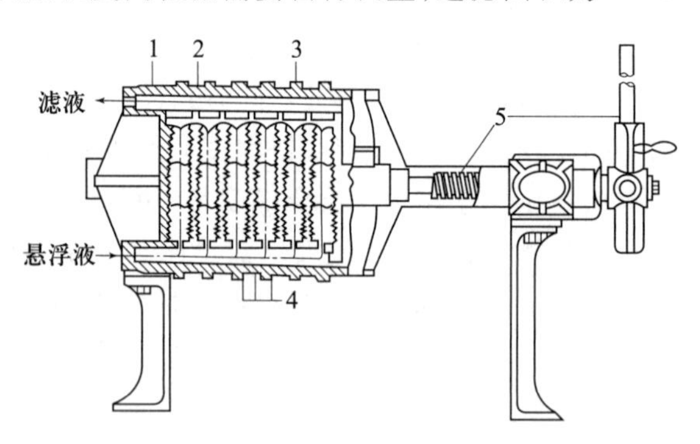


1—固定头；2—滤板；3—滤框；4—滤布；5—压紧装置

图 3-6　板框压滤机

滤板和滤框通常为正方形，如图 3-7 所示。滤板和滤框的四个角端均开有圆孔，上端两孔中一个作为滤浆通道，另一个是洗涤液入口通道；下端一个是滤液通道，另一个是洗涤液出口通道。滤板的中间板面呈凹陷的网格状，作为汇集滤液和洗涤液的通道，凸面支撑滤布，滤布介于交替排列的滤框和滤板之间，滤框内部空间用于容纳滤饼。滤板分洗涤板和非洗涤板两种。两者不同之处在于洗涤板上方一角孔内还开有与板面两侧相通的侧孔道，洗涤液即由此穿过滤布进入滤框内。为了在装合时不致使板和框的顺序排错，在铸造时常在板和框的外缘铸有小孔钮。在板的外缘铸有一个钮的是过滤板；铸有三个钮的是洗涤板；在框的外缘铸有两个钮。板和框的排列次序是按照钮的记号 1—2—3—2—1…的顺序排列的。

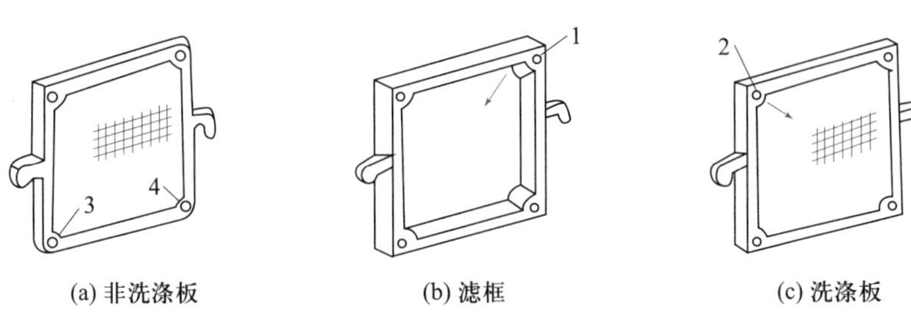


1—悬浮液通道；2—洗涤液入口通道；3—滤液通道；4—洗涤液出口通道

图 3-7　滤板和滤框

动画

滤板和滤框



过滤时，悬浮液在一定的压强差下经滤浆通道由滤框角端的暗孔进入框内；滤液分别穿过两侧的滤布，再经相邻滤板的凹槽汇集至滤液出口排出，固相则被截留于框内形成滤饼，待框内充满滤饼，过滤即可停止。

若滤饼需要洗涤，要先关闭洗涤板下部的滤液出口，将洗涤液压入洗液通道后，经洗涤板角端的侧孔进入两侧板面，洗涤液在压强差推动下穿过一层滤布和整个框厚的滤饼层，然后再横穿一层滤布，由非洗涤板上的凹槽汇集至下部的滤液出口排出。这种洗涤方式称为横穿洗涤法，效果较好。洗涤完毕即可旋开压紧装置，卸渣、洗布、重装，进入下一轮操作。

板框压滤机操作压强较高(294～981 kPa)，适用范围广泛。较常用于过滤固体含量高的悬浮液，也可用于过滤颗粒较细或液体黏度较大的物料，设备结构紧凑，过滤面积较大。但由于装卸、清洗多为手工劳动，生产效率低，劳动强度较大，滤布损耗比较严重。但近年来大型压滤机的自动化与机械化发展很快，在一定程度上解放了劳动力，提高了劳动生产率。

2. 叶滤机

叶滤机也是一种间歇操作的过滤设备。其主要部件是圆形或矩形的滤叶。滤叶由金属多孔板或金属网组成框架，其外罩以滤布。滤叶经组装后置于密闭的盛有悬浮液的滤槽中，叶滤机采用加压过滤。如图 3-8 所示为滤叶结构和叶滤机示意图。

在压强差作用下，滤液穿过滤布进入滤叶中空部分汇集至总管后排出，滤渣则沉积于滤布外表面形成滤饼，滤饼厚度为 5～35 mm。过滤结束后，若需洗涤，则向滤槽内通入洗涤液，洗涤液与滤液通过的路径相同，此为置换洗涤法。洗涤结束后，用压缩空气、清水或蒸汽反向吹卸滤渣。

叶滤机采用密闭操作，过滤面积大，过滤速度快，洗涤效果好，劳动条件优越。每次操作时，滤布不用装卸；但一旦破损，更换很麻烦。由于叶滤机采用加压密闭操作，设备结构较复杂，造价较高。

动画

叶滤机



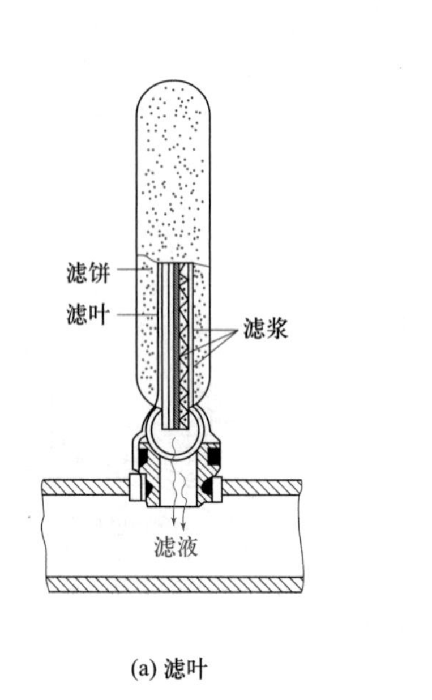

(a) 滤叶

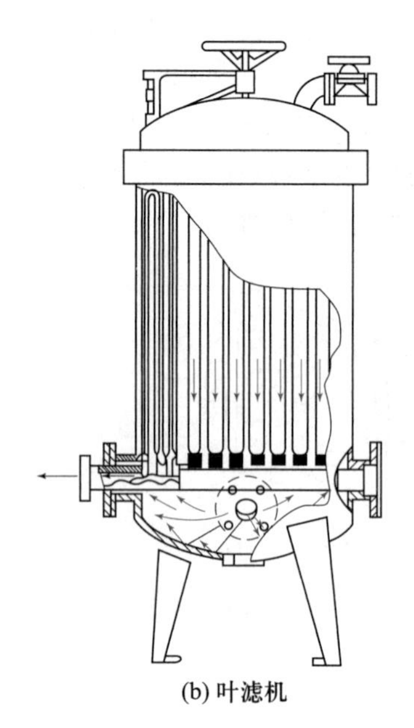
(b) 叶滤机

图 3-8 叶滤机示意图

3. 转鼓真空过滤机

转鼓真空过滤机是一种连续操作的过滤设备，在工业上应用很广。

设备主体部分是一个卧式转筒，表面覆有金属网，网上覆盖滤布。如图 3-9 所示，转鼓下部浸入滤浆槽中，以 0.1～3 r/min 的速度转动。转鼓沿径向等分成若干扇形小室，每个小室与转鼓端面上的带孔圆盘(转动盘)相通。此转动圆盘与另一静止的、上面开有槽和孔的固定盘借弹簧压力紧密贴合，这两个互相紧靠又相对转动的圆盘组成一副分配头，如图 3-10 所示。固定盘上槽 1 和槽 2 分别与真空滤液罐相通，槽 3 与真空洗涤液罐相通，孔 4 和孔 5 分别与压缩空气缓冲罐相通。转动盘上任一小孔旋转一周，先后经历与固定盘上各槽各孔连通的过程，使相应的转鼓小室亦先后同各种罐相通。当转鼓上某一小室转入滤浆中时，与之相通的转动盘上的小孔也与固定盘上槽 1 相通，在真空情况下抽吸滤液，滤布外侧则形成滤饼。当小孔与槽 2 相通时，小室的过滤面已离开滤浆槽，槽 2 的作用是将滤饼中含有的滤液进一步吸出使滤饼含液率降低。转鼓上方有喷嘴将洗涤液喷淋在滤饼上，并由槽 3 抽吸至洗涤液罐。转鼓右侧装有卸渣用的刮刀，刮刀与转鼓表面距离可调。当小室与孔 4 和孔 5 连通时，压缩空气反吹，卸除滤饼，滤布得以再生。

转鼓在滤浆槽中的浸没面积通常为转鼓总面积的 30%～40%。若不需洗涤，则浸没率可增至 60%左右，转鼓表面滤饼厚度为 3～40 mm。

转鼓真空过滤机操作连续、自动、节省人力，生产能力大，但过滤面积不大，真空吸滤压强差较低，滤饼含液率较高(10%～30%)，且洗涤不充分。因是真空操作，物料温度不能过高。该设备较多用于对过滤压强差要求不高、处理量很大的悬浮液。在过滤细、黏物料时，可采用助滤剂在滤布上预涂，并将卸料刮刀略微离开转鼓表面一定距离，确保转鼓表面的助滤剂层不被刮下，长时间起到助滤作用。

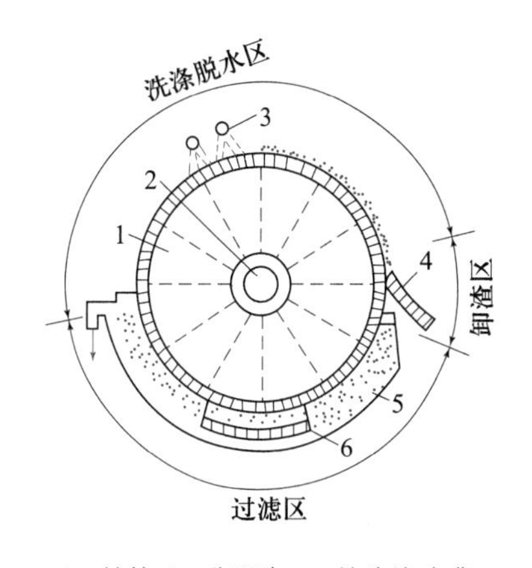


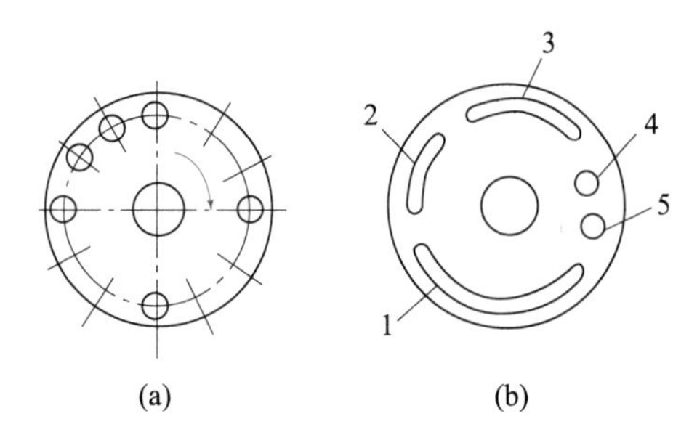


1—转鼓；2—分配头；3—洗涤液喷嘴；
4—刮刀；5—滤浆槽；6—搅拌器

图 3-9　转鼓真空过滤机操作简图

1，2—与真空滤液罐相通的槽；3—与真空洗涤液罐相通的槽；4，5—与压缩空气相通的圆孔

图 3-10　分配头示意图



4. 袋滤器

袋滤器是依靠含尘气流通过过滤介质来实现气-固分离的净化设备。袋滤器可除去 1 μm 以下的尘粒，常用作最后一级的除尘设备。

袋滤器的型式有多种，含尘气体可由滤袋内向外过滤，也可以由外向内过滤。图 3-11 为脉冲式袋滤器结构示意图。含尘气体由下部进气管进入，分散通过滤袋时，粉尘被阻留在滤袋的外侧，通过滤袋净化后的气体，由上部出口排出。

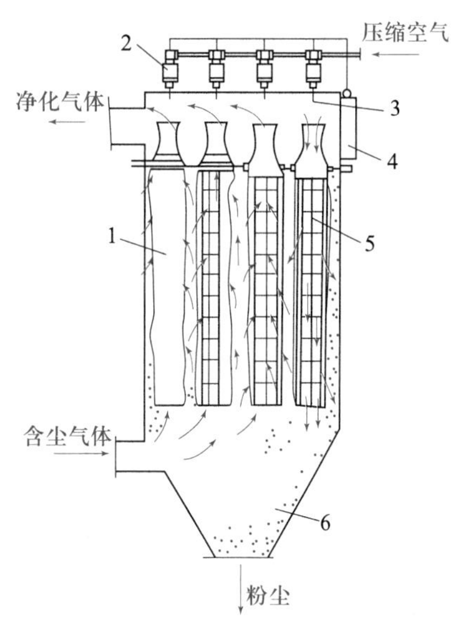


1—滤袋；2—电磁阀；3—喷嘴；
4—自控器；5—骨架；6—灰斗

图 3-11　脉冲式袋滤器

滤袋外附着的粉尘，一部分借重力落至灰斗内，残留在滤袋上的粉尘每隔一段时间用压缩空气反吹一次，使粉尘落入灰斗，经排灰阀排出。图中左边三个滤袋处于除尘状态，右边一个滤袋上的粉尘处于吹落状态。左起第一个是滤袋套在钢架上的外形，第二个是半剖面情况，第三个是全剖面情况。事实上袋滤器有几十个滤袋，分成 3～4 组，其中一组处于吹落卸尘状态，其余各组进行正常除尘。各组的工作状态均由自控器按规定顺序进行。

袋滤器可捕集非黏性、非纤维性的工业粉尘，除尘效率高（若设计和使用合理，分离效率可达 99%以上），允许风速大，性能较稳定。与电除尘相比，袋滤器结构简单，维修方便，造价较低。但需要较高压强的压缩空气，占用空间较大。受滤布耐温、耐腐蚀性能的限制，适用温度范围为 120～130 ℃，不适宜于高温（大于300 ℃）气体，也不适宜带电荷的尘粒和黏结性、吸湿性强的尘粒的捕集。

随着清灰技术的改进和优质合成纤维布品种的增多，袋滤器在工业上的应用日趋广泛,成为具有较强竞争能力的一种高效气-固分离设备。

(二) 离心过滤机

离心过滤机可分为间歇操作和连续操作两种,而间歇操作又可分为人工卸料和自动卸料两种。

1. 三足式离心机

三足式离心机是一种常用的人工卸料的间歇式离心机,如图 3-12 所示,其主要部件为一篮式转鼓,为便于拆卸并减轻转鼓的摆动,将转鼓、外壳和联动装置都固定在机座上,机座则借拉杆悬挂在三个支柱上,故称三足式离心机。操作时,将料浆加入转鼓后启动,滤液经转鼓和滤布由机座底部排出,滤渣沉积于转鼓内壁。过滤完毕,继续运转一段时间以沥干滤液或减少滤饼中含液量,必要时可进行洗涤。停车卸料,清洗设备。



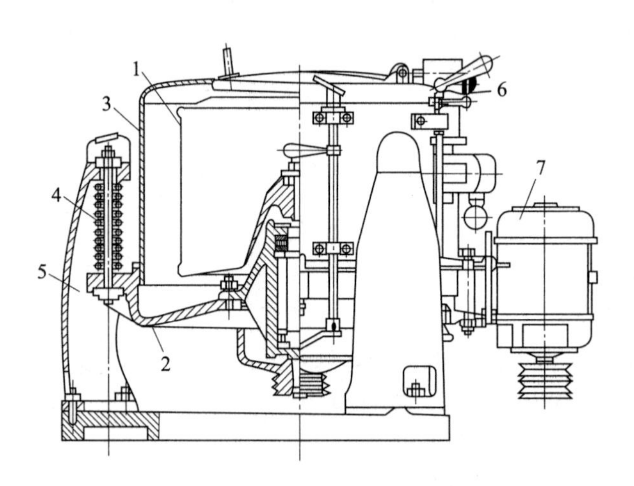


1—转鼓;2—机座;3—外壳;4—拉杆;5—支柱;6—制动器;7—电动机

图 3-12 三足式离心机

三足式离心机的转鼓直径大多在 1 m 左右,分离因数一般在 430~655。设备结构简单,运转周期可灵活掌握,多用于小批量物料的处理,颗粒破损较轻。但需从设备上部卸渣,工作繁重,很不方便。轴承和传动装置在机座下部,检修不便,且液体可能漏入,导致设备腐蚀。

2. 卧式刮刀卸料离心机

卧式刮刀卸料离心机是连续操作的离心过滤机,进料、分离、洗涤、甩干、卸料和洗网等均在转鼓全速运转下连续自动进行。

如图 3-13 所示,进料阀定时开启,悬浮液经进料管加入卧式转鼓内。在离心力作用下,滤液经滤网和转鼓上的小孔被甩至鼓外排出,固体颗粒则被截留,机内设有耙齿将沉积的滤渣均布于转鼓内壁的滤网上。当滤饼达到一定厚度,进料阀自动关闭。然后冲洗阀自动开启,洗涤水经冲洗管喷淋在滤渣上。洗涤完毕后持续甩干一定时间,刮刀在液压传动下上升,将滤饼刮入卸料斗沿倾斜的溜槽卸出。刮刀架升至极限位置后退下,冲洗阀开启,清洗滤网,进入下一周期。



每一操作周期为 35~90 s,连续运转,生产能力较大,劳动条件好,适宜于过滤固体粒径大于 0.1 mm 的悬浮液。采用刮刀卸料时，颗粒会有一定程度的磨损。

3. 活塞往复式卸料离心机

活塞往复式卸料离心机也是一种自动卸料的连续操作离心机，加料、过滤、洗涤、沥干和卸料等操作在转鼓内的不同部位同时进行，如图 3-14 所示。料液由旋转的锥形料斗连续加入转鼓底部的小段范围内过滤，形成 25～75 mm 厚的滤饼层。转鼓底部装有与转鼓一起旋转的推料活塞，其直径稍小于转鼓内壁。活塞与料斗一起做 30 次/min 的往复运动(冲程约为转鼓全长的1/10)，滤渣被逐步推向加料斗的外缘，经洗涤、沥干后卸出转鼓外。

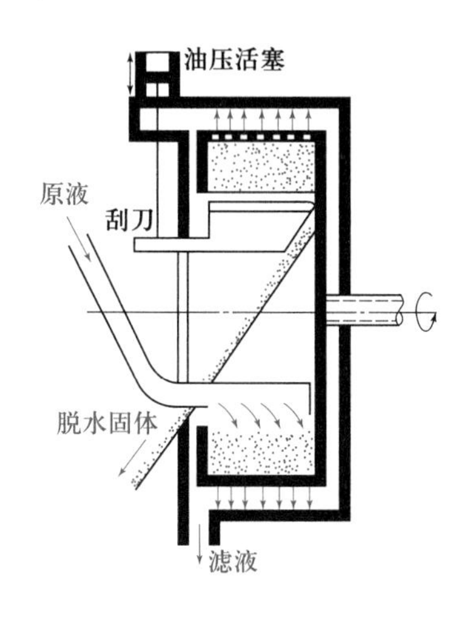


图 3-13　卧式刮刀卸料离心机

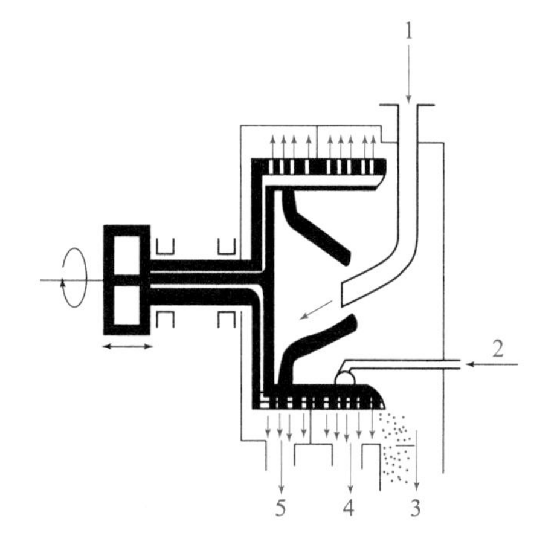


1—原料液；2—洗涤液；3—洗脱；4—洗出液；5—滤液

图 3-14　活塞往复式卸料离心机

活塞往复式卸料离心机转速低于 1 000 r/min，生产能力大，每小时可处理 0.3～2.5 t 固体，适合于过滤粒径大于 0.15 mm、固含量小于 10%的悬浮液，颗粒破损程度小，常用于食盐、硫酸铵、尿素等产品的生产中。与卧式刮刀卸料离心机相比，控制系统较简单，但对悬浮液浓度较为敏感。若料浆太稀，则来不及过滤即直接流出转鼓；若料浆太稠，则流动性差，使滤渣分布不均匀，引起转鼓震动。

## 案例分析

### [案例 1]　过滤机故障

案例提出：

某化工厂磷酸装置带式过滤机有效过滤面积为 70 $m^2$，两次逆流洗涤，干法排渣。尾气洗涤采用卧式洗涤器。该过滤机经常出现故障。

分析：

经观察，带式过滤机滤布容易起褶皱，管道容易发生结垢堵塞；滤饼洗涤泵磨蚀比较严重；石膏输送皮带机容易发生故障。

问题解决：

针对上述问题，做了以下几点改进，取得明显效果。第一，3 条石膏输送皮带机增加变频器，降低转速，并采用耐腐耐磨不易变形的聚酯胶带，目前运转比较正常。第二，在料浆分布器前面的滤压轮之前增加 1 个滤布托轮，适当调整滤布松紧程度，滤布运行状况得到明显改善，使用寿命达到 2～ 3 个月。第三，增加 1 台滤饼洗涤泵，洗涤水流量调节回路由调节阀改用变频器调节，降低了泵的转速。第四，过滤料浆加入一定量的絮凝剂，改良石膏结晶，改善石膏过滤性能。第五，增大产品酸泵进口管道直径，把易发生结垢堵塞的混浊区气液分离器回液管道改用钢丝网加强的橡胶管，同时增加 1 台产品酸泵及输送管道。

### ［案例 2］ 沉降器改造



**案例提出：**

某石化公司为加大重渣油掺炼比，提高轻质油收率，将原 120 万吨/年重油催化裂化改造为 140 万吨/年，沉降器是本次改造的核心部分。

**分析：**

考虑现场空间限制，使用原封闭罩，内部应用旋流快分技术，完全改变了原沉降器内油气的流动模式，油气在提升管内充分反应后从快分头喷出，因快分头结构特殊，其 3 个开口略向下倾斜并具有一定的旋转角度，所以油气与催化剂在封闭罩内形成旋流，重组分（失效催化剂）经沉降器下段进入第一、第二再生器，轻组分（油气与少量催化剂）经直连管进入旋风分离器再次分离后，油气进入集气室，重组分在沉降器过渡段与溢流密封圈之间的空间堆积到一定高度，并经蒸汽流化后，通过溢流密封圈与封闭罩下口间隙进入第一、第二再生器。

**问题解决：**

采取各项技术措施后，消除了原沉降器壳体垂直度、椭圆度和局部凹凸度严重超标带来的影响，改造后的沉降器运转平稳，使用正常。

## 复习与思考

1. 非均相物系的分离方法有哪些？分别是如何实现分离的？
2. 气-固分离应用在哪些方面？有哪些分离方法和设备？
3. 说明旋风分离器的结构型式和操作原理。
4. 离心沉降与重力沉降有何异同？
5. 如何提高离心分离因数？
6. 说明沉降、过滤的区别。
7. 简述常用离心机的结构及特点。
8. 提高过滤速度的方法有哪些？

## 本章主要符号说明

**英文字母**

$a$——加速度，$m/s^2$；

$A$——过滤面积，$m^2$；

$B$——降尘室宽度，m；

$d$——颗粒直径，m；

$H$——降尘室高度，m；

$K_c$——分离因数；
$L$——降尘室长度，m；
$L$——滤饼厚度，m；
$\Delta p$——过滤推动力，Pa；
$V$——滤液量，$m^3$；
$q_{V,s}$——体积流量，$m^3/s$；
$r_0$——单位压强差下滤饼的比阻，$1/m^2$；
$r$——滤饼的比阻，$1/m^2$；
$s$——滤饼压缩性指数，量纲为1；
$u$——流速，m/s；
$u_t$——沉降速度，m/s。

**希腊字母**

$\theta$——停留时间或过滤时间，s；
$\theta_t$——沉降时间，s；
$\mu$——流体的黏度，Pa·s；
$\rho$——流体的密度，$kg/m^3$；
$\rho_s$——颗粒的密度，$kg/m^3$。

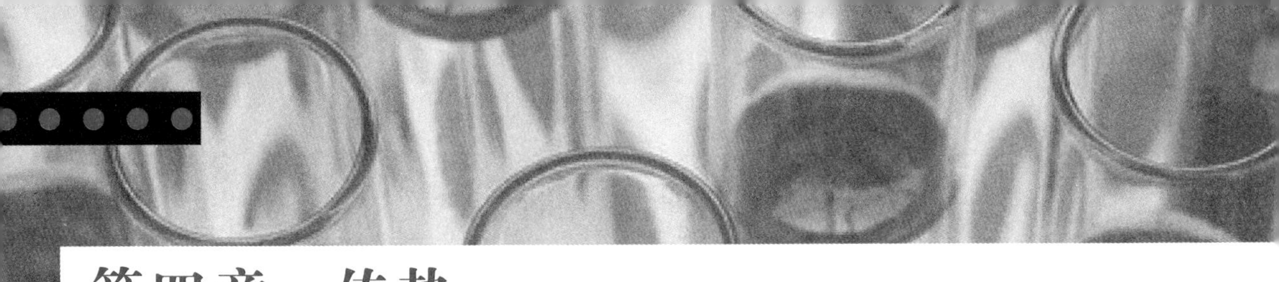

# 第四章　传热

## 学习目标

**知识目标：**

了解传热在化工生产中的应用，工业换热的方式，工业生产中常见换热器的结构、特点和应用，各种新型换热器；

理解传热的机理、特点和影响因素，强化传热的途径；

掌握间壁式换热器的传热计算。

**能力目标：**

会分析换热器换热能力的影响因素；

能完成列管换热器的选型及计算。

# 知 识 框 图

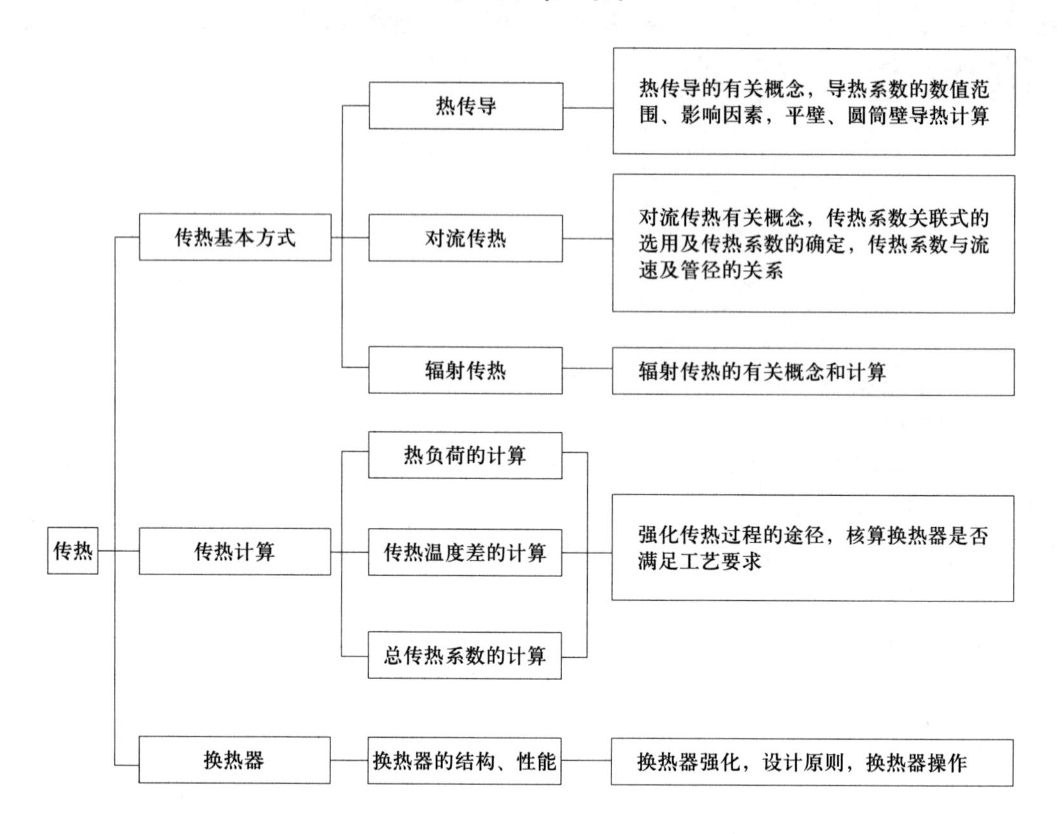

传热
传热基本方式
热传导
热传导的有关概念，导热系数的数值范围、影响因素，平壁、圆筒壁导热计算
对流传热
对流传热有关概念，传热系数关联式的选用及传热系数的确定，传热系数与流速及管径的关系
辐射传热
辐射传热的有关概念和计算
传热计算
热负荷的计算
传热温度差的计算
总传热系数的计算
强化传热过程的途径，核算换热器是否满足工艺要求
换热器
换热器的结构、性能
换热器强化，设计原则，换热器操作

# 第一节 概　　述

## 一、传热在化工生产中的应用

传热即热量传递，是日常生活和工业生产中非常普遍的现象，涉及工业生产的各个领域，如机械、电机、化工、土建、能源、航空、电子、生物工程、环境等。

在化学工业中，传热过程更为普遍。通常涉及以下几方面：① 任何一个化学反应都涉及传热问题。化学反应要在一定的条件下进行，如压力、温度、催化剂等，只有创造适宜的条件才能保证反应正常进行，这必然要涉及传热；反应过程中为维持适宜的反应条件，视吸热反应和放热反应的不同，将进行热量的补充或移除，这也是传热问题。② 单元操作中的传热问题。如蒸发、蒸馏和干燥等单元操作都存在给热和放热的问题。③ 热能的回收利用问题。一些高温、高压具有高热量的蒸汽的回收和再利用是工厂节约能耗、降低操作成本的有效方法。④ 化工生产中的设备或管道的保温问题。为了减少热量或冷量的损失，应对设备或管道进行保温。

由上可知，化工生产中的传热问题通常可归纳为两类，其一是强化传热问题，目的是挖掘传热设备的潜力和缩小传热设备的尺寸；其二是抑制传热问题，如对高温设备及管道的保温和对低温设备及管道的隔热等，以达到节约能量、维持操作稳定、改善操作人员的劳动条件等目的。

完成冷、热两流体热量交换的设备称为换热器。一般化工生产中，换热设备投资约占设备总投资的 40%，由此可见传热这一单元操作在化工生产中的重要性。

## 二、传热的基本方式

根据传热机理的不同，热量传递可分为三种基本方式，热传导、对流传热和辐射传热。化工生产中的传热可以依靠其中的一种方式进行或几种方式同时进行。

### 1. 热传导

热传导简称导热。当相互接触的两物体间或同一物体内部存在温度差时，温度高的部分依靠微观粒子的位移、分子转动和振动等热运动进行热量传递。热传导的特点是物体各部分之间不发生宏观的相对位移，在金属固体中，热传导主要依靠自由电子的扩散运动，在不良导体的固体和大部分液体中，热传导是通过分子的振动将热量传递，在气体中，热传导是由于分子不规则热运动而引起的。所以，金属的导热性能最好，其次是非金属固体、液体和气体。

### 2. 对流传热

对流传热仅发生于流体中，由于流体质点之间宏观相对位移而引起的热量传递现象，称为对流传热。对流传热的实质是流体的质点携带着热能在不断流动时，将热能给出或吸入的过程。

对流传热根据质点流动产生的原因分为自然对流和强制对流。流体内部各处温度不同引起密度不同，而使流体质点发生相对位移的现象称为自然对流。流体质点由于受外力作用而发生相对位移的现象称为强制对流。

3. 辐射传热

热能以电磁波方式传递的现象称为辐射传热。任何物体只要温度在绝对零度以上，都能向外界辐射电磁波，同时它也能吸收从外界别的物体辐射过来的电磁波，并转变成热能。温度越高，辐射的能量越大。辐射传热的大小就是物体间相互辐射和吸收能量的总体结果。

**小贴士**

热传导和对流传热都依靠介质传递热量，而辐射传热在传递过程中不需要任何介质，即在真空中也能传播。例如，人们能感受到大气层外太阳的温暖，这就是辐射传热能在真空中传播的具体表现。

实际生产中的传热问题，通常不是以某一传热方式单独存在，而是以两种或三种方式组合形式出现，并且以某种传热方式为主。



## 三、工业生产中的换热方法

化工生产中的物料，一般都是流体。所以，化工生产中的传热过程，多数都是在两流体之间进行。参与传热的两流体均称为载热体，其中温度较高的流体称为热载热体（热流体），温度较低的流体称为冷载热体（冷流体）。若传热过程的目的是将冷载热体加热，则所采用的热载热体称为加热剂，若目的是将热载热体冷却，则所采用的冷载热体称为冷却剂。加热剂和冷却剂的选用根据工艺物料被冷却和加热的程度决定。工业上常用的加热剂有热水、饱和蒸汽、矿物油、联苯混合物、熔盐及烟道气等，若所需的加热温度很高，则需采用电加热；常用的冷却剂有水、空气和各种冷冻剂，水和空气可将物料最低冷却至环境温度，其值随地区和季节而异，一般不低于20 ℃，在水资源紧缺的地区，宜采用空气冷却。加热剂和冷却剂所适用的温度范围见表4－1和表 4－2。

表 4－1　常用加热剂及其适用温度范围

| 加热剂 | 热水 | 饱和蒸汽 | 矿物油 | 联苯混合物 | 熔盐($KNO_3$ 53%，$NaNO_2$ 40%，$NaNO_3$ 7%) | 烟道气 |
|---|---|---|---|---|---|---|
| 适用温度/℃ | 40～100 | 100～180 | 180～250 | 255～380(蒸气) | 142～530 | 约 1 000 |

表 4－2　常用冷却剂及其适用温度范围

| 冷却剂 | 水(自来水、河水、井水) | 空气 | 盐水 | 氨蒸气 |
|---|---|---|---|---|
| 适用温度/ ℃ | 0～80 | >30 | 0～－15 | －15～－30 |

1. 间壁式换热

在化工生产中，通常不允许冷、热两流体直接接触，要求冷、热两流体之间存在一壁面，热流体通过传热壁面将热量传递给冷流体。实现这种换热的设备称为间壁式换热器。间壁式换热器是实际化工生产中应用最广泛的一种换热设备。间壁式换热器的类型很多,图 4-1 为最常用的列管换热器示意图。根据工艺要求,冷、热流体分别在换热器的管内和管子与壳体之间流动,热流体将热量通过管壁传递给冷流体,热流体温度下降,冷流体温度上升。

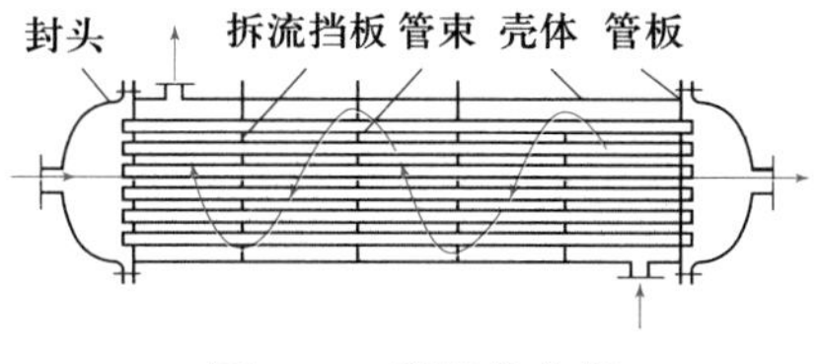


图 4-1　列管换热器

2. 直接接触式换热

冷、热两载热体之间的热交换是在两流体直接接触和混合的过程中实现的,这种换热方式称为直接接触式换热,也称混合式换热。直接接触式换热具有传热速度快、效率高、设备简单的优点。一般用于水与空气之间的换热或用水冷凝水蒸气等允许两流体直接接触并混合的场合。

图 4-2 所示为一种机械通风式凉水塔示意图。需要冷却的热水被集中到凉水塔的底部,用泵将其输送到塔顶,经淋水装置分散成水滴或水膜自上而下流动,与自下而上流动的空气相接触,在接触过程中热水将热量传递给空气,达到了冷却热水的目的。



3. 蓄热式换热

蓄热式换热器(如图 4-3 所示)是在器内装有空隙较大的充填物(如耐火砖)作为蓄热体。当热流体流经蓄热器时,热流体将热量传递给蓄热体,热量被贮存在蓄热体内;当冷流体流过蓄热器时,蓄热体将贮存的热量传递给冷流体。这样冷、热两载热体间的热交换通过对蓄热体的周期性加热和冷却来实现。

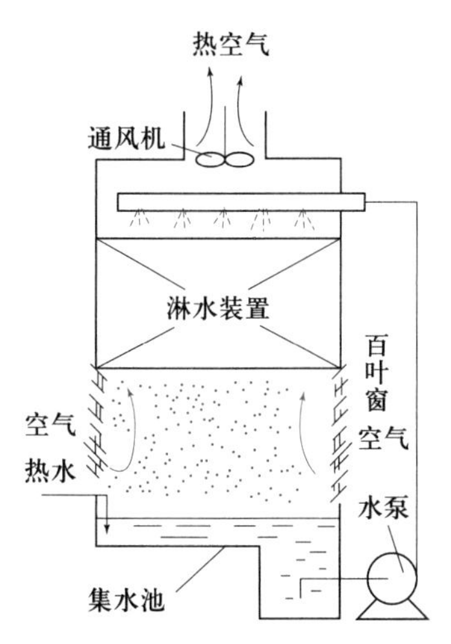


图 4-2　机械通风式凉水塔

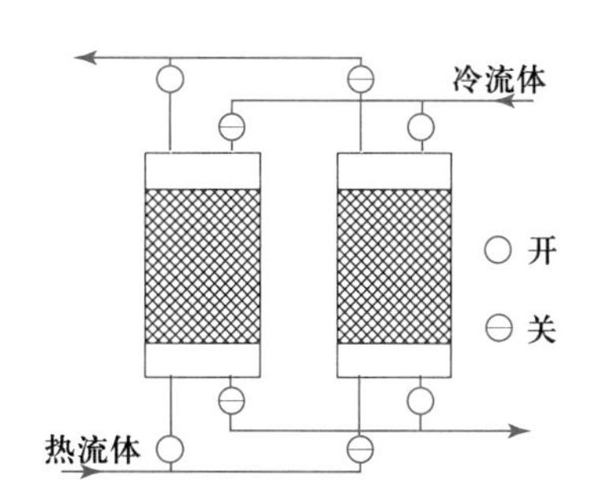


图 4-3　蓄热式换热器

蓄热式换热器结构简单,能耐高温,一般常用于高低温气体介质间的换热。但由于该类设备的操作要在两个蓄热器之间间歇交替进行,且两流体会有一定程度的混合,故这类设备在化工生产中很少使用,常用于冶金行业。

## 四、定态传热与非定态传热

若传热系统(如换热器)中没有热能积累,输入系统的热能等于输出系统的热能,系统中各点温度仅随位置变化而与时间无关,这种传热过程称为**定态传热**。若传热系统

（如换热器）中有热能积累，即输入系统的热能不等于输出系统的热能，系统中各点温度不仅与位置有关而且与时间有关，这种传热过程为**非定态传热**。

定态传热的特点是单位时间内所传递的热量（即传热速率）为一常数，不随时间而变，如连续生产过程。非定态传热的特点是单位时间内所传递的热量不是一常数，如间歇传热过程，以及连续操作的传热设备处于开、停车时。

在工业生产中大多为定态传热过程。所以本章主要是讨论定态传热过程。

### 五、传热速率与热通量

**传热速率**（热流量）指单位时间内通过传热面传递的热量，用符号 $Q$ 表示，单位为W；它反映了热量传递的快慢，表征了换热器传热能力的大小，对一定换热面积的换热器，其值越大，表示换热器的传热效能越高。



**热通量**（面积热流量）指单位时间内通过单位传热面积所传递的热量，用符号 $q$ 表示，单位为 $W/m^2$；在一定的传热速率 $Q$ 下，热通量 $q$ 越大，则表明所需传热面积 $S$ 越小，热通量是一个反映传热强度的指标，所以又称为**热流强度**。热通量与传热速率之间的关系如下式：

$$q=\frac{Q}{S} \tag{4-1}$$

式中　$S$——传热面积，$m^2$。

## 第二节　热　传　导

### 一、傅里叶定律和导热系数

#### （一）傅里叶定律

傅里叶对物体的导热现象进行大量的实验研究，揭示出热传导基本定律，即傅里叶定律。**傅里叶定律**指出：当导热体内进行的是纯导热时，单位时间内以热传导方式传递的热量，与温度梯度及垂直于导热方向的传热面积 $S$ 成正比，与导热体的性质有关。以一维导热为例，傅里叶定律可表示为

$$Q=-\lambda S\frac{dt}{dx} \tag{4-2}$$

式中　$Q$——传热速率，即单位时间内通过传热面传递的热量，W；

$S$——传热面积，$m^2$；

$\lambda$——比例系数，称为导热系数，与导热体的导热性能有关，$W/(m \cdot K)$；

$\frac{dt}{dx}$——温度梯度，传热方向上单位距离的温度变化率，K/m。

式中的负号表示热总是沿着温度降低的方向传递。

#### （二）导热系数 $\lambda$

**导热系数** $\lambda$，又称**热导率**，反映了物质导热能力的大小，是物质的物理性质之一。由

式(4-2)得出:导热系数在数值上为温度梯度为 1 K/m 时,单位时间内单位面积所传导的热量。物质的导热系数越大,其导热性能越好。

各种物质的导热系数通常是由实验方法测定,它的数值与物质的组成、结构、密度、温度及压强有关。导热系数的数值变化范围很大,表 4-3 列出不同种类物质的导热系数大致范围,金属的导热系数最大,非金属固体的次之,液体的导热系数较小,气体的导热系数最小。工程上常见物质的导热系数可从有关手册中查得,本书附录中也有部分摘录,供计算时查用。

**表 4-3　导热系数的大致范围**

| 物质种类 | 导热系数/($W \cdot m^{-1} \cdot K^{-1}$) | 物质种类 | 导热系数/($W \cdot m^{-1} \cdot K^{-1}$) |
| --- | --- | --- | --- |
| 纯金属 | 100～1 400 | 非金属液体 | 0.5～5 |
| 金属合金 | 50～500 | 绝热材料 | 0.05～1 |
| 液态金属 | 30～300 | 气体 | 0.005～0.5 |
| 非金属固体 | 0.05～50 | | |



不同的物质具有不同的导热系数,而相同的物质又会因其结构、密度、温度及压强的变化而改变。以下对影响固体、液体及气体导热系数的因素分别加以讨论。

1. 固体的导热系数

在所有的固体中,金属是最好的导热体,纯金属的导热系数一般随温度升高而呈线性降低,随其纯度的增高而增大。所以,合金的导热系数一般比纯金属要低,如碳钢的导热系数比不锈钢的要大。

非金属建筑材料或绝热材料的导热系数与温度、组成及结构的紧密程度有关,通常是随温度升高而增大,随密度增加而增大。所以,在选择保温材料时,通常选用结构比较疏松的材料。

2. 液体的导热系数

液体可分为金属液体和非金属液体。液态金属的导热系数要比一般液体的高,大多数液态金属的导热系数随温度升高而降低。在非金属液体中,水的导热系数最大。除水和甘油以外,液体的导热系数随温度升高略有减小。一般来说,纯液体的导热系数要比其溶液的大。

3. 气体的导热系数

气体的导热系数随温度升高而增大。在相当大的压强范围内,气体的导热系数随压强变化甚微,可以忽略不计。只有在过高或过低的压强(高于 $2\times10^5$ kPa 或低于 3 kPa)下,才考虑压强的影响,此时气体的导热系数随压强增高而增大。

气体的导热系数很小,对传热不利,但有利于保温、绝热,工业上所用的保温材料,一般是多孔性或纤维性材料,由于材料的孔隙中存有气体,所以其导热系数低,适用于保温隔热。但必须注意,材料孔隙的大小应考虑气体不会发生自然对流,否则保温性能变差。

## 二、平壁定态热传导

1. 单层平壁的定态热传导

图 4-4 所示的是一个材料均匀、面积为 $S$、厚度为 $\delta$、导热系数为 $\lambda$ 的单层大平壁。

两壁面温度分别为 $t_{w1}$ 和 $t_{w2}$，$t_{w1}>t_{w2}$，壁温仅沿壁厚方向有变化，热量由高温向低温侧传递，平壁边缘处的热损失忽略不计。对此平壁定态导热，传热速率 $Q$ 和传热面积 $S$ 都为常量。若在平壁内距离表面 $x$ 处取一厚度为 $dx$ 的微元薄层，根据傅里叶定律，对于这一微元薄层可写为

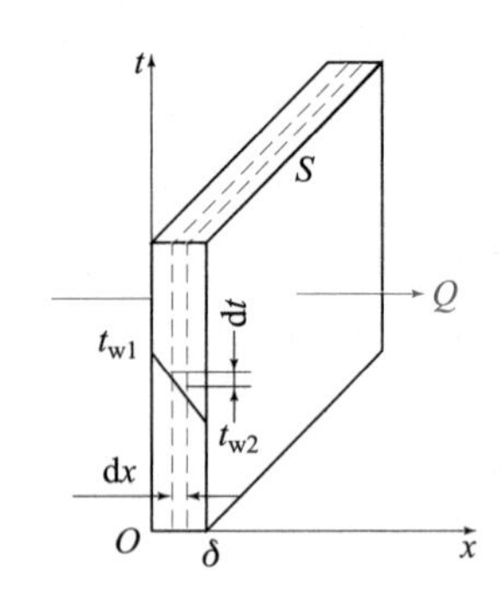

图 4-4　单层平壁热传导

$$Q=-\lambda S\frac{dt}{dx}$$

导热系数 $\lambda$ 随温度变化呈线性关系，工程计算中，导热系数通常可取固体两侧壁面温度下 $\lambda$ 的算术平均值。实践证明，用物体的平均导热系数进行热传导计算，将不会引起大的误差。



当 $x=0$ 时，$t=t_{w1}$；当 $x=\delta$ 时，$t=t_{w2}$；且 $t_{w1}>t_{w2}$，积分上式可得

$$Q=\frac{\lambda}{\delta}S(t_{w1}-t_{w2}) \tag{4-3}$$

动画

单层平壁定态热传导

或写成

$$Q=\frac{t_{w1}-t_{w2}}{\frac{\delta}{\lambda S}}=\frac{\Delta t}{R} \tag{4-4}$$

式中　$\Delta t$——平壁两侧壁面的温度差，为导热推动力，K；

$R=\frac{\delta}{\lambda S}$——导热热阻，K/W。

式(4-4)表明传热速率与导热推动力成正比，与导热热阻成反比。即

$$传热速率=\frac{导热推动力}{导热热阻}$$

传热热通量 $q$

$$q=\frac{t_{w1}-t_{w2}}{\frac{\delta}{\lambda}}=\frac{\Delta t}{R'}$$

式中　$R'=\frac{\delta}{\lambda}$——单位面积的导热热阻，$(K\cdot m^2)/W$。

2. 多层平壁的热传导

在工程计算中，常常遇到的是多层平壁导热，即由几种不同材料组成的平壁。如房屋的墙壁、锅炉的炉壁。

图 4-5 表示一个三层不同材料组成的大平壁，各层的壁厚分别为 $\delta_1$，$\delta_2$ 和 $\delta_3$，导热系数分别为 $\lambda_1$，$\lambda_2$ 和 $\lambda_3$。平壁的表面积为 $S$。假定层与层之间接触良好，即相接触的两表面温度相同，各接触表面的温度分别为 $t_{w1}$，$t_{w2}$，$t_{w3}$ 和 $t_{w4}$，且 $t_{w1}>t_{w2}>t_{w3}>t_{w4}$。

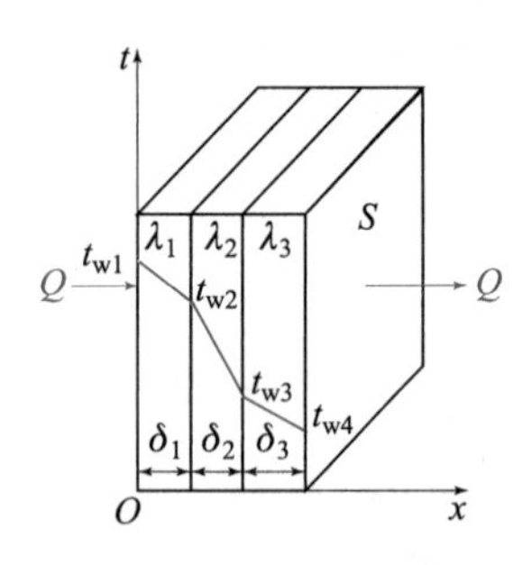

图 4-5　三层平壁热传导

在定态导热时，通过各层的传热速率必然相等，即

$$Q=Q_1=Q_2=Q_3$$

或
$$Q=\frac{t_{w1}-t_{w2}}{\dfrac{\delta_1}{\lambda_1 S}}=\frac{t_{w2}-t_{w3}}{\dfrac{\delta_2}{\lambda_2 S}}=\frac{t_{w3}-t_{w4}}{\dfrac{\delta_3}{\lambda_3 S}}$$

根据加比定律可得

$$Q=\frac{(t_{w1}-t_{w2})+(t_{w2}-t_{w3})+(t_{w3}-t_{w4})}{\dfrac{\delta_1}{\lambda_1 S}+\dfrac{\delta_2}{\lambda_2 S}+\dfrac{\delta_3}{\lambda_3 S}}=\frac{t_{w1}-t_{w4}}{\dfrac{\delta_1}{\lambda_1 S}+\dfrac{\delta_2}{\lambda_2 S}+\dfrac{\delta_3}{\lambda_3 S}} \tag{4-5}$$

式(4-5)为三层平壁的传热速率方程。

对 $n$ 层平壁,传热速率方程为

$$Q=\frac{t_{w1}-t_{w(n+1)}}{\sum\limits_{i=1}^{n}\dfrac{\delta_i}{\lambda_i S}}=\frac{\sum\Delta t}{\sum R} \tag{4-6}$$



传热热通量 $q$
$$q=\frac{t_{w1}-t_{w(n+1)}}{\sum\limits_{i=1}^{n}\dfrac{\delta_i}{\lambda_i}}=\frac{\sum\Delta t}{\sum R'}$$

式(4-5)和式(4-6)说明,多层平壁热传导的总推动力为各层推动力之和;总热阻为各层热阻之和。多层平壁的导热热阻计算如同直流电路中串联电阻,用电路中欧姆定律分析有关传热的问题是相当直观的。

必须指出的是:在上述多层平壁的计算中,是假设层与层之间接触良好,两个相接触的表面具有相同的温度。而实际多层平壁的导热过程中,固体表面并非是理想平整的,总是存在着一定的粗糙度,因而使固体表面接触不可避免地出现附加热阻,工程上称为"接触热阻",接触热阻的大小与固体表面的粗糙度、接触面的挤压力和材料间硬度匹配等有关,也与界面间隙内的流体性质有关。工程上常采用增加挤压力、在接触面之间插入容易变形的高导热系数的填隙材料等措施来减小接触热阻。接触热阻的大小主要依靠实验确定,其数据可查有关资料。表 4-4 列出几组材料的接触热阻值,以便对接触热阻有数量级的概念。

**表 4-4　几种接触表面的接触热阻**

| 接触面材料 | 粗糙度/mm | 温度/ ℃ | 表压强/kPa | 接触热阻/$(m^2\cdot K\cdot W^{-1})$ |
|---|---|---|---|---|
| 不锈钢(磨光),空气 | 2.54 | 90～200 | 300～2 500 | $0.264\times10^{-3}$ |
| 铝(磨光),空气 | 2.54 | 150 | 1 200～2 500 | $0.88\times10^{-4}$ |
| 铝(磨光),空气 | 0.25 | 150 | 1 200～2 500 | $0.18\times10^{-4}$ |
| 铜(磨光),空气 | 1.27 | 20 | 1 200～20 000 | $0.7\times10^{-5}$ |

**[例 4-1]** 有一工业炉,其炉壁由三层不同材料组成。内层为厚度 240 mm 的耐火砖,导热系数为$\lambda_1=0.9$ W/(m·K);中间为 120 mm 绝热砖,导热系数为 $\lambda_2=0.2$ W/(m·K);最外层是厚度为 240 mm 普通建筑砖,$\lambda_3=0.63$ W/(m·K)。已知耐火砖内壁表面温度为 940 ℃,建筑砖外壁温度为 50 ℃,试求单位面积炉壁上因导热所散失的热量,并求出各砖层接触面的温度。

**解**:先求单位面积炉壁的热通量 $q$ 值,由题意可知为三层平壁导热,根据式(4-6)可得 $n=3$,则

$$q=\frac{Q}{S}=\frac{t_{w1}-t_{w4}}{\frac{\delta_1}{\lambda_1}+\frac{\delta_2}{\lambda_2}+\frac{\delta_3}{\lambda_3}}=\frac{940-50}{\frac{0.24}{0.9}+\frac{0.12}{0.2}+\frac{0.24}{0.63}}\ \mathrm{W/m^2}=713\ \mathrm{W/m^2}$$

再求各接触面的温度 $t_{w2}$ 和 $t_{w3}$,由于为定态导热,$q=q_1=q_2=q_3$,所以应有

$$q=\frac{t_{w1}-t_{w2}}{\frac{\delta_1}{\lambda_1}}\quad,\quad t_{w2}=t_{w1}-q\frac{\delta_1}{\lambda_1}=\left(940-713\times\frac{0.24}{0.9}\right)\ ℃=750\ ℃$$

$$q=\frac{t_{w3}-t_{w4}}{\frac{\delta_3}{\lambda_3}}\quad,\quad t_{w3}=t_{w4}+q\frac{\delta_3}{\lambda_3}=\left(50+713\times\frac{0.24}{0.63}\right)\ ℃=322\ ℃$$

将各层热阻和温差分别计算列入下表:



| 砖层 | 耐火砖层 | 绝热砖层 | 建筑砖层 |
|---|---|---|---|
| 热阻/($m^2\cdot K\cdot W^{-1}$) | 0.267 | 0.6 | 0.381 |
| 温度差/K | 190 | 428 | 272 |

由上表可知:系统中任一层热阻的大小与该层的温度差(推动力)成正比,即该层温度差越大,热阻也就越大。

**想一想**

两块接触良好的等厚材料的温度分布如图 4-6 所示,根据上面的例题所得结论,分析两块材料的导热性能。

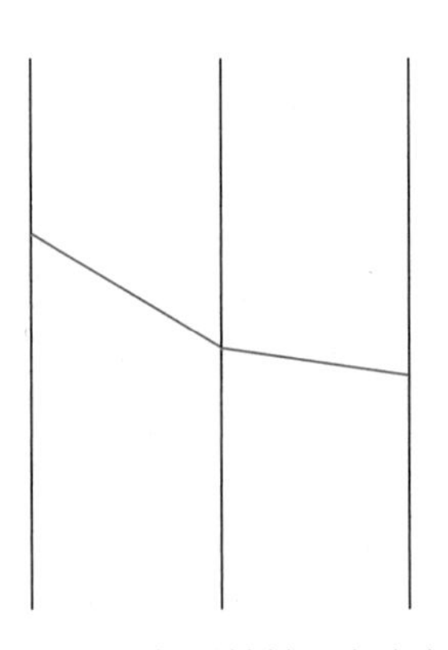

图 4-6　等厚材料温度分布



[**例 4-2**]　铜板的一侧壁面黏附着污垢,铜板的面积为 2 $m^2$,厚度为 3 mm,导热系数为 380 W/(m·K);污垢厚度为 0.5 mm,导热系数为 0.5 W/(m·K);铜板一侧壁面温度为 400 ℃,污垢一侧壁面温度 100 ℃。试求传热速率;并确定忽略铜板热阻时的传热速率。

**解**：按两层平壁计算，则

$$Q=\frac{t_{w1}-t_{w3}}{\frac{\delta_1}{\lambda_1 S}+\frac{\delta_2}{\lambda_2 S}}=\frac{400-100}{\frac{0.003}{380\times 2}+\frac{0.0005}{0.5\times 2}}\ \text{W}=5.953\times 10^5\ \text{W}$$

若铜板的热阻可忽略不计，则该导热过程可按单层平壁计算 $Q$。

$$Q=\frac{t_{w1}-t_{w3}}{\frac{\delta_2}{\lambda_2 S}}=\frac{400-100}{\frac{0.0005}{0.5\times 2}}\ \text{W}=6\times 10^5\ \text{W}$$

相对误差为

$$\frac{6\times 10^5-5.953\times 10^5}{5.953\times 10^5}\times 100\%=0.79\%$$



由此可见，忽略了铜板的热阻所造成的误差极小，这是因为 $\lambda_1\gg\lambda_2$，它们所组成的热阻不在一个数量级上，也就是说该导热过程的铜板的热阻极小，热阻主要集中在污垢中。由此可得出，在多层平壁热传导计算中，对极小热阻层，完全可以忽略不计，这样可以简化计算，所造成的误差也是很小的。

### 三、圆筒壁定态热传导

化工生产中的管道、换热器、塔器、容器等绝大部分设备为圆筒形。通过此类设备壁面的导热属于圆筒壁导热。圆筒壁与平壁导热的不同之处，就在于圆筒壁的传热面积不是常数，它随圆筒的半径变化，同时温度也随半径而变。

1. 单层圆筒壁热传导

单层圆筒壁的热传导如图 4-7 所示。设圆筒的内半径为 $r_1$，外半径为 $r_2$，长度为 $L$。圆筒的内、外表面温度分别为 $t_{w1}$ 和 $t_{w2}$，且 $t_{w1}>t_{w2}$。圆筒壁的导热系数为 $\lambda$，并可视为常数。若在圆筒半径 $r$ 处沿半径方向取一厚度 $dr$ 的薄壁圆筒。根据傅里叶定律，通过该薄圆筒壁的传热速率可以表示为

$$Q=-\lambda S\,\frac{dt}{dr}=-\lambda(2\pi rL)\,\frac{dt}{dr}$$

将上式分离变量积分并整理得

$$Q=\frac{2\pi L\lambda(t_{w1}-t_{w2})}{\ln\frac{r_2}{r_1}}=\frac{t_{w1}-t_{w2}}{\frac{1}{2\pi L\lambda}\ln\frac{r_2}{r_1}}=\frac{t_{w1}-t_{w2}}{R}\qquad(4-7)$$

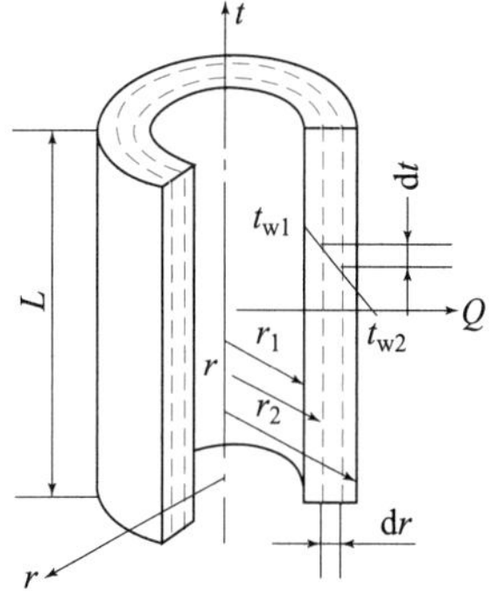


图 4-7　单层圆筒壁热传导

式中 $R=\frac{1}{2\pi L\lambda}\ln\frac{r_2}{r_1}$ 为圆筒壁的导热热阻，$t_{w1}-t_{w2}$ 为导热推动力。

单位管长的传热速率 $Q_L$ 为

$$Q_L=\frac{2\pi\lambda(t_{w1}-t_{w2})}{\ln\frac{r_2}{r_1}}=\frac{t_{w1}-t_{w2}}{\frac{1}{2\pi\lambda}\ln\frac{r_2}{r_1}}=\frac{t_{w1}-t_{w2}}{R'}\qquad(4-7\text{a})$$

式(4-7)即为单层圆筒壁传热速率方程。式(4-7)也可写为与平壁传热速率方程相类似的形式,即

$$Q=\frac{S_{\mathrm{m}}\lambda(t_{\mathrm{w1}}-t_{\mathrm{w2}})}{\delta}=\frac{S_{\mathrm{m}}\lambda(t_{\mathrm{w1}}-t_{\mathrm{w2}})}{r_2-r_1} \tag{4-8}$$

式中 $S_{\mathrm{m}}$ 为圆筒壁的平均面积:$S_{\mathrm{m}}=2\pi r_{\mathrm{m}}L$ ;$r_{\mathrm{m}}$ 为圆筒壁的平均半径,其对数平均值为:$r_{\mathrm{m}}=\dfrac{r_2-r_1}{\ln\dfrac{r_2}{r_1}}$ ;在计算中,若 $\dfrac{r_2}{r_1}\leqslant 2$,则可以用算术平均半径计算,即 $r_{\mathrm{m}}=\dfrac{r_1+r_2}{2}$ 。

实践证明,当 $\dfrac{r_2}{r_1}\leqslant 2$ 时,用算术平均半径计算与用对数平均半径计算比较,相对误差不大于4%,它在工程计算的允许误差范围之内,因此工程计算中常作这样的简化。



2. 多层圆筒壁定态热传导

多层圆筒壁的热传导(以三层为例)如图4-8所示。假设各层间接触良好,各层材料的导热系数分别为 $\lambda_1,\lambda_2,\lambda_3$;各层圆筒的半径分别为 $r_1,r_2,r_3,r_4$;长度为 $L$;圆筒的内、外表面及交界面的温度分别为 $t_{\mathrm{w1}}$,$t_{\mathrm{w2}},t_{\mathrm{w3}},t_{\mathrm{w4}}$,且 $t_{\mathrm{w1}}>t_{\mathrm{w2}}>t_{\mathrm{w3}}>t_{\mathrm{w4}}$。根据串联热阻的加和性,通过该三层圆筒壁的传热速率方程可以表示为

$$Q=\frac{\Delta t_{\mathrm{w1}}+\Delta t_{\mathrm{w2}}+\Delta t_{\mathrm{w3}}}{\dfrac{1}{2\pi L\lambda_1}\ln\dfrac{r_2}{r_1}+\dfrac{1}{2\pi L\lambda_2}\ln\dfrac{r_3}{r_2}+\dfrac{1}{2\pi L\lambda_3}\ln\dfrac{r_4}{r_3}}$$

$$=\frac{t_{\mathrm{w1}}-t_{\mathrm{w4}}}{R_1+R_2+R_3} \tag{4-9}$$

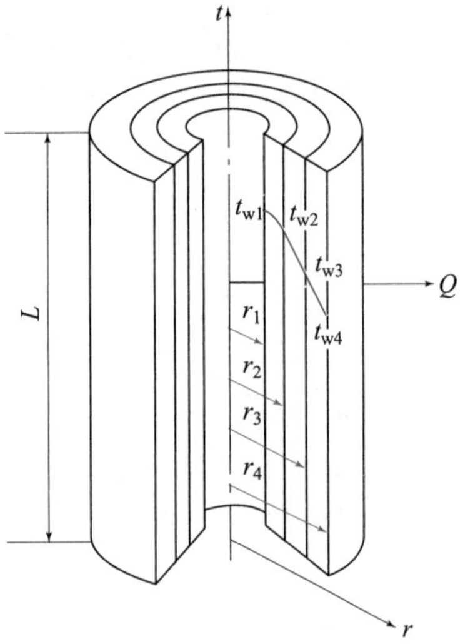

图4-8　多层圆筒壁热传导

对 $n$ 层圆筒壁,其传热速率方程可写为

$$Q=\frac{t_{\mathrm{w1}}-t_{\mathrm{w}(n+1)}}{\sum\limits_{i=1}^{n}\dfrac{1}{2\pi L\lambda_i}\ln\dfrac{r_{i+1}}{r_i}} \tag{4-10}$$

单位管长的传热速率 $Q_L$ 为

$$Q_L=\frac{t_{\mathrm{w1}}-t_{\mathrm{w}(n+1)}}{\sum\limits_{i=1}^{n}\dfrac{1}{2\pi\lambda_i}\ln\dfrac{r_{i+1}}{r_i}}$$

多层圆筒壁传热速率方程也可按多层平壁传热速率方程的形式写出,但各层的平均面积和厚度要分层计算,不要相互混淆。

**想一想**

多层平壁定态热传导,通过每一层的热通量都相等;多层圆筒壁定态热传导,通过每一层的热通量是否都相等?为什么?

[**例 4-3**] 在外径为 140 mm 的蒸汽管道外包扎保温材料,以减少热损失。蒸汽管外壁温度为 390 ℃,保温层外表面温度不大于 40 ℃。保温材料的导热系数为 0.143 W/(m·K),若要求每米管长的热损失 $Q_L$ 不大于 450 W/m,试求保温层的厚度。

**解**:此题为圆筒壁热传导问题,已知 $r_1=0.07$ m,$t_{w1}=390$ ℃,$t_{w2}=40$ ℃,由式(4-7a)知

$$Q_L=\frac{2\pi\lambda(t_{w1}-t_{w2})}{\ln\dfrac{r_2}{r_1}}$$

所以

$$\ln\frac{r_2}{r_1}=\frac{2\pi\times0.143\times(390-40)}{450}$$

得

$$r_2=0.141\ \mathrm{m}$$

故保温层厚度为

$$\delta=r_2-r_1=(0.141-0.07)\ \mathrm{m}=0.071\ \mathrm{m}=71\ \mathrm{mm}$$

[**例 4-4**] 蒸汽管道的内直径为 160 mm,外直径为 170 mm,导热系数为 50 W/(m·K)。管道外包有两层保温材料,第一层保温材料厚度为 30 mm,导热系数为 0.15 W/(m·K),第二层保温材料厚度为50 mm,导热系数为 0.08 W/(m·K) 。蒸汽管外壁温度为 300 ℃,两保温层交界面处的温度为 223 ℃。试求单位管长蒸汽管的热损失及蒸汽管内管壁和保温层最外表面的温度;若将两保温层材料互换位置,保持原来的厚度,蒸汽管的内壁面及保温层最外表面的温度维持不变,此时的热损失又为多少?

**解**:根据题意,已知的温度为第一层保温层两侧壁面的温度 $t_{w2}$ 和 $t_{w3}$,其 $d_2=170$ mm,$d_3=170$ mm$+2\times30$ mm$=230$ mm,故单位长度蒸汽管的热损失为

$$Q_L=\frac{t_{w2}-t_{w3}}{\dfrac{1}{2\pi\lambda_2}\ln\dfrac{r_3}{r_2}}=\frac{t_{w2}-t_{w3}}{\dfrac{1}{2\pi\lambda_2}\ln\dfrac{d_3}{d_2}}=\frac{300-223}{\dfrac{1}{2\times\pi\times0.15}\ln\dfrac{230}{170}}\ \mathrm{W/m}=240\ \mathrm{W/m}$$

蒸汽管内壁温度为

$$t_{w1}=t_{w2}+\frac{Q_L}{2\pi\lambda_1}\ln\frac{d_2}{d_1}=\left(300+\frac{240}{2\times\pi\times50}\ln\frac{170}{160}\right)\ ℃=300.05\ ℃$$

由此可见蒸汽管的热阻很小,计算时完全可忽略不计。

保温层最外表面温度为

$$t_{w4}=t_{w3}-\frac{Q_L}{2\pi\lambda_3}\ln\frac{d_4}{d_3}=\left(223-\frac{240}{2\times\pi\times0.08}\ln\frac{330}{230}\right)\ ℃=50.5\ ℃$$

将两保温层互换后,并忽略蒸汽管壁的热阻,热损失为

$$Q'_L=\frac{300-50.5}{\dfrac{1}{2\times\pi\times0.08}\ln\dfrac{270}{170}+\dfrac{1}{2\times\pi\times0.15}\ln\dfrac{330}{270}}\ \mathrm{W/m}=220\ \mathrm{W/m}$$

结论:对圆筒壁保温,尤其对小直径管道的保温,将导热系数较小保温材料放在内层保温效果好。

## 第三节 对流传热

对流传热在工程上指流体与壁面间的传热。即热流体将热量传递给固体壁面或壁

面将热量传递给冷流体的过程，简称给热。

## 一、对流传热的过程分析

在第一章中曾经介绍，流体流经固体壁面时，无论流体主体的湍流程度如何强烈，在紧靠固体壁面处总是存在着层流内层，它像薄膜一样盖住管壁。在层流内层和湍流主体间则存在着缓冲层。流动状况可见图 4-9(a)。

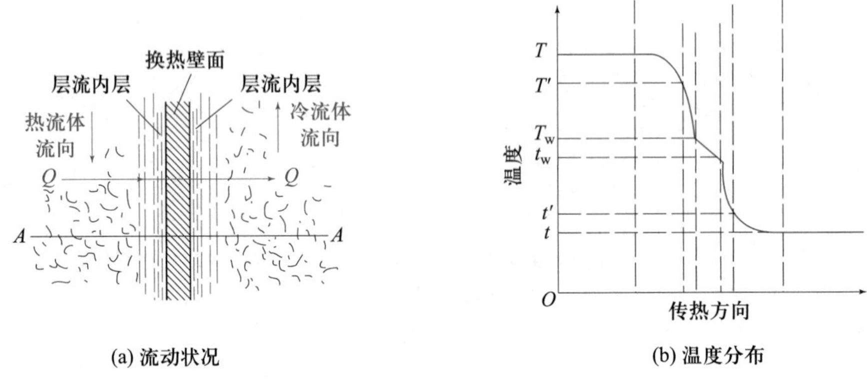

(a) 流动状况　　(b) 温度分布

图 4-9　对流传热的流动状况和温度的分布

在传热的方向上截取一截面 $A-A$，该截面上热流体的湍流主体温度为 $T$，冷流体湍流主体温度是 $t$，沿着传热的方向各点的温度分布大致如图 4-9(b)所示。热流体湍流主体因剧烈地湍动，使流体质点相互混合，故温度梯度趋近于 0，经过缓冲层后温度就从 $T$ 降到 $T'$，再经过层流内层又降到壁面处的 $T_w$；冷流体一侧的温度变化趋势正好与热流体相反，各层界面处的温度如图 4-9(b)所示。

在冷、热流体的湍流主体内，因存在着激烈的湍动，故热量的传递以对流传热方式为主，其温度差极小；在缓冲层内，热传导和对流传热都起着明显的作用，该层内发生较缓慢的变化；而在层流内层，因各层间质点没有混合现象，热量传递是依靠热传导方式进行，流体的层流内层虽然很薄，但温度差却占了相当大的比例。根据多层壁导热分析可知，哪一个分过程的温度差大，则它的热阻也大。由此可知对流传热的热阻主要集中在靠近壁面的层流内层内，因此减薄或破坏层流内层是强化对流传热的主要途径。如采用翅片换热管，在换热管内加内件，就是为了破坏层流内层。

## 二、对流传热基本方程和对流传热系数

1. 对流传热基本方程

通过对流传热过程分析，对流传热是一个复杂的传热过程，影响对流传热的因素很多，因此，对流传热的纯理论计算相当困难。为了计算方便，工程上采用了较为简单的处理方法。根据牛顿冷却定律可知：壁面与流体之间的对流传热速率与其接触面积及温度差成正比。因此，对流传热速率可写为下列形式：

$$Q=\alpha S\Delta t \tag{4-11}$$

式中　$\alpha$——对流传热系数，$W/(m^2 \cdot K)$；

$S$——传热面积，$m^2$；

$\Delta t$——流体与固体壁面之间平均温度差，K。

## 小贴士

在确定 $\Delta t$ 时必须注意：当流体被壁面加热时，式中 $\Delta t = t_w - t$，流体被壁面冷却时，$\Delta t = T - T_w$，其中 $T$ 为热流体主体温度，$t$ 为冷流体主体温度，$T_w$ 为热流体一侧壁面温度，$t_w$ 为冷流体一侧壁面温度。

可将式(4-11)改写成如下形式：

$$Q = \frac{\Delta t}{\frac{1}{\alpha S}} = \frac{\Delta t}{R} = \frac{\text{传热推动力}}{\text{传热热阻}} \tag{4-11a}$$



由此可见，$\Delta t$ 又称为传热推动力，而 $\frac{1}{\alpha S}$ 为对流传热热阻 $R$。式(4-11a)表明传热速率与传热推动力成正比，与传热热阻成反比。

对流传热系数 $\alpha$ 是一个表示对流传热过程强弱的物理量，其物理意义是当流体与壁面之间的平均温度差 $\Delta t$ 为 1 K 时，单位时间内单位传热面积上流体与壁面之间所交换的热量。所以在相同的 $\Delta t$ 情况下，对流传热系数的数值越大，交换的热量越多，传热过程越强烈。

表 4-5 中列出不同类型对流传热过程的对流传热系数的数值范围，供估计和核对计算结果时参考。

从表 4-5 可以看出，有相变流体的对流传热系数较大，一般在 $10^3 \sim 10^4$ W/($m^2$·K)；液体的对流传热系数居中，一般在 $10^2 \sim 10^3$ W/($m^2$·K)；气体的对流传热系数最小，一般在$10 \sim 10^2$ W/($m^2$·K)。了解各种流体在不同情况下对流传热系数的数量级，对传热过程的分析十分有用。

**表 4-5 对流传热系数 $\alpha$ 数值范围**

| 换热方式 | $\alpha$/(W·$m^{-2}$·$K^{-1}$) | 换热方式 | $\alpha$/(W·$m^{-2}$·$K^{-1}$) |
|---|---|---|---|
| 空气自然对流 | 5～12 | 油的加热或冷却 | 58～1 500 |
| 空气强制对流 | 12～120 | 水蒸气冷凝 | 5 000～15 000 |
| 水自然对流 | 200～1 000 | 有机蒸气冷凝 | 500～2 000 |
| 水强制对流 | 1 000～11 000 | 水沸腾 | 5 800～50 000 |

2. 影响对流传热系数的因素

对流传热过程是流体与壁面间的传热过程，所以凡是与流体流动及壁面有关的因素，也必然影响对流传热系数的数值，实验表明对流传热系数 $\alpha$ 值与流体流动产生的原因、流体的流动型态、流体的物性、流体有无相变和加热面的几何形状、尺寸、相对位置等因素有关。

一般来说对性质相近的流体，强制对流的对流传热系数大于自然对流的对流传热系数。湍流流动的对流传热系数大于层流流动的对流传热系数,对于同一种流动型态,流速越大,对流传热系数越大。流体的物性有流体的黏度 $\mu$、导热系数 $\lambda$、密度 $\rho$、比热容 $c_p$、体积膨胀系数 $\beta$ 等,对于有相变的传热,还有相变热的影响,除黏度 $\mu$ 外,其余的物性,随着其增加,对流传热系数相应增大。对于同一种流体,有相变时的传热系数大于无相变时的传热系数。传热面的形状、大小、相对位置影响传热,如冬天房间采暖,应将加热壁面放置空间的下部,反之,夏天的冷却装置,应放置空间的上部。

化工生产中常见的对流传热有两类,一是流体无相变传热,包括强制对流传热和自然对流传热;二是流体有相变传热,包括蒸汽冷凝传热和液体沸腾传热。对流传热的经验关联式很多,下面仅介绍流体在圆形直管内做无相变强制对流传热时的对流传热系数经验关联式。

## 三、流体无相变时的对流传热系数



### (一) 对流传热系数的一般关联式及使用时的注意事项

由于对流传热系数的影响因素较多,要建立一个计算对流传热系数的通式是十分困难的。目前通常是将这些影响因素经过量纲分析给出若干个量纲为 1 的特征数,然后再由实验方法确定这些特征数之间的关系,从而得到在不同情况下求算对流传热系数的经验关联式。

对于无相变对流传热,对流传热系数可表示为

$$\alpha = f(\mu, \rho, \lambda, c_p, u, l) \tag{4-12}$$

将各影响因素经过量纲分析得到各个特征数,各个特征数的表达式及含义如表 4-6 所示。

表 4-6 特征数的符号和含义

| 各准数名称 | 符号 | 表达式 | 含义 |
| --- | --- | --- | --- |
| 努塞尔数 | $Nu$ | $\frac{\alpha l}{\lambda}$ | 表示对流传热过程的强度 |
| 普朗特数 | $Pr$ | $\frac{c_p \mu}{\lambda}$ | 表示流体物性对传热系数的影响 |
| 雷诺数 | $Re$ | $\frac{u l \rho}{\mu}$ | 表示流体流动型态对传热系数的影响 |

特征数中各物理量的意义为

$\alpha$——对流传热系数,$W/(m^2 \cdot K)$;

$u$——流体的流速,m/s;

$\rho$——流体的密度,$kg/m^3$;

$l$——换热器的特征尺寸,可以是管内径或外径,或平板高度等,m;

$\mu$——流体的黏度,Pa·s;

$c_p$——流体的比定压热容,J/(kg·K);

$\lambda$——流体的导热系数,W/(m·K);

若流体流动为强制对流,自然对流的影响可忽略,可将式(4-12)转化为量纲为 1 的

特征数形式：

$$Nu = f(Re, Pr) \tag{4-13}$$

通过对实验数据的分析和处理，得到的各特征数之间的关系式称为经验关联式。由于数值是由实验测定的，因此，在使用这些关联式来计算对流传热系数 $\alpha$ 时，不能超出其实验条件的范围，并且要按经验关联式的要求来确定各特征数中各物理量，具体来说，在使用各特征数关联式来确定对流传热系数 $\alpha$ 时，必须注意其应用范围、定性温度、特征尺寸。

**（二）管内无相变强制对流传热系数**

对于强制对流的传热过程，$Nu$，$Re$，$Pr$ 三个特征数之间的关系，多数为指数函数的形式。即

$$Nu = C \cdot Re^m Pr^n \tag{4-14}$$

表 4-7 列出几种常见无相变强制对流传热系数的经验关联式。表中关联式中出现的 $\left(\dfrac{\mu}{\mu_w}\right)^{0.14}$，是由于温度的不同，使得固体表面流体黏度与流体主体黏度有较大的差异，而引入的修正项。计算时须先知壁面温度，这样使计算过程复杂化，工程计算中可按以下进行估算：

流体被加热时 $\left(\dfrac{\mu}{\mu_w}\right)^{0.14} = 1.05$

流体被冷却时 $\left(\dfrac{\mu}{\mu_w}\right)^{0.14} = 0.95$

表 4-7　管内无相变强制对流经验关联式

<table>
<tr><th>流型</th><th>各特征数关联式</th><th>应用范围</th><th>定性温度</th><th>特征尺寸</th></tr>
<tr><td rowspan="3">湍流</td><td>$\alpha = 0.023\dfrac{\lambda}{d}Re^{0.8}Pr^n$　(4-15)<br>流体被加热时 $n=0.4$<br>流体被冷却时 $n=0.3$</td><td>$Re>10^4$，$0.7<Pr<120$<br>$\mu\leqslant 2$ 常温下水的黏度<br>$\dfrac{换热管长}{管内径}>60$</td><td>流体进出口温度的算术平均值</td><td rowspan="3">换热管的内径 $d_i$</td></tr>
<tr><td>$\alpha = 0.027\dfrac{\lambda}{d}Re^{0.8}Pr^{1/3}\left(\dfrac{\mu}{\mu_w}\right)^{0.14}$<br>(4-16)</td><td>$Re>10^4$，$0.7<Pr<16\ 700$<br>$\dfrac{换热管长}{管内径}>60$，高黏度液体</td><td>$\mu_w$ 壁面温度下黏度，其余物理量用流体进出口温度的算术平均值</td></tr>
<tr><td>$\alpha = 0.023\dfrac{\lambda}{d}Re^{0.8}Pr^n\varphi$　(4-17)<br>$\varphi = 1+1.77\dfrac{d}{R}$</td><td>$Re>10^4$，$0.7<Pr<120$<br>$\mu\leqslant 2$ 常温下水的黏度<br>$\dfrac{换热管长}{管内径}>60$<br>流体在弯曲管道内流动</td><td>$d$ 为管内径<br>$R$ 为弯管的曲率半径</td></tr>
</table>

续表

| 流型 | 各特征数关联式 | 应用范围 | 定性温度 | 特征尺寸 |
| --- | --- | --- | --- | --- |
| 过渡流 | $\alpha = 0.023\dfrac{\lambda}{d}Re^{0.8}Pr^{n}f$ (4-18)<br>$f=1-\dfrac{6\times10^{5}}{Re^{1.8}}$ | $Re=2\ 000\sim10\ 000$<br>$0.7<Pr<120$<br>$\mu\leqslant2$ 常温下水的黏度<br>$\dfrac{换热管长}{管内径}>60$ | 流体进出口温度的算术平均值 | |
| 层流 | $\alpha = 1.86\dfrac{\lambda}{d}Re^{1/3}Pr^{1/3}\left(\dfrac{d}{L}\right)^{1/3}\left(\dfrac{\mu}{\mu_{w}}\right)^{0.14}$ (4-19)<br>不考虑自然对流的影响 | $Re<2\ 300, 0.6<Pr<6\ 700$<br>$\left(Re\cdot Pr\cdot\dfrac{d_{i}}{L}\right)>10$<br>$\dfrac{换热管长}{管内径}>60$ | $\mu_{w}$ 壁面温度下黏度，其余物理量用流体进出口温度的算术平均值 | |



$Pr$ 的指数 $n$ 与热流方向有关。流体被加热时，层流内层的温度高于主体温度。对液体而言，温度升高，黏度减小，层流内层减薄，虽液体的导热系数随温度升高而减小，但效果不明显，所以总体结果，液体被加热时传热系数增大。对气体而言，温度升高，黏度增大，层流内层增厚，虽然气体的导热系数也随温度升高而增大，但总效果使热阻变大，对流传热系数减小。流体被冷却时，情况相反。一般情况下，液体的 $Pr>1$，大多数气体的 $Pr<1$，所以流体被加热时，$n=0.4$，流体被冷却时，$n=0.3$，气体和液体均适用。

**[例 4-5]** 一列管换热器，换热管由 25 根、直径为 $\phi38$ mm×3 mm、长为 3 m 钢管组成。温度为 120 ℃的常压空气，在列管换热器管内被加热至 480 ℃。已知空气的质量流量为5 172 kg/h，试求空气在管内流动时的对流传热系数；若将空气流量增加一倍，此时的对流传热系数又为多少？

**解**：此题为管内强制对流传热。定性温度为 $t_{m}=\dfrac{120+480}{2}$ ℃$=300$ ℃，查定性温度下空气的物性参数分别为：$c_{p}=1.048$ kJ/(kg·K)，$\lambda=4.61\times10^{-2}$ W/(m·K)，$\mu=2.97\times10^{-5}$ Pa·s，$Pr=0.674$。

空气在管内的质量流速为

$$w = \frac{5\ 172}{25\times0.785\times0.032^{2}\times3\ 600}\ \text{kg/(m}^{2}\cdot\text{s)} = 71.5\ \text{kg/(m}^{2}\cdot\text{s)}$$

雷诺数为

$$Re = \frac{u\rho d_{i}}{\mu} = \frac{wd_{i}}{\mu} = \frac{71.5\times0.032}{2.97\times10^{-5}} = 7.7\times10^{4} > 10^{4}$$

$$Pr = 0.674\quad,\quad \frac{L}{d} = \frac{3}{0.032} = 94 > 60$$

空气为低黏度流体，根据 $Re$ 和 $Pr$ 的数值，可选用表 4-7 中式(4-15)进行计算对流传热系数。空气被加热取 $n=0.4$，则

$$Nu = 0.023Re^{0.8}Pr^{0.4}$$

$$\alpha = 0.023\frac{\lambda}{d}Re^{0.8}Pr^{0.4}$$

$$= 0.023\times\frac{4.61\times10^{-2}}{0.032}(7.7\times10^{4})^{0.8}\ 0.674^{0.4}\ \text{W/(m}^{2}\cdot\text{K)} = 230\ \text{W/(m}^{2}\cdot\text{K)}$$

当空气的流量增加一倍时，空气在管内的流速或质量流速增加一倍，管内流动必然还是湍流，若其他参数不变，根据式(4-15)可得出两种情况对流传热系数之间的关系为

$$\frac{\alpha'}{\alpha}=\left(\frac{u'}{u}\right)^{0.8}=\left(\frac{w'}{w}\right)^{0.8}=2^{0.8}=1.741$$

$$\alpha'=1.741\alpha=1.741\times230\ \text{W}/(\text{m}^2\cdot\text{K})=400\ \text{W}/(\text{m}^2\cdot\text{K})$$

对流传热系数比原来增加了 74.1%。由此可见增加流体的流速可有效地提高对流传热系数。

**想一想**

流体在管内做强制湍流时，当流体的性质和管径一定时，对流传热系数 $\alpha$ 与流速的关系是什么？在其他因素不变时，对流传热系数 $\alpha$ 与管径的关系是什么？



**(三) 管外无相变强制对流传热**

流体垂直流过管外时，在管子圆周各点的流动情况是不同的。流体绕单根圆管的流动情况如图4-10所示。在管子的前侧，由于管外边界层厚度的逐渐增厚，热阻逐渐增加，对流传热系数逐渐减小；当边界层分离以后，在管子的背后形成旋涡，流体质点搅动剧烈，对流传热系数逐渐增大。管外边界层的厚度及边界层分离的难易与雷诺数有关。

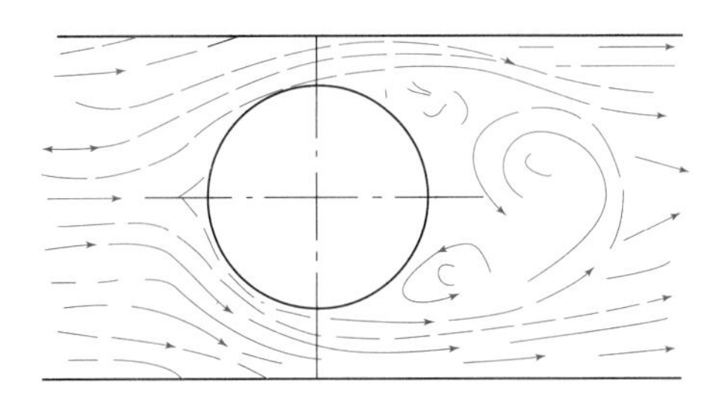

图 4-10　流体在单管外强制垂直流动时的流动情况

在换热器内，大多是流体横向流过管束的传热过程。此时由于管子之间的相互影响，传热过程更为复杂，此处不再赘述。相应的传热系数可查阅相关手册。

## 四、流体有相变时的对流传热

**(一) 液体的沸腾**

液体与高温壁面接触被加热汽化的过程称为液体的沸腾。由于加热壁面局部区域气泡不断产生、长大和脱离，致使壁面周围的液体搅动剧烈，强化了对流传热过程。

若液体沸腾时产生的气泡不能自由上浮，只能被迫与液体一起流动，造成“汽-液”两相一起流动，这种沸腾称为管内沸腾。若液体沸腾时产生的气泡脱离壁面后能自由浮升，液体的运动只是自然对流和气泡扰动引起，则这种沸腾称为大容积沸腾。当液体主体的温度低于饱和温度，加热壁面上产生的气泡离开壁面后在液体内重新冷凝成液体，这种沸腾称为大容积过冷沸腾。当液体主体的温度等于饱和温度，加热壁面上产生的气泡离开壁面后不再重新冷凝，这种沸腾是大容积饱和沸腾。与大容积沸腾相比，管内沸腾传热机理更为复杂，本小节只讨论大容积饱和沸腾。

1. 大容积饱和沸腾曲线

以大气压下饱和水在铂电热丝表面上的沸腾为例，说明大容积饱和沸腾曲线，如图

4-11所示。当壁面温度与操作压强下水的饱和温度差 $\Delta t \leqslant 2.2$ ℃，$\alpha$ 随 $\Delta t$ 缓慢增加。此时，加热表面液体的过热度很小，不足以产生气泡，加热表面与液体之间的传热是靠自然对流进行的，所以这一阶段为自然对流区。当 $\Delta t > 2.2$ ℃，$\alpha$ 随 $\Delta t$ 急剧增加，这是因为气泡的产生和脱离对加热壁面附近的液体搅动剧烈的缘故，这一阶段为泡核沸腾区。当 $\Delta t > 25$ ℃，因沸腾过于剧烈，产生的气泡量过多，气泡连成片形成气膜，把加热面和液态的水分开，这阶段为膜状沸腾区。膜状沸腾时，液体与壁面之间的换热，要经过气膜，而蒸汽的导热系数小，所以 $\alpha$ 值迅速下降。若 $\Delta t$ 再增加，加热壁面上形成一层稳定的气膜，把液体和加热壁面完全分开。但此时由于加热壁面温度较高，辐射传热增强，传热速率增大，$\alpha$ 也随之增大。

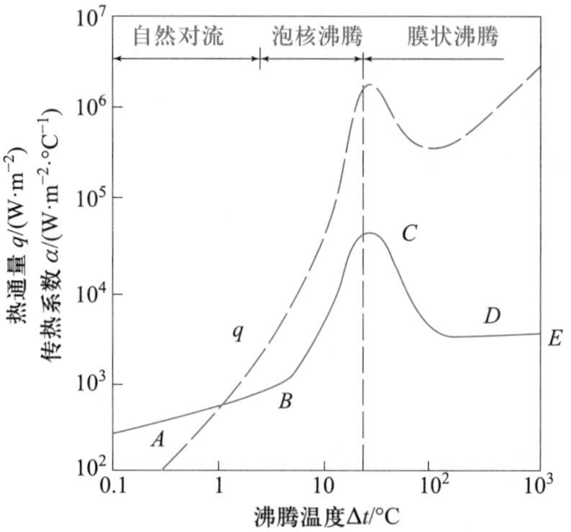

图 4-11　水的沸腾曲线



动画 大容积沸腾曲线

2. 沸腾传热的影响因素

影响沸腾传热的因素有液体和蒸汽的性质、加热表面的性质、操作压强、加热壁面与流体的温度差。

沸腾传热系数 $\alpha$ 随 $\lambda$ 和 $\rho_L$，$\rho_V$ 增大而增大，随 $\mu$ 和 $\sigma$ 增加而减小。实验表明加热壁面的粗糙性增加，提供的汽化核心增加，气泡运动加剧，传热系数增加；另外液体与加热表面的润湿性也影响着沸腾传热。提高操作压强，即提高液体的饱和温度，此时，液体的黏度、表面张力均会减小，有利于气泡的生成和脱离，强化了沸腾传热。温度差直接影响加热表面产生气泡的数量，也是控制沸腾传热过程的重要参数。在泡核沸腾区，通过文献可查取各种液体在特定表面状况、不同压强、不同温度差情况下的沸腾传热系数。

**（二）蒸汽的冷凝**

1. 蒸汽冷凝方式

当蒸汽与温度低于其饱和温度的冷壁面相接触时，蒸汽放出潜热，在壁面上冷凝成液体。根据冷凝液能否润湿壁面，将蒸汽冷凝分为膜状冷凝和滴状冷凝。在冷凝过程中冷凝液若能润湿壁面，在壁面上形成连续的冷凝液膜如图 4-12 所示，这种冷凝方式称为膜状冷凝。当冷凝液不能润湿壁面时，由于表面张力的作用，冷凝液在壁面上形成许多液滴，并随机地沿壁面落下，如图 4-13 所示，这种冷凝称为滴状冷凝。

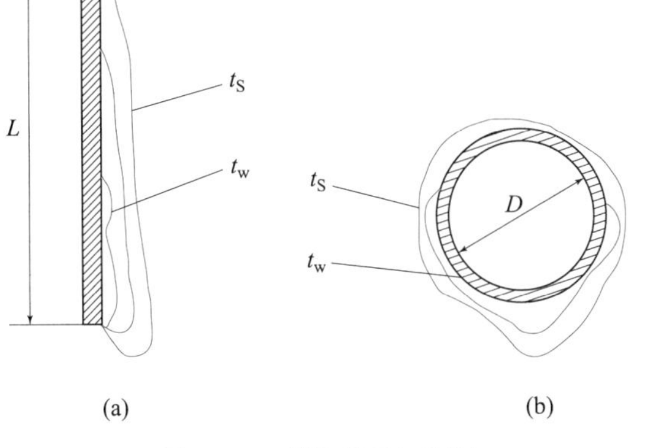


图 4-12　蒸汽膜状冷凝图

图 4-13　蒸汽滴状冷凝

动画

蒸汽冷凝



由于蒸汽在壁面上的冷凝方式不同,使两种情况下的对流传热系数值相差很大。膜状冷凝时由于壁面上的冷凝液将蒸汽和壁面完全分开,此时蒸汽冷凝放出的潜热必须通过这一层液膜传递给壁面。而纯蒸汽冷凝气相不存在温度差,所以这一层液膜的热阻是冷凝传热的全部热阻。滴状冷凝时,大部分壁面暴露在蒸汽中,蒸汽冷凝放出的潜热,直接传递给壁面。因为在壁面上没有冷凝液膜形成的附加热阻,所以总热阻要小得多。实验表明,滴状冷凝的传热系数比膜状冷凝的传热系数大 5～10 倍。

动画

圆管外膜状冷凝

但是,在工业上用的冷凝器中,即使采取了促进滴状冷凝的措施,也不能持久。所以,工业冷凝器的设计都按膜状冷凝考虑,相关的传热系数关联式可从一般工程手册中能查到。

2. 蒸汽冷凝的影响因素

工业蒸汽中带有的不凝性气体,会降低冷凝传热系数,实际数据表明,当蒸汽中含有1%空气时,冷凝传热系数将降低 60%之多。蒸汽流速和流向会影响液膜的厚度,从而影响冷凝传热系数。流体的物性会影响冷凝液膜的厚度和热阻,如冷凝液的密度、导热系数、黏度和冷凝潜热,其值改变,冷凝传热系数就会发生变化。液膜两侧的温度差对蒸汽冷凝产生影响,液膜两侧的温度差越大,蒸汽冷凝速率越大,液膜厚度越厚,冷凝传热系数越小。

动画

辐射能的吸收、反射和透过

## 第四节　辐射传热

### 一、辐射传热的基本概念和特点

辐射传热与光辐射的本质完全相同,不同的仅仅是波长的范围。理论上辐射传热的波长范围从零到无穷大。但是,在工业上所遇到的温度范围内,有实际意义的辐射传热波长范围为0.38～1 000 μm,而且大部分能量集中于红外线区段的 0.76～20 μm 范围内。

任何物体,只要其热力学温度大于零,都会不停地以电磁波的形式向外界辐射能量;同时又不断吸收来自外界其他物体辐射的辐射能。当物体向外界辐射的能量与其从外界吸收的辐射能不相等时，物体与外界之间就产生热量传递。这种传热方式称为辐射传热。辐射介质的温度越高，传递的辐射能就越大。

当辐射能投到某一物体的表面时，和光到达物体的表面一样，投射的总能量有可能分为三部分：一部分能量被物体所吸收；一部分能量被反射；一部分能量透过物体。凡是能全部吸收辐射能的物体，称为**黑体**。实验证明，工业上的大部分物体都能部分地吸收辐射能，而且，凡是吸收率越高的物体，它本身的辐射能力也越大。

热辐射在真空中也能传播，无需任何介质，对流传热和热传导都是靠质点直接接触而进行热量传递的。

## 二、影响辐射传热的主要因素

1. 温度



由于辐射的传热速率正比于温度四次方的差，所以，同样的温度差在高温时的热流量远大于低温时的热流量。例如，$T_1=720$ K，$T_2=700$ K 与 $T_1=120$ K，$T_2=100$ K 两者温度差相等，但在其他条件相同的情况下，热流量相差 240 多倍。由此可见，低温传热时，辐射传热可以忽略；在高温传热时，辐射传热不能忽略，有时甚至占主要地位。

2. 几何位置

两物体间的几何位置，决定了一个表面对另一个表面的投射角，投射角越大，辐射包围的面积越大，辐射的传热速率越大。

3. 表面黑度

当物体的相对位置一定时，表面黑度直接影响辐射热流的大小。例如，为了增加设备的散热能力，在其表面上涂上黑度很大的油漆；若需要减少辐射传热，可在表面上涂上黑度较小的银、铝等。

## 三、对流与辐射联合传热

在化工生产中，设备、管道的温度高于外界的大气温度时，热量将以对流传热和辐射传热的方式传递。

辐射传热的速率方程可仿牛顿冷却定律的形式：

$$Q_{辐}=\alpha_{辐}S(T_w-T)$$

对流传热速率方程为

$$Q_{对}=\alpha_{对}S(T_w-T)$$

设备总传热速率为

$$Q_{总}=\alpha_{辐}S(T_w-T)+\alpha_{对}S(T_w-T)=\alpha_{联}S(T_w-T)$$

式中 $\alpha_{联}$——“对流-辐射”联合传热系数，$W/(m^2\cdot K)$；

$S$——设备、管道的表面积，$m^2$；

$(T_w-T)$——设备、管道的表面温度和外界大气的温度，K。

对于有保温层的设备、管道等，外壁对周围环境的联合传热系数可根据以下经验式估算。

1. 空气自然对流

空气自然对流时联合传热系数经验关联式见表 4-8。

**表 4-8　空气自然对流时联合传热系数经验关联式**

| 壁面温度 | 壁面类型 | 联合传热系数经验关联式 |
|---|---|---|
| $T_w<150$ ℃ | 平壁 | $\alpha_{联}=9.8+0.07(T_w-T)$ |
| $T_w<150$ ℃ | 圆筒壁 | $\alpha_{联}=9.4+0.052(T_w-T)$ |

2. 空气沿粗糙壁面强制对流

当空气流速 $u\leqslant5$ m/s 时，有

$$\alpha_{联}=6.2+4.2u \tag{4-20}$$

当空气流速 $u>5$ m/s 时，有

$$\alpha_{联}=7.8u^{0.78} \tag{4-21}$$



## 第五节　传 热 计 算

化工生产中的换热大多数是通过间壁式换热器来实现的，在实际中通常遇到两类问题。其一是给定生产要求的热负荷和工艺条件，确定其所需换热器的传热面积，进而设计或选用一合适的换热器；其二给定换热器的结构参数及冷、热两流体进入换热器的初始条件，通过计算确定其传热结果，以判定设备是否合用或选择设备的适宜操作条件，本节就是主要解决有关间壁式换热器的传热计算的问题。

### 一、传热速率方程

对于间壁式换热，前面已介绍热量通过壁面的导热速率方程和流体与壁面间的对流传热速率方程，但使用这些方程计算传热速率，都涉及壁面温度，而通常壁面温度难以测定。为解决这一问题，在实际的传热计算中，通常采用间壁两侧流体的温度。经过长期生产实践和科学实验总结表明：单位时间内通过换热器传热壁面的热量与传热面积成正比，与冷、热流体间的温度差成正比。用数学式表达则为

$$Q=KS\Delta t_m=\frac{\Delta t_m}{\dfrac{1}{KS}}=\frac{\text{传热总推动力}}{\text{传热总阻力}} \tag{4-22}$$

式中　$Q$——单位时间内通过传热壁面的热量，称为传热速率，W；

$\Delta t_m$——冷、热流体的平均温度差，K(或℃)；

$S$——换热器的传热面积，$m^2$；

$K$——比例系数，称为传热系数，$W/(m^2\cdot K)$。

式(4-22)表明传热速率与传热总推动力 $\Delta t_m$ 成正比，与传热总阻力 $\dfrac{1}{KS}$ 成反比。

传热系数是一个表示传热过程强弱程度的物理量。若将式(4-22)改写为以下形式：

$$K=\frac{Q}{S\Delta t_m} \tag{4-22a}$$

可由式(4-22a)看出传热系数的物理意义为：当冷、热两流体之间的温度差为1 ℃时，单位时间内通过单位传热面积，由热流体传给冷流体的热量。所以 $K$ 值越大，在相同的温度差条件下，所传递的热量越多，热交换过程越强烈。在传热操作中，总是设法提高传热系数的数值，以强化传热过程。

## 二、热负荷的确定

单位时间内工艺上要求冷、热两流体在换热器中需要交换的热量，称为该换热器的热负荷，以 $Q'$ 表示。这里必须说明：热负荷是生产工艺对换热器的换热能力的要求，其数值大小是由工艺换热需要所决定；传热速率 $Q$ 是换热器的换热能力。一个能够满足工艺换热要求的换热器，必须有 $Q \geqslant Q'$，在换热器设计计算中一般取 $Q=Q'$。



### （一）换热器的热量衡算

能量的转换及能量的传递都必须服从能量守恒的原理，在化工生产中的传热过程也是如此。在一个换热器中，若单位时间内热流体在换热器中放出的热量为 $Q_h$、冷流体在换热器中吸收的热量为 $Q_c$，换热器的热损失为 $Q_f$，根据能量守恒定律，则有

$$Q_h=Q_c+Q_f \tag{4-23}$$

若换热器的保温良好，热损失 $Q_f$ 可忽略不计，单位时间内热流体放出的热量 $Q_h$ 等于冷流体吸收的热量 $Q_c$。对于定态传热过程，也就是等于换热器热负荷 $Q'$。即

$$Q'=Q_h=Q_c \tag{4-24}$$

当热损失不能忽略不计时，则要考虑冷、热流体流动通道的情况。对于列管换热器，哪一种流体从换热器管程（换热管内）通过，该流体所放出或吸收的热量即为该换热器的热负荷 $Q'$，如热流体流过列管换热器的管程，则其放出的热量 $Q_h$ 为该换热器的热负荷 $Q'$。

### （二）载热体换热量的计算

载热体换热量计算就是参与换热的冷、热流体吸收或放出热量的计算。其具体计算方法如下：

1. 显热法

因载热体的温度升高或降低而吸收或放出的热称为**显热**。如将水由350 K冷却到293 K所放出的热。显热法适用于载热体在热交换过程中仅有温度变化的情况。计算式如下：

$$Q_h=q_{mh}c_{ph}(T_1-T_2) \tag{4-25}$$

$$Q_c=q_{mc}c_{pc}(t_2-t_1) \tag{4-26}$$

式中　$q_{mh},q_{mc}$——热、冷流体的质量流量，kg/s；

$c_{ph},c_{pc}$——热、冷流体进出口平均温度下的平均比定压热容，J/(kg·K)；

$T_1,t_1$——热、冷流体的进口温度，K(或℃)；

$T_2, t_2$——热、冷流体的出口温度,K(或℃)。

比定压热容的意义是 1 kg 物质温度升高 1 K 时所需要吸收的热。它是物质的热力学性质,其数值由实验测定,不同的物质具有不同的比定压热容,同一物质的比定压热容随温度而变化。

**[例 4-6]** 将 0.417 kg/s,353 K 的某液体通过一换热器冷却到 313 K,冷却水的进口温度为 303 K,出口温度不超过 308 K,已知液体的比定压热容 $c_{ph}=1.38$ kJ/(kg·K),若热损失可忽略不计,试求该换热器的热负荷及冷却水的用量。

**解:** 由于热损失可忽略不计,换热器的热负荷为

$$Q' = Q_h = q_{mh}c_{ph}(T_1 - T_2) = 0.417 \times 1.38 \times 10^3 \times (353 - 313)\ \text{W} = 23\ \text{kW}$$

冷却水的消耗量,可由热量衡算式确定。由于热损失可忽略不计,应有

$$Q_h = Q_c \quad 或 \quad q_{mc}c_{pc}(t_2 - t_1) = Q_h$$

冷却水平均温度为 $\frac{303+308}{2}$ K=305.5 K,由附录查得水的比定压热容为 4.17 kJ/(kg·K),则

$$q_{mc} = \frac{Q_h}{c_{pc}(t_2 - t_1)} = \frac{23\ 000}{4.17 \times 10^3 \times (308 - 303)}\ \text{kg/s} = 1.1\ \text{kg/s}$$

2. 潜热法

由于载热体的聚集状态发生变化而放出或吸收的热称为**潜热**。如 373 K 水变为 373 K 饱和蒸汽时所吸收的热。物质的聚集状态发生变化又称为**相变**,潜热法适用于载热体在热交换过程中仅有相变化的情况。其相变热计算式如下:

$$Q_h = q_{mh}r_h \quad , \quad Q_c = q_{mc}r_c \tag{4-27}$$

式中 $r_h, r_c$——热、冷流体的相变热,J/kg。

一定的压强下,载热体由液态汽化为同一温度饱和蒸汽时所需的相变热又称为**汽化潜热**;由气态冷凝为同一温度饱和液体时所需要的相变热又称为**冷凝潜热**。相变热也是物质的热力学性质,其数值由实验测定,流体的相变热与操作温度和操作压强有关,同一流体在同一温度下汽化与冷凝相变热相同。常见流体的汽化潜热可由本书附录中查得。

**[例 4-7]** 某列管换热器用压强为 110 kN/m² 的饱和蒸汽加热某冷液体;流量为 5 m³/h 的冷液体在换热管内流动,温度从 293 K 升高到 343 K,平均比定压热容为 1.756 kJ/(kg·K),密度为 900 kg/m³。若换热器的热损失估计为该换热器热负荷的 8%,试求热负荷及蒸汽消耗量。

**解:** 冷液体在列管换热器的管程被加热,该换热器的热负荷在数值上等于冷流体吸收的热量,即

$$Q' = Q_c = q_{mc}c_{pc}(t_2 - t_1)$$

$$Q' = Q_c = \frac{5 \times 900}{3\ 600} \times 1.756 \times 10^3 \times (343 - 293)\ \text{W} = 110\ \text{kW}$$

查得 110 kPa 压力下饱和水蒸气的冷凝潜热为 2 245 kJ/kg,由热量衡算式可得水蒸气消耗量为

$$q_{mh} = \frac{Q_c + Q_c 8\%}{r_h} = \frac{110 \times (1 + 0.08)}{2\ 245}\ \text{kg/s} = 0.052\ 9\ \text{kg/s} = 190\ \text{kg/h}$$

3. 焓差法

当载热体既有温变又有相变时，采用以上两种方法确定换热量很不方便，焓差法适用于载热体有相变、无相变及既有温变又有相变的各种情况。其计算式为

$$Q_h = q_{mh}(H_{h1} - H_{h2}) \quad , \quad Q_c = q_{mc}(H_{c2} - H_{c1}) \tag{4-28}$$

式中　$H_{h1}$，$H_{h2}$——热流体进、出换热器的焓，J/kg；

$H_{c1}$，$H_{c2}$——冷流体进、出换热器的焓，J/kg。

物质的焓取决于物质所处的状态（聚集状态、温度等），文献中查得的焓值是相对值，通常是以 273 K 液体或气体作为基准状态，即规定 273 K 液体或气体的焓为零。

## 三、总传热系数



工业生产中常见的间壁式换热器传热壁面温度不太高，辐射传热量很小，辐射传热通常不予考虑，间壁两侧流体间的传热是由对流—传导—对流三个步骤组合而成的串联传热过程，如图4-14所示。假设热流体在管内流动，冷流体在管外流动，热量由温度较高的热流体以对流传热方式传递给与其接触的一侧换热壁面，然后以热传导方式传递给间壁的另一侧，再由壁面以对流传热方式传递给冷流体。

根据牛顿冷却定律和傅里叶定律可得

管内侧对流传热　　$$Q_{对1} = \frac{T - T_w}{\dfrac{1}{\alpha_i S_i}}$$

管壁导热　　$$Q_{导热} = \frac{T_w - t_w}{\dfrac{\delta}{\lambda S_m}}$$

管外侧对流传热　　$$Q_{对2} = \frac{t_w - t}{\dfrac{1}{\alpha_o S_o}}$$

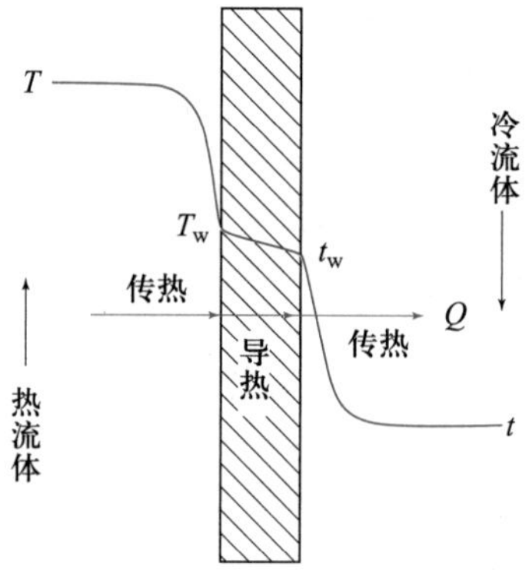

图 4-14　间壁式换热器串联换热分析

因为是定态传热过程，所以

$$Q_{对1} = Q_{导热} = Q_{对2} = Q$$

根据串联传热过程热阻的加和性可得

$$\frac{1}{KS} = \frac{1}{\alpha_i S_i} + \frac{\delta}{\lambda S_m} + \frac{1}{\alpha_o S_o} \tag{4-29}$$

其中 $S_i$，$S_o$，$S_m$分别是内、外及平均面积，壁面两侧流体的传热系数分别为 $\alpha_i$ 和 $\alpha_o$。壁面厚度为 $\delta$，圆筒壁材料的导热系数为 $\lambda$。

圆筒壁的表面积 $S$ 随其半径而变，不同的面积有其对应的传热系数，确定传热系数时应考虑面积的影响。若以圆筒壁外表面积 $S_o$为基准，则传热速率方程为 $Q = K_o S_o \Delta t_m$，其总热阻为

$$\frac{1}{K_o S_o} = \frac{1}{\alpha_i S_i} + \frac{\delta}{\lambda S_m} + \frac{1}{\alpha_o S_o} \tag{4-30}$$

若圆筒壁的内径为 $d_i$,外径为 $d_o$,平均直径为 $d_m$,则 $\frac{S_o}{S_i}=\frac{d_o}{d_i}$,$\frac{S_o}{S_m}=\frac{d_o}{d_m}$,式(4-29)又可写为

$$K_o=\frac{1}{\frac{d_o}{\alpha_i d_i}+\frac{\delta d_o}{\lambda d_m}+\frac{1}{\alpha_o}} \tag{4-31}$$

同理可得以圆筒壁内表面积为计算基准的总传热系数 $K_i$ 为

$$K_i=\frac{1}{\frac{1}{\alpha_i}+\frac{\delta d_i}{\lambda d_m}+\frac{d_i}{\alpha_o d_o}} \tag{4-32}$$

以圆筒壁平均表面积为计算基准的总传热系数 $K_m$ 为

$$K_m=\frac{1}{\frac{d_m}{\alpha_i d_i}+\frac{\delta}{\lambda}+\frac{d_m}{\alpha_o d_o}} \tag{4-33}$$



式(4-31)、式(4-32)及式(4-33)均为总传热系数的计算式。所取的基准面积不同,总传热系数 $K$ 值亦不同,但无论以哪一个面积为计算基准,都要与其传热系数相对应,才能得到正确的结果。

一个新的换热器运转一段时间后,在换热管的内、外两侧都会有不同程度的污垢沉积。垢层虽薄,但其导热系数很小,使得传热系数降低,减小了传热速率。为此,在传热计算中,必须根据流体的情况,对污垢产生的附加热阻加以考虑,以保证换热器在一定的时间内运转时,能保持足够大的传热速率。

若考虑管内、外流体的污垢热阻 $R_{si}$ 和 $R_{so}$,按串联热阻的概念,式(4-31)可写为

$$\frac{1}{K_o}=\frac{d_o}{\alpha_i d_i}+R_{si}\frac{d_o}{d_i}+\frac{\delta d_o}{\lambda d_m}+R_{so}+\frac{1}{\alpha_o} \tag{4-34}$$

由于污垢的厚度及其导热系数难以测定,工程计算时,通常是根据经验选用污垢热阻值。表4-9列出了工业上常见流体污垢热阻的大致数值范围以供参考。

**表 4-9　污垢热阻 $R_s$ 的大致数值范围**

| 流体 | $R_s/(m^2\cdot K\cdot kW^{-1})$ | 流体 | $R_s/(m^2\cdot K\cdot kW^{-1})$ |
|---|---|---|---|
| 水($u<1$ m/s,$t<50$ ℃): | | 液体: | |
| 蒸馏水 | 0.09 | 处理过的盐水 | 0.264 |
| 海水 | 0.09 | 有机物 | 0.176 |
| 清净的河水 | 0.21 | 燃料油 | 1.06 |
| 未处理的凉水塔用水 | 0.58 | 焦油 | 1.76 |
| 经处理的凉水塔用水 | 0.26 | 气体: | |
| 经处理的锅炉用水 | 0.26 | 空气 | 0.26～0.53 |
| 硬水、井水 | 0.58 | 溶剂蒸气 | 0.14 |

对于易结垢的流体，或换热器使用时间过长，污垢热阻的增加，使得换热器的传热速率严重下降。所以换热器要根据具体的工作条件，定期进行清洗。

当传热面为平壁或薄管壁时，其 $S_o \approx S_i \approx S_m$，式(4-34)可简化为

$$\frac{1}{K}=\frac{1}{\alpha_i}+R_{si}+\frac{\delta}{\lambda}+R_{so}+\frac{1}{\alpha_o} \tag{4-35}$$

当使用金属薄壁管时，管壁热阻可忽略；若为清洁流体，污垢热阻也可忽略，此时有

$$\frac{1}{K}\approx\frac{1}{\alpha_i}+\frac{1}{\alpha_o}=\frac{\alpha_i+\alpha_o}{\alpha_i\alpha_o} \tag{4-36}$$

若式(4-36)中的 $\alpha_i \gg \alpha_o$，则 $K\approx\alpha_o$；反之若 $\alpha_o \gg \alpha_i$，则 $K\approx\alpha_i$。由此可知总热阻由热阻大的一侧流体传热所控制。即当冷、热两流体的传热系数相差较大时，总传热系数 $K$ 值总是接近于热阻大的流体一侧传热系数 $\alpha$ 值。要提高传热系数 $K$ 值，关键是在于提高数值小的传热系数 $\alpha$，也就是尽量设法减小其中最大的分热阻，即减小关键热阻。



表 4-10 中列出了常见流体在列管换热器中总传热系数 $K$ 的经验值，供设计计算时参考。

**表 4-10 列管换热器中总传热系数 $K$ 的经验值**

| 冷流体 | 热流体 | 总传热系数/($W\cdot m^{-2}\cdot K^{-1}$) |
|---|---|---|
| 水 | 水 | 850～1 700 |
| 水 | 气体 | 17～280 |
| 水 | 有机溶剂 | 280～850 |
| 水 | 轻油 | 340～910 |
| 水 | 重油 | 60～280 |
| 水 | 水蒸气冷凝 | 1 420～4 250 |
| 气体 | 水蒸气冷凝 | 30～300 |
| 水 | 低沸点烃类冷凝 | 455～1 140 |
| 水沸腾 | 水蒸气冷凝 | 2 000～4 250 |
| 轻油沸腾 | 水蒸气冷凝 | 455～1 020 |

**[例 4-8]** 一列管换热器，管子规格为 $\phi$25 mm×2.5 mm，管内流体的对流传热系数为 100 W/($m^2\cdot K$)，管外流体的对流传热系数为 2 000 W/($m^2\cdot K$)，已知两流体均为湍流流动，管内外两侧污垢热阻均为0.001 18 $m^2\cdot K/W$。试求：(1) 传热系数 $K$ 及各部分热阻的分配。(2) 若管内流体对流传热系数提高一倍，传热系数 $K$ 有何变化？(3) 若管外流体对流传热系数提高一倍，传热系数 $K$ 又有何变化？

**解：**(1) 已知污垢热阻 $R_i=R_o=$ 0.001 18 $m^2\cdot K/W$，钢管 $\lambda=$ 45 W/($m\cdot K$)，则

$$d_m=\frac{d_i+d_o}{2}=\frac{0.020+0.025}{2}\text{m}=0.022\ 5\ \text{m}$$

$$\frac{1}{K_o}=\frac{1}{\alpha_o}+\frac{\delta d_o}{\lambda d_m}+\frac{d_o}{\alpha_i d_i}+R_i\frac{d_o}{d_i}+R_o$$

$$=\left(\frac{1}{2\ 000}+\frac{0.002\ 5\times 0.025}{45\times 0.022\ 5}+\frac{0.025}{100\times 0.02}+0.001\ 18\times\frac{0.025}{0.02}+0.001\ 18\right)\ \mathrm{m^2\cdot K/W}$$

$$=0.015\ 72\ \mathrm{m^2\cdot K/W}$$

$$K_o=63.61\ \mathrm{W/(m^2\cdot K)}$$

热阻分配：

污垢 $$\frac{R_o+R_i\frac{d_o}{d_i}}{1/K_o}=\frac{0.001\ 18\times\left(1+\frac{0.025}{0.02}\right)}{0.015\ 72}=0.168\ 9=16.89\%$$

管外 $$\frac{1/\alpha_o}{1/K_o}=\frac{1/2\ 000}{0.015\ 72}=3.18\%$$

管内 $$\frac{d_o/\alpha_i d_i}{1/K_o}=\frac{\frac{0.025}{100\times 0.02}}{0.015\ 72}=79.52\ \%$$

管壁 $$\frac{bd_o/\lambda d_m}{1/K_o}=\frac{\frac{0.002\ 5\times 0.025}{45\times 0.022\ 5}}{0.015\ 72}=0.39\%$$

(2) 若 $\alpha'_i=2\alpha_i=200\ \mathrm{W/(m^2\cdot K)}$，则

$$\frac{1}{K'_o}=\frac{1}{\alpha_o}+\frac{\delta d_o}{\lambda d_m}+\frac{d_o}{\alpha'_i d_i}+R_i\frac{d_o}{d_i}+R_o$$

$$=\left(\frac{1}{2\ 000}+\frac{0.002\ 5\times 0.025}{45\times 0.022\ 5}+\frac{0.025}{2\times 100\times 0.02}+0.001\ 18\times\frac{0.025}{0.02}+0.001\ 18\right)\ \mathrm{m^2\cdot K/W}$$

$$=0.009\ 47\ \mathrm{m^2\cdot K/W}$$

$$K'_o=105.6\ \mathrm{W/(m^2\cdot K)}$$

传热系数增加的百分数：

$$\frac{K'_o-K_o}{K_o}=\frac{105.6-63.61}{63.61}\times 100\%=66.01\%$$

(3) 若 $\alpha'_o=2\alpha_o=4\ 000\mathrm{W/(m^2\cdot K)}$，则

$$\frac{1}{K''_o}=\frac{1}{\alpha'_o}+\frac{\delta d_o}{\lambda d_m}+\frac{d_o}{\alpha_i d_i}+R_i\frac{d_o}{d_i}+R_o$$

$$=\left(\frac{1}{2\times 2\ 000}+\frac{0.002\ 5\times 0.025}{45\times 0.022\ 5}+\frac{0.025}{100\times 0.02}+0.001\ 18\times\frac{0.025}{0.02}+0.001\ 18\right)\ \mathrm{m^2\cdot K/W}$$

$$=0.015\ 47\ \mathrm{m^2\cdot K/W}$$

$$K''_o=64.64\ \mathrm{W/(m^2\cdot K)}$$

传热系数增加的百分数：

$$\frac{K'_o-K_o}{K_o}=\frac{64.64-63.61}{63.61}\times 100\%=1.62\%$$

可见，管内一侧的热阻远大于管外一侧的热阻，提高热阻大的一侧传热系数将有效地增加总传热系数。

**想一想**

壁面两侧流体分别是气体和饱和蒸汽，管外蒸汽冷凝将热量传递给管内的气体。试分析壁面两侧热阻的分配，以及若要强化传热过程应采取什么措施；并分析壁面温度与哪一侧流体的温度较为接近。

### 四、平均温度差

在间壁式换热器中，按流体在沿着传热面流动时的各点温度变化情况，可将传热过程分为恒温传热和变温传热两种。其平均温度差 $\Delta t_m$ 的计算方法各不相同，下面分别给予介绍。



#### （一）恒温传热时的传热温度差

若换热器内冷、热两流体的温度在传热过程中都是恒定的，则称为恒温传热。通常传热间壁两侧流体在传热过程中均发生相变时就是恒温传热。如在蒸发器内用饱和蒸汽作为热源，在饱和温度 $T_s$ 下冷凝放出潜热；液体物料在沸点温度 $t_s$ 下吸热汽化。$T_s$ 和 $t_s$ 在整个传热过程中保持不变，其平均温度差为

$$\Delta t_m = T_s - t_s \tag{4-37}$$

#### （二）变温传热时的传热温度差

传热过程中冷、热两流体中有一个或两个流体温度发生变化时，则称为变温传热。变温传热时的平均温度差，工程上可用换热器两端热、冷流体温度差的对数平均值表示，即

$$\Delta t_m = \frac{\Delta t_{大} - \Delta t_{小}}{\ln \dfrac{\Delta t_{大}}{\Delta t_{小}}} \tag{4-38}$$

式中　$\Delta t_{大}$，$\Delta t_{小}$——换热器两端热、冷流体温度差中的较大和较小值，℃或 K。

当 $\dfrac{\Delta t_{大}}{\Delta t_{小}} \leqslant 2$ 时，平均温度差 $\Delta t_m$ 可用温度差 $\Delta t_{大}$ 和 $\Delta t_{小}$ 的算术平均值表示，即

$$\Delta t_m = \frac{\Delta t_{大} + \Delta t_{小}}{2} \tag{4-39}$$

1. 仅间壁一侧流体有温变

间壁一侧流体变温而另一侧流体恒温的传热，其流体温度沿传热面位置的分布情况如图 4-15 所示，由图可见此种情况的温度差随传热面的位置而变化，但与流体的相对流向无关。

2. 间壁两侧流体都有温变

此种传热的平均温度差与冷、热两流体相对流向有关。在此种变温传热中，参与热交换的两种流体大致有并流、逆流、错流和折流四种流向，如图 4-16 所示。

若参与热交换的两流体在传热面两侧分别以相同的流向流动，则称为并流流动，如

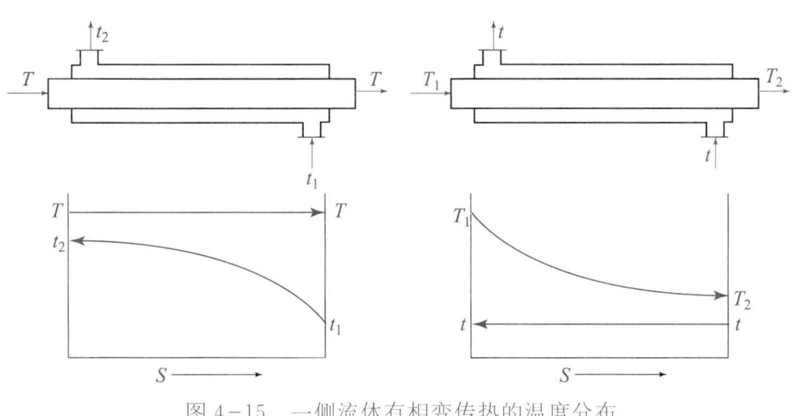

图 4-15　一侧流体有相变传热的温度分布

图 4-16(a)所示。若参与热交换的两流体在传热面两侧分别以相反的流向流动,则称为逆流流动,如图 4-16(b)所示。并流和逆流时的温度差沿传热面位置变化的分布情况如图 4-17 所示。





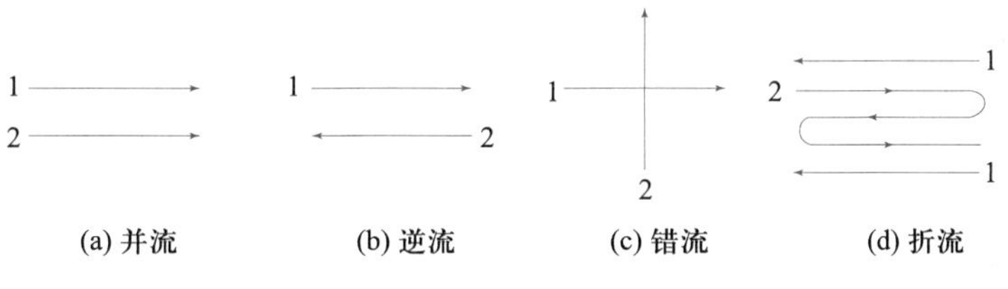

图 4-16　换热器中流体流动方向示意图



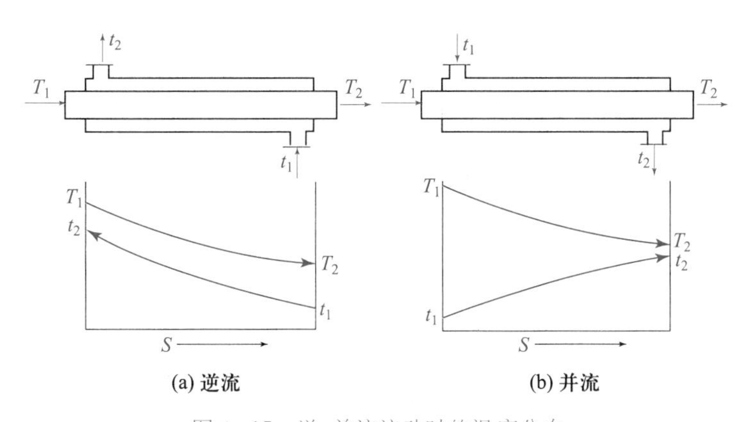

图 4-17　逆、并流流动时的温度分布

在计算第一种变温传热及第二种变温传热中并流和逆流的平均温度差时,只要能正确地判断两流体的相对流向,画出流体温度分布的简图,计算出热、冷流体在换热器两端的温度差 $\Delta t_{大}$ 和 $\Delta t_{小}$,代入式(4-38)或式(4-39)中即可得出传热平均温度差 $\Delta t_m$。

当参与热交换的两流体在传热面两侧的流动方向是互相垂直,如图 4-16(c)所示,则称为错流流动。当传热面两侧的冷、热流体中,有一侧或两侧流体都先是由换热器的一端沿着一个方向流动,到达换热器另一端时折回向相反方向流动,这样的反复来回流动称为折流流动,如图 4-16(d)所示。

对于错流和折流，其温度分布较为复杂，其 $\Delta t_m$ 可先按逆流流动的平均温度差 $\Delta t_{m逆}$ 来计算，然后再乘以温度差修正系数 $\varphi_{\Delta t}$，即

$$\Delta t_m = \Delta t_{m逆} \varphi_{\Delta t} \tag{4-40}$$

式中 $\varphi_{\Delta t}$ 为温度差修正系数，它与换热器的壳程数和冷、热流体进出口的温度有关，可表示为 $\varphi_{\Delta t} = f(R, P)$。其中：

$$R = \frac{T_1 - T_2}{t_2 - t_1} = \frac{\text{热流体的温降}}{\text{冷流体的温升}}$$

$$P = \frac{t_2 - t_1}{T_1 - t_1} = \frac{\text{冷流体的温升}}{\text{两流体的最初温差}}$$

$\varphi_{\Delta t}$ 可根据 $R$ 和 $P$ 两参数由图 4-18 查取。当流体作折流流动时，由图 4-18(a)、(b)、(c)、(d)查取 $\varphi_{\Delta t}$，所对应的壳程分别是单壳程、双壳程、三壳程、四壳程；图 4-18(e)为错流过程的 $\varphi_{\Delta t}$ 算图。选用和设计换热器时，通常要求 $\varphi_{\Delta t}$ 值要在 0.8 以上，若低于此值，则应重新选用另一种型号的换热器，或增加壳程数改用多台换热器串联操作，以提高 $\varphi_{\Delta t}$ 值，使传热过程接近于逆流传热。



**[例 4-9]** 用温度为 573 K 石油热裂解产物来预热石油。石油的进换热器的温度为 298 K，出换热器的温度为453 K，热裂解产物的最终温度不得低于473 K。试分别计算并流和逆流时的平均温度差，并加以比较。

**解：**(1) 逆流流动时

热流体　573 K→473 K

冷流体　453 K←298 K

$$\Delta t_{小} = 120\ \text{K}, \quad \Delta t_{大} = 175\ \text{K}$$

$$\Delta t_m = \frac{\Delta t_{大} - \Delta t_{小}}{\ln \dfrac{\Delta t_{大}}{\Delta t_{小}}} = \frac{175 - 120}{\ln \dfrac{175}{120}}\ \text{K} = 146\ \text{K}$$

由于 $\dfrac{\Delta t_{大}}{\Delta t_{小}} = \dfrac{175}{120} < 2$，所以可以用算术平均值计算平均温度差，即

$$\Delta t_m = \frac{\Delta t_{大} + \Delta t_{小}}{2} = \frac{175 + 120}{2}\ \text{K} = 147.5\ \text{K}$$

由此可见其误差是很小的，在工程计算中这么小的误差是允许的。

(2) 并流流动时

热流体　573 K→473 K

冷流体　298 K→453 K

$$\Delta t_{大} = 275\ \text{K}, \quad \Delta t_{小} = 20\ \text{K}$$

$$\Delta t_m = \frac{\Delta t_{大} - \Delta t_{小}}{\ln \dfrac{\Delta t_{大}}{\Delta t_{小}}} = \frac{275 - 20}{\ln \dfrac{275}{20}}\ \text{K} = 97\ \text{K}$$

由计算结果可得：在流体进、出换热器的温度已确定的情况下，逆流流动的平均温度差比并流流动时的大。

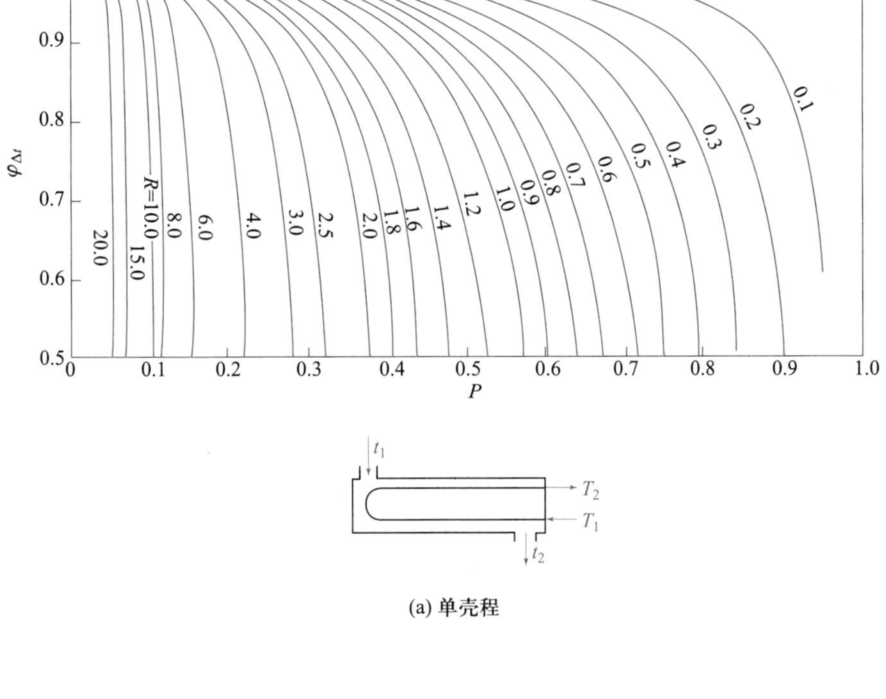
1.0
0.9
0.8
0.7
0.6
0.5
$\varphi_{\Delta t}$
0
0.1
0.2
0.3
0.4
0.5
0.6
0.7
0.8
0.9
1.0
P
20.0
15.0
R=10.0
8.0
6.0
4.0
3.0
2.5
2.0
1.8
1.6
1.4
1.2
1.0
0.9
0.8
0.7
0.6
0.5
0.4
0.3
0.2
0.1
$t_1$
$T_2$
$T_1$
$t_2$

(a) 单壳程

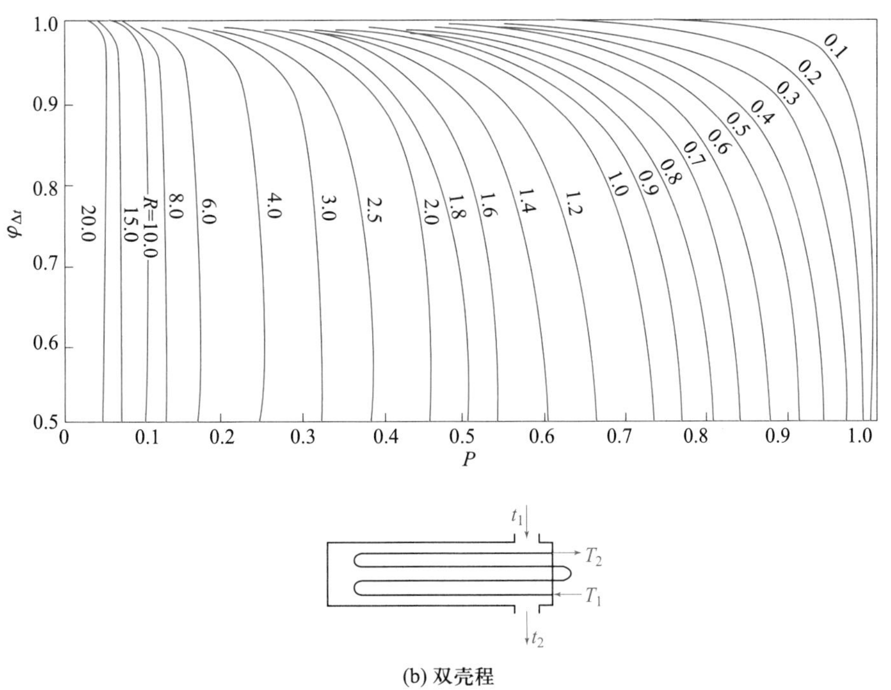
1.0
0.9
0.8
0.7
0.6
0.5
$\varphi_{\Delta t}$
0
0.1
0.2
0.3
0.4
0.5
0.6
0.7
0.8
0.9
1.0
P
20.0
15.0
R=10.0
8.0
6.0
4.0
3.0
2.5
2.0
1.8
1.6
1.4
1.2
1.0
0.9
0.8
0.7
0.6
0.5
0.4
0.3
0.2
0.1
$t_1$
$T_2$
$T_1$
$t_2$

(b) 双壳程

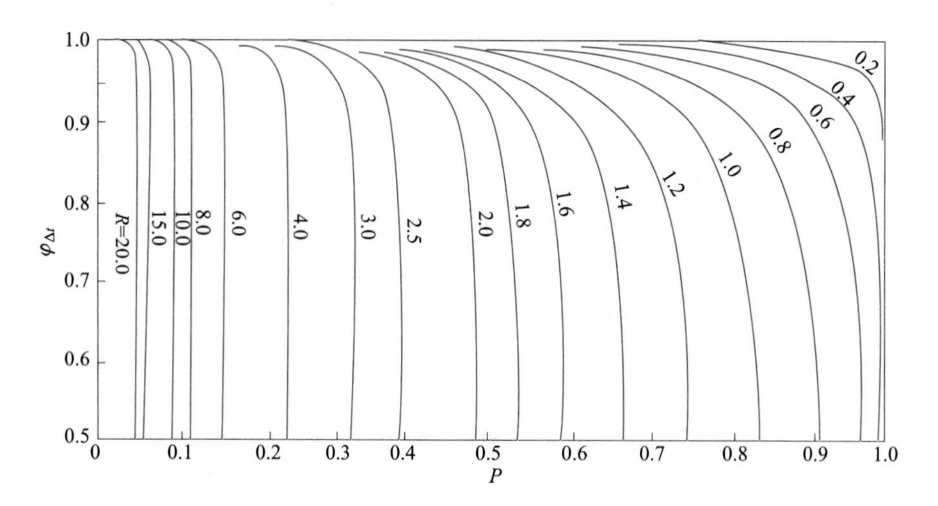

1.0
0.9
0.8
0.7
0.6
0.5
$\varphi_{\Delta t}$
0
0.1
0.2
0.3
0.4
0.5
0.6
0.7
0.8
0.9
1.0
P
R=20.0
15.0
10.0
8.0
6.0
4.0
3.0
2.5
2.0
1.8
1.6
1.4
1.2
1.0
0.8
0.6
0.4
0.2


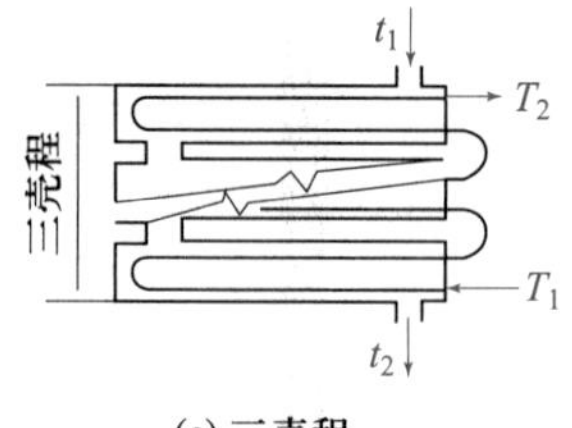

$t_1$
$T_2$
三壳程
$T_1$
$t_2$


(c) 三壳程

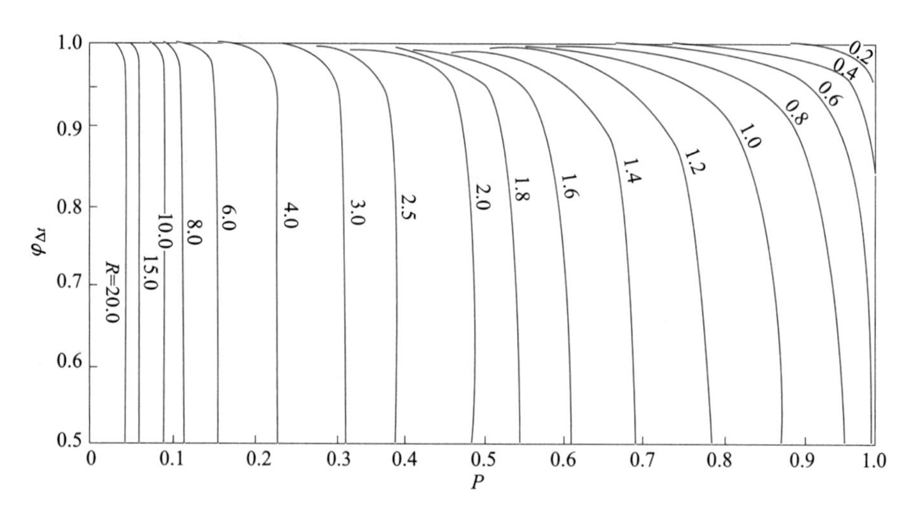

1.0
0.9
0.8
0.7
0.6
0.5
$\varphi_{\Delta t}$
0
0.1
0.2
0.3
0.4
0.5
0.6
0.7
0.8
0.9
1.0
P
R=20.0
15.0
10.0
8.0
6.0
4.0
3.0
2.5
2.0
1.8
1.6
1.4
1.2
1.0
0.8
0.6
0.4
0.2


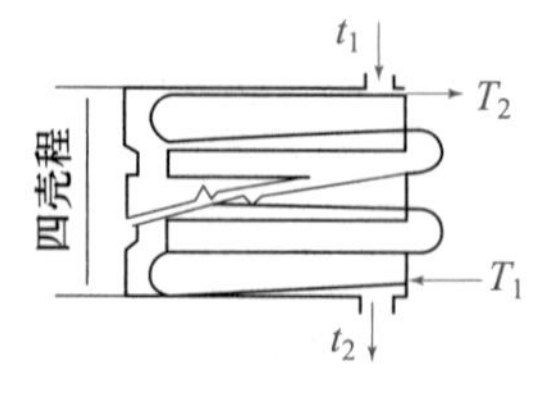

$t_1$
$T_2$
四壳程
$T_1$
$t_2$


(d) 四壳程

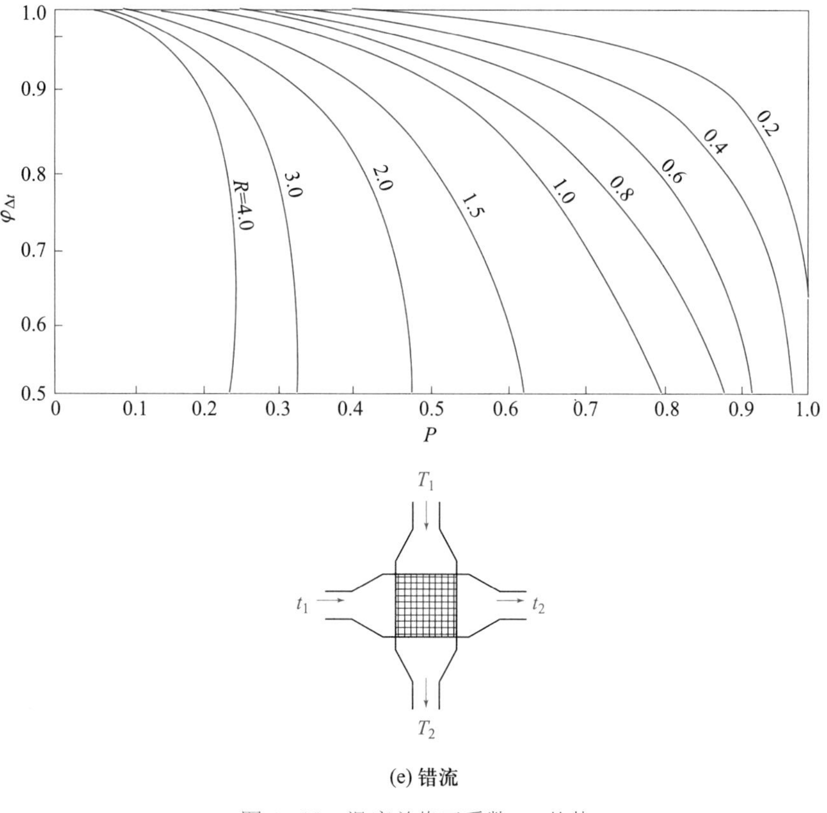


(e) 错流

图 4-18　温度差修正系数 $\varphi_{\Delta t}$ 的值

**(三) 流体流向的选择**

1. 流体流向影响设备费用和操作费用

根据传热速率方程可知，在其他条件相同的情况下，逆流传热时所需传热面积最小。这样可在完成相同的传热任务前提下，减少设备的投资费用。同时采用逆流操作，如冷流体为工艺流体，加热剂的进、出口温度差$(T_1-T_2)$，$T_2$的温度可接近冷流体的进口温度$t_1$，这样可加大加热剂的进、出口温度差，可减少载热体的消耗量，降低载热体的输送费用，由此可降低操作费用。

2. 流体流向选择受物料性质的影响

尽管并流操作温度差较逆流操作小，但有着其他流向不可替代的特点：如一些热敏性物料，工艺上被加热的流体最终温度不得高于某一指定值时(或被冷却的流体最终温度不得低于某一指定值时)，可利用并流操作加以控制达到此工艺要求。

3. 流体流向影响换热管材质选择

在高温换热器中，逆流操作会使热、冷流体的最高温度都集中在换热器的某一端，使得该处的换热管壁面温度特别高，不利于安全运行，有时不得不采用耐热性能较好但造价较高的换热管。采取并流操作，可使换热器两端受热较为均匀，以延长换热器的使用寿命。

由上述分析可知，换热器中两流体流向的选择，应从多方面综合考虑。工业生产中应用的换热器，纯粹的逆流操作和并流操作是不多见的，而多是复杂的错流和折流。主要是由于采用了错流和折流能使换热器的结构比较紧凑合理，不会由于要传递大量的热量而需占有较大空间的换热器。多管程或有折流挡板的列管换热器就是这样一种工业上最常见的换热器。

## 五、传热过程计算举例

**［例 4-10］** 生产要求在换热器内将流量为 3.0 kg/s，温度为 80 ℃某液体用水冷却到30 ℃。水在换热管外与管内的液体呈逆流流动，水的进口温度为 20 ℃，出口温度为 50 ℃。已知水侧和液体侧的传热系数分别为 1 700 W/($m^2$ · K)和 900 W/($m^2$ · K)，液体的平均比定压热容为 $1.9\times10^3$ J/(kg · K)。所采用的列管换热器是由长 3 m，直径为 $\phi$25 mm×2.5 mm，导热系数为 45 W/(m · K)的钢管束组成。若污垢热阻和换热器的热损失均可忽略不计，试求该换热器的换热管数目。

**解：** 先由传热基本方程计算传热面积 $S$，即

$$S_o=\frac{Q}{K_o\Delta t_m}$$

$$Q=Q'=q_{mh}c_{ph}(T_1-T_2)=3\times1.9\times10^3\times(80-30)\ \mathrm{W}=285\times10^3\ \mathrm{W}$$

$$K_o=\frac{1}{\dfrac{d_o}{\alpha_i d_i}+\dfrac{\delta d_o}{\lambda d_m}+\dfrac{1}{\alpha_o}}=\frac{1}{\dfrac{25}{900\times20}+\dfrac{2.5\times10^{-3}\times25}{45\times22.5}+\dfrac{1}{1\ 700}}\ \mathrm{W/(m^2\cdot K)}$$

$$=490.5\ \mathrm{W/(m^2\cdot K)}$$

$$\Delta t_m=\frac{\Delta t_{大}-\Delta t_{小}}{\ln\dfrac{\Delta t_{大}}{\Delta t_{小}}}=\frac{(80-50)-(30-20)}{\ln\dfrac{80-50}{30-20}}\ \mathrm{K}=18.2\ \mathrm{K}$$

$$S_o=\frac{Q}{K_o\Delta t_m}=\frac{285\times10^3}{490.5\times18.2}\ \mathrm{m^2}=32\ \mathrm{m^2}$$

所需列管换热器的换热管数目为

$$n=\frac{S_o}{\pi d_o L}=\frac{32}{3.14\times0.025\times3}=136$$

**［例 4-11］** 某工厂要将流量为 4 500 kg/h 的苯溶液在套管换热器中冷却。苯的进口温度为 70 ℃，被冷却到 30 ℃。苯在细管内流动，其传热系数 $\alpha_i$ 为 1 512 W/($m^2$·K)，平均温度下比定压热容为 1.8 kJ/(kg·K)。冷却水在内管和外管之间的环隙内与苯呈逆流流动，其入口温度为20 ℃，出口温度为 25 ℃，在平均温度下冷却水的比定压热容为 4.187 kJ/(kg·K)，传热系数 $\alpha_o$为6 293 W/($m^2$·K)，套管由内管$\phi$57 mm×3.5 mm 和 $\phi$89 mm×4.5 mm 外管组成，换热管材料的导热系数为 46 W/(m·K)。若忽略换热器的热损失和污垢热阻，试求冷却水用量和所需套管换热器的有效管长。

**解：** (1) 冷却水用量　依题意，热损失忽略不计，则有

$$Q_h=Q_c$$

$$q_{mh}c_{ph}(T_1-T_2)=q_{mc}c_{pc}(t_2-t_1)$$

$$q_{mc}=\frac{4\ 500\times1.8\times(70-30)}{4.187\times(25-20)}\ \mathrm{kg/h}=15\ 476\ \mathrm{kg/h}$$

(2) 套管换热器的有效长度

① 热负荷 $Q'$

$$Q'=Q_h=q_{mh}c_{ph}(T_1-T_2)=\frac{4\ 500\times1.8\times10^3\times(70-30)}{3\ 600}\ \mathrm{W}=9\times10^4\ \mathrm{W}$$

② 平均温度差 $\Delta t_m$

$$\Delta t_m = \frac{\Delta t_{大} - \Delta t_{小}}{\ln \dfrac{\Delta t_{大}}{\Delta t_{小}}} = \frac{(70-25)-(30-20)}{\ln \dfrac{70-25}{30-20}} \text{ K} = 23.3 \text{ K}$$

③ 总传热系数 $K_o$。

$$K_o = \frac{1}{\dfrac{d_o}{\alpha_i d_i} + \dfrac{\delta d_o}{\lambda d_m} + \dfrac{1}{\alpha_o}} = \frac{1}{\dfrac{57}{1\ 512 \times 50} + \dfrac{3.5 \times 10^{-3} \times 57}{46 \times 53.5} + \dfrac{1}{6\ 293}} \text{ W/(m}^2 \cdot \text{K)}$$

$$= 1\ 006 \text{ W/(m}^2 \cdot \text{K)}$$

④ 传热面积 $S_o$ 取 $Q = Q'$,则有

$$S_o = \frac{Q}{K_o \Delta t_m} = \frac{9 \times 10^4}{1\ 006 \times 23.3} \text{ m}^2 = 3.84 \text{ m}^2$$

⑤ 套管换热器的有效管长 $L$

$$L = \frac{S_o}{\pi d_o} = \frac{3.84}{3.14 \times 0.057} \text{ m} = 21.45 \text{ m}$$

**[例 4-12]** 有一蒸汽冷凝器,蒸汽冷凝的传热系数为 10 000 W/(m² · K),冷却水在管程做湍流流动,其传热系数为 1 000 W/(m² · K)。冷却水的进口温度为 30 ℃,出口温度为 35 ℃,蒸汽冷凝温度为100 ℃。若将冷却水的流量增加一倍,试确定此时蒸汽冷凝量增加多少。

(忽略管壁、两侧污垢的热阻和热损失,蒸汽和水的物性参数不变,蒸汽一侧的传热系数不变。)

**解:** 原工况

$$Q = Q_c = q_{mc} c_{pc} (t_2 - t_1) = KS\Delta t_m \tag{1}$$

(1) 式中的 $K$ 和 $\Delta t_m$ 计算如下:

$$K = \frac{1}{\dfrac{1}{1\ 000} + \dfrac{1}{10\ 000}} \text{ W/(m}^2 \cdot \text{K)} = 909 \text{ W/(m}^2 \cdot \text{K)}$$

$$\Delta t_{大} = (100 - 30)\ ℃ = 70\ ℃$$

$$\Delta t_{小} = (100 - 35)\ ℃ = 65\ ℃$$

显然

$$\frac{\Delta t_{大}}{\Delta t_{小}} = \frac{70}{65} < 2$$

$$\Delta t_m = \frac{70 + 65}{2}\ ℃ = 67.5\ ℃$$

后工况

$$Q' = Q'_c = 2q_{mc} c_{pc} (t'_2 - t_1) = K'S\Delta t'_m \tag{2}$$

(2) 式中的 $K'$ 和 $\Delta t'_m$ 值分别为

$$K' = \frac{1}{\dfrac{1}{1\ 000 \times 2^{0.8}} + \dfrac{1}{10\ 000}} \text{ W/(m}^2 \cdot \text{K)} = 1\ 483 \text{ W/(m}^2 \cdot \text{K)}$$

$$\Delta t'_m = \frac{(t'_2 - 30)}{\ln \dfrac{100 - 30}{100 - t'_2}}$$

将(2)、(1)两式两边相除:

$$\frac{2q_{mc}(t'_2 - t_1)}{q_{mc}(t_2 - t_1)} = \frac{K'S\Delta t'_m}{KS\Delta t_m}$$

$$\frac{2(t'_2 - 30)}{35 - 30} = \frac{1\ 483 \times (t'_2 - 30)}{909 \times 67.5 \times \ln \dfrac{100 - 30}{100 - t'_2}}$$

$$\ln \frac{70}{100 - t'_2} = 0.060\ 42$$

解得

$$t'_2 = 34.1\ ℃$$

增加冷凝量为

$$\frac{q'_{mh} - q_{mh}}{q_{mh}} = \frac{Q' - Q}{Q} = \frac{2 \times (34.1 - 30) - (35 - 30)}{35 - 30} \times 100\% = 64\%$$

蒸汽冷凝量增加了 64%。



## 第六节　换　热　器

完成热量传递的设备，称为换热器。应用于化工过程的换热器通常是间壁式换热器，单位时间内通过换热面传递的热量的多少反映换热器换热能力的强弱。那么工业上是如何来强化传热过程呢？

### 一、传热过程的强化途径

所谓强化传热，就是要提高换热器的传热速率。从传热速率基本方程可以看出：传热速率 $Q$ 的大小由三个因素决定，即冷、热流体之间平均温度差 $\Delta t_m$、传热面积 $S$ 和总传热系数 $K$，改变其中任意一个都会对传热带来影响。下面具体分析强化的途径。

**（一）增大换热器单位体积的传热面积**

增大换热器的传热面积，可以提高传热速率。但若增大传热面积导致换热器的体积增加，金属的消耗量增加，这样会增加设备的成本，这不是强化的真正含义。因而应从改造设备的结构出发，提高单位体积的传热面积，以达到换热设备高效紧凑的目的。如用小直径换热管、螺纹管、翅片管、波纹管代替光管，采用螺旋板式、翅片式换热器等各种新型换热器以增加传热面积。

**（二）增大传热平均温度差**

换热器的传热平均温度差越大，对传热越有利。当两流体无相变时，传热平均温度差与两流体的进、出口温度和流体的流向有关，其中目的流体温度由生产工艺决定，一般不能随意变动，因而可以通过增加加热剂的温度或降低冷却剂的温度，并且尽可能地采用逆流或接近于逆流的相对流向以获得尽可能大的平均温度差。当两流体中只要有一种流体有相变，传热平均温度差只与两流体的进出口温度有关，当加热剂是蒸汽时，可提高加热蒸汽的压强，即增加加热剂温度，可以提高传热温度差。但这要求换热器具备更高的耐压能力。

值得注意的是，选择加热剂或冷却剂的温度和流量，应从技术上的可行性和经济上的合理性考虑，并且要考虑当地的资源、操作费用和气候等因素。

### (三) 增大总传热系数

总传热系数 $K$ 的倒数值，反映了壁面两侧流体间传热的热阻大小，它是由壁面两侧流体间的对流传热热阻、管壁的导热热阻和污垢热阻所构成。因此，要增大总传热系数 $K$，应分析各部分热阻所占的比例，设法减小所占比例大的那一部分热阻。

管壁的导热热阻因管壁较薄、导热系数较大而较小；此时壁面两侧的对流传热热阻和污垢热阻是影响传热过程的主要因素。增大传热系数的主要途径如下：

1. 增大流体的流速

增强流体的湍流程度以减薄层流内层的厚度，从而减小对流传热热阻。如在列管换热器中，可增加管程数或壳程内加挡板；在夹套式换热器中增加搅拌，这些都可以增大流体的流速，减薄层流内层的厚度，增大对流传热系数。但同时应考虑由于流速增大而引起的阻力增大，且需考虑设备的结构、清洗、检修等方面的困难。

2. 改进换热管的结构

如采用翅片管，即在换热管的内表面、外表面或内外表面上加装翅片。翅片可根据不同流体的性质和流动状况采用不同结构型式的翅片，常见的翅片有横向和纵向两类，图 4-19 所示的是工业广泛应用的几种翅片形式。换热管上装置了翅片后，既可增加传热面积，又可改善翅片侧流体的湍流程度，增加了传热量，尤其是对流体传热系数很小的传热过程有显著的强化效果。必须注意的是：翅片一侧的流体走向一定要与翅片平行，否则传热效果将会变差，甚至于不如光管的传热效果好。

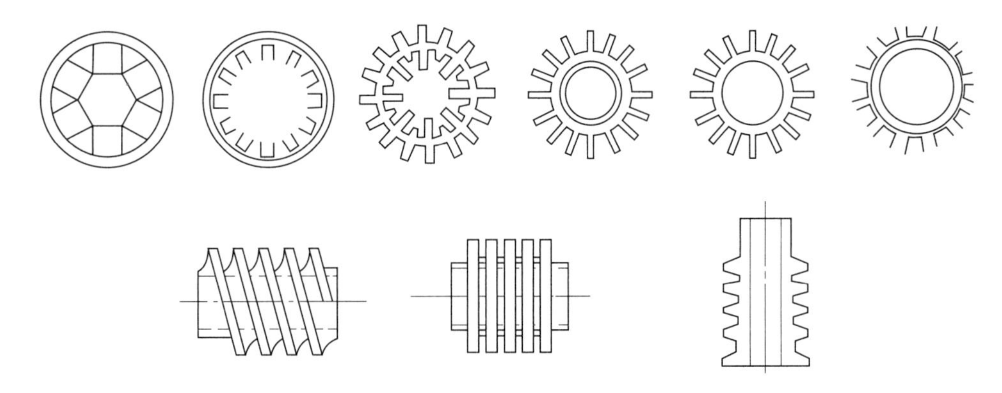

图 4-19　常见的几种翅片管

3. 改变流体的流动条件

改变壁面两侧流体的流动状况，以减薄层流内层的厚度。如在管内加装麻花铁、螺旋圈或金属丝等添加物都会增加管程流体湍动程度；采用各种凹凸不平的波纹状或粗糙的换热面，或在壳程的管束间安装折流杆等，均可加强壳程流体的湍动程度。

4. 改造换热器结构

利用管子进口段换热较强和流道短则层流内层薄等特点，采用短管换热器可以提高管程流体的传热系数。

5. 流体有相变的对流传热

应尽量使蒸汽在滴状冷凝下进行，或增加引流板等装置，使冷凝液迅速流下以增大冷凝膜系数，另外一定要定期排放不凝性气体。

6. 减小污垢热阻

换热器刚使用时，污垢热阻很小，可不考虑。随着换热器使用时间的延长，污垢热阻逐渐增大，因此防止结垢和及时清除垢层，也是强化传热的关键。

综上所述，对间壁式换热器来说，要提高换热器传热系数，就必须首先找出主要的热阻所在。若管子两侧热阻相差很大，则要强化热阻大的这一侧对流传热系数；若两侧热阻相差不大，则两侧的对流传热系数都要强化。强化传热过程的途径和方法是多方面的。因此对一个具体的传热过程，应做具体的分析，要结合生产实际情况，从设备结构、动力消耗、清洗和检修的难易等做全面的考虑后，再采取经济、合理的强化措施。

工业所使用的换热器可分为三大类，即间壁式、直接接触式和蓄热式。其中以间壁式换热器应用最为普遍，以下讨论仅限于此类换热器。

## 二、间壁式换热器的分类



间壁式换热器的种类很多，若按工艺功能分类，分为冷却器、加热器、再沸器、冷凝器、蒸发器、过热器、废热锅炉和换热器等。冷却器和加热器是用于冷却和加热工艺物料的设备；再沸器是用于蒸发蒸馏塔底部物料的设备；冷凝器是冷凝蒸馏塔顶物料的设备；蒸发器是专门用于蒸发含有不挥发性的溶液中水分或者溶剂的设备；过热器是对饱和蒸汽再加热升温的设备；废热锅炉是回收工艺的高温物流或者废气中的热量而产生蒸汽的设备；换热器是两种不同温位的工艺物流相互进行显热交换能量的设备。按换热器传热壁面的形状分类，分为管式换热器、板式换热器。常见的管式换热器有蛇管换热器、套管换热器、列管换热器等；常见的板式换热器有夹套式换热器、平板式换热器、螺旋板式换热器、翅片板式换热器等。

### （一）管式换热器

1. 蛇管换热器

蛇管换热器根据操作方式分为沉浸式和喷淋式两种。

沉浸式蛇管换热器结构如图 4-20 所示，这种换热器是将金属管绕成各种与容器相适应的形状，并沉浸在容器的液体中，两种流体在管内外流动进行传热。沉浸式蛇管换热器的优点是结构简单，价格低廉，能承受高压，可用耐腐蚀材料制造。其缺点是管外容器内的流体湍流程度差，传热系数小，平均温度差也较低。适用于反应器内的传热、高压下的传热及强腐蚀性流体的传热。

喷淋式蛇管换热器的结构如图 4-21 所示。这种换热器多用作冷却器，它是将成排的换热管固定在钢架上，热流体在管内自下而上流动，冷水由最上面的淋水管流出，均匀地分布在换热管上，并沿其表面呈膜状自上而下流动，最后流入水槽排出。喷淋式蛇管换热器常置于室外空气流通处，冷却水在空气中汽化也可带走部分热量，以增强冷却效果。其优点是便于清洗、检修，传热效果好。缺点是占地面积大，喷淋不易均匀。

2. 套管换热器

套管换热器是由直径不同的直管套在一起组成同心圆的套管，并用 180°肘管连接而成，如图 4-22 所示。每一段套管称为一程，程数可由换热面积的多少来确定。套管换热器中的管内外流体可按纯逆流流动，传热温度差大；且可选用较高的流速，故传热系数较大。

(a) 沉浸式　　(b) 蛇管形状

图 4-20　沉浸式蛇管换热器及蛇管形状

动画
蛇管换热器



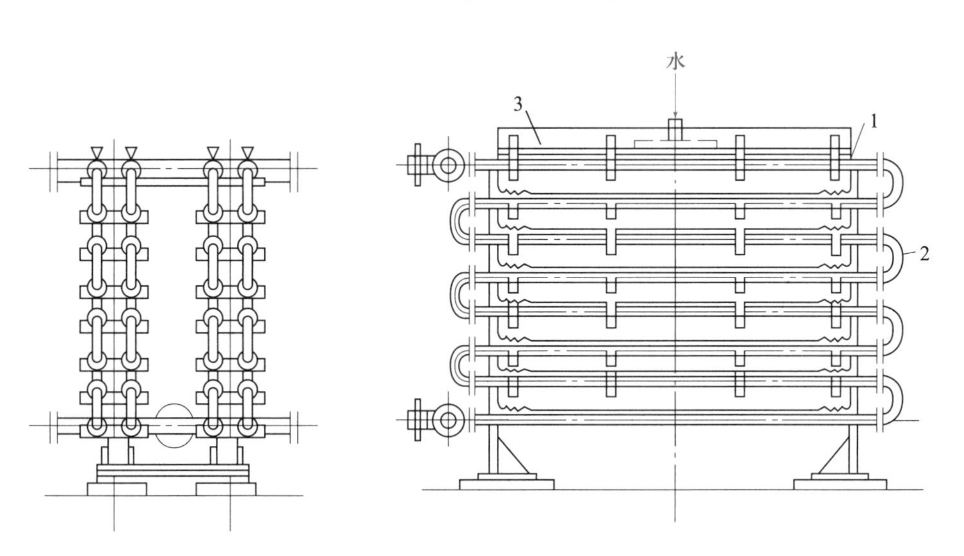


1—直管;2—U 形管;3—水槽

图 4-21　喷淋式蛇管换热器

视频
喷淋式换热器

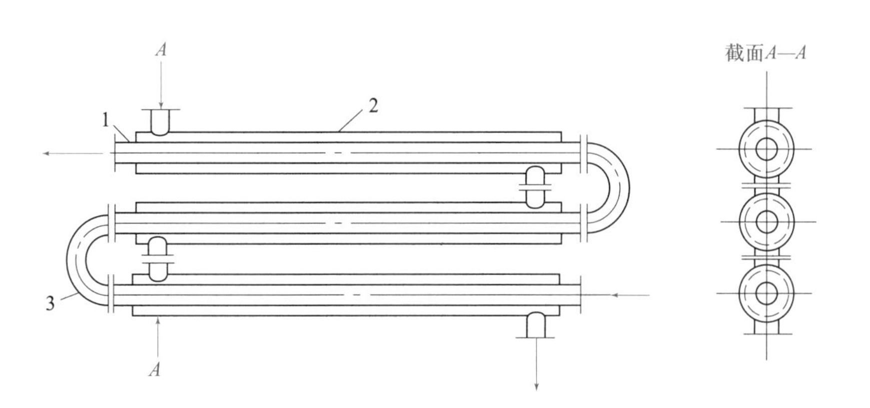


1—内管;2—外管;3—肘管

图 4-22　套管换热器

动画
套管换热器

套管换热器一般采用平滑管，因为多用于液－液热交换，也有采用纵向翅片式的，还有在内管装有多个管子的。在工业上套管换热器外管直径范围为 50～152 mm，内管直径为 19～102 mm。内管为多管时，外径可到 300 mm。

套管换热器结构简单，制造和安装方便，容易清洗，因此较多地用于污染比较严重或者容易结垢的工艺操作。它还可以在高温（可达 600 ℃）下使用；可以在高压情况下使用（内管压强可达 141.9 MPa，外管压强可达 30.4 MPa）；可用于管内和管外流体接触产生反应或者爆炸的场合（内管和外管的密封是分开的）。但是套管换热器单位传热面的金属消耗量大，不够紧凑，占地面积大。

3. 列管换热器

列管换热器（又称为管壳式换热器）是应用最广的间壁式换热器，已形成系列化。列管换热器可用多种材料制作，如金属材料（黑色金属和有色金属）和非金属材料（石墨、玻璃钢、陶瓷纤维复合材料、氟塑材料等）。它结构紧凑、造价低廉、单位体积具有的传热面积大、传热效果好。同时适用性较强，操作弹性大。在高温、高压及大型装置中多采用列管换热器。



动画

列管换热器

列管换热器主要由壳体、管束、折流挡板、管板（花板）和封头（顶盖）等部分组成。如图 4－23所示。传热面由换热管组成的管束构成，换热管的两端固定在管板上，管束安装在壳体内，外壳两端有封头。一种流体从封头进口流进，经过换热管从另一端封头流出，这条路径称为**管程**。封头供管程流体的进入和流出，以保证各管中流量分配均匀，使其流动情况比较一致；另一种流体从外壳上的连接管进入换热器，在壳体与管束之间的间隙流动，从壳体的出口流出，这条路径称为**壳程**。

动画

单管程换热器管壳程流体流动

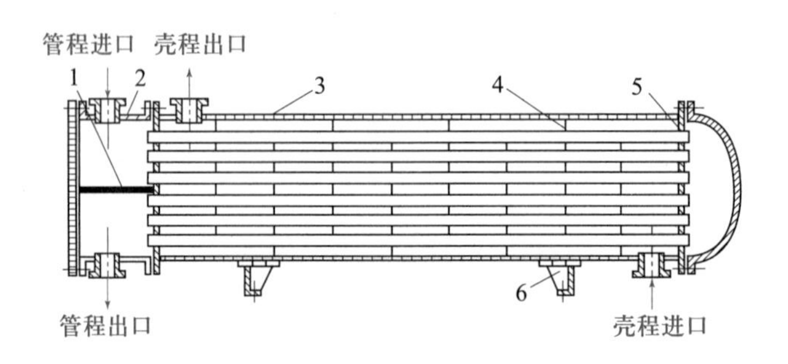


1—隔板；2—顶盖；3—壳体；4—折流挡板；5—管板；6—支座

图 4－23　单壳程双管程固定管板式换热器

动画

双管程换热器内的流体流动

流体在换热管内外流动的情况会影响换热器的传热速率，在管程流动的流体可通过增加管程数，增加管内流体的流速。在壳程流动的流体可以在换热器内安装折流挡板，不断改变流体在壳程内的流动状况。折流挡板有弓形、矩形和圆盘－圆环形，换热器中最常用的有弓形和圆盘－圆环形两种，如图 4－24 和图 4－25 所示。

（1）固定管板式换热器　固定管板式换热器，其结构较紧凑，单位体积内可安排较多的换热管，在壳体直径相同的情况下，传热面积较大。但壳程清洗困难，这就要求壳程流体要洁净且不易结垢。

图 4-24　弓形折流挡板

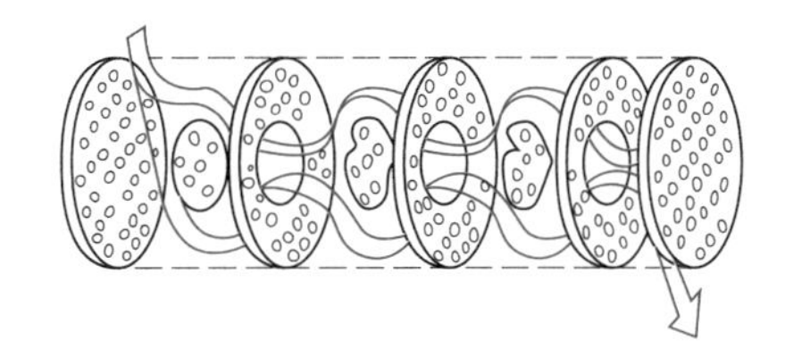
图 4-25　圆盘-圆环形折流挡板

在列管换热器内,由于管内、外的流体温度不同,壳体和管束的温度及其热膨胀程度不同。管子与管板之间易产生温差应力而损坏,因此适用于冷、热流体温度差不大的场合。若两流体的温度差大于 50 ℃,则可能引起很大的内应力,使设备变形、管子弯曲、断裂甚至从管板上脱落。此时必须在壳体上设置膨胀节,依靠膨胀节的弹性变形来适应外壳与管束之间的不同膨胀。以消除或减小热应力的影响。具有膨胀节的固定管板式换热器如图 4-26 所示。



动画

固定管板式换热器

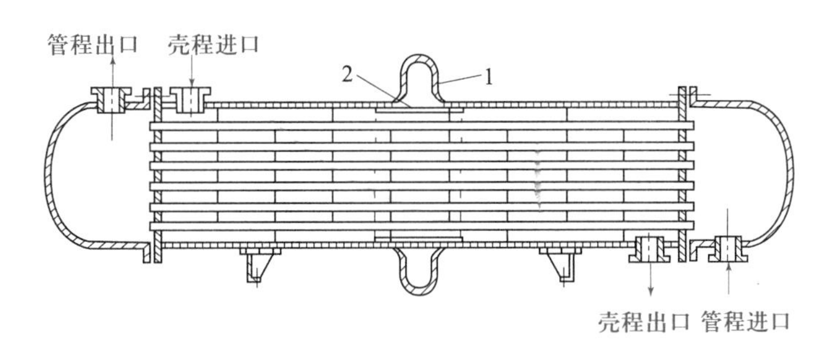

1—膨胀节;2—导流筒

图 4-26　具有膨胀节的固定管板式换热器

动画

固定管板式管壳加热器

(2) U 形管换热器　U 形管换热器的每根管子都弯成 U 形,且两端都固定在同一块管板上,封头上用隔板分成两室相当于双管程。这种换热器的管束可在壳体内自由伸缩,自身消除了壳体与管束之间的温差效应,所以可用于壳体与管束温差较大的场合。另外,对于壳程流体压强较大的情况,由于膨胀节过厚,难以伸缩,因此不能采用带膨胀节的固定管板式换热器,也可使用 U 形管换热器,如图 4-27 所示。

动画

U 形管换热器

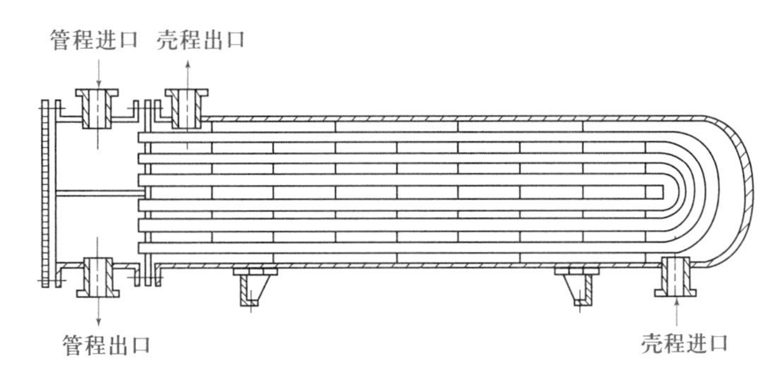

图 4-27　U 形管换热器

使用 U 形管换热器应注意在管子的 U 形处易冲蚀,需控制管内流速;管程清洗较困难，管程不适用于易结垢的流体；由于弯管时需有一定的弯曲半径，管板的利用率较差。

(3) 浮头式换热器　浮头式换热器两端的管板中其中有一端不与壳体连接，这一端的封头在壳体内与管束一起自由移动，成为浮头。浮头有内浮头和外浮头两种，浮头在壳体内称为内浮头，内浮头应用较为普遍。图 4-28 所示的为内浮头换热器。这种结构使管束在使用过程中因温差产生的膨胀，不受壳体限制，消除了温差应力。而且整个管束可从壳体中抽出，便于管内外的清洗和检修。它可以在高温、高压下工作；可用于流体结垢比较严重和管程易腐蚀的场合。因此，尽管其结构复杂、造价较高，但应用十分广泛。

动画

浮头式换热器

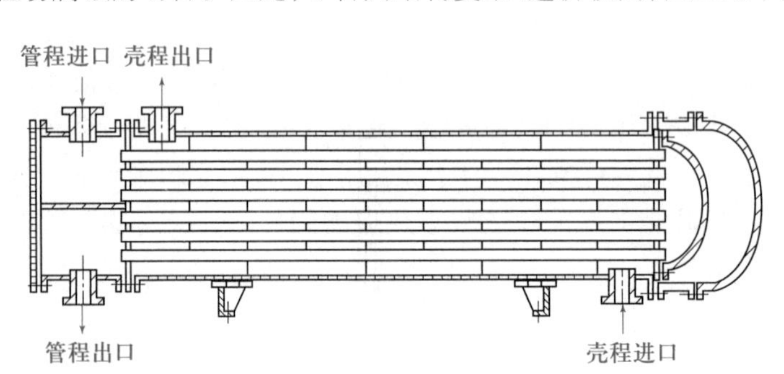


图 4-28　内浮头换热器



动画

夹套式换热器

### (二) 板式换热器

1. 夹套式换热器

夹套式换热器的结构如图 4-29 所示。夹套空间是加热介质或冷却介质的通道。当用蒸汽加热时，蒸汽从上部接管进入夹套，冷凝水由下部接管流出。作为冷却器时，冷却介质(如冷却水)由夹套下部接管进入，由上部接管流出。夹套式换热器的结构简单，但由于容器内流体的湍动性较差，传热系数较小，且加热面积受到容器壁面的限制，传热面较小。

为了强化传热过程，可在容器内设置搅拌桨，这种换热器主要用于反应过程的加热和冷却。

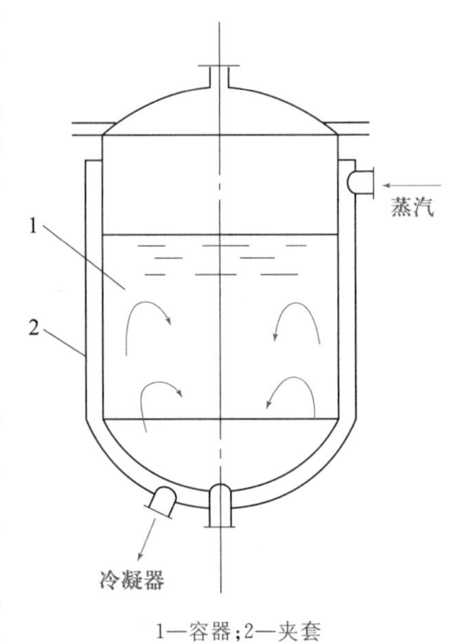


1—容器；2—夹套

图 4-29　夹套式换热器

2. 板式换热器

板式换热器(平板式换热器)是以波纹板为传热元件的新型高效换热器。它是由一组已冲压出凹凸波纹的长方形薄金属板(型板)平行排列，并以密封垫片及夹紧装置组装而成。如图 4-30 所示，每片板的四个角上各开一个孔，对角方向上的两个孔与板的一侧流道相通，另外两个孔道依靠垫片与该板面流道隔开，而与两侧相邻的板面流道相接，这样波纹板两侧流动的是冷、热两种流体。两相邻板片的边缘衬有垫片，压紧后可达到密封的目的。在压紧之后，板片间的间隙就是流体的通道，通道的大小可通过采用不同厚度的垫片来调节。型板可压制成各种波纹形状，既增加了板的强度和实际传热面积，又使得流体分布均匀，增加了湍流程度。

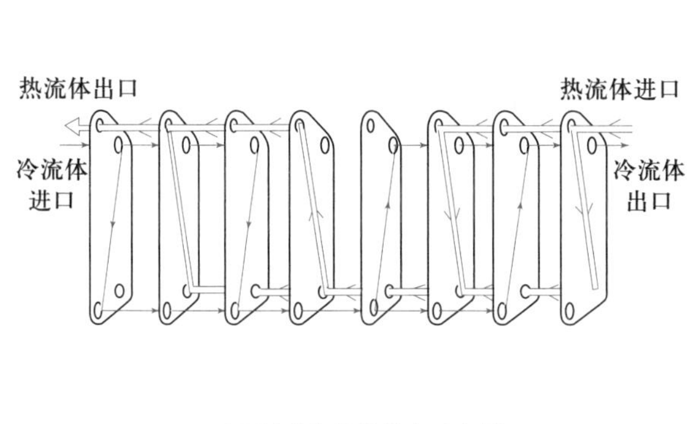

(a) 板式换热器流向示意图

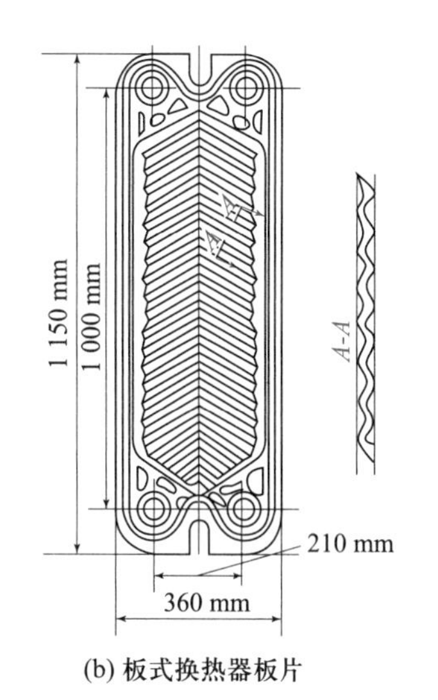

(b) 板式换热器板片

图 4-30　板式换热器

平板式换热器结构紧凑，单位体积换热器可提供较大的传热面积，为 250～1 000 $m^2/m^3$（列管换热器一般为 40～150 $m^2/m^3$）；传热系数大，比管壳式换热器高 2 倍以上；根据需要，可很容易地改变换热面积和流程组合；拆卸方便，易除垢，检修和清洗方便。但是，操作压强（≤2 MPa）和温度都不能太高（≤200 ℃）；密封处易泄漏；且由于板间距离仅有几毫米，流速又不大，不宜处理容易结垢的物料，单机处理量小。

3．螺旋板式换热器

螺旋板式换热器由板材、接管和密封板组成，结构如图 4-31 所示。两块薄金属板分别焊接在一块中心隔板的两端并卷成螺旋体，卷成之后两端用密封板焊死。两块薄金属板之间形成两条互不相通的螺旋形通道，分别是冷、热两流体的流道。其中一种流体从外层的接管进入，顺着螺旋形通道流向中心，由中心的接管流出；另一种流体则由中心沿螺旋形通道反向流动，最后从外层接管流出，在换热器内做严格的逆流流动，并通过薄金属板进行换热。

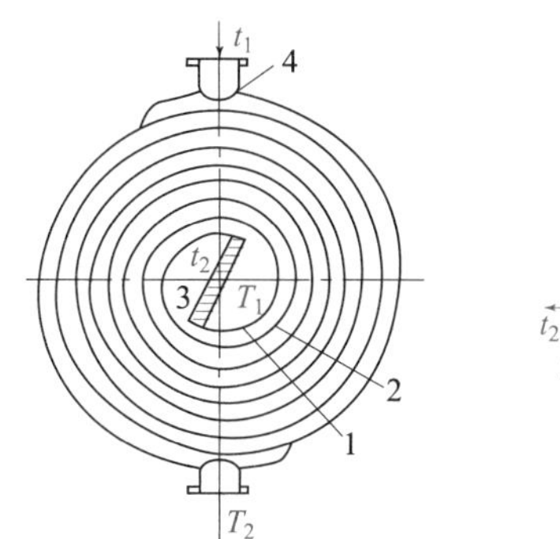


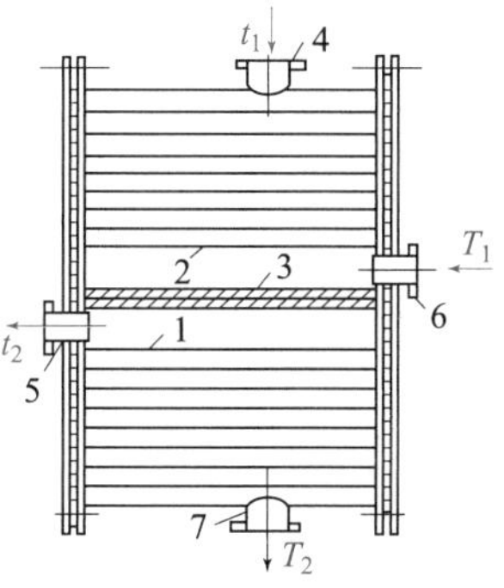


1，2—金属片；3—隔板；4，5—冷流体连接管；6，7—热流体连接管

图 4-31　螺旋板式换热器

螺旋板式换热器的直径一般在 1.6 m 以内，板宽为 200～1 200 mm，板厚为 2～4 mm。两板之间的距离由预先焊在板上的定距撑控制，一般为 5～25 mm。常用的材料为碳钢和不锈钢。

螺旋板式换热器传热系数大，比管壳式换热器高 1 倍以上；结构紧凑，单位体积传热面积大；由于流速较高及离心力的作用湍流程度强烈，使流体对壁面有冲刷作用而不易结垢和堵塞；冷、热流体在通道内可做纯逆流流动，其平均温度差大，因此在热流体的出口端，热、冷两流体的温度差可控制得很小，这样能充分利用低温热源。

螺旋板式换热器的主要缺点是：操作压强和温度不宜太高，目前最高的操作压强不超过2 MPa，温度在 300 ℃以下；由于焊缝较长，易泄漏；由于换热器被焊接为一体，一旦损坏，修理很困难。

4. 板翅式换热器



板翅式换热器也是一种高效、新型换热器，应用甚广。它由形状各异、导热性能良好的金属翅片和金属薄板组成，波纹状金属翅片夹入两平行的金属薄板之间，并将两侧面封死，构成一个传热基本元件。板翅式换热器的结构型式很多，但其基本元件的结构相同。将各基本元件根据工艺的需要，进行不同的叠积和适当的排列，并用钎焊固定，即可制成并流、逆流或错流的板束（或称芯部），其结构如图 4－32 所示。然后再将带有流体进、出口的集流箱焊接在板束上，就成为板翅式换热器。我国目前常用的翅片型式有光直形、锯齿形和多孔形翅片，如图 4－33 所示。

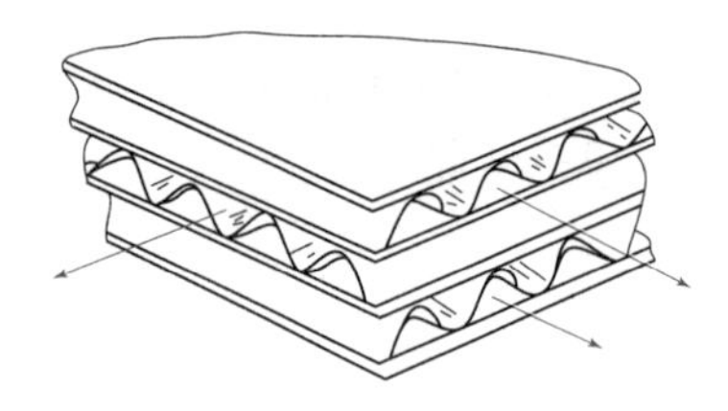

图 4－32　板翅式换热器的板束

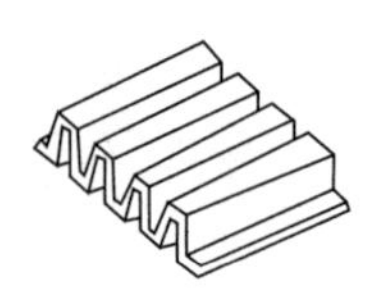

(a) 光直形翅片

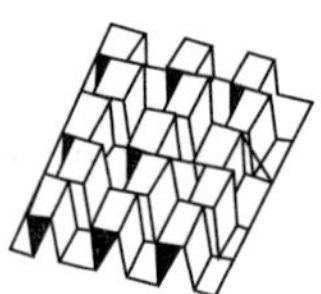

(b) 锯齿形翅片

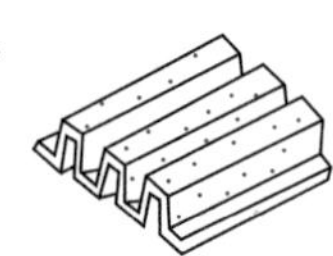

(c) 多孔形翅片

图 4－33　板翅式换热器的翅片类型

板翅式换热器的翅片用铝合金制造，所以设备质量轻。在相同的传热面积下，其质量约为列管换热器的十分之一；板翅式换热器使用范围广，可以用于低温及超低温情况下的传热；因翅片还起着支撑的作用，故其强度很高；还可以用于多种不同介质在同一个设备内传热，故适应性强。

板翅式换热器优点是：传热系数大，传热效果好。空气的强制对流传热系数可达 350 W/($m^2$ · K)；结构紧凑，单位体积设备提供的传热面积能达到 2 500～4 300 $m^2$。其缺点是：设备流道小，易堵塞，且清洗和检修困难，所以，物料应洁净或预先净制。又因隔板和翅片都是由薄铝板制成，参与传热的介质必须对铝不腐蚀。

## 三、列管换热器的工艺设计和选型

### （一）列管换热器的工艺设计

1. 工艺条件的选用

（1）加热剂（冷却剂）的选择　加热剂（冷却剂）的选择应从以下几方面综合考虑：选择的加热剂（冷却剂）能完成工艺要求的换热任务；选择时应考虑能量的综合利用，尽量选用工艺上要求冷却的高温物料作加热剂，选用工艺上要求加热的低温物料作冷却剂，以达到节约能源、降低成本，提高经济效益的目的。当生产系统中没有流体可作为加热剂(冷却剂)时，一般以水蒸气为加热剂，若要求工艺流体出口温度较高时，可采用矿物油、熔盐、烟道气等物质作为热流体。冷却剂常用水和空气等。

(2) 冷、热两流体进、出口温度的选用　若以水作为冷却剂，冷却水的出口温度不宜高于60 ℃，以免结垢严重。高温端的温度差不应小于 20 ℃，低温端的温度差不应小于 5 ℃。当两工艺物流之间进行换热时，低温端温度差不应小于 20 ℃。在冷却或冷凝工艺物料时，冷却剂的入口温度应高于工艺物流中易结冻组分的凝固点，一般高 5 ℃。在对反应物进行冷却时，为了控制反应，应控制物流与冷却剂之间的温度差不低于 10 ℃。当冷凝带有惰性气体的工艺物料时，冷却剂的出口温度应低于工艺物料的露点，一般低 5 ℃。换热器的设计温度应高于最大使用温度，一般高 15 ℃。

(3) 压强降　工艺物流流速的大小，直接影响换热器的传热系数的大小，特别对于含有泥沙等较易沉积颗粒的流体，流速过低甚至会导致管路堵塞，严重影响设备的正常使用，但流速增加，将增加换热器的压强降，增加动力消耗，并加剧腐蚀和震动破坏。因此选择适宜的流速十分重要，可使压强降在一个允许的压强降范围内，表 4-11 为列管换热器中常见的流速范围。

表 4-11　列管换热器中常见的流速范围

| 流体的种类 | | 一般液体 | 易结垢液体 | 气体 |
|---|---|---|---|---|
| 流速/($m \cdot s^{-1}$) | 管程 | 0.5～3 | >1 | 5～30 |
| | 壳程 | 0.2～1.5 | >0.5 | 3～15 |

(4) 物流的安排　① 高温物流一般走管程，避免壳程受高温，有时为了物料的冷却，也可使高温物流走壳程；② 较高压力的物流走管程，以免壳程受压；③ 黏度较大的物流应走壳程，在壳程流动，由于流向不断改变，可得到较大的传热系数；④ 腐蚀性较强的物流应走管程，这样换热器的壳体的材质不受限制；⑤ 对压强降有特定要求的工艺物流应走管程，因管程的传热系数和压强降计算误差小；⑥ 较脏和易结垢的物流应走管程，以便清洗和控制结垢。若必须走壳程，则应采取正方形管子排列，并采用可拆式的换热器(如浮头式、填料函式、U 形管式)；⑦ 流量较小的物流应走壳程，易使物流形成湍流状态，增大传热系数；⑧ 传热膜系数较小的物流(如气体)应走壳程，易于提高传热膜系数。

(5) 流体流动方式的选择　除并流和逆流之外，在管壳式换热器中冷、热流体还可做各种多管程多壳程的复杂流动。当流量一定时，壳程或管程越多，传热系数越大，对传热过程越有利。但是，采用多管程或多壳程必导致流体阻力损失增加，即输送流体的动力费用增加。因此在确定换热器程数时，需权衡传热和流体输送两方面的得失。

当流体流量较小而所需传热面积较大，即需换热管数很多时，造成管内流速较小，传热系数较低。为了提高管内的流速，可采用多管程。即在换热器的封头内加隔板，使得流体在管程做来回折流流动，每折回一次，即增加了一管程，来回折流的次数取决于封头内的所装隔板的块数，管程数可多达 20 程。但管程数太多，隔板占去了管板上布管的面积，使得管板上能够布管的面积减少；另外也使管程的流动阻力增加，动力消耗增大；又会使平均温度差降低。所以在确定管程数时应考虑到这些问题。列管换热器系列标准中管程数有1、2、4、6程。管程数 $m$ 可按下式计算，即

$$m=\frac{u}{u'} \tag{4-41}$$

式中 $u$——保证合理操作（如达湍流）时的流速，m/s；

$u'$——单管程的实际流速，m/s。

当壳程内流体的流速太小时，也可以采用多壳程。可以在壳体内安装一块与管束平行的纵向隔板，流体在壳程内由一端沿隔板向前流动到换热器的另一端时又折回流动，这样就成为了两壳程。但由于纵向隔板的安装、检修都有困难，故一般不采用多壳程的换热器，而是将几个换热器串联使用，以代替多壳程，如图4-34所示。

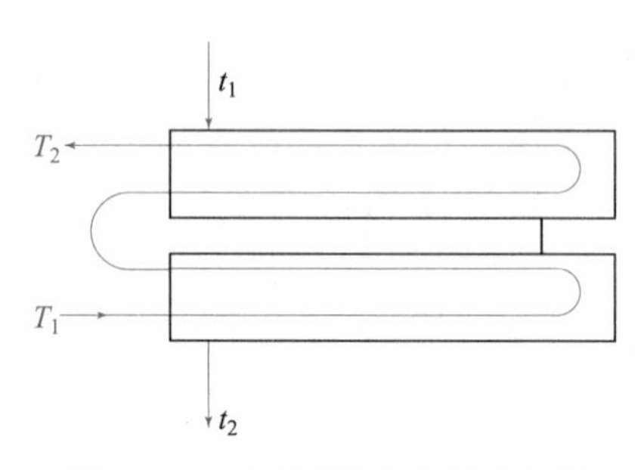

图4-34　串联列管换热器示意图

2. 换热管的规格和排列方式

(1) 管径　换热管的直径越小，换热器结构越紧凑，单位体积换热器的传热面积越大，且传热系数越大。但是，管径越小，换热器的压强降就越大。因此对较清洁的结垢不严重的流体及压强降允许的条件下，管径可取小一些，反之考虑到清洗方便，则应取大管径。

(2) 管长　无相变时，管子加长，传热系数增加。在相同传热面积时，所需的管子数减少。但同时由于管长增加而导致压强降增加；且管子容易弯曲、不易清洗、制造困难。因此管长的选择应综合考虑，以清洗方便和合理使用管材为原则。

(3) 管子的排列方式　管子的排列方式有正三角形排列、正方形直列和正方形错列三种，如图4-35所示。正三角形排列比较紧凑，在一定的壳程内可排较多的管子，管外流体湍流程度高，传热系数大，应用最广。

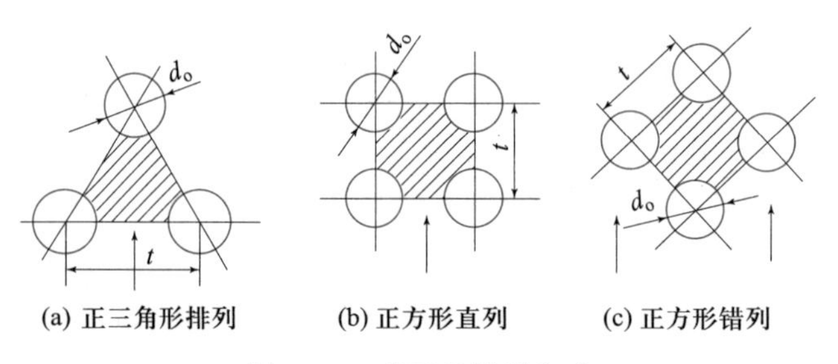

图4-35　管子的排列方式

3. 换热管数的确定

根据传热面积 $S=n\pi dL$，可以确定所需的换热管数：

$$n=\frac{S}{\pi dL} \tag{4-42}$$

根据换热管在管板上的排列方式，计算或选择实际的换热管数。

4. 折流挡板

安装折流挡板的目的是为了提高管外传热系数，为了取得良好的传热效果，挡板的形状和间距必须适当。换热器内最常用的折流挡板是圆缺形挡板，圆缺形挡板弓形缺口的大小对壳程流体的流动情况有着重要的影响，弓形缺口太大或太小都会产生“死区”，既不利于传热，往往又增加流体阻力（如图 4-36 所示）。一般来说，切去的弓形部分高度为壳内径的 20%～25%，板间距 $h$（两相邻挡板之间的距离）为 0.2～1 倍的壳内径。

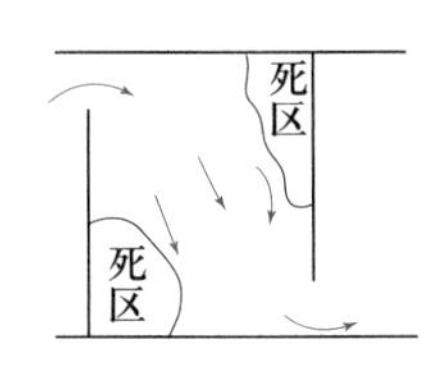

(a) 缺口高度过小，板间距过大

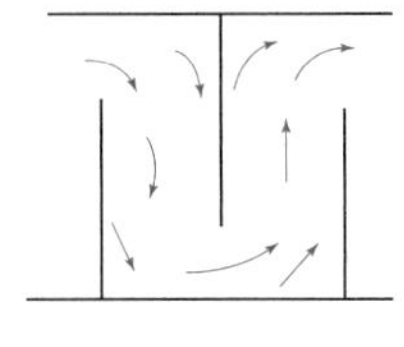
(b) 正常

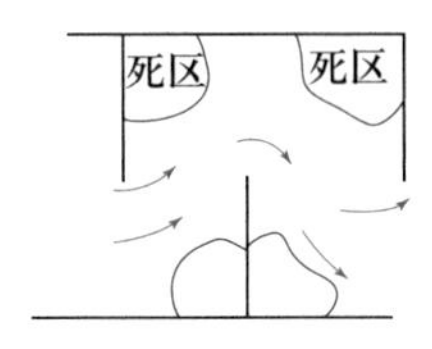

(c) 缺口高度过大，板间距过小

图 4-36　挡板缺口高度和板间距的影响

5. 换热器外壳直径

当换热管数和排列方式确定以后，初步设计换热器壳体内径可按下式进行计算：

$$D = t\ (n_c - 1) + 2e \tag{4-43}$$

式中　$D$——壳体内径，mm；

$t$——两换热管的管中心距离，mm；

$n_c$——最外层的六边形对角线上的管子数；

$e$——六边形对角线上最外层的管中心到壳体内壁的距离，一般取 $e=(1\sim1.5)d_o$，mm。

6. 换热器进、出口管径

换热器管、壳程流体的进、出口管径若设计得不当，则会对传热和流动阻力带来不利影响。换热器管、壳程流体的进、出口管径的设计主要是确定流体的流速，当流速确定后，即按第一章流体流动的有关内容确定管径。

**（二）列管换热器的选型**

（1）依据换热任务，从能量综合利用的原则出发，选择合适的加热剂和冷却剂。

（2）依据换热任务计算热负荷。

（3）确定流体的流道。

（4）选择流体适宜的流速，确定换热器的管程数和壳程数。

（5）计算并确定基本数据（包括两流体流量、进出口温度、操作压力等）。

（6）根据两流体的进、出口温度和流体类型，查取温度差校正系数不应小于 0.8 为原则，确定换热器结构型式。

（7）压强降校核。根据初选设备情况，计算管、壳程流体的压强差是否在正常范围。若压强降不符合要求，则需重新选择其他型号的换热器，直至压强降满足要求。

（8）选取总传热系数，并根据传热基本方程初步算出传热面积，以此作为选择换热器型号的依据，并确定初选换热器的实际面积 $S_{实}$，以及在实际面积下所需的总传热系数 $K_{需}$。

(9) 核算总传热系数。计算换热器管、壳程流体的传热膜系数，确定污垢热阻，再计算总传热系数 $K_{需}$，由传热基本方程求出所需传热面积 $S_{需}$，再与换热器的实际面积 $S_{实}$ 比较，若 $S_{实}/S_{需}$ 为 1.1～1.25，则认为合理，否则需另选 $K$。

重复上述计算步骤，直至符合要求。

应予指出，上述计算步骤为一般原则，具体进行换热器设计时，可根据实际情况予以调整。

## 第七节　工业循环冷却水系统

### 一、概述



循环冷却水系统广泛应用于冶金、石化、电力、化工、轻工、建材等行业。在循环冷却水系统中，由于循环冷却水的长时间反复运转和与大气的不断接触，使冷却水中的物质发生明显的变化，水中的 $Ca^{2+}$、$Mg^{2+}$、$Cl^{-}$、$Fe^{3+}$、各种微生物、其他有机物及无机悬浮杂质等相应增加，引起设备和管道结垢；水中所含的溶解性气体、腐蚀性盐类与酸类等电解质使设备和管道金属遭到破坏；空气中的污染物如尘土、杂物、可溶性气体及换热器物料渗漏等均可进入循环水，致使微生物大量繁殖，加速金属的腐蚀。

循环冷却水系统中结垢、腐蚀和微生物繁殖是相互关联的，污垢和微生物黏泥可以引起垢下腐蚀，而腐蚀产品又形成污垢，要解决循环冷却水系统中的这些问题，必须进行综合治理。采用水质稳定技术，用物理与化学处理相结合的办法控制和改善水质，使循环冷却水系统中的腐蚀、结垢、生物污垢得到有效的解决，从而取得节水、节能的良好效益。

### 二、冷却水系统

用水来冷却工艺介质的系统称为冷却水系统。冷却水系统通常有两种：直流冷却水系统和循环冷却水系统。

#### （一）直流冷却水系统

在直流冷却水系统中，冷却水仅仅通过换热设备一次，用过后水就被排放掉，如图 4-37 所示。因此，它的用水量很大，而排出水的温升却很小，水中各种矿物质和离子的含量基本保持不变。这种冷却水系统不需要其他冷却水构筑物，因此投资少、操作简便，但冷却水的操作费用大，而且不符合当前节约使用水资源的要求。现国内外冷却水系统都基本淘汰直流冷却水系统，而采用循环冷却水系统。

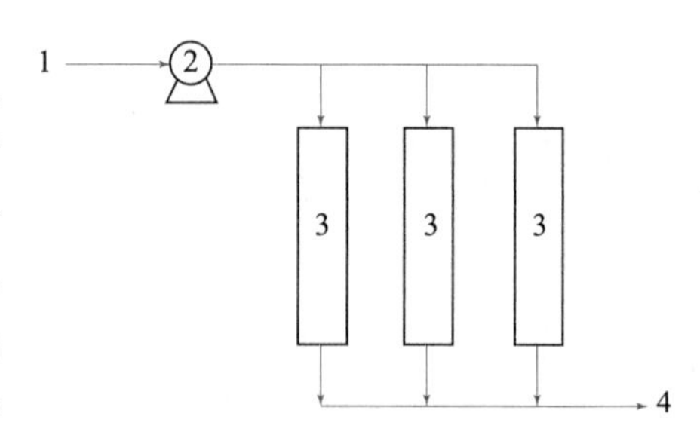


1—冷却水；2—冷却水泵；
3—冷却工艺介质的换热器；4—热水

图 4-37　直流冷却水系统

#### （二）循环冷却水系统

循环冷却水系统通常分为密闭式循环冷却水系统和敞开式循环冷却水系统。

1. 密闭式循环冷却水系统

在密闭式循环冷却水系统中，水是密闭循环的，水的冷却不与空气直接接触，所以水的损失量很少，水中各种矿物质和离子含量一般不发生变化，而水的再冷却是在另一台换热器中，用其他冷却介质来进行冷却，如图 4-38 所示。这种系统一般用于发电机、内燃机或有特殊要求的单台换热设备中。

2. 敞开式循环冷却水系统

(1) 敞开式循环冷却水系统的流程、特点

在化工生产中，使用最广泛的是敞开式循环冷却水系统，如图 4-39 所示。敞开式循环冷却水系统，冷却水用后不是立即排放掉，而是收回循环再用，与直流式排放相比，可节约大量的冷却水。

敞开式循环冷却水系统具有如下特点：

① 需定期补充一部分新鲜水，以保证冷却水总量不变；

② 节水，与直流冷却水相比，可以节约大量的冷却水，节约水量与允许的浓缩倍数(浓缩倍数指循环水中某离子浓度与补充水中某离子浓度的比值)有关，浓缩倍数越大，节约的水量越大；

③ 需定期排放污水，以保证冷却水中污染物及离子的浓度在允许范围。

(2) 敞开式循环冷却水系统的操作



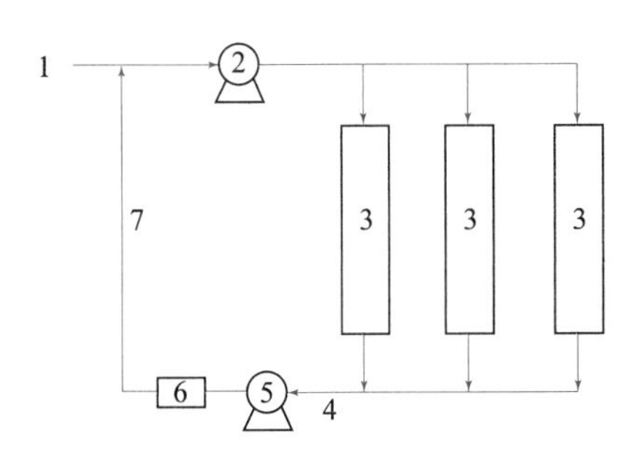


1—冷却水；2—冷却水泵；3—冷却工艺介质的换热器；4—热水；5—热水泵；6—冷却热水的冷却器；7—冷水

图 4-38 密闭式循环冷却水系统

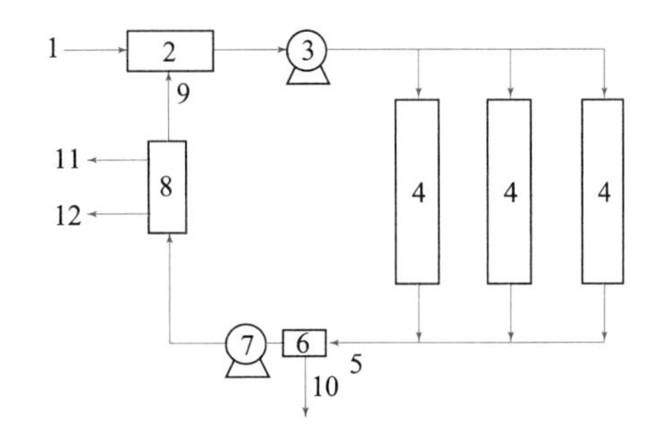


1—补充冷却水；2—冷水池；3—冷却水泵；4—冷却工艺介质的换热器；5—热水；6—热水池；7—热水泵；8—冷却塔；9—冷水；10—排污水；11—蒸发损失水；12—空气

图 4-39 敞开式循环冷却水系统

① 循环冷却水中离子浓度的控制。在敞开式循环冷却水系统中，由于蒸发、风吹和渗漏等因素，系统中水会越来越少，而水中各种矿物质和离子浓度越来越高。为了控制水中的矿物质和各种离子浓度，应采取如下措施：a. 根据工艺设定的浓缩倍数，补充新鲜水；b. 定期排放污水。通常在刚开车时，为了尽快达到设定的运行浓缩倍数，可以关闭排污阀，以节约新鲜水；而当浓缩倍数过高时，可以加大排污水量同时加大补充水量，实现浓缩倍数的短时间恢复。

② 沉积物的控制。循环冷却水在运行过程中，会有各种物质沉积在换热器的传热表面，它们主要是由水垢、淤泥、腐蚀产物和生物沉积物构成。通常将淤泥、腐蚀产物和生物沉积物三者统称为污垢。在大多数情况下，换热器传热表面上形成的水垢主要是 $CaCO_3$。这是因为 $CaCO_3$ 的溶解度比 $CaCl_2$ 和 $Ca(HCO_3)_2$ 小得多，当水流速度比较小

或传热面比较粗糙时,$CaCO_3$很容易沉积在传热表面上。换热管表面的水垢产生的热阻对换热器的换热效果有很大的影响,所以去除水垢可强化换热器的传热速度。通常可通过以下方法去除水垢:a. 补充水水质的控制,经验表明,把软化水、除盐水或锅炉冷凝水作为补充水可降低和减轻换热表面的结垢;b. 循环水水质的控制,通过控制运行的浓缩倍数,对循环冷却水进行碳化和酸化处理,可减轻换热表面的污垢;c. 涂料表面处理,金属表面经涂料表面处理后与水接触的界面很光滑,与水垢的结合力减弱,催生水垢晶核的可能性大大下降;d. 物理阻垢技术,采用 Ion-Stick 处理器、臭氧处理技术、电子仪除垢、碳化处理技术和静电处理技术等方法,起到阻垢、消垢的作用,物理除垢技术的特点是不会像化学品那样污染环境;e. 加入阻垢分散剂,在循环冷却水中,加入阻垢分散剂,可增大水垢析出的水质范围;可以增加水结垢的温度,但要注意,水温超过 50 ℃,水垢附着速度仍会加快;可降低水垢的附着速度;可以降低传热表面的温度。



水中的悬浮颗粒、有机质和生物质,在水的流动状态、溶解固体含量、温度等条件变化和受热烘烤时,依赖其内聚性和附着力而形成污泥。由于污泥具有内聚性和附着力,故污泥会连续吸附水中固体颗粒、胶体和微生物并不断长大,与金属表面的结合力很强。污泥的存在,不仅会降低热效率、恶化水质,而且会引起设备、管道的局部腐蚀。防止污泥产生和对产生的污泥进行适当处理,可强化传热速度,延长设备和管道的寿命。a. 控制微生物营养源和悬浮物,一般情况下,控制化学需氧量(COD)在 10 mg/L 以下,否则容易引起污泥故障;b. 用药剂处理污泥,可通过杀菌、灭菌,抑制细菌繁殖,抑制藻类、防止附着,剥离和分散等方法处理污泥故障;c. 部分过滤处理,这种处理是通过过滤部分循环水,去除水中的悬浮颗粒,减少污泥附着和淤泥堆积。

### 三、节水环保型水处理技术

采用节水环保型新技术不仅是节水环保的需要、持续发展的需要,也是工厂企业应该高度重视的大事。2004 年 2 月间,四川某大型化工集团废水排放,造成环境水域严重污染,农作物受害,鱼虾死亡,几万人无水可用,经济损失达三亿元,工厂被罚款 100 万元,总经理引咎辞职。造成这一严重后果的直接原因,是该企业循环水采用的技术无法使用含氨废水作补充水。而该厂邻近的许多同类型企业,早已改用 LHE(羟基羧酸盐)聚合物节水环保水处理技术。所有含氨含碱废水均全部用于循环水补充水,实现了以废治废,以污治污,节约用水,保护环境,杜绝污染的目的。由此也可以看出,工业循环冷却水采用新技术具有重要意义和价值。

1. 节水环保型药剂

循环冷却水处理,最重要的是解决换热设备的结垢和腐蚀问题。结垢会影响换热效率,多耗能源,影响工艺操作。腐蚀会减少设备使用寿命,并存在安全隐患。为了防止结垢和腐蚀,近年来大力推广了磷系配方水处理技术,有效控制了水垢和腐蚀。但是,磷系药剂存在不容忽视的问题:

(1) 磷是营养物质,促进了水系统中菌藻微生物的繁殖加剧,不仅加氯和投加各类杀菌灭藻剂成为必需手段,而且有大量含磷和含杀菌灭藻剂废水排放,加重了环境水域污染和富营养化程度,成了公害性问题。

(2) 磷系配方药剂在系统内停留时间有限制,水解成磷酸钙垢,循环水浓缩倍数低,不利于节约用水。我国循环冷却水处理已开发出较适应的节水环保型药剂及技术，并经过了较长期的应用实践，具有良好的节约用水、保护环境的功效。如LHE聚合物，对高碱度、高硬度、含氨含碱或水质相对较差的水适用性强，浓缩倍率高，抑制菌藻效果好，不需使用杀菌剂。

2. 节水环保型水处理技术与设备的材质的综合使用

管路上不同材质组合虽然有利于提高换热效率，但带来的电偶腐蚀和水质处理上的难度也是不可忽视的。化肥厂的铜芯、阀门、铜管油冷器等，均影响含氨废水的循环使用。还有脱硫工段使用的醋酸铜氨液，其泄漏的含铜离子溶液，飘落的含铜粉尘，在循环水中均会加速对设备的腐蚀。尤其是对铝合金的腐蚀。同时，磷系配方也不允许循环水中有氨，因而过去化肥厂循环水设计中特别强调不得有氨，致使净氨塔、二次脱硫等大量含氨废水无法利用而排放，造成水资源浪费和环境污染。

节水环保型水处理技术的应用促进化肥厂水处理的改革，如使用LHE聚合物的厂家，将循环水系统所有含铜质的阀门、冷却器等全部换为不含铜质的。将脱硫工段单独隔开，杜绝含铜物质与循环水接触。这样一来，含氨废液、尿素解析废液、车间地面冲洗水(含氨)等均可回收澄清后用于循环冷却水补充水，使吨氨水耗由过去的100多吨降低到15吨以下。碱厂过去使用磷系配方无法接纳高pH含碱废水，现使用LHE聚合物则可以回用高pH含碱废水。所以采用节水环保型水处理技术，不仅是技术上的先进性，而更重要的是为企业的节约用水、提高效益、变废为宝、保护环境，提供了可靠途径。

3. 节水环保型水处理技术对冷却水工艺条件的要求

污垢沉积主要是冷却水流速偏低造成的，特别是夏季水温高，磷系水处理系统微生物黏泥大量滋生，流速慢的地方，紧贴管壁的生物黏泥更减缓了本来就缓慢的水流，结果是恶性循环。采用节水环保型水处理技术，需提高循环水的流速和流量：管程循环冷却水流速不宜小于1.2 m/s；壳程循环冷却水流速不宜小于0.9 m/s，这样可防止污垢产生。

从大量垢下腐蚀的情况分析，有两种情况：一种是锈垢，这种垢大多为瘤状，瘤周为黑色，主要是水质pH偏低，铁细菌和硫酸盐还原菌繁殖的后果；另一种是污垢与金属接触部位细菌繁殖的后果，主要是由于水的流速慢，换热面上或系统设备上积存杂质和污垢所造成。解决的方法是提高循环水的pH和碱度指标，并提高流速或加大水流量，防止结垢和污物沉积。

若无法满足上述要求时，应采取加大冷却水流量，在易沉积污垢部位设置集污器、排污阀和反冲洗阀，并加强防腐涂层。

4. 污垢热阻

所有循环水均存在污垢沉积影响换热的问题。由于现行大多是采用磷系配方(包括聚磷和复合配方)，其污垢是否附着换热器而影响换热，除了水的流速、流量、药剂浓度等影响因素外，菌藻微生物繁衍滋生也是重要的因素。当加了杀菌灭藻剂后，微生物黏泥减少，污垢也就相应减少，换热效果增强。菌藻微生物随时都在繁殖，污垢热阻值也在不断变动之中。当循环水系统换热效果不好，用阻垢剂、杀菌剂也无法解决时，则最好进行清洗去除。所以，解决污垢在换热器上附着影响换热的问题，还要从技术上根本解决。从十多年的实践经验看，应用节水环保型LHE聚合物，其与水中结垢离子或杂质的配合物不易黏附，易于流动性，恰好解决了污垢附着的问题。化肥企业和大型中央空调循环水处理使用 LHE 聚合物的实践表明，换热设备中没有出现因结垢、污垢、菌藻滋生、黏泥附着影响换热的问题，运行情况良好。经济效果更为突出，整个运行年度没有废水排放，节水和环保效益十分可观。

## 案例分析

### ［案例 1］ 换热器制作缺陷对换热效果的影响

某化工装置用工艺水吸收氨气制得 60 ℃、含量为 20%的氨水，氨水进入氨水冷却器冷却至 40 ℃后送入氨水贮罐供后续工序使用。

氨水冷却器是一个单管程、双壳程的列管换热器，冷却水在管程流动，氨水进入壳程，工艺指标如案例附图 4—1 所示。



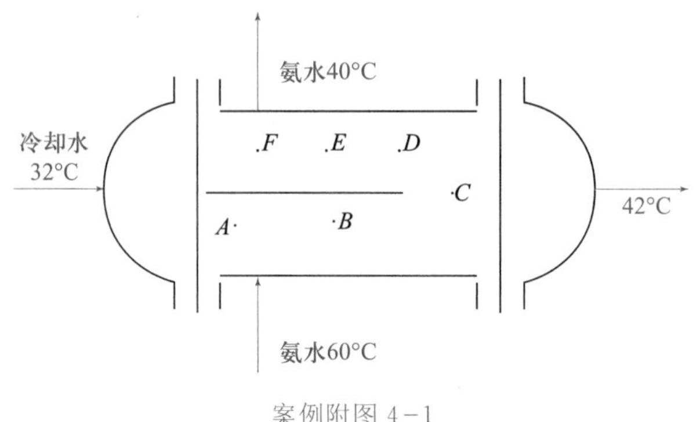


案例附图 4－1

该冷却器投入使用后，氨水出口温度始终未达到 40 ℃的工艺指标，造成氨水贮罐内氨大量挥发，既严重污染了环境，又降低了氨水中氨的浓度，影响了后续工序的正常运行。针对这一情况，工厂组织技术人员分析研究了该氨水冷却器，在现场测量冷却水的流量正常，但出口温度偏低，种种现象表明氨水出口温度超标是由于传热速率偏低、换热面积偏小造成的。

该氨水冷却器中氨水在壳程流动操作温度高于环境温度，热损失有利于氨水降温，所以，壳程未加保温结构。一个偶然的机会，工程技术人员发现了氨水冷却器筒体壁面温度分布异常，沿 $A$、$B$、$C$、$D$ 方向逐渐降低，但到 $E$ 点有所上升，到 $F$ 点明显升高。在冷却水进、出口温度分别是28 ℃和 40 ℃，在线仪表显示氨水进、出口温度分别是 60 ℃和 50 ℃时，用远红外便携式测温仪测得筒体 $A$、$B$、$C$、$D$、$E$、$F$ 各点的温度分别为 57 ℃、50 ℃、42 ℃、38 ℃、40 ℃、48 ℃，与理论上的温度分布明显不符，根据现场进、出口管位置和该氨水冷却器的设计图纸，可以断定壳程为两程，内置一折流挡板，根据对筒体温度变化的分析可以得出结论，该折流挡板与筒体间的间隙太大，造成部分壳程流体——氨水走短路，从进口进入壳程后通过间隙直接流向出口，导致出口氨水温度严重超标。后经对该氨水冷却器进行检修，减小折流挡板与筒体的间隙后，氨水的出口温度达到了<40 ℃的正常指标。

由此可见，传热是一个非常复杂的单元操作，影响传热过程的因素很多。当换热器的操作出现异常情况时，只有深入现场掌握第一手材料，结合设计资料，灵活运用传热基本理论知识，分析导致换热器异常的各种因素并逐一排除，找到真正的影响因素加以消除，才能使问题得以解决。

### [案例2] 检修失误影响换热器的使用寿命

某化工装置有一列管冷却器，冷却水在管程流动，设计进、出口温度分别为32 ℃、42 ℃，操作压强为300 kPa(表压)。发烟硫酸和环己酮肟反应生成的己内酰胺硫酸酯在壳程流动，设计进、出口温度分别为120 ℃、100 ℃，操作压强为1 000 kPa(表压)。因为己内酰胺硫酸酯具有极强的腐蚀性，一旦漏入循环冷却水系统，将对全厂冷却器造成严重伤害，所以在该冷却器的循环冷却水进、出口管线上安装了电导仪，并设置了冷却水进、出口电导差高报警、联锁等装置。



该冷却器在一次大修中对其管程进行了清理后，在壳程试压，试压合格后并入流程，装置恢复开车。

冷却器投入使用后24 h内冷却水进、出口管线上的电导差报警，现场检查发现出口冷却水呈强酸性，系统被迫停车，打开冷却器封头检查后发现有多根列管出现泄漏。在查找原因时，检查了试压方案和试压记录，发现壳程试压以水为介质。该冷却器是一碳钢冷却器，己内酰胺硫酸酯的腐蚀性与浓硫酸的腐蚀性一致，与碳钢能形成致密的氧化膜，防止氧化进一步进行。一般而言，高压设备用水试压，低压设备用气试压。但该冷却器在装置停车时壳程流体不能完全放尽，以水试压时将壳程留存的少量己内酰胺硫酸酯稀释，腐蚀了设备，腐蚀需要一个过程，所以，冷却器能经过压力试验。系统开车充料时试压留存在冷却器内的少量水又稀释了己内酰胺硫酸酯，设备再次遭受了腐蚀破坏，因此出现了上述的情况。

对换热器的使用、维护及检修，工程技术人员除了掌握传热的基本原理外，还应弄清换热器内流动的流体的性质，使用时的注意事项，从而在维护和检修时有目的、有针对性地进行。比如，本案例中冷却器，虽然是在高压场合使用，但在维修后必须用气体作为试压介质。

### [案例3] 列管换热器的管程数

某公司真空精馏塔的塔顶冷凝冷却器是一个四管程列管换热器，传热面积为600 m²，价值二十多万元，在装置开车后始终不能达到预计的传热速率，导致精馏塔塔压偏高，影响正常操作。工厂考虑重新设计制造一个面积更大的换热器。

化工过程一般都需要在一定的温度、压力下进行，换热器是使流体达到指定温度的最常用设备，传热过程在生产中应用十分普遍。传热过程中有两个最重要、最基本的方程：

$$q_{m1} c_{p1} \Delta t = q_{m2} c_{p2} \Delta T \tag{1}$$

$$q = KS \Delta t_{\mathrm{m}} \tag{2}$$

式中　$q_{m1}, q_{m2}$——冷、热流体的质量流量，kg/s；

$c_{p1}, c_{p2}$——冷、热流体的比定压热容,J/(kg·K);

$\Delta t, \Delta T$——冷、热流体的进、出口温度差,K;

$q$——换热器的传热速率,J/s;

$K$——总传热系数,W/($m^2$·K);

$S$——换热器的传热面积,$m^2$;

$\Delta t_m$——传热平均温度差,K。

方程(1)是传热过程的热量衡算式,反映了传热过程中的热量平衡问题,属于传热热力学范畴;方程(2)是传热过程的传热速率方程,反映了传热过程中的传热速率问题,属于传热动力学的范畴,不论在研究讨论传热问题时,还是在进行传热设计或操作时都不仅要同时关注这两个方面,而且要将遇到的问题进行分析分类,看其到底是属于热力学的范畴,还是属于动力学的范畴,做到这一点可尽快找到问题的症结,采取有效措施解决问题。从这一点出发,首先对运行的换热器进行认真仔细的分析研究,然后在现场进行观察,发现其冷却水的出口温度高达 50 ℃以上,远远超出了 42 ℃的正常指标。运用上述观点可以确定这里涉及的是传热热力学问题,即热量平衡问题:冷却水水量偏小,无法将热量及时移走,冷却水的出口温度升高,也降低了传热推动力,减慢了传热速率,导致塔顶蒸汽不能全部冷凝,部分进入蒸汽喷射泵,增加了蒸汽喷射泵的抽汽量,同时增大了物料蒸汽在管内流动阻力,造成塔压升高。

找到原因后便在增加冷却水水量上想办法。该换热器是一冷却水走管程,管程数为四程的列管换热器,经核算重新布置了换热器两封头内的分程隔板,将冷却水的管程数从四程减为两程,并在出口管线上加装阀门控制水量,防止水量增加太多干扰其他换热器的正常工作。改造完成,水量明显上升,冷却水的出口温度大大降低,传热速率加快,换热情况大幅度改善,精馏塔塔顶压强马上达到正常值。在花费很少的情况下,改造取得了圆满成功。

这里减少了冷却水的管程数,提高了冷却水的供应量,降低了冷却水的出口温度,从而增大了传热推动力,加快了传热速率。而一般认为在传热设计中,可以增加冷却水在换热器中的管程数,以增大冷却水的流速,强化传热,增大总传热系数 $K$。怎样解释这一问题呢?我们知道,循环冷却水是化工装置的重要公用工程,而其上下水压力除了与循环冷却水装置的设计有关外,还受循环水管网运行状态的影响,上下水压差即冷却水通过换热器的压差是所有冷却器对循环冷却水管网共同作用的总体结果,是一个相对确定的指标。这样,在冷却水通过冷却器压差一定的情况下,增加冷却水的管程数反而会减少冷却水的供应量,使其出口温度升高,不利于传热的进行,但在冷却水水量一定的情况下,增加冷却水的管程数则可提高流速,强化传热。

在换热器的设计中,增加管程数是否有利于传热的进行,关键要看前提,如果水量一定,增加管程数则有利于传热;反之,如果压差一定,增加管程数则不利于传热。

### [案例 4] 列管换热器性能降低

**案例提出:**

某化工厂循环冷却水系统的数台换热器在使用半年后换热性能变差,该厂通过增加冷却水用量来满足生产要求,但三个月后该换热器性能进一步下降,排放壳体内可能有的不凝性气体和冷凝液后不见好转。该厂技术人员对此进行了分析。

**分析：**

换热器的换热性能主要由传热系数 $K$ 决定。$K$ 的倒数值，反映了壁面两侧流体间传热的热阻大小，它是由壁面两侧流体间的对流传热热阻、管壁的导热热阻和污垢热阻所构成。因此，要增大传热系数 $K$，应分析各部分热阻所占的比例，设法减小所占比例大的那一部分热阻。管壁的导热热阻因管壁较薄、导热系数较大而较小；此时壁面两侧的对流传热热阻和污垢热阻是影响传热过程的主要因素。

换热器刚使用时，污垢热阻很小，可不予考虑。随着换热器使用时间的延长，污垢热阻逐渐增大，成为影响换热器性能的一个重要因素。

本案例中，换热器使用半年后，污垢热阻增大，操作人员加大冷却水用量，可以降低冷却水一侧的对流传热热阻，从而提升传热系数 $K$；同时加大冷却水用量可以使冷却水出口温度降低，从而增大传热推动力，使该换热器仍能满足生产要求。但随着使用时间的进一步延长，污垢热阻增大较快，及时清除垢层，成为强化传热的关键。



**问题解决：**

所有循环水均存在污垢沉积影响换热的问题。该厂采取的措施是：① 化学清洗。使用化学药品在热交换器内进行循环，以溶解并除去污垢。这样处理的好处是：换热器不经拆卸就可以除去污垢，这样可以继续生产而不需要切换到备用换热器；可以清洗用其他方法不能除去的污垢；可以在不伤及金属或镀层的条件下，对设备进行清洗。② 停车大修时进行机械清洗，在进口管处加装过滤器。

### ［案例 5］ 板式换热器在常压精馏系统中的应用

某化工厂某溶液精馏系统，塔顶有三台气液换热器，精馏塔塔顶出来的蒸气依次经过第一冷凝器、第二冷凝器和尾冷凝器进行冷凝。这三台冷凝器的冷介质分别是进塔前的液体料液、循环水和循环水/冷却水，尾冷凝器的气相出口应无溶液气体排出。在这三次换热过程中要求最大限度地利用进塔前液体料液的冷量，以减少循环水和冷却水的用量。为保证精馏塔塔顶出来的蒸气能够正常流动并冷凝下来，流程设计时必须充分考虑换热器的换热效率，同时注意气体流动阻力，若阻力过大则会造成精馏塔憋压、工作不稳、精馏分离效率低、产品质量不合格。改造前系统的三台换热器均为气液换热型螺旋板式换热器，改造后取消第二冷凝器，并将第一冷凝器和尾冷凝器更换为板式换热器。同时将改造前后的换热器部分参数进行对比，数据见附表。

附　表

| 项目名称 | 螺旋板式换热器(改造前) | | | 板式换热器(改造后) | |
|---|---|---|---|---|---|
| | 第一冷凝器 | 第二冷凝器 | 尾冷凝器 | 第一冷凝器 | 尾冷凝器 |
| 液相接口尺寸 | DN80 | DN150 | DN50 | DN150 | DN50 |
| 气相接口尺寸 | DN250/200 | DN200/100 | DN100/32 | DN150 | DN50 |
| 冷介质 | 进塔前料液 | 循环水 | 循环水<br>冷却水 | 进塔前料液 | 循环水<br>冷却水 |

续表

| 项目名称 | 螺旋板式换热器(改造前) | | | 板式换热器(改造后) | |
|---|---|---|---|---|---|
| | 第一冷凝器 | 第二冷凝器 | 尾冷凝器 | 第一冷凝器 | 尾冷凝器 |
| 设备质量/t | 3 | 3.5 | 0.8 | 1 | 0.1 |
| 总体安装高度/m | 2.6 | 2.6 | 1.5 | 1.9 | 0.9 |
| 占地面积/$m^2$ | 1.1 | 1.1 | 0.6 | 0.85 | 0.2 |

在基本相同的工艺参数下,即进塔前料液流量、压强、溶液含量保持不变的情况下,通过将循环水、冷却水和相关工艺参数进行调节,从改造后的各换热设备的运行参数、塔的运行参数和运行状况看,系统运行正常。即使在当地最热的季节,换热器在不使用循环水的情况下使用冷却水,冷却水用量仍减少 50%。使用板式换热器后,14 个月就全部收回投资,年节能约 19 万元。



与螺旋板式换热器相比,板式换热器节能优势明显、设备投资减少 5%。由于在运行质量、占地面积、安装高度上存在优势,板式换热器还不需要保温,土建、安装等投资费用减少 15%,并节约了有限的空间。如果选用管壳换热器,因所需换热面积将比螺旋板式换热器增大 1 倍左右,因此设备体积、质量会更大,相应的投资和占地面积也会加大。

### [案例 6] 温水加热器穿孔事故

**设备及泄漏情况简介:**

温水加热器为列管换热器,壳程走溶液,管程走冷却水。在冷暖季节分别采用 60 ℃、40 ℃的循环冷却水,壳体材质为 16 MnR,换热管材质为 20 钢,管板材质为 16 MnR,管子与管板采用焊接。

在加热器投用近 1 年后,发现溶液消耗量逐渐增大,而后又在冷却水中发现有溶液的成分。确认加热器有内漏。打开两端管箱检查,发现有 4 处管口泄漏,5 处管子与管板焊接处穿孔泄漏,为尽快恢复生产,将泄漏管子的两端用不锈钢堵上,并补焊 5 处焊缝漏点,复位后投用。但此后不久,接连发生 3 次类似泄漏,以致无法进行正常生产。

**泄漏原因分析:**

对加热器进行抽管,有一个直径约 1.5 mm 的穿孔,在其周围有约 5 mm 的损坏区,内侧防腐膜脱落部位出现点坑蚀。角焊缝的管侧表面也出现点状腐蚀,从角焊缝的 SEM(扫描电子显微镜)图上可观察到未焊透。综合焊缝表面点蚀和根部未焊透这两个因素,在某些薄弱部位将首先穿孔失效。

在换热设备使用前,均进行清理和预膜。循环水系统采用聚磷酸盐加锌为主剂的磷系配方,作为水稳剂对设备进行预膜化处理,以保护金属表面免遭腐蚀。但加热器里,冷却水的温度较高,而水稳剂的热稳定性较差,从而导致自身水解。所以部分蚀孔将继续向深处发展,形成点蚀。同时较高的温度也加快了点蚀的速度。

加热器拆除后,新的换热器避免了原设计的不足,将换热管和管板改为双相钢材质 DIN1.4462、X12CrNiMoN225,采用 BEU 形式,改列管为 U 形管,其性能参数与原设计基本相同。

总结：

加热器产生点蚀穿孔的原因在于所使用的冷却介质为富氧冷却水所致。又由于经过换热，冷却介质处于较高的温度，使得点蚀很快产生并迅速发展，以致设备在投用不长的时间内穿孔失效。根据加热器所处的工艺状况，换热管和管板分别采用 20 钢、16MnR 的材质，是一种错误的选择。

在设备更换后的大修检查中，新的温水加热器使用状况良好。

### [案例 7] 煤气换热管腐蚀损坏事故

事故经过：

某煤气化工集团公司变换系统第一立式列管换热器大修时发现，1 根换热管断开脱落、32 根管子穿透裂纹。经检查裂纹位于上管板下方 100 mm 附近，为横向裂纹，以外围管子为多。在下管板上方附近区域，管子外壁有大量点蚀坑，而管子中部未见明显缺陷。换热器污染极为严重，管子内外表面及波纹管上都积累了许多污垢，尤其是下管板上部管子间隙中，堆积物厚度为 100 mm 左右。

原因分析：

经分析可以认为该换热器损坏的直接原因是介质中存在的氯离子引起的应力腐蚀。腐蚀产物中大量硫离子的存在，也不排除硫化物引起损坏的可能。

防范措施：

原管束材料 Cr−Ni 系奥氏体不锈钢，不仅价格昂贵，更重要的是其抗应力腐蚀性能差，不适于频繁启动、停车的要求，因此选用低合金 Cr−Ni 管材明显优于前者。第三年大修时将管束材料更新为 15GMo 钢，使用至若干年后大修时未见应力腐蚀现象发生。

减少有害介质。因工艺上无法控制硫化物及氯离子的来源，采取定期清洗的方法来防止硫化物和氯离子富集是解决腐蚀损坏的有效措施之一。从此开始，每年系统停车检修时都对该设备管束抽出清洗，一则能防止硫化物、氯离子的有害物积累，二则能消除污垢，提高传热效率。

## 复习与思考

1. 传热有哪几种基本方式？工业生产中的换热方法有哪几种？
2. 写出导热系数的物理意义，并说明影响各种物质导热系数的因素。
3. 说明多层壁传热的总推动力、总阻力与各分层推动力、阻力的关系。
4. 圆筒壁与平壁导热的不同之处是什么？
5. 什么情况下平均半径可用算术平均值计算？如何计算？
6. 对小直径圆筒壁保温，应将导热系数小的保温材料放在内层还是外层？
7. 何谓强制对流传热和自然对流传热？
8. 一台运行一段时间的换热器，发现传热效果变差，这是什么原因？如何处理？
9. 当水蒸气与冷空气之间进行换热时，其关键热阻是什么？此时传热系数值接近于哪个流体的传热系数？如何才能有效地提高传热系数？
10. 什么情况下换热过程采用并流操作较为适宜？
11. 强化传热的途径有哪些？
12. 间壁式换热器有哪些分类方法？如何分类？

13. 说明固定管板式换热器的"膨胀节"的作用。

## 习　题

4-1　某平壁厚度为0.37 m,内表面温度1 650 ℃,外表面温度300 ℃,平壁材料导热系数$\lambda=0.815+0.000\ 76t$,W/(m·K)。导热系数按常量(取平均导热系数)计算,试求导热热通量。

4-2　平壁炉的炉壁由三种材料组成,其厚度和导热系数分别为:第一层耐火砖导热系数为1.07 W/(m·K),厚度为200 mm;第二层绝热砖导热系数为0.14 W/(m·K),厚度为100 mm;第三层钢板导热系数为45 W/(m·K),厚度为6 mm;绝热砖与钢板之间有一层很薄的空气层。现测得耐火砖的内表面温度为1 150 ℃,钢板外表面温度为30 ℃,通过炉壁的热损失为300 W/m²。试求空气层的热阻及耐火砖与绝热砖交界面的温度。

4-3　某平壁燃烧炉是由一层耐火砖与一层普通砖砌成,两层的厚度均为100 mm,其导热系数分别为0.9 W/(m·K)及0.7 W/(m·K)。待操作稳定后,测得炉膛的内表面温度为700 ℃,外表面温度为130 ℃。为了减少燃烧炉的热损失,在普通砖外表面增加一层厚度为40 mm、导热系数为0.06 W/(m·K)的保温材料。操作稳定后,又测得炉内表面温度为740 ℃,外表面温度为90 ℃。设两层砖的导热系数不变,试计算加保温层后炉壁的热损失比原来的减少百分之几?



4-4　直径为$\phi$57 mm×3.5 mm钢管用40 mm厚的软木包扎,其外又用100 mm厚的保温灰包扎,以作为绝热层。现测得钢管外壁面温度为−120 ℃,绝热层外表面温度为10 ℃。软木和保温灰的导热系数分别为0.043 W/(m·℃)和0.07 W/(m·℃),试求每米管长的冷量损失量。

4-5　有一套管换热器,内管为$\phi$25 mm×1 mm,外管为$\phi$38 mm×1.5 mm。冷水在环隙内流过,用以冷却内管中的高温气体,水的流速为0.3 m/s,水的入口温度为20 ℃,出口温度为40 ℃。试求环隙内水的对流传热系数。

4-6　有一列管换热器,由38根$\phi$25 mm×2.5 mm的无缝钢管组成。苯在管内流动,由20 ℃被加热至80 ℃,苯的流量为8.32 kg/s。外壳中通入水蒸气进行加热。试求管壁对苯的传热系数。当苯的流量提高一倍,传热系数有何变化?

4-7　一台列管换热器,换热管为$\phi$25 mm×2.5 mm的碳钢管,其导热系数为46 W/(m·K)。在换热器中用水加热某种气体,热水在管程流动,热水对管壁的传热系数为1 700 W/(m²·K);气体在壳程流动,管壁与气体之间的传热系数为35 W/(m²·K),换热管内壁结有一层水垢,水垢的热阻为0.000 4 m²·K/W。试计算总传热系数$K_o$。

4-8　热空气在冷却管管外流过,$\alpha_2=90$ W/(m²·K),冷却水在管内流过,$\alpha_1=1\ 000$ W/(m²·K)。冷却管外径$d_o=16$ mm,壁厚$b=1.5$ mm,管壁的$\lambda=40$ W/(m·K)。试求:

(1) 总传热系数$K_o$。

(2) 管外对流传热系数$\alpha_2$增加一倍,总传热系数有何变化?

(3) 管内对流传热系数$\alpha_1$增加一倍,总传热系数有何变化?

4-9　有一碳钢制造的套管换热器,内管直径为$\phi$89 mm×3.5 mm,流量为2 000 kg/h的苯在内管中从80 ℃冷却到50 ℃。冷却水在环隙从15 ℃升到35 ℃。苯的对流传热系数$\alpha_h=230$ W/(m²·K),水的对流传热系数$\alpha_c=290$ W/(m²·K)。忽略污垢热阻。试求:

(1) 冷却水消耗量;

(2) 并流和逆流操作时所需传热面积;

(3) 如果逆流操作时所采用的传热面积与并流时的相同,计算冷却水出口温度与消耗量,假设总传热系数随温度的变化忽略不计。

4-10　在一逆流操作的单程列管换热器中,用冷水将1.25 kg/s的某液体[比定压热容为1.9 kJ/(kg·℃)]从80 ℃冷却到30 ℃。水在管内流动,进、出口温度分别为20 ℃和50 ℃。换热器的列管直

径为 $\phi$25 mm×2.5 mm，若已知管内、管外的对流传热系数分别为0.85 kW/($m^2$·K)和1.70 kW/($m^2$·K)，试求换热器的传热面积。假设污垢热阻、管壁热阻及换热器的热损失均可忽略。

4-11　在一套管换热器中，用冷却水将1.25 kg/s的苯由350 K冷却至300 K，冷却水在 $\phi$25 mm×2.5 mm的管内流动，其进、出口温度分别为290 K和320 K。已知水和苯的对流传热系数分别为0.85 kW/($m^2$·K)和1.7 kW/($m^2$·K)，又两侧污垢热阻忽略不计，试求所需的管长和冷却水消耗量。

4-12　在一列管换热器中，用初温为30 ℃的原油将重油由180 ℃冷却到120 ℃，已知重油和原油的流量分别为 $1\times10^4$ kg/h和 $1.4\times10^4$ kg/h。比定压热容分别为2.18 kJ/(kg·K)和1.92 kJ/(kg·K)，总传热系数 $K=418$ kJ/($m^2$·h·K)，试分别计算并流和逆流时换热器所需的传热面积。

4-13　在并流换热器中，用水冷却油。水的进、出口温度分别为15 ℃和40 ℃，油的进、出口温度分别为150 ℃和100 ℃。现因生产任务要求油的出口温度降至80 ℃，设油和水的流量、进口温度及物性均不变，若原换热器的管长为1 m，试求将此换热器的管长增至多少米才能满足要求？设换热器的热损失可忽略。

4-14　一传热面积为15 $m^2$的列管换热器，壳程用110 ℃饱和水蒸气将管程某溶液由20 ℃加热至80 ℃，溶液的处理量为 $2.5\times10^4$ kg/h，比定压热容为4 kJ/(kg·K)，试求此操作条件下的总传热系数。又该换热器使用一年后，由于污垢热阻增加，溶液出口温度降至72 ℃，若要出口温度仍为80 ℃，加热蒸汽温度至少要多高？

4-15　用20.26 kPa(表压)的饱和水蒸气将20 ℃的水预热至80 ℃，水在列管换热器管程以0.6 m/s的流速流过，管子的尺寸为 $\phi$25 mm×2.5 mm。水蒸气冷凝的对流传热系数为 $10^4$ W/($m^2$·K)，水侧污垢热阻为 $6\times10^{-4}$ ($m^2$·K)/W，蒸汽侧污垢热阻和管壁热阻可忽略不计。

(1) 试求此换热器的总传热系数。

(2) 设备操作一年后，由于水垢积累，换热能力下降，出口温度只能升至70 ℃，试求此时的总传热系数及水侧的污垢热阻。

4-16　今欲于下列换热器中，将某种溶液从20 ℃加热到50 ℃。加热剂进口温度为100 ℃，出口温度为60 ℃。试求各种情况下的平均温度差。

(1) 单壳程，双管程；

(2) 双壳程，四管程。

4-17　有一单壳程双管程列管换热器，管外用120 ℃饱和蒸汽加热，干空气以12 m/s的流速在管内流过，管径为 $\phi$38 mm×2.5 mm，总管数为200根，已知总传热系数为150 W/($m^2$·K)，空气进口温度为26 ℃，要求空气出口温度为86 ℃，试求：

(1) 该换热器的管长应为多少？

(2) 若气体处理量、进口温度、管长均保持不变，而将管径增大为 $\phi$54 mm×2 mm，总管数减少20%，此时的出口温度为多少？(不计出口温度变化对物性的影响，忽略热损失。)

4-18　有一套管换热器，外管直径为 $\phi$116 mm×4 mm，内管直径为 $\phi$54 mm×2 mm。内管中的溶液由40 ℃被加热至80 ℃，流量为4 500 kg/h，平均比定压热容为1.86 kJ/(kg·K)。套管环隙内有120 ℃饱和水蒸气冷凝，冷凝潜热为2 206 kJ/kg。管内溶液传热系数为1 030 W/($m^2$·K)，环隙内蒸汽冷凝传热系数为6 000 W/($m^2$·K)，垢层热阻及管壁热阻、换热器热损失均可忽略，试求：

(1) 加热蒸汽消耗量，kg/h。

(2) 套管换热器的有效长度。

4-19　一单程列管换热器，由940根 $\phi$19 mm×2 mm，长3 m的钢管组成。今用该换热器将30 000 kg/h的空气由20 ℃加热至95 ℃。换热管外加热介质为100 ℃的饱和水蒸气冷凝，水蒸气冷凝的传热系数为 $5\times10^3$ W/($m^2$·K)，换热管内的空气在定性温度下物理性质为 $c_p=1$ kJ/(kg·K)，$\mu=0.02\times10^{-3}$ Pa·s，$\lambda=0.031$ W/(m·K)，$Pr=0.71$，管壁及垢层热阻及热损失均可忽略。试问该换热器是否合用？

## 本章主要符号说明

**英文字母**

$A$——流体的流通面积，$m^2$；

$A$——辐射吸收率；

$b$——常数；

$c_p$——比定压热容，J/(kg·K)；

$C$——辐射系数，$W/(K^4 \cdot m^2)$；

$d$——直径，m；

$D$——辐射透过率；

$D$——换热器壳体内径，m；

$E$——辐射能力，$W/m^2$；

$g$——重力加速度，$m/s^2$；

$q_{m,s}$——流体的质量流量，kg/s；

$h$——挡板间距，m；

$H$——焓值，J/kg；

$K$——总传热系数，$W/(m^2 \cdot K)$；

$l$——特征尺寸，m；

$L$——管长，m；

$m$——指数或换热器管程数；

$n$——指数或换热管子数；

$n_c$——最外层六边形对角线上的换热管子数；

$q$——热通量，$W/m^2$；

$Q$——传热速率，W；

$r$——换热管半径，m；

$r$——汽化潜热，J/kg；

$R$——热阻，$m^2 \cdot K/W$；

$R$——辐射反射率；

$S$——传热面积，$m^2$；

$t$——冷流体温度，K 或℃；

$t$——管心距，m；

$T$——热流体温度，K 或℃；

$u$——平均流速，m/s；

$q_{V,s}$——体积流量，$m^3/s$。

**希腊字母**

$\delta$——壁厚，m；

$\alpha$——传热系数，$W/(m^2 \cdot K)$；

$\varepsilon$——黑度；

$\beta$——体积膨胀系数，1/K；

$\varphi$——角系数；

$\varphi_{\Delta t}$——折流和错流的温度修正系数；

$\lambda$——导热系数，W/(m·K)；

$\mu$——流体黏度，Pa·s；

$\rho$——密度，$kg/m^3$。

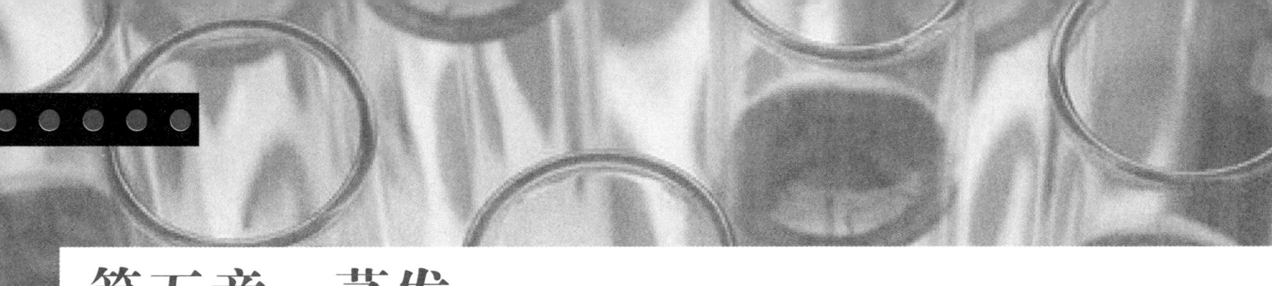

# 第五章　蒸发

## 学习目标

**知识目标：**

了解蒸发器的基本结构和特点，多效蒸发流程；

理解蒸发的原理、特点和强化蒸发的途径；

掌握单效蒸发及温度差损失的相关计算。

**能力目标：**

通过对单效蒸发和多效蒸发的比较，会分析多效蒸发效数的限制；

根据蒸发溶液的具体情况，会选择合适的蒸发器。

# 知识框图

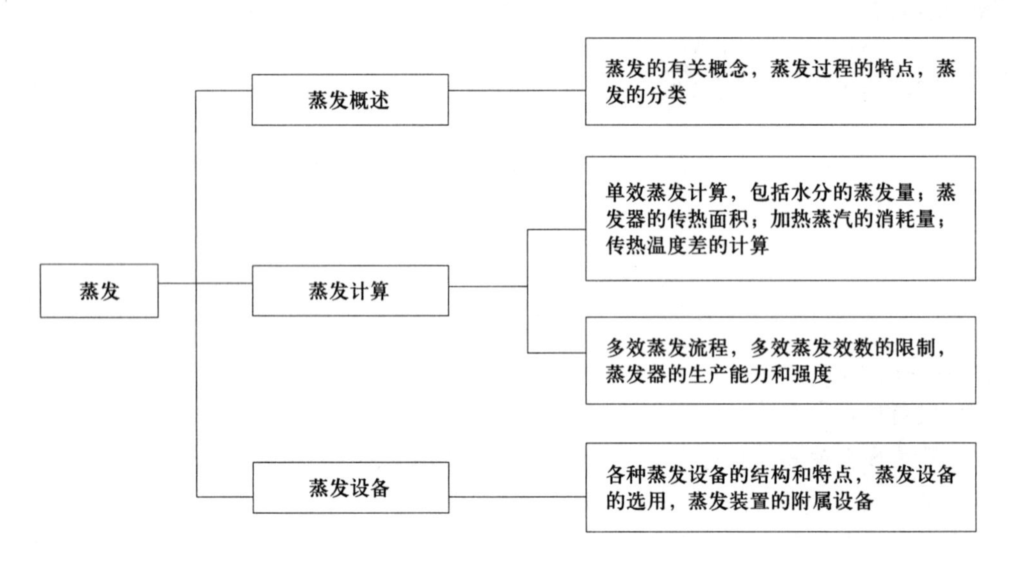
蒸发
蒸发概述
蒸发的有关概念，蒸发过程的特点，蒸发的分类
蒸发计算
单效蒸发计算，包括水分的蒸发量；蒸发器的传热面积；加热蒸汽的消耗量；传热温度差的计算
多效蒸发流程，多效蒸发效数的限制，蒸发器的生产能力和强度
蒸发设备
各种蒸发设备的结构和特点，蒸发设备的选用，蒸发装置的附属设备

# 第一节　概　　述

## 一、蒸发操作的基本概念

蒸发是将含有不挥发溶质的溶液加热至沸腾，使部分溶剂汽化并不断移除，以提高溶液中溶质浓度的操作，也就是浓缩溶液的单元操作。在化学工业、轻工业、医药、食品等工业中，常常需要将溶有固体溶质的稀溶液浓缩，以便得到固体产品或者制取溶剂。如硝酸铵、烧碱、抗生素、制糖及海水淡化等生产中，都要用到蒸发操作。用来进行蒸发的设备称为蒸发器。

蒸发操作若在溶液的沸点下进行，这种蒸发称为沸腾蒸发。沸腾蒸发时，溶液的表面和内部同时进行汽化，蒸发速率较大，在工业中几乎都采用沸腾蒸发。溶剂的汽化在低于溶液的沸点下进行的操作为自然蒸发操作，如海盐的晒制过程。自然蒸发时，溶剂的汽化只是在溶液的表面进行，蒸发速率慢，生产效率低，工业上很少使用。

工业中，蒸发操作的热源通常用饱和水蒸气，而蒸发的物料大多是水溶液，蒸发时产生的蒸汽也是水蒸气。为了区别，将加热的蒸汽称为加热蒸汽或生蒸汽，而由溶液蒸发出来的蒸汽称为二次蒸汽。

## 二、蒸发流程

如图 5-1 所示为一典型的蒸发操作装置示意图。稀溶液（料液）经过预热加入蒸发器。蒸发器的下部是由许多加热管组成的加热室，管外用加热蒸汽加热管内的溶液，使之沸腾汽化，经浓缩后的完成液从蒸发器底部排出。蒸发器的上部为蒸发室，汽化所产生的蒸汽在蒸发室及其顶部的除沫器中将其中夹带的液沫予以分离。若排出的蒸汽不再使用，则送往冷凝器被冷凝而除去；若排出的蒸汽作为其他加热设备的热源，则送往需被加热的设备。

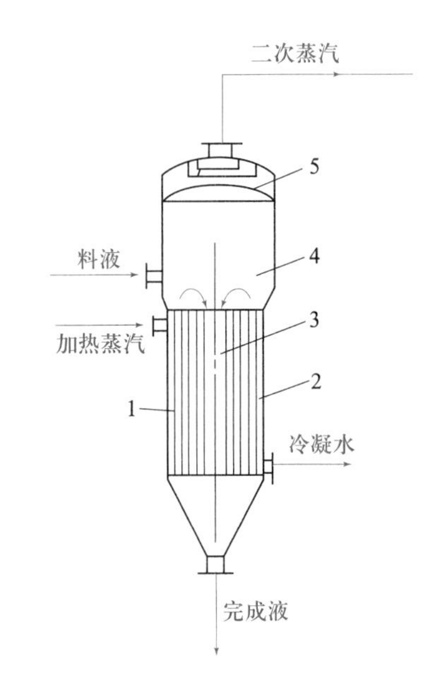


1—加热室；2—加热管；3—中央循环管；
4—蒸发室；5—除沫器

图 5-1　液体蒸发的流程

## 三、蒸发的分类

### 1. 根据操作压强进行分类

根据操作压强进行分类，蒸发可分为常压蒸发、加压蒸发和减压蒸发。常压蒸发所用的分离室与大气相通，蒸发产生的二次蒸汽直接排放到大气中，设备和工艺最为简单。加压蒸发通常用于黏性较大的溶液，产生的二次蒸汽可作为其他加热设备的热源。减压蒸发由于溶液的沸点降低，可增大传热温度差，即增加蒸发器的生产能力，但为维持真空操作须添加真空设备费用和一定的动力费用，其一般适用于热敏性溶液的蒸发。

2. 根据二次蒸汽是否被利用进行分类

根据二次蒸汽是否被利用进行分类,蒸发可分为单效蒸发和多效蒸发。**单效蒸发**所产生的二次蒸汽不再利用,因此蒸汽利用率差,适用于小批量、间歇生产的场合。**多效蒸发**是将产生的二次蒸汽通到另一压力较低的蒸发器作为加热蒸汽,使多个蒸发器串联起来的操作。多效蒸发由于多次利用蒸发的二次蒸汽,因而加热蒸汽(生蒸汽)的利用率大大提高,但是整个系统流程复杂,设备费用提高。大规模的、连续性的生产一般都采用多效蒸发。

3. 根据操作过程是否连续进行分类

根据操作过程是否连续进行分类,蒸发可分为间歇蒸发和连续蒸发。**间歇蒸发**时溶液的浓度和沸点随时间不断改变,是一个非定态的蒸发过程,它适用于小批量、多品种的场合。**连续蒸发**是一个连续的、定态的蒸发过程,适用于大批量生产。



### 四、蒸发操作的特点

蒸发过程实质上是间壁一侧的蒸汽冷凝放出潜热将热量通过传热壁面传递给间壁另一侧的液体,使液体沸腾汽化产生二次蒸汽的过程,所以蒸发器也是一种换热器,但是蒸发操作是含有不挥发溶质的溶液的沸腾传热,因此它与一般的传热过程相比,有它的特殊性。

1. 沸点升高

在相同的压强下,含有不挥发物质的溶液,其沸点比纯溶剂高。蒸发的原料是溶有不挥发溶质的溶液,所以蒸发时溶液的沸点比纯溶剂的沸点高,即加热蒸汽压强一定时,蒸发溶液时的传热温度差就比蒸发纯溶剂时小,所以溶液蒸发的传热温度差小于纯溶剂蒸发时的传热温度差,而且溶液的浓度越大,这种影响就越显著。

2. 汽化产生的二次蒸汽的综合利用

蒸发汽化溶剂需要消耗大量的加热蒸汽,同时会产生水蒸气(二次蒸汽),将二次蒸汽冷凝直接排放,会浪费大量的热源。因此,如何充分利用热能,使单位质量的加热蒸汽能汽化较多的水分和如何充分利用二次蒸汽,即如何提高加热蒸汽的经济性(如采用多效蒸发或者其他的措施),是蒸发操作节约能源的重要课题。

3. 物料物性的改变

由于蒸发时物料中的水分被蒸发掉,物料的浓度增大,则可能结垢或有结晶析出;有些热敏性物料在高温下易分解变质(如牛奶);有些物料增浓后黏度明显增加或者具有较强的腐蚀性等。对此类溶液的蒸发,应根据物料的性质,选择适宜的蒸发方法和设备。

## 第二节　蒸发设备

蒸发属于传热过程,其设备与换热器并无本质的区别。但是蒸发过程又具有不同于传热过程的特殊性,需要不断移除产生的二次蒸汽,并分离二次蒸汽夹带的溶液液滴,因此蒸发设备中除了加热室外,还需要一个进行气液分离的蒸发室,以及除去液沫的除沫器、除去二次蒸汽的冷凝器和真空蒸发时采用的真空泵等辅助设备。

## 一、蒸发器的型式与结构

蒸发器主要由加热室和分离室组成。加热室有多种型式,以适应各种生产工艺的不同要求。按照溶液在加热室中的运动的情况,可将蒸发器分为循环型蒸发器和单程型蒸发器(不循环)两类。

### (一) 循环型蒸发器

**特点**:溶液在蒸发器中做有规律的循环流动,增强管内流体与管壁的对流传热,因而可以提高传热效果。根据引起循环运动的原因不同,分为自然循环型和强制循环型两类。

**自然循环型**:由于溶液各处受热程度不同,产生密度差引起溶液流动。

**强制循环型**:由于受到外力迫使溶液沿一定方向流动。

1. 自然循环型蒸发器

(1) 中央循环管式蒸发器　中央循环管式蒸发器的结构如图 5-2 所示,是目前应用最为广泛的一种蒸发器。加热室由管径为 $\phi$ 25～75 mm,长 1～2 m 的垂直列管组成,管外(壳程)通加热蒸汽,管束中央有一根直径较大的管子,其截面为其余加热管截面的 40%～100%。周围细管内的液体与中央粗管内的液体由于密度不同形成溶液从细管内向上、粗管内向下的有规律的自然循环运动,溶液的循环速度取决于产生的密度差的大小及管子的长度等,密度差越大,管子越长,循环速度越大。加热汽化后含有液沫的气体进入蒸发室,一些小液滴之间相互碰撞结成较大液滴在重力的作用下落回到加热室,二次蒸汽与液滴分开,含有少量液滴的蒸汽经过蒸发器顶部除沫器后排出,送入冷凝器或作为其他加热设备的热源,经浓缩后的完成液则从下部排出。由于中央粗管的存在,促进了蒸发器内流体的流动,故称此管为中央循环管,这种蒸发器称为中央循环管式蒸发器。

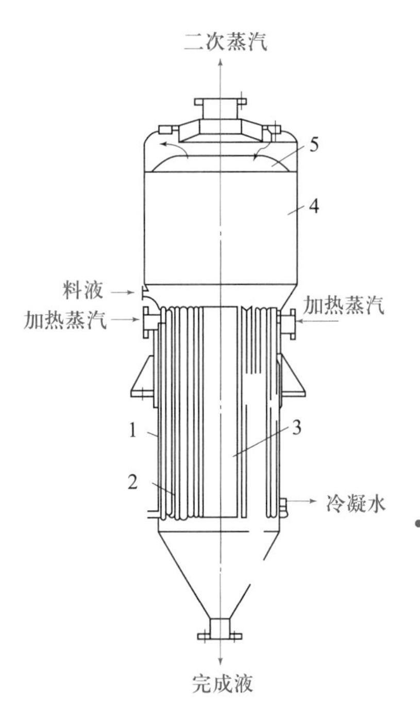

1—外壳;2—加热室;3—中央循环管;4—蒸发室;5—除沫器

图 5-2　中央循环管式蒸发器

动画

中央循环管式蒸发器

(2) 外热式蒸发器　外热式蒸发器如图 5-3 所示,与中央循环管式蒸发器相比,细管组成的管束与粗管分离,粗管不被加热,且细管的管长加长,管长与直径之比 $\frac{l}{D}=50\sim100$。外热式蒸发器的这种结构,使得细管和粗管内液体的密度差增大,液体在细管和粗管内循环的速度增大(循环速度可达 1.5 m/s,而中央循环管式蒸发器液体的循环速度一般在 0.5 m/s),传热效果增强。以上两种都属自然循环型蒸发器。

(3) 悬筐式蒸发器　悬筐式蒸发器的结构如图 5-4 所示,它是由中央循环管式蒸发器改进而成。其加热室像个篮筐,悬挂在蒸发器壳体的下部,溶液的循环原理与中央循环管式蒸发器相同,加热蒸汽从悬筐的上部中央加入加热管的间隙之间,溶液在管内向上流动，然后沿着加热室的外壁与蒸发器的内壁之间的环隙向下流动形成循环。通常环隙面积为加热管截面积的100%～150%。

动画

外加热式蒸发器



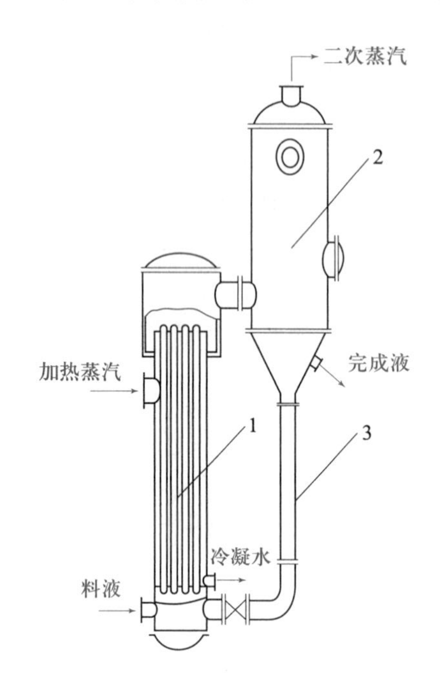


1—加热室；2—蒸发室；3—循环管

图5-3 外热式蒸发器

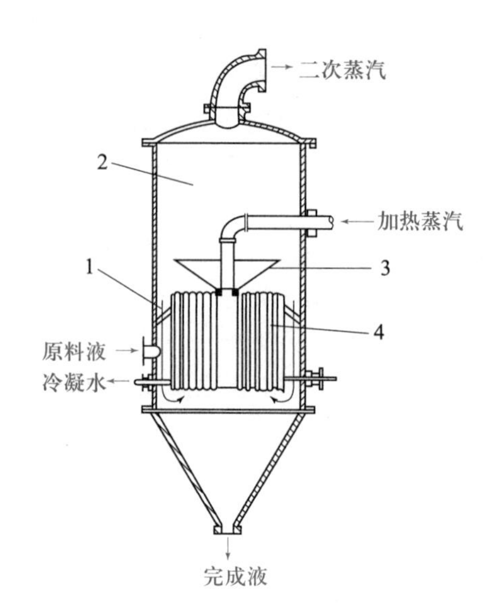


1—液沫回流管；2—蒸发室；3—除沫器；4—加热室

图5-4 悬筐式蒸发器

悬筐式蒸发器的优点是循环速度较高（为1～1.5 m/s），传热系数较大；壳体温度较低，所以其热损失较小；此外，由于悬挂的加热室可以由蒸发器上方取出，故其清洗和检修都比较方便。缺点是结构复杂，金属消耗量大。适用于易结垢或有结晶析出的场合。

(4) 列文蒸发器　列文蒸发器的结构如图5-5所示。其主要的结构特点是在加热室的上部增设一个沸腾室。沸腾室内产生的液柱压强使加热室操作压强增大，以至于液体在加热室内不沸腾。通过工艺条件控制，使溶液在离开加热管时才沸腾汽化。这样，大大减小了溶液在加热管内因沸腾浓缩而析出结晶和结垢的可能性。另外，由于其循环管截面积较大，溶液循环时的阻力减小；加之循环管不受热，使两个管段中溶液的密度差加大，因此循环推动力加大，溶液的循环速度可达2～3 m/s，其传热系数接近于强制循环型蒸发器的传热系数。但是其设备庞大，金属消耗量大，需要高大的厂房。

2. 强制循环型蒸发器

通过采用泵进行强制循环（如图5-6所示），可增加溶液的循环速度。这样不仅提高了沸腾传热系数，而且降低了单程汽化率。在同样蒸发能力下（单位时间的溶剂汽化量），循环速度越大，单位时间通过加热管的液体量越多，溶液一次通过加热管后，汽化的百分数（汽化率）也越低。此时，溶液在加热壁面附近的局部浓度增高现象可减轻，加热面上结垢现象可以延缓。溶液浓度越高，为减少结垢所需的循环速度越大。

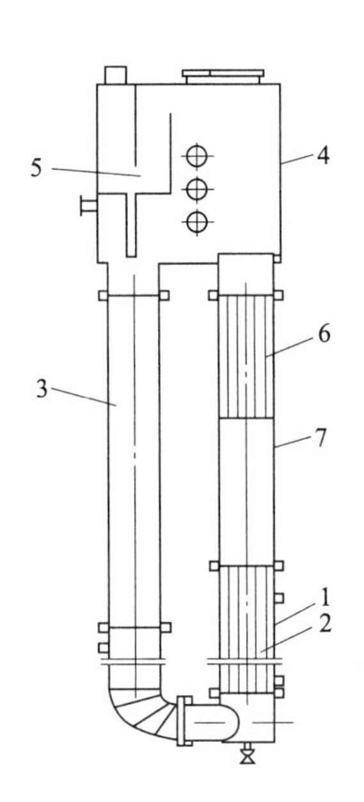


1—加热室；2—加热管；3—循环管；4—蒸发室；
5—除沫器；6—挡板；7—沸腾室
图 5-5　列文蒸发器

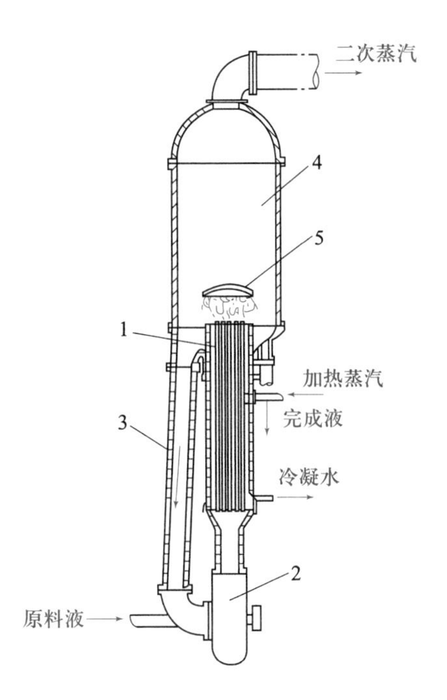


1—加热管；2—循环泵；3—循环管；
4—蒸发室；5—除沫器
图 5-6　强制循环型蒸发器

### (二) 单程型蒸发器(膜式蒸发器)

1. 升膜式蒸发器

图 5-7 所示的升膜式蒸发器，它的加热管束可长达 3～10 m。溶液由加热管底部进入，加热蒸汽在管外冷凝，经一段距离的加热、汽化后，管内气泡逐渐增多，最终液体被上升的蒸汽拉成环状薄膜，沿管壁呈膜状向上运动，气液混合物由管口高速冲出一起进入分离室。被浓缩的液体经气液分离即排出分离室，二次蒸汽从分离室顶部排出。升膜式蒸发器适用于蒸发量大(较稀的溶液)，热敏性及易起泡的溶液；不适用于高黏度(大于 0.05 Pa·s)，易结晶、结垢的溶液。

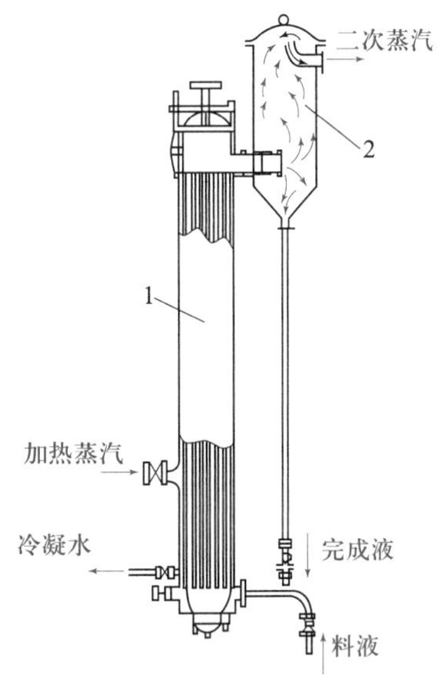


1—蒸发器；2—分离室
图 5-7　升膜式蒸发器

动画
降膜式蒸
发器

2. 降膜式蒸发器

如图 5-8 所示降膜式蒸发器，其结构与升膜式蒸发器的基本相同，所不同的是料液由加热室顶部加入，经液体分布器分布后呈膜状向下流动，并蒸发浓缩。气液混合物由加热管下端引出，进入分离室，经气液分离即得完成液。为使溶液在加热管内壁形成均匀液膜，且不利于二次蒸汽沿管壁向上流动，须设计良好的液体分布器。降膜式蒸发器适用于蒸发热敏性物料，而不适用于易结晶、结垢和黏度大的物料。

3. 升-降膜式蒸发器

将升膜和降膜蒸发器装在一个壳体中，即构成升-降膜式蒸发器，如图5-9所示。预热后的原料液先经升膜加热管上升，然后由降膜加热管下降，再在分离室和二次蒸汽分离，即得完成液。



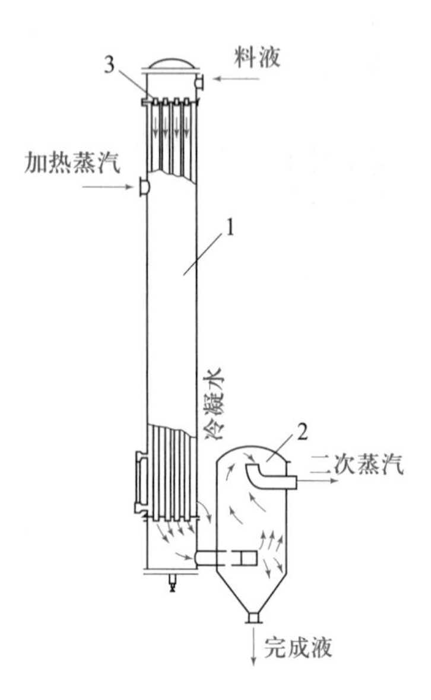


1—蒸发器；2—分离室；3—分布器

图5-8 降膜式蒸发器

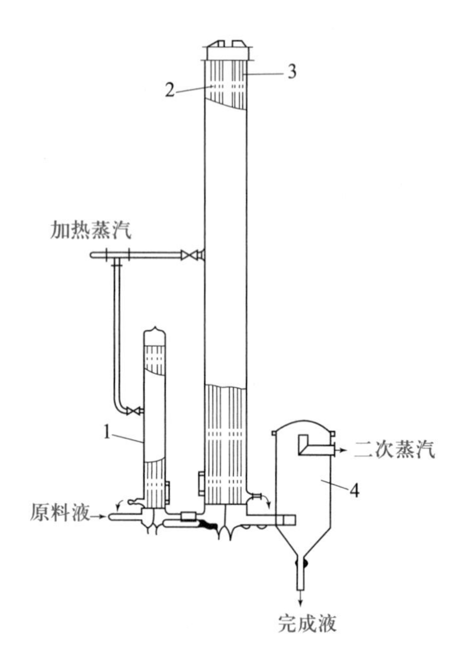


1—预热器；2—升膜加热室；3—降膜加热室；4—分离室

图5-9 升-降膜式蒸发器

这种蒸发器多用于蒸发过程中溶液黏度变化大、水分蒸发量不大和厂房高度受到限制的场合。

4. 刮片式蒸发器

刮片式蒸发器如图5-10所示。它有一个带加热夹套的壳体，壳体内装有旋转刮板。料液自顶部切线进入蒸发器，在刮板的搅动下分布于加热管壁，使液体在壳体的内壁上形成旋转下降的液膜，并不断蒸发浓缩。汽化的二次蒸汽在加热管上端无夹套部分被旋转刮板除去液沫，然后由上部抽出并加以冷凝，浓缩液由蒸发器底部放出。这是专为高黏度溶液的蒸发而设计的一种蒸发器。

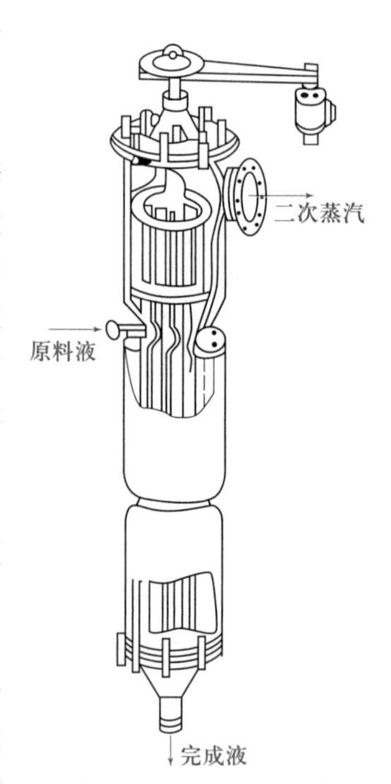


图5-10 刮片式蒸发器

刮片式蒸发器的特点是借外力强制料液呈膜状流动，可适应高黏度、易结晶、结垢的浓溶液蒸发；但其结构复杂，制造要求高，加热面不大，且需要消耗一定的动力。

**（三）蒸发器性能的比较与选型**

在选择蒸发器时，除了要求结构简单、易于制造、价廉、清洗和维修方便外，更主要的是看它能否满足物料的工艺特性，包括物料的黏性、热敏性、腐蚀性、结晶和结垢性等，然后全面综合考虑才能作出决定。蒸发器的型号可查阅相关手册。

**（四）新型蒸发器的研究与进展**

近年来，人们对蒸发器的开发和研究，主要有以下几方面。

1. 开发新型蒸发器

主要通过改进蒸发器传热面的结构来提高传热效果。如板式蒸发器，其不仅单位体积内的传热面积大、传热效率高、溶液停留时间短，而且加热面积可根据需要而增减、装拆和清洗方便。又如，加热管表面多孔的蒸发器，可使溶液侧的传热系数提高 10～20 倍，该蒸发器在石油化工生产中广泛使用。海水淡化中使用的双面纵槽加热管，也可显著提高传热效果。

2. 改善溶液的流动状况

在蒸发器内装入各种形式的内件，可以提高溶液侧流体的湍动性，增加其对流传热系数。如在自然循环型蒸发器的加热管内装入铜质填料后，一方面由于溶液的湍动性增强，另一方面铜的导热性能好，传热效果好，所以溶液侧的对流传热系数可提高 50% 左右。

3. 改进溶液的工艺特性

改进溶液的工艺特性，可以提高传热系数。研究表明，加入适量的表面活性剂，可使总传热系数增加一倍以上；加入适量的阻垢剂，可减小污垢形成的速度和污垢热阻，即提高总传热系数。

## 二、蒸发器的辅助设备

1. 除沫器

蒸发器内产生的二次蒸汽夹带着许多液沫，尤其是处理易产生泡沫的液体，夹带现象更为严重。蒸发器上部虽有足够的气液分离空间，可使液滴借助重力沉降下来，但蒸汽中仍然夹带着一定量的液沫和液滴。为了减少液体产品的损失和二次蒸汽被污染，在蒸发器顶部或蒸汽出口附近设置除沫器，以尽可能完全分离液沫。除沫器有多种结构和型式，可查阅相关手册。

2. 冷凝器和真空装置

要使蒸发操作连续进行，除了必须不断提供溶剂汽化所需要的热量外，还必须及时排出二次蒸汽。常见的有逆流高位冷凝器，结构如图 5－11 所示。二次蒸汽自进气口进入，冷却水自顶部喷淋，和底部进入的二次蒸汽接触，进行热量交换，使二次蒸汽不断冷凝。不凝性气体经分离罐由真空泵抽出，冷凝液沿气压管排出。因蒸汽冷凝时，冷凝器中形成真空，所以气压管（大气腿）需要有一定的高度，才能使管中的冷凝水依靠重力的作用而排出。

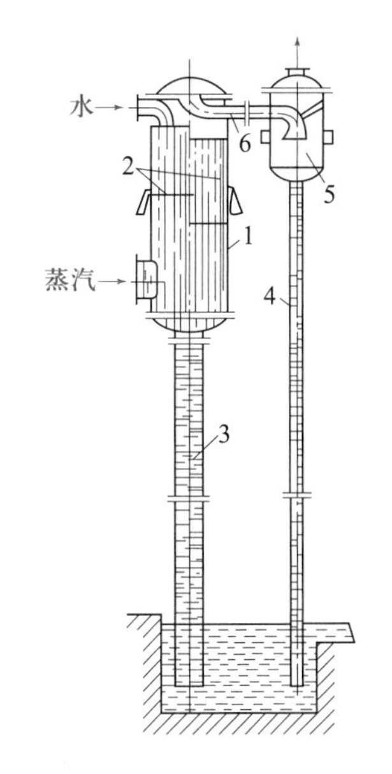

1—外壳；2—淋水板；3，4—气压管；
5—分离罐；6—不凝性气体管

图 5－11　逆流高位冷凝器

当蒸发器采用减压操作时，无论采用哪一种冷凝器，均需要在冷凝器后设置真空装置，不断排出二次蒸汽中的不凝性气体，从而维持蒸发操作所需的真空度。常用的真空装置有喷射泵、往复式真空泵及水环式真空泵等。

3. 疏水器

蒸发器的加热室与其他蒸汽加热设备一样，均应附设疏水器，将冷凝水及时排出。否则冷凝水积聚于蒸发器加热室的管外，占据一部分的传热面积，降低传热效果。疏水器的作用是将冷凝水及时排出；防止加热蒸汽由排出管逃逸而造成浪费；疏水器的结构应便于排出不凝性气体。

工业上使用着多种不同结构的疏水器，按其启闭的作用原理大致可分为机械式、热膨胀式和热动力式等类型。其结构和工作原理这里不做介绍，可查阅相关资料。



## 第三节 单效蒸发

### 一、单效蒸发流程

蒸发既是一个传热过程，同时又是一个溶剂汽化、产生大量蒸汽的传质过程。所以，要使蒸发连续进行，必须具备两个条件：第一，不断向溶液提供热能，以保证溶剂汽化所需的热量；第二，及时移走产生的蒸汽，否则，溶液上方空间的蒸汽压强会逐渐增加，不仅影响溶剂蒸发的速率，而且，若蒸汽与溶液趋于平衡时，汽化便不能进行。

图 5-12 是单效真空蒸发流程示意图。料液在垂直的加热管内与管外的蒸汽进行换热，在管内沸腾汽化。上升的蒸汽通过蒸发室时分离所夹带的液滴，蒸汽由蒸发室顶部送至冷凝器冷凝；经过浓缩的溶液从蒸发器底部排出。

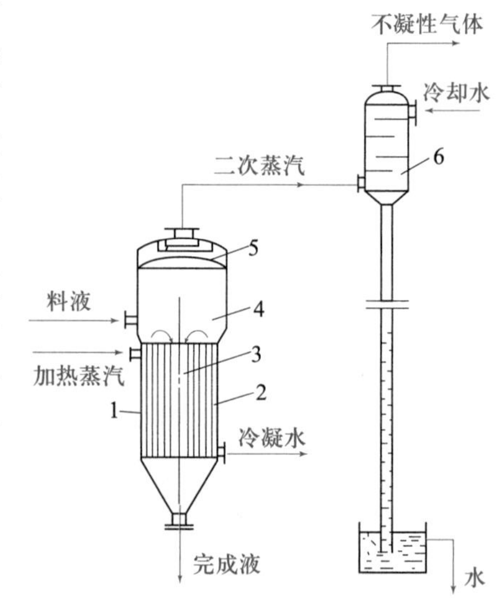


1—加热室；2—加热管；3—中央循环管；4—蒸发室；5—除沫器；6—冷凝器

图 5-12 单效真空蒸发流程

### 二、单效蒸发的计算

工业上蒸发处理的溶液大部分是水溶液，所以本章讨论水溶液的蒸发。

对于单效蒸发过程，在给定蒸发任务和确定了操作条件以后，可以通过物料衡算、热量衡算和传热速率方程计算水分的蒸发量、加热蒸汽消耗量和蒸发器的传热面积。

#### （一）物料衡算

对于连续定态的蒸发过程（如图 5-13 所示），单位时间进入和离开蒸发器的溶质量相等，即 $Fw_0=(F-W)w$。

水分蒸发量 $W$ 为

$$W=F\left(1-\frac{w_0}{w}\right) \tag{5-1}$$

完成液的含量为

$$w=\frac{Fw_0}{F-W} \tag{5-2}$$

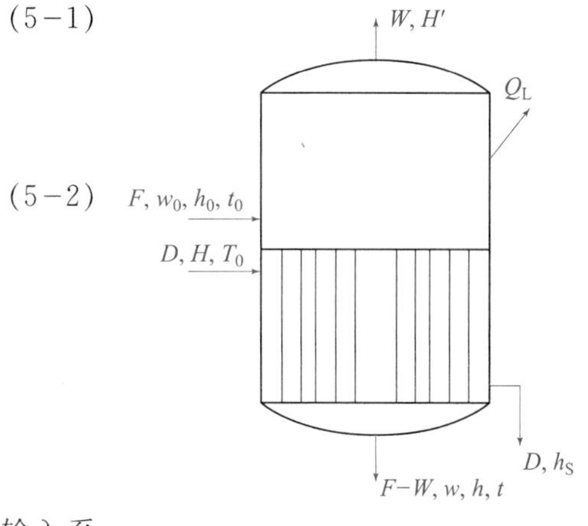


图 5-13　单效蒸发计算

式中　$F$——溶液的加料量,kg/s;

$W$——水分的蒸发量,kg/s;

$w_0$,$w$——料液和完成液的质量分数。

（二）热量衡算

1. 加热蒸汽消耗量

定态传热时,根据热量衡算,单位时间内输入系统的焓等于输出系统的焓,输出系统的焓包括热损失 $Q_L$。

| 输入系统的物料 | 输入系统的焓 | 输出系统的物料 | 输出系统的焓 |
|---|---|---|---|
| 原料 $F$ | $Fh_0$ | 二次蒸汽 $W$ | $WH'$ |
| 加热蒸汽 $D$ | $DH$ | 完成液($F-W$) | $(F-W)h$ |
| | | 加热蒸汽冷凝水 $D$ | $Dh_s$ |

将以上各项代入热量衡算式得

$$Fh_0+DH=WH'+(F-W)h+Dh_s+Q_L \tag{5-3}$$

或

$$D=\frac{F(h-h_0)+W(H'-h)+Q_L}{H-h_s} \tag{5-4}$$

式中　$D$——加热蒸汽消耗量,kg/s;

$h_0$,$h$,$h_s$——原料液、完成液和冷凝水的焓,kJ/kg;

$H$,$H'$——加热蒸汽和二次蒸汽的焓,kJ/kg。

式中热损失 $Q_L$ 可视具体条件来取加热蒸汽放热量的某一百分数。

从式(5-4)可以看出,加热蒸汽的消耗量取决于蒸发水分量的多少、料液的量及所升高的温度和所采用的加热蒸汽。

（1）加热蒸汽为饱和蒸汽　当加热蒸汽为饱和蒸汽时,$H-h_s=r$,$r$ 为加热蒸汽的冷凝潜热,kJ/kg。式(5-4)可改写为

$$D=\frac{F(h-h_0)+W(H'-h)+Q_L}{r} \tag{5-4a}$$

（2）稀释热可以忽略　对于大多数的溶液,在中等浓度以下时,其稀释热均很小,可以忽略。而由比热容求得其焓。习惯上取 0 ℃为基准,即 0 ℃时液体的焓为零。

$$h_0=c_0t_0-0=c_0t_0$$
$$h=ct-0=ct$$

式中　$c_0, c$——原料液和完成液的比热容，kJ/(kg·K)；

$t_0, t$——原料液和完成液的温度，℃。

此时，式(5-4)可写为

$$D(H-h_s)=F(ct-c_0t_0)+W(H'-ct)+Q_L \tag{5-4b}$$

当溶液的溶解热效应不大时，可以近似认为溶液的比热容和所含溶质的含量(质量分数)呈加和关系，即

$$c_0=c^*(1-w_0)+c_Bw_0 \tag{5-5}$$

$$c=c^*(1-w)+c_Bw \tag{5-6}$$

式中　$c^*$——水的比热容，kJ/(kg·K)；

$c_B$——溶质的比热容，kJ/(kg·K)。



对于 $w<0.2$ 的稀溶液，溶液的比热容 $c$ 可按下式估算：

$$c=c^*(1-w) \tag{5-7}$$

某些无水盐的比热容参照表 5-1。

**表 5-1　某些无水盐的比热容**

| 物质 | $CaCl_2$ | KCl | $NH_4Cl$ | NaCl | $KNO_3$ |
|---|---|---|---|---|---|
| 比热容/(kJ·kg$^{-1}$·K$^{-1}$) | 0.687 | 0.679 | 1.52 | 0.838 | 0.926 |
| 物质 | $NaNO_3$ | $Na_2CO_3$ | $(NH_4)_2SO_4$ | 糖 | 甘油 |
| 比热容/(kJ·kg$^{-1}$·K$^{-1}$) | 1.09 | 1.09 | 1.42 | 1.295 | 2.42 |

(3) 溶液的浓缩热　有些物料，如 NaOH，$CaCl_2$ 等水溶液，在稀释时有明显的放热效应，因而，它们在蒸发时，除了供给水分蒸发所需的汽化潜热外，还需要供给和稀释时的热效应相当的浓缩热，尤其当浓度较大时，这个影响更加显著。对于这一类物料，溶液的焓若简单地利用上述的比热容关系计算，就会产生较大的误差，此时溶液的焓值可由焓浓图查得。

如图 5-14 所示为 NaOH 水溶液以 0 ℃为基准温度的焓浓图。图中纵坐标为溶液的焓，横坐标为 NaOH 水溶液的浓度。已知溶液的浓度和温度，即可由图中相应的等温线查得其焓值。其他溶液的焓值也可以通过查阅其他的相关资料得到。

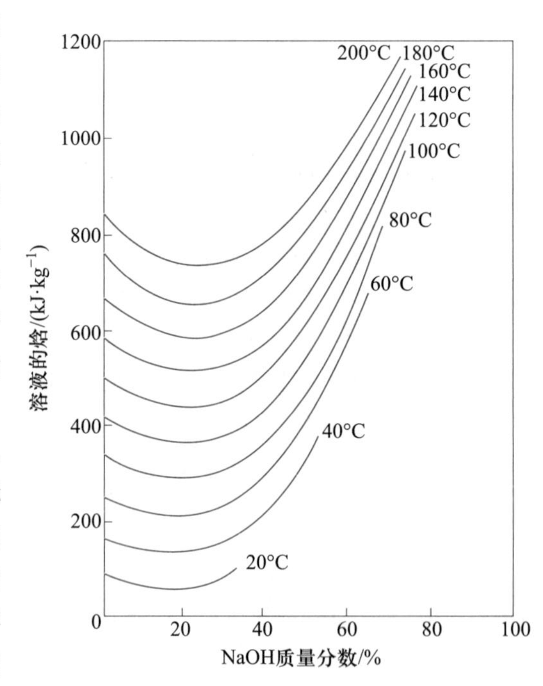


图 5-14　NaOH 水溶液的焓浓图

（4）溶液的进料温度　当沸点进料时，$t_0=t$，若忽略热损失且溶液浓度较低时，$c=c_0$，则

$$D=\frac{W(H-ct)}{r}\approx\frac{Wr'}{r}$$

或

$$\frac{D}{W}=\frac{H-ct}{r}\approx\frac{r'}{r}>1$$

式中$\frac{D}{W}$称为单位蒸汽消耗量，用来表示蒸汽利用的经济程度（或生蒸汽的利用率）。

由于蒸汽的汽化潜热随压强改变而变化的影响，即二次蒸汽和加热蒸汽的潜热相差不大，故单效蒸发时$\frac{D}{W}\approx1$，即蒸发掉 1 kg 水，约需要 1 kg 的加热蒸汽。但在生产实际中，由于热损失等原因，$\frac{D}{W}$大约为 1.1 或者稍大于 1.1。



2. 蒸发器传热面积的计算

由传热速率方程得

$$S=\frac{Q}{K\Delta t_m} \tag{5-8}$$

式中　$S$——蒸发器传热面积，$m^2$；

$Q$——传热速率，W；

$K$——总传热系数，$W/(m^2\cdot K)$；

$\Delta t_m$——平均传热温度差，K。

由于蒸发过程是蒸汽冷凝和溶液沸腾之间的恒温度差传热，$\Delta t_m=T_0-t$，且蒸发器的热负荷$Q=Dr$，所以有

$$S=\frac{Q}{K(T_0-t)}=\frac{Dr}{K(T_0-t)} \tag{5-8a}$$

式中的 $K$ 值可以根据蒸汽冷凝和液体沸腾时的对流传热系数和加热管两侧的污垢热阻计算得到，但准确性较差。所以，在蒸发器的设计中，通常根据实测数据和经验值来确定。选用时应注意两者工艺条件相似，尽可能使 $K$ 值合理可靠。表 5-2 列出了几种不同类型蒸发器 $K$ 值的大致范围。

**表 5-2　蒸发器的传热系数范围**

| 蒸发器型式 | 总传热系数 $K/(W\cdot m^{-2}\cdot K^{-1})$ | 蒸发器型式 | 总传热系数 $K/(W\cdot m^{-2}\cdot K^{-1})$ | 蒸发器型式 | 总传热系数 $K/(W\cdot m^{-2}\cdot K^{-1})$ |
| --- | --- | --- | --- | --- | --- |
| 水平沉浸加热式 | 600～2 300 | 悬筐式 | 600～3 000 | 升膜式 | 1 200～6 000 |
| 标准式（自然循环） | 600～3 000 | 外加热式（自然循环） | 1 200～6 000 | 降膜式 | 1 200～3 500 |
| 标准式（强制循环） | 1 200～6 000 | 外加热式（强制循环） | 1 200～7 000 | 蛇管式 | 350～2 300 |

**[例 5-1]** 采用真空蒸发将质量分数为 20% 的 NaOH 水溶液在蒸发器中浓缩至 50%，进料温度为60 ℃，加料量为 1.5 kg/s。已知蒸发器的总传热系数为 1 560 W/(m²·K)，加热蒸汽的压强(表压)为0.3 MPa，溶液的沸点为 124.2 ℃，二次蒸汽的焓为 2 643 kJ/kg。试求：(1) 水分蒸发量；(2) 加热蒸汽消耗量；(3) 蒸发器传热面积。

**解：**(1) 由物料衡算式(5-1)可求出水分蒸发量。

$$W=F\times\left(1-\frac{w_0}{w}\right)=1.5\times\left(1-\frac{0.2}{0.5}\right)\ \text{kg/s}=0.9\ \text{kg/s}$$

(2) 由本书附录查出水蒸气在表压 0.3 MPa 下的饱和温度 $T_0=133.54$ ℃，水的汽化潜热为 2 164 kJ/kg。

由图 5-14 查得 NaOH 水溶液的焓为

原料液含量(质量分数)20%、60 ℃　　　$h_0=220$ kJ/kg

完成液含量(质量分数)50%、124.2 ℃　　$h=630$ kJ/kg

设蒸发器的热损失为加热蒸汽放热量的 3%，即 $Q_L=3\%Dr$。由式(5-4a)得

$$D=\frac{F(h-h_0)+W(H'-h)}{0.97r}=\frac{1.5\times(630-220)+0.9\times(2\ 643-630)}{0.97\times2\ 164}\ \text{kg/s}=1.16\ \text{kg/s}$$

(3) 由式(5-8a)得

$$S=\frac{Q}{K(T_0-t)}=\frac{Dr}{K(T_0-t)}=\frac{1.16\times2\ 164\times1\ 000}{1\ 560\times(133.54-124.2)}\ \text{m}^2=172.3\ \text{m}^2$$

**想一想**

若 NaOH 水溶液流量和温度不变，但因受其他工序的影响，导致入口含量降低，但加热蒸汽、冷凝器压强及总传热系数皆维持不变，此时完成液出口含量和加热蒸汽的消耗量如何变化？

## 三、蒸发器的传热温度差计算

蒸发器中的传热温度差 $\Delta t_m=T_0-t$，加热蒸汽的温度 $T_0$ 与加热蒸汽的压强有关，加热蒸汽的压强一定，加热蒸汽的温度 $T_0$ 就一定；溶液的温度 $t$ 通常通过测定蒸发室二次蒸汽的压强确定，二次蒸汽所对应的饱和温度 $T'$ 低于溶液的沸点 $t$。两者的差值称为温度差损失，用 $\Delta$ 表示。因此传热温度差损失 $\Delta$ 就等于溶液的沸点 $t$ 与同压下水的沸点 $T'$ 之差，只有求得 $\Delta$，才能求出溶液的沸点 $t=T'+\Delta$ 和计算传热温度差 $\Delta t_m=T_0-t$。温度差损失主要是由溶液的沸点升高、液柱静压头及蒸汽流动阻力三个原因造成。

### 1. 溶液的沸点升高

在同一温度下溶液蒸气压较纯溶剂(水)的蒸气压低，致使溶液的沸点比纯溶剂(水)高，亦即高于蒸发室压强下的饱和蒸汽温度，高出的温度称为溶液的沸点升高，用 $\Delta'$ 表示。不同溶液在不同的浓度范围内，溶液的沸点升高的数值是不同的。$\Delta'$ 主要和溶液的种类、溶液中溶质的浓度及蒸发压强有关，其值由实验确定。

在文献和手册中，可以查到常压(101.325 kPa)下某些溶液在不同浓度时的沸点数据。

但是，在蒸发操作中，蒸发室的压强往往高于或者低于常压。为了计算不同压强下溶液的沸点，提出了一些经验法则，最常见的方法是按杜林规则计算。杜林发现，在相当宽的压强范围内溶液的沸点与同压强下溶剂的沸点呈线性关系，即**杜林规则**。或者说溶液在两种压强下的沸点之差($t_A-t_A^0$)与溶剂在相应的压强下沸点之差($t_w-t_w^0$)的比值为一个常数，即

$$\frac{t_A-t_A^0}{t_w-t_w^0}=K \tag{5-9}$$

式中 $t_A$ 和 $t_A^0$ 代表某种液体(或者溶液)在两种不同压强下的沸点，$t_w$ 和 $t_w^0$ 代表溶剂在相应压强下的沸点。$K$ 值求得后，即可按下式求任一压强下某种液体的沸点 $t_A$：

$$t_A=t_A^0+K(t_w-t_w^0) \tag{5-9a}$$

如图 5-15 所示为不同浓度 NaOH 水溶液的沸点与对应压强下纯水的沸点的关系，由图可以看出，当 NaOH 水溶液浓度为零时，它的沸点线为一条 45°对角线，即水的沸点线，其他浓度下溶液的沸点线大致为一组平行直线。

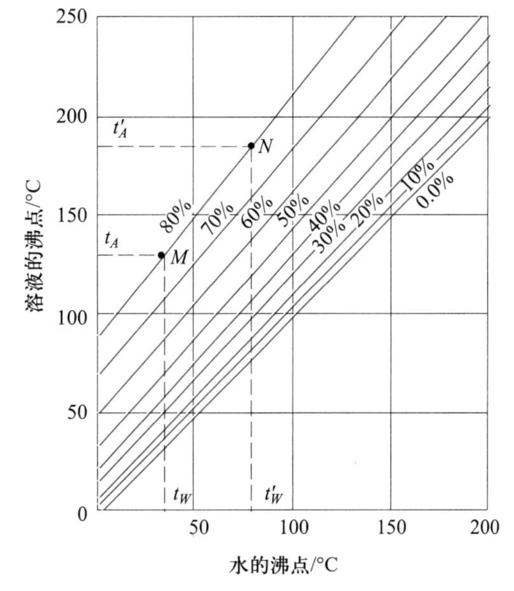

图 5-15　NaOH 水溶液的杜林线图

由该图可以看出：

① 浓度不太高的范围内，由于沸点线近似为一组平行直线，因此可以认为沸点的升高与压强无关，而可取大气压下的数值；

② 在相当宽的压强范围内，只需要知道两个不同压强下溶液的沸点，则其他压强下的溶液沸点可按杜林规则进行计算。

2. 液柱静压头

大多数蒸发器在操作时必须维持一定的液面高度，有些具有长加热管的蒸发器，液面深度可达 3～6 m。在这类蒸发器中，由于液柱本身的质量及溶液在管内的流动阻力损失，溶液内部的压强大于液面上的压强，致使溶液内部的沸点高于液面上的沸点，两者之差即为由于液柱静压强引起的温度差损失 $\Delta''$。工程上，为了估算液柱静压强引起的温度差损失 $\Delta''$，常采用简化的方法，溶液内部的沸点以溶液的平均压强来计算。即

$$p_m=p_0+\frac{1}{2}h\rho g \tag{5-10}$$

式中　$p_0$——液面上方二次蒸汽的压强(通常可以用冷凝器压强代替)，Pa；

$h$——蒸发器内的液面高度，m；

$\rho$——溶液的平均密度，kg/m³；

$g$——重力加速度，m²/s。

由蒸汽表查出压强 $p_m$、$p_0$ 所对应的饱和蒸汽温度 $T_{p_m}$ 与 $T_{p_0}$ 两者之差即为液柱静

压强引起的温度差损失 $\Delta''$。

$$\Delta''=T_{p_m}-T_{p_0}$$

**小贴士**

由于溶液在沸腾时形成气液混合物，因而溶液的密度减小，且其值不易测定。故由上式计算出的温度差损失 $\Delta''$ 较实际值偏大。同时还必须考虑加热管中溶液的流速、蒸发器的结构形式等因素。通常，溶液流速较大时，$\Delta''$ 较大；加热管中有较高液柱时，$\Delta''$ 较大，如外加热式和列文蒸发器中；真空操作比常压和加压操作时大。

3. 蒸汽流动阻力 $\Delta''$



二次蒸汽由蒸发器流到冷凝器的过程中，因流动阻力使其压强降低，对应的饱和蒸汽温度也相应降低，由此引起的温度差损失为 $\Delta'''$。

单效蒸发器与冷凝器之间的流动阻力所引起的温度差损失 $\Delta'''$ 可取为 $\Delta'''=1\sim1.5$ ℃，一般取 1 ℃。对于多效蒸发，由于前效至后效的阻力，使二次蒸汽的温度降低，从而减小了后效的传热温度差。根据经验，各效间因管道阻力引起的温度差损失约为 1 ℃。

由以上分析可得，总的温度差损失：

$$\Delta=\Delta'+\Delta''+\Delta'''$$

蒸发过程的传热温度差(有效温度差)：

$$\Delta t=T_0-t=T_0-t_p-\Delta$$

**[例 5-2]** 若设例 5-1 中的溶液的沸腾状态下的密度为 1 200 kg/m$^3$，加热管内液面的高度为 2.4 m，冷凝器的真空度为 53 kPa。若取 $\Delta'''=1$ K，求总温度差损失。

**解：** 查得真空度为 53 kPa(绝对压强为 48.3 kPa)时，水的沸点为 80.1 ℃。

由图 5-15 查得水的沸点为 80.1 ℃时，50%NaOH 溶液的沸点为 120 ℃。溶液沸点升高为

$$\Delta'=(120-80.1)\ ℃=39.9\ ℃$$

由式(5-10)求出溶液的平均压强，从水蒸气表上查得平均压强下水的沸点为 87.4 ℃。故

$$\Delta''=(87.4-80.1)\ ℃=7.3\ ℃$$

总温度差损失为 $\Delta=\Delta'+\Delta''+\Delta'''=(39.9+7.3+1)\ ℃=48.2\ ℃$

**想一想**

$\Delta$ 中 $\Delta'''$ 为前一效蒸汽到下一效时由于阻力损失而引起的温度差损失。若单效蒸发，已知入口蒸汽(生蒸汽)的温度，这时要计入 $\Delta'''=1$ ℃吗？

## 四、选用蒸发器的步骤

(1) 根据料液处理量的大小及所处理物料的性质选择合理的蒸发器类型。

(2) 根据料液处理量 $F$、质量分数 $w_0$、温度 $t_0$ 及完成液质量分数 $w$，加热蒸汽的压强及冷凝器的操作压强等工艺指定参数，确定蒸发水分量和加热蒸汽消耗量。

(3) 根据选用蒸发器型式传热系数的数值范围和生产实际情况，选定传热系数 $K_{选}$。

(4) 由传热速率方程计算所需传热面积，根据传热面积和蒸发水分量选定蒸发器型号。

(5) 根据选定的蒸发器内换热器的结构尺寸核算传热系数 $K_{计}$。若 $K_{计}/K_{选}=1.15\sim1.25$，说明初选的蒸发器合适，否则需要再选择一台同样类型、型号相近的蒸发器进行核算，直到满足要求为止。

表 5-3 和表 5-4 为单效外循环蒸发器主要技术参数和离心式刮板薄膜式蒸发器主要技术参数，供读者选用参考。蒸发器详细结构参数及其他类型的蒸发器性能参数可查取相关资料，或向蒸发器生产厂家索取。



表 5-3　单效外循环蒸发器主要技术参数

| 型号 | WZ-1000 | WZ-500 | WZ-250 |
|---|---|---|---|
| 蒸发量/($kg\cdot h^{-1}$) | 1 000 | 500 | 250 |
| 加热面积/$m^2$ | 20 | 10 | 5 |
| 罐内真空度/MPa | 0.07 | 0.07 | 0.07 |
| 蒸汽压强/MPa | 0.20 | 0.095 | 0.095 |
| 耗汽量/($kg\cdot h^{-1}$) | 1 300 | 650 | 320 |
| 设备质量/kg | 600 | 400 | 300 |

表 5-4　离心式刮板薄膜式蒸发器主要技术参数

| 项目型号 | LG0.8 | LG1.5 | LG2.5 | LG4 | LG6 | LG10 |
|---|---|---|---|---|---|---|
| 换热面积/$m^2$ | 0.8 | 1.5 | 2.5 | 4 | 6 | 10 |
| 蒸汽压强/MPa | 0.3 | 0.3 | 0.3 | 0.3 | 0.3 | 0.3 |
| 真空度/kPa | 70 | 70 | 70 | 70 | 70 | 70 |
| 蒸发量/($kg\cdot h^{-1}$) | 160 | 300 | 500 | 800 | 1 200 | 2 000 |
| 能耗/($kg\cdot h^{-1}$) | 168 | 315 | 525 | 840 | 1 260 | 2 100 |
| 电动机功率/kW | 1.1 | 1.5 | 2.2 | 4 | 5.5 | 11 |
| 转速/($r\cdot min^{-1}$) | 300 | 300 | 280 | 134 | 134 | 88 |
| 设备高度/mm | 2 500 | 3 295 | 4 100 | 5 180 | 5 800 | 7 800 |

## 第四节　多 效 蒸 发

### 一、多效蒸发流程

蒸发装置的操作费用主要是汽化大量水分($W$)所需消耗的能量。通常将 1 kg 加热蒸汽所能蒸发的水量$\left(\frac{W}{D}\right)$称为**蒸汽的经济性**，或用溶液中蒸发出 1 kg 水所需消耗的生蒸汽的量$\left(\frac{D}{W}\right)$表示**蒸汽的利用率**，$\frac{W}{D}$增大，生蒸汽利用率上升，蒸汽的利用率是蒸发操作是否经济的主要标志。由前面学过的知识我们知道，在单效蒸发中，若物料的水溶液先预热至沸点后进入蒸发器，忽略生蒸汽与产生的二次蒸汽的汽化潜热的差异，不计热损失，则 1 kg 加热蒸汽可汽化1 kg 水，即$\frac{W}{D}=1$。实际上，由于有热损失等原因，$\frac{W}{D}<1$。在大规模工业蒸发中，蒸发大量的水分必然会消耗大量的加热蒸汽。为了提高加热蒸汽的利用率，应利用二次蒸汽的潜热，即采用多效蒸发。

多效蒸发操作蒸汽与物料的流向有多种组合，常见的有并流、逆流、错流和平流。下面以三效蒸发为例加以说明。



1. 并流流程

并流流程如图 5-16 所示。溶液与蒸汽的流向相同，都是从第一效流至最后一效。并流操作的优点：① 由于前效的压强较后效高，$p_1>p_2>p_3$，料液可借此压强差自动地流向后一效而无需泵送。② 因为溶液前一效的温度高于后一效的温度，所以溶液自前一效流入后一效时，处于过热状态，形成自蒸发，可产生更多的二次蒸汽，因此第三效的蒸发量最大；其缺点是后效溶液浓度高于前一效溶液浓度，且溶液温度低，溶液黏度增大很多，使总传热系数大幅度降低，这种情况在最后的一两效尤其严重，使整个系统的蒸发能力降低。因此，若遇到溶液的黏度 $\mu$ 随质量分数 $w$ 的增加而增加很快的情况，则并流流程就不适用，此时可用逆流流程。

动画

并流三效加料蒸发流程

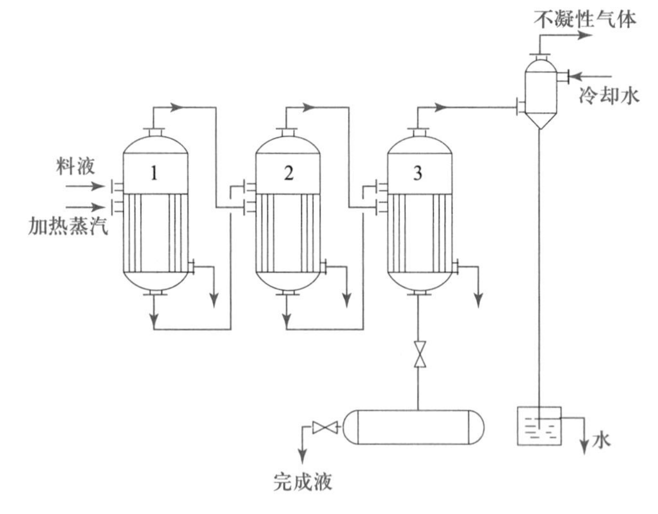


图 5-16 并流流程

2. 逆流流程

逆流流程如图 5-17 所示，溶液流向与蒸汽流向相反。溶液由最后一效加入，用泵逐级送入前一效；蒸汽由第一效依次流向最后一效。逆流法的优点是溶液的浓度逐级升高，温度也随之升高，质量分数 $w$、温度 $t$ 对黏度 $\mu$ 的影响大致抵消，各效的 $K$ 基本不变，逆流流程适用于黏度随温度、浓度变化大的物系。缺点是:① 由于前效压强较后效高，$p_1>p_2>p_3$,料液从后效往前一效要用泵输送;② 各效进料(末效除外)都较沸点低,自蒸发不会发生,所需要热量大。

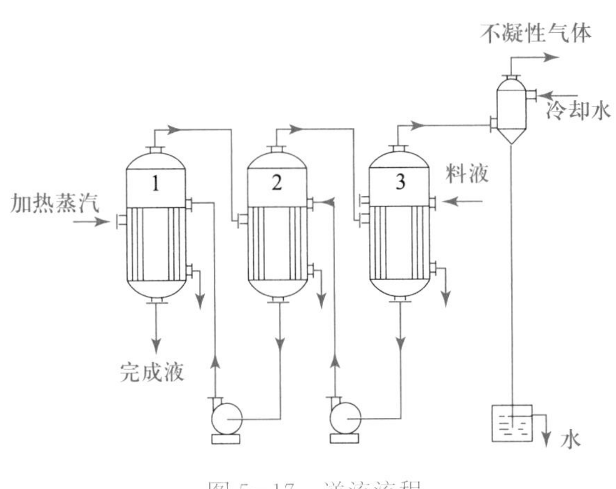

图 5-17　逆流流程

动画
逆流三效加料蒸发流程



3. 错流流程

溶液与蒸汽在各效间有些采用并流,有些采用逆流。如溶液流向为三效→一效→二效或二效→三效→一效,蒸汽流向为一效→二效→三效。错流操作吸收了以上两种方法的优点,但操作较复杂。

4. 平流流程

平流流程如图 5-18 所示。各效分别进料并分别出料,二次蒸汽多次利用。这种加料法适用于在蒸发过程中有晶体析出,不便于效间输送的场合。

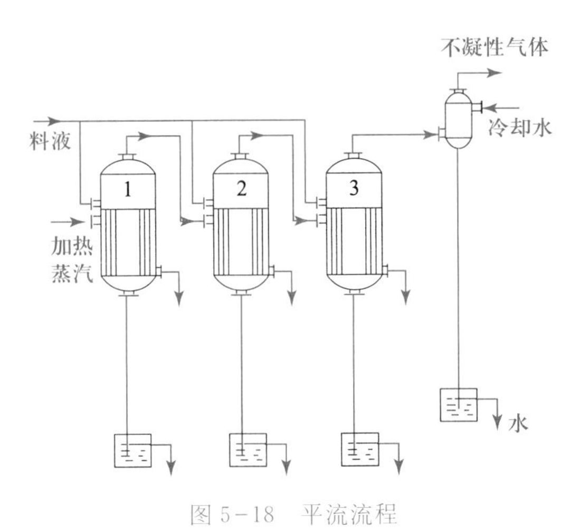


图 5-18　平流流程

## 二、多效蒸发效数的限制

在多效蒸发中,假设第一效为沸点进料,并略去热损失、温度差损失和不同压强下蒸发潜热的差别,则理论上:

第一效：$\frac{D}{W_1}=1\Rightarrow D=W_1$，1 kg 生蒸汽在第一效中可产生 1 kg 的二次蒸汽，将此 1 kg 二次蒸汽($W_1$)引入第二效又可蒸发 1 kg 水。

第二效：$W_2=W_1=D$，1 kg 生蒸汽在双效中的总蒸发量为

$$W=W_1+W_2=2D \quad 即 \quad \frac{W}{D}=2$$

以此类推：第三效$\frac{W}{D}=3$，…，第 $n$ 效$\frac{W}{D}=n$，即效数越多，生蒸汽的利用率越好。但实际上，由于热损失、温度差损失等原因，蒸汽的经济性不可能达到如此好的程度，根据生产经验，最大的$\frac{W}{D}$的值大致如表 5-5 所示。



表 5-5　不同效数蒸汽的利用率和经济性

| 效数 | 单效 | 双效 | 三效 | 四效 | 五效 |
|---|---|---|---|---|---|
| $\left(\frac{D}{W}\right)_{min}$ | 1.1 | 0.57 | 0.4 | 0.3 | 0.27 |
| $\left(\frac{W}{D}\right)_{max}$ | 0.91 | 1.75 | 2.5 | 3.33 | 3.70 |

由表 5-5 可见，蒸发同样数量的水分 $W$，采用多效蒸发时$\frac{D}{W}$较小，可节省生蒸汽用量，提高生蒸汽的利用率。但是，效数增加，设备费用成倍增大，若多一效增加的费用与所节省的加热蒸汽的收益不能相抵时，便达到了效数的极限。

另外，由于各效间均存在温度差损失，多效蒸发温度差损失较单效蒸发大，这样，分配给每一效的传热温度差就较小。按经验每一效传热温度差不应小于 5 ℃，这也限制了多效蒸发的效数。

对于无机盐溶液的蒸发一般为 2～3 效；对制糖、造纸黑液的蒸发，因其沸点上升不大，可用至 4～6 效；只有海水淡化等极稀溶液才用到 6 效以上蒸发。

## 第五节　蒸发器的操作分析和操作控制

### 一、蒸发器的操作分析

#### (一) 影响蒸发器的生产能力的因素

**蒸发器的生产能力**用单位时间内水分总蒸发量 $W$ 来表示，其单位为 kg/h。蒸发器蒸发量的大小取决于蒸发器传热速率的大小。因此也可以用传热速率来衡量蒸发器的生产能力。

对于单效蒸发，如果沸点下进料且忽略蒸发器的热损失及浓缩热，蒸发器的生产能力为

$$W=\frac{Q}{r}=\frac{KS\Delta t_m}{r} \tag{5-11}$$

式中 $W$——蒸发器的生产能力,kg/h;

$Q$——蒸发器的传热速率,kJ/h;

$r$——蒸发压力下二次蒸汽的汽化潜热,kJ/kg;

$K$——蒸发器的传热系数,kJ/(m²·K);

$S$——蒸发器的传热面积,m²;

$\Delta t_{m}$——蒸发器的有效传热温度差,K。

式(5-11)表示,若通过蒸发器传热面所传递的热量全部用于水分蒸发,这时蒸发器的生产能力与传热速率成正比,即蒸发器的生产能力仅与蒸发器的传热面积、传热温度差、二次蒸汽汽化潜热及传热系数有关。

下面讨论各种情况下蒸发器生产能力:

① 冷液进料,则需要消耗部分热量加热液体至沸点,所以生产能力有所降低;

② 原料液温度高于沸点,这样进入蒸发器后由于自蒸发,使生产能力有所增加;

③ 多效蒸发,若各效传热面积相等,各效传热系数均与单效传热系数相同,

$$W=\frac{\sum_{i=1}^{n} K_{i} S_{i} \Delta t_{i}}{r}=\frac{KS(\Delta t_{1}+\Delta t_{2}+\cdots+\Delta t_{n})}{r}=\frac{KS\Delta t_{m}}{r}$$

由于多效蒸发总传热温度差损失大于单效蒸发传热温度差损失,故多效蒸发时的生产能力小于单效蒸发时的生产能力。

**小贴士**

蒸发器的生产能力只能粗略地表示一个蒸发器生产量的大小,反映蒸发器传热性能的优劣,应当用蒸发器的生产强度来说明。

**(二) 影响蒸发器生产强度的因素**

单位传热面积的蒸发量称为蒸发器的生产强度,用 $U$ 表示。

$$U=\frac{W}{S} \tag{5-12}$$

对多效蒸发,$W$ 为蒸发器总的水分蒸发量,$S$ 为各效传热面积之和。

对于单效蒸发,若不计热损失和浓缩热,原料预热至沸点,则

$$U=\frac{W}{S}=\frac{K\Delta t_{m}}{r} \tag{5-12a}$$

前面已分析,多效蒸发的生产能力比单效蒸发小,而各效传热面积之和又是单效蒸发的 $n$ 倍,因此,多效蒸发的生产强度比单效蒸发小得多。由此可见,采用多效蒸发可提高加热蒸汽的利用率,但同时会降低蒸发器的生产能力,尤其是生产强度。

1. 传热温度差 $\Delta t_{m}$ 的影响

提高加热蒸汽的温度或是降低溶液的沸点均可增加 $\Delta t_{m}$。加热蒸汽的温度(及相应压强)受锅炉额定压强的限制。因此,在许多情况下,采用真空蒸发可以增加传热温度差

$\Delta t_m$;对于热敏性溶液还可以使溶液不容易被破坏。但是,溶液沸点的降低使黏度增大,传热系数有所降低;此外,为维持真空操作须添加真空设备费用和一定量的动力费;同时,真空度还受到冷凝水温度的限制。

2. 蒸发器的传热系数 $K$ 影响

蒸发器的传热热阻可由下式计算:

$$\frac{1}{K}=\frac{1}{\alpha_i}+\frac{\delta}{\lambda}+R_i+\frac{1}{\alpha_o}+R_o$$

① 管外蒸汽冷凝热阻$\frac{1}{\alpha_o}$一般很小,但须注意及时排出加热室中的不凝性气体,否则不凝性气体在加热室内不断积累,将使此项热阻明显增加,据有关资料介绍,当蒸汽中含有1%的不凝性气体时,总传热系数将下降60%。



② 管壁热阻$\frac{\delta}{\lambda}$一般可以忽略。

③ 管内壁液一侧的垢层热阻 $R_i$ 取决于溶液的性质及管内液体的运动状况。降低垢层热阻的方法是定期清理加热管,加快流体的循环速度,或加入微量阻垢剂以延缓形成垢层;在处理有结晶析出的物料时可加入少量晶种,使结晶尽可能地在溶液的主体中,而不是在加热面上析出。

④ 管内沸腾给热热阻$\frac{1}{\alpha_i}$主要取决于沸腾液体的流动情况。

**(三) 蒸发操作的节能措施**

多效蒸发可以提高加热蒸汽的经济程度,除此之外,还可以采用以下措施来提高加热蒸汽的利用率。

1. 额外蒸汽的引出

在单效蒸发中,若能将二次蒸汽移至其他设备作为热源加以利用(如用来预热原料液),则对蒸发装置来说,能量消耗降至最低限度,只是将加热蒸汽转变为温度较低的二次蒸汽而已。对多效蒸发,末效多为真空操作,因此末效二次蒸汽的温度较低,难以作为热源再利用。但是,可以在前几效蒸发器中引出部分温度适中的二次蒸汽作为其他加热设备的热源,如图5-19所示。这样,不仅使加热蒸汽的经济性进一步提高,而且还降低了冷凝器的热负荷。

若要在第 $i$ 效中引出数量为 $E_i$ 的额外蒸汽时,在相同的蒸发任务下,必须要向第一效多提供一部分加热蒸汽 $\Delta D$。如果加热蒸汽的补加量与额外蒸汽的引出量相等,则额外蒸汽的引出并无经济效益。但是,从第 $i$ 效引出的额外蒸汽实际上在前几效已被反复作为加热蒸汽利用。因此,补加蒸汽量 $\Delta D$ 要小于引出蒸汽量 $E_i$,从总体上看,加热蒸汽的利用率得到提高。只要二次蒸汽的温度能够满足其他加热设备的需要,引出额外蒸汽的效数越往后移,引出等量的额外蒸汽所需补加的加热蒸汽量就越少,蒸汽的利用率就越高。

为了提高生蒸汽的经济程度,在多效蒸发中引出额外蒸汽是应当考虑的问题,目前,额外蒸汽的引出在制糖厂得到了广泛的应用。



2. 二次蒸汽的再压缩(热泵蒸发)

在单效蒸发中,二次蒸汽在冷凝器中冷凝除去,蒸汽的潜热即完全损失,很不经济。

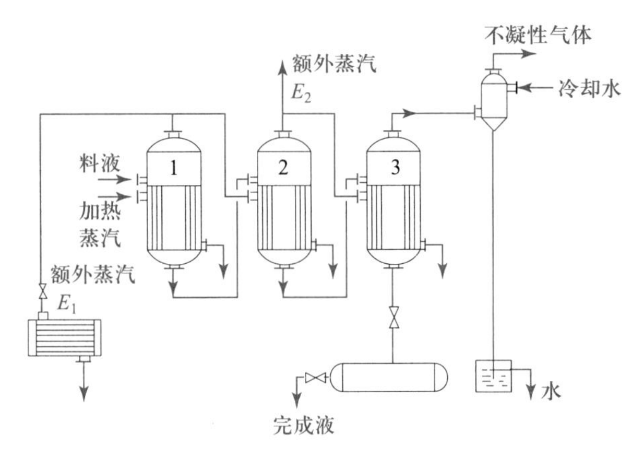

图 5-19　引出额外蒸汽的蒸发流程



考虑此二次蒸汽通过热泵(即压缩机)绝热压缩,使其压强升高,温度升高,然后再送回原来的蒸发器中作为加热蒸汽,则其潜热可得到反复利用。这样,除了开工外不需要另行供给生蒸汽,而只须补充少量压缩功,即可维持正常运行。这就提高了蒸汽的经济程度。这在缺水地区、船舶上尤为适用。

二次蒸汽再压缩的方式有两种,即机械压缩和蒸汽动力压缩。图 5-20(a)为机械压缩,二次蒸汽通过压缩机绝热压缩,使压力升高,温度升高,二次蒸汽循环使用。蒸汽动力压缩是使用蒸汽喷射泵,以少量高压蒸汽为动力将部分二次蒸汽压缩并混合后一起进入加热室作为加热剂用,如图 5-20(b)所示。

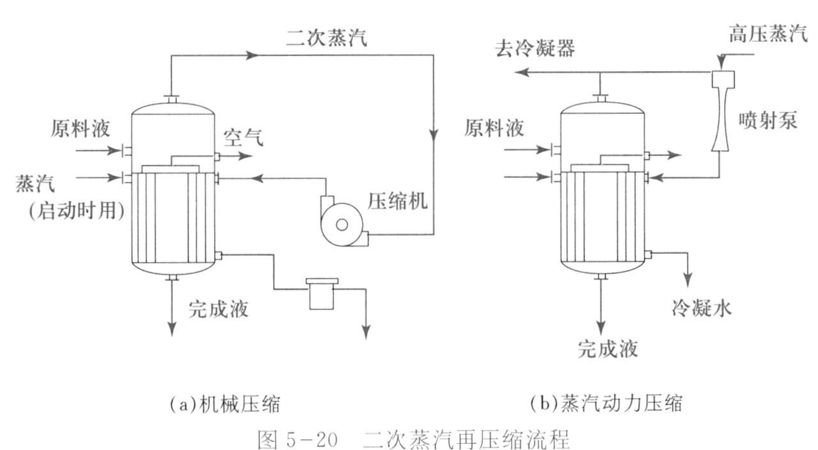

(a)机械压缩　　(b)蒸汽动力压缩

图 5-20　二次蒸汽再压缩流程

实践证明,要达到较好的经济效益,压缩机的压缩比不能太大,即二次蒸汽的压强和温度需提高得越多,压缩比越大,越不经济。对于沸点升高大的溶液蒸发,热泵蒸发器的经济性大为降低。其原因是当溶液的沸点升高时,为了保证蒸发器有一定的传热推动力,要求压缩后二次蒸汽的压力更高,压缩比增大,这在经济上不合理。

另外,压缩机的投资费用较大,需要维护保养,这些缺点也在一定程度上限制了它的使用。

3. 冷凝水热量的利用

蒸发装置消耗大量蒸汽必随之产生数量可观的冷凝水，如果将这些冷凝水直接排放，会浪费大量的热能。如果将此冷凝水排出加热室外加热原料或其他物料，可以利用这些冷凝水的热能。也可以将冷凝水减压，减压至下一效加热室的压强，使之过热产生自蒸发现象，汽化的蒸汽可与二次蒸汽一并进入后一效的加热室，于是，冷凝水的显热得以部分地回收利用，如图 5-21 所示。

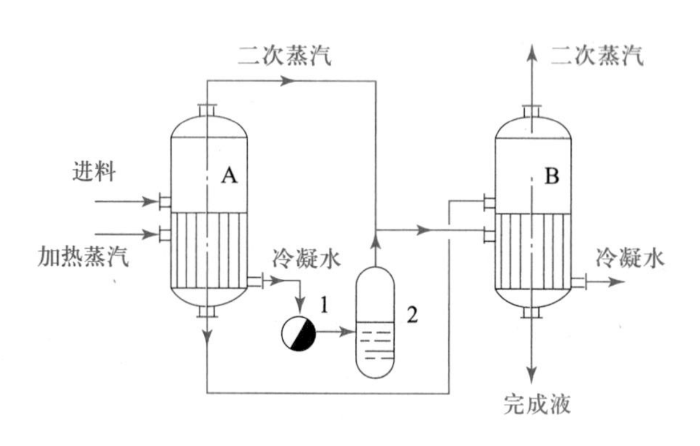


A，B—蒸发器；1—冷凝水排出器；2—冷凝水自蒸发器

图 5-21　冷凝水自蒸发的应用

## 二、蒸发系统的操作控制和维护

### （一）蒸发系统的操作控制

蒸发操作控制与蒸发设备、流程及物料的性质有关，不同的蒸发设备、流程及物料的性质其开停车步骤及控制方法有所不同，这里仅对单效强制循环蒸发器操作控制进行简单的叙述。

1. 开车前的准备工作

(1) 检查料液槽，是否有足够的料液开机；

(2) 检查操作场地是否清洁，安全防护装置是否良好；

(3) 检查各人孔盖是否盖好，蒸发器上的玻璃视镜有无破损；

(4) 检查检测仪器、仪表是否良好；

(5) 检查设备润滑、传动情况是否良好；

(6) 排放蒸汽主管及系统存留的冷凝水；

(7) 依据蒸发流程，打开料液槽至料液泵的阀门，并关闭应关闭的阀门；

(8) 联系好水、电、汽，准备开车。

2. 开车

(1) 根据蒸发操作的流程，按事先设定好的开车顺序和规定开度，依次启动加料泵，打开加料阀、冷凝器的冷却水阀、加热蒸汽阀，向蒸发器加料并进行预热。

(2) 观察各蒸发器的液位，当液位达到规定值时，启动循环泵。启动真空泵，对需要抽真空的装置进行抽真空。

(3) 监视蒸发器的温度和浓度，检查其蒸发情况，当其达到规定值时，用加大蒸汽流量和调节加料量，调节真空度，调节完成液浓度。

(4) 当液位、温度、真空度稳定后，完成液浓度达到指标时，开启出液泵。蒸发进入正常运行。

当系统设备投入正常运行后，按操作规程对温度、浓度按时测定，按工艺要求调节原料液的供给量及各台设备的工作参数，使之达到系统的最佳运行状态。

当设备处于稳定状态下运行时，不要轻易变动各设备的性能参数，否则会使装置处于不稳定状态，并花费一定的时间去调整以达到平稳，这样会造成生产的损失或出现其他操作问题。

3. 停车

(1) 长时间停车

① 停机前做好水、电、汽及上下工段的联系工作。

② 逐渐加大原料液的供应量，降低蒸发器内的溶液浓度。

③ 逐步减少蒸汽供给。当出蒸发器的浓度降到规定值时，停止加料，切断蒸汽，放净蒸发器中残液。

④ 进热水清洗蒸发系统，清洗结束，关闭热水停止供水。

⑤ 停真空泵、各输送泵。关闭系统各阀门。

⑥ 释放各效真空，排出效内洗涤水。冬季要将系统积水全部放净，以防冻坏设备和管道。

(2) 短时间停车

① 停机前做好水、电、汽及上下各工序的联系；

② 减少蒸汽供给量，维持系统温度；

③ 适当增加稀料液供给量，降低蒸发器溶液浓度；

④ 当蒸发器内溶液浓度降低到规定值时，即可停止加料；

⑤ 停真空泵、关闭冷却水。

(3) 紧急停车

① 突然停电：首先关闭蒸汽阀和加料阀，若停车时间较长，则停止冷凝器的冷却水。

② 突然停水：首先关闭蒸汽阀和加料阀，然后停止泵的运转，若发现蒸发器内的溶液很浓，可供给一定量的稀料液，以防止结垢。

4. 操作注意事项

① 蒸发器停机时，首先关闭加热蒸汽阀；蒸发器开机时，加热器要预热。

② 蒸发器在通入蒸汽前，一定要排空蒸汽管路内积存的冷凝水，防止发生汽水冲击现象。

③ 必须先开启循环泵，然后再缓慢加大加热蒸汽量，避免急加热造成换热器振动。

④ 不得用过热蒸汽作热源。

⑤ 蒸发系统的仪表、自控装置必须定期校验，不准在失灵、失控状态下运行。

5. 常见蒸发操作事故处理

(1) 高温腐蚀性液体或蒸汽外泄。蒸发设备开停车温度差异很大，由于热胀冷缩的原因，会使设备与管道的焊缝、法兰、膨胀节等薄弱环节开裂；或因管道腐蚀而变薄，当开、停车时因应力冲击而破裂，造成液体或蒸汽的外泄。要预防此类事故，就要在开车前对设备进行严格的检验，试压、试漏，并定期检查设备被腐蚀情况。

(2) 泵的“汽蚀”。蒸发操作中循环泵所输送的是处于沸腾状态下的液体，当液室液位过低时，循环泵很容易出现“汽蚀”现象，此时循环量急剧下降，换热器加热表面沉积物增多甚至有烧焦现象，严重时会使生产过程无法进行。处理方法：

① 降低蒸汽压力；

② 加大进料量；

③ 检查液位及进液管路自控装置；

④ 将液室液位控制在正常位置。

(3) 管路阀门堵塞。在蒸发容易有结晶析出的溶液时，常会随着物料的浓度增加而出现结晶造成管路、阀门、换热器等堵塞，使蒸发操作无法正常进行。因此要及时分离盐泥，定期洗效。当设备出现堵塞现象时，可用高压水进行冲洗，或采用真空抽吸等方法补救。



(4) 蒸发器视镜破裂。一些高温、高浓度的溶液极具腐蚀性(如烧碱)，蒸发器视镜玻璃被腐蚀变薄，机械强度降低，受压后极易爆裂，造成蒸发器内部高温溶液外泄伤人。在蒸发此类溶液时，要对视镜玻璃及时检查，定期更换。

**(二) 蒸发系统维护**

长时间的运行，料液在加热过程中，有一部分固形物容易沉积附着在加热表面和蒸发设备管道的内表面，即所谓结垢。随着结垢的增厚，换热器的传热系数也逐渐下降，形成恶性循环蒸发。这时就必须安排清洗(洗效)。清洗的目的就是要除去加热表面的结垢，恢复原来的传热系数，提高热效率。清洗的方法有如下几种：

① 稀溶液清洗：在蒸发系统里，浓溶液因溶液的浓度高、黏度大、温度高，比稀溶液更容易结垢。在蒸发器浓溶液效中注入稀溶液循环，一部分垢层可溶解、脱落，达到清洗的目的。

② 水煮：在蒸发器中注水，将加热表面浸泡在水中进行水煮，可使结垢脱落，达到清洗的目的。

③ 碱煮：一般情况下，结垢物有一部分会溶解于碱液中。配制一定浓度(如质量分数7%)的氢氧化钠溶液注入蒸发器，使加热表面浸泡在碱液中进行低温碱煮，一部分溶解，一部分脱落，达到清洗目的。

④ 机械清洗：停机以后，进入蒸发器内部利用高压清洗泵喷水冲击加热管，使垢层脱落，达到清洗的目的。注意：此方法只用于蒸发器严重结垢的情况，并注意操作安全。

## 案例分析

### [案例1] 单效蒸发器的改造

**案例提出：**

某明胶生产厂使用单效列管蒸发器，此蒸发器的运行需要消耗大量的水和电能。该厂决定对此进行改造。

**分析：**

单效列管蒸发器最大的缺点是二次蒸汽不能被利用，而是被循环冷却水吸收，不仅蒸发耗汽量大，同时大量耗费循环冷却水，二次蒸汽带走的大量能量，使得循环水温度直线升高。而随着循环水温的升高，其蒸气压不断上升，使蒸发器的真空度逐步下降；为了确保蒸发器有一定的真空度，又必须不断补加冷却水，或者强制冷却循环水。前者需要消耗大量的水，后者需要消耗大量的电能。

为了解决单效蒸发器上述问题，必须有效地利用二次蒸汽，减少进入循环水中的二次蒸汽量。

问题解决：

该厂在二次蒸汽管(即真空管)上加装一个风冷换热器，使二次蒸汽在进入循环水前大部分被冷凝成水，有效减少进入循环水中的二次蒸汽量，同时风冷换热器还能为明胶的烘干工序提供干热空气。此项改造不仅节约了循环水，同时也节约了烘干用蒸汽的量，降低了煤耗。



## [案例2]　Ⅱ效蒸发器结盐

案例提出：

某厂进行烧碱扩建，在蒸发的扩建改造中，将Ⅰ、Ⅱ、Ⅲ效蒸发器的换热面积进行了增大，采用三效四体顺流工艺生产烧碱，浓效利用Ⅰ效冷凝水的闪蒸汽进行加热蒸发。Ⅰ、Ⅲ效则作为两台外循环不锈钢蒸发器，换热面积分别为240 $m^2$、200 $m^2$，而Ⅱ效蒸发器则用一台180 $m^2$的标准式碳钢蒸发器。

在全厂不停产条件下，扩建工程蒸发工段最先更换的是Ⅱ效蒸发器，Ⅱ效蒸发器更换以后，其余效体仍用原来的设备，开车以后整个系统运转正常。由于增大了Ⅱ效蒸发器的换热面积，蒸发产量比以前明显提高。

随后全厂停车，扩建工程并网，更换了Ⅰ效、Ⅲ效蒸发器。开车后不到8 h就发现Ⅱ效蒸发器消化蒸汽的能力低，Ⅰ效二次蒸汽压强偏高，而Ⅱ效二次蒸汽压强为零，导致Ⅰ、Ⅲ效都不能正常工作，每班产量达不到正常产量的一半。蒸发工段被迫停车，打开Ⅱ效蒸发器进行检查。发现大部分列管结盐堵塞，进行疏通洗涤后重新开车，仍旧出现上述问题。

分析：

从运转情况来看，Ⅱ效旋液分离器运转正常。盐分离效果良好，蒸发器结盐的原因在于蒸发器本身存在问题，因此该厂采取了一系列防止蒸发器结盐的措施，如提高蒸发室液面，改为锥底进料等，但效果都不明显。此后，对蒸发器的运行记录进行了详细分析，Ⅱ效蒸发器刚换上的时候运行是正常的，但Ⅰ效、Ⅲ效蒸发器更换以后就开始发生结盐问题。经前后对比和分析，发现Ⅱ效蒸发器结盐主要有两方面原因：一方面，Ⅰ效加热室面积大于Ⅱ效，产生的二次蒸汽相对来说比较多，而Ⅱ效加热室换热面积相对较小，消化蒸汽的能力差，导致Ⅰ效二次蒸汽压强升高，碱液沸点提高，二次蒸汽温度升高；另一方面，Ⅲ效加热室换热面积比Ⅱ效大，消化蒸汽的能力大，而Ⅱ效由于换热面积较小，生产能力小，产生的二次蒸汽少，导致Ⅱ效二次蒸汽压强偏低，这样Ⅱ效碱液的沸点降低。由于上述两方面原因导致Ⅱ效蒸发器的传热温度差大大提高，碱液沸腾剧烈。致使Ⅱ效蒸发器的沸腾区下移至换热管内，部分析出的食盐附着在管壁上，越积越厚，影响碱液的循环，最后导致部分列管堵塞，蒸发器不能正常工作。同时，由于Ⅰ效沸点升高，降低了传热温度差，生产强度降低，Ⅲ效因Ⅱ效二次蒸汽压强过低，无加热蒸汽，浓效因Ⅰ效冷凝水量少，闪蒸汽量少，也无加热蒸汽，从而都不能正常工作。这样就导致了Ⅱ效蒸发器结盐、蒸发产量过低的状态。

问题解决：

通过上述分析，在Ⅰ效二次蒸汽管和Ⅱ效二次蒸汽管间接一连通管，管上加一阀门，将Ⅰ效的部分二次蒸汽分至Ⅲ效加热室，这样相对降低了Ⅱ效蒸发器加热室的蒸汽压强，即相对提高了Ⅱ效蒸发器内碱液的沸点，避免因传热温度差过大而造成沸腾区下移，使蒸发器结盐。再次开车以后运转正常。

虽然Ⅱ效蒸发器结盐问题最终解决了。但它带来的教训是深刻的。在以后设计制作蒸发器时，Ⅰ、Ⅱ、Ⅲ效的生产能力要基本相当，以避免同类事故的再次发生。



## 复习与思考

1. 蒸发操作有哪些特点？
2. 单效蒸发与多效蒸发的主要区别在哪里？它们各适用于什么场合？
3. 为什么蒸发时溶液沸点必高于二次蒸汽的饱和温度？
4. 什么叫蒸发操作中的温度差损失？它由哪些因素构成？
5. 在蒸发操作中，怎样强化传热速率？
6. 多效蒸发的作用是什么？它的流程有哪几种？各适用于什么场合？
7. 在蒸发器中装设除沫器的作用是什么？
8. 蒸发流程最后都配备有真空泵，其作用是什么？

## 习　题

在单效蒸发装置中，将二次蒸汽的 1/4 用来预热原料液。已知 $F=1\ 000$ kg/h，从 20 ℃ 预热到 70 ℃。蒸发室内温度为 90 ℃。完成液的质量分数为 28%，其沸点 98 ℃，生蒸汽的温度为 120 ℃。试求：(1) 原料液的浓度 $x_0$；(2) 生蒸汽的消耗量 $D$。

## 本章主要符号说明

**英文字母**

$c_B$——溶质的比热容，kJ/(kg·K)；

$c_0$——原料液的比热容，kJ/(kg·K)；

$c$——完成液的比热容，kJ/(kg·K)；

$c^*$——水的比热容，kJ/(kg·K)；

$D$——加热蒸汽用量，kg/h；

$\frac{D}{W}$——单位蒸汽消耗量，kg 蒸汽/kg 水；

$F$——溶液的加料量，kg/h；

$g$——重力加速度，m/s$^2$；

$h$——蒸发器内的液面高度，m；

$h_s$——冷凝液的焓，J/kg；

$h_0$——原料液的焓，J/kg；

$h$——完成液的焓，J/kg；

$H$——加热蒸汽的焓，J/kg；

$H'$——二次蒸汽的焓，J/kg；

$K$——蒸发器的总传热系数，W/(m$^2$·K)；

$K_i$——$i$ 效蒸发器的总传热系数，W/(m$^2$·K)；

$l$——加热管内液层高度，m；

$p_0$——液面上方二次蒸汽的压强，Pa；

$p_m$——蒸发器加热管内液层的平均压强，Pa；

$Q_L$——热损失，J/h 或 J/s；

$R_w$——管壁热阻，m$^2$·K/W；

$r$——加热蒸汽的冷凝潜热，J/kg；

$r'$——二次蒸汽的冷凝潜热，J/kg；

$S$——蒸发器的传热面积,$m^2$;

$t_A$——溶液的沸点,℃;

$t_w$——水的沸点,℃;

$t$——完成液的温度,℃;

$t_0$——原料液的温度,℃;

$\Delta t_m$——蒸发器的平均传热温度差,有效温度差,K;

$\Delta t_{max}$——蒸发装置的最大可能温度差,K;

$T_0$——加热蒸汽的温度,℃;

$T'$——二次蒸汽的温度,℃;

$U$——蒸发器的生产强度,$kg/(m^2 \cdot h)$;

$W$——蒸发器的生产能力,水分蒸发量,kg/h 或 kg/s;

$w_0$——原料液组成,质量分数;

$w_i$——第 $i$ 效蒸发器的溶液组成,质量分数;

$w$——完成液组成,质量分数。

**希腊字母**

$\alpha_i$——管内溶液沸腾时的对流传热系数,$W/(m^2 \cdot K)$;

$\alpha_o$——管外加热蒸汽冷凝时的对流传热系数,$W/(m^2 \cdot K)$;

$\Delta$——总温度差损失,K;

$\Delta'$——溶液沸点升高引起的温度差损失,K;

$\Delta''$——液层静液柱引起的温度差损失,K;

$\Delta'''$——二次蒸汽流动压强降引起的温度差损失,K;

$\rho$——溶液的平均密度,$kg/m^3$。

# 第六章　气体吸收

## 学习目标

**知识目标：**

了解气体吸收的工业应用，吸收单元操作的基本概念、吸收传质方式、设备结构及性能特点；

理解吸收过程相平衡关系，传质方向判定，相平衡与吸收过程的关系，吸收过程难易程度的判定；

掌握吸收过程原理，吸收过程的强化途径，吸收过程计算。

**能力目标：**

能正确选择吸收操作的条件，对吸收过程进行正确的调节控制。

# 知 识 框 图

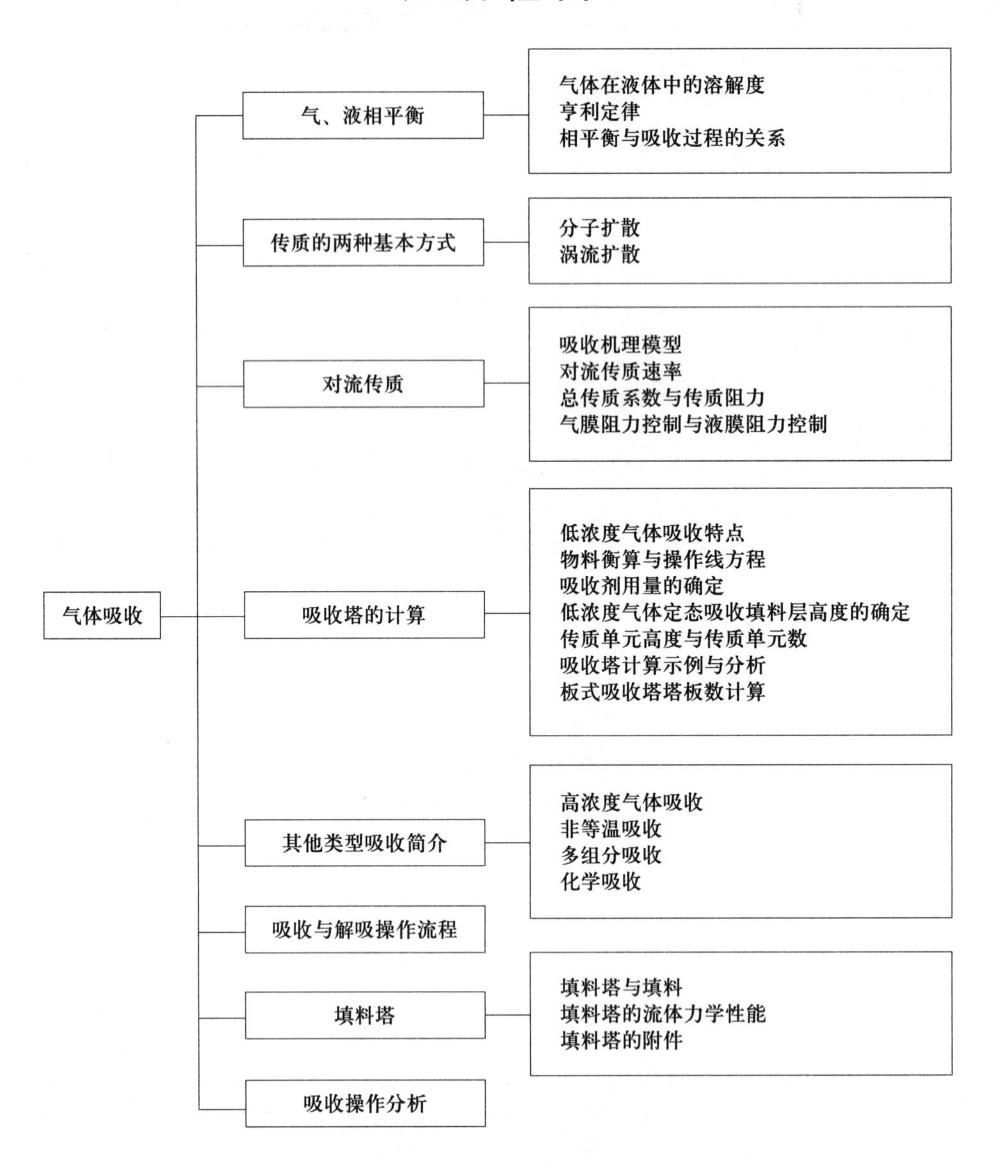

气体吸收
气、液相平衡
气体在液体中的溶解度
亨利定律
相平衡与吸收过程的关系
传质的两种基本方式
分子扩散
涡流扩散
对流传质
吸收机理模型
对流传质速率
总传质系数与传质阻力
气膜阻力控制与液膜阻力控制
吸收塔的计算
低浓度气体吸收特点
物料衡算与操作线方程
吸收剂用量的确定
低浓度气体定态吸收填料层高度的确定
传质单元高度与传质单元数
吸收塔计算示例与分析
板式吸收塔塔板数计算
其他类型吸收简介
高浓度气体吸收
非等温吸收
多组分吸收
化学吸收
吸收与解吸操作流程
填料塔
填料塔与填料
填料塔的流体力学性能
填料塔的附件
吸收操作分析

## 第一节 概 述

气体吸收是用来分离气体混合物的单元操作,是依据气体混合物中各组分在液体溶剂中溶解度的不同而实现分离的过程。吸收分离的目的主要概括为两方面:一方面是回收或捕集气体混合物中的有用组分以制取产品;另一方面是除去混合气体中的有害成分使气体得以净化。实际过程往往同时兼有净化与回收的双重目的。

吸收操作所采用的溶剂称为**吸收剂**,能够溶解于吸收剂中的气体组分称为**溶质**,不被吸收的气体组分称为**惰性组分**;吸收后得到的溶液称为吸收液,排出的气体称为**吸收尾气**或**净化气**。

吸收的目的是将混合气体中的溶质和惰性组分分离并得到纯度较高的溶质和惰性组分。但吸收只完成了溶质由气相向液相的传递,将气态混合物转换成液态混合物,并未得到纯度较高的溶质。因此,工业上除了以制取液态产品为目的的吸收之外,大都要将吸收液进行解吸。解吸即是使溶解了的溶质由吸收液中释放出来的操作。解吸操作不但能获得纯度较高的气体溶质,而且可使吸收剂得以再生、循环使用。因而完整的工业吸收分离过程应包括吸收和解吸两个过程。解吸操作的质量和能耗,有时直接关系到整个吸收分离过程的质量和经济性。

如图 6-1 所示为合成氨生产中 $CO_2$ 气体的净化操作流程。合成氨原料气(含 $CO_2$30%左右,摩尔分数)从底部进入吸收塔,塔顶喷入乙醇胺溶液。气、液逆流接触传质,乙醇胺吸收了 $CO_2$ 后从塔底排出,塔顶排出的气体中 $CO_2$ 含量可降至 0.5%以下。将吸收塔底排出的含 $CO_2$ 的乙醇胺溶液用泵送至加热器,加热到 130 ℃左右后从解吸塔顶喷淋下来,与塔底送入的水蒸气逆流接触,$CO_2$ 在高温、低压下自溶液中解吸出来。从解吸塔顶排出的气体经冷却、冷凝后得到可用的 $CO_2$。解吸塔底排出的含少量 $CO_2$ 的乙醇胺溶液经冷却降温至 50 ℃左右,经加压仍可作为吸收剂送入吸收塔循环使用。

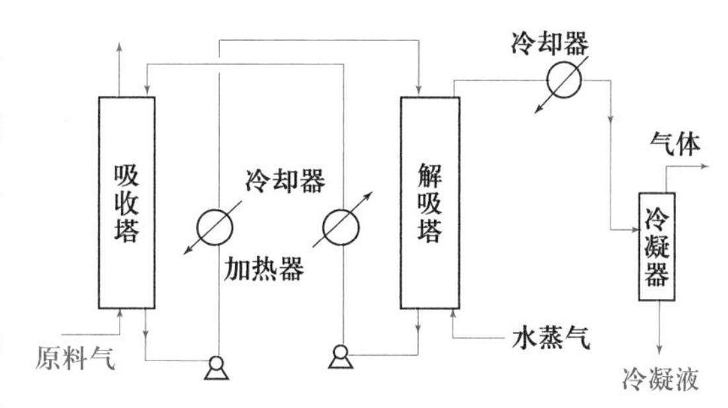

图 6-1 吸收与解吸流程

吸收操作本质上是溶质组分由气相扩散迁移至液相的传递过程,即物质在相际间的传递过程(简称传质过程)。较之动量传递过程和传热过程,传质过程与它们在微观本质上有许多相似之处,但也有其自身特点,本章将简单介绍传质过程的机理。

吸收过程按溶质与吸收剂间发生物理和化学作用的不同可分为物理吸收和化学吸收。若溶质与溶剂间不发生显著的化学反应,溶质仅仅因为在溶剂中的溶解度大而被吸收,则此过程为**物理吸收**,如用水吸收 $CO_2$ 及用洗油吸收粗苯均为物理吸收过程;若溶质与溶剂之间因为显著的化学反应而被吸收则称为**化学吸收**,如硫酸吸收氨、用碱液吸收 $CO_2$ 等均为化学吸收过程。

吸收过程按被吸收组分数目的不同,可分为单组分吸收和多组分吸收。用水吸收 HCl 气体制取盐酸为单组分吸收,而用洗油处理焦炉气时,气体中的多种组分均在洗油中有显著的溶解度，这种吸收过程则属于多组分吸收。

气体被吸收的过程往往伴有溶解热或反应热等热效应。若热效应较大则会使液相温度升高，这样的吸收过程称为**非等温吸收**。若热效应很小，或被吸收的组分在气相中浓度很低而吸收剂的用量又相对很大时，温度升高并不显著，**则为等温吸收**。

吸收操作是气、液两相之间的接触传质过程，吸收操作的成功与否在很大程度上取决于溶剂的性能，特别是溶剂与气体混合物之间的相平衡关系。在选择吸收剂时，应注意考虑以下几个方面的问题：

(1) 溶解度　溶剂应对混合气体中被分离组分(溶质)有较大的溶解度，即在一定的温度和浓度下，溶质的平衡分压要低。这样，从平衡角度来说，处理一定量混合气体所需的溶剂数量较少，气体中溶质的极限残余浓度亦可降低；从过程速率角度而言，溶质平衡分压低，过程推动力大，传质速率快，所需设备的尺寸小。



(2) 选择性　溶剂对混合气体中其他组分的溶解度要小，即溶剂应具有较高的选择性。否则吸收操作将只能实现组分间某种程度的增浓而不能实现较为完全的分离。

(3) 溶解度随操作条件的变化　溶质在溶剂中的溶解度应对温度的变化比较敏感，即不仅在低温下溶解度要大，平衡分压要小，而且随温度升高，溶解度应迅速下降，平衡分压应迅速上升。这样，被吸收的气体解吸容易，溶剂再生方便。

(4) 挥发性　操作温度下溶剂的蒸气压要低，以减少吸收和再生过程中溶剂的挥发损失。

(5) 黏性　操作温度下吸收剂的黏度要低，这样可以改善吸收塔内的流动状况，从而提高吸收速率，且有助于降低泵的功耗，减少传质阻力。

(6) 安全及稳定性　所选择的溶剂应尽可能无毒性，无腐蚀性，不易燃，不发泡，价廉易得，有较好的化学稳定性。

通常很难找到一种理想的溶剂能够满足所有要求，因此，应对可供选择的溶剂做全面的评价以做出经济合理的选择。

本章以等温的单组分物理吸收过程为重点，阐明吸收过程原理和填料塔的工艺计算方法，在此基础上，对多组分吸收、化学吸收及解吸作简要的分析。

## 第二节　气、液相平衡

### 一、气体在液体中的溶解度

在一定温度下气、液两相长期或充分接触之后，两相趋于平衡，此时溶质组分在两相中的浓度服从某种确定的关系，即相平衡关系。平衡状态下气相中的溶质分压称为**平衡分压**或**饱和分压**，液相中的溶质浓度称为**平衡浓度**或**饱和浓度**，所谓气体在液体中的溶解度，就是指气体在液相中的饱和浓度，可用多种方式表示相平衡关系。溶解度可用摩尔分数 $x$、摩尔比 $X$、物质的量浓度 $c$ 表示，亦可用单位质量(或体积)的液体中所含溶质的质量来表示；气相中溶质的浓度通常用分压 $p$ 或摩尔分数 $y$、摩尔比 $Y$ 表示。



气体在液体中的溶解度表明一定条件下吸收过程可能达到的极限程度。一般情况下，溶解度与整个物系的温度、压强及溶质在气相中的浓度有关。则在一定的温度和总压下，溶质在液相中的溶解度取决于它在气相中的组成。在一定温度下，分压是直接决定溶解度的参数，当总压不太高时(小于 507 kPa)，总压的变化并不改变分压与溶解度之间的关系。但是，当保持气相中溶质的摩尔分数 $y$ 为定值，总压不同意味着溶质的分压不同，则不同总压下 $y-x$ 曲线的位置不同。

以分压表示的溶解度曲线直接反映了相平衡的本质，用于思考和分析问题直截了当；而以摩尔分数 $x$ 与 $y$ 表示的相平衡关系，则便于与物料衡算等其他关系式一起对整个吸收过程进行数学计算。

在同一溶剂中，不同气体的溶解度有很大差异。图 6-2、图 6-3 所示为总压不太高时氨、$SO_2$ 在水中的溶解度与其在气相中的分压之间的关系(以温度为参数)。图中的关系曲线称为**溶解度曲线**。由图可知，对于同样浓度的溶液，易溶组分在溶液上方的分压小，而难溶组分在溶液上方的分压大。即欲得到一定浓度的溶液，对易溶组分所需分压较低，而对难溶组分所需分压则较高。另外，对于同一种溶质来说，溶解度随温度的升高而降低。



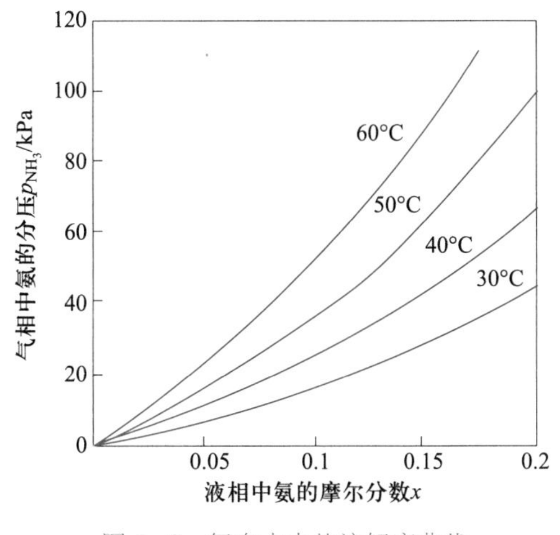


图 6-2 氨在水中的溶解度曲线

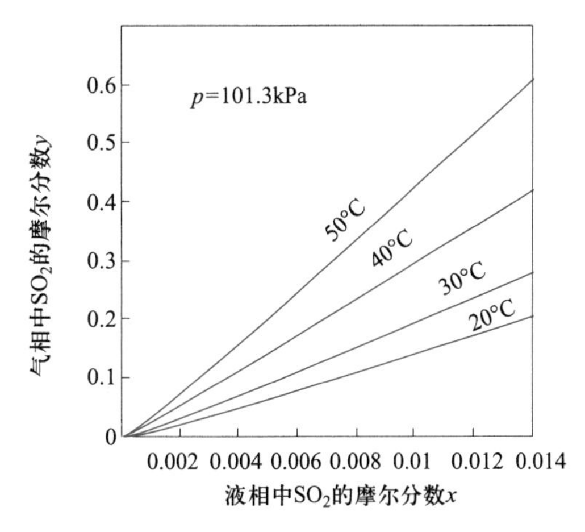


图 6-3 $SO_2$ 在水中的溶解度曲线

由溶解度曲线可总结得出如下结论：加压和降温可提高溶质在液相中的溶解度，对吸收有利；反之，升温和减压则有利于解吸过程。

## 二、亨利定律

### 1. 亨利定律的表达式

吸收操作最常用于分离低浓度的气体混合物，此时吸收操作较为经济。低浓度气体混合物吸收时液相的浓度也很低，常在稀溶液范围内。稀溶液的溶解度曲线通常近似为一条直线，此时溶质在液相中的溶解度与气相中的平衡分压成正比关系。此为亨利定律，即

$$p^{*}=Ex \tag{6-1}$$

式中 $p^{*}$——溶质在气相中的平衡分压，kPa；

$x$——溶质在液相中的摩尔分数；

$E$——亨利系数,kPa。

若吸收液为理想溶液,则在全部浓度范围内 $p^*-x$ 关系均符合亨利定律。此时 $E$ 在数值上等于平衡温度下纯溶质的饱和蒸气压,亨利定律与拉乌尔定律相一致。然而大多数情况下吸收液为非理想溶液,只有稀溶液的 $p^*-x$ 关系才服从亨利定律。

若溶质的溶解度以物质的量浓度表示,则亨利定律可写为

$$p^*=\frac{c}{H} \tag{6-2}$$

式中 $c$——溶质在液相中的物质的量浓度,kmol 溶质/$m^3$ 溶液;

$H$——溶解度系数,kmol/($m^3$·kPa)。

若溶质在气、液两相中的组成均以摩尔分数表示,则亨利定律可写为

$$y^*=mx \tag{6-3}$$

式中 $m$——亨利系数,也称相平衡常数;

$y^*$——与液相中溶质摩尔分数 $x$ 成平衡的气相溶质摩尔分数。

在吸收操作中,气、液两相的总摩尔流量都在沿塔不断发生变化,因而在吸收计算中,不宜于用摩尔流量和摩尔分数进行吸收计算,为此引入如下简化假定,即气相中惰性组分不溶于液相,溶剂本身不挥发,则在塔内各个截面上,气相中惰性组分的摩尔流量和液相中纯溶剂的摩尔流量不变。若以惰性组分和纯溶剂的物质的量为基准分别表示溶质在气、液两相中的浓度,将对吸收的计算带来方便。为此引入摩尔比的概念。

$$X=\frac{x}{1-x}\quad,\quad Y=\frac{y}{1-y} \tag{6-4}$$

由式(6-4)可得,$x=\frac{X}{1+X}$,$y=\frac{Y}{1+Y}$,代入式(6-3)可得

$$\frac{Y^*}{1+Y^*}=m\frac{X}{1+X} \tag{6-5}$$

经整理得

$$Y^*=\frac{mX}{1+(1-m)X} \tag{6-6}$$

当溶液浓度很低时,式(6-6)可写为

$$Y^*=mX \tag{6-7}$$

这是亨利定律的又一种表达形式,表明在稀溶液情况下,$Y$ 和 $X$ 之间的平衡关系近似为一条通过原点的、斜率为 $m$ 的直线。

由亨利定律,已知溶质的液相组成可以计算与之相平衡的气相组成;反之,已知其气相组成亦可计算与之相平衡的液相组成。

2. 亨利常数之间的换算关系

(1) $E-m$ 关系　若气体为理想气体混合物,其总压为 $p_{总}$,则 $p=p_{总}\cdot y$,由式(6-1)和式(6-3)对比可得

$$m=E/p_{总} \tag{6-8}$$

(2) $E-H$ 关系　联立式(6-1)、式(6-2)及 $c=c_0 \cdot x$ 得

$$E=c_0/H \tag{6-9}$$

式中　$c_0$——为混合液的总物质的量浓度,kmol 溶液/$m^3$溶液。

溶液的总物质的量浓度 $c_0$可用 1 $m^3$溶液为基准来计算,即

$$c_0=\rho_m/M_m \tag{6-10}$$

其中 $\rho_m$,$M_m$分别为混合液的平均密度和平均摩尔质量。

对于稀溶液,式(6-10)可近似为 $c_0 \approx \rho_s/M_s$,其中 $\rho_s$,$M_s$分别为溶剂的密度和摩尔质量。将此式代入式(6-9)可得

$$E=\frac{\rho_s}{H \cdot M_s} \tag{6-11}$$

常见物系的亨利系数 $E$ 可在附录中查到。对一定的物系,$E$ 与物系的温度有关,随温度升高而增大;$m$ 值取决于系统的温度和总压,温度升高、总压下降则 $m$ 值增大。$E$ 与 $m$ 值越大表明该气体的溶解度越小,越不利于吸收操作。



**[例 6-1]**　某吸收塔在 101.3 kPa、30 ℃下操作,含有 29%(体积分数)$CO_2$ 的混合气体与水接触,试分别计算以摩尔分数、摩尔比和物质的量浓度表示的混合气体组成及液相中 $CO_2$ 的平衡浓度 $c^*$ 为多少(kmol/$m^3$)。

**解:** 气体可视为由溶质 $CO_2$ 和惰性组分组成的双组分混合物。

(1) 气体中溶质浓度的表示

摩尔分数　对理想气体而言,组分的摩尔分数就等于其体积分数,则 $y=0.29$。

摩尔比　$Y=\frac{y}{1-y}=\frac{0.29}{1-0.29}=0.408$

物质的量浓度　由理想气体状态方程知:

$$c_A=\frac{n_A}{V}=\frac{p_A}{RT}=\frac{101.3 \times 0.29}{8.314 \times 303} \text{ kmol/m}^3=0.011\ 66 \text{ kmol/m}^3$$

(2) 液相平衡浓度　由亨利定律 $p^*=\frac{c}{H}$可得

$$c^*=Hp$$

其中 $H$ 为 30 ℃时 $CO_2$ 在水中的溶解度系数,且 $H=\frac{\rho}{E \cdot M}$,查附录可知 $CO_2$ 在水中的亨利系数 $E=1.88 \times 10^5$ kPa。又因为 $CO_2$ 难溶于水,溶液浓度很低,溶液密度和摩尔质量可按纯水计算,则

$$c^*=\frac{\rho_s}{E \cdot M_s}p=\frac{1\ 000}{1.88 \times 10^5 \times 18} \times 101.3 \times 0.29 \text{ kmol/m}^3=8.68 \times 10^{-3} \text{ kmol/m}^3$$

**[例 6-2]**　压强为 101.3 kPa、温度为 20 ℃时,测出 100 g 水中含氨 2 g,此时溶液上方氨的平衡分压为 1.60 kPa,试求 $E$,$m$,$H$;若在总压不变的情况下将温度升高至 50 ℃,测得此时液面上方氨的分压为5.94 kPa,求此时的 $E$,$m$,$H$;若通过充惰性气体使总压增为 202.6 kPa,系统温度仍为 20 ℃,求此时的 $E$,$m$,$H$。

**解:** (1) 已知氨的摩尔质量为 $M_A=17$ g/mol,水的摩尔质量为 $M_S=18$ g/mol,氨在水中的物质的量浓度可计算得

$$c_A=\frac{2/17}{(100+2)/1\ 000} \text{ kmol/m}^3=1.153\ 4 \text{ kmol/m}^3$$

根据亨利定律 $p^* = \frac{c}{H}$ 可得

$$H = \frac{c_A}{p^*} = \frac{1.1534}{1.60}\ \text{kmol/(m}^3\cdot\text{kPa)} = 0.721\ \text{kmol/(m}^3\cdot\text{kPa)}$$

由式(6-11)则
$$E = \frac{\rho_s}{H\cdot M_s} = \frac{1000}{0.721\times18}\ \text{kPa} = 77.05\ \text{kPa}$$

$$m = \frac{E}{p_{总}} = \frac{77.05}{101.3} = 0.7606$$

(2) 温度升至 50 ℃时，$p^* = 5.94$ kPa，液相浓度不变，于是

$$x = \frac{2/17}{2/17 + 100/18} = 0.0207$$

根据亨利定律 $p^* = E\cdot x$ 可得

$$E = \frac{p^*}{x} = \frac{5.94}{0.0207}\ \text{kPa} = 287\ \text{kPa}$$

$$m = \frac{E}{p_{总}} = \frac{287}{101.3} = 2.83$$

由 $E = \frac{\rho_s}{H\cdot M_s}$ 得到

$$H = \frac{\rho_s}{E\cdot M_s} = \frac{1000}{287\times18}\ \text{kmol/(m}^3\cdot\text{kPa)} = 0.1936\ \text{kmol/(m}^3\cdot\text{kPa)}$$

(3) 虽然总压升高至 $p_{总} = 202.6$ kPa，但氨的分压仍保持不变，且由于系统温度未变，则 $E$，$H$ 均维持20 ℃时的值不变，因为 $E$，$H$ 仅为温度的函数，与总压无关，但 $m$ 却随总压的变化而变化，这是由于气相中溶质的摩尔分数发生了变化。

$$m = \frac{E}{p_{总}} = \frac{77.05}{202.6} = 0.38$$



### 三、相平衡与吸收过程的关系

相平衡是过程进行所能达到的极限状态。根据两相实际浓度与相应条件下平衡浓度的比较，可以判别过程的方向、指明过程的极限并计算过程的推动力。

1. 判别过程的方向

设在一定的温度和压强下，使组成为 $Y$ 的混合气体与组成为 $X$ 的液体接触($Y$，$X$ 均为溶质的摩尔比，下同)，相平衡关系为 $Y^* = mX$，若实际气相组成 $Y$ 大于与实际液相组成 $X$ 成平衡的气相组成 $Y^*$，即 $Y > Y^*$，则两相接触时将有部分溶质自气相转入液相，发生吸收过程。同样，也可理解为实际液相组成 $X$ 小于与实际气相组成 $Y$ 成平衡的液相组成 $X^* = Y/m$，即 $X^* > X$，两相接触时部分溶质自气相转入液相。反之，若 $Y < Y^*$ 或 $X > X^*$，则溶质将由液相转入气相，发生解吸过程。

2. 指明过程的极限

将溶质组成为 $Y_1$ 的混合气体送入某吸收塔底部，溶剂(溶质浓度为 $X_2$)自塔顶淋入作逆流吸收。若减少溶剂用量，则塔底液相组成 $X_1$ 必将升高。但无论塔如何高、溶剂用量如何少，$X_1$ 都不会无限增大，其极限组成为 $Y_1$ 的平衡组成 $X_1^*$，即 $X_{1\max} = X_1^* = Y_1/m$；反之，当溶剂用量很大而气体流量较小时，即使在无限高的塔内进行逆流吸收，气体出塔

组成 $Y_2$ 也不会低于液体入塔组成的平衡组成 $Y_2^*$，即 $Y_{2\min}=Y_2^*=mX_2$。

综上所述，相平衡关系限制了出塔液体的最高浓度和离塔气体的最低浓度。

3. 计算过程的推动力

平衡是过程的极限，只有当两相不平衡时，相互接触的两相才会发生自动趋向于平衡的过程（即气体的吸收和解吸过程）。实际浓度偏离平衡浓度越远，过程推动力越大，过程速率亦越快。通常，以实际浓度与平衡浓度的偏离程度来表示过程的推动力。

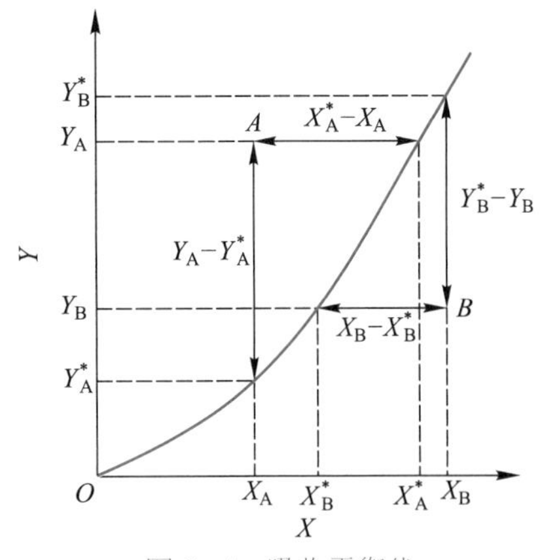

图 6-4　吸收平衡线

设塔内某截面上气、液两相实际组成分别 $Y$，$X$，相平衡关系为如图 6-4 所示曲线，两相实际浓度的状态点为 $A$。该点在平衡线上方，$Y>Y^*$，$X<X^*$，过程为吸收。要注意的是，由于存在相平衡关系，两相间的吸收推动力不是 $(Y-X)$，而可以分别用气相或液相组成差表示。$(Y-Y^*)$ 称为以气相组成差表示的吸收推动力，而 $(X^*-X)$ 则称为以液相组成差表示的吸收推动力。若两相实际浓度的状态点为 $B$，该点处在平衡线下方，$Y<Y^*$，$X>X^*$，过程为解吸。此时，$(Y^*-Y)$ 为以气相组成差表示的解吸推动力，而 $(X-X^*)$ 为以液相组成差表示的解吸推动力。

**[例 6-3]**　某逆流吸收塔塔底排出液中含溶质 $x=0.000\,2$，进口气体中含溶质 2.5%（体积分数），操作压强为 101 325 Pa。气、液平衡关系为 $Y^*=50X$。现将操作压强由 101 325 Pa 增至 202 650 Pa，问塔底推动力 $(Y-Y^*)$ 及 $(X^*-X)$ 各增加至原有的多少倍？

**解：** 先将气、液两相组成换算为摩尔比

塔底液体组成　$$X=\frac{x}{1-x}=\frac{0.000\,2}{1-0.000\,2}=0.000\,2$$

塔底气体组成　$$Y=\frac{y}{1-y}=\frac{0.025}{1-0.025}=0.025\,64$$

(1) 当操作压强 $p=101\,325$ Pa 时，

$$Y^*=50X=50\times0.000\,2=0.01$$

$$X^*=\frac{Y}{m}=\frac{0.025\,64}{50}=5.128\times10^{-4}$$

则 $Y>Y^*$ 或 $X^*>X$，过程为吸收，塔底推动力为

$$\Delta X=X^*-X=5.128\times10^{-4}-0.000\,2=3.128\times10^{-4}$$
$$\Delta Y=Y-Y^*=0.025\,64-0.01=0.015\,64$$

(2) 若操作压强 $p=202\,650$ Pa 时，因 $m=\dfrac{E}{p}$，则平衡关系变为 $Y^*=25X$，则

$$Y^{*\prime}=25X=25\times0.000\,2=0.005$$

$$X^{*\prime}=\frac{Y}{m}=\frac{0.025\,64}{25}=1.025\,6\times10^{-3}$$

同样,$Y>Y^{*\prime}$或$X^{*\prime}>X$,过程仍为吸收,塔底推动力为

$$\Delta X'=X^{*\prime}-X=1.0256\times10^{-3}-0.0002=8.256\times10^{-4}$$

$$\Delta Y'=Y-Y^{*\prime}=0.02564-0.005=0.02064$$

于是推动力与原来推动力的比值为

$$\frac{\Delta Y'}{\Delta Y}=\frac{0.02064}{0.01564}=1.32$$

$$\frac{\Delta X'}{\Delta X}=\frac{8.256\times10^{-4}}{3.128\times10^{-4}}=2.64$$

想一想

由例6—3可知,压强增大使吸收操作推动力增大,若操作温度升高或降低,吸收推动力如何变化?



## 第三节　传质的两种基本方式

上一节我们讨论了吸收的相平衡关系,解决了过程的极限问题,接下来将要讨论吸收过程的速率问题。吸收过程是溶质由气相向液相扩散的传递过程,可分为三个基本步骤:溶质由气相主体向两相界面的传递过程,即气相内的传递;溶质在界面上由气相溶解至液相;溶质由界面向液相主体传递,即液相内的传递。其中第二步溶质在界面上的溶解过程阻力很小,通常认为界面上两相满足相平衡关系。则总吸收速率主要取决于溶质在两个单相(即气相与液相)中的传递速率。物质在单相内的传递机理不外乎两种:分子扩散和涡流扩散。分子扩散是在静止或层流流体中由于分子微观运动而引起的组分由高浓度区向低浓度区的传递过程;涡流扩散则是指在湍流流动的流体中,由于质点的湍动和脉动而引起的组分由高浓度区向低浓度区的传递过程。本节将讨论这两种基本的传质方式。

连续的工业吸收过程均为稳定传质过程,即单位时间通过单位面积所传递的溶质的物质的量(传质速率)恒定不变,本节主要讨论稳定传质条件下双组分物系的分子扩散和涡流扩散。

### 一、分子扩散

分子扩散是在一相内部存在组分浓度差时,由于分子微观运动而产生的物质传递现象。分子扩散的现象在日常生活中随处可见:在空气不流通的室内,即使是少量的芝麻油,也会使整个房间充满扑鼻的香味;向一杯清水中滴入一滴蓝墨水,很快整杯水都变成均匀的蓝色。

分子扩散过程的速率可用单位时间单位面积上扩散的物质的量来表示,也称为扩散通量。

当组分A在A、B混合物中发生扩散时,任一点处物质A的扩散通量与该位置处A的浓度梯度成正比,即

$$J_A = -D_{AB}\frac{dc_A}{dz} \tag{6-12}$$

式中　$J_A$——组分 A 在 $z$ 方向上的分子扩散通量，kmol/(m²·s)；

$\frac{dc_A}{dz}$——组分 A 的浓度梯度，即物质 A 的浓度在 $z$ 方向上的变化率，kmol/m⁴；

$D_{AB}$——组分 A 在 A、B 混合物中的分子扩散系数，m²/s。

式中负号表示扩散是沿着组分 A 浓度降低的方向进行的，此式即为菲克定律表达式。它表明只要混合物中存在浓度梯度，必然会产生物质的扩散流。

同理，可得到组分 B 在 A、B 混合物中的分子扩散通量的关系式：

$$J_B = -D_{BA}\frac{dc_B}{dz} \tag{6-13}$$

式中　$J_B$——组分 B 在 $z$ 方向上的分子扩散通量，kmol/(m²·s)；

$\frac{dc_B}{dz}$——组分 B 的浓度梯度，即物质 B 的浓度在 $z$ 方向上的变化率，kmol/m⁴；

$D_{BA}$——组分 B 在 A、B 混合物中的分子扩散系数，m²/s。

### 二、涡流扩散

在传质设备中，流体的流动型态大多为湍流。湍流流动情况下，除了沿主流方向的整体流动外，其他方向上还存在着流体质点的脉动和旋涡运动等无规则运动。涡流扩散就是湍流流体中借质点的脉动或旋涡混合作用使组分由高浓度传至低浓度处的传质现象。在湍流流体中，分子扩散与涡流扩散同时发挥传递作用，但质点是大量分子的集团，在湍流主体中质点传递的规模和速度远大于单个分子的，因此涡流扩散在物质传递中占主导地位。此时的扩散速率可用下式表示：

$$J_A = -(D+D_e)\frac{dc_A}{dz} \tag{6-14}$$

式中　$D_e$——涡流扩散系数，m²/s。

式(6-14)中其他各量与菲克定律表达式中的意义相同。该式在形式上与菲克定律极其相似，但 $D_e$ 与分子扩散系数 $D$ 不同，前者不仅与物系性质有关，还与流体的湍动程度及质点所处的位置有关。在湍流主体中，由于质点间的剧烈碰撞和混合，涡流扩散起主要作用，此时 $D_e \gg D$，分子扩散的作用可以忽略；在界面附近的层流内层中，$D_e \approx 0$，主要由分子扩散起作用；在过渡区中，$D_e$ 与 $D$ 的数量级相当，两种扩散共同起作用。由上分析可知：流体的湍动、脉动和旋涡运动强化了传质过程。

由于涡流扩散的复杂性，上式只能用以分析问题，而不能用于求解计算。

## 第四节　对流传质

对流传质是指流动流体与相界面之间的物质传递。它和流体与固体壁之间的对流传热相类似。

流体的流动能显著强化相内的传质过程。层流时，组分在垂直于流动方向上的传递仍为分子扩散，流动改变了横截面上的浓度分布(如图 6-5 所示)。气相浓度分布由气体静止时的直线 1 变为曲线 2，当气相主体与界面之间的浓度差一定时，界面附近浓度梯度因对流而增大，则对流强化了传质。湍流情况下，流动核心湍化，横向的湍流脉动促进了横向的物质传递，流动主体的浓度均匀(浓度分布如图 6-5 曲线 3 所示)，界面处的浓度梯度进一步增大。在主体浓度与界面浓度差相等的情况下，传质速率得到进一步的提高。

### 一、吸收机理模型

对流传质过程非常复杂，难以作严格的数学描述，无法解析求解。工程上采用数学模型法加以研究。数学模型法是一种半经验、半理论的研究方法。研究者根据各自对过程的理解，抓住主要因素而忽略其细枝末节，得到对流传质简化的物理图像即物理模型，并对其进行适当的数学描述，即得数学模型。对简化的数学模型解析求解，得到相应的理论式。将得到的理论式与实验结果比较，可检验其准确性和合理性。目前比较能普遍为人所接受的传质模型有双膜理论、溶质渗透理论、表面更新理论。双膜理论是较早提出的传质模型，它存在许多局限性，但传质过程的讨论和计算都基于双膜理论，因而本书主要介绍双膜理论，其他模型大家可查相关手册。



双膜理论(如图 6-6 所示)的基本观点如下：

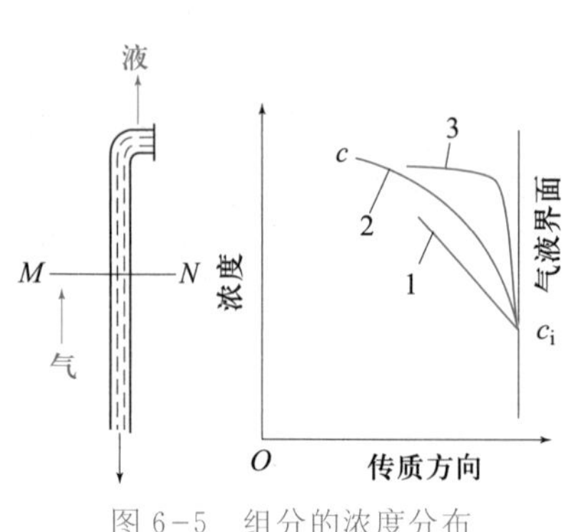

图 6-5　组分的浓度分布

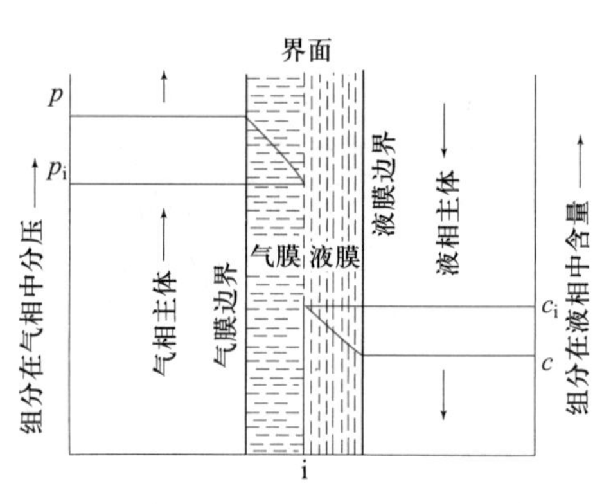

图 6-6　双膜理论假想模型

动画
双膜理论

(1) 吸收过程中，无论两相主体湍动如何剧烈，气、液两相之间总是存在一个稳定的相界面，界面两侧分别有一层稳定的做层流流动的气膜和液膜，膜厚取决于流体的流动状况，溶质以分子扩散的方式先后通过气膜和液膜而进入液相。

(2) 在膜外的气、液两相主体中，由于流体充分湍动，溶质的浓度是均匀的，即两相主体中都不存在浓度差，浓度变化都集中于两膜层中，则阻力亦集中于两膜层中。

(3) 无论两相主体中溶质的浓度是否达到平衡，相界面处两相浓度总是互成平衡的。

双膜理论将复杂的相际传质过程归纳简化为溶质通过界面两侧层流膜层的分子扩散过程。吸收过程的阻力全部集中在两个膜层中，界面及两相主体中均无阻力存在。则在两相主体浓度一定的情况下，两膜层的阻力决定了传质速率的大小。因此，增大流体流动速度或人为地增大流体的扰动程度，使膜厚减薄以降低膜层阻力，是强化吸收过程的有效途径。



双膜理论用于描述具有固定相界面的系统及速度不高的两流体间的传质过程与实

际情况基本相符。按照这一理论的基本概念所确定的传质速率关系，至今仍是传质设备设计计算的主要依据，这一理论对于生产实践发挥了重要的指导作用。但是，对于不具有固定相界面的多数传质设备，双膜理论不能反映传质过程的实质。

### 二、对流传质速率

对流传质现象极为复杂，传质速率一般难以解析求解，只能依靠实验测定。为此，可仿照对流传热的处理方法，将流体与界面之间组分 A 的传质速率 $N_A$写成类似于牛顿冷却定律的形式，即

气相与界面间的传质　　$N_A=k_Y(Y-Y_i)$　　(6-15)

液相与界面间的传质　　$N_A=k_X(X_i-X)$　　(6-16)

式中　$Y,X$——溶质的气、液相主体组成，以摩尔比表示；

$Y_i,X_i$——界面上的气、液相溶质组成，以摩尔比表示；

$k_Y,k_X$——以$(Y-Y_i)$和$(X_i-X)$为推动力的气、液相传质分系数，$kmol/(m^2 \cdot s)$。

注意：式(6-15)和式(6-16)中气、液两相的主体组成均指截面上的平均组成。

上述处理方法是将一相主体组成与界面组成之差作为对流传质的推动力，而将其他所有影响对流传质的因素均包括在气相(或液相)传质分系数中。通过实验可找出所有影响传质分系数的因素，再采用量纲分析法将变量量纲为1化，得到若干量纲为1数群，然后再通过实验，就可得到适用于不同条件下的经验关联式。但由于实际使用的传质设备型式多样，塔内流动情况十分复杂，两相接触界面难以确定，因而对流传质分系数的经验关联式远不及对流传热系数的经验式那样完善和可靠。本书不再详述。

相际传质速率 $N_A$是反映吸收过程进行快慢的特征量。式(6-15)和式(6-16)为传质速率的计算关系式，但由于式中引入了难以测得的界面组成，给使用带来不便。为此，希望能够避开界面组成，直接根据气、液两相的主体组成计算传质速率 $N_A$。

在吸收过程中，气、液传质是由气相与界面的对流传质、界面上溶质组分的溶解、液相与界面的对流传质三步串联而成。在稳定吸收条件下，每一步的传质速率即为总传质速率(各步传质速率都相等)。若令吸收塔某截面上气、液两相组成为 $Y$、$X$(均为摩尔比)，界面平衡方程为$Y_i=f(X_i)$，满足亨利定律时，$Y_i=mX_i$。

1. 总传质系数与传质阻力

将传质速率计算式写成推动力与阻力之比，式(6-15)、式(6-16)可写为

$$N_A=\frac{Y-Y_i}{\dfrac{1}{k_Y}}=\frac{X_i-X}{\dfrac{1}{k_X}} \tag{6-17}$$

式中$(Y-Y_i)$为气膜推动力，$\dfrac{1}{k_Y}$为与之对应的气膜阻力，$(X_i-X)$为液膜推动力，而$\dfrac{1}{k_X}$则为对应的液膜阻力。将式(6-17)最右端的分子、分母同乘以 $m$(假定平衡关系满足亨利定律，$m$ 为亨利系数)，根据稳定串联过程的加和性原则可得

$$N_A=\frac{Y-Y_i+(X_i-X)m}{\dfrac{1}{k_Y}+\dfrac{m}{k_X}}=\frac{Y-Y^*}{\dfrac{1}{k_Y}+\dfrac{m}{k_X}} \tag{6-18}$$

则两相间的总传质速率方程为

$$N_A = K_Y(Y - Y^*) = \frac{Y - Y^*}{\frac{1}{K_Y}} \tag{6-19}$$

其中

$$\frac{1}{K_Y} = \frac{1}{k_Y} + \frac{m}{k_X} \tag{6-20}$$

$K_Y$为以气相组成差 $Y-Y^*$ 为总推动力的总传质系数，$\frac{1}{K_Y}$为与总推动力$(Y-Y^*)$对应的总传质阻力。

于是得到下式：

$$N_A = K_Y(Y - Y^*) \tag{6-21}$$



同理，也可将式(6-17)中间一项的分子、分母同除以 $m$，根据加和定律得

$$N_A = \frac{(Y - Y_i)/m + (X_i - X)}{\frac{1}{k_Y \cdot m} + \frac{1}{k_X}} = \frac{X^* - X}{\frac{1}{k_Y \cdot m} + \frac{1}{k_X}} \tag{6-22}$$

故传质速率方程也可写为

$$N_A = K_X(X^* - X) = \frac{X^* - X}{\frac{1}{K_X}} \tag{6-23}$$

式中

$$\frac{1}{K_X} = \frac{1}{k_Y \cdot m} + \frac{1}{k_X} \tag{6-24}$$

$K_X$为以液相组成差$(X^*-X)$为总推动力的总传质系数，$\frac{1}{K_X}$为与总推动力$(X^*-X)$对应的总传质阻力。

比较式(6-20)和式(6-24)可得

$$mK_Y = K_X \tag{6-25}$$

参照前述过程也可导得解吸时的传质速率方程为

$$N_A = K_X(X - X^*) \tag{6-26}$$

或

$$N_A = K_Y(Y^* - Y) \tag{6-27}$$

式中的总传质系数与吸收情况下的关系式相同，推动力与吸收时恰好相反。

2. 气膜阻力控制和液膜阻力控制

由式(6-20)可知，$\frac{1}{K_Y} = \frac{1}{k_Y} + \frac{m}{k_X}$，总传质阻力$\frac{1}{K_Y}$等于气膜阻力$\frac{1}{k_Y}$与液膜阻力$\frac{m}{k_X}$之和。

若 $\frac{1}{k_Y} \gg \frac{m}{k_X}$，则总阻力接近于气膜阻力，有如下关系：

$$K_Y \approx k_Y \tag{6-28}$$

此时的传质阻力集中于气相，液膜阻力可以忽略，称为气膜阻力控制。当 $k_Y \ll k_X$ 即 $\left|-\dfrac{k_X}{k_Y}\right| \gg 1$，或溶质在溶剂中的溶解度很大，平衡线斜率 $m$ 很小时，吸收过程即接近于气膜阻力控制。如图 6-7(a)所示，此时界面组成接近于液相主体组成，气相传质推动力接近于总推动力。在稳定传质过程中，阻力较大的一相，其推动力也较大。

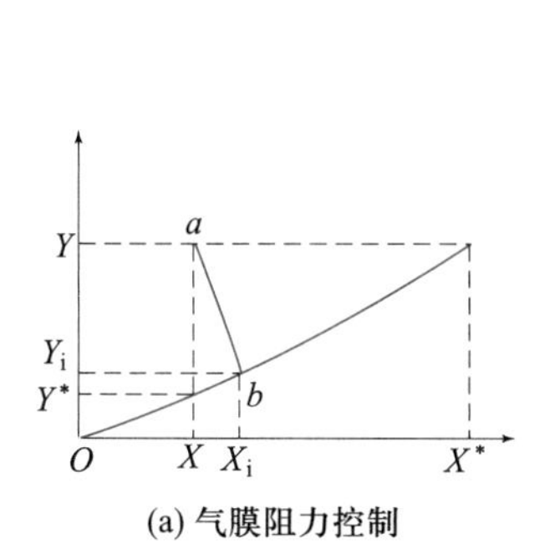

(a) 气膜阻力控制

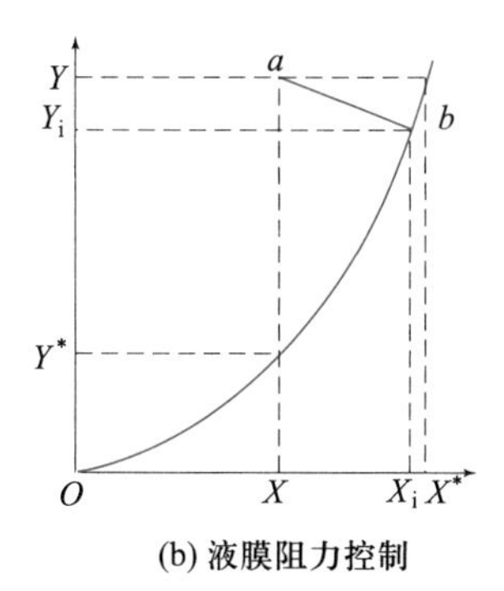

(b) 液膜阻力控制

图 6-7　气膜控制与液膜控制示意图

由式(6-24)知，$\dfrac{1}{K_X}=\dfrac{1}{k_Y \cdot m}+\dfrac{1}{k_X}$，若 $\dfrac{1}{k_Y \cdot m} \ll \dfrac{1}{k_X}$，则

$$K_X \approx k_X \tag{6-29}$$

此时传质阻力集中于液相，气膜阻力可忽略不计，称为液膜阻力控制。当 $k_Y \gg k_X$ 即 $\left|-\dfrac{k_X}{k_Y}\right| \ll 1$，或溶质在溶剂中的溶解度很小，平衡线斜率 $m$ 很大时，吸收过程接近于液膜阻力控制，如图 6-7(b)所示。此时界面组成接近气相主体组成，液相传质推动力接近于总推动力。

在吸收过程中，气、液平衡关系对各膜层阻力大小及推动力的分配有着极大影响。易溶气体溶解度大，$m$ 值小，常为气膜阻力控制。难溶气体溶解度小，$m$ 值大，多为液膜阻力控制。

在进行计算时，对气膜阻力控制，常习惯于用气相总传质速率方程，而液膜阻力控制则采用液相总传质速率方程。

## 小贴士

在吸收操作中，若过程为气膜控制，则可通过增大气相流量，降低气膜阻力以减小总阻力来加快吸收速率，此时增大液相流量对吸收速率几乎没有影响。若为液膜控制，则应增大液相流量，降低液膜阻力才能有效地降低总阻力，提高传质速率。若总阻力在气相和液相各占一定比例，则需同时增大两相的流量，方能有效提高传质速率。据此，也可通过实验验证总传质系数随两相流量的变化程度，以确定过程属于气膜控制还是液膜控制。

**[例 6-4]** 在 $p=101.3\ \text{kPa}$、$T=303\ \text{K}$ 条件下用水吸收混合气体中的氨，操作条件下的平衡关系为 $Y^*=1.2X$。已知气、液两相传质分系数分别为 $k_Y=5.31\times10^{-4}\ \text{kmol}\cdot\text{m}^{-2}\cdot\text{s}^{-1}$，$k_X=5.33\times10^{-3}\ \text{kmol}\cdot\text{m}^{-2}\cdot\text{s}^{-1}$，在塔的某一截面上测得氨的气相组成为 0.05，液相组成为 0.012（均为摩尔分数）。试求该截面上的传质速率及两相在界面上的组成。并计算气膜阻力在总阻力中所占的比例。

**解**：(1) 求该截面上的传质速率　气相总传质阻力为

$$\frac{1}{K_Y}=\frac{1}{k_Y}+\frac{m}{k_X}=\left(\frac{1}{5.31\times10^{-4}}+\frac{1.2}{5.33\times10^{-3}}\right)\ (\text{m}^2\cdot\text{s})/\text{kmol}=2\ 108.38\ (\text{m}^2\cdot\text{s})/\text{kmol}$$

则

$$K_Y=4.74\times10^{-4}\ \text{kmol}/(\text{m}^2\cdot\text{s})$$

将两相组成换算为摩尔比：

$$X=\frac{x}{1-x}=\frac{0.012}{1-0.012}=0.012\ 15$$

$$Y=\frac{y}{1-y}=\frac{0.05}{1-0.05}=0.052\ 63$$

与实际液相组成呈平衡的气相组成为

$$Y^*=1.2X=1.2\times0.012\ 15=0.014\ 58$$

截面上的传质速率

$$\begin{aligned}N_A=K_Y(Y-Y^*)&=4.74\times10^{-4}\times(0.052\ 63-0.014\ 58)\ \text{kmol}/(\text{m}^2\cdot\text{s})\\&=1.8\times10^{-5}\ \text{kmol}/(\text{m}^2\cdot\text{s})\end{aligned}$$

(2) 求界面上气、液两相组成　在稳定传质过程中，各步传质速率相等，则

$$k_Y(Y-Y_i)=k_X(X_i-X)$$

且

$$Y_i^*=mX_i$$

联立求解上两式，可得界面上气、液两相组成为

$$Y_i=\frac{Y+\dfrac{k_X}{k_Y}\cdot X}{1+\dfrac{k_X}{k_Y\cdot m}}=\frac{0.052\ 63+\dfrac{5.33\times10^{-3}}{5.31\times10^{-4}}\times0.012\ 15}{1+\dfrac{5.33\times10^{-3}}{5.31\times10^{-4}\times1.2}}=0.018\ 6$$

$$X_i=Y_i/m=0.018\ 6/1.2=0.015\ 5$$

则气膜推动力为

$$Y-Y_i=0.052\ 63-0.018\ 6=0.034\ 03$$

液膜推动力为

$$X_i-X=0.015\ 5-0.012\ 15=0.003\ 35$$

(3) 根据计算结果可知，气膜一侧的推动力远大于液膜一侧的推动力，由此可知，气膜阻力在总阻力中所占比例很大。

$$\frac{1/k_Y}{1/K_Y}=\frac{1/(5.31\times10^{-4})}{1/(4.74\times10^{-4})}=0.893$$

**想一想**

气膜阻力控制与液膜阻力控制两种情况下分别如何强化传质？

## 第五节 吸收塔的计算

工业生产中所采用的吸收设备有多种型式,其中以塔式最为常见。按气、液两相接触方式的不同,可将吸收设备分为级式接触和微分接触两大类,如图 6-8 所示。

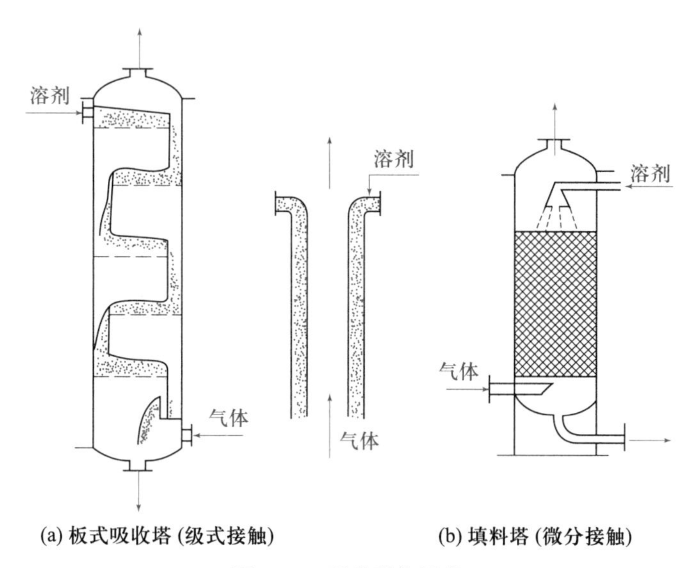


图 6-8 两类吸收设备

在图 6-8(a)所示的板式吸收塔中,气、液两相逐级逆流接触。气体自下而上通过板上小孔逐板上升,在每块板上与溶剂接触,可溶组分被部分溶解。在此类设备中,气、液两相中可溶组分的浓度呈阶跃式变化,此时的吸收过程仍可为稳定连续过程。

在图 6-8(b)所示设备中塔内充以填料,以形成填料层,填料层是塔内实现气、液接触的有效部件。气体通过填料间隙所形成的曲折通道上升与液体做连续的逆流接触,提高了湍动程度;单位体积填料层内有大量的固体表面,液体分布于填料表面呈膜状流下,增大了气、液接触面积。在此类设备中,气、液两相的浓度连续地变化,这是微分接触式的吸收设备。本节将主要结合填料塔对吸收操作进行分析和讨论。

### 一、低浓度气体吸收的特点

当进塔混合气体中的溶质含量较低(小于 10%)时,通常称为**低浓度气体吸收**。大多数工业吸收操作属于低浓度气体吸收。此类吸收操作具有如下特点:

(1) 气、液两相流量为常量。因被吸收的溶质量很少,流经全塔的混合气体流量与液体流量变化较小,可视为常量。

(2) 吸收过程是等温的。由于塔内组分吸收量较少,由溶解热引起的液体温升不显著,可视为等温操作。

(3) 传质系数可视为常量。由于两相在塔内的流量几乎恒定,两相在全塔的流动状况不变,气、液两相传质分系数在全塔范围内为常数。又由于是等温吸收,平衡关系沿塔保持不变,总传质系数也不变。

若被处理气体的溶质含量较高，但在塔内被吸收的量较少，此类吸收也具有上述特点。

## 二、吸收塔的物料衡算与操作线方程

### 1. 全塔物料衡算

在单组分气体吸收过程中，通过吸收塔的惰性组分和纯吸收剂用量可认为不变，在作物料衡算时气、液两相组成通常用摩尔比表示比较方便。

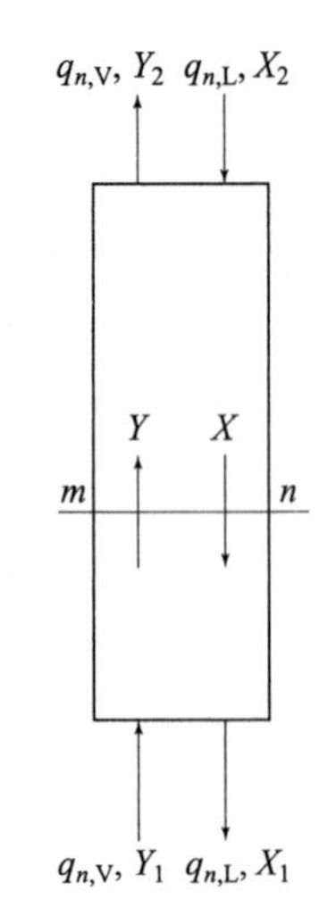

图 6-9　逆流接触的吸收塔的物料衡算

如图 6-9 所示是一个处于连续稳定操作状态下的逆流接触的吸收塔。图中 $q_{n,V}$，$q_{n,L}$分别为单位时间内通过吸收塔的惰性组分和纯溶剂的摩尔流量(单位为 kmol/s 或 kmol/h)，$Y_1$，$Y_2$分别为进塔与出塔气体中溶质的摩尔比，$X_1$，$X_2$分别为出塔与进塔液体中溶质的摩尔比。



气体在从塔底至塔顶的流动过程中，溶质浓度不断由 $Y_1$ 下降到 $Y_2$，而液相中溶质含量在进塔时最低($X_2$)，沿塔下降过程中不断增大至 $X_1$。对单位时间内进、出塔的溶质量作全塔物料衡算，得到下式：

$$q_{n,V}Y_1+q_{n,L}X_2=q_{n,V}Y_2+q_{n,L}X_1$$

移项整理后得到下式：

$$q_{n,V}(Y_1-Y_2)=q_{n,L}(X_1-X_2) \tag{6-30}$$

这就是吸收塔的全塔物料衡算关系式。

通常情况下，进塔混合气体的组成和流量是吸收任务规定的。分离要求一般有两种表达方式。当吸收目的是除去气体中的有害物质，一般直接规定吸收后气体中有害溶质的残余含量 $Y_2$；当吸收目的为回收有用物质，通常规定溶质的回收率 $\eta$。回收率定义为

$$\eta=\frac{\text{被吸收的溶质量}}{\text{进塔气体中的溶质量}}=\frac{q_{n,V}(Y_1-Y_2)}{q_{n,V}Y_1}=\frac{Y_1-Y_2}{Y_1} \tag{6-31}$$

或

$$Y_2=(1-\eta)Y_1 \tag{6-32}$$

动画

吸收过程推动力

若规定了溶质的回收率，则可求出气体的出塔溶质组成 $Y_2$；若规定了 $Y_2$，则也可求出回收率 $\eta$。若选定吸收剂的用量及其进塔组成 $X_2$，则可计算出塔液体的组成 $X_1$(或规定 $X_1$，计算吸收剂的用量)。

### 2. 操作线方程与操作线

在图 6-9 的塔内任取一截面 $m-n$，由截面至塔底之间作组分 A 的物料衡算，则有如下关系：

$$q_{n,V}Y+q_{n,L}X_1=q_{n,V}Y_1+q_{n,L}X$$

或

$$Y=\frac{q_{n,L}}{q_{n,V}}X+\left(Y_1-\frac{q_{n,L}}{q_{n,V}}X_1\right) \tag{6-33}$$



若在截面与塔顶之间作组分 A 的物料衡算，则可得到

$$Y=\frac{q_{n,L}}{q_{n,V}}X+\left(Y_2-\frac{q_{n,L}}{q_{n,V}}X_2\right) \tag{6-34}$$

式(6-33)和式(6-34)均为逆流吸收塔的操作线方程。它表明塔内任意截面上的气相组成 $Y$ 与液相组成 $X$ 之间呈直线关系。直线斜率为$\frac{q_{n,L}}{q_{n,V}}$，且此直线通过 $A(X_2,Y_2)$和 $B(X_1,Y_1)$两状态点(分别代表两相在塔顶和塔底的状态)，如图 6-10 所示。

吸收塔内任意截面上两相间的传质推动力取决于两相间的平衡关系和操作关系，其值可由操作线和平衡线的相对位置确定。操作线上任一点的坐标代表塔内某一截面上气、液两相的组成状态，该点与平衡线之间的垂直距离即为该截面上以气相组成差表示的吸收总推动力($Y-Y^*$)；与平衡线之间的水平距离则表示该截面上以液相组成差表示的吸收总推动力($X^*-X$)。根据操作线与平衡线之间垂直距离和水平距离的变化情况，可看出整个吸收过程中推动力的变化。操作线与平衡线之间距离越远，传质推动力越大。

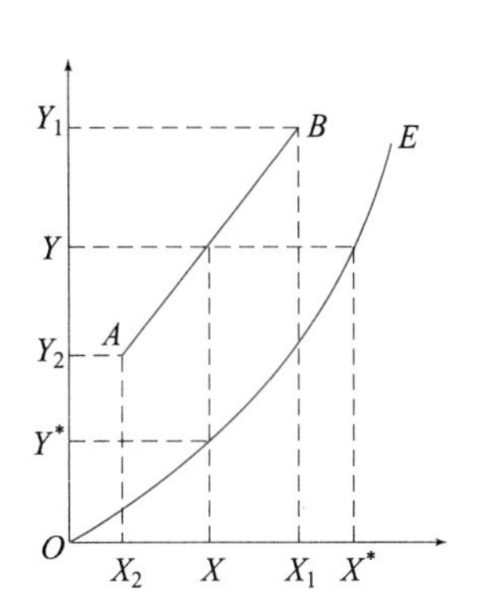


图 6-10 逆流吸收塔的操作线与推动力

以上讨论均针对两相逆流而言，在两相并流情况下，操作关系也可采用同样方法求得。且无论逆流或并流操作的吸收塔，操作关系均由物料衡算得来，与物系的平衡关系、操作条件及设备结构型式无关。在两相进、出口浓度相同的情况下，逆流时的平均推动力总是大于并流，但逆流时液体的向下流动受到上升气体的阻碍作用，这种作用力过大时会妨碍液体的顺利下流，因而限制了吸收塔所允许的液体流量和气体流量。一般情况下，为使过程具有最大的传质推动力，吸收操作均采用逆流。只有在极少数特殊情况下(如平衡线斜率 $m$ 值很小时)，逆流并无多大优势，可以考虑采用并流。

由于在吸收过程中，塔内任一横截面上气相中的溶质分压总是高于与其接触的液相平衡分压，因而吸收操作线总是位于平衡线上方，而解吸过程的操作线总是位于平衡线下方。

### 三、吸收剂用量的确定

在吸收塔的设计计算中，气体的处理量 $q_{n,V}$ 及气体的进、出塔组成($Y_1$ 和 $Y_2$)由设计任务规定，吸收剂的入塔组成 $X_2$ 则由工艺条件决定或设计者选定，而吸收剂的用量就要由设计者确定。

由图 6-11 可见，在 $q_{n,V}$，$Y_1$，$Y_2$，$X_2$已知的情况下，吸收操作线的一个端点 $A(X_2,Y_2)$已经固定，另一个端点 $B$ 则在 $Y=Y_1$的水平线上移动，点 $B$ 的横坐标取决于操作线的斜率$\frac{q_{n,L}}{q_{n,V}}$。$\frac{q_{n,L}}{q_{n,V}}$是吸收剂与惰性组分摩尔流量的比值，称为**液气比**，它表示处理单位气体所需消耗的溶剂用量。液气比是重要的操作参数，其值不但决定着塔设备的尺寸大小，还关系着操作费用的高低，它的选择是一个经济上的优化问题。

当吸收剂用量增大，即$\frac{q_{n,L}}{q_{n,V}}$增大时，出口组成 $X_1$ 减小，操作线向远离平衡线方向移

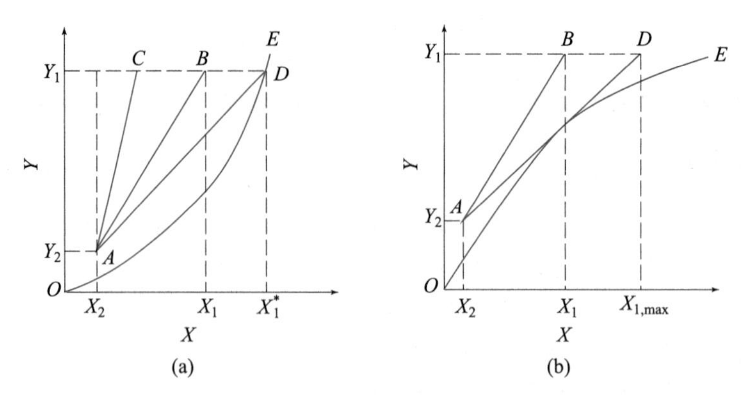


图 6-11　吸收塔的最小液气比



动，此时操作线与平衡线间的距离增大，过程的平均推动力相应增大，完成规定分离任务所需的塔高降低，设备费用相应减少。但吸收剂用量增大引起的液相出口组成降低，又必将使吸收剂的再生费用大大增加。

当吸收剂用量减少，即$\frac{q_{n,\mathrm{L}}}{q_{n,\mathrm{V}}}$减小时，操作线向平衡线靠近，传质推动力必然减小，完成规定分离任务所需塔高增大，设备费用增大。当吸收剂用量减少到使操作线的一个端点与平衡线相交或在某点相切（如图 6-11 所示），在交点（或切点）处的气、液两相已互呈平衡，此时过程推动力为零，完成指定分离要求所需的塔高将无限大，此时的吸收剂用量为**最小吸收剂用量**，用 $q_{n,\mathrm{L,min}}$表示，相应的液气比称为**最小液气比**，用$\left(\frac{q_{n,\mathrm{L}}}{q_{n,\mathrm{V}}}\right)_{\min}$。要注意的是，液气比的这一限制来自规定的分离要求，并非吸收塔不能在更低的液气比下操作，液气比小于此最低值，规定的分离要求将不能达到。

最小液气比可由物料衡算求得

$$\left(\frac{q_{n,\mathrm{L}}}{q_{n,\mathrm{V}}}\right)_{\min}=\frac{Y_1-Y_2}{X_1^*-X_2} \tag{6-35}$$

此式只适用于在最小液气比情况下，两相最先在塔底达到平衡的情况[即平衡关系满足亨利定律或平衡线如图 6-11(a)所示]。若平衡线为如图 6-11(b)所示的形状，则应读出图中 $D$ 点的横坐标 $X_{1,\max}$的数值，再按下式计算：

$$\left(\frac{q_{n,\mathrm{L}}}{q_{n,\mathrm{V}}}\right)_{\min}=\frac{Y_1-Y_2}{X_{1,\max}-X_2} \tag{6-36}$$

总之，在液气比下降时，只要塔内某一截面处气、液两相趋近平衡，达到指定分离要求所需的塔高即为无穷大，此时的液气比即为最小液气比。

由以上分析可见，吸收剂用量的大小，应从技术和经济两方面综合考虑，权衡利弊，选择适宜的液气比，使设备费用和操作费用之和为最小。一般取操作液气比为最小液气比的1.1～2.0 倍较为适宜。即

$$\frac{q_{n,\mathrm{L}}}{q_{n,\mathrm{V}}}=(1.1\sim2.0)\left(\frac{q_{n,\mathrm{L}}}{q_{n,\mathrm{V}}}\right)_{\min} \tag{6-37}$$

还需注意，为了确保填料表面能被液体充分润湿，以提供尽可能多的传质表面，单位塔截面上单位时间流下的液体量不得小于某一最低允许值（称为最小喷淋密度）。若按式(6-37)算出的吸收剂用量不能满足填料充分润湿的要求，则应采用更大的液气比。

**[例 6-5]** 在一填料塔中，用洗油逆流吸收混合气体中的苯。混合气体流量为 1 500 $m^3/h$，进塔气体中含苯 0.03（摩尔分数，下同），要求吸收率达到 90%，操作条件为 25 ℃、101.3 kPa，平衡关系满足亨利定律 $Y^*=26X$，操作液气比为最小液气比的 1.6 倍，试求下列两种情况下的吸收剂用量、出塔洗油中苯的含量及吸收速率。(1) 洗油进塔组成 $x_2=0.000\ 1$；(2) $x_2=0$。

**解：** 先将气相组成换算为摩尔比

$$Y_1=\frac{y_1}{1-y_1}=\frac{0.03}{1-0.03}=0.030\ 93$$

$$Y_2=Y_1(1-\eta)=0.030\ 93\times(1-0.90)=0.003\ 093$$

混合气体中惰性组分的摩尔流量为

$$q_{n,V}=\frac{pV_h(1-y_1)}{RT}=\frac{101.3\times1\ 500\times(1-0.03)}{8.314\times(273+25)}\ \text{kmol/h}=59.5\ \text{kmol/h}$$

(1) 液相组成极低，取 $X_2=x_2=0.000\ 1$。因 $Y^*=26X$，则最小液气比为

$$\left(\frac{q_{n,L}}{q_{n,V}}\right)_{\min}=\frac{Y_1-Y_2}{X_1^*-X_2}=\frac{0.030\ 93-0.003\ 093}{\dfrac{0.030\ 93}{26}-0.000\ 1}=25.55$$

实际液气比为

$$\frac{q_{n,L}}{q_{n,V}}=1.6\left(\frac{q_{n,L}}{q_{n,V}}\right)_{\min}=1.6\times25.55=40.88$$

实际吸收剂用量为 $q_{n,L}=40.88q_{n,V}=40.88\times59.5\ \text{kmol/h}=2.4\times10^3\ \text{kmol/h}$

出塔洗油中苯的含量可根据物料衡算得

$$X_1=\frac{q_{n,V}(Y_1-Y_2)}{q_{n,L}}+X_2=\frac{59.5\times(0.030\ 93-0.003\ 093)}{2.4\times10^3}+0.000\ 1=7.9\times10^{-4}$$

吸收速率 $q_{n,G_A}$（单位时间所吸收的溶质的物质的量）为

$$\begin{aligned}q_{n,G_A}&=N_A\cdot\Omega=q_{n,V}(Y_1-Y_2)=[59.5\times(0.030\ 93-0.003\ 093)/3\ 600]\ \text{kmol/s}\\&=4.6\times10^{-4}\ \text{kmol/s}\end{aligned}$$

(2) 当 $x_2=0$ 时，$X_2=0$，此时最小液气比为

$$\left(\frac{q_{n,L}}{q_{n,V}}\right)_{\min}=\frac{Y_1-Y_2}{X_1^*-X_2}=\frac{Y_1-Y_2}{\dfrac{Y_1}{m}}=m\eta=26\times0.9=23.4$$

则

$$\frac{q_{n,L}}{q_{n,V}}=1.6\left(\frac{q_{n,L}}{q_{n,V}}\right)_{\min}=1.6\times23.4=37.44$$

$$q_{n,L}=37.44q_{n,V}=37.44\times59.5\ \text{kmol/h}=2.23\times10^3\ \text{kmol/h}$$

$$X_1=\frac{q_{n,V}(Y_1-Y_2)}{q_{n,L}}+X_2=\frac{59.5\times(0.030\ 93-0.003\ 093)}{2.23\times10^3}+0=7.4\times10^{-4}$$

由于 $V$，$Y_1$，$Y_2$ 没有变化，所以吸收速率 $q_{n,G_A}$ 仍维持原值不变。

**想一想**

吸收剂用量改变会对吸收操作有什么影响？例 6—5 中，若混合气体流量以标准状态给出，又应如何解题？

### 四、低浓度气体定态吸收填料层高度的计算

低浓度气体的吸收过程是一种等温吸收过程，气、液两相的传质分系数 $k_X$，$k_Y$ 在全塔可视为常数。当平衡关系满足直线关系，或系统为气膜阻力控制或液膜阻力控制时，全塔的 $K_X$ 和 $K_Y$ 也可视为常数。

填料层高度的计算实质是吸收过程相际传质面积的计算问题。它涉及物料衡算、传质速率方程和相平衡方程三个关系式的应用。



低浓度气体吸收时填料层高度的基本关系式为

$$Z=\frac{q_{n,\mathrm{V}}}{K_Y a\Omega}\int_{Y_2}^{Y_1}\frac{\mathrm{d}Y}{Y-Y^*}=H_{\mathrm{OG}}\cdot N_{\mathrm{OG}} \tag{6-38}$$

$$Z=\frac{q_{n,\mathrm{L}}}{K_X a\Omega}\int_{X_2}^{X_1}\frac{\mathrm{d}X}{X^*-X}=H_{\mathrm{OL}}\cdot N_{\mathrm{OL}} \tag{6-39}$$

式中　$H_{\mathrm{OG}}=\frac{q_{n,\mathrm{V}}}{K_Y a\Omega}$——气相总传质单元高度，m；

$N_{\mathrm{OG}}=\int_{Y_2}^{Y_1}\frac{\mathrm{d}Y}{Y-Y^*}$——气相总传质单元数，量纲为 1；

$H_{\mathrm{OL}}=\frac{q_{n,\mathrm{L}}}{K_X a\Omega}$——液相总传质单元高度，m；

$N_{\mathrm{OL}}=\int_{X_2}^{X_1}\frac{\mathrm{d}X}{X^*-X}$——液相总传质单元数，量纲为 1。

因此，填料层高度也可看成是传质单元高度和传质单元数的乘积。

式(6-38)和式(6-39)中 $a$ 为单位体积填料层内气、液两相的有效接触面积，其值不仅与填料尺寸、形状、填充方式有关，还与流体的物性及流动状况有关，难以直接测定。为此常将 $a$ 与传质系数的乘积视为一体，称为体积吸收系数。$K_Ya$ 和 $K_Xa$ 分别称为气相总体积吸收系数及液相总体积吸收系数，单位为 kmol/(m³·s)。

### 五、传质单元高度与传质单元数

式(6-38)及式(6-39)把填料层高度写成 $H_{\mathrm{OG}}$ 与 $N_{\mathrm{OG}}$ 或 $H_{\mathrm{OL}}$ 与 $N_{\mathrm{OL}}$ 的乘积形式，只是变量的分离与合并，并无实质性的变化。但这样的处理有明显的优点，总传质单元数 $N_{\mathrm{OG}}$ 和 $N_{\mathrm{OL}}$ 中所有的变量只与物质的相平衡及两相进、出口组成有关，与设备型式及设备中的操作条件等无关。这样，在选择设备型式之前可先计算 $N_{\mathrm{OG}}$ 和 $N_{\mathrm{OL}}$。$N_{\mathrm{OG}}$ 和 $N_{\mathrm{OL}}$ 表示完成规定分离任务所需的传质单元的数目，它反映了分离任务的难易程度。若 $N_{\mathrm{OG}}$ 和 $N_{\mathrm{OL}}$ 的数值太大，则表明分离要求过高或吸收剂性能太差。$H_{\mathrm{OG}}$ 与 $H_{\mathrm{OL}}$ 则与设备型式及设备中的操作条件有关，它表示完成一个传质单元（经过一段填料层的传质使一相组

成的变化恰好等于以此相的组成差表示的传质推动力时，称为完成了一个传质单元）所需的填料层高度，是吸收设备效能高低的反映。其值越小，说明设备内传质效能越好，完成一个传质单元所需填料层高度越低。传质单元高度和体积传质系数都是表示填料层传质效能的参数，两者都与流体的流量有关，但传质单元高度随流量的变化远比体积吸收系数小，便于估算和记忆，因而工程上大多采用传质单元高度。常用吸收设备的传质单元高度为 0.15～1.5 m，具体数值需由实验测定。下面主要讨论传质单元数的计算方法。

**想一想**

传质单元高度和传质单元数分别与哪些因素有关？



1. 对数平均推动力法

在全塔物料衡算中已知，若将操作线与平衡线绘于同一张图上，操作线上任一点与平衡线间的垂直距离即为塔内某截面上以气相组成差表示的传质推动力$\Delta Y=(Y-Y^*)$，与平衡线的水平距离即为该截面上以液相组成差表示的吸收推动力 $\Delta X=(X^*-X)$。因此，在吸收塔内推动力的变化规律是由操作线与平衡线共同决定的。

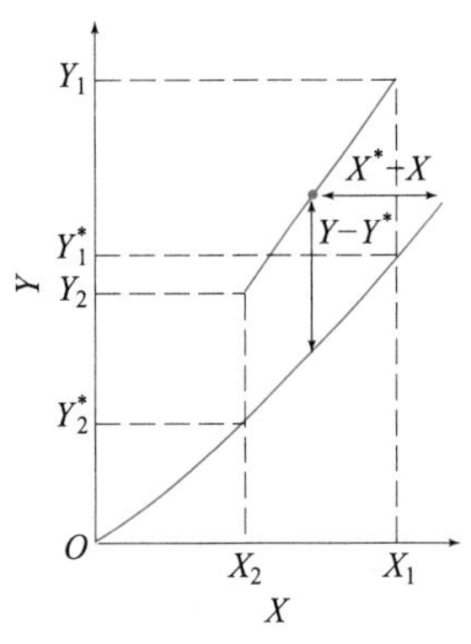


图 6-12　平均推动力法

如图 6-12 所示，若平衡线在操作范围内满足直线关系，传质推动力 $\Delta Y$ 和 $\Delta X$ 分别随 $Y$ 和 $X$ 变化关系同传热过程的推动力 $\Delta t$ 随 $t$ 的变化关系类似，对照热、冷流体通过传热壁进行换热的平均推动力 $\Delta t_m$ 的计算方法，不难推导出吸收过程全塔平均推动力 $\Delta Y_m$ 和 $\Delta X_m$ 的计算式。若以 $\Delta Y_m$ 和 $\Delta X_m$ 代替 $N_{OG}$或 $N_{OL}$积分式中的$(Y-Y^*)$和$(X^*-X)$，则传质单元数 $N_{OG}$或 $N_{OL}$计算式分别写为

$$N_{OG}=\int_{Y_2}^{Y_1}\frac{dY}{Y-Y^*}=\frac{Y_1-Y_2}{\Delta Y_m} \tag{6-40}$$

其中

$$\Delta Y_m=\frac{(Y_1-Y_1^*)-(Y_2-Y_2^*)}{\ln\dfrac{Y_1-Y_1^*}{Y_2-Y_2^*}} \tag{6-41}$$

$$N_{OL}=\int_{X_2}^{X_1}\frac{dX}{X^*-X}=\frac{X_1-X_2}{\Delta X_m} \tag{6-42}$$

其中

$$\Delta X_m=\frac{(X_1^*-X_1)-(X_2^*-X_2)}{\ln\dfrac{X_1^*-X_1}{X_2^*-X_2}} \tag{6-43}$$

式中　$\Delta Y_m$，$\Delta X_m$——分别为气、液相对数平均推动力；

$Y_1$，$Y_2$——进入和离开吸收塔气相组成；

$Y_1^*$，$Y_2^*$——与液相组成 $X_1$，$X_2$成平衡的气相组成；

$X_1$，$X_2$——离开和进入吸收塔液相组成；

$X_1^*, X_2^*$ ——与气相组成 $Y_1, Y_2$ 成平衡的液相组成。

以上结果的得出是在两相逆流接触情况下，以操作线与平衡线均为直线作为前提的，对并流吸收操作同样适用。

2. 吸收因数法

当两相浓度较低时，平衡关系满足亨利定律，此时可将相平衡方程和操作线方程代入传质单元数的关系式中，然后直接积分求解。积分结果如下：

$$N_{OG}=\frac{1}{1-\frac{1}{A}}\ln\left[\left(1-\frac{1}{A}\right)\frac{Y_1-mX_2}{Y_2-mX_2}+\frac{1}{A}\right] \tag{6-44}$$

式中 $S=\frac{1}{A}=\frac{mq_{n,V}}{q_{n,L}}$ 称为解吸因数，是平衡线斜率与操作线斜率的比值，$A=\frac{q_{n,L}}{mq_{n,V}}$ 为吸收因数，量纲为 1。该式包含 $N_{OG}$，$\frac{1}{A}$ 和 $\frac{Y_1-mX_2}{Y_2-mX_2}$ 三个数群，三者的关系标绘于图 6-13。



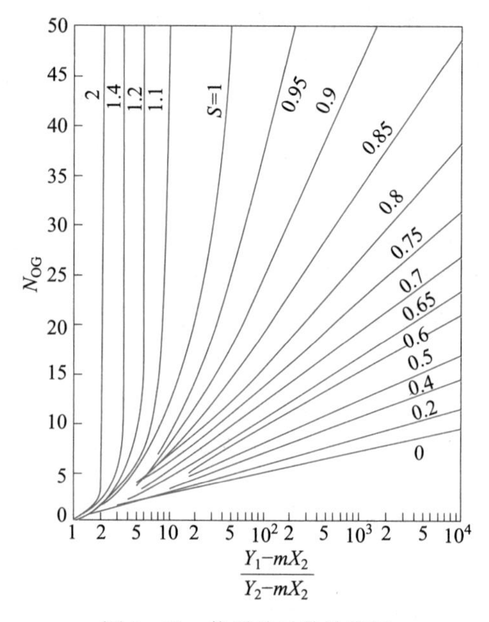


图 6-13 传质单元数计算图

在图 6-13 中，横坐标 $\frac{Y_1-mX_2}{Y_2-mX_2}$ 的值表示溶质吸收率的大小，也反映了分离要求的高低。其值越大，表明分离要求越高，完成分离任务所需的传质单元数越大。$\frac{1}{A}$ 值反映吸收过程推动力的大小。在相平衡关系确定的情况下，要改变 $\frac{1}{A}$，就要调节液气比。$\frac{1}{A}$ 越大，操作液气比越小，则传质推动力越小，完成同样吸收任务所需的传质单元数越多，设备费用越高，但操作费用越低。因而，分离要求越高，$\frac{1}{A}$ 值越大，则传质单元数 $N_{OG}$ 越大，分离难度就越大。

图 6-13 只有在$\frac{Y_1-mX_2}{Y_2-mX_2}>20$，$\frac{1}{A}\leqslant 0.75$ 的范围内读数才比较准确。不满足要求时可用式(6-44)计算求得。

同理，也可积分得下式：

$$N_{OL}=\frac{1}{1-A}\ln\left[(1-A)\frac{Y_1-mX_2}{Y_1-mX_1}+A\right] \tag{6-45}$$

此式中也有三个数群：$N_{OL}$，$A$ 及$\frac{Y_1-mX_2}{Y_1-mX_1}$，三者关系也服从图 6-13 的曲线。

3. 图解积分法

当平衡关系为曲线时，平均推动力法和吸收因数法将不再适用，且由于平衡线斜率处处不等，总传质系数也不再为常数。此时填料层高度可采用图解积分法按下式进行计算：

$$Z=\int_{Y_2}^{Y_1}\frac{q_{n,V}\mathrm{d}Y}{K_Y a\Omega(Y-Y^*)} \tag{6-46}$$

在数据处理过程中，可将$\frac{q_{n,V}}{K_Y a\Omega}$在全塔取一平均值移出积分号外，这样，只要求出平衡线为曲线时的 $N_{OG}$即可算出填料层高度 $Z$。

由定积分的几何意义可知，$N_{OG}=\int_{Y_2}^{Y_1}\frac{\mathrm{d}Y}{Y-Y^*}$ 在数值上等于以$\frac{1}{Y-Y^*}$为纵坐标，以 $Y$ 为横坐标的直角坐标系中，由 $f(Y)=\frac{1}{Y-Y^*}$曲线、$Y$ 轴及 $Y=Y_1$ 和 $Y=Y_2$ 两垂线所围成面积[如图6-14(b)所示]。因而，只要在 $Y-X$ 图上画出平衡线和操作线，便可由任一 $Y$ 值求出相应截面上的推动力$(Y-Y^*)$值，继而求出$\frac{1}{Y-Y^*}$的数值。再在直角坐标系中将$\frac{1}{Y-Y^*}$与 $Y$ 的对应数值进行标绘，所得函数曲线与 $Y=Y_1$和 $Y=Y_2$及横轴之间所包围的面积，就是气相总传质单元数。

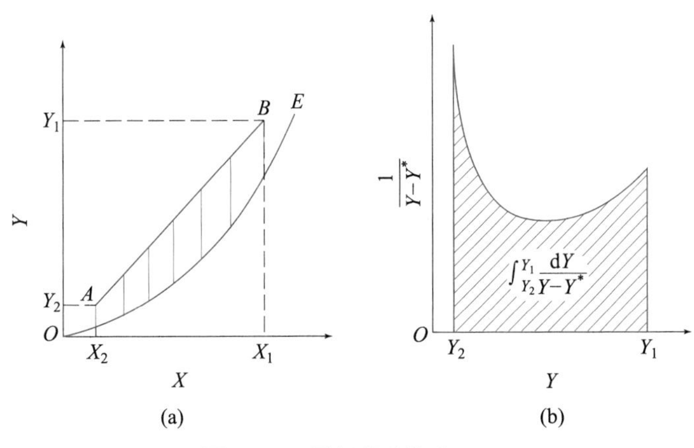


图 6-14　图解积分法求 $N_{OG}$

若已知平衡关系的函数形式,也可用数值积分法计算 $N_{OG}$。这方面的内容本书不再详述,有兴趣者可自己查阅相关手册。

**[例 6-6]** 在逆流操作的吸收塔中,于 101.3 kPa、25 ℃下用清水吸收混合气体中的 $H_2S$,将其含量由 2%降至 0.1%(均为体积分数)。该系统符合亨利定律。亨利系数 $E=5.52\times10^4$ kPa。若取吸收剂用量为最小用量 1.2 倍,试以平均推动力法和吸收因数法计算 $N_{OG}$ 和 $N_{OL}$。

**解:** 将气相组成换算为摩尔比

$$Y_1=\frac{y_1}{1-y_1}=\frac{0.02}{1-0.02}=0.020\ 41$$

$$Y_2=\frac{y_2}{1-y_2}=\frac{0.001}{1-0.001}=0.001$$

相平衡常数 $$m=\frac{E}{p}=\frac{5.52\times10^4}{101.3}=544.92$$

最小液气比为 $$\left(\frac{q_{n,L}}{q_{n,V}}\right)_{min}=\frac{Y_1-Y_2}{X_1^*-X_2}=\frac{0.020\ 41-0.001}{(0.020\ 41/544.92)-0}=518.22$$

操作液气比为 $$\frac{q_{n,L}}{q_{n,V}}=1.2\left(\frac{q_{n,L}}{q_{n,V}}\right)_{min}=1.2\times518.22=621.9$$

塔底液体组成为 $$X_1=X_2+\frac{Y_1-Y_2}{q_{n,L}/q_{n,V}}=0+\frac{0.020\ 41-0.001}{621.9}=3.12\times10^{-5}$$

(1) 平均推动力法

$$\Delta Y_1=Y_1-Y_1^*=0.020\ 41-544.92\times3.12\times10^{-5}=0.003\ 41$$

$$\Delta Y_2=Y_2-Y_2^*=0.001-544.92\times0=0.001$$

$$\Delta Y_m=\frac{\Delta Y_1-\Delta Y_2}{\ln\dfrac{\Delta Y_1}{\Delta Y_2}}=\frac{0.003\ 41-0.001}{\ln\dfrac{0.003\ 41}{0.001}}=1.965\times10^{-3}$$

$$N_{OG}=\frac{Y_1-Y_2}{\Delta Y_m}=\frac{0.020\ 41-0.001}{1.965\times10^{-3}}=9.878$$

$$\Delta X_1=X_1^*-X_1=(0.020\ 41/544.92)-3.12\times10^{-5}=6.255\times10^{-6}$$

$$\Delta X_2=X_2^*-X_2=(0.001/544.92)-0=1.835\times10^{-6}$$

$$\Delta X_m=\frac{\Delta X_1-\Delta X_2}{\ln\dfrac{\Delta X_1}{\Delta X_2}}=\frac{6.255\times10^{-6}-1.835\times10^{-6}}{\ln\dfrac{6.255\times10^{-6}}{1.835\times10^{-6}}}=3.6\times10^{-6}$$

$$N_{OL}=\frac{X_1-X_2}{\Delta X_m}=\frac{3.12\times10^{-5}-0}{3.6\times10^{-6}}=8.67$$

(2) 吸收因数法

$$A=\frac{q_{n,L}}{mq_{n,V}}=\frac{621.9}{544.92}=1.141\ 3$$

$$N_{OG}=\frac{1}{1-\dfrac{1}{A}}\ln\left[\left(1-\frac{1}{A}\right)\frac{Y_1-mX_2}{Y_2-mX_2}+\frac{1}{A}\right]$$

$$=\frac{1}{1-1/1.141\ 3}\ln\left[(1-1/1.141\ 3)\times\frac{0.020\ 41}{0.001}+1/1.141\ 3\right]=9.892$$

$$N_{OL}=\frac{1}{1-A}\ln\left[(1-A)\frac{Y_1-mX_2}{Y_1-mX_1}+A\right]$$

$$=\frac{1}{1-1.1413}\ln\left[(1-1.1413)\times\frac{0.02041}{0.02041-544.92\times3.12\times10^{-5}}+1.1413\right]=8.635$$

**[例 6-7]** 用洗油逆流吸收焦炉气中的芳烃。吸收塔内的操作条件为 $t=27$ ℃、$p=106.7$ kPa。焦炉气流量为 814.7 $m^3/h$(标准状况),其中所含芳烃的组成为 0.02(摩尔分数,下同),要求芳烃吸收率不低于 95%。入塔洗油中所含芳烃组成为 0.005。若溶剂用量为最小用量的 1.5 倍,试确定洗油的用量并用图解积分法计算气相总传质单元数。操作条件下的平衡关系为 $Y^*=\frac{0.125X}{1+0.875X}$。

**解:** 进入吸收塔的惰性组分摩尔流量为

$$q_{n,V}=\frac{814.7\times(1-0.02)}{22.4}\text{ kmol/h}=35.64\text{ kmol/h}$$



将两相组成换算为摩尔比 $Y_1=\frac{y_1}{1-y_1}=\frac{0.02}{1-0.02}=0.02041$

$$X_2=\frac{x_1}{1-x_1}=\frac{0.005}{1-0.005}=0.00503$$

出塔气体中芳烃组成为 $Y_2=Y_1(1-\eta)=0.02041\times(1-0.95)=0.00102$

(1) 根据已知的平衡关系式,在 $Y-X$ 直角坐标系中画出平衡曲线 $OE$,如图 6-15(a)所示。再由 $X_2$,$Y_2$ 在图中确定操作线的一个端点 $T$(塔顶),过此点作平衡线的切线,与水平线 $Y_1=0.02041$ 交于 $B'$ 点,交点横坐标为 $X_1'=0.176$,则最小液气比为

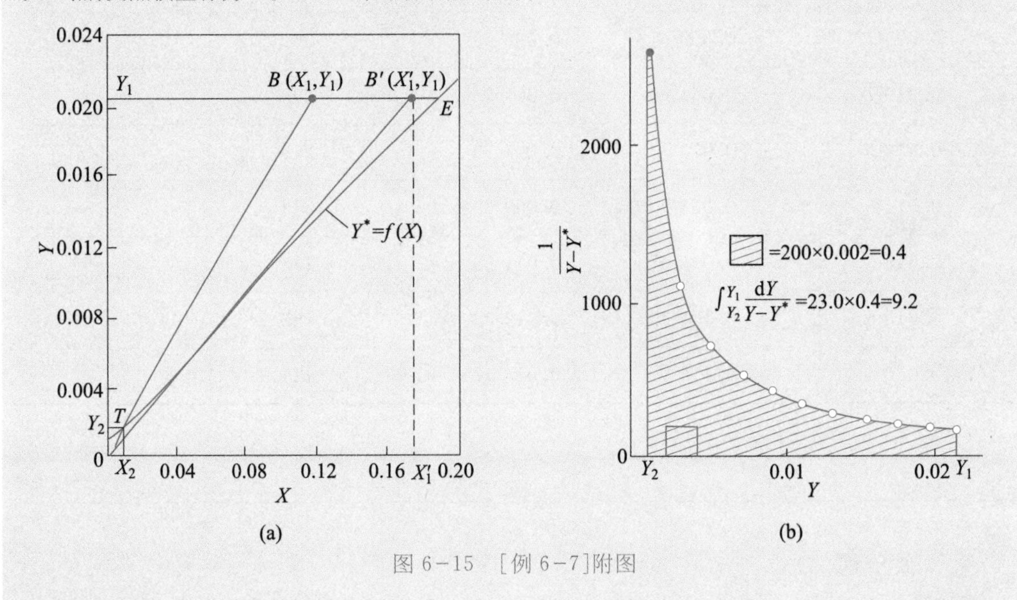


图 6-15 [例 6-7]附图

$$\left(\frac{q_{n,L}}{q_{n,V}}\right)_{min}=(Y_1-Y_2)/(X_1'-X_2)=(0.02041-0.00102)/(0.176-0.00503)=0.1134$$

纯吸收剂用量为 $q_{n,L}=1.5q_{n,V}\cdot\left(\frac{q_{n,L}}{q_{n,V}}\right)_{min}=1.5\times35.64\times0.1134\text{ kmol/h}=6.062\text{ kmol/h}$

则洗油用量为 $q_{n,L}'=\frac{q_{n,L}}{1-x_2}=\frac{6.062}{1-0.005}\text{ kmol/h}=6.092\text{ kmol/h}$

洗油出塔组成为

$$X_1=X_2+\frac{q_{n,V}(Y_1-Y_2)}{q_{n,L}}=0.005\ 03+\frac{35.64\times(0.020\ 41-0.001\ 02)}{6.062}=0.119\ 0$$

(2) 图解积分法求 $N_{OG}$

由图 6-15(a)可读出对应于一系列 $Y$ 值的 $X$ 和 $Y^*$ 值，进而计算出一系列$\frac{1}{Y-Y^*}$值。其结果列于下表。

在普通直角坐标纸上以$\frac{1}{Y-Y^*}$为纵坐标，以 $Y$ 为横坐标，用附表所列数据在图中标绘出各个点，并将它们连成一条光滑的曲线，如图 6-15(b)所示。图 6-15(b)中曲线与 $Y=Y_1$、$Y=Y_2$ 及横坐标三条直线所包围的面积总计为 23.0 个小方格，而每一方格所相当的数值为 $200\times0.002=0.4$，则

$$N_{OG}=23.0\times0.4=9.2$$



| $Y$ | $X$ | $Y^*$ | $1/(Y-Y^*)$ | 备注 |
|---|---|---|---|---|
| $(Y_2)$0.001 02 | $(X_2)$0.005 03 | 0.000 63 | 2 564 | $Y_2=Y_0,Y_1=Y_n$ |
| 0.002 96 | 0.016 44 | 0.002 03 | 1 075 | $n=10$ |
| 0.004 90 | 0.027 85 | 0.003 40 | 667 | $\Delta Y=0.001\ 938$ |
| 0.006 83 | 0.039 20 | 0.004 74 | 478 | |
| 0.008 77 | 0.050 61 | 0.006 06 | 369 | |
| 0.010 7 | 0.061 96 | 0.007 35 | 299 | |
| 0.012 6 | 0.073 13 | 0.008 59 | 249 | |
| 0.014 6 | 0.084 90 | 0.009 88 | 212 | |
| 0.016 5 | 0.096 07 | 0.011 08 | 185 | |
| 0.018 5 | 0.107 83 | 0.012 32 | 162 | |
| $(Y_1)$0.020 4 | 0.119 0 | 0.013 47 | 144 | |

**想一想**

根据前述内容，能否归纳出用平均推动力法、吸收因数法和图解积分法计算传质单元数的适用条件分别是什么？

## 六、吸收塔计算举例

在填料塔内低浓度气体吸收的设计型和操作型计算问题都离不开下面几个关系式：

物料衡算 $$q_{n,V}(Y_1-Y_2)=q_{n,L}(X_1-X_2)$$

相平衡关系 $$Y^*=f(X)\text{(满足亨利定律时,}Y^*=mX\text{)}$$

传质速率方程 $$N_A=K_Y(Y-Y^*)$$

或 $$N_A=K_X(X^*-X)$$

填料层高度计算式 $$Z=\frac{q_{n,V}}{K_Ya\Omega}\int_{Y_2}^{Y_1}\frac{dY}{Y-Y^*}$$

或 $$Z=\frac{q_{n,L}}{K_Xa\Omega}\int_{X_2}^{X_1}\frac{dX}{X^*-X}$$

**[例 6-8]** 质量流率(单位塔截面上的质量流量)为 0.4 kg/($m^2\cdot s$)的空气混合气体中含氨 2%(体积分数),拟用逆流吸收以回收其中 95%的氨。塔顶淋入组成为 0.000 4(摩尔分数)的稀氨水溶液,设计采用的液气比为最小液气比的 1.5 倍,操作范围内物系服从亨利定律 $Y^*=1.2X$,所用填料的总传质系数$K_Ya=0.052$ kmol/($m^3\cdot s$),试求所需填料层的高度。

**解:** 根据混合气体的质量流率计算惰性组分的摩尔流率 $G$

$$G=\frac{q_{n,V}}{\Omega}=\frac{0.4\times(1-0.02)}{29\times0.98+17\times0.02}\ \text{kmol/(m}^2\cdot\text{s)}=0.013\ 63\ \text{kmol/(m}^2\cdot\text{s)}$$

组成换算

$$Y_1=\frac{y_1}{1-y_1}=\frac{0.02}{1-0.02}=0.020\ 48$$

$$X_2\approx x_2=0.000\ 4$$

$$Y_2=Y_1\times(1-\eta)=0.020\ 41\times(1-0.95)=0.001\ 021$$

$$\frac{q_{n,L}}{q_{n,V}}=1.5\left(\frac{q_{n,L}}{q_{n,V}}\right)_{\min}=1.5\times\frac{Y_1-Y_2}{X_1^*-X_2}=1.5\times\frac{0.020\ 41-0.001\ 021}{(0.020\ 41/1.2)-0.000\ 4}=1.75$$

$$X_1=X_2+\frac{Y_1-Y_2}{q_{n,L}/q_{n,V}}=0.000\ 4+\frac{0.020\ 41-0.001\ 021}{1.75}=0.011\ 48$$

平均推动力为

$$\Delta Y_m=\frac{(Y_1-mX_1)-(Y_2-mX_2)}{\ln\frac{Y_1-mX_1}{Y_2-mX_2}}$$

$$=\frac{(0.020\ 41-1.2\times0.011\ 47)-(0.001\ 021-1.2\times0.000\ 4)}{\ln\frac{0.020\ 41-1.2\times0.011\ 47}{0.001\ 021-1.2\times0.000\ 4}}=0.002\ 434$$

传质单元数为

$$N_{OG}=\frac{Y_1-Y_2}{\Delta Y_m}=\frac{0.020\ 41-0.001\ 021}{0.002\ 434}=7.966$$

传质单元高度

$$H_{OG}=\frac{G}{K_{Ya}}=\frac{0.013\ 63}{0.052}\ \text{m}=0.262\ \text{m}$$

填料层高度

$$Z=H_{OG}\cdot N_{OG}=0.262\times7.966\ \text{m}=2.09\ \text{m}$$

**[例 6-9]** 用纯溶剂对低浓度混合气体作逆流吸收以回收其中的可溶组分,物系的相平衡关系服从亨利定律,吸收剂用量为最小用量的 $\phi=1.3$ 倍,试求下列两种情况下所需的填料层高度,已知传质单元高度$H_{OG}=0.8$ m。(1) 吸收率 $\eta=90\%$;(2) 吸收率 $\eta=99\%$。

**解**：由题意可知：$X_2=0$，则$(q_{n,L}/q_{n,V})_{min}=m\eta$，其中 $m$ 为相平衡常数，于是操作液气比

$$q_{n,L}/q_{n,V}=\phi m\eta=1.3m\eta$$

吸收因数为
$$A=\frac{q_{n,L}}{mq_{n,V}}=\frac{\phi m\eta}{m}=\phi\eta=1.3\eta$$

则气相总传质单元数

$$N_{OG}=\frac{1}{1-\frac{1}{A}}\ln\left[\left(1-\frac{1}{A}\right)\frac{Y_1-mX_2}{Y_2-mX_2}+\frac{1}{A}\right]$$

$$=\frac{1}{1-\frac{1}{\phi\eta}}\ln\left[\left(1-\frac{1}{\phi\eta}\right)\frac{1}{1-\eta}+\frac{1}{\phi\eta}\right]$$

$$=\frac{1}{1-\frac{1}{1.3\eta}}\ln\left[\left(1-\frac{1}{1.3\eta}\right)\frac{1}{1-\eta}+\frac{1}{1.3\eta}\right]$$



(1) 当 $\eta=90\%$时，代入上式得

$$N_{OG}=5.755$$

$$Z=H_{OG}\cdot N_{OG}=0.8\times5.755\ \text{m}=4.604\ \text{m}$$

(2) 当 $\eta=99\%$时，代入传质单元数计算式得

$$N_{OG}=14.076$$

$$Z=H_{OG}\cdot N_{OG}=0.8\times14.076\ \text{m}=11.261\ \text{m}$$

结论：吸收率的大小反映了分离要求的高低，吸收率越大，分离要求越高，传质单元数越大，完成分离任务所需的填料层高度越高。反之，吸收率越小，分离要求越低，传质单元数越小，填料层高度也相应降低。另外，根据 $q_{n,L}/q_{n,V}=1.3\ m\eta$ 可知，吸收率越大，所需吸收剂的用量也越大。

**［例 6-10］** 用一直径为 0.88 m、装有 50 mm×50 mm×1.5 mm 金属鲍尔环、填料层高为 6 m 的填料塔，以清水吸收空气中混合气体的丙酮。在 25 ℃、101.3 kPa 下，每小时处理 2 000 m³ 混合气体，其中含有 5%(摩尔分数，下同)丙酮，出塔尾气中含丙酮 0.263%，出塔 1 kg 吸收液中含丙酮 61.2 g，操作条件下平衡关系为 $Y^*=2.0X$。吸收过程大致为气膜阻力控制，总传质系数 $K_Ya$ 与气相流量的 0.8 次方成正比。现气体流量增加 20%，而液相流量及两相进口浓度不变，试求：丙酮的回收量与回收率如何变化？吸收塔的平均推动力如何变化？

**解**：(1) 初始工作状态：

将两相组成换算为摩尔比

$$Y_1=\frac{y_1}{1-y_1}=\frac{0.05}{1-0.05}=0.052\ 63$$

$$Y_2=\frac{y_2}{1-y_2}=\frac{0.002\ 63}{1-0.002\ 63}=0.002\ 64$$

$$X_1=\frac{61.2/58}{(1\ 000-61.2)/18}=0.020\ 23$$

$$X_2\approx x_2=0$$

回收率为 $\eta=\dfrac{Y_1-Y_2}{Y_1}=\dfrac{0.052\ 63-0.002\ 64}{0.052\ 63}=0.95$

操作液气比 $\dfrac{q_{n,\mathrm{L}}}{q_{n,\mathrm{V}}}=\dfrac{Y_1-Y_2}{X_1-X_2}=\dfrac{0.052\ 63-0.002\ 64}{0.020\ 23}=2.471$

混合气体中惰性组分的摩尔流量

$$q_{n,\mathrm{V}}=\frac{pq_{V,\mathrm{h}}}{RT}(1-y_1)=\frac{101.3\times 2\ 000}{8.314\times 298}\times(1-0.05)\ \mathrm{kmol/h}=77.68\ \mathrm{kmol/h}$$

回收的丙酮量

$$q_{n,\mathrm{V}}(Y_1-Y_2)=77.68\times(0.052\ 63-0.002\ 64)\ \mathrm{kmol/h}=3.883\ \mathrm{kmol/h}$$

吸收塔的平均推动力为

$$\Delta Y_{\mathrm{m}}=\frac{(Y_1-mX_1)-(Y_2-mX_2)}{\ln\dfrac{Y_1-mX_1}{Y_2-mX_2}}$$
$$=\frac{(0.052\ 63-2.0\times 0.020\ 23)-(0.002\ 64-0)}{\ln\dfrac{0.052\ 63-2.0\times 0.020\ 23}{0.002\ 64}}=0.006\ 24$$

传质单元数

$$N_{\mathrm{OG}}=\frac{Y_1-Y_2}{\Delta Y_{\mathrm{m}}}=\frac{0.052\ 63-0.002\ 64}{0.006\ 24}=8.01$$

传质单元高度

$$H_{\mathrm{OG}}=Z/N_{\mathrm{OG}}=(6/8.01)\ \mathrm{m}=0.749\ \mathrm{m}$$

总传质系数

$$K_Ya=\frac{q_{n,\mathrm{V}}}{\Omega\cdot H_{\mathrm{OG}}}=\frac{77.68}{\dfrac{\pi\times 0.88^2}{4}\times 0.749}\ \mathrm{kmol/(m^3\cdot h)}=170.61\ \mathrm{kmol/(m^3\cdot h)}$$

(2) 新工作状态：

$$\frac{q'_{n,\mathrm{V}}}{q_{n,\mathrm{V}}}=1.2\quad,\quad \frac{mq'_{n,\mathrm{V}}}{q_{n,\mathrm{L}}}=\frac{2\times 1.2}{2.471}=0.97$$

传质单元高度

$$H'_{\mathrm{OG}}/H_{\mathrm{OG}}=[q_{n,\mathrm{V}}/(K_Ya\Omega)]'/[q_{n,\mathrm{V}}/(K_Ya\Omega)]=(q'_{n,\mathrm{V}}/q_{n,\mathrm{V}})/(q'_{n,\mathrm{V}}/q_{n,\mathrm{V}})^{0.8}$$
$$=(q'_{n,\mathrm{V}}/q_{n,\mathrm{V}})^{0.2}=1.2^{0.2}=1.037$$
$$H'_{\mathrm{OG}}=1.037H_{\mathrm{OG}}=1.037\times 0.749\ \mathrm{m}=0.777\ \mathrm{m}$$

总传质系数

$$K_Ya'=1.2^{0.8}\times K_Ya=1.157\times 170.61\ \mathrm{kmol/(m^3\cdot h)}=197.4\ \mathrm{kmol/(m^3\cdot h)}$$

传质单元数

$$N'_{\mathrm{OG}}/N_{\mathrm{OG}}=H_{\mathrm{OG}}/H'_{\mathrm{OG}}$$
$$N'_{\mathrm{OG}}=8.01/1.037=7.724$$

根据物料衡算可得

$$q_{n,\mathrm{L}}/q'_{n,\mathrm{V}}=2.471/1.2=2.059$$
$$Y_1-Y'_2=2.059X'_1 \qquad (1)$$

将传质单元数的计算公式整理后得

$$N'_{OG}=\frac{Y_1-Y'_2}{\Delta Y_m}=\frac{Y_1-Y'_2}{(Y_1-mX'_1)-(Y'_2-mX_2)}\ln\frac{Y_1-mX'_1}{Y'_2-mX_2}=\frac{1}{1-\dfrac{mq'_{n,V}}{q_{n,L}}}\ln\frac{Y_1-mX'_1}{Y'_2-mX_2}$$

代入数据整理后得

$$Y_1-2.0X'_1=1.248Y'_2 \tag{2}$$

联立(1)、(2)两式得

$$Y'_2=0.005\ 45$$

$$X'_1=0.022\ 91$$

丙酮的吸收率

$$\eta'=(Y_1-Y'_2)/Y_1=(0.052\ 63-0.005\ 45)/0.052\ 63=0.896$$

回收的丙酮量

$$q'_{n,V}(Y_1-Y'_2)=77.68\times1.2\times(0.052\ 63-0.005\ 45)\ \text{kmol/h}=4.4\ \text{kmol/h}$$

新工况下的平均推动力

$$\Delta Y'_m=\frac{(0.052\ 63-2.0\times0.022\ 91)-(0.005\ 45-0)}{\ln\dfrac{0.052\ 63-2.0\times0.022\ 91}{0.005\ 45}}=0.006\ 1$$

$$\Delta Y'_m/\Delta Y_m=0.006\ 1/0.006\ 24=0.98$$



由本例可知:单位时间丙酮回收量的增加,意味着传质速率的增大。本例属气膜阻力控制,混合气体流量的增加,并未引起推动力的较大变化(推动力略有减小),而总传质系数随气体流量的增大有较大幅度的增加,这才是导致丙酮回收量增加(即传质速率增大)的根本原因。

## 七、板式吸收塔塔板数的计算

吸收过程既可在填料塔中进行,也可在板式塔中进行。板式塔与填料塔的区别在于两相组成沿塔高呈阶跃式而非连续式的变化。对于板式塔内的吸收过程,要确定完成规定吸收任务所需的塔板数,可先求所需的理论板数,选定总板效率后再求出实际板数。对于填料吸收塔,求得理论板数后,引入等板高度(HETP)即完成一个理论板的分离任务所需的填料层高度,也可确定填料层高度。

1. 图解法求理论板数

理论板是一种理想塔板,不平衡的气、液两相在该板上经充分接触传质,在离开该板时两相将达到平衡状态。图解法是将塔内各板均视为理论板,算出要完成规定的吸收任务所需的理论板数。其计算步骤可参考图6-16:

(1) 在 $Y-X$ 图中作出操作线 $AB$ 和平衡线 $OE$。

(2) 从操作线上的点 $A$ 出发,作水平线与平衡线 $OE$ 相交于$(X_1,Y_1)$,此点即为离开第一层理论板的液气两相平衡组成;再由该点出发作垂线与 $AB$ 相交,交点坐标为$(X_1,Y_2)$,$Y_2$为离开第二层理论板的气相组成,$Y_2$与 $X_1$满足操作线关系。如此在操作线 $AB$ 与平衡线 $OE$ 之间画梯级直至达到 $B$ 点为止。

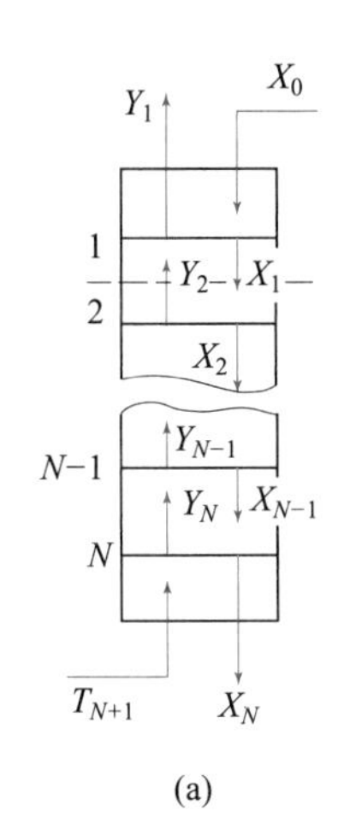

(a)

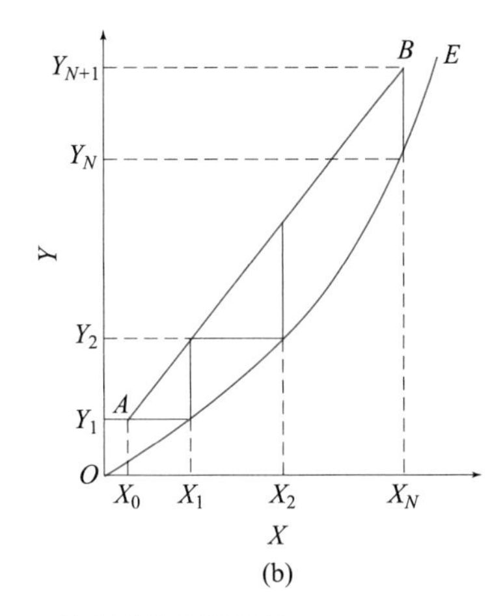

(b)

图 6-16 理论板数的图解法



(3) 数出图中画出的梯级总数,即为完成吸收任务所需的理论板数。

梯级图解法求理论板数不受任何条件限制。气、液两相浓度表示不限于摩尔比;平衡关系可以是直线关系也可以是曲线关系;此法可用于低浓度气体吸收过程,也可用于高浓度气体吸收及解吸过程。

2. 实际塔板数或填料层高度计算

实际塔板上的传质效果远远不及理论板,因此,完成规定吸收任务所需的实际塔板数比理论板数要大得多。**总板效率** $E_T$ 是反映实际塔板与理论板之间差异程度。$E_T = N_{理}/N_{实}$,则

$$N_{实} = N_{理}/E_T$$

式中 $E_T$ 取决于物系性质、操作条件及塔设备结构等。其值由实验测定或经验关系式计算。下一章还将做进一步介绍。

吸收塔的总板效率比精馏塔小,工业吸收塔的总板效率为 10%～20%,设计中应尽量用实测数据。

对于填料塔,可用下式计算填料层高度:

$$Z = N_{实} \times \text{HETP}$$

式中,等板高度一般取经验数据或由经验关联式估算。

## 八、解吸塔的计算

**解吸**也称**脱吸**,是吸收的逆过程,其传质方向与吸收过程相反,目的是回收液相中的溶质或使溶剂再生使用。从相平衡关系已知,高温、减压有利于解吸,这也是解吸塔适宜的操作条件。

解吸塔的计算与吸收大体相同,也分设计型与操作型两种。但解吸的操作线在平衡线的下方,其推动力的表达式与吸收相反,$\Delta Y = Y^* - Y$,$\Delta X = X - X^*$。

为脱除吸收液中的溶质,通常采用另一股与吸收液不互溶的气体与吸收液接触并将

其中溶质带走，解吸气体用量需由设计者确定。与吸收计算中的最小液气比确定相似，解吸设计型计算中存在一个最小气液比$\left(\frac{q_{n,V}}{q_{n,L}}\right)_{\min}$。

如图 6-17 所示，当解吸气体量 $V$ 减少，气液比减小，气体出塔组成 $Y_1$ 将会增大，操作线上的 $A$ 点向平衡线靠拢。当操作线与平衡线相交或两线在某处相切时，解吸塔操作线的斜率达到最大，出口的 $Y_1$ 也达到最大 $Y_{1,\max}$，此时的气液比为完成规定解吸要求所允许的最小值。为维持一定的解吸推动力，实际的操作气液比要大于最小气液比。最小气液比的计算式如下：

$$\left(\frac{q_{n,V}}{q_{n,L}}\right)_{\min}=\frac{X_1-X_2}{Y_{1,\max}-Y_2} \tag{6-47}$$



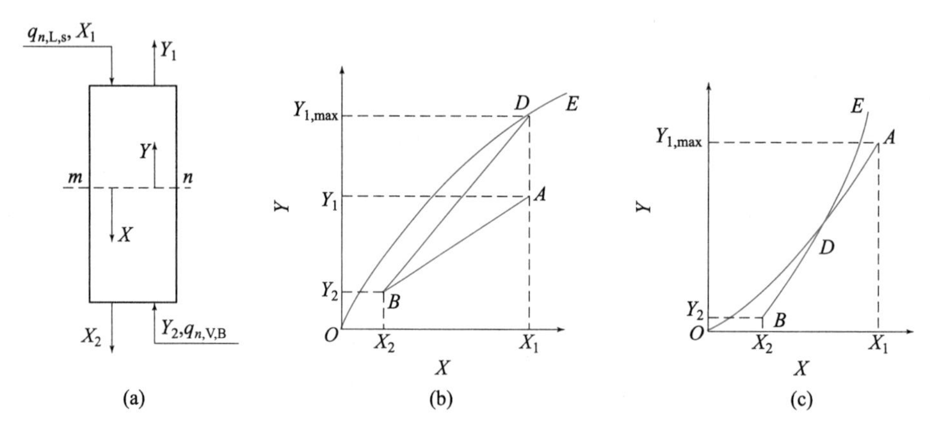


图 6-17　解吸操作线与最小气液比

**[例 6-11]** 某吸收液在解吸塔内用过热蒸汽解吸。已知吸收液流量为 0.06 kmol/s，溶质组成为 0.06（摩尔分数，下同），要求解吸后溶质组成不超过 0.005。操作条件下气、液平衡关系为 $Y^*=1.25X$，总传质系数 $K_Xa=0.04\ \text{kmol/(m}^3\cdot\text{s)}$，过热蒸汽量为最小用量的 1.2 倍，塔截面积为 2 m²。求解吸塔的填料层高度。

**解：** 纯吸收剂用量

$$q_{n,L}=q_{n,L总}(1-x_1)=0.06\times(1-0.06)\ \text{kmol/s}=0.056\ 4\ \text{kmol/s}$$

$$X_1=\frac{x_1}{1-x_1}=\frac{0.06}{1-0.06}=0.063\ 8$$

$$X_2=\frac{x_2}{1-x_2}=\frac{0.005}{1-0.005}=0.005\ 025$$

操作气液比

$$\frac{q_{n,V}}{q_{n,L}}=1.2\left(\frac{q_{n,V}}{q_{n,L}}\right)_{\min}=1.2\times\frac{X_1-X_2}{Y_{1,\max}-Y_2}=\frac{1.2\times(0.063\ 8-0.005\ 025)}{1.25\times0.063\ 8-0}=0.884\ 4$$

若 $Y_2=0$，则气体出塔组成为

$$Y_1=\frac{X_1-X_2}{q_{n,V}/q_{n,L}}=\frac{0.063\ 8-0.005\ 025}{0.884\ 4}=0.066\ 5$$

平均传质推动力

$$\Delta X_m=\frac{(X_1-X_1^*)-(X_2-X_2^*)}{\ln\dfrac{X_1-X_1^*}{X_2-X_2^*}}$$

$$=\frac{(0.0638-0.0665/1.25)-(0.005025-0)}{\ln\dfrac{0.0638-0.0665/1.25}{0.005025}}=0.00747$$

总传质单元数

$$N_{OL}=\frac{X_1-X_2}{\Delta X_m}=\frac{0.0638-0.005025}{0.00747}=7.868$$

传质单元高度

$$H_{OL}=\frac{q_{n,L}}{K_Xa\cdot\Omega}=\frac{0.0564}{0.04\times 2}\ \text{m}=0.705\ \text{m}$$

填料层高度

$$Z=N_{OL}\cdot H_{OL}=7.868\times 0.705\ \text{m}=5.547\ \text{m}$$



## 第六节　其他类型吸收简介

前面几节讨论的是低浓度单组分等温物理吸收过程,这是化工生产中最常见的吸收操作。除此之外,生产中还有高浓度气体吸收、非等温吸收、多组分吸收和化学吸收。本节将简要介绍这些过程的特点。

### 一、高浓度气体吸收

当混合气体中溶质含量较高(大于 10%)且被吸收溶质量较多时,称为高浓度气体吸收过程。与低浓度气体吸收相比,它存在如下特点:

(1) 气、液两相摩尔流量沿塔高显著变化,不能再视为常量。但若不考虑惰性组分的溶解和吸收剂的汽化,则惰性组分和吸收剂的摩尔流量沿塔高仍保持不变。

(2) 高浓度气体吸收过程中,被吸收的溶质量较多,显著的热效应使液体温度升高,则高浓度气体吸收为一非等温吸收过程。此时,平衡关系不再满足低浓度时的直线关系,计算较复杂,本书不再多述。

(3) 受两相流速和漂流因子的影响,传质系数由塔底至塔顶逐渐减小,不再为常数。

### 二、非等温吸收

当吸收的热效应较大(溶质的溶解热或反应热较显著)时,两相温度升高,给吸收操作带来较大的影响。

温度的升高使溶质在吸收剂中的溶解度减小,平衡线上移,塔内传质推动力不断减小,对吸收不利。且温度升高使溶剂的汽化量增大,则溶剂的挥发损失增大。另外,温度升高使液体黏度降低,扩散系数增大,液相传质分系数提高。在化学吸收情况下,温度升高将使反应速率加快。

在对非等温吸收过程进行计算时，除了物料衡算，还应对过程作热量衡算，以便了解塔内的温度分布，确定相应的平衡关系。工程计算中，为简化计算，常采用一种近似的处理方法：假定过程中所释放的热量全部被液体吸收，忽略气相温度变化及热损失，据此推算出液相组成与温度的对应关系，得到变温情况下的平衡关系曲线。之后，可将过程近似看作等温吸收进行计算。

实际生产中，温度升高对吸收不利，因而对于有显著热效应的吸收系统，应采取有效的降温措施，以确保较大的传质推动力。

## 三、多组分吸收

气体混合物中有两种(或更多)组分被吸收的操作称为**多组分吸收**。多组分吸收中，每一组分的分析和计算与单组分吸收相同，但由于其他组分的存在使各溶质在两相中的平衡关系发生改变，因而多组分吸收的计算较单组分吸收更为复杂。但对某些溶剂用量很大的低浓度气体吸收过程，可认为各组分平衡关系互不影响，均符合亨利定律。



不同溶质组分的平衡常数各不相同，各组分在进、出设备时的浓度也不相同，因此，每一溶质组分都有各自的操作线与平衡线。依据不同组分计算出的填料层高度也不相同。因而，工程上提出"关键组分"的概念，即在吸收操作中具有关键意义且必须保证其吸收率达到预定指标的组分。

选定关键组分后，按关键组分规定的吸收要求，应用单组分吸收过程的计算方法求所需的理论塔板数或传质单元数。而对于非关键组分，则按关键组分分离要求算得的理论塔板数，用操作型计算方法求出其出塔组成及吸收率。

实际上，对前面的单组分吸收过程，若考虑惰性组分在吸收剂中的溶解，也应该属于多组分吸收过程，其中的溶质即为关键组分。

## 四、化学吸收

在实际生产中，多数吸收过程都伴有化学反应。伴有显著化学反应的吸收过程称为**化学吸收**。化学吸收有很高的选择性和吸收率，在工业生产中有广泛的应用。例如，用 NaOH 或 $Na_2CO_3$、$NH_4OH$ 等水溶液吸收 $CO_2$、$SO_2$ 或 $H_2S$，以及用硫酸吸收氨等，均为化学吸收过程。

化学吸收过程中，溶质首先由气相主体扩散至气、液界面，在由界面向液相主体的扩散过程中，与吸收剂或液相中的其他某种活泼组分发生化学反应。因此，溶质组成沿扩散途径的变化情况不仅与其自身的扩散速率有关，而且与液相中活泼组分的反向扩散速率、化学反应速率及反应产物的扩散速率等因素有关。因而，化学吸收的速率关系非常复杂。与物理吸收相比，化学吸收有以下特点：

1. 吸收过程的推动力增大

当气相中溶质进入液相后，因与液相中的某组分起化学反应而被消耗掉，则液相中溶质组成降低，溶质的平衡分压也降低。若反应不可逆，在溶液中与溶质反应的组分被完全消耗之前，溶质的平衡分压可降为零，则推动力必然增大。



2. 传质系数有所提高

有化学反应的吸收过程，溶于液相的溶质常常在气、液表面附近的液相内与某组分起化学反应而被消耗掉，使液相中的扩散阻力减小，液相传质分系数有所增大。

由以上两点可知，化学吸收最适用于难溶气体的吸收（液膜阻力控制系统）。若过程为气膜阻力控制，液相传质分系数的增大并未使总传质系数有明显增大，但总推动力仍有所增加。

3. 吸收剂用量减小

化学吸收情况下，单位体积吸收剂能吸收的溶质量大为增加，因而能有效地减少吸收剂的用量或循环量，降低了能耗。

尽管如此，化学吸收仍存在不足之处。化学吸收虽有利于吸收，但却不利于解吸。对不可逆反应，吸收剂不能循环使用，且反应速率的快慢也会影响吸收效果。因而，化学吸收剂的选择要注意有较快的反应速率和反应的可逆性。

## 第七节　吸收与解吸操作流程



在确定吸收操作的流程时，首先要考虑的是气、液两相的流向问题，在一般情况下，吸收操作多采用逆流流程。此时，两相的平均传质推动力最大，吸收效果好，单位质量吸收剂所能溶解的溶质量较大，所需塔高较低，设备费用少；在溶质溶解度很大的情况下，也可采用并流操作，即两相均从上向下流动，这样就避免了逆流操作时两相相互阻碍流动的现象，两相流量的变化不受液泛的限制；当吸收剂的喷淋密度很小，不足以使所有的填料得到润湿或溶质的溶解热很大时，可考虑采用吸收剂的部分再循环，以使填料表面尽可能都得到润湿，并使吸收塔内的温升不至于过高，使吸收操作在较低的温度下进行，此种操作在工程上称之为“返混”，它不仅会使过程平均推动力减小，还增大了动力消耗，只有在非常必要时才使用。下面介绍几种典型的操作流程。

### 一、吸收剂部分再循环的吸收流程

如图 6-18 所示，操作时用泵从塔底将溶液抽出，一部分引出进入下一工序或作为废液排放，另一部分则经冷却器冷却后与新鲜吸收剂一起返回塔顶重新喷淋。

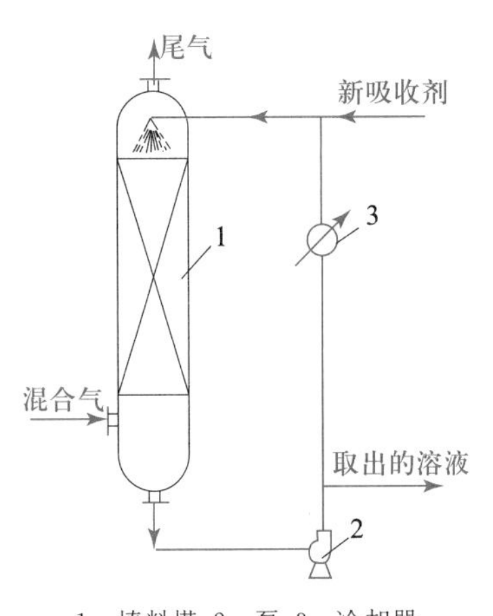


1—填料塔；2—泵；3—冷却器

图 6-18　部分吸收剂再循环的吸收流程

### 二、多塔串联吸收流程

当分离要求很高，所需填料层高度过高或出塔液体温度过高时，可考虑将一个高塔分成若干个矮塔串联操作。图 6-19 为三塔串联逆流吸收流程。操作过程中，气体由第一塔底部进入，依次通过各塔后由第三塔顶部排出，用泵将第三塔的塔底溶液抽送至前一塔顶部喷淋，依次经过各塔后从第一塔底部排出。在相邻塔之间装设冷却装置，确保较低的液体进塔温度，提高吸收效果。

1—填料塔；2—贮槽；3—泵；4—冷却器

图 6-19　三塔串联逆流吸收流程

### 三、吸收-解吸联合操作流程

在实际生产中，最常见的流程是吸收与解吸的联合操作，这样的操作既能使气体混合物得到较完全的分离以实现回收纯净溶质、净化尾气的目的，又能使吸收剂得到不断的再生以重新循环使用，减少了新鲜吸收剂的用量，是一种经济有效的操作流程。

动画 吸收与解吸流程

图 6-1 即为一个简单的吸收-解吸联合操作流程。用泵将吸收塔底部的吸收液送至解吸塔顶部喷淋，在解吸塔内用减压或升温的方法使溶质由液相扩散至气相，再将从解吸塔底部得到的含溶质很少的吸收剂用泵送至冷却器降温后进入吸收塔顶部进行吸收操作。在吸收塔顶，得到较纯净的惰性组分，而在解吸塔顶，可获得较纯净的溶质组分。

## 第八节　填　料　塔

动画

填料塔

### 一、填料塔与填料

#### （一）填料塔概述

填料塔问世至今已有一百多年的历史。填料塔的核心元件是填料，随着石油及化工行业的不断发展，填料的结构与性能得到不断改进，推动了填料塔的发展。填料塔具有通量大、压强降低、持液量少、弹性大等优点。近年来，由于新型高效填料和塔内件的研究开发，填料塔的工业放大技术取得重大进展，使填料塔实现了大型化，应用也日益广泛。

动画

几种常见填料

填料塔的结构如图 6-20 所示。塔体为立式圆筒形，塔内装有乱堆（或整砌）填料。塔内设有填料支撑板和填料压板，顶部设有液体初始分布器。填料层内气、液两相呈逆流接触，填料的润湿表面即为两相的主要传质表面。为减少液体的壁流现象，常将填料分段装置，在两段填料层之间设有液体再分布器。气体经气体分布装置从塔底送入，通过填料支撑装置在填料缝隙中的自由空间上升并与下降的液体相接触，最后由塔顶排出。为了除去排出气体中夹带的少量雾滴，在气体出口处常装有除沫器。

(二) 填料及其特性

1. 填料的特性

(1) 比表面积 $\sigma$　单位体积填料所具有的表面积称为**比表面积**,单位为 $m^2/m^3$。填料的比表面积越大,所能提供的气、液接触面积越大。要注意的是,由于填料堆积时的重叠及填料润湿的不完全,实际的气、液接触面积必然小于填料的比表面积。

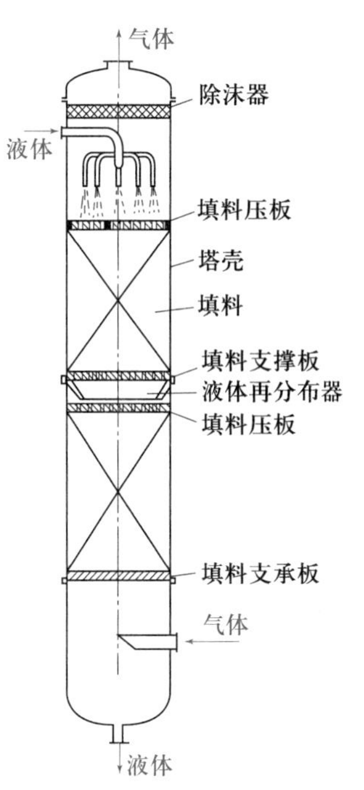

图 6-20　填料塔的结构

(2) 空隙率 $\varepsilon$　单位体积填料层所具有的空隙体积,称为**空隙率**,是一个量纲为 1 的变量。其值不仅与填料结构有关,还与填料的装填方式有关。在填料塔内气体是在填料间的空隙中通过,流体通过颗粒层的阻力与空隙率密切相关。$\varepsilon$ 越大,气体流动阻力越小,通过能力越强。因此,填料层应有尽可能大的空隙率。

(3) 单位体积内所堆积的填料数目　对于同一种填料而言,单位体积内所含填料的个数与填料尺寸大小有关。填料尺寸减小,填料的数目增加,填料层的比表面积增大而空隙率减小,气体流动阻力相应增加,且填料的造价也相应提高。反之,若填料尺寸过大,在靠近塔壁处,填料层与塔壁间的空隙很大,将有大量气体由此短路通过,造成气流分布的不均匀。为控制这种气流分布不均匀的现象,填料尺寸不应大于塔径的 1/8。

(4) 填料因子　填料因子有干填料因子和湿填料因子两种。$\sigma/\varepsilon^3$ 称为干填料因子,单位为 1/m。但填料被润湿后,填料表面覆盖了一层液膜,填料的实际比表面积和空隙率都发生相应变化,此时的填料因子称为**湿填料因子**(也称**填料因子**),用 $\phi$ 表示,单位也是 1/m。$\phi$ 反映了实际操作时填料的流体力学性能,其值可作为衡量各种填料通过能力和压强降的依据。$\phi$ 值越小,表明流体流动阻力越小,液泛速度相应越大。

在填料的选择上,除了要求填料的比表面积及空隙率要大,填料润湿性能好,有足够的机械强度外,还要求单位体积填料的质量要轻,造价低,化学稳定性好且具有耐腐蚀性。

2. 填料的种类

按照堆放形式的不同,填料可分为乱堆填料和整砌填料两种。乱堆填料在塔中分散随机堆放,整砌填料在塔中则呈整齐的有规则排列。下面介绍几种常用填料。

(1) 拉西环　拉西环是 1914 年最早开发使用的人造填料。如图 6-21(a)所示,它是一段高度和外径相等的环形填料,可用陶瓷、金属、石墨和塑料制造。由于拉西环高径比过大,相邻环之间容易形成线接触,填料分布不均匀,气、液通过能力低,壁流和沟流现象严重,传质效率低,在工业中的应用越来越少。在拉西环内加"一"字形隔板为列辛环;加"十"字形隔板为十字隔环;加螺旋形隔板为螺旋环。

(2) 鲍尔环　鲍尔环是 1948 年在拉西环基础上开发出来的开孔环形填料。如图 6-21(b)所示,它是在环壁四周开两层长方形窗孔,上下两层窗孔错开排列,窗叶一端与环体相连,另一端弯向环中心。两层叶片的弯曲方向相反。这种构造环内空间和环内

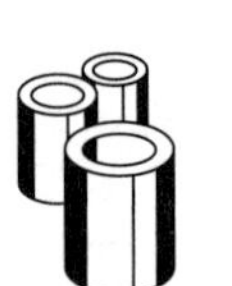
(a) 拉西环

(b) 鲍尔环

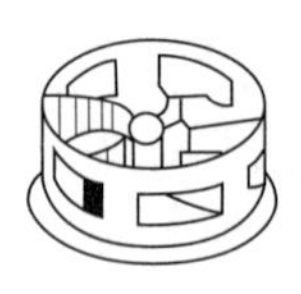
(c) 阶梯环

(d) 弧鞍形填料

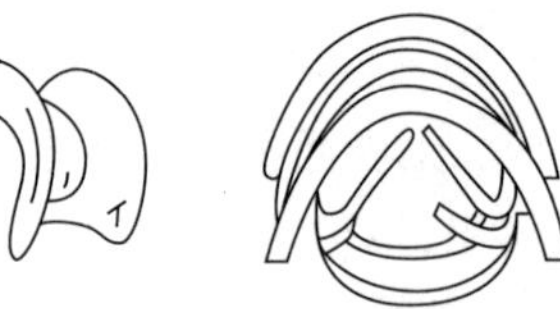
(e) 矩鞍形填料 (f) 金属环矩鞍形填料

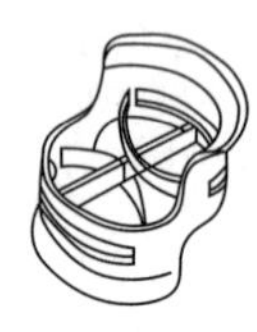
(g) 共轭环

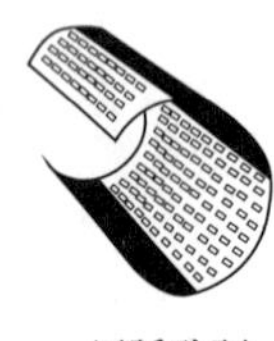


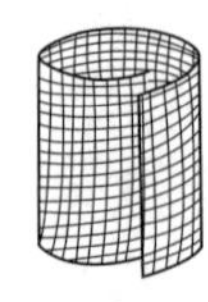

(h)

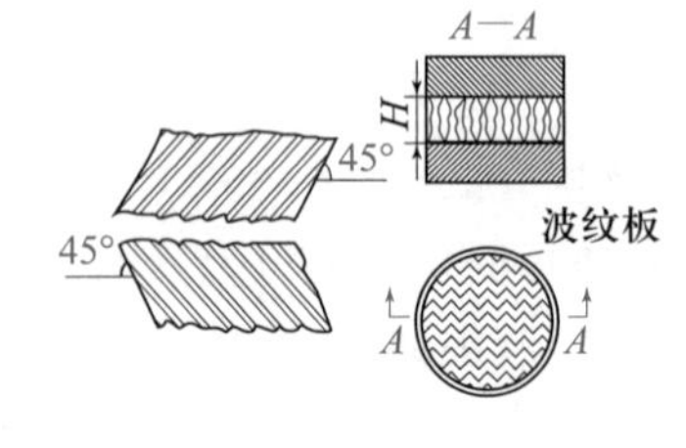

(i) 波纹填料

图 6-21　填料的结构

表面的有效利用程度，使气、液分布均匀，气体流动阻力大大降低。在堆积时即使相邻填料形成线接触，也不会阻碍两相流动引起严重壁流和沟流现象，因而采用鲍尔环的填料塔一般无需分段。

(3) 阶梯环　阶梯环是 20 世纪 70 年代初问世的新型填料，其构造与鲍尔环相似，如图6-21(c)所示，环高约为直径的一半，环壁上开有两层长方形孔，环内有两层交错 45°的“十”字形翅片。环的一端制成喇叭口形，高度为环高的五分之一，小的高径比和喇叭口形结构使填料之间呈点接触，传质表面不断得到更新，床层均匀且空隙率大。较之鲍尔环，其通过能力提高 10%～20%，流动阻力降低 20%左右，生产能力提高 10%。

(4) 弧鞍形填料　弧鞍形填料构造如图 6-21(d)所示，与拉西环相比，弧鞍形填料只有外表面，表面利用率高，气流阻力小。填料的两面是对称的，相邻填料容易重叠，有效接触面积减小。填料均匀性差，易产生沟流。瓷质弧鞍形填料的机械强度低，容易破碎。

(5) 矩鞍形填料　图 6-21(e)所示的矩鞍形填料是在弧鞍形填料的基础上发展起来的。它的结构不对称，堆积时不会重叠，与弧鞍形填料相比，矩鞍形填料层的均匀性及其机械强度大为提高。气体流动阻力小，处理能力大，性能优良，制造方便。常用材质为陶瓷。

(6) 金属环矩鞍形填料　前面介绍的拉西环、鲍尔环、阶梯环均为环形填料，而弧鞍形填料和矩鞍形填料则属于鞍形填料。通过对这两类填料的研究发现：鞍形填料对流体的分布总是比环形填料好，而通过能力则比环形填料差。结合这两类填料的特点，1978 年Norton 公司开发出了金属环矩鞍形填料，如图 6-21(f)所示。这是一种集鲍尔环(壁上开孔有舌片)、矩鞍环(鞍形)和阶梯环(高径比小，环间呈点接触)的优点于一身的新型填料。在乱堆填料中，金属环矩鞍形填料的流体力学性能最优，其传质性能与阶梯环不相上下，是一种性能优良的填料。

(7) 共轭环　如图 6-21(g)所示。共轭环为 1992 年我国自行开发、实验成功的。它具有管形和鞍形两大类填料的优点。实验表明，单位体积共轭环提供的传质面积比阶梯环和鲍尔环大，而阻力比阶梯环和鲍尔环都低。可见，新的结合型填料具有明显的优点。

(8) 网体填料　上述几种填料均为实体材料制成，也称实体填料。若以金属丝网或多孔金属片制成的填料，则称为网体填料，如图 6-21(h)所示。此类填料种类很多，其特点是网材薄，填料尺寸小，比表面积和空隙率都很大，液体均布能力强，则气体流动阻力小，传质效率高。但这种填料造价高，不适用于大型工业生产。

(9) 波纹填料　上述几种填料在塔内通常为乱堆形式，这些填料的阻力都较大。在处理高沸点物料或热敏性物料时，常要求在减压下操作。为维持塔底的真空度和较低的沸点，填料塔的压强降应尽可能小，为此出现了具有规则气、液通道的新型整砌填料。图 6-21(i)波纹填料即是其中的一种，它由许多层波纹薄板或金属网组成，由高度相同但长度不等的若干块波纹薄板搭配排列成波纹填料盘。波纹与水平方向成 45°倾角，相邻盘旋转 90°后重叠放置，使其波纹倾斜方向互相垂直。每一块波纹填料盘的直径略小于塔体内径，若干块波纹填料盘叠放于塔内。气、液两相在各波纹盘内呈曲折流动以增加湍动程度。



波纹填料具有气、液分布均匀，气、液接触面积大，通过能力强，传质效率高，流体阻力小等优点，是一种高效节能的新型填料。但这种填料造价较高，装卸、清理不便，不适于有沉淀物、容易结疤、聚合和黏度较大物料，可用金属、陶瓷、塑料、玻璃钢等材料制造。

除了波纹填料以外，格栅型填料也是一种新型的规整填料。有兴趣者可查阅有关文献，本书不再赘述。

## 二、填料塔的流体力学性能

填料塔的流体力学性能主要包括气体通过填料层的压强降，液泛气速，持液量及气、液两相流体的分布状况等。

### (一) 气、液两相在填料层内的流动

液体借助重力在填料表面做膜状流动。由于填料层是由许多填料堆积而成，形状极不规则，因而有助于液膜的湍动。尤其是当液体自一个填料通过接触点流至下一个填料时，原来在液膜内层的液体可能转而处于表层，而表层的可能转入内层，由此产生的表面更新现象可大大地强化传质。

液体的流速与流动阻力有关，而液膜的流动阻力来自液膜与填料表面及液膜与上升气流之间的摩擦。在液体流量一定的情况下，若阻力越大，流速越小，则液膜越厚，填料塔内持液量也越大。

液膜与上升气流间的摩擦阻力显然与气速(气体流量)有关。若上升气体流量越大，液膜所受阻力也越大，则液膜厚度越大，塔内的持液量越大。但当气速较小时，气体与液膜间的摩擦阻力可忽略，可以认为液膜厚度或持液量与气体流量几乎无关。

气体通过填料层的流动通常为湍流流动。当填料层内液体流量为零即气体通过干填料层时，压强降与流速的 1.8～2.0 次方成正比。图 6-22 所示为在双对数坐标系中标绘的压强降与气速的关系曲线，直线斜率即为 1.8～2.0。

当气、液两相在填料层内逆流流动时，由于液膜的存在占有了一定的空间使得气体流动通道减少。此时，若气体流量较小，两相间的相互作用力可以忽略的话，则压强降与气速之间仍为1.8～2.0 次方的关系。但由于气体流动通道(自由截面)的减少，气体的实

际流速较干填料层时更大，因而压强降要比干填料层时为大(图中气速为空塔气速)。

随着气速的增大，气体与液膜之间的作用力不容忽视，气速增大引起液膜增厚，压强降也发生显著变化，此时压强降曲线变陡，其斜率远远大于2。

气速若再进一步增大，将会使气、液两相之间的交互作用越来越强烈。当气速达到某一值时，液膜所受阻力过大，塔内将发生液泛现象：塔内持液量急速增大，最终使液体充满填料层空间，转为连续相，而气体则以分散相——气泡的形式穿过液层，此时塔内充满了液体，压强降曲线的斜率急剧增大至10以上，塔内压强降剧增。虽然塔内仍能维持正常操作，但塔内液体返混及气体的液膜夹带现象严重，传质效果极差。

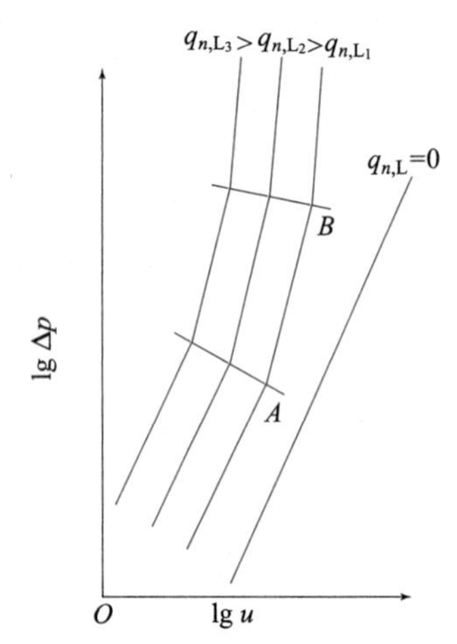

图6-22　填料层压强降与空塔气速的关系(双对数坐标)



由以上分析，可将 $\lg \Delta p - \lg u$ 曲线分为三个区。如图6-22所示，$A$ 点以下称为恒持液量区，持液量与空塔气速 $u$ 无关(气速较小，可忽略气、液之间相互作用)，直线与 $q_{n,L}=0$ 线平行。$A$ 点与 $B$ 点之间称为载液区，此时气、液相互作用已不容忽略，必须充分考虑，则 $A$ 点称为载点。$B$ 点以上为液泛区，表明此时塔内已发生了液泛，$B$ 点称为泛点，该点所对应的气速为泛点气速，是填料塔中操作气速的上限。通常取设计点气速为泛点气速的50%～80%。

为了求得设计点气速并据此由气体流量进一步确定塔径，必须在设计前首先确定泛点气速。同时，泛点气速的确定对塔的操作也有重要意义，可以据此确定塔的操作范围。当气速低于载点气速时(处于恒持液量区)，由于气速较低，两相湍动程度较差，因而传质速率小，传质效果差。而当气速大于泛点气速时发生液泛，液体充满填料层空间，液体返混和夹带现象严重，传质效果也很差。因此，适宜的操作范围应在 $A$ 点与 $B$ 点之间。

**(二) 压强降与泛点气速的经验关联**

通过前面的分析可知，填料的特性，物系的性质及气、液两相负荷都将影响到泛点气速的大小。由于气、液两相在填料层中流动非常复杂，根本无法通过解析计算求得泛点气速，只有通过经验关联。目前计算填料层压强降和泛点气速最常采用的是埃克特通用关联图(图6-23)。此图横坐标为 $\frac{q_{m,L}}{q_{m,V}}\left(\frac{\rho_V}{\rho_L}\right)^{0.5}$，纵坐标为 $\frac{u^2\phi\psi}{g}\frac{\rho_V}{\rho_L}\mu_L^{0.2}$。

图6-23中　$u$——空塔气速，m/s；
$g$——重力加速度，$m/s^2$；
$\phi$——湿填料因子，1/m；
$\psi$——液体密度校正系数，为水的密度与液体密度之比；
$\mu_L$——液体的黏度，mPa·s；
$\rho_V, \rho_L$——气体和液体的密度，$kg/m^3$；
$q_{m,V}, q_{m,L}$——气体和液体的质量流量，kg/s。

图6-23充分反映了填料特性(以填料因子 $\phi$ 表示)，物系性质($\rho_V, \rho_L, \mu_L$)及气、液负荷对泛点气速 $u_F$ 的影响。图中最上方的三条线分别为弦栅、整砌拉西环及乱堆填料的

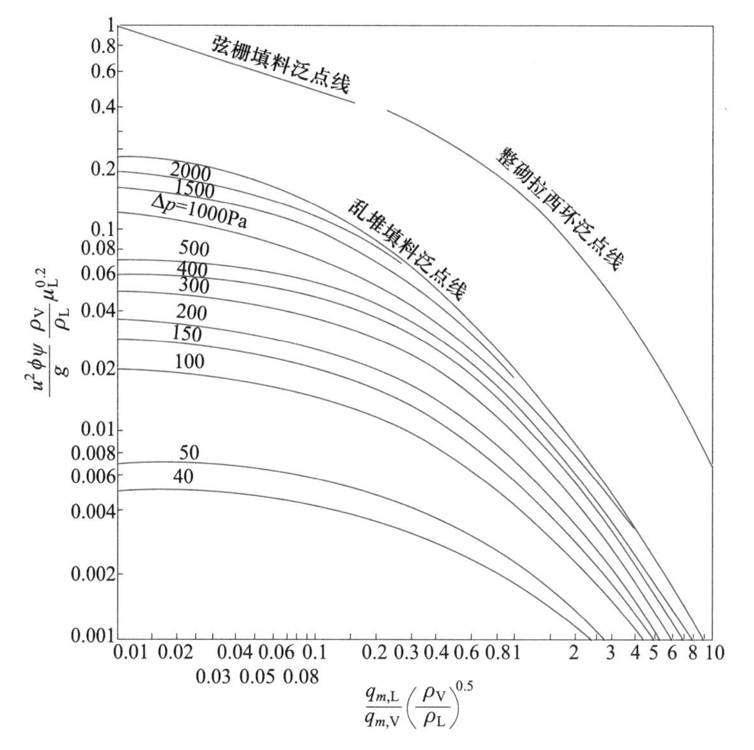


图 6-23　埃克特通用关联图

泛点线。与泛点线相对应的纵坐标中的空塔气速应为空塔泛点气速 $u_F$。若已知两相的流量及各自的密度,可算出图中横坐标的数值,由此点作垂线与泛点线相交,再由交点的读数求出泛点气速 $u_F$。图中左下方线簇为单位高度乱堆填料的等压强降线,可根据一定的操作气速求出某填料层中每米填料层的压强降或计算一定压强降下的操作气速。此图适用于各种乱堆填料。

由关联图算出泛点气速后再乘以一个适宜的系数,即可得适宜气速(空塔气速)$u$。再根据气体流量,用下式:

$$D=\sqrt{\frac{4q_{V,V}}{\pi u}} \tag{6-48}$$

可计算填料塔的直径。根据算得的 $D$,再综合考虑前面所讨论的一些因素,对塔径进行圆整,就可得到适宜的填料塔直径。

**(三) 持液量**

持液量是指单位体积填料层所持有的液体体积,它是由静持液量与动持液量两部分组成的。静持液量是指填料层停止喷淋液体并经过规定的滴液时间后,仍然滞留在填料层中的液体量,其大小取决于填料的类型、尺寸及液体的性质。动持液量指一定喷淋条件下填料层中的液体总量与静持液量之差,即可以从填料上滴下的那部分或操作时流动于填料表面的量,其大小除了与前述因素有关,还与喷淋密度有关,在操作点处于载点以后,动持液量还随气速的增加而增加,则总持液量由填料类型、尺寸、液体性质及喷淋密度等因素所决定，其值可用经验公式或曲线图估算。

**[例 6-12]** 在装有乱堆的 25 mm×25 mm×2.5 mm 瓷质拉西环的填料塔内，用水吸收空气与丙酮混合气体中的丙酮。已知混合气体的体积流量为 800 $m^3/h$，内含丙酮 5%（体积分数）。如吸收是在101.3 kPa、30 ℃下操作，且知液体质量流量与气体质量流量之比为 2.34，空塔气速为泛点气速的 0.65 倍。试求：(1) 填料塔的直径（初选）；(2) 每米填料层的压强降。($g=9.807\ m/s^2$)

**解：** (1) 塔径的求算

混合气体密度 $\rho_V$ 为

$$\rho_V=\frac{pM}{RT}=\frac{101.3\times(29\times0.95+58\times0.05)}{8.314\times(273+30)}\ kg/m^3=1.224\ kg/m^3$$

清水密度取 $\rho_L=995.7\ kg/m^3$，则埃克特关联图的横坐标为

$$\frac{q_{m,L}}{q_{m,V}}\left(\frac{\rho_V}{\rho_L}\right)^{0.5}=2.34\times\left(\frac{1.224}{995.7}\right)^{0.5}=0.082$$



查图 6-23 的乱堆填料泛点线，得到纵坐标为 0.15，即

$$\frac{u^2\phi\psi}{g}\left(\frac{\rho_V}{\rho_L}\right)\mu_L^{0.2}=0.15$$

查附录可得乱堆的 25 mm×25 mm×2.5 mm 瓷质拉西环的湿填料因子 $\phi=450\ m^{-1}$，液体密度校正系数 $\psi=1.0$，30 ℃时水的黏度为 $\mu_L=0.801\ mPa\cdot s$，将已知数据代入上式，可求出泛点气速 $u_F$ 为

$$u_F=\left(\frac{0.15g\rho_L}{\phi\psi\rho_V\mu_L^{0.2}}\right)^{0.5}=\left(\frac{0.15\times9.807\times995.7}{450\times1.0\times1.224\times0.801^{0.2}}\right)^{0.5}\ m/s=1.667\ m/s$$

适宜空塔气速为 $u=0.65u_F=0.65\times1.667\ m/s=1.084\ m/s$

代入式(6-48)可求出塔径：

$$D=\sqrt{\frac{4q_{V,h}}{\pi u}}=\sqrt{\frac{4\times800}{\pi\times1.084\times3\ 600}}\ m=0.51\ m$$

圆整后，$D=500$ mm，则实际的空塔气速为

$$u=\frac{4q_{V,h}}{\pi D^2}=\frac{4\times800}{\pi\times0.5^2\times3\ 600}\ m/s=1.132\ m/s$$

(2) 每米填料层的压强降

横坐标仍为 0.082，纵坐标可计算如下：

$$\frac{u^2\phi\psi}{g}\left(\frac{\rho_V}{\rho_L}\right)\mu_L^{0.2}=\frac{1.132^2\times450\times1.0\times1.224\times0.801^{0.2}}{9.807\times995.7}=0.069$$

查埃克特关联图可得每米填料层的压强降为 780 Pa。

### 三、填料塔的附件

1. 填料支撑装置

填料支撑装置是用来支撑填料层及其所持液体的质量，要求有足够的机械强度，其开孔率（大于 50%）一定要大于填料层的空隙率，以确保气、液两相能够均匀顺利地通过，否则当气速增大时，填料塔的液泛将首先发生在支撑装置处。常用的填料支撑装置有栅板式和升气管式，如图 6-24 所示。

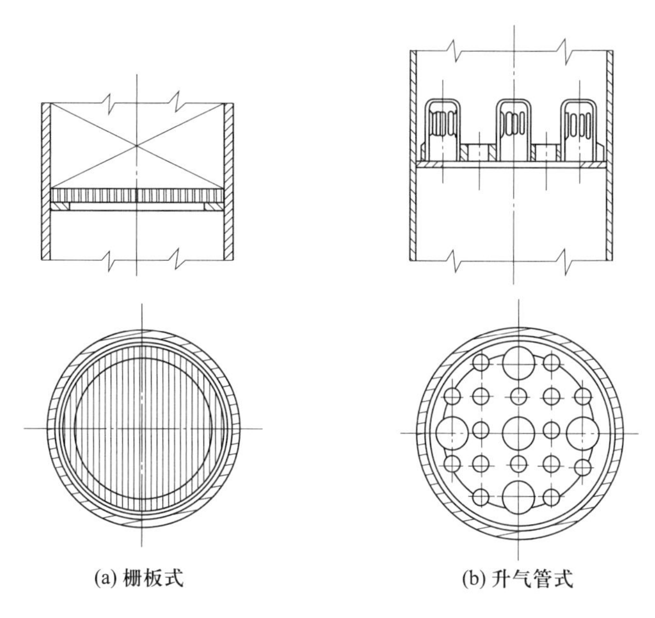


图 6-24　填料支撑装置

动画

填料的支撑装置



**栅板式支撑装置**由扁钢条竖立焊接而成,钢条间距应为填料外径的 0.6～0.7 倍。为防止填料从钢条间隙漏下,在装填料时,先在栅板上铺上一层孔眼小于填料直径的粗金属丝网,或整砌一层大直径的带隔板的环形填料。若处理腐蚀性填料,支撑装置可采用陶瓷多孔板。但其开孔率通常小于填料层的空隙率,因而也可将多孔板制成锥形以增大开孔率。

**升气管式支撑装置**是为了适应高空隙率填料的要求制造的气体由升气管上升,通过气道顶部的孔及侧面的齿缝进入填料层,而液体是由支撑装置底板上的许多小孔流下,气、液分道而行,气体流通面积很大,不会在支撑装置处发生液泛。

2. 液体分布装置

液体分布装置是为了向填料层提供足够数量并分布适当的喷淋点,以保证液体初始分布的均匀而设置的。液体分布装置对填料塔的性能影响很大。若设计不当,液体预分布不均,则填料层内的有效润湿面积减小而偏流及沟流现象增加,即使填料性能再好也达不到满意的效果。

填料塔中的壁流效应是由于液体在乱堆填料层中向下流动时具有一种向外发散的趋势,一旦液体触及塔壁,其流动不再具有随机性而沿壁流下。对大直径塔而言,塔壁所占比例越小,偏流现象应该越小,然而情况恰恰相反,多年来填料塔内正是由于严重的偏流现象而无法放大。究其原因,除了填料性能方面的原因外,液体初始分布不均,单位塔截面上的喷淋点数太少,是造成上述状况的重要因素。

近几十年来在大型填料塔中的操作实践表明,只要设计正确,保证液体预分布均匀,确保单位塔截面的喷淋点数目(每 30 $cm^2$ 塔截面上有一个喷淋点)与小塔相同,填料塔的放大效应并不显著,大型塔与小型塔将具有同样的传质效率。

常见的液体分布装置如图 6-25 所示。图 6-25(a)为喷洒式(莲蓬式)分布装置,适用于小型填料塔内。这种喷淋器结构简单，只适用于直径小于 600 mm 的塔且喷头上的小孔容易堵塞，当气量较大时液沫夹带严重。图 6-25(b)、(c)均为盘式分布器，盘底装有短管的称为溢流管式，盘底开有筛孔的称为筛孔式。液体加至分布盘上，经筛孔或溢流短管流下。这类分布装置多用于大直径塔中，筛孔式的液体分布好，溢流管式自由截面积大，不易堵塞。但它们对气体的流动阻力较大，不适用于气体流量大的场合。图 6-25(d)为齿槽式分布器，多用于大直径塔中，液体先经过主干齿向其下层各条形齿槽作第一级分布，之后再向填料层分布。这种分布器不易堵塞，对气体阻力小，但对安装水平要求较高，尤其是当液体流量较小时。图 6-25(e)为多孔环管式液体分布器，能适应较大的液体流量波动，对安装水平要求不高，对气体阻力也很小，尤其适用于液量小而气量大的场合。



动画

多孔管式喷淋器

动画

莲蓬式喷淋器

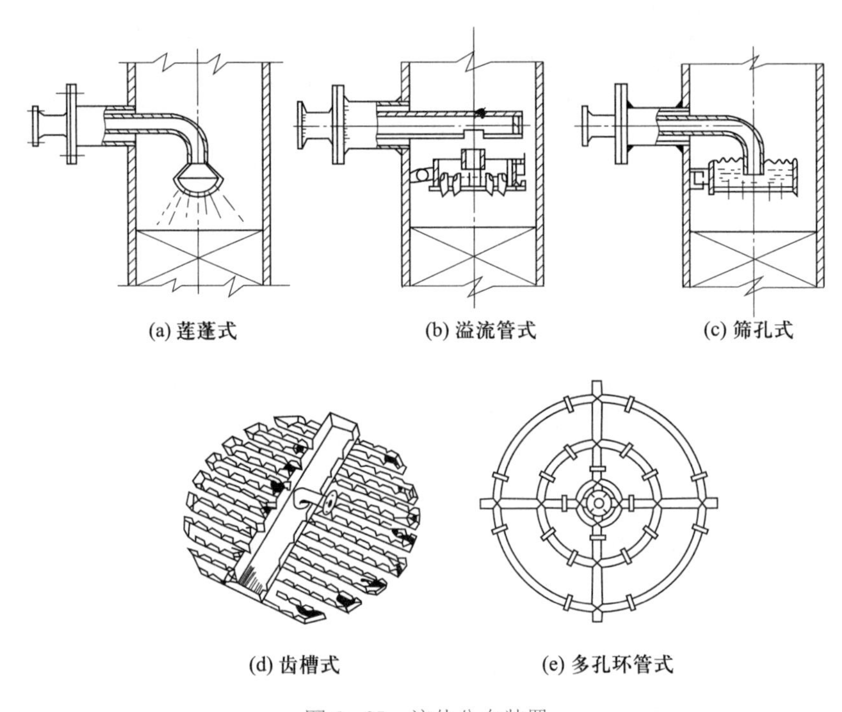

(a) 莲蓬式　(b) 溢流管式　(c) 筛孔式

(d) 齿槽式　(e) 多孔环管式

图 6-25　液体分布装置

3. 液体再分布装置

为改善壁流效应而引起的液体分布不均，可在填料层内每隔一定距离设置一个液体再分布器。每段填料层的高度因填料种类而异，壁流效应越严重，每段填料层的高度越小。一般情况下，拉西环的每段填料层高度约为塔径的 3 倍，而鞍形填料则为塔径的 5～10 倍。

常用的液体再分布装置为截锥式，图 6-26(a)直接将截锥筒体焊在塔壁上，结构最简单。若考虑分段卸出填料，可如图 6-26(b)在再分布器之上另设支撑板。

4. 液体出口装置

液体出口应保留一段液封，既要保证液体能顺利流出，又要防止气体短路从液体出口排出。

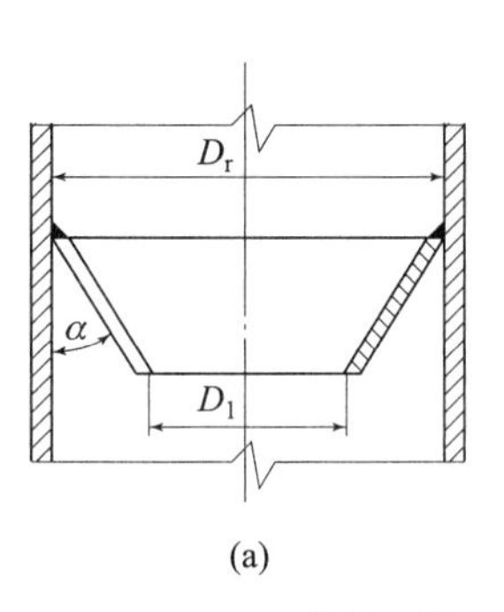


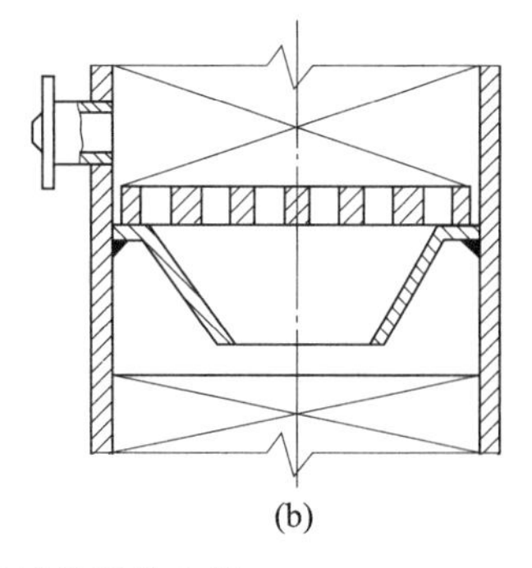


图 6-26　截锥式液体再分布器

5. 气体进口装置

防止液体进入气体管路，并使气体分布均匀，应在塔内安装气体进口装置。对直径小于500 mm 的塔，可采用图 6-27(a)和(b)所示的装置，将进气管伸至塔截面中心位置，管端作 45°向下倾斜的切口或向下的缺口。对于直径较大的塔，可采用图 6-27(c)所示的盘管式分布装置。



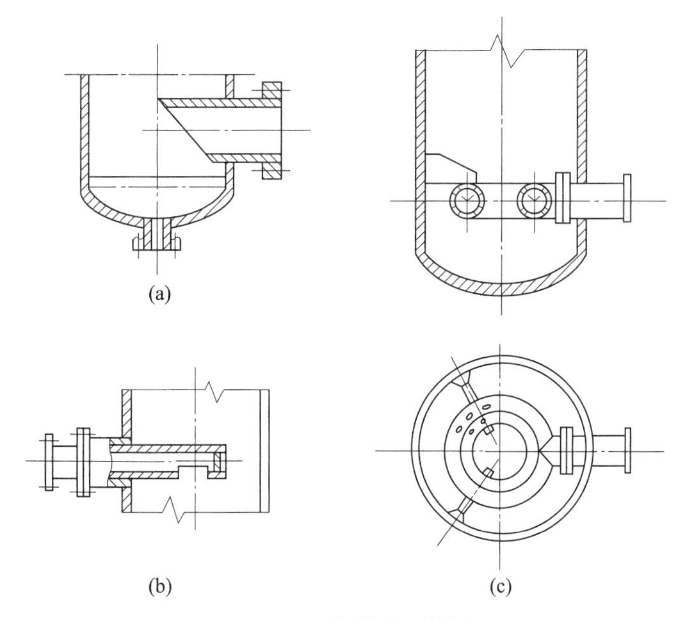


图 6-27　气体进口装置

动画
分离室内的除沫器

6. 除沫装置

除沫装置是用来除去由填料层顶部逸出的气体中的雾滴，安装在液体进口管的上方。其种类很多，常见的有折板除沫器、丝网除沫器和旋流板除沫器。

折板除沫器阻力较小(49～98 Pa)，只能除去 50 μm 以上的液滴。丝网除沫器是用金属丝或塑料丝编织而成，用以除去 5 μm 以上的微小液滴，压强降小于 245 Pa，但造价较高。旋流板除沫器除沫效果比折板除沫器好，压强降低于 294 Pa，造价比丝网除沫器低。

**想一想**

填料有哪些类型？怎样评价填料的性能？通过哪些参数来衡量填料塔的流体力学性能？

## 第九节　吸收操作分析

### 一、吸收操作的影响因素

影响吸收操作的因素很多，主要有以下几个方面：操作温度，操作压强，气、液两相的流量及浓度，吸收塔的压强降。这些影响因素并不是彼此孤立的，而是有着内在的联系。



吸收操作良好与否，可通过吸收率和压强降来判断。

1. 吸收率

一个正常操作的吸收塔，应保持较高吸收率，若发现吸收率下降，则可能有如下原因：

(1) 吸收剂进塔组成 $X_2$ 增大　当吸收剂用量不能保证喷淋密度或散热的要求时，往往需要采用部分吸收剂再循环流程，此时入塔吸收剂中总是会含有少量的吸收质组分，此外，当采用吸收与解吸相结合的吸收流程时，解吸塔操作条件控制不好，也会导致吸收塔入塔组成的增大，吸收剂入塔组成的改变受到再生操作的制约。从吸收角度看，降低吸收剂入塔组成 $X_2$，液相入口的传质推动力增大，则全塔平均传质推动力也随之增大，吸收效果好。但 $X_2$减小，再生要求高，则再生费用提高。而若 $X_2$升高，再生费用可能较低，但吸收剂入塔组成将上升，吸收操作的平均推动力减小，吸收效果将变差，严重时可能会造成吸收塔尾气超出指标而影响生产。因而，要降低吸收剂的入塔组成，一定要确保较好的解吸效果，解吸操作条件应随着吸收要求的改变而作相应的调整。

若入塔吸收剂组成增大，则塔顶气相平衡组成 $Y_2^*$ 加大，塔顶推动力下降，吸收速率下降，吸收率也随着下降。

(2) 吸收剂用量下降　当进气量 $q_{n,V}$ 不变时，吸收剂用量 $q_{n,L}$ 下降，液气比下降，操作线与平衡线之间的距离减小，塔内各截面上的吸收推动力下降，吸收速率减小，则吸收率下降。

(3) 进气量增加　当吸收剂用量 $q_{n,L}$ 不变时，若增大进气量，则液气比减小，吸收操作的推动力减小，吸收速率下降，吸收率将降低。

当进气量过大，气速过高时，还会导致液泛，从而破坏吸收塔的正常操作，这是在操作中应严格预防的。

(4) 温度上升　气体在液体中的溶解度与吸收塔的操作温度有关。温度高则溶解度小，相平衡常数 $m$ 加大，平衡线斜率增大，操作线与平衡线之间的距离也减小，则吸收推动力减小，吸收速率下降，吸收率将降低，(塔尾气中溶质组成升高)。同时，对一些容易发泡的吸收剂，将使其气体出口处液沫夹带量增加。

2. 压强降

填料塔的压强降可以反映塔内流体力学状况和吸收的状况。正常操作的吸收塔，压强降应基本恒定，即每米填料的压强降为 294～686 Pa。若压强降突然增大，则意味着吸收操作不正常。影响填料吸收塔压强降的因素如下：

(1) 气体处理量　当气体处理量增大时，压强降也将随之增大。当塔内发生液泛时，压强降将急剧上升。

(2) 吸收剂用量　吸收剂用量增大，吸收塔压强降也随之增大。

(3) 填料破损程度　填料塔中填料如果破碎，也会直接导致压强降增大。有数据显示，若填料破损 9%，则压强降可增大 20%左右。

## 二、吸收操作的调节

吸收操作的目的虽各有不同，但都要尽可能多地吸收溶质气体，以获得较高的吸收率。吸收率的高低，不但与吸收塔的尺寸、结构有关，而且也与吸收时的操作条件有关。实际操作时，应通过调节，使吸收塔的操作维持在一定的操作条件范围内。影响吸收操作的因素有流量、温度、压力及液位等。

1. 流量的调节

(1) 进气量的调节　进气量反映吸收塔的负荷，由于进气量是由上一工段送来的，进气量的大小受到上一工段的限制，不能随意变动。若在吸收塔前有缓冲气柜，可允许在短时间内作幅度不大的调节，这时可在进气管线上装调节阀，根据流量的大小，开大或关小阀门进行调节；如果在吸收塔前没有缓冲罐，那么若吸收剂用量 $q_{n,L}$不变，减少进气量，则液气比增大，用同样的吸收剂吸收少量气体的吸收效果变好，吸收率提高。反之，若增加进气量，则吸收效果必然变差，吸收率下降，为了保持较高的吸收率，在操作条件允许的范围内，可增大吸收剂的流量来进行调节。

(2) 吸收剂流量的调节　吸收剂用量对提高吸收率关系很大。若吸收剂用量过小，则会使操作线斜率减小，操作线位置下移，减小了全塔吸收平均推动力，对于填料吸收塔则可能由于填料表面润湿不充分，造成两相接触不良，降低了吸收效果，吸收率下降。

为提高吸收效果，可以增大吸收剂的用量，流量加大，大量吸收剂喷入，使操作线斜率增大，操作线位置上抬，使吸收剂在全塔保持较低的浓度，增大了全塔的吸收平均推动力，亦可降低塔温，加大吸收剂用量可以有效提高吸收率，有利于吸收。在操作中若发现吸收塔出塔尾气浓度增加，应开大阀门，增加吸收剂用量。但吸收剂用量并非越大越好，因为增大吸收剂用量就会增加吸收塔的操作费用，并使解吸塔的负担加重，解吸操作恶化，这将有可能导致吸收塔的吸收剂入塔浓度上升，反而会影响吸收塔的吸收效果。尤其是当吸收液浓度已远低于平衡浓度时，增加吸收剂用量已不能明显增加推动力，相反则有可能造成塔内积液过多，压差变大，使塔内操作恶化。此时会使推动力减小，尾气中浓度增大，严重时会造成液泛。这是在调节吸收剂用量时要引起重视的问题。若塔底液体即为产品，则增大吸收剂用量，产品浓度就要降低，因而应从经济和技术两方面综合权衡。

2. 温度与压强的调节

(1) 吸收剂温度的调节　吸收塔的操作温度对吸收率影响较大。温度越低，气体溶解度越大，平衡线斜率越小，吸收推动力越大，对一定的吸收塔，吸收率可提高。对有明显热效应的吸收过程，通常在塔内设置中间冷却器，这时可用加大冷却剂用量的方法来降低塔温。降低吸收剂入塔温度和增加吸收剂用量也可以降低塔温。对吸收液有外循环且有冷却装置的吸收流程，采用加大吸收液循环量同样可以得到较好的降温效果。但增加吸收剂用量会增加吸收剂的再生负荷；增加吸收液的循环量则会造成吸收推动力的减小。同时它们的增加都会使塔的压强差变大，尾气中液沫夹带量增多。

吸收剂的温度不能控制得太低，以免消耗过多的冷却剂，使操作费用增大。另外，液体温度降低，黏度增大，输送能耗也将增大，液体流动不畅，致使操作困难。

(2) 维持塔压　对于难溶气体，提高压强，有利于吸收的进行。但加压操作需要耐压设备，需要压缩机，费用较大。

在日常操作时，塔的压强由压缩机的能力及吸收前各设备的压强降所决定。实际操作时，塔压应维持恒定。



3. 塔底液位的维持

塔底液位要维持在某一高度上。若液位过低，则部分气体可能进入液体出口管，造成事故或污染环境。若液位过高，液体超过气体入口管，则会使气体入口阻力增大。液位可用液体出口阀来调节，若液位过高，则开大阀门，反之关小阀门。对高压吸收，要严格控制塔底液位，以免高压气体进入液体出口管，造成设备事故。

### 三、解吸塔操作的控制条件

气体吸收中采用吸收与解吸相结合的流程十分普遍。吸收率的高低除受吸收塔操作影响外，还与解吸塔操作条件有关。吸收塔入塔的吸收剂是来自解吸塔的再生液，若解吸不好，则必然会引起入塔吸收剂浓度增大，从而降低吸收率；不但吸收剂入塔浓度与解吸塔操作有关，吸收剂入塔温度也与解吸塔操作有关。若再生液没能很好冷却就进入吸收塔，将因吸收温度较高而影响整个吸收塔的操作。应根据对再生液浓度及温度的要求，控制解吸塔的操作条件，若吸收剂入塔温度升高，则应加大再生液冷却器的冷却水量。

吸收操作中各操作参数相互影响，当有一个参数发生变化时，必然会引起一个或几个参数的变化。实际操作中，应按时取样分析，并观察其温度、压强差的变化情况，发现异常现象应及时分析处理。

## 案例分析

### [案例 1]　吸收剂在填料表面润湿情况对吸收效果的影响

问题的提出：

某化工装置在一填料吸收塔内用有机溶剂吸收环己烷氧化尾气中的环己醇、环己酮。吸收塔内装填矩鞍形陶瓷填料，塔的吸收效率、压强降等各项指标均符合设计要求。但经过一段时间的运行，塔内陶瓷填料严重破碎、酥化，随有机溶液流向后续工序，影响了后续装置的正常运行。经过对吸收塔工艺条件、有机溶液性质等的分析研究，决定在确保塔内填料表面积不减、空隙率相当的前提下，利用一次停车检修的机会将原陶瓷填料更换为不锈钢填料。恢复开车后塔的吸收效率明显降低。

**分析：**

在现场对吸收塔的操作压强、温度、有机溶液的组成、流量、塔内液体分布、再分布装置等进行反复检查后确定各项指标均处在正常状态。在实验室采用两种填料模拟现场操作也得到同样结论：不锈钢填料的吸收效率低于陶瓷填料。为了进一步查找原因又组织进行了该有机溶液在两种填料表面流动方式的实验，结果发现有机溶液能很好地浸润陶瓷填料的表面，液体以液膜形式向下流动，而有机溶液在不锈钢填料表面则以滴状、柱状向下流动，不能很好地将其表面浸润，而只有被浸润的填料表面才可能成为真正的传质表面，这样，实际的传质表面积就远远小于塔内装填的不锈钢填料表面积，致使吸收效率显著下降。

**结论：**

吸收是气、液相传质过程，气、液两相界面是传质进行的场所，塔内装填填料就是为了制造更多的气、液相界面，对于一定的填料所能产生的气、液相界面除了与液体的喷淋量，液体分布、再分布装置有关外，还与液体在填料表面的浸润情况有关。只有当向下喷淋的液体将填料表面尽可能完全润湿，才能保证气、液两相有足够的接触表面，以达到较好的吸收效果。

## [案例 2]　填料塔的扩能改造

**问题的提出：**

某公司环己烷氧化装置的氧化尾气冷却洗涤塔投产后操作运行正常。后装置进行扩产改造，在确定改造方案前，进行了原设计产能120%的提负荷拉练测试，寻找瓶颈。测试中发现该塔塔顶压强大幅度下降，严重影响后续工艺。

**分析：**

分析原设计产能120%的提负荷拉练测试结果，气、液负荷提高20%后，通过该塔的气相压强降明显增加，导致塔顶气相压强大幅度下降。此时对该氧化尾气冷却洗涤塔进行分析研究，该塔是一填料塔，内装50 mm英特洛克斯陶瓷填料，结构如案例附图6-1所示。

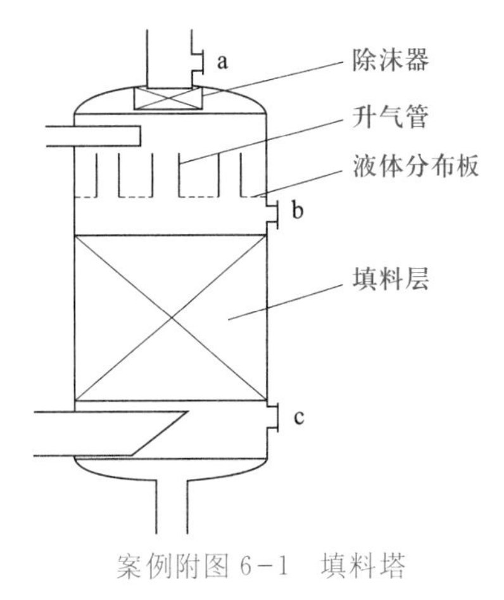

案例附图6-1　填料塔

在这种情况下，技术人员先测试比较了该塔液相在陶瓷填料和不锈钢填料表面的浸润情况，结果两者基本相似，说明改用不锈钢填料后不会影响填料表面的润湿情况，即气、液两相的传热、传质面积基本相当。

同种规格的不锈钢填料的空隙率较陶瓷填料有较大增加，说明前者能够提供更大的气液流通空间，有利于降低流动阻力，在生产实践中通过改陶瓷填料为不锈钢填料是提高装置生产能力的常用办法。所以改造方案确定为将原50 mm英特洛克斯陶瓷填料改为同规格不锈钢填料。

考虑到改造投资较大，技术人员又在现场对该冷却洗涤塔进行了观察研究，偶然发现塔体在填料层和液体分布板之间有一备用接口 b，如案例附图 6-1 所示，为慎重起见，技术人员在 b 接口安装了一压力表，再次进行 120% 提负荷拉练测试，结果却出乎意料，负荷提高时 b 接口处压强略有下降，这表明随负荷提高 bc 间的压强降即填料层压强降略有上升，但幅度不大，而 ab 间的压强降即液体分布板的压强降明显上升，幅度很大，即影响该塔提高负荷的关键不在于填料层，而是液体分布板。对液体分布板进行分析计算，发现当气、液负荷提高 20% 时，板上液层厚度上升至超过升气管的高度，部分液体将沿升气管下流，严重阻碍了升气管内的气体流动，使气体通过液体分布板的压强降大幅上升。

**采取措施：**



针对这一情况，采取加高升气管的措施，恢复 120% 负荷开车后，塔顶压强比改造前 120% 负荷运行时大大升高，总塔压强降减到了后续工艺能够承受的范围，在几乎不花钱的情况下完成了该塔的改造，消除了扩产瓶颈。

**结论：**

在流动推动力不变的情况下，任何局部阻力的增加都将导致其上游压强上升，下游压强下降，系统流量减小；在管路（设备）状态和始点压强一定的情况下，流量的增加将导致沿程各点的压强同时下降。牢固地掌握这些基本概念并灵活应用，就能帮助我们在复杂的生产实践中及时找出故障原因，采取有效措施解决问题。

### ［案例 3］ 尾气吸收系统的改造

**问题的提出：**

某企业设计安装的某装置尾气（含氯化氢和空气）吸收装置中，尾气系统由酸吸收塔和碱吸收塔组成。尾气先进入酸吸收塔，用来吸收尾气中的氯化氢气体。氯化氢吸收的介质是脱盐水，副产 30%（质量分数）的盐酸。氯化氢的吸收采用的是循环方式即由酸吸收塔对应的循环罐经循环离心泵、酸吸收冷却器后，由塔顶进入吸收塔里面喷淋吸收。塔釜液靠位差再回流至循环罐中。副产盐酸的采出是靠人工倒酸实现的，即人工分析合格后，再用备泵将产品打至酸碱罐区。整个吸收过程所产生的溶解热是通过酸吸收冷却器带走的，冷介质是乙二醇溶液。经酸吸收后的尾气还含有少量未吸收的氯化氢气体。尾气再进入碱吸收塔中喷淋中和。碱吸收采用的是 20% 的 NaOH 溶液，与酸吸收采用的循环方式相同。当循环碱的组成低于 5% 后，将低组成的碱输送至中和处理池。然后再补充新鲜碱至循环罐。经碱吸收后的尾气已不含有害气体，最终排向大气。以达到无害排放的目的。本装置是在微负压状态下实现的。负压由水环真空泵实现。

装置运行半年多来，一直未达到预期的设计效果。主要体现在：

（1）副产盐酸组成只达到了 23%～26%（质量分数），没有达到 30%（质量分数）设计值。

（2）碱液消耗持续偏高。开车半年来，碱耗量居高不下，达到 0.3 t/h，远高于设计值。

（3）现场氯化氢气味很重，说明氯化氢未完全吸收，被排入大气中，未达到无害排放的目的。

此外，在系统运行的过程中，需每隔1 h分析一次酸循环罐中盐酸的浓度，待盐酸浓度达标后再切换至另一台循环罐进行吸收，并开启备泵往界区外倒酸。该过程需现场操作人员全程人工执行。

**附工艺、设备参数及原料设计的消耗量：**

主要工艺参数：尾气组分HCl、空气的含量分别为：39.5%、60.5%；其总流量为869.5 kg/h；温度为130 ℃；压力为−20 kPa(表)。

主要设备：

(1) 氯化氢吸收塔：规格：$\phi$800 mm×4 350 mm(立式)，材质：RPP，类型：填料塔。填料规格：鲍尔环38 mm，填料高度：1段×3 000 mm，材质：增强聚丙烯，堆积方式：散堆填料堆重：150 kg/m$^2$。

(2) 碱吸收塔：规格：$\phi$800 mm×4 350 mm(立式)，材质：RPP，类型：填料塔。填料规格：鲍尔环38 mm，填料高度：1段×3 000 mm，材质：增强聚丙烯，堆积方式：散堆，填料堆重：150 kg/m$^2$。

(3) 酸吸收冷却器：$S$=10 m$^2$，固定管板式，换热管材质：RPP/石墨改性，壳体材质：RPP。

(4) 碱吸收冷却器：$S$=10 m$^2$，固定管板式，换热管材质：RPP/石墨改性，壳体材质：RPP。

(5) 循环罐：规格：$\phi$1 400 mm×2 800 mm(卧式)，材质：RPP。

(6) 尾气水环真空泵：$q_V$=20 m$^3$/min，额定功率：45 kW，极限真空：−700 mmHg。

(7) 循环泵：$q_V$=20 m$^3$/h，$H$=25 m，额定功率：4 kW。

原材料设计消耗量：脱盐水：0.81 t/h，20%(质量分数)NaOH溶液：0.19 t/h，30%(质量分数)盐酸产量：1.1 t/h。

**分析：**

经查阅相关资料，在温度低于50 ℃时，氯化氢气体在水中能溶解生成30%(质量分数)的盐酸。由现场运行状态可以看出，氯化氢吸收塔塔釜的温度为62 ℃高于50 ℃。故需要重新对系统的热量进行衡算并调整温度的控制。

**系统热量衡算：**

本系统的热量主要来自以下两个部分：

① 混合气体由130 ℃降至50 ℃放出的热量：

$$Q_1 = q_{m,h} c_{p,h} \Delta T$$

式中：$c_{p,h}$=0.92 kJ/(kg·℃)，$q_{m,h}$=869.5 kg/h，$\Delta T$=80 ℃，则

$$Q_1 = (0.92 \times 869.5 \times 80)\ \text{kJ/h} = 63\ 995.2\ \text{kJ/h}$$

② 氯化氢气体的溶解热：

$$Q_2 = q_{m,h} \times q$$

式中：$q$=1 753.1 kJ/(kg HCl)。

氯化氢气体质量：

$$q_{m,h}=869.5\ \text{kg/h}\times 39.5\%=343.5\ \text{kg/h}$$

$$Q_2=q_{m,h}\times q=(343.5\times 1\,753.1)\ \text{kJ/h}=602\,189.85\ \text{kJ/h}$$

故整个吸收过程中需移除的总热量为

$$Q=Q_1+Q_2=666\,185.05\ \text{kJ/h}$$

**酸吸收冷却器核算及工艺改进：**

(1) 吸收过程所放出的热量全部由酸吸收冷却器移除，以达到降低吸收塔温度的目的。本装置采用的冷却剂（质量分数为 40%乙二醇溶液），上水与回水的温度分别为 −15 ℃和 −10 ℃。工艺设定将酸吸收冷却器出口温度控制在 30 ℃，酸冷却器入口温度为 50 ℃（不考虑热损失，取其等于酸吸收塔塔釜温度）。对换热器进行核算。

$$Q=KS\Delta t_m$$



式中：$K$ 取 836.8 kJ/(h·m²·℃)（该值为 RPP/石墨改性换热管厂家推荐值）。

平均温差 $\Delta t_m=(\Delta t_2-\Delta t_1)/\ln(\Delta t_2/\Delta t_1)=(60-45)/\ln(60/45)=52.14$ ℃

故 $$S=\frac{Q}{K\Delta t_m}=\frac{666\,185.05}{836.8\times 52.14}=15.27\ \text{m}^2$$

取 1.2 倍的设计余量：　$S=15.27\times 1.2\ \text{m}^2=18.3\ \text{m}^2>10\ \text{m}^2$

由以上计算可知，换热器面积偏小是造成塔釜温度过高，导致氯化氢不能被充分吸收的最主要原因。在换热器已确定的情况下，可以通过调节冷却剂的用量降低热流体出口温度。

(2) 在酸吸收冷却器和碱吸收冷却器的冷却剂回水管线上各增加一套调节阀组，用物料侧出口的温度来控制冷却剂的使用量。

(3) 在往酸碱罐区打酸的管线上也增加一套调节阀组，利用酸循环罐的液位来控制调节阀的开度。同时在脱盐水管线上增加一个截止阀和一个流量计，根据流量计的指示调节截止阀的开度。

**改进效果：**

在利用系统停车期间，对系统进行改造以后，经过两个多月的运行取得了良好的运行效果：

(1) 酸吸收塔塔釜的温度降至 47.5 ℃，酸吸收冷却器冷却剂调节阀开度为 69%，系统成品酸的含量达到了 31%（质量分数），并且酸的品质很稳定。系统的收酸由以前的人工倒酸变成了自动收酸。减少了现场操作工的劳动。

(2) 由于氯化氢吸收塔的吸收效果达到了设计值，碱消耗量减少至 0.187 t/h。尾气中氯化氢被全部吸收，现场无氯化氢气味，达到无害排放的目的。

该系统经改造后，运行稳定，各项指标均达到了设计要求。连续自动收酸的方法，减少了现场工人的劳动强度。



**［案例 4］　吸收系统改造**

**问题的提出：**

辽宁某石化公司两催化车间 90 万吨/年稳定吸收系统干气中丙烯损失严重（约

5%)，液化气中 $C_5$ 及 $C_5$ 以上重组分含量较高（约 2.8%），稳定汽油中 $C_5$ 以下轻组分含量大于 4%，该公司决定对其稳定吸收系统进行技术改造。

**分析：**

原设备条件：

| 设备位号 | 设备名称 | 规格 | 塔内件结构 |
| --- | --- | --- | --- |
| T301 塔 | 吸收塔 | $\phi$2200 mm | 填料塔，12.6 m 250Y 板波纹规整填料 |
| T302 塔 | 解析塔 | $\phi$2600 mm | 顶部 4.2 m 350Y 板波纹规整填料<br>下部 18 块双溢流塔板 |
| T304 塔 | 稳定塔 | $\phi$2200 mm/$\phi$2600 mm | 上部 13 块 $\phi$2200 mm 单溢流塔板<br>下部 27 块 $\phi$2600 mm 双溢流塔板 |



经计算及对现装置结构和操作状况的全面分析，认为吸收塔的效率满足要求（但塔底部气体进料未设气体分布器，塔底部气体分布效果较差，对整塔效率有一定影响），解决吸收系统塔顶丙烯损失的关键在于提高解析塔的效率，解决液化气和稳定汽油质量的关键在于提高稳定塔的效率。

**问题解决：**

1. JCV 浮阀塔板（双流喷射浮阀塔板）

JCV 浮阀构成的双流喷射浮阀塔，阀笼与塔板固定，阀片在阀笼内上下浮动，它从根本上改变了传统浮阀塔板的传质机理，将单一鼓泡传质，变为双流传质，一部分为鼓泡、另一部分为喷射湍动传质，使塔的分离效率和生产能力都大大提高（案例附图 6-2）。

JCV浮阀

JCV浮阀俯视图

JCV浮阀阀片

案例附图 6-2　JCV 浮阀的构成

JCV 浮阀塔板操作状况：

(1) 在低负荷时阀片未开启，近似于大孔筛板。

(2) 较高负荷时，阀片部分开启，近似于 F1 浮阀。

(3) 高负荷时，阀片完全开启，下部近似于普通浮阀；在阀体上部，气体穿过阀孔，气、液并流操作，气、液在升气筒内高速湍动传质，通过螺旋形叶片进行气、液分离，气体继续上升，进入上一层塔板，液体落回塔板，由降液管下降到下一层塔板。

与普通浮阀相比，JCV 浮阀塔板最大的特点是：不易脱落、卡死，不会因下落液体的冲击而造成开启困难。具有很高的操作弹性，可达 1∶6，而且在此操作范围内效率与压强降基本保持不变。

2. JCPT 塔板(并流喷射式复合填料塔板)

JCPT 塔板主要由降液管、塔板、升气孔、受液盘与由提液管、填料、挡板组成的传质单元装置而构成,见案例附图 6-3、案例附图 6-4。其传质机理与普通塔板有着本质的区别,它是填料与塔板的复合体,它靠填料实现传质,靠塔板实现多级并流。

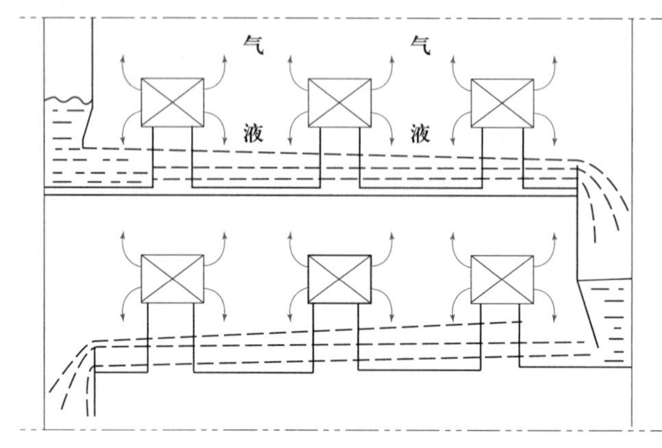

案例附图 6-3 并流喷射式复合填料塔板结构示意图



JCPT 塔板利用普通逆流塔板重力降液及气体局部提液,实现了气、液总体逆流操作条件下的局部气、液并流操作,从而实现了高通量、高效率。操作时,液体在塔板上横向流动,气体从塔板下方以一定的气速通过升气孔,塔板上流动的液体一部分通过提液管与塔板间的间隙被穿过升气孔的气体提升进入提液管,在一定气速和塔板液层高度下,气、液在提液管某一高度内以环状流的状态上升,随着高度的增加,由于重力的作用和管内气速的降低,紧贴管壁的液膜不再稳定,与管壁脱离后,和上升气体碰撞,继而进行混合、破碎、雾化传质,然后进入提液管顶部的填料层内进一步强化传质并完成气、液分离。分离后的气体向上进入上一层塔板,液体降到塔板上与塔板上主流液体混合,并通过降液管下降到下一层塔板。气、液在每一层塔板上都进行上述传质过程,从而实现了气、液总体逆流下的多级并流操作。由于 JCPT 塔板内气、液两相拉膜、破碎、雾化的独特传质机理,具有很高的点效率,加上顶部填料层的气、液分离作用,使得夹带返混作用显著减小,因此 JCPT 塔板具有很高的板效率。JCPT 塔板的特殊结构和并流喷射操作工况打破了传统塔板上以液相为连续相、气相为分散相的模型,把传质区域由传统塔板上的泡沫液层为主要传质区域扩大到塔板至罩顶的气相空间范围,大大提高了塔板空间利用率,从而提高了板效率。

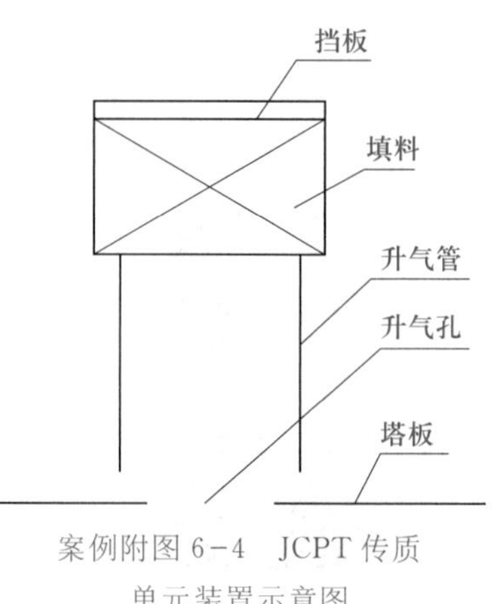

案例附图 6-4 JCPT 传质单元装置示意图

基于以上 JCV 浮阀塔板、JCPT 塔板的特点,考虑在本案例吸收系统改造中采用。

确定了上述改造总体思路后,该公司采用了如下改造方案:

(1) 吸收塔底部增加一块 JCV 浮阀塔板(双流喷射浮阀塔板),作为气体分布器均匀分布入塔气体、充分发挥上部填料效率,同时起到传质作用,一举两得。

(2)采用 JCPT 塔板(并流喷射填料塔板)改造原解析塔塔板,提高解析塔效率。

(3)采用 JCPT 塔板(并流喷射填料塔板)改造原稳定塔塔板(进料以上 13 层塔板)提高稳定塔效率。

在采取上述改造及优化措施后,两催化车间 90 万吨/年稳定吸收系统各项指标大为改观:干气中丙烯含量降为 0(检测不出丙烯),液化气中 $C_5$ 及 $C_5$ 以上重组分含量小于 1%,稳定汽油符合质量要求。

## 复习与思考

1. 吸收分离的依据是什么? 如何选择吸收剂?
2. 亨利系数和相平衡常数与温度、压强有何关系? 温度、压强对吸收操作有何影响?
3. 气体和液体的流动情况如何影响吸收速率?
4. 如何判断过程是吸收还是解吸? 解吸的目的是什么?
5. 若出塔气体中溶质含量升高,试分析原因,提出改进措施。
6. 传质单元高度和传质单元数的物理意义是什么? 常用设备的传质单元高度为多少?
7. 化学吸收与物理吸收的本质区别是什么?
8. 说明液气比大小对吸收操作的影响。
9. 填料有哪些主要类型? 填料的特性有哪些?
10. 填料塔由哪些部件组成?
11. 液体分布装置与液体再分布装置有何不同? 填料塔在什么情况下要装设液体再分布器?
12. 液泛现象产生的基本原因是什么?

## 习　　题

6-1　总压为 101.3 kPa 的某混合气体中各组分的含量分别为 $H_2$ 23.3%, $CH_4$ 42.9%, $C_2H_4$ 25.5%, $C_3H_8$ 8.3%(以上均为体积分数)。试求各组分的摩尔分数、摩尔比及混合气体的摩尔质量。

6-2　某混合气体中含有 2%(体积分数)$CO_2$,其余为空气。混合气体的温度为 30 ℃,总压强为 506.6 kPa。查得 30 ℃时 $CO_2$ 在水中的亨利系数 $E=1.88\times10^5$ kPa,试求溶解度系数 $H$ 及相平衡常数 $m$,并计算每 100 g 与该气体相平衡的水中溶有多少克 $CO_2$。

6-3　吸收塔内某一截面处气相组成 $y=0.05$,液相组成 $x=0.01$(均为摩尔分数),操作条件下的平衡关系为 $Y^*=2X$,若两相传质分系数分别为 $k_Y=1.25\times10^{-5}$ kmol/(m²·s), $k_X=1.25\times10^{-5}$ kmol/(m²·s),试求:(1) 该截面上相际传质总推动力、总阻力,气、液相阻力占总阻力的分率及传质速率;(2) 若吸收温度降低,平衡关系变为 $Y^*=0.5X$,其余条件不变,则相际传质总推动力、总阻力,气、液相阻力占总阻力的分率及传质速率又各如何?

6-4　在逆流吸收塔中,在总压为 101.3 kPa、温度为 25 ℃下用清水吸收混合气体中的 $H_2S$,将其组成由 2%降至 0.1%(体积分数)。平衡关系符合亨利定律,亨利系数 $E=5.52\times10^4$ kPa。若取吸收剂用量为最小用量的 1.2 倍,试计算操作液气比 $q_{n,L}/q_{n,V}$ 和出口液相组成 $X_1$。若压强改为 1 013 kPa 而其他条件不变,$q_{n,L}/q_{n,V}$ 和 $X_1$ 又为多少?

6-5　在一逆流吸收塔中,用清水吸收混合气体中的 $CO_2$,气体中惰性组分的处理量为 300 m³(标准)/h,进塔气体中含 $CO_2$ 8%(体积分数),要求吸收率为 95%,操作条件下的平衡关系为 $Y^*=1\,600X$,操作液气比为最小液气比的 1.5 倍。求:(1) 水的用量和出塔液体组成;(2) 写出操作线方程;

(3) 每小时该塔能吸收多少$CO_2$。

6-6　在一填料塔中用清水逆流吸收混合气体中的氨，入塔混合气体中含氨 5%(摩尔分数，下同)，要求氨的回收率不低于 95%，出塔吸收液含氨 4%。操作条件下平衡关系为 $Y^*=0.95X$，试求：(1) 最小液气比和操作液气比；(2) 所需传质单元数。

6-7　在内径为 0.8 m，填料层高为 2.3 m 的常压填料塔中，用清水逆流吸收混合气体中的氨，进塔混合气量为 500 $m^3$(标准)/h，其中含氨 0.013 2(摩尔分数)，清水用量为 900 kg/h，要求回收率为 99.5%，操作条件下体系符合亨利定律。已知：液相浓度为 1 g 氨/100 g 水，气相中氨的平衡分压为 800 Pa。试求：(1) 体系的亨利系数值，kPa；(2) 气相总体积吸收系数 $K_Ya$，kmol/($m^3$·h)。

6-8　用煤油于填料塔中逆流吸收混于空气中的苯蒸气。入塔混合气体含苯 2%(摩尔分数，下同)，入塔煤油中含苯 0.02%，要求苯回收率不低于 99%，操作条件下的平衡关系为 $Y^*=0.36X$，入塔气体摩尔流率为0.012 kmol/($m^2$·s)，吸收剂用量为最小用量的 1.5 倍，总传质系数 $K_Ya=0.015$ kmol/($m^3$·s)。试求：(1) 煤油用量；(2) 填料层高度。



6-9　某填料塔填料层高度为 5 m，塔径为 1 m，用清水逆流吸收混合气体中的丙酮。已知混合气体用量为2 250 $m^3$/h，入塔混合气体含丙酮 0.047 6(体积分数，下同)，要求出塔气体组成不超过 0.002 6，塔底液体中丙酮为饱和浓度的 70%。操作压强为 101.3 kPa、温度为 25 ℃，平衡关系为 $Y^*=2.0X$，求：(1) 该塔的传质单元高度和总体积吸收系数；(2) 每小时回收的丙酮量。

6-10　有一吸收塔，填料层高度为 3 m，操作压强为 101.3 kPa，温度为 20 ℃，用清水逆流吸收混于空气中的氨。混合气体质量流速 $G=580$ kg/($m^2$·h)，含氨 6%(体积分数)，吸收率为 99%；水的质量流速 $W=770$ kg/($m^2$·h)。该塔在等温下逆流操作，平衡关系为 $Y^*=0.9X$。$K_Ga$ 与气相质量流速的 0.8 次方成正比而与液相质量流速大体无关。试计算当操作条件分别做下列改变时，填料层高度应如何改变才能保持原来的吸收率(塔径不变)：(1) 操作压强增大一倍；(2) 液体流量增大一倍；(3) 气体流量增大一倍。

6-11　在填料层高度为 4 m 的填料塔内，用解吸后的循环水吸收混合气体中某溶质组分以达到净化目的。已知入塔气中含溶质 2%(体积分数)，$q_{n,V}/q_{n,L}=2$，操作条件下的平衡关系为 $Y^*=1.4X$，试求：(1) 解吸操作正常，保证入塔吸收剂中溶质组成 $X_2=0.000\,1$，要求吸收率为 99%时，① 吸收液出塔组成 $X_1$ 为多少？② 气相总传质单元高度为多少？(2) 若解吸操作质量下降，入塔的吸收剂中溶质组成升到 $X_2=0.004$，而其余操作条件不变，则溶质可能达到的吸收率为多少？出塔溶液组成为多少？

6-12　在一逆流操作的填料吸收塔中，用清水吸收混合气体中的$SO_2$。混合气体处理量为 1 500 $m^3$/h，其平均相对分子质量为 34.16。清水喷淋量为 25 000 kg/h，塔内填料用 25 mm×25 mm×2.5 mm 的陶瓷拉西环以乱堆方式充填。若取空塔气速为泛点气速的 70%，操作压强为 101.3 kPa，操作温度为 20 ℃。试求：(1) 初估塔径；(2) 每米填料层的压强降。

## 本章主要符号说明

**英文字母**

$a$——填料层的有效比表面积，1/m；

$A$——吸收因数，量纲为 1；

$c$——组分的物质的量浓度，kmol/$m^3$；

$c_0$——总物质的量浓度，kmol/$m^3$；

$d$——直径，m；

$D$——分子扩散系数，$m^2$/s(或塔径，m)；

$D_e$——涡流扩散系数，$m^2$/s；

$E$——亨利系数，kPa；

$H$——溶解度系数，kmol/($m^3$·kPa)；

$H_{OG}$——气相总传质单元高度，m；

$H_{OL}$——液相总传质单元高度，m；

$J$——扩散通量，kmol/($m^2$·s)；

$k_G$——气膜吸收系数，kmol/($m^2$·s·kPa)；

$k_L$——液膜吸收系数，m/s；

$k_X$——液相传质分系数，kmol/($m^2$·s)；

$k_Y$——气相传质分系数，kmol/($m^2$·s)；

$K_G$——气相总吸收系数，kmol/($m^2$·s·kPa)；

$K_L$——液相总吸收系数，m/s；
$K_X$——液相总吸收系数，kmol/(m$^2$·s)；
$K_Y$——气相总吸收系数，kmol/(m$^2$·s)；
$q_{n,L}$——吸收剂用量，kmol/s；
$m$——相平衡常数，量纲为1；
$N_A$——组分A的传质速率，kmol/(m$^2$·s)；
$N_{OG}$——气相总传质单元数，量纲为1；
$N_{OL}$——液相总传质单元数，量纲为1；
$N_{理}$——理论板层数；
$N_{实}$——实际塔板数；
$p$——组分分压，kPa；
$p_{总}$——总压，kPa；
$R$——摩尔气体常数，kJ/(kmol·K)；
$T$——热力学温度，K；
$u$——气体的空塔速度，m/s；
$u_F$——泛点气速，m/s；
$q_{n,V}$——惰性组分的摩尔流量，kmol/s；
$q_{V,s}$——混合气体的体积流量，m$^3$/s；
$q_{V,h}$——混合气体的体积流量，m$^3$/h；
$q_{m,L}$——液体质量流量，kg/s；
$q_{m,V}$——气体质量流量，kg/s；
$x$——组分在液相中的摩尔分数，量纲为1；
$X$——组分在液相中的摩尔比，量纲为1；
$y$——组分在气相中的摩尔分数，量纲为1；
$Y$——组分在气相中的摩尔比，量纲为1；
$z$——扩散距离，m；
$Z$——填料层高度，m。

**希腊字母**

$\varepsilon$——填料层的空隙率，量纲为1；
$\mu$——黏度，Pa·s；
$\rho_L$——液体密度，kg/m$^3$；
$\rho_V$——气体密度，kg/m$^3$；
$\sigma$——填料层的比表面积，1/m；
$\phi$——填料因子，1/m；
$\psi$——液体密度校正系数，量纲为1；
$\eta$——回收率，量纲为1；
$\Omega$——塔截面积，m$^2$。

# 第七章　液体的蒸馏

## 学习目标

**知识目标：**

了解蒸馏操作的分离依据及分类，各种蒸馏方式及特殊蒸馏的过程特点，板式塔主要类型的结构、特点，板式塔流体力学特性及设计原则；

理解相对挥发度、采出率、理论板等基本概念，气、液两相回流在精馏过程的作用；

掌握平衡关系的应用、精馏塔物料衡算、塔板数计算、回流比选择及精馏操作过程分析。

**能力目标：**

掌握精馏塔的开、停车步骤，正常操作的控制要领，常见异常现象处理方法；

能根据精馏塔分离效果分析塔设备或操作中存在的问题，提出正确的改造或操作方案。

# 知识框图

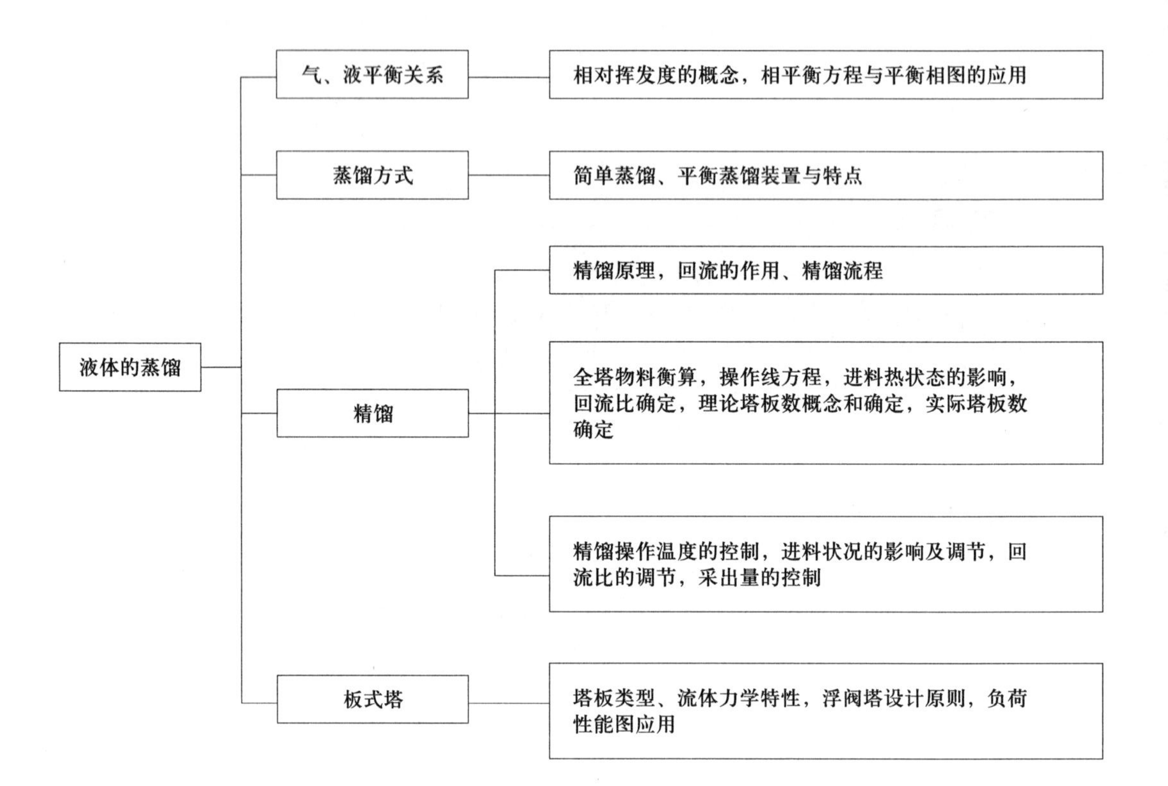

液体的蒸馏
气、液平衡关系
相对挥发度的概念，相平衡方程与平衡相图的应用
蒸馏方式
简单蒸馏、平衡蒸馏装置与特点
精馏
精馏原理，回流的作用、精馏流程
全塔物料衡算，操作线方程，进料热状态的影响，回流比确定，理论塔板数概念和确定，实际塔板数确定
精馏操作温度的控制，进料状况的影响及调节，回流比的调节，采出量的控制
板式塔
塔板类型、流体力学特性，浮阀塔设计原则，负荷性能图应用

# 第一节　概　　述

在化工生产过程中,其生产原料或中间产品常是由几个组分组成的均相液体混合物,为了达到提纯或回收其中有用组分的目的,生产中广泛地采用了比较成熟的蒸馏分离技术。如炼油工业原油中分离出汽油、煤油和柴油;空气的分离工业中由液态空气分离出较纯的氧、氮和氩等气体及石油化工中从液态裂解气中分离出乙烯、丙烯等。可见蒸馏是均相液体混合物最常用且重要的分离方法。

## 一、蒸馏分离的依据

各种混合物的分离,其依据都是基于混合物中各组分间的某种性质的差异。对于混合液体的分离,若其中各组分均具有挥发性,且挥发能力彼此不同,液体混合物汽化时所产生的气相中各组分浓度与液相中各组分浓度将有差异,从而构成用蒸馏方法将其分离的可能性。蒸馏就是利用液体混合物中各组分在相同的操作条件下挥发性能不同这一特性作为分离依据,使混合液中各组分得以分离的单元操作。

混合液体中较容易挥发的组分称为**易挥发组分**;较难挥发的组分称为**难挥发组分**。如在一定的操作条件下,加热"乙醇－水"混合液使之沸腾部分汽化,所得到的气相中乙醇浓度较液相中的乙醇浓度高,这是由于乙醇较水容易挥发,液相中较多的乙醇汽化并扩散进入气相的缘故。混合液体中难、易挥发组分判别,可用一定温度下组分的饱和蒸气压大小或一定压强下沸点的高低来判断:同一温度下饱和蒸气压高的组分为易挥发组分,同一压强下沸点高的组分为难挥发组分。

## 二、蒸馏分离的分类

蒸馏操作可以按以下几种方法分类。

(1) 按混合液中的组分数目分为双组分蒸馏和多组分蒸馏。原料中仅有两个组分的蒸馏称为双组分蒸馏;原料中有三个或三个以上组分的蒸馏称为多组分蒸馏。乙醇－水的混合液蒸馏为双组分蒸馏;液态裂解气是由乙烯、丙烯、甲烷和乙烷等多个组分组成的,它的蒸馏为多组分蒸馏。

(2) 按蒸馏方式分为简单蒸馏、平衡蒸馏、一般精馏和特殊精馏。简单蒸馏和平衡蒸馏用于分离混合液中各组分挥发性能差异大、较容易分离或分离要求不高的物系;一般精馏又简称精馏,精馏用于分离要求高、需将混合液分离成为接近于纯组分的蒸馏过程;而特殊精馏则用于一般精馏不能分离的物系,采用在混合液中加入另外组分以改变原混合液性质的蒸馏过程,常见有恒沸精馏和萃取精馏。

(3) 按操作压强分为常压精馏、减压精馏和加压精馏。在没有特殊要求的情况下,工业精馏多采用常压精馏;当原料在常压下为气态或常压下操作液相黏度较大时,可采用加压精馏。如空气的分离和裂解气的分离,均需要在加压的条件下将其液化,再进行精馏。加压可以提高溶液的汽化温度,由此可降低其液相的黏度,增加气液两相在设备中的湍动程度,提高传质速率。在常压下混合液中各组分挥发性差异不大,或是热敏性的物料,可采用减压精馏操作。操作压强减小后可以降低液体的汽化温度,使精馏操作能在热敏温度以下进行；减压操作可增大混合液中各组分挥发性能的差异，使混合液较容易分离。

(4) 按操作方式分为间歇精馏和连续精馏。间歇精馏多用于小批量生产或某些有特殊分离要求的场合，间歇精馏是一个非定态操作过程；化工生产中常见的是连续精馏，连续精馏是一个定态操作过程。

本章主要讨论双组分常压连续精馏过程，对其他蒸馏方法仅做部分简单的介绍。

## 第二节　双组分物系的气、液相平衡

### 一、理想物系的气、液相平衡



#### （一）理想物系

**理想物系**指的是液相为理想溶液，气相为理想气体且服从道尔顿分压定律的物系。

若混合液是由 A、B 两个组分组成，其中组分 A 分子间的吸引力 $f_{A-A}$、组分 B 分子间的吸引力 $f_{B-B}$及组分 A 与组分 B 分子间的吸引力 $f_{A-B}$相同。即 $f_{A-A}=f_{B-B}=f_{A-B}$，则此溶液为理想溶液。理想溶液在宏观上的表现如下

① 两种组分能以任何比例混合并互溶；

② 混合时没有热效应和体积效应，即混合前后的总焓和总体积不变；

③ 在任何浓度范围内，都遵循拉乌尔定律。

事实上，真正的理想溶液是不存在的，只有性质非常接近的组分混合而成的溶液，才可以近似地视为理想溶液。实践证明：苯与甲苯、甲醇与乙醇、正庚烷与正辛烷等某些同系物或同分异构体所组成的溶液，其宏观性质与理想溶液相接近，一般情况下可按理想溶液处理。

#### （二）拉乌尔定律

在一定的温度下，挥发性不同的组分其饱和蒸气压必然不同，在气、液两相达到平衡时，各组分在气相的分压大小取决于组分的饱和蒸气压和组分在液相中的浓度。实验证明，理想溶液在达平衡时气相分压与液相组成之间的关系遵循**拉乌尔定律**。即在一定的温度下，气、液两相达到平衡时，气相中组分的分压 $p_i$ 等于该组分在溶液同温度下的饱和蒸气压 $p_i^*$ 与其溶液中的摩尔分数 $x_i$ 之乘积，其数学式可表达为

$$p_i=p_i^* x_i \tag{7-1}$$

若混合液是双组分混合液，其中易挥发组分为 A，难挥发组分为 B，它们在气相的分压分别为 $p_A$和 $p_B$，则

$$p_A=p_A^* x_A \quad , \quad p_B=p_B^* x_B$$

对双组分混合液，有 $x_B=1-x_A$，所以

$$p_B=p_B^* x_B=p_B^*(1-x_A)$$

若气相为理想气体，必然服从道尔顿分压定律，即

$$p=p_A+p_B=p_A^* x_A+p_B^*(1-x_A)$$

$$x_A=\frac{p-p_B^*}{p_A^*-p_B^*} \quad , \quad y_A=\frac{p_A^* x_A}{p} \tag{7-2}$$

式中　$p_A^*$,$p_B^*$——同温度下纯A、B组分的饱和蒸气压,kPa;

$x_A$,$y_A$——液相中、气相中A组分的摩尔分数;

$p$——操作压强,kPa。

由式(7-2)可知,当体系达平衡时,气、液两相浓度与操作压强 $p$ 和组分的饱和蒸气压 $p_A^*$,$p_B^*$ 有关,而 $p_A^*$,$p_B^*$ 均为温度的函数,可见双组分气、液平衡物系共有 $p$,$t$,$x_A$,$y_A$ 四个独立参数,根据相律“自由度=组分数-相数+2”,故该物系自由度=2-2+2=2,说明在上述四个独立变量中只需确定其中两个变量,其他两个变量值便被确定。即当体系达平衡时,当操作压强 $p$ 和温度 $t$ 一定时,气、液两相中的浓度 $y_A$ 和 $x_A$ 也就是确定值,只有体系的温度或压强发生变化时,两相浓度才会有所改变。

由于 $p_A=p_{总}\ y_A=p_A^* x_A$,$p_B=p_{总}\ y_B=p_B^* x_B$,于是应有

$$\frac{p_A^*}{p_B^*}=\frac{y_A/x_A}{y_B/x_B}$$

若A组分为易挥发组分,B组分为难挥发组分,必然有 $p_A^*>p_B^*$,且因 $x_B=1-x_A$,$y_B=1-y_A$,则不难推出 $y_A>x_A$ 或 $y_B<x_B$。这说明当气、液两相达平衡时,两相中难、易挥发组分含量有差异,且气相中的易挥发组分含量 $y_A$ 总是高于液相中的 $x_A$,气相中的难挥发组分含量 $y_B$ 总是低于液相中的 $x_B$。这就是蒸馏分离依据的理论基础。

**[例7-1]** 已知在不同温度下苯(A)和甲苯(B)的饱和蒸气压数据列于下表中,试利用表中的数据计算当操作压强为101.3 kPa,体系达平衡时各温度下气、液两相中苯的摩尔分数。

| 温度 $t$/K | 353.2 | 357 | 361 | 365 | 369 | 373 | 377 | 381 | 383.4 |
|---|---|---|---|---|---|---|---|---|---|
| $p_A^*$/kPa | 101.3 | 113.6 | 127.6 | 143.4 | 160.5 | 179.2 | 199.3 | 222.1 | 233.0 |
| $p_B^*$/kPa | 40 | 44.4 | 50.7 | 57.6 | 65.7 | 74.5 | 83.4 | 93.8 | 101.3 |

**解:** 以第二组数据为例,其温度为357 K,苯的饱和蒸气压为113.6 kPa,甲苯的饱和蒸气压为44.4 kPa。代入式(7-2)可得

$$x_A=\frac{p_{总}-p_B^*}{p_A^*-p_B^*}=\frac{101.3-44.4}{113.6-44.4}=0.82$$

$$y_A=\frac{p_A^* x_A}{p_{总}}=\frac{113.6\times0.82}{101.3}=0.92$$

同理可以求得其他温度下气、液两相平衡数据,列于下表。

| 温度 $t$/K | 353.2 | 357 | 361 | 365 | 369 | 373 | 377 | 381 | 383.4 |
|---|---|---|---|---|---|---|---|---|---|
| $x_A$ | 1 | 0.82 | 0.66 | 0.51 | 0.38 | 0.26 | 0.16 | 0.06 | 0 |
| $y_A$ | 1 | 0.92 | 0.83 | 0.72 | 0.60 | 0.46 | 0.30 | 0.13 | 0 |

由表中数据可得出:在不同的温度下,易挥发组分苯在气相中的摩尔分数总是高于与其平衡的液相中苯的摩尔分数,且气、液两相中易挥发组分的摩尔分数随温度升高而减小。

### （三）相对挥发度和相平衡方程

由式(7-2)可确定一定温度、压强下体系达平衡时的气、液两相中浓度。蒸馏操作压强是一定的，为了改变气、液两相浓度，其操作温度必须随过程进行而变化。采用式(7-2)确定过程浓度变化的关系很不方便，为此引入相对挥发度的概念，可近似地表达一些与理想溶液性质相接近溶液的平衡关系，方便计算过程。

1. 挥发度

纯组分的饱和蒸气压只反映了纯液体在一定温度下挥发性的大小，与其他组分组成溶液后挥发性将受到其他组分的影响。因此对均相混合液，各组分的挥发性可用挥发度 $\nu_i$ 来表示，即在一定的压强和温度条件下，当气、液两相达平衡时，某组分在气相的分压 $p_i$ 与其在液相的摩尔分数 $x_i$ 之比，其表达式为



$$\nu_i = p_i / x_i \tag{7-3}$$

对双组分混合液，A、B 组分的挥发度分别为

$$\nu_A = p_A / x_A \quad , \quad \nu_B = p_B / x_B \tag{7-4}$$

若 A、B 混合液为理想溶液，则遵循拉乌尔定律，有

$$\nu_A = p_A / x_A = \frac{p_A^* x_A}{x_A} = p_A^* \quad , \quad \nu_B = p_B / x_B = \frac{p_B^* x_B}{x_B} = p_B^* \tag{7-5}$$

显然对纯液体和理想溶液，组分的挥发度就等于同温度下该组分的饱和蒸气压，其值随温度变化而变化。

2. 相对挥发度

在一定的温度下，易挥发组分与难挥发组分的挥发度之比称为相对挥发度，用符号 $\alpha$ 表示。即

$$\alpha = \nu_A / \nu_B = \frac{p_A / x_A}{p_B / x_B} \tag{7-6}$$

若气相为理想气体，则有

$$p_A = p_{总} y_A \quad , \quad p_B = p_{总} y_B$$

代入式(7-6)可得

$$\alpha = \frac{p_A / x_A}{p_B / x_B} = \frac{y_A / x_A}{y_B / x_B} \tag{7-6a}$$

对双组分混合物，有

$$x_B = 1 - x_A \quad , \quad y_B = 1 - y_A$$

再代入式(7-6a)可得

$$\alpha = \frac{y_A / x_A}{y_B / x_B} = \frac{y_A / x_A}{(1 - y_A)/(1 - x_A)}$$

整理为

$$y_A=\frac{\alpha x_A}{1+(\alpha-1)x_A}$$

略去下标后为

$$y=\frac{\alpha x}{1+(\alpha-1)x} \tag{7-7}$$

式(7-7)表示气、液两相达平衡时，易挥发组分在两相中的摩尔分数与相对挥发度之间的关系，称为相平衡方程，是相平衡关系的又一种表达形式。

由式(7-7)可知，当 $\alpha=1$ 时，即两组分挥发度相等，此时 $y=x$，气相的组成与液相的组成相同，不能用普通蒸馏法进行分离。而当 $\alpha>1$ 时，则 $y>x$，可以用普通蒸馏法进行分离，且 $\alpha$ 越大，说明溶液越容易分离。

**想一想**

相对挥发度如果小于1，溶液能否用普通蒸馏法进行分离？

对理想溶液，相对挥发度可表示为

$$\alpha=p_A^*/p_B^* \tag{7-8}$$

动画

温度对挥发度的影响

可见对于理想溶液，相对挥发度为两纯组分在一定温度下的饱和蒸气压之比值。纯组分的饱和蒸气压均是温度的函数，因此，相对挥发度原则上是随温度而变化的。但对于理想溶液，$p_A^*/p_B^*$ 与温度的关系较 $p_A^*$ 和 $p_B^*$ 与温度的关系小得多，也就是相对挥发度随温度的变化较小，工程计算中常采用蒸馏操作温度范围内各温度下相对挥发度的平均值，即平均相对挥发度 $\alpha_m$ 代替式(7-7)中的 $\alpha$，且将其视为常数，这样就可用于表达一定压强不同温度下的气、液两相组成之间的关系。即

$$y=\frac{\alpha_m x}{1+(\alpha_m-1)x} \tag{7-7a}$$

平均相对挥发度数 $\alpha_m$ 值可由以下方法确定。

当蒸馏操作压强一定，温度变化不十分大时，可在操作温度范围内，均匀地查取各温度下各纯组分的饱和蒸气压，由式(7-8)计算对应温度下的 $\alpha_i$，然后由下式估算平均相对挥发度值。

$$\alpha_m=\sqrt[n]{\alpha_1\alpha_2\alpha_3\cdots\alpha_i\cdots\alpha_n} \quad 或 \quad \alpha_m=\sqrt{\alpha_{顶}\alpha_{底}} \tag{7-9}$$

式中 $\alpha_m$——平均相对挥发度；

$\alpha_1,\alpha_2,\cdots,\alpha_n$——各点温度下的相对挥发度；

$n$——温度点数；

$\alpha_{顶},\alpha_{底}$——精馏塔顶、塔底处的相对挥发度。

小贴士

用平均相对挥发度来确定气、液两相平衡关系，只能用于理想溶液和一些性质与理想溶液相近的物系，而对于性质偏离理想溶液较远的混合液，则会有较大的误差。

**[例 7-2]** 苯和甲苯在不同的温度下的饱和蒸气压见[例 7-1]。试利用表中数据先求出平均相对挥发度，写出相平衡方程；然后再利用相平衡方程，根据[例 7-1]计算结果中各点温度下的液相组成 $x_A$，计算与之平衡的气相组成 $y_A$，并与[例 7-1]计算的 $y_A$ 进行比较。

**解：** 以温度为 357 K 时为例，苯的饱和蒸气压为 113.6 kPa，甲苯的饱和蒸气压为 44.4 kPa，苯对甲苯的相对挥发度可按理想溶液处理，即



$$\alpha = p_A^* / p_B^* = 113.6/44.4 = 2.56$$

同理可求得其他温度下的相对挥发度，列于下表中。

| 温度 $t$/K | 353.2 | 357 | 361 | 365 | 369 | 373 | 377 | 381 | 383.4 |
|---|---|---|---|---|---|---|---|---|---|
| $\alpha$ | 2.53 | 2.56 | 2.52 | 2.49 | 2.44 | 2.41 | 2.39 | 2.37 | 2.30 |

平均相对挥发度由式(7-9)确定

$$\alpha_m = \sqrt[9]{2.53 \times 2.56 \times 2.52 \times 2.49 \times 2.44 \times 2.41 \times 2.39 \times 2.37 \times 2.30} = 2.44$$

相平衡方程可写为

$$y = \frac{\alpha_m x}{1+(\alpha_m - 1)x} = \frac{2.44x}{1+1.44x}$$

由[例 7-1]可知温度为 357 K 时，液相中苯的摩尔分数 $x$ 为 0.82，代入以上相平衡关系式，即可得到与之平衡的气相中苯的摩尔分数 $y$。

$$y = \frac{2.44 \times 0.82}{1+1.44 \times 0.82} = 0.92$$

其他各温度下 $y$ 值可用相同的方法求得，列于下表中：

| $t$/K | 353.2 | 357 | 361 | 365 | 369 | 373 | 377 | 381 | 383.4 |
|---|---|---|---|---|---|---|---|---|---|
| $x$ | 1 | 0.82 | 0.66 | 0.51 | 0.38 | 0.26 | 0.16 | 0.06 | 0 |
| $y$ | 1 | 0.92 | 0.83 | 0.72 | 0.60 | 0.46 | 0.32 | 0.13 | 0 |

将表中数据与[例 7-1]所计算的结果相比较，可看出两者大致相同，所以对性质接近于理想溶液的混合液，用平均相对挥发度表示的相平衡方程来确定其平衡关系是可行的。



### （四）气、液平衡相图

除了用上述的拉乌尔定律和相平衡方程表示蒸馏气、液平衡关系外，通常在化工理化数据手册中以列表形式给出各种二元物系的平衡数据，本书附录中列出了一些实际溶液在外压为 101.3 kPa 条件下的平衡数据，以供计算时查阅。为了使平衡关系更形象直观，还可以将平衡数据画成图线，以便于对某些工程问题的分析和求解。以下分别介绍用于表达

气、液平衡时温度与气、液两相浓度之间关系的 $t-x-y$ 图和用于表达平衡时气、液两相浓度之间关系的 $x-y$ 图。

1. $t-x-y$ 图

在一定外压的条件下，纯物质沸腾的温度称为**沸点**，而混合物液体被加热沸腾产生第一个气泡时所对应的温度称为**泡点**，混合物蒸气冷凝产生第一个液滴时所对应的温度称为**露点**。在一定的外压条件下，纯物质的泡点、露点和沸点为同一个温度，纯物质的沸点与外压有关，外压越高，则沸点温度越高。而混合物的泡点和露点不是同一个温度，在一定的浓度下，露点要比泡点高。露点和泡点均随易挥发组分浓度的增加而降低，随外压增加而增高。

在一定的外压下，将液体混合物沸腾时的泡点温度 $t_s$ 与其液相中易挥发组分摩尔分数 $x$ 的关系、混合物蒸气冷凝时的露点温度 $t_d$ 与其蒸气中易挥发组分摩尔分数 $y$ 之间的关系，绘在以温度 $t$ 为纵坐标，$x$，$y$ 为横坐标的图中，连成平滑的曲线，即为 $t-x-y$ 图，又称为**温度-组成图**。如图 7-1 所示。

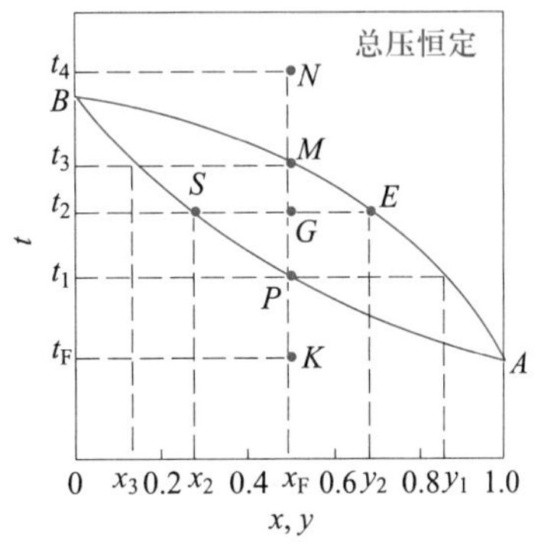


图 7-1　双组分理想溶液 $t-x-y$ 图

图中有两条曲线，下边一条曲线表示混合液泡点 $t_s$ 与混合液中易挥发组分浓度 $x$ 之间的关系，称为**泡点曲线**；又因此时混合液均处于沸腾状态，所以又称为**饱和液体线**。上方曲线表示了露点 $t_d$ 与其蒸气浓度 $y$ 之间的关系，称为**露点曲线**；又因曲线上各点蒸气均处于饱和状态，所以又称为**饱和蒸气线**。这两条曲线将此图分为三个区域：泡点曲线以下的区域为没有沸腾的溶液，称为液相区（或冷液区）；露点曲线以上的区域为过热蒸气，称为气相区（过热蒸气区）；在泡点曲线和露点曲线之间，气、液两相同时存在，并互成平衡，且都处于饱和状态，称此区域为气、液共存区（或两相区）。蒸馏操作应控制在该区域内，才能使混合液得以分离。

将物质的量为 $n_F$、易挥发组分浓度为 $x_F$、温度为 $t_F$ 的混合液（图 7-1 中的 $K$ 点），在一定的压强下加热至 $t_1$（$P$ 点），混合液开始沸腾汽化，此时所对应的温度 $t_1$ 为该混合液在组成为 $x_F$ 时的泡点，汽化所产生的第一个微小气泡组成为 $y_1$。若将此混合液继续加热汽化，气相量将逐渐增多，液相量逐渐减少，当温度达到 $t_2$ 时（$G$ 点）处于两相区时，所对应的气相组成为 $y_2$（$E$ 点），与之平衡的液相组成为 $x_2$（$S$ 点）。其气相量 $E$ 与液相量 $S$ 的物质的量比可用杠杆规则求出，即

$$n_E/n_S=\overline{SG}/\overline{EG}=\frac{x_F-x_2}{y_2-x_F}\quad,\quad n_E/n_F=\overline{SG}/\overline{SE}=\frac{x_F-x_2}{y_2-x_2}\tag{7-10}$$

当混合物物质的量 $n_F$ 为已知时，即可根据式(7-10)确定其气相和液相的量。

若将易挥发组分组成为 $x_F$，温度为 $t_4$（$N$ 点）过热蒸气冷却至 $t_3$（$M$ 点），成为饱和蒸气并开始冷凝，冷凝所产生的第一个微小液滴组成为 $x_3$，对应的温度 $t_3$ 为蒸气在该浓度时的露点。若继续冷凝至 $t_2$，同样可获得组成分别为 $y_2$ 和 $x_2$ 的气、液两相，两相的物质的量比同样可用式(7-10)确定。

由以上分析也可得出:只要混合物的温度处在露点和泡点之间,即气、液共存区,所得气相组成 $y$ 总是大于与之平衡的液相组成 $x$。蒸馏操作之所以要控制在气、液共存区,就是要获得一个易挥发组分组成较高的气相和易挥发组分组成较低的液相,从而使原混合物得以分离。

2. $x-y$ 图

在一定的外压下,若将各点温度下所对应的气、液平衡组成 $y$ 和 $x$ 标绘在以 $y$ 为纵坐标,以 $x$ 为横坐标的坐标图中,并连接各点成平滑曲线,即为 $x-y$ 图,又称为气、液平衡相图。如图 7-2 所示。

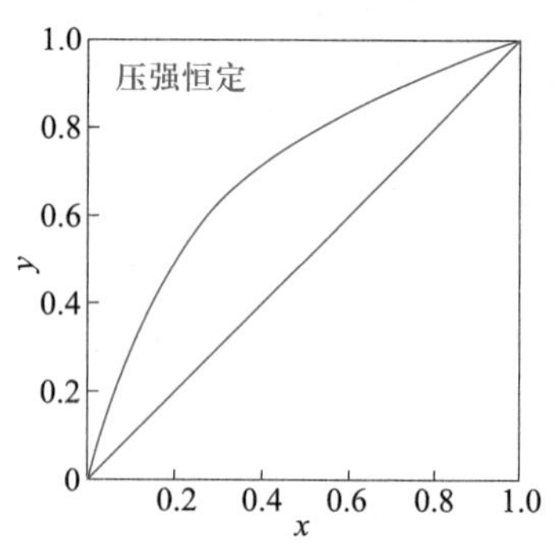

图 7-2 双组分理想溶液 $x-y$ 图

图中绘出的对角线为辅助线。由于气相中易挥发组分的组成 $y$ 总是高于与之平衡液相中易挥发组分组成 $x$,平衡曲线总是位于对角线的上方。平衡曲线离对角线越远,表示气、液两相浓度相差越大,则该溶液越容易分离。

**想一想**

平衡曲线上各点温度是否相等,为什么?若平衡曲线离对角线较远,则相对挥发度是较小还是较大?

**[例 7-3]** 利用[例 7-1]所得的结果绘制苯和甲苯在操作压强为 101.3 kPa 时的 $t-x-y$ 图和 $x-y$ 图;若苯和甲苯混合液的温度为 80 ℃,其中苯的摩尔分数为 0.45,试根据所画的 $t-x-y$ 图确定其泡点和露点。若将该溶液加热到 98.5 ℃,物料处于什么状态?若处于两相区,气、液两相的组成和物质的量比分别为多少?

**解:** 根据[例 7-1]的计算所得的平衡数据,绘制苯和甲苯在压强为 101.3 kPa 的 $t-x-y$ 图和 $x-y$ 图,如图 7-3 和图 7-4 所示。

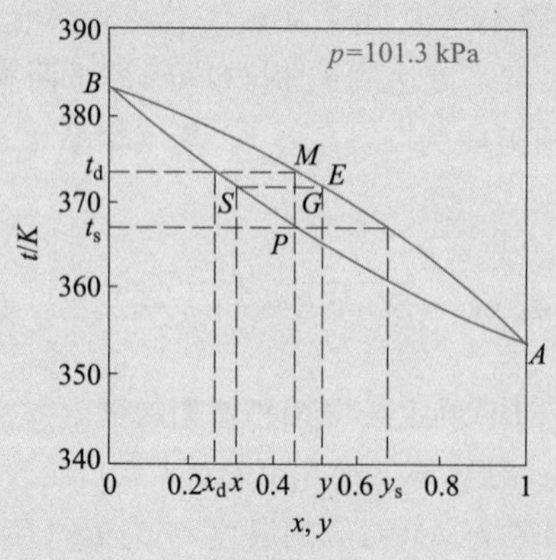

图 7-3 苯和甲苯 $t-x-y$ 图

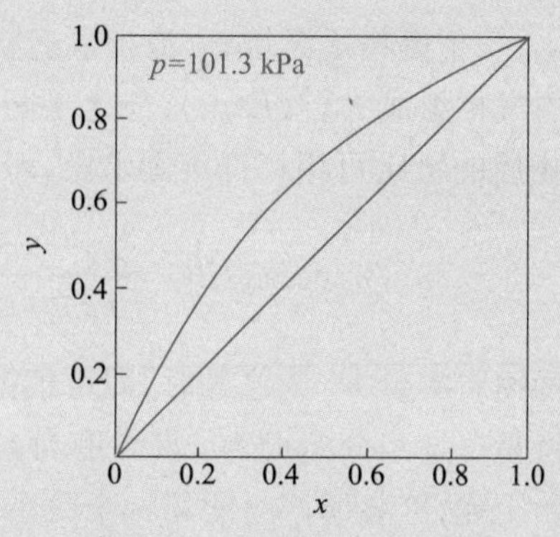

图 7-4 苯和甲苯 $x-y$ 图

图中 $A$ 点为压强 101.3 kPa 时纯苯的沸点，对应的温度为 353.2 K；$B$ 点为纯甲苯的沸点，对应的温度为 383.4 K。

查 $t-x-y$ 图，当溶液中苯的摩尔分数为 0.45 时，其泡点为图中的 $P$ 点，泡点温度 $t_s=367$ K，所产生的第一个气泡组成 $y_s=0.67$；露点为图中 $M$ 点，露点温度 $t_d=374$ K，所产生的第一个液滴组成 $x_d=0.26$。

将该液体加热到 98.5 ℃即 371.5 K 时，物料处于露点和泡点之间，为气、液共存。由 $S$ 点可读得其液相的组成为 0.32，由 $E$ 点读得气相组成为 0.52，此时气相量 $n_E$ 与液相量 $n_S$ 的物质的量比为

$$n_E/n_S=\overline{SG}/\overline{GE}=\frac{0.45-0.32}{0.52-0.45}=1.857$$

## 二、双组分非理想物系的气、液相平衡



非理想物系指的是溶液为非理想溶液，气相为非理想气体的物系。当蒸馏过程在高压、低温下进行时，物系的气相与理想气体相比有较大的差异，应对气相的非理想性进行修正。

以下着重讨论溶液的非理想性的问题。

非理想溶液不服从拉乌尔定律，关键在于相同分子间和相异分子间的作用力不同。当相异分子间的吸引力小于相同分子间的吸引力时，由于相异分子间的排斥作用，使溶液的蒸气分压比按拉乌尔定律计算值高，即 $p_A>p_A^*x_A$，$p_B>p_B^*x_B$，这属于正偏差溶液；若相异分子间的吸引力大于相同分子间的吸引力时，则情况相反，属于负偏差溶液。正、负偏差溶液与理想溶液的蒸气分压比较如图 7-5 所示。

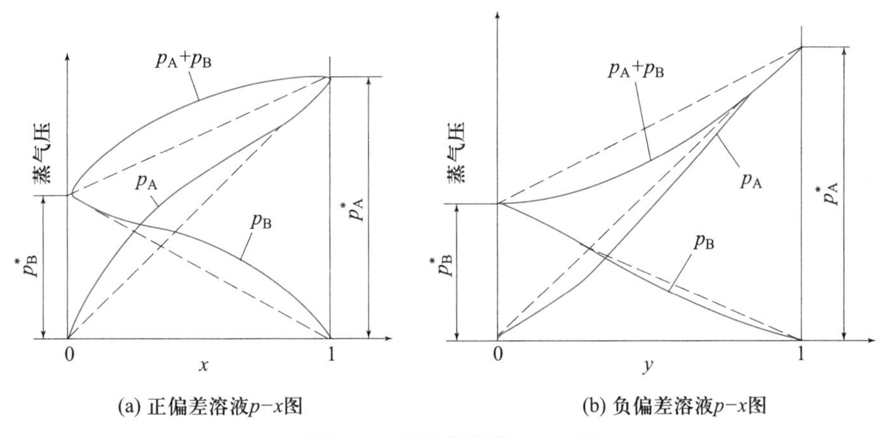


图 7-5　非理想溶液 $p-x$ 图

工业生产中见到的非理想溶液多数为正偏差溶液。常压下甲醇和水、乙醇和水等二元混合液属于正偏差溶液。

若正偏差溶液中两组分分子间的排斥倾向较大，在 $p-x$ 图中 $p_A+p_B$ 与 $x_A$ 关系曲线出现最大值，在 $t-x-y$ 图中液相线和气相线出现最小值，液相线与气相线在最小值处重合，此处的气相组成 $y$ 等于液相组成 $x$，对应的温度比其任何一纯组分溶液的沸点都低，被称为最低恒沸点，最低恒沸点处的相对挥发度等于 1，这种溶液称为具有最低恒沸

点的溶液。常压下乙醇和水的混合液为具有最低恒沸点的正偏差溶液，其 $t-x-y$ 图如图 7-6 所示，$x-y$ 图如图7-7 所示。乙醇和水的混合液 $t-x-y$ 图中的 $E'$ 点为恒沸点，此处乙醇摩尔分数 $x=y=89.4\%$，温度为 78.15 ℃。

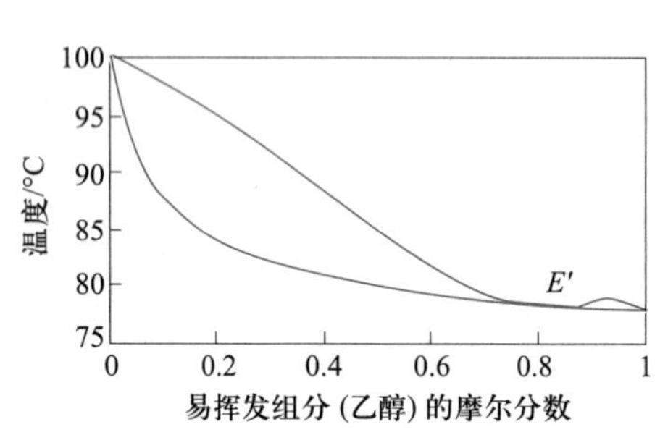

图 7-6　乙醇-水溶液的 $t-x-y$ 图

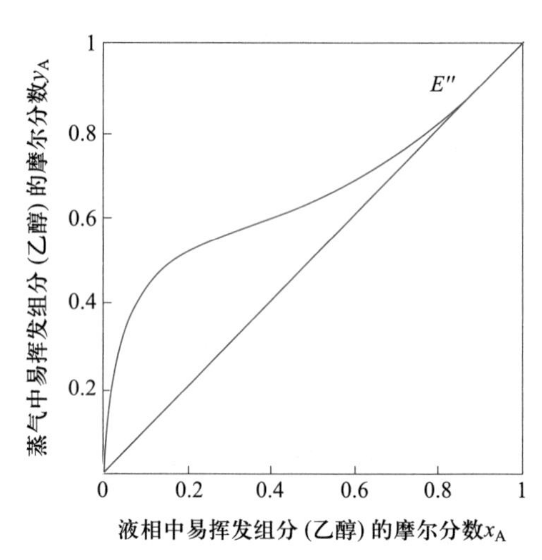

图 7-7　乙醇-水溶液的 $x-y$ 图

由两纯组分混合形成负偏差溶液时，体积减小，且伴有放热效应。常压下 $CS_2$-$CCl_4$、硝酸-水等二元混合液属于负偏差溶液。

同理，由于负偏差溶液中两组分分子间的吸引倾向较大，在 $p-x$ 图中 $p_A+p_B$ 与 $x_A$ 关系曲线出现最小值，在 $t-x-y$ 图中液相线和气相线出现最大值，液相线与气相线在最大值处重合，此处的气相组成 $y$ 等于液相组成 $x$，对应的温度比其任何一纯组分溶液的沸点都高，称为最高恒沸点，最高恒沸点处的相对挥发度等于 1，这种溶液称为具有最高恒沸点的溶液。常压下硝酸和水混合液为具有最高恒沸点的负偏差溶液，其 $t-x-y$ 图如图 7-8 所示，$x-y$ 图如图7-9 所示。硝酸和水混合液 $t-x-y$ 图中的 $E'$ 点为恒沸点，此处硝酸摩尔分数 $x=y=38.3\%$，温度为 121.9 ℃。

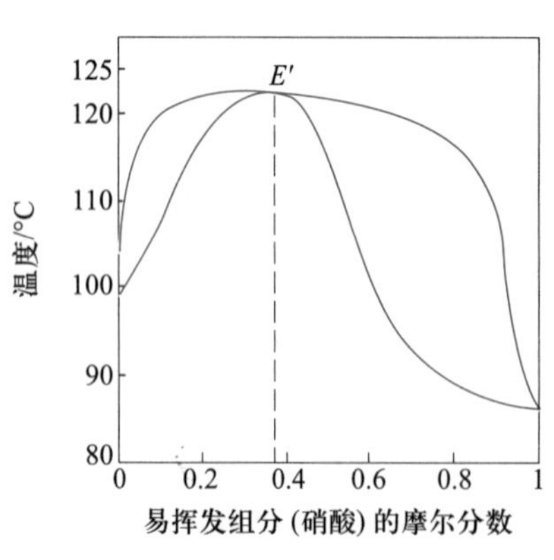

图 7-8　硝酸-水溶液的 $t-x-y$ 图

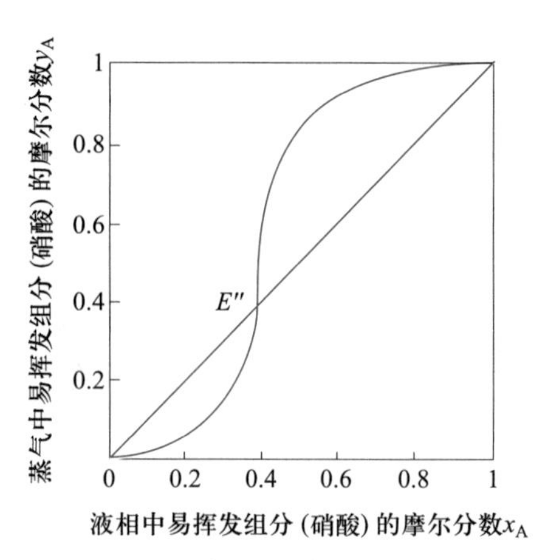

图 7-9　硝酸-水溶液的 $x-y$ 图

## 小贴士

要注意的是非理想溶液不一定都有恒沸点，只有非理想性足够大，对拉乌尔定律偏差很大时才会有恒沸点。对于没有恒沸点的正、负偏差溶液，可以用一般蒸馏方法进行分离。而有恒沸点的溶液在恒沸点处不能用一般蒸馏方法分离，只有用特殊蒸馏法进行分离。

### 三、总压的改变对气、液平衡的影响

$t-x-y$ 图和 $x-y$ 图都是在一定的压强下绘制的，当总压改变时，其曲线位置也随之发生变化，图 7-10 表示了总压改变对相平衡曲线的影响。



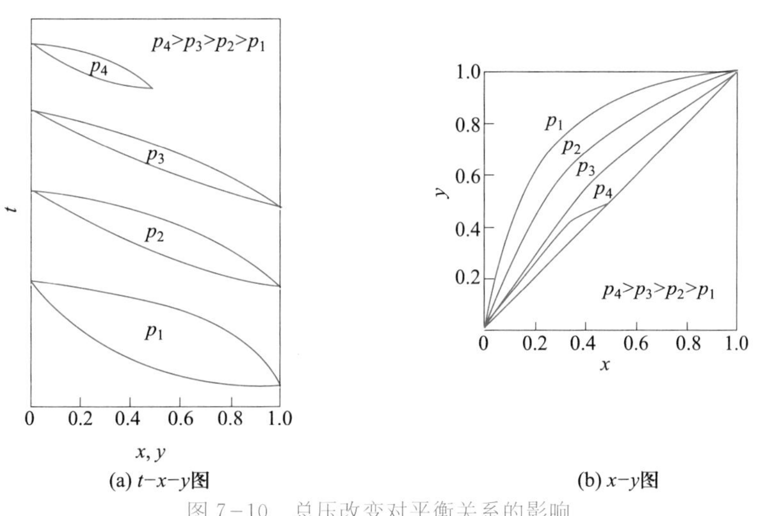


(a) $t-x-y$图　　(b) $x-y$图

图 7-10　总压改变对平衡关系的影响

由图可见：当总压增加时，表现在 $t-x-y$ 图上是气相线与液相线上移，当总压在难挥发组分临界压强之下、易挥发组分临界压强之上则气、液两相区变小，若总压 $p$ 在两组分的临界压强之上，则气、液两相区消失。表现在 $x-y$ 图上是平衡线向对角线靠近，相对挥发度变小，分离难度增加；反之，若总压降低，则物系变得容易分离。

## 想一想

操作压强增加，溶液的分离难度增大，为什么有些精馏过程还要加压？

## 第三节　简单蒸馏与平衡蒸馏

### 一、简单蒸馏

简单蒸馏装置如图 7-11 所示，包括蒸馏釜、冷凝器和馏出液贮槽。将一定数量的原

料液送入蒸馏釜中，加热至原料液泡点使之部分汽化，将汽化所产生的蒸气不断地从蒸馏釜中移出，并送入冷凝器中冷凝，冷凝所得的液体按不同的浓度收集在各个贮槽内。当蒸馏釜中液体达到规定的浓度时，则停止加热，并从蒸馏釜中取出残液，重新加料，再进行上述操作。

由上可见，简单蒸馏为间歇操作过程，过程中蒸馏釜内液相组成 $x$ 和移出的气相组成 $y$ 在不断地降低，其变化情况可用 $t-x-y$ 图说明，如图 7-12 所示。组成为 $x_1$ 的原料液被加热至泡点 $t_1$ 开始汽化，产生与之平衡组成为 $y_1$ 的蒸气，由 $t-x-y$ 图可得 $y_1>x_1$，但其量甚微，没有实际分离价值。继续将温度升高到 $t_2$，使其状态进入两相区，可获得浓度为 $y_2$ 的气相，将该蒸气移出冷凝作为馏出液，而蒸馏釜内液相组成则降低为 $x_2$。随着温度的升高，蒸馏釜内液体被渐次汽化，蒸气和釜液的组成均随时间而变，蒸气组成沿气相线由 $y_2$ 降至 $y_w$，釜内液相浓度沿液相线由 $x_2$ 降至规定的 $x_w$ 为止。一批原料蒸馏终止时，釜内剩余的组成为 $x_w$ 的液体即为残液，馏出液的平均浓度则可由最终的物料衡算确定。



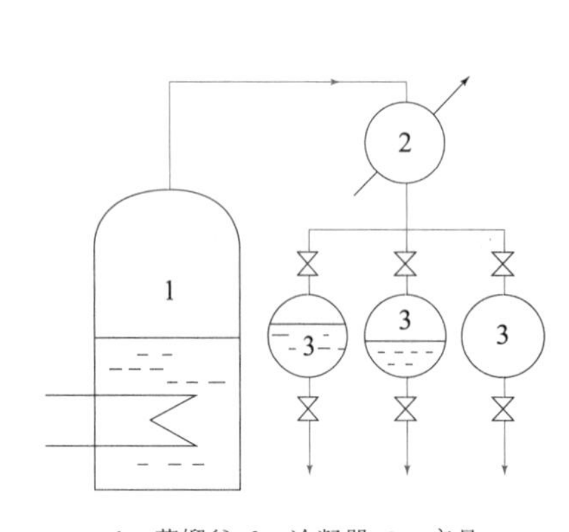

1—蒸馏釜；2—冷凝器；3—产品

图 7-11 简单蒸馏装置

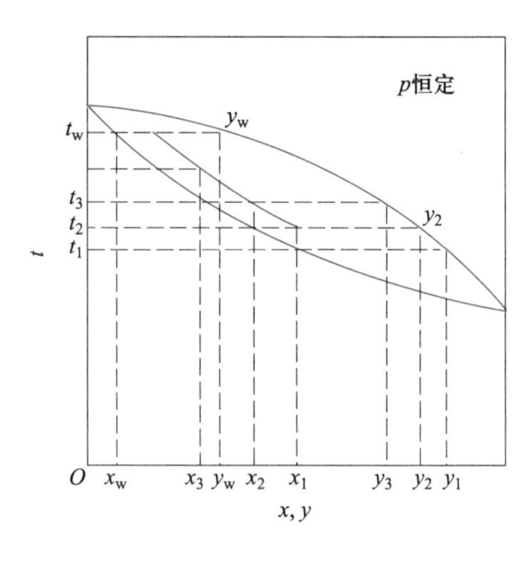

图 7-12 简单蒸馏在 $t-x-y$ 图上表示

动画
简单蒸(精)馏

动画
简单蒸馏曲线

简单蒸馏只能使混合液得以部分分离，且生产能力低，它主要用于以下几个方面：

(1) 被分离组分间挥发度相差很大的溶液；

(2) 小规模生产，分离要求不高；

(3) 大宗混合液的粗分离；

(4) 精馏前的预处理。

## 二、平衡蒸馏

平衡蒸馏又称为闪蒸，装置如图 7-13 所示。混合液通过加热器升温，在流过节流阀后，因压强突然降低成为过热液体，于是发生自蒸发，液体部分汽化为蒸气，产生的气、液两相处于平衡状态，所得气相中易挥发组分浓度较高，与之平衡的液相中易挥发组分浓度较低，使混合液通过一次部分汽化后得到一定程度的分离。图 7-14 为闪蒸过程在 $t-x-y$ 图中的表示：原料液的组成为 $x_F$，在加热器加热到 $A$ 点，其温度为 $t$，压强为 $p_1$，此时液体仍处于液相区，经过节流阀，压强降低到 $p_2$，$A$ 点处于 $p_2$ 压强下 $t-x-y$ 图的两相区，液体发生自蒸发，经一次部分汽化，得到相互平衡的气相组成 $y$ 和液相组成 $x$，且 $x<x_F<y$，在分离室内气、液两相分离后，将组成为 $y$ 的气相移出并全部冷凝，可得易挥发组分含量与 $y$ 相同的顶部液相产品 $x_D$，而分离室排出的易挥发组分含量较低，组成为 $x_w$ 的液相为底部产品。

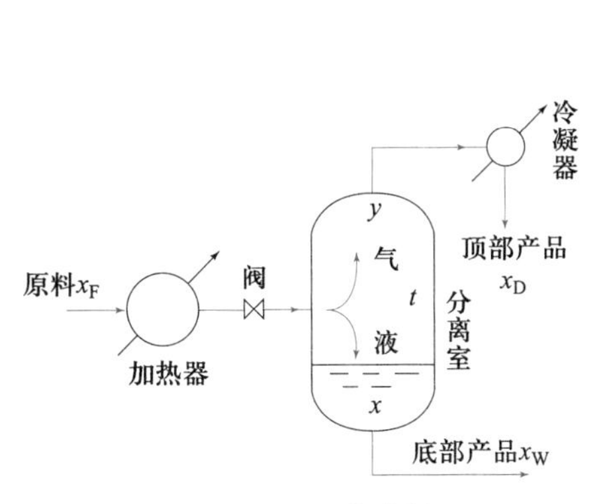


图 7-13　闪蒸装置

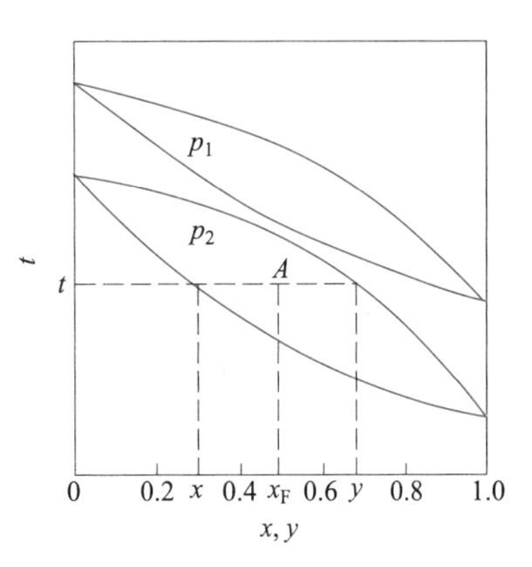


图 7-14　闪蒸在 $t-x-y$ 图上表示



平衡蒸馏为定态连续操作。适用于大批量生产且物料只需粗分离的场合。

简单蒸馏和平衡蒸馏所分离的混合液中各组分挥发度必须有所差异，这是简单蒸馏和平衡蒸馏过程的基础。

## 第四节　精馏原理

简单蒸馏和平衡蒸馏只能使混合液得到部分的分离，不能得到组分较纯的产品。为获得高纯度的产品，工业中常采用的是精馏操作。精馏是利用混合液中各组分间挥发度有差异的特性，通过回流的工程手段实现连续高纯度的分离操作。

### 一、连续精馏原理

为了使气、液两相充分接触，提高热、质传递速率，常在精馏塔内充以填料或设置塔板，分别称为填料精馏塔和板式精馏塔。板式精馏塔和填料精馏塔的精馏原理是相同的，所不同的是填料塔内气、液两相呈逆流连续接触，两相浓度连续变化；而在板式塔内气、液两相在总体上逆流流动，在各塔板上呈错流逐级接触，两相浓度呈阶梯式变化。本节以板式精馏塔为重点进行讨论。

图 7-15 为一个典型的连续精馏装置。主要设备为精馏塔，塔内沿塔高安装有若干层塔板，每层塔板之间间隔一定的距离，原料从塔中部某个适当位置连续地加入塔内。塔底设有一个再沸器（塔釜）供热，将流入再沸器的液体部分汽化，所产生的饱和蒸气从塔底返回塔内，沿塔逐板上升，使每块塔板上液体保持在沸腾状态，称为**塔底气相回流**，剩余的液体作为塔底产品（残液）连续排出。塔顶设有冷凝器，将塔顶蒸气冷凝为液体，冷凝液的一部分从塔顶回流入塔，沿塔向下流动与上升蒸气逆流接触进行物质传递，

另一部分冷凝液再经冷却后连续排出作为塔顶产品（馏出液）。

气、液两相在塔板上接触过程中，既有物质传递又有热量传递。为了分析塔板上的两相热、质传递的情况，现在从塔中取出相邻的三层塔板进行分析，如图 7-16(a)所示。温度为 $t_{n-1}$，易挥发组分组成为 $x_{n-1}$ 的回流液沿降液管从 $n-1$ 层塔板流入下一层 $n$ 塔板，温度为 $t_{n+1}$，易挥发组分组成为 $y_{n+1}$ 的蒸气从 $n+1$ 层塔板自下而上通过 $n$ 层塔板液层。由于与 $x_{n-1}$ 成平衡的气相组成 $y_{n-1}$ 要比 $y_{n+1}$ 大，如图 7-16(b)所示，则进入第 $n$ 块板的气相组成 $y_{n+1}$ 和液相组成 $x_{n-1}$ 间将发生组分的传递。当气、液两相接触时，易挥发组分从液相主体通过两相界面向气相主体扩散；而其中难挥发组分组成分别为 $1-y_{n-1}$ 和 $1-y_{n+1}$，显然有 $(1-y_{n+1})>(1-y_{n-1})$，同理则难挥发组分从气相主体通过两相界面向液相主体扩散，实现了难、易挥发组分在塔板两相之间的双向传质。然而，在两相接触传质过程中，易挥发组分由液相挥发进入气相需要汽化热，难挥发组分由气相凝结进入液相要放出凝结热，只有解决这个传热问题，才能使物质传递按要求进行。分析图 7-16(b)，发现温度 $t_{n+1}>t_{n-1}$，组成为 $y_{n+1}$ 的蒸气与组成为 $x_{n-1}$ 的液体接触时必然有热量传递，蒸气被液体冷却而部分冷凝，同时液体被蒸气加热而部分汽化。蒸气部分冷凝所放出的热用于易挥发组分挥发需热之用，液体部分汽化所需热则由难挥发组分凝结放热供给。进入该板的气、液两相构成了传热所需的冷、热源。

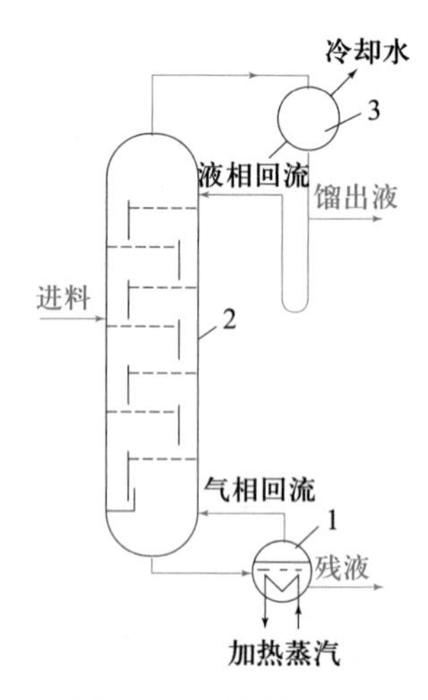


1—蒸馏釜；2—精馏塔；3—冷凝器

图 7-15　连续精馏装置

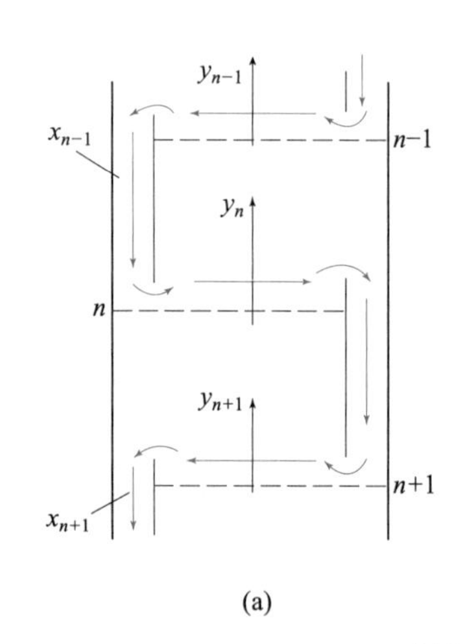


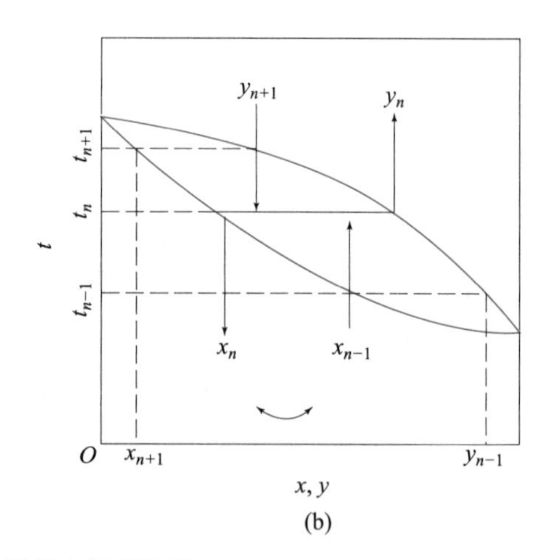


图 7-16　塔板上精馏过程

塔板上气、液两相充分接触后，离开该塔板气相中的易挥发组分组成 $y_n$，比进入时的 $y_{n+1}$ 有所提高；离开该塔板液相中的易挥发组分组成 $x_n$，比进入时的 $x_{n-1}$ 有所降低。离开该塔板的气、液两相分别进入 $n-1$ 和 $n+1$ 层塔板，继续进行两相之间的物质传递。全塔由下向上，塔板上易挥发组分的浓度越来越高，而温度越来越低；由上向下，塔板上难挥发组分的浓度越来越高,温度也越来越高。

由以上分析发现,塔底回流和塔顶回流为塔板上热、质传递提供了必需的气、液两相,保证了塔内正常的浓度分布。如果没有气、液两相回流,塔板上的热、质传递就无法进行,因此回流是精馏操作能够连续定态进行的必备条件。

根据相平衡关系得知:在压强和温度不变的条件下,液相的组成一定,气相组成就为一个确定值。若要在塔顶获得纯度高的易挥发组分蒸气,就必须有易挥发组分纯度高的液体与之接触,显然,最方便的来源是将塔顶产品中的一部分回流入塔顶。同理若要在塔底获得高纯度的难挥发组分液体,必须要有难挥发组分纯度高的蒸气与之接触,将流入塔釜的液体部分汽化所得的蒸气从塔底引回精馏塔内最为合理。

图 7-15 中加料口所对应的塔板称为进料板。在进料板以上的塔段内,上升的蒸气和塔顶回流的液体在各层塔板上相接触,下降液体中的易挥发组分向气相传递,上升蒸气中的难挥发组分向液相传递。使上升蒸气中的易挥发组分浓度逐板升高,下降液相中的易挥发组分浓度逐板下降。只要塔板足够多,到达塔顶蒸气中的难挥发组分将被降至很低,在塔顶获得高纯度的易挥发组分产品。此塔段除去了原料中的难挥发组分,使易挥发组分得到了精制,称为**精馏段**。

同理,在进料板以下的塔段内,精馏段下降的液体和原料中的液体汇合后与蒸馏釜回流的蒸气在塔板上相接触,同样在各层塔板上进行物质传递。到达塔底的液体中易挥发组分可降至很低,在塔底获得了高纯度的难挥发组分产品。此塔段内除去了下降液体中的易挥发组分,使得液体中难挥发组分得以提浓,称为**提馏段**。

一个完整的精馏塔应包括精馏段和提馏段,原料应从两段中间加入,只有这样才能将具有挥发度差异的双组分混合物分离成为高纯度的难挥发和易挥发组分产品。

由以上分析可见,精馏是以组分之间挥发性能的差异为分离基础,以塔釜加热和冷凝器取热的手段提供气、液两相回流为条件,利用难、易挥发组分在两相之间进行的双向传质,从而达到提纯难、易挥发组分的分离操作。

**想一想**

若将原料从塔顶或塔底加入,其分离结果如何?

## 二、连续精馏流程

工业生产中精馏操作有间歇进行,但大多数精馏都是采用连续操作,常见的连续精馏流程如图 7-17 所示。图中 1 为精馏段,2 为提馏段。原料连续定态地从高位槽 3(或用泵送入)流经预热器 4 加热后,进入精馏塔进行分离。自塔顶出来的蒸气在冷凝器 5 中冷凝,一部分冷凝液作为回流液流入塔顶第一块塔板上,而另一部分经冷却器 6 降至常温,经观察罩 9,最后流入馏出液贮槽 7。下降到塔釜的液体一部分被加热汽化成为蒸气沿塔板上升,另一部分残液流入残液贮槽 8。

连续精馏操作中原料是连续不断地被加入塔内,在操作达到稳定状态时,每层塔板上的气、液两相浓度、馏出液和残液的组成及回流的气、液两相量均应保持不变。

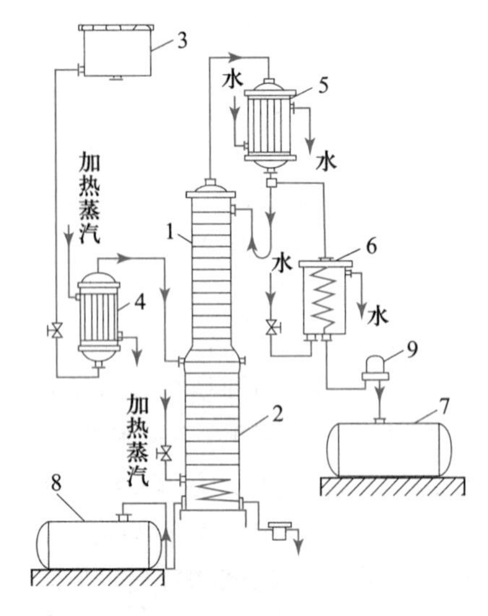


1—精馏段;2—提馏段;3—高位槽;4—预热器;5—冷凝器;
6—冷却器;7—馏出液贮槽;8—残液贮槽;9—观察罩

图 7-17　连续精馏流程

## 第五节　双组分溶液连续精馏塔的计算

工业生产中的蒸馏操作以精馏为主,在多数情况下采用连续精馏。双组分连续精馏塔工艺计算的主要内容如下:

(1) 物料衡算,确定各股物流量;

(2) 为完成一定的分离要求所需要的塔板数或填料层高度;

(3) 确定塔高和塔径;

(4) 确定板式塔的塔板结构及流体力学性能或确定填料塔的填料类型和尺寸及填料层的压强降;

(5) 精馏塔的热量衡算,以确定冷凝器、塔釜的热负荷及冷却剂和加热剂的消耗量。

### 一、基本型精馏塔的计算条件

1. 恒摩尔流假定

在精馏过程中,塔内气、液两相的浓度、温度不断地变化,同时涉及热量传递和物质传递,影响因素很多,过程较为复杂,为了便于工程分析和计算,常做以下假定。

**恒摩尔流包括恒摩尔上升气流和恒摩尔下降液流**:即在精馏塔内没有加料和出料的任一塔段内,每块塔板上升的蒸气摩尔流量彼此相等,每块塔板下降的液体摩尔流量也彼此相等。如用符号 $q_{n,\mathrm{V}}$,$q_{n,\mathrm{L}}$ 表示精馏段内上升的蒸气摩尔流量和下降的液体摩尔流量,用符号 $q_{n,\mathrm{V}i}$,$q_{n,\mathrm{L}i}$ 表示精馏段内任一块塔板上升的蒸气摩尔流量和下降的液体摩尔流量;用符号 $q'_{n,\mathrm{V}}$,$q'_{n,\mathrm{L}}$ 表示提馏段内上升的蒸气摩尔流量和下降的液体摩尔流量,用符号 $q'_{n,\mathrm{V}i}$,$q'_{n,\mathrm{L}i}$ 表示提馏段内任一块塔板上升的蒸气摩尔流量和下降的液体摩尔流量。则精

馏段内有

$$q_{n,\mathrm{L}i}=q_{n,\mathrm{L}}=\text{常数} \quad , \quad q_{n,\mathrm{V}i}=q_{n,\mathrm{V}}=\text{常数}$$

在提馏段内有

$$q'_{n,\mathrm{L}i}=q'_{n,\mathrm{L}}=\text{常数} \quad , \quad q'_{n,\mathrm{V}i}=q'_{n,\mathrm{V}}=\text{常数}$$

**小贴士**

由于进料的影响，两段之间的液相摩尔流量 $q_{n,\mathrm{L}}$ 和 $q'_{n,\mathrm{L}}$ 不一定相等；气相摩尔流量 $q_{n,\mathrm{V}}$ 和 $q'_{n,\mathrm{V}}$ 也不一定相等。

恒摩尔流假定在下述条件下成立：

(1) 混合物中各组分的摩尔汽化潜热相等；

(2) 气、液两相接触时，因温度不同而交换的显热可忽略不计；

(3) 塔设备的保温良好，热损失可忽略不计。

恒摩尔流是一种假定，但实践证明，在塔体保温良好的前提下，很多双组分溶液如：苯-甲苯、乙烯-乙烷、乙醇-水等连续精馏过程接近于恒摩尔流假定。

2. 塔顶冷凝器为全凝器

从塔顶引出的蒸气在冷凝器中全部冷凝，其冷凝液的一部分在其泡点下回流入塔，剩余的冷凝液作为塔顶产品。因此，回流液、馏出液与进入全凝器的蒸气组成相同。

3. 塔釜为间接蒸气加热

塔釜为间壁式加热器，只向系统加入必需的热能，而不影响系统的物料量。

4. 单股进料，无侧线出料

全塔只有一股原料从塔中部进入塔内，只有塔顶馏出液和塔底残液两股出料。

凡具有以上条件的定态操作精馏塔，在这里被称为"基本型"精馏塔。本小节主要介绍基本型双组分连续精馏塔的分析和计算。

## 二、全塔物料衡算

图 7-18 为连续精馏流程示意图，其中各物流都做定态流动。根据质量守恒定律，对全塔（图中虚线框所示）进行衡算。其总物料衡算式为

$$q_{n,\mathrm{F}}=q_{n,\mathrm{D}}+q_{n,\mathrm{W}} \qquad (7-11)$$

易挥发组分的物料衡算式为

$$q_{n,\mathrm{F}}x_{\mathrm{F}}=q_{n,\mathrm{D}}x_{\mathrm{D}}+q_{n,\mathrm{W}}x_{\mathrm{W}} \qquad (7-12)$$

式中 $q_{n,\mathrm{F}}, q_{n,\mathrm{D}}, q_{n,\mathrm{W}}$——原料、馏出液、残液的摩尔流量，kmol/h；

$x_{\mathrm{F}}, x_{\mathrm{D}}, x_{\mathrm{W}}$——原料、馏出液、残液中易挥发组分的摩尔分数。

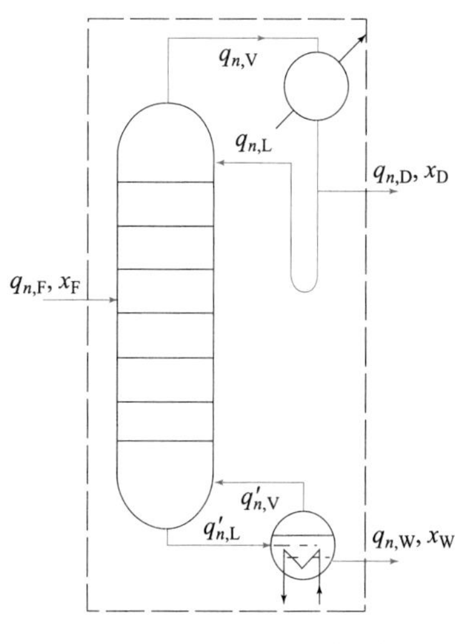


图 7-18 精馏塔物料衡算

工程计算中,通常$q_{n,F}$和$x_F$,$x_D$,$x_W$为已知,由式(7-11)和式(7-12)两式联立求解,可得馏出液量$q_{n,D}$和残液量$q_{n,W}$。另外联立式(7-11)和式(7-12)两式可求得馏出液的采出率$q_{n,D}/q_{n,F}$和残液的采出率$q_{n,W}/q_{n,F}$,见式(7-13)和式(7-14)。另外在精馏计算中,除用塔顶和塔底的产品浓度表示分离要求外,有时还用回收率表示。回收率是指回收了原料中易挥发(或难挥发)组分的百分数。计算式见式(7-15)和式(7-16)。

$$\frac{q_{n,D}}{q_{n,F}}=\frac{x_F-x_W}{x_D-x_W} \tag{7-13}$$

$$\frac{q_{n,W}}{q_{n,F}}=\frac{x_D-x_F}{x_D-x_W}=1-\frac{q_{n,D}}{q_{n,F}} \tag{7-14}$$

$$\eta_D=\frac{q_{n,D}x_D}{q_{n,F}x_F}\times 100\% \tag{7-15}$$



$$\eta_W=\frac{q_{n,W}(1-x_W)}{q_{n,F}(1-x_F)}\times 100\% \tag{7-16}$$

**[例 7-4]** 在操作压强为 101.3 kPa 某精馏塔分离某混合物。原料处理量为 10 000 kg/h,其中易挥发组分质量分数为 35%,要求馏出液中易挥发组分的质量分数不低于 95%,残液中难挥发组分的质量分数不低于 98%。试求馏出液及残液的摩尔流量;再求塔顶易挥发组分的回收率为多少。已知易挥发组分的摩尔质量为 72 kg/kmol,难挥发组分的摩尔质量为 86 kg/kmol。

**解**:先将质量分数换算为摩尔分数

原料的组成 $$x_F=\frac{0.35/72}{0.35/72+0.65/86}=0.391$$

馏出液的组成 $$x_D=\frac{0.95/72}{0.95/72+0.05/86}=0.958$$

残液中易挥发组分质量分数 $$w_W=1-0.98=0.02$$

换算为摩尔分数 $$x_W=\frac{0.02/72}{0.02/72+0.98/86}=0.023\ 8$$

原料的平均摩尔质量为

$$M_F=[72\times 0.391+86\times(1-0.391)]\ \text{kg/kmol}=80.5\ \text{kg/kmol}$$

原料的摩尔流量为 $q_{n,F}=(10\ 000/80.5)\ \text{kmol/h}=124.2\ \text{kmol/h}$

将以上所得数值代入式(7-11)和式(7-12),则

$$124.2\ \text{kmol/h}=q_{n,D}+q_{n,W}$$

$$124.2\ \text{kmol/h}\times 0.391=0.958q_{n,D}+0.023\ 8q_{n,W}$$

解得 $q_{n,D}=48.82\ \text{kmol/h}$ , $q_{n,W}=75.38\ \text{kmol/h}$

易挥发组分的回收率为

$$\eta_D=\frac{q_{n,D}x_D}{q_{n,F}x_F}=\frac{48.82\times 0.958}{124.2\times 0.391}\times 100\%=96.3\%$$



## 三、精馏操作线方程

### (一) 精馏段操作线方程

如图 7-19 所示,取精馏段内$(n+1)$块板以上,包括冷凝器在内作为衡算范围(图中

虚线框所示)，并设冷凝器将塔顶引出的蒸气在此处全部冷凝，即为全凝器。根据质量守恒定律和恒摩尔流假定，其各股物料之间的衡算关系为

$$q_{n,V}=q_{n,L}+q_{n,D} \tag{7-17}$$

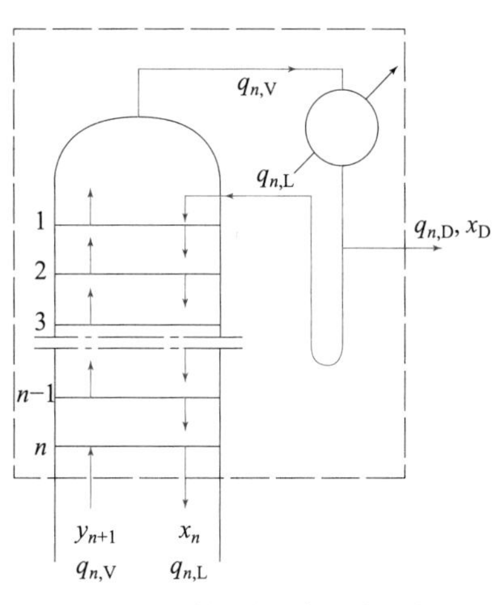


图 7-19　精馏段操作线方程推导

易挥发组分的物料衡算式为

$$q_{n,V}y_{n+1}=q_{n,L}x_n+q_{n,D}x_D \tag{7-18}$$

式中　$q_{n,V}$——精馏段内上升的蒸气摩尔流量，kmol/h 或 kmol/s；

$q_{n,L}$——精馏段内下降的液体摩尔流量，kmol/h 或 kmol/s；

$y_{n+1}$——精馏段第 $n+1$ 层板上升蒸气中易挥发组分的摩尔分数；

$x_n$——精馏段第 $n$ 层板下降液体中易挥发组分的摩尔分数。

将式(7-18)两边同除以 $q_{n,V}$，并将式(7-17)代入，可得

$$y_{n+1}=\frac{q_{n,L}}{q_{n,V}}x_n+\frac{q_{n,D}x_D}{q_{n,V}}=\frac{q_{n,L}}{q_{n,L}+q_{n,D}}x_n+\frac{q_{n,D}x_D}{q_{n,L}+q_{n,D}}$$

$$=\frac{q_{n,L}/q_{n,D}}{q_{n,L}/q_{n,D}+1}x_n+\frac{x_D}{q_{n,L}/q_{n,D}+1} \tag{7-19}$$

令

$$R=q_{n,L}/q_{n,D} \tag{7-20}$$

代入式(7—19)可得

$$y_{n+1}=\frac{R}{R+1}x_n+\frac{x_D}{R+1} \tag{7-21}$$

式中 $R$ 称为**回流比**，即回流液摩尔流量 $q_{n,L}$ 与馏出液摩尔流量 $q_{n,D}$ 的比值。回流比 $R$ 是一个精馏过程的重要参数，其值大小将对精馏塔的设计和操作有着很大的影响，其数值是由设计者选定，确定方法在后面内容中进行讨论。

式(7-19)和式(7-21)均为**精馏段操作线方程**，常用的表达式为式(7-21)。它表示了在一定的操作条件下，精馏段内任意两层相邻塔板的下一层塔板上升蒸气浓度 $y_{n+1}$ 与上一层塔板下降的液体组成 $x_n$ 之间的关系。即相邻两块塔板气、液两相组成之间的操

作关系。

在定态精馏操作过程中，回流比 $R$ 和馏出液组成 $x_D$ 均为定值，故此操作线方程为一个斜率为 $R/(R+1)$、截距为 $x_D/(R+1)$ 的直线方程。

当 $R/(R+1)$，$x_D/(R+1)$ 为已知，可将精馏段操作线标绘在 $x-y$ 图上，如图 7-20 中的 $ac$ 直线。精馏段操作线也可用两点法作出，先由截距 $x_D/(R+1)$ 在 $x-y$ 图中找到 $c$ 点，再将 $x_n=x_D$ 代入式(7-21)中，可得 $y_{n+1}=x_D$，找到 $a$ 点，$a$ 点在对角线上，连 $a$，$c$ 两点所得的直线即为精馏段操作线。



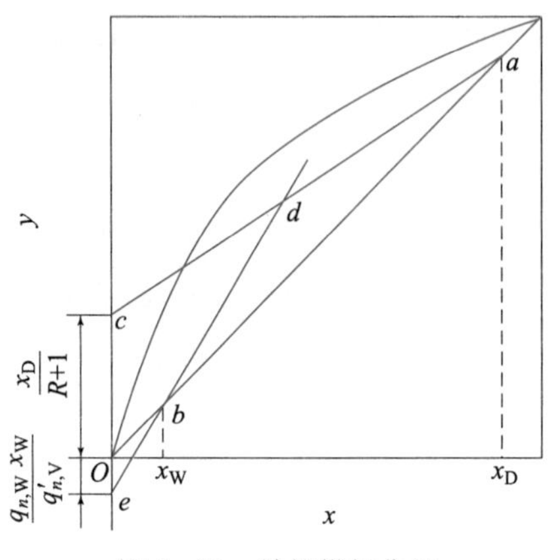


图 7-20　精馏塔操作线

**［例 7-5］** 在常压连续精馏塔中分离苯和甲苯混合液。料液中含苯 40%，馏出液中含苯 95%，残液中含苯 5%（均为摩尔分数），料液量为 1 000 kmol/h。试求：(1) 馏出液和残液量，kmol/h；(2) 若回流比为 3，求回流液量，kmol/h；并写出精馏段操作线方程及该操作线的截距和斜率。

**解**：(1) $q_{n,D}=q_{n,F}\dfrac{x_F-x_W}{x_D-x_W}=1\,000\times\dfrac{0.4-0.05}{0.95-0.05}\ \text{kmol/h}=389\ \text{kmol/h}$

$$q_{n,W}=(1\,000-389)\ \text{kmol/h}=611\ \text{kmol/h}$$

(2) $q_{n,L}=q_{n,D}\cdot R=389\times3\ \text{kmol/h}=1\,167\ \text{kmol/h}$

$$y_{n+1}=\frac{R}{R+1}x_n+\frac{x_D}{R+1}=\frac{3}{3+1}x_n+\frac{0.95}{3+1}=0.75x_n+0.237\,5$$

该操作线的斜率为 0.75，在 $y$ 轴上的截距为 0.237 5。

**（二）提馏段操作线方程及进料热状况的影响**

1. 提馏段操作线方程

如图 7-21 所示，取提馏段内 $m$ 层板以下，包括再沸器在内作为衡算范围（图中虚线框所示），且设再沸器为间接加热。根据质量守恒定律和恒摩尔流假定，总物料衡算为

$$q'_{n,L}=q'_{n,V}+q_{n,W} \tag{7-22}$$

易挥发组分的物料衡算为

$$q'_{n,L}x_m=q'_{n,V}y_{m+1}+q_{n,W}x_W \tag{7-23}$$

式中　$q'_{n,V}$——提馏段内上升蒸气摩尔流量，kmol/h 或 kmol/s；

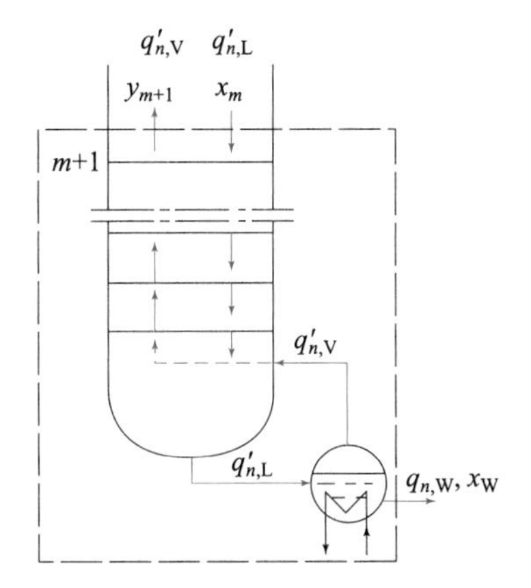

图 7-21 提馏段操作线方程推导



$q'_{n,L}$——提馏段内下降液体摩尔流量,kmol/h 或 kmol/s;

$y_{m+1}$——提馏段第 $m+1$ 层板上升蒸气中易挥发组分的摩尔分数;

$x_m$——提馏段第 $m$ 层板下降液体中易挥发组分的摩尔分数。

将式(7-22)与式(7-23)两式联立,可得

$$y_{m+1}=\frac{q'_{n,L}}{q'_{n,V}}x_m-\frac{q_{n,W}x_W}{q'_{n,V}} \tag{7-24}$$

或为

$$y_{m+1}=\frac{q'_{n,L}}{q'_{n,L}-q_{n,W}}x_m-\frac{q_{n,W}x_W}{q'_{n,L}-q_{n,W}} \tag{7-25}$$

式(7-25)称为提馏段操作线方程。它表达了在一定的操作条件下,提馏段内相邻两层塔板的下一层塔板上升蒸气组成 $y_{m+1}$ 与上一层塔板下降液体组成 $x_m$ 的关系。

与精馏段操作线方程一样,提馏段操作线方程也是直线方程。将其标绘在 $x-y$ 图上,是一条斜率为 $q'_{n,L}/q'_{n,V}$,截距为 $-q_{n,W}x_W/q'_{n,V}$ 的直线,称为提馏段操作线。如图 7-20 中的 $de$ 直线。

2. 进料热状况的影响

对于提馏段,由于原料的加入,使该段内上升的蒸气量 $q'_{n,V}$ 和下降的液体量 $q'_{n,L}$ 较精馏段 $q_{n,V}$ 和 $q_{n,L}$ 均有所变化,变化的多少取决于原料的加入量和进料的热状态。在实际生产中,进入精馏塔的原料可能有五种热状态:

① 温度低于泡点的冷液体;

② 温度等于泡点的饱和液体;

③ 温度介于泡点和露点之间的气、液混合物;

④ 温度等于露点的饱和蒸气;

⑤ 温度高于露点的过热蒸气。

原料进入精馏塔的热状态,可以根据原料组成和温度在 $t-x-y$ 图上确定。

无论进料的热状态如何,都将影响到加料板上下两段的气、液流量。为了解决提馏段内气、液两相摩尔流量的计算,对加料板进行物料衡算和热量衡算后,可得 $q'_{n,L}$ 和 $q_{n,L}$ 之间关系及 $q'_{n,V}$ 和 $q_{n,V}$ 之间关系为

$$q'_{n,L}=q_{n,L}+qq_{n,F} \tag{7-26}$$

$$q'_{n,V}=q_{n,V}-(1-q)q_{n,F} \tag{7-27}$$

式中 $q$ 值称为**进料的热状况参数**，其意义为每有 1 kmol 进料使得提馏段的液体回流量较精馏段回流量增加的物质的量(kmol)。其定义式为

$$q=\frac{H_V-H_F}{H_V-H_L}=\frac{\text{将 1 kmol 进料变为饱和蒸气所需的热量}}{\text{原料液的千摩尔汽化潜热}} \tag{7-28}$$

式中 $H_F$——原料的焓，kJ/kmol；

$H_V$——进入和离开加料板的饱和蒸气的焓，kJ/kmol；

$H_L$——进入和离开加料板的饱和液体的焓，kJ/kmol。

由 $q$ 的定义式分析可得：对冷液体进料，进料温度低于泡点温度，除需要将进料温度提高到泡点的显热以外，还需要汽化潜热才能将其变为饱和蒸气，显然其 $q>1$；对饱和液体进料，进料的温度为泡点，此时仅需要汽化潜热就能将其变为饱和蒸气，因此 $q=1$。饱和蒸气进料，不需热量，$q=0$；气、液混合进料，进料中一部分为饱和液体，一部分已为饱和蒸气，故只有饱和液体部分汽化需要热量，比较饱和液体和饱和蒸气进料的 $q$ 值，可得 $0<q<1$；过热蒸气进料，温度高于露点，要成为饱和蒸气，必须要将温度降至露点，放出热量，$q<0$。对于饱和液体、气、液混合物和饱和蒸气三种进料热状态，在数值上等于进料中的饱和液体摩尔流量与进料总摩尔流量之比值。

将式(7-26)代入式(7-25)，可得提馏段操作线方程又一种表达形式为

$$y_{m+1}=\frac{q_{n,L}+qq_{n,F}}{q_{n,L}+qq_{n,F}-q_{n,W}}x_m-\frac{q_{n,W}x_W}{q_{n,L}+qq_{n,F}-q_{n,W}} \tag{7-29}$$

3. $q$ 线方程

由于提馏段操作线的截距为负值，且数值很小，用截距和斜率的方法画操作线不方便且不易准确，通常用两点法作操作线。用 $x_m=x_W$ 代入式(7-25)中，可得 $y_{m+1}=x_W$，提馏段操作线在 $x=x_W$ 时过对角线，如图 7-22 中的 $b$ 点。另一点的坐标应在精馏段操作线与提馏段操作线的交点处，两操作线的交点可以联解两段操作线方程而得。联立精馏段和提馏段操作线方程可得到两段操作线交点轨迹方程，即 **$q$ 线方程**。因为在交点处两段操作线中变量相同，故可略去式(7-19)和式(7-24)中变量的下标，即

$$y=\frac{q_{n,L}}{q_{n,V}}x+\frac{q_{n,D}x_D}{q_{n,V}}\quad,\quad y=\frac{q'_{n,L}}{q'_{n,V}}x-\frac{q_{n,W}x_W}{q'_{n,V}}$$

联立两式并整理可得

$$(q'_{n,V}-q_{n,V})y=(q'_{n,L}-q_{n,L})x-(q_{n,W}x_W+q_{n,D}x_D)$$

将式(7-26)和式(7-27)及式(7-12)代入并整理得

$$y=\frac{q}{q-1}x-\frac{x_F}{q-1} \tag{7-30}$$

此式即为 **$q$ 线方程**表达式。该式也为**直线方程**，其斜率为 $q/(q-1)$，截距为 $-x_F/(q-1)$。其位置由 $q$ 和 $x_F$ 决定。

将式(7-30)与对角线方程联立,可解得交点坐标为 $x=x_F$, $y=x_F$,如图7-22中的 $e$ 点。再从 $e$ 点作斜率为 $q/(q-1)$ 的直线,即为 $q$ 线。$q$ 线与精馏段操作线相交于 $d$ 点,$d$ 点即为两操作线的交点。连接 $b$,$d$ 两点成直线就是提馏段操作线。

进料热状况不同,$q$ 值及 $q$ 线的斜率不同,精馏段操作线与 $q$ 线的交点位置因进料热状况不同而变化,提馏段操作线位置因此随之变化。各种不同进料状况的 $q$ 线位置及对提馏段操作线的影响如图7-23所示。

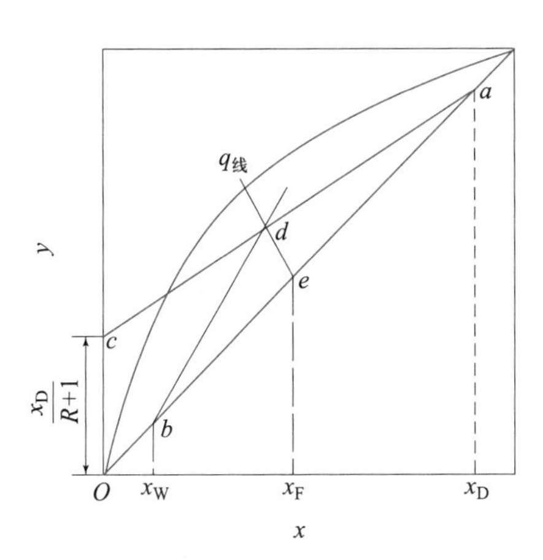


图7-22　提馏段操作线作法

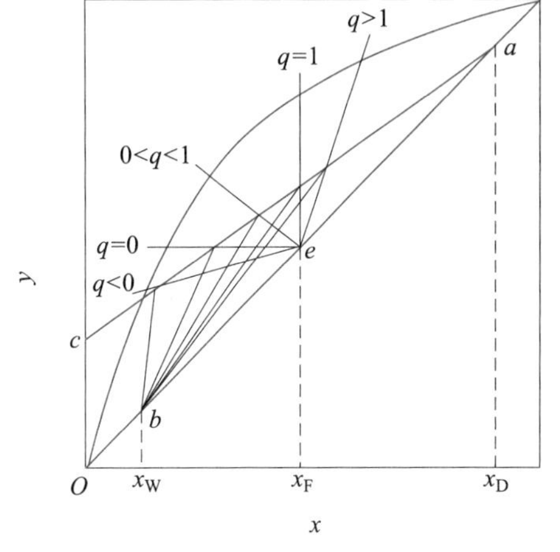


图7-23　进料热状况对操作线的影响



动画

进料热状况对塔内气、液流量的影响

动画

进料热状况对理论塔板数的影响

**想一想**

精馏段和提馏段操作线方程各与哪些参数有关？与物料量的多少是否有关？

**[例7-6]**　当[例7-5]中的原料为以下两种情况时:(1) 温度为20 ℃;(2) 原料为气、液物质的量比为1∶2的气、液混合物。试分别确定提馏段下降的液相摩尔流量 $q'_{n,L}$ 和上升的气相摩尔流量 $q'_{n,V}$;并写出两种情况下的提馏段操作线方程。

**解:** (1) 由图7-3所示的苯和甲苯 $t$-$x$-$y$ 图可查得当 $x_F=0.4$ 时的泡点 $t_s$ 为95 ℃,显然20 ℃的进料为冷液体。首先确定式(7-28)中的 $H_F$,$H_V$ 和 $H_L$,然后代入式(7-28)确定热状态参数 $q$ 值。

进料组成 $x_F$ 和进料温度下 $t_F$ 液体的焓 $H_F=c_p\cdot t_F$;进料组成 $x_F$ 及泡点温度 $t_s$ 下饱和蒸气焓 $H_V=c_p\cdot t_s+r$;进料组成 $x_F$ 及泡点温度 $t_s$ 下饱和液体的焓 $H_L=c_p\cdot t_s$,代入式(7-28)得进料为液态时热状态参数 $q$ 的计算式:

$$q=\frac{H_V-H_F}{H_V-H_L}=\frac{c_p\cdot t_s+r-c_pt_F}{c_pt_s+r-c_pt_s}=1+\frac{c_p(t_s-t_F)}{r}$$

查 $t_m=\frac{20+95}{2}$ ℃=57.5 ℃时苯和甲苯比定压热容 $c_p$ 均为1.84 kJ/(kg·K);查泡点 $t_s$ 下苯的汽化潜热为386 kJ/kg,甲苯的汽化潜热为360 kJ/kg。原料的平均摩尔热容为

$$\begin{aligned}c_p&=c_{pA}M_Ax_F+c_{pB}M_B(1-x_F)=(1.84\times78\times0.4+1.84\times92\times0.6)\ \text{kJ/(kmol·K)}\\&=159\ \text{kJ/(kmol·K)}\end{aligned}$$

原料的汽化潜热为

$$r=r_A M_A x_F+r_B M_B(1-x_F)=(386\times78\times0.4+360\times92\times0.6)\ \text{kJ/kmol}=31\ 915\ \text{kJ/kmol}$$

代入上式解得

$$q=1+\frac{159\times(95-20)}{31\ 915}=1.374$$

由[例 7-5]知进料量 $q_{n,F}$ 为 1 000 kmol/h,精馏段下降液体量 $q_{n,L}$ 为 1 167 kmol/h,代入式(7-26)即可求得 $q'_{n,L}$

$$q'_{n,L}=q_{n,L}+qq_{n,F}=(1\ 167+1.374\times1\ 000)\ \text{kmol/h}=2\ 541\ \text{kmol/h}$$

残液量 $q_{n,W}$ 为 611 kmol/h,其代入式(7-22)中 $q'_{n,V}$:

$$q'_{n,V}=q'_{n,L}-q_{n,W}=(2\ 541-611)\ \text{kmol/h}=1\ 930\ \text{kmol/h}$$



提馏段操作线方程为

$$y_{m+1}=\frac{q'_{n,L}}{q'_{n,V}}x_m-\frac{q_{n,W}x_W}{q'_{n,V}}=\frac{2\ 541}{1\ 930}x_m-\frac{611\times0.05}{1\ 930}=1.317x_m-0.015\ 83$$

(2) 当进料为气、液物质的量比为 1∶2 气、液混合物时,根据热状态参数的意义,可直接得 $q=2/(1+2)=2/3$,此时的 $q'_{n,L}$ 为

$$q'_{n,L}=q_{n,L}+qq_{n,F}=\left(1\ 167+\frac{2}{3}\times1\ 000\right)\ \text{kmol/h}=1\ 834\ \text{kmol/h}$$

$$q'_{n,V}=q'_{n,L}-q_{n,W}=(1\ 834-611)\ \text{kmol/h}=1\ 223\ \text{kmol/h}$$

提馏段操作线方程为

$$y_{m+1}=\frac{1\ 834}{1\ 223}x_m-\frac{611\times0.05}{1\ 223}=1.5x_m-0.025$$

由计算结果可得,当进料温度提高时,提馏段操作线斜率增大。

**想一想**

当进料温度提高,提馏段操作线斜率如何变化?操作线与平衡线距离远还是近?

## 四、精馏塔塔板层数确定

### (一) 理论塔板概念

在精馏原理一节中曾介绍了塔板上气、液两相接触和物质传递情况,如果气、液两相能在塔板上充分接触,使离开塔板的气、液两相温度相等,且组成互为平衡,则称该塔板为理论塔板。在实际精馏过程中,气、液两相在塔板上的接触时间和接触面积都是有限的,因此在任何型式的塔板上,离开塔板的气、液两相间难以达到平衡。所以理论塔板实际上是不存在的,它只是作为衡量塔板性能好坏标准而引入的概念。实际塔板的性能越接近于理论塔板,则塔板的性能越好,塔板效率越高。

### (二) 理论塔板层数确定

理论塔板层数的确定方法较多,这里主要介绍逐板计算法和图解法及捷算法三种确

定理论塔板层数的方法。前两种方法均是在分离要求一定的条件下，交替使用物系的相平衡关系和操作线方程即可得到所需的理论塔板层数，而捷算法是借助于吉利兰关联图，对所需理论塔板数进行快速估算的方法。现分述如下：

1. 逐板计算法

设塔顶冷凝器为全凝器，泡点回流；塔釜为间接加热。如图 7-24 所示，由于塔顶为全凝器，则从塔顶第一层塔板上升的蒸气进入冷凝器后全部冷凝，所得馏出液组成及回流液组成与第一层塔板上升的蒸气的组成相同，即 $y_1=x_D$，而离开理论板的气、液两相互成平衡，故第一层理论板下降的液相组成 $x_1$ 可由相平衡方程求得，即 $x_1=\dfrac{y_1}{\alpha-(\alpha-1)y_1}$，又因两板间气、液相组成满足操作线方程，故第二块理论板上升的蒸气组成 $y_2$ 与 $x_1$ 之间满足精馏段操作线方程，则有 $y_2=\dfrac{R}{R+1}x_1+\dfrac{x_D}{R+1}$，以此类推，可按以下步骤逐板向下计算：

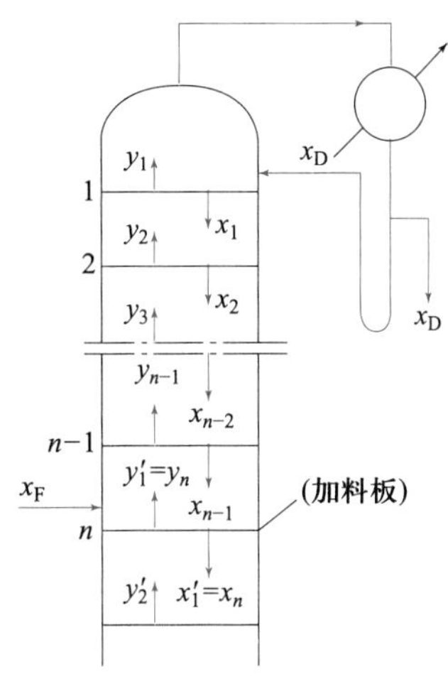

图 7-24　逐板计算法示意图

$$x_D=y_1\xrightarrow{\text{相平衡方程求}}x_1,\text{精馏段第一块板}$$

$$x_1\xrightarrow{\text{精馏段操作线方程求}}y_2\xrightarrow{\text{相平衡方程求}}x_2,\text{精馏段第二块板}$$

$$\vdots\qquad\qquad\vdots\qquad\qquad\vdots$$

$$x_{n-1}\xrightarrow{\text{精馏段操作线方程求}}y_n\xrightarrow{\text{相平衡方程求}}x_n\leqslant x_d,\text{提馏段第一块板}$$

直到 $x_n\leqslant x_d$ 为止。$x_d$ 为提馏段操作线与精馏段操作线的交点横坐标值，可通过两段操作线方程联解确定。精馏段理论板数为 $n-1$ 块，而第 $n$ 块板则为进料板，也是提馏段的第一块板。当计算到 $x_n\leqslant x_d$ 后，改用提馏段操作线方程继续逐板向下计算，来确定提馏段理论塔板数，直到 $x\leqslant x_W$ 为止。

$$x_n=x_1\xrightarrow{\text{提馏段操作线方程求}}y_2\xrightarrow{\text{相平衡方程求}}x_2,\text{提馏段第二块板}$$

$$x_2\xrightarrow{\text{提馏段操作线方程求}}y_3\xrightarrow{\text{相平衡方程求}}x_3,\text{提馏段第三块板}$$

$$\vdots\qquad\qquad\vdots\qquad\qquad\vdots$$

$$x_{m-1}\xrightarrow{\text{提馏段操作线方程求}}y_m\xrightarrow{\text{相平衡方程求}}x_m\leqslant x_W,\text{提馏段第 } m \text{ 块板}$$

由于离开塔釜的气、液两相组成达到平衡，故塔釜相当于一块理论板，提馏段所需的理论塔板数为 $m-1$ 块。全塔所需的理论塔板数 $N_T$ 为

$$N_T=n+m-2\quad(\text{不包括塔釜})$$

或

$$N_T=n+m-1\quad(\text{包括塔釜})$$

2. 图解法

图解法求理论塔板数的基本原理与逐板计算法相同，所不同的是用相平衡曲线和操

作线分别代替相平衡方程和操作线方程，用简便的图解法代替烦琐的数学计算。用图解法求理论塔板层数的具体步骤如下：

(1) 绘相平衡曲线　在直角坐标系中绘出待分离物系的相平衡曲线，即 $x-y$ 图，并作出对角线，如图 7-25所示。

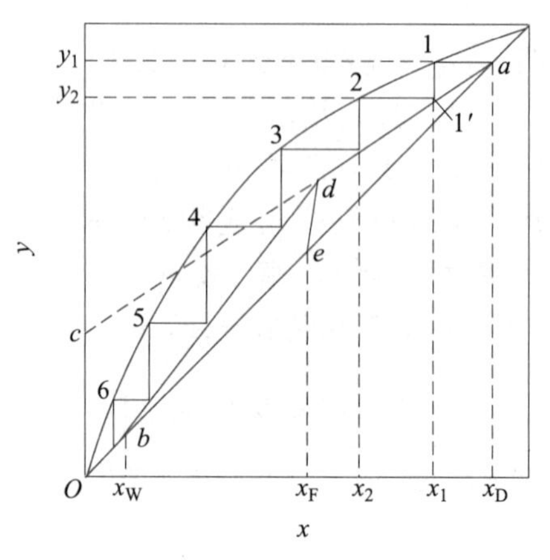


图 7-25　图解法求理论塔板数的示意图

(2) 绘操作线　在图上分别绘出精馏段操作线和提馏段操作线。先在 $x$ 轴上作垂线 $x=x_D$ 交于对角线上 $a$ 点，再按精馏段操作线的截距 $x_D/(R+1)$ 在 $y$ 轴上定出 $c$ 点。连 $ac$ 两点即为精馏段操作线。如图 7-25 中所示 $ac$ 直线。在 $x$ 轴上作垂线 $x=x_F$ 交于对角线上 $e$ 点，按进料热状况参数 $q$ 值计算 $q$ 线斜率，从 $e$ 点作斜率为 $q/(q-1)$ 的 $q$ 线，与精馏段操作线交于 $d$。在 $x$ 轴上作垂线 $x=x_W$ 交于对角线上 $b$ 点，连 $bd$ 两点即得提馏段操作线，如图 7-25 中 $bd$ 直线。

(3) 绘直角梯级　从 $a$ 点开始，在精馏段操作线与平衡线之间绘水平线与垂直线构成直角梯级，当梯级跨过两段操作线交点 $d$ 时，则改在提馏段操作线与平衡线之间作直角梯级，直至梯级的垂线达到或跨过 $b$ 点为止。每一个梯级代表一层塔板，梯级总数即为所需的理论塔板数(包括塔釜)。其中跨过 $d$ 点梯级所处的位置为理论进料板位置。在图 7-25 中梯级总数为 6，表示共需 6 层理论塔板(包括塔釜)。第 3 个梯级跨过点 $d$，即第 3 层为加料板，精馏段有 2 层理论板。由于塔釜相当于一层理论板，因此提馏段的理论板为 3 层。

在图 7-25 梯级 $a-1-1'$中，水平线 $a-1$ 表示经过第一层理论板后液相组成自 $x_D$ 减小到 $x_1$，垂直线 $1-1'$表示了经过第一层理论板后气相组成自 $y_2$ 增加至 $y_1$。由此可以看出梯级的跨度表示了每块理论板的增浓程度，平衡线与操作线偏离越远，梯级跨度越大，增浓程度越高，对一定的分离要求所需的理论塔板层数越少。

将跨过操作线交点的梯级定为加料板的理由是这样可使所需理论塔板数最少，提前加料或推迟加料都会使所需理论塔板数增多。为了说明这个问题，在与图 7-25 中平衡线和操作线相同的情况下，原料推迟到第 5 块进入，也就是过 $d$ 点后仍然在平衡线和精馏段操作线之间画梯级，按此法作图可得所需理论板数为 7 层，如图 7-26(a)所示。这是由于此处精馏段操作线比提馏段操作线更靠近平衡线，所画的梯级跨度变小，塔板的增浓能力减少,对一定的分离要求所需的理论塔板数必然增多。反之,提前加料也会有同样的结果,如图 7-26(b)所示。

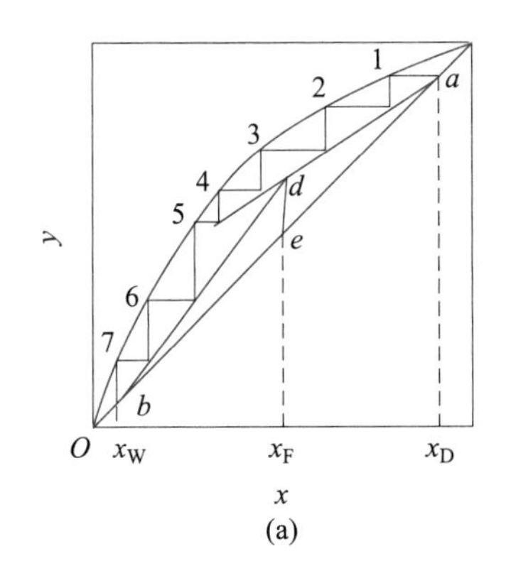


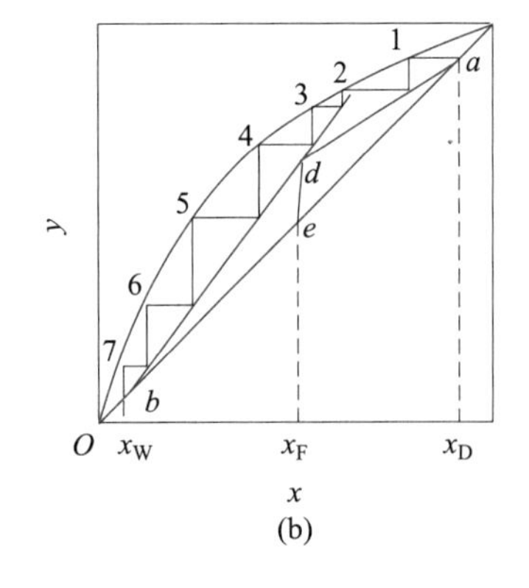


图 7-26　进料板位置对所需理论塔板数的影响

## 小贴士

逐板计算法和图解法求算理论塔板数都是基于恒摩尔流假定,而假定的主要条件是组分的摩尔汽化潜热相等。对组分的摩尔汽化潜热相差较大的物系,就不能用基于恒摩尔流假定的方法求取理论塔板数,必须采用其他方法,可参阅有关书籍。

## 想一想

理论塔板数与哪些参数有关?与物料量的多少是否有关?

**[例 7-7]** 苯和甲苯的 $x-y$ 相图如图 7-27 所示。现若将含苯为 0.4(摩尔分数,以下同)的饱和液体,分离为含苯 0.95 的馏出液和含苯 0.1 的残液。回流比取为 2.0,试确定理论塔板数和理论加料板所处的位置。

**解:** 画操作线。精馏段操作线截距为

$$\frac{x_D}{R+1}=\frac{0.95}{2+1}=0.317$$

在 $y$ 轴上定出截距,找到 $c$ 点,在对角线上过 $x_D$ 处定出 $a$ 点,连 $ac$ 直线为精馏段操作线;在对角线上过 $x_W$ 处,定出 $b$ 点,进料为饱和液体,在对角线上过 $x_F$ 的 $e$ 点画垂直线 $ed$,与精馏段操作线交于 $d$ 点,连 $bd$ 两点的直线为提馏段操作线。

求所需理论塔板数。从 $a$ 点开始在平衡线与操作线之间连续画梯级,直到 $x \leqslant x_W$ 为止。由图中梯级数可得:精馏段需 5 块理论塔板,提馏段需 5 块理论塔板(不包括再沸器),理论进料板为第 6 块。

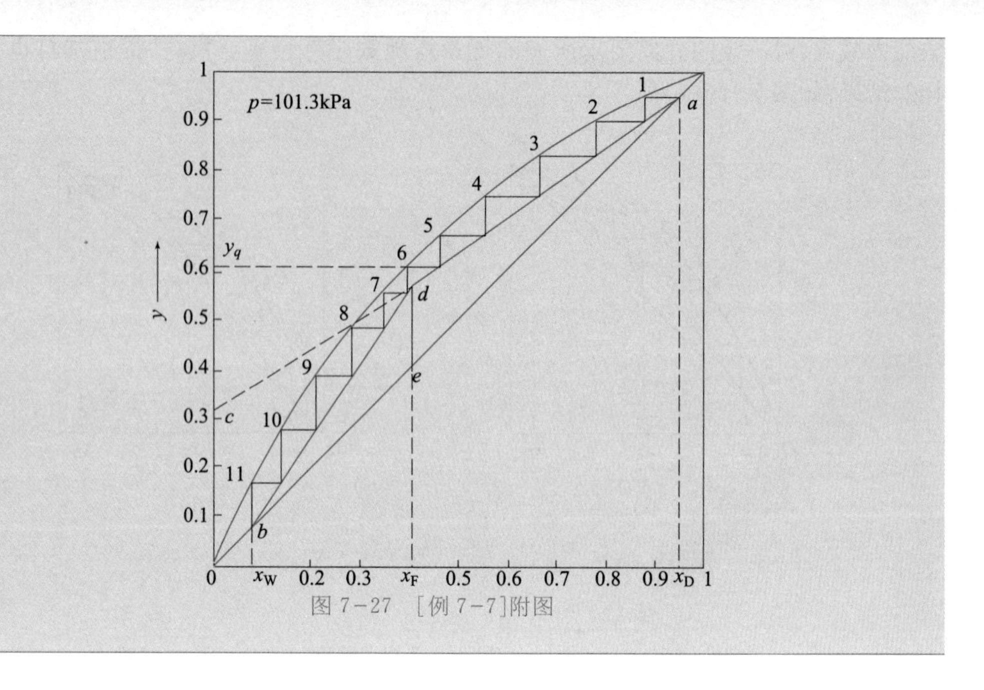

图 7-27 [例 7-7]附图

3. 捷算法

当工程上需要对指定分离任务初步估算所需理论塔板层数时,常用以下的经验方法确定,称为捷算法。

捷算法求理论塔板数时,要先根据物系的分离要求求出最小回流比 $R_{min}$ 及全回流时的最少理论塔板数 $N_{min}$,再确定实际操作回流比 $R$,然后借助于吉利兰关联图,找到 $R_{min}$,$R$,$N_{min}$,$N_T$ 之间的关系,从而可求出理论塔板数 $N_T$。图 7-28 即为吉利兰关联图。

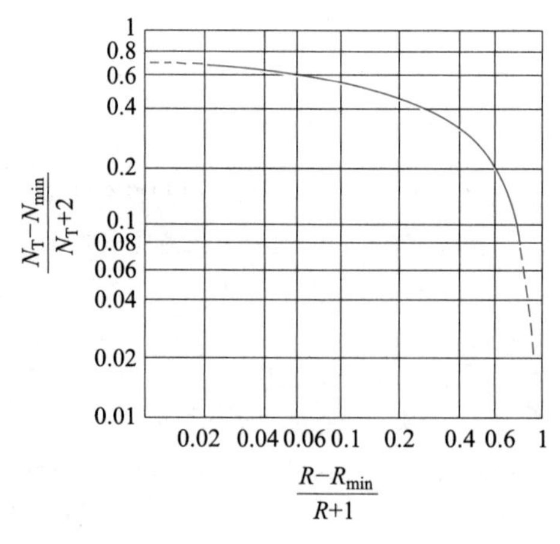

图 7-28 吉利兰关联图

图中横坐标为$\frac{R-R_{min}}{R+1}$,纵坐标为$\frac{N_T-N_{min}}{N_T+2}$。注意图中 $N_{min}$和 $N_T$ 均为不包括塔釜的理论塔板数。有关 $R_{min}$,$N_{min}$的计算将在下一小节介绍。

吉利兰关联图是由一些生产实际数据归纳得到的，其适用范围是：组分数目为 2～11；五种进料状况；$R_{min}=0.53\sim7.0$；$\alpha=1.26\sim4.05$；$N_T=2.4\sim43.1$。此图不仅适用于双组分精馏计算，也适用于多组分精馏计算。

### （三）实际塔板数和板效率

1. 全塔效率

以上所确定的是理论塔板数，即离开塔板的气、液两相浓度达到平衡。但在塔的实际操作中，由于气、液两相接触的时间和接触面积都是有限的，一般不可能达到平衡，即每一层塔板实际的分离作用低于理论塔板。因此对一定的分离要求精馏塔，所需的实际塔板数要比所需的理论塔板数多。在指定的分离条件下，所需的理论塔板数 $N_T$（不包括塔釜）与实际塔板数 $N$ 之比称为全塔效率，用符号 $E_T$ 表示。即

$$E_T=\frac{N_T}{N} \tag{7-31}$$



当求出理论塔板数后，若已知全塔效率，即可根据式(7-31)计算实际塔板数。

影响全塔效率的因素很多而且比较复杂，如物系性质、塔板型式与结构及操作条件等。目前还没有一个能够准确计算全塔效率的关联式。实际设计时一般采用来自生产实际及中间实验的数据或用经验公式进行估算，当缺乏实际数据时，常用的方法是用奥康内尔关联图进行估算，如图 7-29 所示。此图的关系曲线主要是根据泡罩塔板数据作出的，对于其他板型，可参考表 7-1 进行修正。

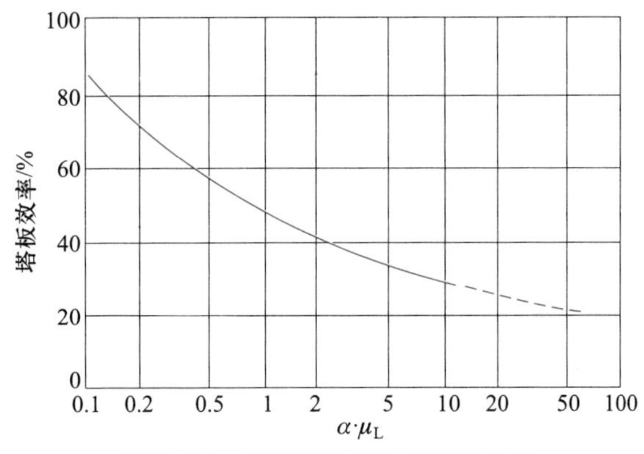


图 7-29　精馏塔总板效率关系曲线

图 7-29 中的符号意义为

$\alpha$——塔顶与塔底平均温度下的物系相对挥发度；

$\mu_L$——塔顶与塔底平均温度与进料组成下的液相黏度，mPa·s。

表 7-1　总板效率相对值

| 塔型 | 泡罩塔 | 筛板塔 | 浮阀塔 |
|---|---|---|---|
| 总板效率相对值 | 1.0 | 1.1 | 1.1～1.2 |

2. 单板效率

全塔效率是一个全塔平均效率，还有塔板效率的其他表示方法，单板效率可以表示

每一块塔板传质效率,默弗里板效率是单板效率的一种,它表示气相或液相经过一层实际塔板前后的组成变化与经过一层理论塔板前后的组成变化之比值。如图 7-30 第 $n$ 层塔板的气相单板效率 $E_{MV}$ 为

$$E_{MV}=\frac{y_n-y_{n+1}}{y_n^*-y_{n+1}} \tag{7-32a}$$

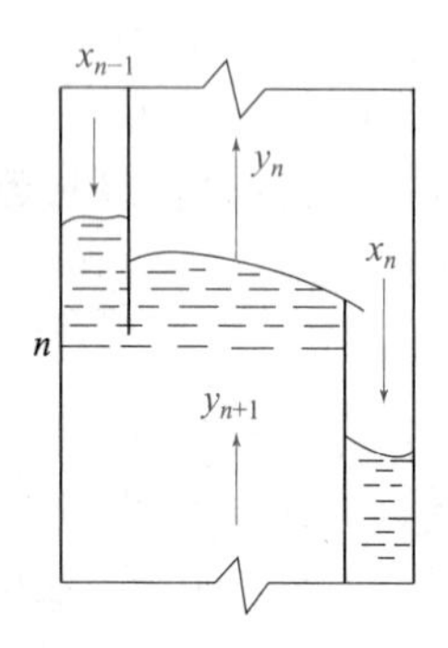

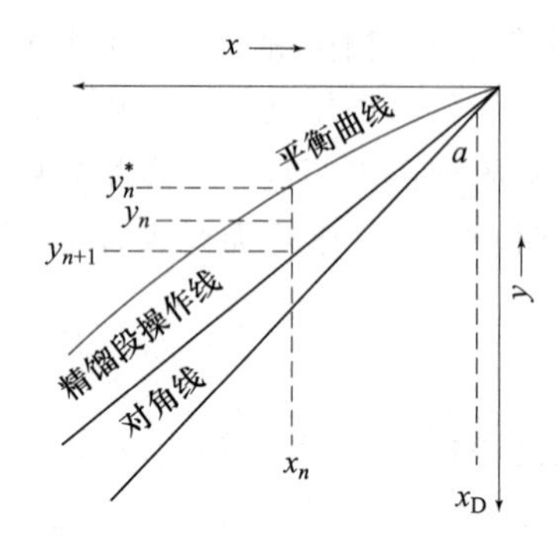


图 7-30　单板效率示意图

液相单板效率 $E_{ML}$ 为

$$E_{ML}=\frac{x_{n-1}-x_n}{x_{n-1}-x_n^*} \tag{7-32b}$$

式中　$y_{n+1}$,$y_n$——进入和离开第 $n$ 块板的气相组成,摩尔分数;

$y_n^*$——与 $x_n$ 成平衡的气相组成;

$x_{n-1}$,$x_n$——进入和离开第 $n$ 块板的液相组成,摩尔分数;

$x_n^*$——与 $y_n$ 成平衡的气相组成。

单板效率可由实验测定。通常实际精馏塔的操作中每一块塔板的气、液相传质情况不同,每一层塔板的单板效率也不尽相同,单板效率的数值大小直接反映了某一层塔板上的传质效果,它常用于塔板研究工作中。

**[例 7-8]**　若[例 7-7]中的总板效率为 0.5,试确定该塔的实际塔板数和实际进料板位置。

**解:** 由式(7-31)可得

实际总板数　　$N=10/0.5=20$

其中　精馏段实际塔板数=5/0.5=10

提馏段实际塔板数=5/0.5=10

加料板为从塔顶向下数第 11 层。

## 五、填料精馏塔的填料层高度确定

若精馏塔采用填料塔,要计算所需的填料层高度。当已经求出完成分离任务所需理论塔板数后,再引入等板高度的概念,即可求出对应所需的填料层高度。

若在填料精馏塔内将填料层分为若干相等的高度单元,每一个高度单元起到了一层理论塔板的分离作用。即进入该高度单元填料层气、液两相经过充分接触传质后,在离开时

上升蒸气与下降液体达到平衡，此单元填料层高度称为**理论塔板当量高度**，简称**等板高度**，以 HETP 表示。于是

$$填料层高度=理论塔板数(N_T)\times 等板高度(HETP)$$

等板高度一般由实验测定，在缺乏实验数据的情况下，也可用经验公式计算，但精确度较差。有关等板高度的经验公式可参考有关资料，这里不再赘述。

### 六、回流比的影响及其选择

回流是保证精馏过程能够连续定态进行的必要条件之一，而且回流比的大小还是影响精馏设备费用和操作费用的一个重要因素。所以当进料组成 $x_F$ 和热状况 $q$ 及分离要求 $x_D$ 和 $x_W$ 给定，进行精馏设计时，应确定适宜回流比。

回流比有两个极限值，一个为全回流时的回流比，另一个为最小回流比时的回流比，生产中采用的适宜回流比应在两个极限值之间。



#### （一）全回流和最少理论塔板数

塔内上升蒸气进入全凝器冷凝后，冷凝液全部回流到塔内，这种操作方式称为**全回流**。通常全回流操作时既不向塔内加料，也不从塔内取出产品，即 $q_{n,F}$，$q_{n,D}$，$q_{n,W}$ 均为零。全回流时操作线斜率为 1，全塔的操作线方程可写为 $y_{n+1}=x_n$，与对角线重合，如图 7-31 $ab$ 线段。此时操作线离平衡线最远，在操作线和平衡线之间所画的梯级跨度最大，在给定的分离要求下，所需的理论塔板数最少，称为**最少理论塔板数**，以 $N_{min}$ 表示。如图 7-31 所示。

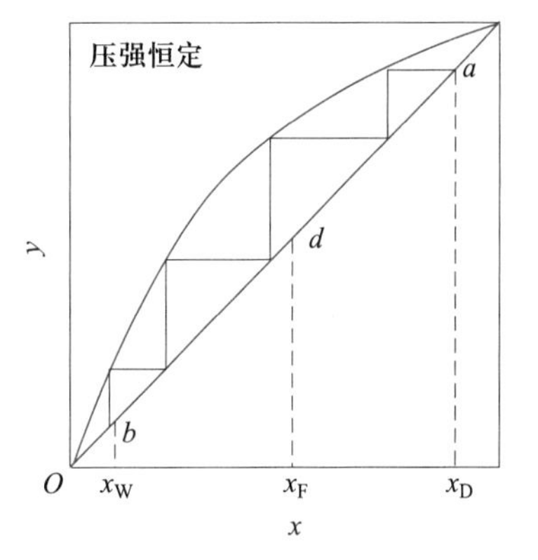


图 7-31　全回流及最少理论塔板数

动画

回流比对理论塔板数的影响

最少理论塔板数 $N_{min}$ 可以用图解法确定。对于相对挥发度 $\alpha$ 变化不大的体系，还可以用芬斯克公式进行确定，即

$$N_{min}=\frac{\ln\left[\left(\frac{x_D}{1-x_D}\right)\left(\frac{1-x_W}{x_W}\right)\right]}{\ln\alpha_m}-1 \tag{7-33}$$

式中　$N_{min}$——全回流时所需的最少理论塔板数(不包括再沸器)；

$\alpha_m$——全塔平均相对挥发度。

**小贴士**

全回流不能用于正常的精馏操作，仅用于精馏塔的开车阶段或实验研究中。在精馏塔操作出现异常时，也可临时改为全回流操作，以便于对异常情况进行处理。

#### （二）最小回流比

由图 7-32 可以看出，当回流比逐渐减小时，操作线位置向平衡线靠近，为达到给定

分离要求所需的理论塔板数逐渐增多。当回流比减小到某一数值时，两操作线交点 $d$ 落在平衡线的 $q$ 点上，此时表明进入 $q$ 区理论塔板（$q$ 点前后各板）的气相组成 $y_{n+1}$ 与该区理论塔板回流的液相组成 $x_n$ 成平衡，$q$ 区理论塔板不再起分离作用，所以这个区称为**恒浓区**或**夹紧区**，交点称为**夹紧点**。此时若在平衡线和操作线之间绘梯级，即使绘出无穷多个梯级，也无法跨过 $q$ 点。也就是即使是塔板无穷多，塔板上的液体组成也不能低于 $q$ 点处的 $x$ 值，此时的回流比为指定分离要求下的最小回流比，用 $R_{\min}$ 表示。最小回流比的数值可用精馏段操作线斜率求得。回流比最小时，精馏段操作线斜率为 $R_{\min}/(R_{\min}+1)$，图 7-32中的 $acq$ 三角形的 $ac$ 边长为 $x_D-y_q$，$qc$ 边长为 $x_D-x_q$，$aq$ 直线即为最小回流比时的精馏段操作线，其斜率为

$$\frac{R_{\min}}{R_{\min}+1}=\frac{ac}{qc}=\frac{x_D-y_q}{x_D-x_q}$$



整理后得

$$R_{\min}=\frac{x_D-y_q}{y_q-x_q} \tag{7-34}$$

式中 $x_q$，$y_q$ 为 $q$ 线与平衡线交点坐标。其值可用图解法求得；当物系可用相平衡方程表示时，也可用相平衡方程与 $q$ 线方程联立求得。

当平衡线在某范围出现下凹的曲线段，如图 7-33 所示，随着回流比的减小，在两操作线交点还没有交于平衡线时，精馏段操作线或提馏段操作线首先与平衡线相切，此时对应的回流比即为最小回流比。其最小回流比可用此时对应的精馏段操作线斜率表示。

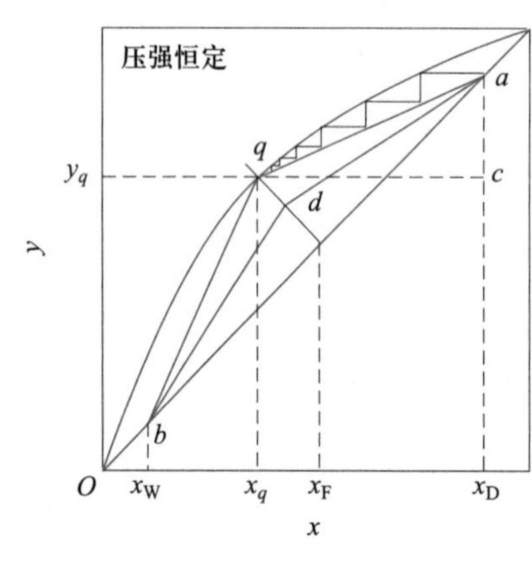


图 7-32　最小回流比确定

动画
常规平衡曲线时的最小回流比

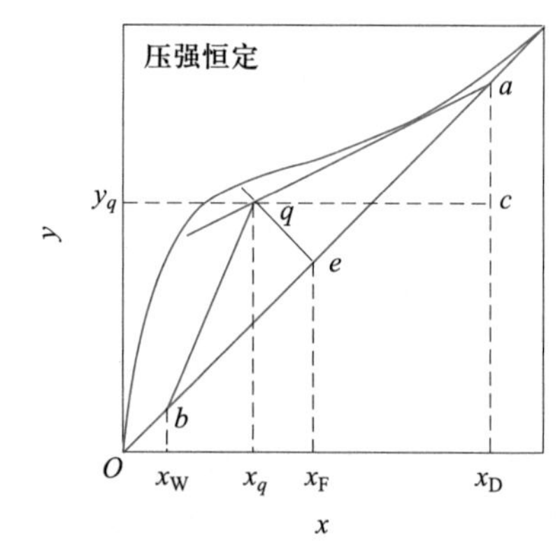


图 7-33　不正常平衡曲线的最小回流比确定

$$\frac{R_{\min}}{R_{\min}+1}=\frac{ac}{qc} \tag{7-35}$$

**（三）适宜回流比确定**

由以上内容得知，实际回流比在全回流和最小回流比之间选取。当回流比较大时，对一定的馏出液量，精馏段上升的蒸气量 $q_{n,V}$ 必然增多，由于$q'_{n,V}=q_{n,V}-(1-q)q_{n,F}$，因

此提馏段的上升蒸气量 $q'_{n,V}$ 也随之增多，增加了塔釜的热负荷，加热蒸汽消耗量增多，塔顶冷凝器内的冷却水用量也随之增加，其操作费用上升，如图 7-34所示中 1 线所示。而回流比较大，对一定的分离要求，所需的塔板数较少，设备费用下降。但随着回流比增大，上升蒸气量的增多，精馏塔的塔径、塔釜和冷凝器等设备尺寸也相应增大，因此回流比增加到一定数值时，设备费用反而又开始逐渐增加，如图 7-34 中 2 线所示。若回流比过小，显然对一定的分离要求所需的塔板数增多，设备费用又必然增加。

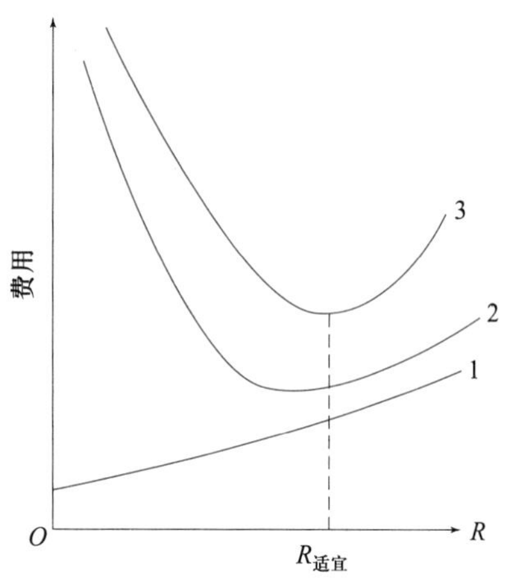

图 7-34　适宜回流比的确定

精馏过程的总费用为设备折旧费用与操作费用之和，图 7-34 中 3 线表示总费用与回流比之间的关系，总费用有一个最低值，总费用最低值处所对应回流比即为适宜回流比。一般情况下，确定回流比不进行详细的经济衡算，而是根据经验选取，通常取适宜回流比为最小回流比的 1.1～2.0 倍，即

$$R=(1.1\sim2.0)R_{\min}$$

对易分离的物系回流比 $R$ 可取小些，难分离的物系回流比 $R$ 可取大些。对一些很难分离的物系，可取 $R=(4\sim5)R_{\min}$。

动画
回流比的选择

**［例 7-9］**　某连续精馏塔分离苯-甲苯混合液。已知原料为泡点进料，$x_F=0.44$，$x_D=0.96$，$x_W=0.024$（均为摩尔分数）。取操作回流比 $R$ 为最小回流比的两倍，相对挥发度为 2.5。试求：(1) 实际回流比 $R$；(2) 用捷算法所需的理论塔板数。

**解：** (1) 由题意知泡点进料，$q=1$，$x_q=x_F$，则

$$y_q=\frac{\alpha\cdot x_F}{1+(\alpha-1)x_F}=\frac{2.5\times0.44}{1+1.5\times0.44}=0.663$$

$$R_{\min}=\frac{0.96-0.663}{0.663-0.44}=1.332$$

$$R=2\times1.332=2.664$$

(2) 由芬斯克公式确定最少理论塔板数 $N_{\min}$

$$N_{\min}=\frac{\ln\left[\left(\frac{x_D}{1-x_D}\right)\left(\frac{1-x_W}{x_W}\right)\right]}{\ln\alpha_m}-1=\frac{\ln\left[\left(\frac{0.96}{1-0.96}\right)\left(\frac{1-0.024}{0.024}\right)\right]}{\ln2.5}-1=6.51$$

$$\frac{R-R_{\min}}{R+1}=\frac{2.664-1.332}{2.664+1}=0.364$$

由吉利兰关联图查得 $\frac{N_T-N_{\min}}{N_T+2}=0.35$，将 $N_{\min}$ 代入求算得理论塔板数 $N_T=11.1$ 块，取为 12 块（不包括再沸器）。

### 七、精馏塔的热量衡算与进料热状态的选择

#### (一) 精馏塔的热量衡算

精馏塔的热量衡算主要是确定塔釜和冷凝器的热负荷及加热剂与冷却剂的消耗量。

1. 冷凝器的热量衡算

对图 7-35 中所示的精馏塔的冷凝器部分作热量衡算,以图中虚线框为衡算范围,可得

$$Q_V=Q_C+Q_L+Q_D+Q' \tag{7-36}$$

式中 $Q_V$——由塔顶蒸气带入冷凝器热,kW。

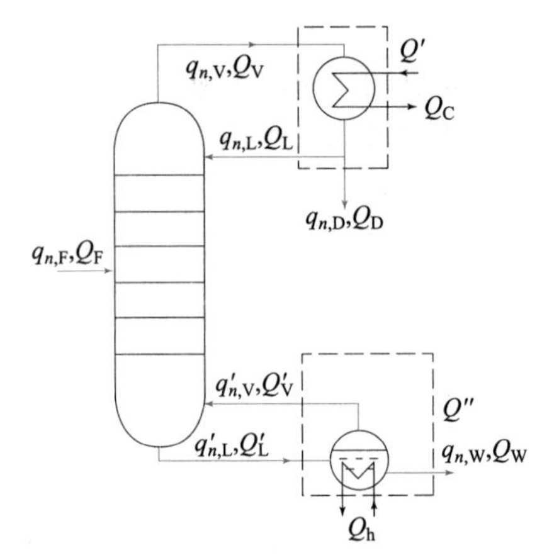


图 7-35 精馏塔热量衡算

$$Q_V=q_{n,V}\times H_V=q_{n,D}(R+1)H_V$$

$H_V$——塔顶上升蒸气的摩尔焓,kJ/kmol。

$Q_L$——回流液带出热,kW。

$$Q_L=q_{n,L}H_L=Rq_{n,D}H_L$$

$H_L$——回流液的摩尔焓,kJ/kmol。

$Q_D$——馏出液带出热,kW。

$$Q_D=q_{n,D}H_L$$

$Q_C$——冷凝器的热负荷或冷却剂从冷凝器中取出的热量,kW。

$Q'$——冷凝器的热损失,kW。

代入并整理式(7-36)可得冷凝器的热负荷 $Q_C$ 为

$$Q_C=(R+1)q_{n,D}(H_V-H_L)+Q' \tag{7-37}$$

冷却剂的消耗量为
$$q_{m,C}=\frac{Q_C}{c_p(t_2-t_1)} \tag{7-38}$$

式中 $q_{m,C}$——冷却剂的消耗量,kg/s;

$c_p$——冷却剂的平均比定压热容，kJ/(kg·℃)；

$t_1, t_2$——分别为冷却剂的进、出口温度，℃。

2. 再沸器(塔釜)的热量衡算

对图 7-35 中再沸器部分作热量衡算，以图中虚线框为衡算范围，可得

$$Q_h + Q'_L = Q'_V + Q_W + Q'' \tag{7-39}$$

式中 $Q_h$——塔釜的热负荷或加热蒸汽加入的热量，kW。

$Q'_L$——由提馏段进入塔釜的液体带入热，kW。

$$Q'_L = q'_{n,L} H'_L$$

$H'_L$——由提馏段进入塔釜的液体的摩尔焓，kJ/kmol。

$Q'_V$——塔釜上升蒸气带出热，kW。

$$Q'_V = q'_{n,V} H'_V$$

$H'_V$——塔釜上升蒸气的摩尔焓，kJ/kmol。

$Q_W$——残液带出热，kW。

$$Q_W = q_{n,W} H_W$$

$H_W$——残液的摩尔焓，kJ/kmol。

$Q''$——塔釜的热损失，kW。

将以上关系代入并整理式(7-39)可得塔釜的热负荷为

$$Q_h = q'_{n,V} H'_V + q_{n,W} H_W - q'_{n,L} H'_L + Q''$$

因进入塔釜液体与残液的组成和温度相差不大，故可取 $H'_L \approx H_W$，且因 $q'_{n,V} = q'_{n,L} - q_{n,W}$，故

$$Q_h = q'_{n,V}(H'_V - H'_L) + Q'' \tag{7-40}$$

加热介质的消耗量为

$$q_{m,h} = \frac{Q_h}{H_1 - H_2} \tag{7-41}$$

式中 $q_{m,h}$——加热介质消耗量，kg/s；

$H_1, H_2$——加热介质进、出塔釜的焓，kJ/kg。

一般情况下，工业生产中常用饱和水蒸气作为加热介质，若其冷凝液在饱和温度下排出，则式(7-41)中 $H_1 - H_2 = r$，式(7-41)可写为

$$q_{m,h} = \frac{Q_h}{r} \tag{7-42}$$

式中 $r$——饱和水蒸气的冷凝潜热，kJ/kg。

**（二）进料热状态的选择**

若对图 7-35 全塔进行热量衡算，可得

$$Q_F + Q_h = Q_C + Q_D + Q_W + Q$$

式中　$Q_F$——进料带入精馏塔的热，kW；

$Q$——精馏系统（包括塔体、冷凝器和塔釜）的热损失，kW。

由全塔热量衡算可知，塔釜的加入热量、进料的带入热量与冷凝器的取出热量三者之间应有一定的关系。若保持塔顶冷凝量 $q_{n,V}$ 和回流比 $R$ 不变，即塔顶冷凝器取出热不变，则进料带入热越多，$q$ 值越小。在给定的回流比 $R$ 下，$q$ 变化不影响精馏段操作线的位置，但使得塔釜加入热量减少，这样势必会使塔釜上升的蒸气量 $q'_{n,V}$ 相应地减少，由图 7-23可见随着 $q$ 的减小，提馏段的操作线斜率增大，该线向平衡线靠近，使所需的理论塔板数增多。也就是说在回流比 $R$ 维持不变的情况下，若在进料前对原料进行预热使其温度升高或部分原料汽化，就会使所需理论塔板数增多。

然而若塔釜加热量不变，即塔釜上升的蒸气量 $q'_{n,V}$ 不变，另再对原料进行预热，使进料带入热增多，$q$ 减小，塔顶的冷凝量必然增加，若维持馏出液量 $q_{n,D}$ 不变，回流比则相应地增大，两操作线向对角线移近，对一定的分离要求所需的理论塔板数减少。但这是以增加热能消耗为代价的。



精馏操作的塔釜供热目的是使进入塔釜的液体部分汽化产生蒸气回流，塔顶上升蒸气中热进入冷凝器后被取出，以获得冷凝液造成液体回流。由此可以看出无论是塔底加入热量，还是塔顶取出热量，其目的都是为塔内提供物质传递所必需的气、液两相。所以一般而言，在总加热量不变的情况下，热量尽可能在塔釜加入，使产生的气相回流能在全塔中发挥作用。同样在塔釜加热量一定的情况下，热量尽可能从塔顶冷凝器取出，使所产生的液体回流能经过全塔而发挥最大的效能。

**小贴士**

热量尽可能在塔釜加入，尽可能从塔顶冷凝器取出，不要在进料前进行预热。工业上常利用残液中的废热来加热原料，或采用热态甚至气态进料，其目的不是为了减少塔板数，而是为了减少塔釜的加热量。尤其是当塔釜的温度过高、物料易产生聚合或结焦时，这样做更有利。

**想一想**

根据以上结论，再对图 7-17 的连续精馏流程图进行分析，其安排有否不妥？

## 八、其他类型的连续精馏计算

在基本型连续精馏塔一节中对精馏过程进行了详细分析，目的是要弄清原理，掌握精馏计算的基本方法。实际精馏装置或操作过程往往与基本型有某些不同之处，掌握这些类型连续精馏的特点与规律，对于解决实际生产中的精馏问题很有用处。

### （一）直接蒸汽加热连续精馏

当待分离的物系为某种易挥发组分与水的混合物时，往往可将加热水蒸气直接通入精馏塔底汽化液体，同时可省去再沸器。直接蒸汽加热精馏的流程如图 7-36(a)所示。

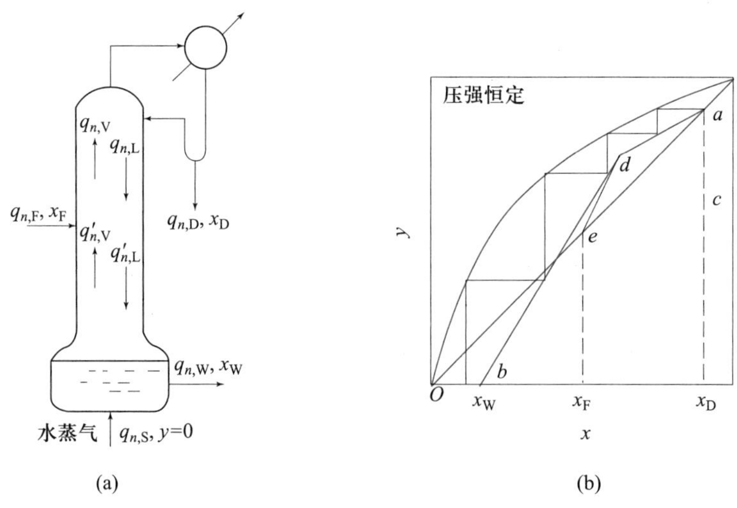


图 7-36　直接蒸汽加热精馏

设通入的加热蒸汽为饱和水蒸气，按恒摩尔流假定，提馏段上升蒸气的摩尔流量 $q'_{n,V}$ 与加入的水蒸气摩尔流量 $q_{n,S}$ 相等。同理可得 $q'_{n,L}=q_{n,W}$。精馏段操作线方程与间接蒸汽加热精馏相同，提馏段的物料衡算式为

$$q'_{n,V}y_{m+1}=q'_{n,L}x_m-q_{n,W}x_W$$

$$y_{m+1}=\frac{q'_{n,L}}{q'_{n,V}}x_m-\frac{q_{n,W}}{q'_{n,V}}x_W=\frac{q_{n,W}}{q_{n,S}}x_m-\frac{q_{n,W}}{q_{n,S}}x_W \tag{7-43}$$

此提馏段操作线在 $x-y$ 图上通过 $x=x_W$，$y=0$ 一点，如图 7-36(b)所示。当平衡线为已知时，同样从对角线上的($x_D$，$x_D$)点开始在操作线与平衡线之间作梯级，直到梯级跨过 $x=x_W$ 为止，所得的梯级数为所需的理论塔板数，如图 7-36(b)所示。

**（二）塔顶采用分凝器的连续精馏**

在精馏塔塔顶装置分凝器和全凝器的流程如图 7-37(a)所示。分凝器使塔顶出来的部分蒸气冷凝，冷凝的饱和液体回流到塔内，剩余未被冷凝的蒸气进入全凝器全部冷凝

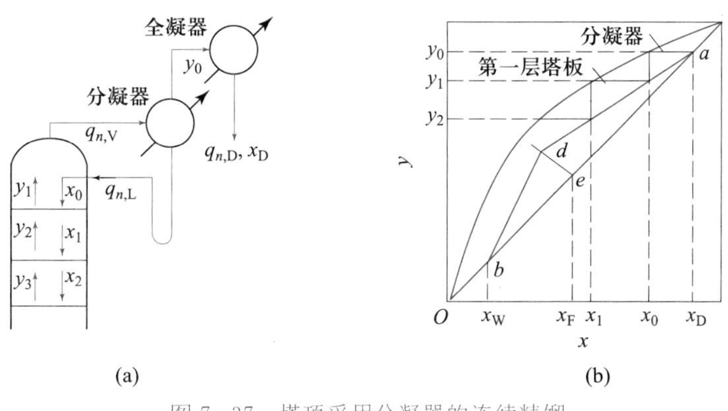


图 7-37　塔顶采用分凝器的连续精馏

作为塔顶产品。在分凝器中部分冷凝的液相量由进入分凝器的冷却剂流量与温度所控制,即回流比由冷却剂控制。由于经过分凝器后的气相浓度进一步提高,且离开分凝器的气、液两相达到平衡,故分凝器起到了一块理论板的分离作用。采用分凝器流程的精馏,其操作线方程与仅采用全凝器时完全相同。在求理论塔板数时,同样从对角线上的$(x_D, y_0)$点开始作梯级,如图 7-37(b)所示。与仅采用全凝器时相比,不同的是第一个梯级跨度表示分凝器的分离程度,第二个梯级才表示第一块理论板。

**[例 7-10]** 一连续精馏塔分离平均相对挥发度为 2.5 的 A、B 混合液。塔顶设有分凝器,塔顶上升蒸气先进入分凝器,所得的冷凝液在泡点下回流,未冷凝的蒸气再进入全凝器全部冷凝为产品。已知进料为组成 0.5(摩尔分数,下同)的饱和液体,要求馏出液组成不低于 0.95,操作回流比为 1.65。试确定从塔顶向下数第一块理论板上升的蒸气组成 $y_1$。

**解:** 此题要采用逐板计算法来进行确定,首先写出精馏段操作线方程。



$$y_{n+1}=\frac{R}{R+1}x_n+\frac{x_D}{R+1}=\frac{1.65}{1.65+1}x_n+\frac{0.95}{1.65+1}=0.622\,6x_n+0.358\,5$$

设离开分凝器的蒸气组成为 $y_0$,由于该蒸气在全凝器中全部冷凝,应有 $y_0=x_D=0.95$,分凝器起到了一块理论板的分离作用,所以离开分凝器的液相组成 $x_0$ 应与 $y_0$ 成平衡,即

$$x_0=\frac{y_0}{\alpha-(\alpha-1)y_0}=\frac{0.95}{2.5-(2.5-1)\times0.95}=0.883\,7$$

根据精馏段操作线方程,可得塔顶第一块塔板上升的蒸气组成 $y_1$ 为

$$y_1=0.622\,6\times0.883\,7+0.358\,5=0.908\,7$$

### (三) 回收塔

当分离目的仅为回收稀溶液中易挥发组分,对馏出液浓度要求不高,仅是要求残液中易挥发组分浓度要尽可能低的情况下,精馏塔可只设置提馏段而没有精馏段,这样的精馏塔称为回收塔,其装置如图 7-38(a)所示。原料从塔顶进入,塔顶一般不设有回流,上升蒸气进入冷凝器冷凝后全部作为馏出液,塔釜可用间接蒸汽加热或直接蒸汽加热,塔顶下降的液相与塔釜上升的气相在塔内进行逐级接触传质后从塔底排出。

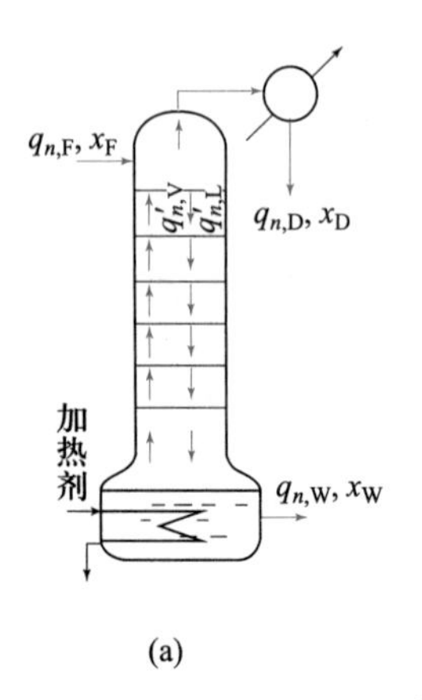


(a)

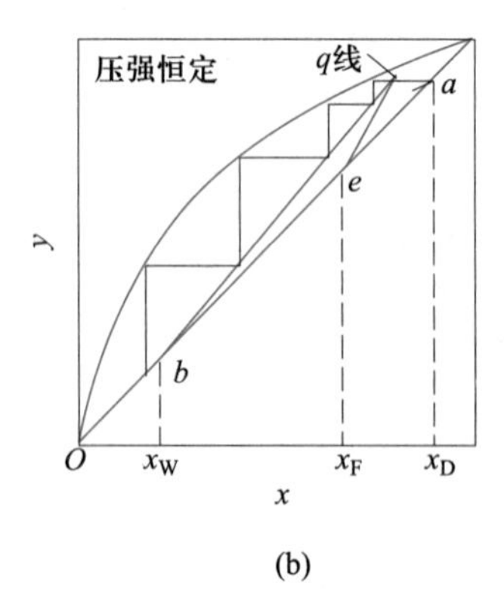


(b)

图 7-38 回收塔

回收塔的全塔物料衡算与基本型精馏塔一样，操作线方程也与提馏段操作线方程相同，即

$$y_{m+1}=\frac{q'_{n,L}}{q'_{n,V}}x_m-\frac{q_{n,W}x_W}{q'_{n,V}}$$

但对回收塔而言，$q'_{n,L}=qq_{n,F}$，$q'_{n,V}=q_{n,D}+(q-1)q_{n,F}=qq_{n,F}-q_{n,W}$，上式可写为

$$y_{m+1}=\frac{qq_{n,F}}{qq_{n,F}-q_{n,W}}x_m-\frac{q_{n,W}x_W}{qq_{n,F}-q_{n,W}} \tag{7-44}$$

绘制该操作线与基本型精馏塔一样，先作出 $q$ 线，$q$ 线与 $y=x_D$ 的交点为操作线的上端点，$x=x_W$ 与对角线的交点为操作线的下端点，如图 7-38(b)所示。当平衡线作出后，在操作线与平衡线之间画梯级，从 $x_D$ 到 $x_W$ 之间所得的梯级数即为所需的理论塔板数。



**[例 7-11]** 以回收塔用于回收混合液中的易挥发组分，塔顶不设回流，塔底为间接蒸汽加热。若进料量为 100 kmol/h，浓度为 0.4(易挥发组分摩尔分数，下同)，热状态参数为 1.3，要求残液浓度不高于 0.02，馏出液浓度取其可能得到最大浓度的 0.8 倍，平均相对挥发度为 2.5，试写出该塔的操作线方程。

**解：**此题馏出液的最大浓度 $x_{Dmax}$ 应为进料线与平衡线交点坐标的 $y$ 值，进料线方程为

$$y=\frac{1.3}{1.3-1}x-\frac{0.4}{1.3-1}=4.333x-1.333 \tag{1}$$

平衡线方程为

$$y=\frac{\alpha x}{1+(\alpha-1)x}=\frac{2.5x}{1+1.5x} \tag{2}$$

(1)、(2)两式联立可求得 $y=0.686$，即 $x_{Dmax}=0.686$，实际馏出液浓度为

$$x_D=0.8\times0.686=0.549$$

由全塔物料衡算可得

$$q_{n,D}=q_{n,F}\frac{x_F-x_W}{x_D-x_W}=100\times\frac{0.4-0.02}{0.549-0.02}\ \text{kmol/h}=71.8\ \text{kmol/h}$$

$$q_{n,W}=q_{n,F}-q_{n,D}=(100-71.8)\ \text{kmol/h}=28.2\ \text{kmol/h}$$

其操作线方程为

$$y_{m+1}=\frac{qq_{n,F}}{qq_{n,F}-q_{n,W}}x_m-\frac{q_{n,W}x_W}{qq_{n,F}-q_{n,W}}=\frac{1.3\times100}{1.3\times100-28.2}x_m-\frac{28.2\times0.02}{1.3\times100-28.2}$$

$$=1.277x_m-0.005\ 54$$

### (四) 塔顶回流为冷液体的连续精馏

基本型连续精馏操作中，是假设塔顶为泡点回流，即回流液体为饱和液体。实际精馏操作中，由于管路和设备的热损失或其他原因，回流到塔内的液体很可能为低于其泡点的过冷液体。

如图 7-39 所示，冷液回流到塔顶的第一层塔板后，理论上要求在塔板上被加热到泡

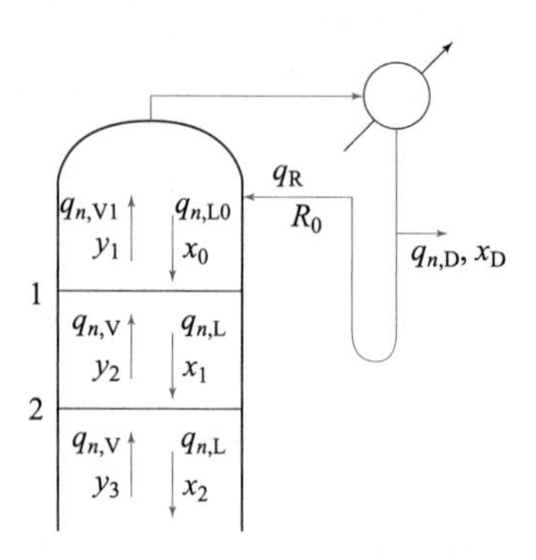


图 7-39　塔顶冷液回流精馏



点后再下降到下一层塔板上去，加热所需的热，来自进入第一层塔板蒸气中的部分蒸气冷凝所放出的潜热。放出潜热后的蒸气冷凝液随回流液一起下降，因而使离开到第一层塔板的液相量 $q_{n,L}$ 要比进入第一层的液相量 $q_{n,L0}$ 多，而离开第一层理论塔板的气相量 $q_{n,V1}$ 要比进入第一层的气相量 $q_{n,V}$ 少。显然通过第一层理论塔板前后的气、液两相量不符合恒摩尔流假定。通过第一层理论塔板前后的气、液两相量 $q_{n,V1}$，$q_{n,V}$，$q_{n,L0}$，$q_{n,L}$ 之间的关系，可对第一层理论板作物料衡算来确定。若将进入第一层理论板的回流液 $q_{n,L0}$ 看成回收塔的塔顶进料 $q_{n,F}$，很容易得到精馏段内下降的液相量 $q_{n,L}$ 和上升的气相量 $q_{n,V}$ 为

$$q_{n,L}=q_R q_{n,L0} \tag{7-45}$$

$$q_{n,V}=q_{n,V1}+(q_R-1)q_{n,L0} \tag{7-46}$$

式中　$q_R$——进入第一层的液相 $q_{n,L0}$ 的热状态参数，其值确定可参考进料的 $q$ 计算方法。由于是冷液回流，故 $q_R$ 值恒大于 1。

对精馏段内易挥发组分作物料衡算可得精馏段操作线方程为

$$y_{n+1}=\frac{q_{n,L}}{q_{n,V}}x_n+\frac{q_{n,D}}{q_{n,V}}x_D \tag{7-47}$$

若令塔外回流比为 $R_0=q_{n,L0}/q_{n,D}$，塔内回流比为 $R=q_{n,L}/q_{n,D}$，则有

$$R/R_0=q_{n,L}/q_{n,L0}=q_R \tag{7-48}$$

将 $q_{n,V}=q_{n,L}+q_{n,D}$ 关系与式(7-48)代入式(7-47)并加以整理得

$$y_{n+1}=\frac{q_R R_0}{q_R R_0+1}x_n+\frac{x_D}{q_R R_0+1} \tag{7-49}$$

在 $q_R$ 和 $R_0$ 已知的情况下，就可代入式(7-49)写出精馏段操作线方程。其操作线绘制方法及理论塔板数确定方法同基本型精馏塔。这里必须注意的是 $R_0$ 与 $R$ 的不同，要注意它们之间的关系。



**［例 7-12］** 苯和甲苯混合物中苯的浓度为 0.4(摩尔分数，下同)，流量为 100 kmol/h，采用常压精馏进行分离。要求馏出液浓度为 0.9，苯的回收率不低于 90%，原料在泡点下加入塔内，塔顶设有全凝器，按泡点回流设计，回流比取最小回流比的 1.5 倍。但实际操作时回流液入塔温度为 20 ℃，回流液的泡点为83 ℃。已知汽化潜热为 $3.2\times10^4$ kJ/kmol，比定压热容为 140 kJ/(kmol·K)，物系的相对挥发度为 2.47，试求精馏段下降的液体量 $q_{n,L}$。

**解**：由苯的回收率可求得馏出液量 $q_{n,D}$ 为

$$q_{n,D}=\frac{\eta_D q_{n,F} x_F}{x_D}=\frac{0.9\times 100\times 0.4}{0.9}\ \text{kmol/h}=40\ \text{kmol/h}$$

原料在泡点下进塔，$q=1$，操作线与平衡线交点的坐标为

$$x_q=x_F=0.4\quad,\quad y_q=\frac{2.47\times 0.4}{1+1.47\times 0.4}=0.622$$

最小回流比 $R_{min}$ 为

$$R_{min}=\frac{x_D-y_q}{y_q-x_q}=\frac{0.9-0.622}{0.622-0.4}=1.252$$

设计时所采用的回流比 $R_0$ 为

$$R_0=1.5\times 1.252=1.878$$

送入塔的回流液量 $q_{n,L0}$ 为

$$q_{n,L0}=q_{n,D}R_0=40\times 1.878\ \text{kmol/h}=75.12\ \text{kmol/h}$$

由于冷液回流，塔内的回流液量 $q_{n,L}$ 应有所变化，需求回流液的热状态参数 $q_R$：

$$q_R=1+\frac{c_p(t_{Ls}-t_L)}{r}=1+\frac{140\times(83-20)}{3.2\times 10^4}=1.276$$

塔内的回流液量 $q_{n,L}$ 为

$$q_{n,L}=q_{n,L0}q_R=75.12\times 1.276\ \text{kmol/h}=95.85\ \text{kmol/h}$$



### （五）有多股进料和侧线出料的连续精馏

1. 多股进料

成分相同但浓度不同的多股原料可在同一个精馏塔内进行分离，但不能将各股物料预先混合后再送进塔内。这是因为分离与混合是两个相反过程，混合后送入塔内再分离必然加大了精馏塔的分离负荷，精馏分离是以能耗为代价的，分离负荷的增大也增加了精馏塔的能耗，无论从设备费用还是操作费用来讲都是不利的。因此被分离的各股物料应分别在塔的适当位置加入。现以两股进料为例来给予说明，如图 7-40(a)所示。

加入塔内的两股进料使得精馏塔分为三段，设两股进料量分别为 $q_{n,F1}$，$q_{n,F2}$，进料组成分别为 $x_{F1}$，$x_{F2}$，进料热状态参数分别为 $q_1$，$q_2$，各段内下降的液相量分别为 $q_{n,L1}$，$q_{n,L2}$，$q_{n,L3}$，上升的气相量分别为 $q_{n,V1}$，$q_{n,V2}$，$q_{n,V3}$。根据式(7-45)和式(7-46)可得

$$q_{n,L2}=q_{n,L1}+q_1q_{n,F1}\qquad q_{n,V2}=q_{n,V1}+(q_1-1)q_{n,F1}$$

$$q_{n,L3}=q_{n,L2}+q_2q_{n,F2}\qquad q_{n,V3}=q_{n,V2}+(q_2-1)q_{n,F2}$$

多股进料的进料线与单股进料的相同。而各段的操作线方程则需分段对易挥发组分作物料衡算。设塔顶馏出液浓度为 $x_D$，塔底残液浓度为 $x_W$，分段衡算后可得第 1 塔段的操作线方程与基本型精馏塔的精馏段操作线方程相同，另两塔段操作线方程分别为

第 2 塔段的操作线方程 $\quad y=\dfrac{q_{n,L2}}{q_{n,V2}}x+\dfrac{q_{n,F2}x_{F2}-q_{n,W}x_W}{q_{n,V2}}$

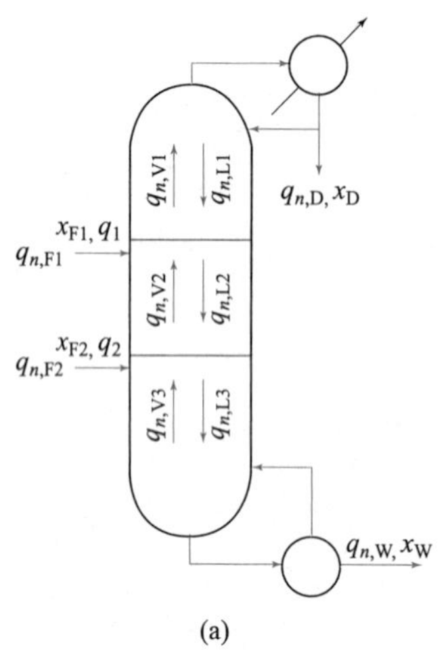


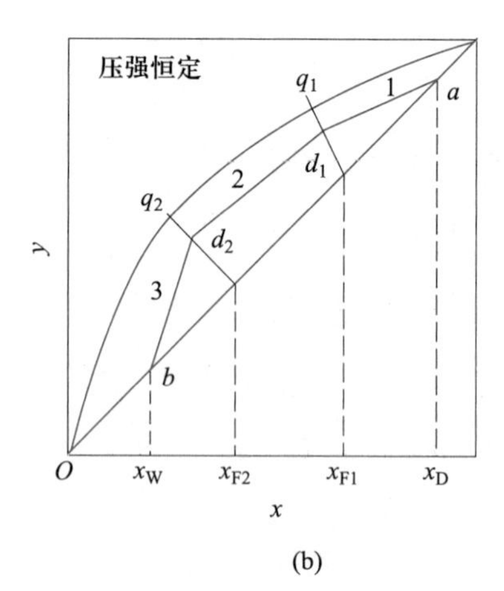


图 7-40　有多股进料精馏



第 3 塔段的操作线方程　　$y=\dfrac{q_{n,L3}}{q_{n,V3}}x-\dfrac{q_{n,W}x_W}{q_{n,V3}}$

将各段操作线绘制在 $x-y$ 图上，如图 7-40(b)所示。若将回流比减少，三段操作线均向平衡线靠近，所需的理论塔板数将增加。当回流比减小到某一数值时，第 1、2 两塔段操作线交点 $d_1$ 及第 2、3 两塔段操作线交点 $d_2$ 中的其中一个首先与平衡线相交，出现夹紧点，在此处出现了恒浓区，此时所对应的回流比为最小回流比。对非理想溶液，夹紧点也可能出现在某个中间位置。由于三段操作线斜率由上向下是逐渐增大的，所以夹紧点可能出现在第 1、2 塔段操作线交点 $d_1$ 处，也可能出现在第 2、3 塔段操作线交点 $d_2$ 处，在确定最小回流比时，要对两处可能出现的最小回流比都计算，然后比较可能出现两个最小回流比数值，其中一个较大，即为该精馏塔的最小回流比。

2. 侧线出料

当需要浓度不同的两种或多种产品时，可在塔内相应浓度的塔板上安装侧线，抽出产品。侧线抽出的产品可为饱和液体，也可为饱和蒸气。对于图 7-41 中所示的情况，由于有一股侧线出料，可将全塔分为三段，各段的操作线方程可用各段的物料衡算导出，其方法可参考多股进料。

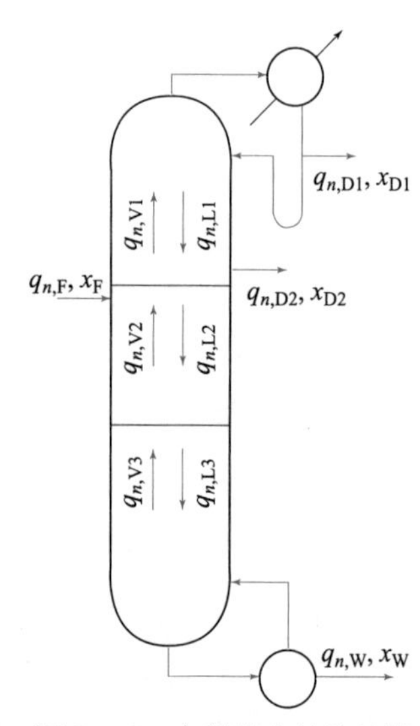


图 7-41　有侧线出料的精馏

若侧线产品为组成 $x_{D2}$ 的饱和液体，各段操作线的相对位置如图 7-42(a)所示；若侧线产品为浓度 $y_{D2}$ 的饱和蒸气，各段操作线的相对位置如图 7-42(b)所示。但无论何种情况，第 2 塔段操作线斜率总是小于第 1 塔段操作线斜率。在最小回流比时，夹紧点一般情况下是进料 $q$ 线与平衡线的交点。

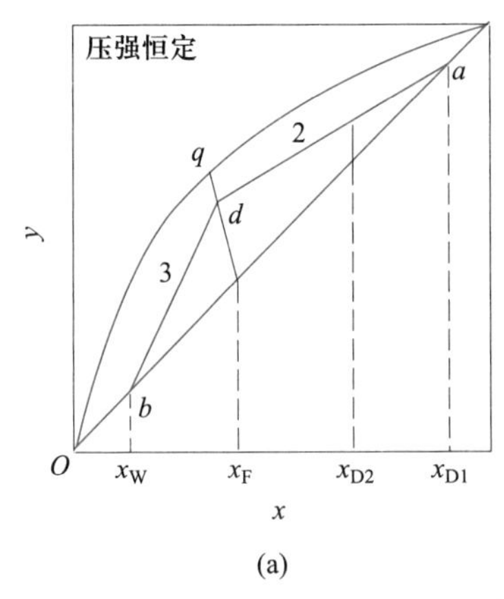

(a)

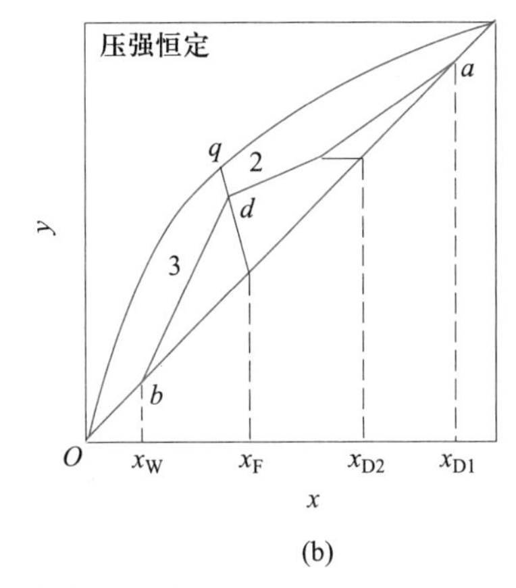

(b)

图 7-42　有侧线出料的精馏操作线



**[例 7-13]** 某定态连续精馏塔,进料组成为 0.5(摩尔分数,下同),塔顶产品流量为 $q_{n,D1}$(摩尔流量,下同),浓度 $x_{D1}=0.98$,回流比为 2.40。在加料板上方有一饱和液体侧线出料,侧线产品的流量为 $q_{n,D2}$,其组成为 $x_{D2}=0.88$,$q_{n,D1}/q_{n,D2}=1.5$,塔底产品量为 $q_{n,W}$,浓度 $x_W=0.02$,试写出第 2 塔段的操作线方程。

**解:** 在第 2 塔段与塔顶范围内对易挥发组分作物料衡算,得

$$q_{n,V2}y=q_{n,L2}x+q_{n,D1}x_{D1}+q_{n,D2}x_{D2}$$

第 2 塔段操作线方程为

$$y=\frac{q_{n,L2}}{q_{n,V2}}x+\frac{q_{n,D1}x_{D1}+q_{n,D2}x_{D2}}{q_{n,V2}} \tag{1}$$

第 1、2 两塔段间气、液两相摩尔流量的关系为

$$q_{n,L2}=q_{n,L1}-q_{D2}q_{n,D2}\quad,\quad q_{n,V2}=q_{n,V1}+(1-q_{D2})q_{n,D2}$$

由于 $q_{n,D1}/q_{n,D2}=1.5$,$q_{n,L1}=Rq_{n,D1}=1.5Rq_{n,D2}$,$q_{n,V1}=q_{n,L1}+q_{n,D1}=1.5q_{n,D2}(R+1)$,饱和液体侧线出料 $q_{D2}=1$,所以

$$q_{n,L2}=1.5Rq_{n,D2}-q_{n,D2}=(1.5\times2.4-1)q_{n,D2}=2.6q_{n,D2} \tag{2}$$

$$q_{n,V2}=1.5\times(2.4+1)q_{n,D2}=5.1q_{n,D2} \tag{3}$$

将 $q_{n,D1}/q_{n,D2}=1.5$ 及(2)和(3)式代入(1)式并整理可得第 2 塔段操作线方程为

$$y=\frac{2.6q_{n,D2}}{5.1q_{n,D2}}x+\frac{1.5\times0.98\times q_{n,D2}+0.88\times q_{n,D2}}{5.1q_{n,D2}}=0.51x+0.461$$

## 第六节　精馏操作分析

精馏塔要维持稳定连续操作,应当做到三个平衡,即物料平衡,气、液平衡和热量平衡。

物料平衡体现塔的生产能力,主要是靠进料量及塔顶、塔釜的采出量来调节。根据前面讲过的物料平衡关系,塔顶的采出量为:$q_{n,D}=q_{n,F}\cdot\dfrac{x_F-x_W}{x_D-x_W}$,它由流量计来计量;

塔釜的采出量为：$q_{n,W}=q_{n,F}-q_{n,D}$，可由维持一定塔釜液面来控制。

气、液平衡决定了产品质量，它是靠调节塔的压强和温度及板上气、液接触情况来实现的。

达到物料平衡和气、液平衡的基础是热量平衡，没有塔釜供热就没有上升蒸气，没有塔顶冷凝就没有回流液，则整个塔中气、液连续接触就无法实现，精馏过程也不能实现。塔底再沸器加入热与塔顶冷凝器取出热要平衡，过多的加入热或取出热都会造成塔内回流量的改变和塔内温度分布的改变，破坏了物料平衡和气、液平衡，改变了产品的质量和数量。

这三个平衡是互相影响、互相制约的，因此操作中只要有一个参数发生变化，就会引起各平衡过程的破坏，必须进行调节，以达到新的平衡。

## 一、操作压力的影响



精馏塔的设计和操作都是基于一定的压强下进行的，正常应保证在恒压下操作。系统压强的波动对塔的操作将产生如下影响。

1. 影响相平衡关系

改变操作压强，将使气、液相平衡关系发生变化。压强增加，组分间的相对挥发度降低，平衡线向对角线靠近，分离效率将下降。

2. 影响操作温度

温度与气、液相的组成有严格的对应关系，生产中常以温度作为衡量塔顶和塔底产品质量的标准。当塔压改变时，混合物的泡点和露点发生变化，引起全塔温度的改变和产品质量的改变。

3. 改变生产能力

塔压增加，气相的密度增大，气相量减小，可以处理更多的料液而不会造成液泛。对真空操作，真空度的少量波动也会带来显著的影响，更应精心操作，控制好压强。

塔板压强降直接影响了塔内的压强，而进料量、进料组成、进料温度、回流量、采出量，以及回流温度、加热剂和冷却剂的压强与流量、塔板堵塞等都将会引起塔板压降的变化。因此在操作时，应查明原因，及时调整，使操作恢复正常。

## 二、操作温度的控制

正常生产中，精馏塔内各块塔板上的压强（由于塔板压强降的影响）和组成是不同的，而溶液的泡点与压强和组成有关，所以，不同的塔板上温度不同，且由塔顶到塔底逐渐升高，塔顶温度最低，塔底温度最高。图 7-43(a)为高浓度分离时精馏塔内的温度分布情况。

当正常操作的精馏塔受到某外界因素干扰时（如回流比、进料组成的变化），塔内各块塔板上的组成将发生变化，其温度将发生相应的改变。所以在操作时，用观察塔内温度的方法来了解组成变化的情况。塔顶温度就是馏出液组成的反映，塔釜温度则为残液组成的反映。为了达到预期的分离效果，应根据温度变化情况采取及时有效的措施。

从图 7-43(a)分析得知，在进行高纯度分离的精馏塔内，靠近塔顶（或塔底）的一个相当高塔段内，温度变化极小。就是说当发现塔顶（或塔底）温度有较明显的变化时，其组成变化

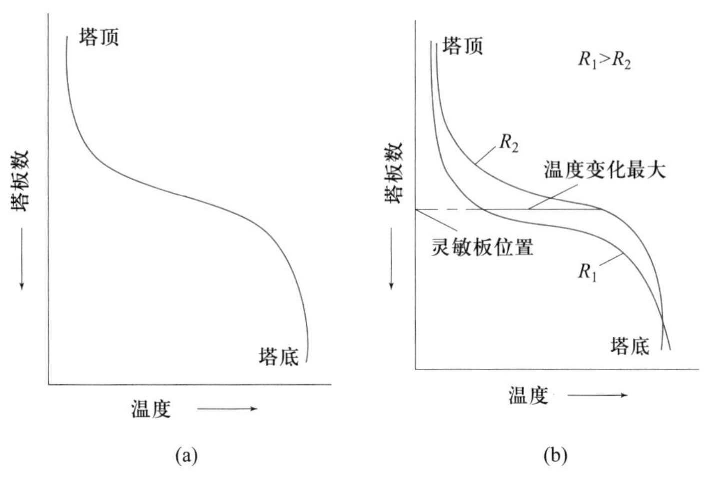


图 7-43　塔内温度分布及灵敏板位置确定



早已超出允许变化的范围,可见用观察塔顶(或塔底)的温度来控制馏出液(或残液)的组成是不可行的。

若对相同的精馏过程,在不同的操作条件下进行温度分布测定,并绘出对应的温度分布曲线。图 7-43(b)为不同回流比操作时的温度分布,观察后发现当回流比等操作条件发生改变时,塔内某些塔板上的温度变化特别明显。即这些塔板的温度对外界干扰特别敏感,所以将这些塔板称为**灵敏板**。利用灵敏板对外界干扰特别敏感的特性,将测温点设置在灵敏板上,即可根据其温度变化提早察觉到塔内组成变化趋势,及时采取调节手段来稳定产品的组成。

所以一般精馏塔至少有三个测温点,塔顶、塔底和灵敏板,而观察的重点是灵敏板温度变化。

### 三、进料状况的影响

1. 进料量

若进料量增加,必然会引起塔内气、液两相量及加热剂和冷却剂的消耗量的增加。在气、液两相负荷允许的范围内,适当增加进料量可增强两相的湍动程度,提高塔的生产能力;但若气、液两相负荷过大时,会造成塔的压强降太大,尤其是气相量太大,则容易造成严重的液沫夹带,甚至产生淹塔。进料量变小,塔内气、液两相量减少,气相速度太小时,塔板漏液严重,塔板效率降低,不能达到指定的分离要求。所以在加料量减少时可适当增大回流比,增加塔釜的汽化蒸气量,使塔内气、液两相量增多,以维持生产。

因此操作时应尽量保持进料平稳不变。如果生产需要改变进料量时,应缓慢地调节,并根据物料平衡的原则,适当调节塔顶采出量及塔釜采出量,保持 $q_{n,F} \cdot x_F = q_{n,D} \cdot x_D + q_{n,W} \cdot x_W$ 的关系,同时必须调节塔顶冷凝器及塔釜再沸器的负荷。

2. 进料组成

进料组成的变化将直接影响到产品的质量。若进料中易挥发组分减少,则使精馏段易挥发组分的提浓负荷增大,实际操作时显然不能因提浓负荷增大而将精馏段塔板数增

加，结果只能是使塔顶温度升高，馏出液中难挥发组分增多，造成塔顶产品不合格。若进料中易挥发组分增多，则使提馏段的提浓负荷加大，塔釜产品中易挥发组分含量增多，因而造成易挥发组分回收率降低。

通常精馏塔上安装有备用的进料口，进料组成的变化可以通过改变进料口位置来维持产品质量：当进料中易挥发组分含量增多时，可将进料口向上移，反之则向下移。还可用调节回流比及加热剂和冷却剂的用量来保证产品质量。

3. 进料热状态

前已述及进料有五种热状态的可能，若回流比不变，仅进料的热状态发生变化，引起 $q$ 值的改变，使得两操作线交点产生位移，从而改变了加料板和提馏段操作线的位置，引起了两段塔板数的变化。而对有一定塔板数和进料板位置的塔来讲，进料热状态的变化，破坏了精馏塔原有的热量平衡，将影响到产品质量和回收率。



## 四、回流比的调节

回流比是精馏操作中直接影响产品质量和分离效果的重要影响因素，改变回流量是精馏塔调节与控制的重要和有效的手段。

从回流比选择一节得知：若回流比增大，则所需理论塔板数减少；若回流比减小，则所需理论塔板数增多。对一定塔板数的精馏塔，在进料状态等参数不发生改变时，回流比的变化，必将引起产品质量的改变。一般情况下，回流比增大，将提高产品的纯度。但由此也会使塔内气、液循环量加大，塔压强降明显增大，系统压强提高，冷却剂和加热剂的消耗量增加。当回流比太大时，则可能造成淹塔，破坏塔的正常生产。当回流比太小时，塔内气、液循环量减少，塔压强降减小，塔板上积液量少，气、液两相接触不充分，分离效果差，有时甚至会使精馏段处于“干板”操作。同时也会导致系统压强下降，难挥发组分容易被带到塔顶，造成塔顶产品不合格。

若回流比增加，则塔压强降明显增大，塔顶产品纯度会提高；若回流量减小，则塔压强降变小，塔顶产品纯度变差。在实际操作中，常用调节回流比的方法，使产品质量合格。与此同时也应适当调节塔顶冷凝器的冷却剂量和塔釜的加热剂量，才能达到预期的要求。

## 五、采出量的控制

1. 塔顶产品采出量

在冷凝器的冷凝负荷不变的情况下，减小塔顶的采出量，势必会使回流量增加，塔压强降增大，可以提高塔顶产品的纯度。对一定的进料量，塔顶采出量减小，塔底产品量必然增多，塔底产品中易挥发组分含量增多，因此易挥发组分的回收率降低。若塔顶采出量增加，则会造成回流量的减少，结果是难挥发组分被带到塔顶，塔顶产品不合格。

采出量应随进料量的变化而变化，这样可保持回流比恒定，以维持正常操作。

2. 塔底产品采出量

在正常操作中，若进料量、塔顶采出量一定时，则塔底采出量符合塔的总物料衡算式。若采出量太小，则会造成塔釜内液位逐渐上升，以致充满整个塔釜的空间，使塔釜内液体由于没有蒸发空间而难以汽化，并使塔釜内液体汽化温度升高，甚至会将液体带回塔内，这样将会引起产品质量下降。若采出量太大，则会致使塔釜内液位较低，加热面积不能充分利用，上升蒸气量减少，漏液严重，使塔板上传质条件变差，塔板效率下降，若不及时处理，则有可能产生“蒸空”现象。

由以上分析可见，塔底采出量应以控制塔釜内液面保持一定高度并维持恒定为原则。另外，维持一定的釜液面，还起到液封作用，以确保安全生产。另外当采出量改变时，冷凝器的冷却水量和塔釜的加热量应有相应的变化，这样才能保证新的工况下的物料平衡和热量平衡。

精馏操作的影响因素较多，且相互制约。在生产中，应根据实际情况进行综合分析，抓住主要问题，及时处理，使操作正常，保证产品的质量和数量。

## 第七节　间歇精馏



**间歇精馏**又称为**分批精馏**。原料一次性加入蒸馏釜内，在操作过程中不再加料。操作时料液被加热产生蒸气经过塔板到达塔顶进入冷凝器冷凝后，一部分作为产品，另一部分作为回流引回塔内。操作结束时将塔釜内的残液全部排出，然后再进行下一批精馏操作。其流程如图 7-44 所示。

间歇精馏塔只有精馏段，没有提馏段，只能获得较纯的易挥发组分产品。间歇精馏操作过程中，塔釜内液体浓度逐渐降低，各层塔板上的气、液相浓度亦逐渐降低，塔板上气、液两相温度随时间而变化，故间歇精馏为非定态操作过程。

间歇精馏操作可按两种方式进行：一种是保持馏出液组成恒定而不断改变回流比；另一种是保持回流比不变，而馏出液浓度逐渐下降。

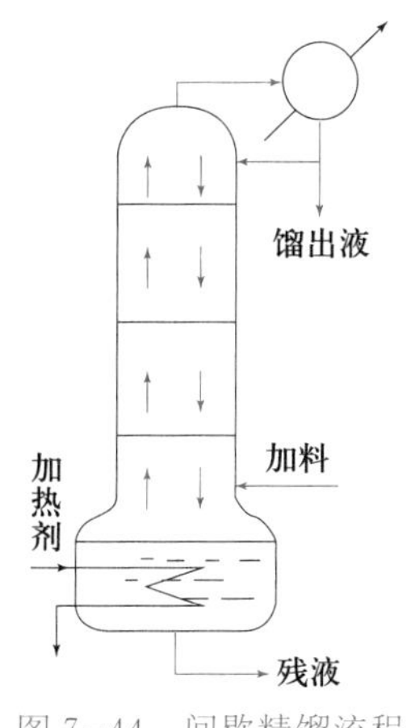

图 7-44　间歇精馏流程

### 一、馏出液组成维持恒定时的间歇精馏

间歇精馏操作时，塔釜内液体组成 $x_W$ 随过程进行而逐渐降低，若要维持馏出液的组成不变，在有固定塔板数的精馏塔的操作时，只有不断地加大回流比。

如图 7-45 所示，设某精馏塔的分离能力相当于有 4 块塔板，馏出液组成规定为 $x_D$ 时，在回流比 $R_1$ 下进行操作，釜液组成可降至 $x_{W1}$。随着操作进行，釜液组成不断下降，如果降至 $x_{W2}$ 时，要维持 $x_D$ 不变，只有将回流比加大到 $R_2$，使操作线 $ab_1$ 移到 $ab_2$。这样不断地加大回流比直到釜液组成降低到规定浓度，即停止操作。

### 二、回流比维持恒定时的间歇精馏

如图 7-46 所示，设某精馏塔的分离能力相当于 4 块理论板，$a_1b_1$ 为精馏开始时的操作线，釜液组成为 $x_{W1}$，馏出液组成为 $x_{D1}$，随着操作的进行，釜液组成降为 $x_{W2}$，相应的馏出液组成降为 $x_{D2}$，操作线变为 $a_2b_2$，由于维持回流比不变，操作线斜率不变，各操作线互相平行。这样一直到釜液或馏出液浓度达到规定值时，操作即停止。

动画

恒定产品组成的间歇精馏

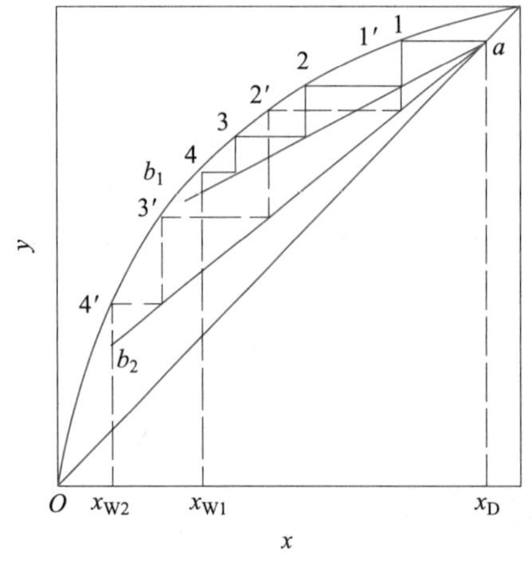


图 7-45　$x_D$ 恒定间歇精馏

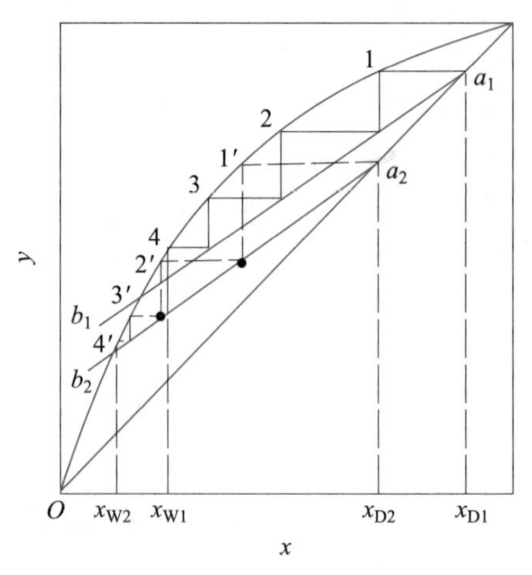


图 7-46　回流比恒定的间歇精馏

实际上，回流比恒定的间歇精馏不能得到浓度和回收率都较高的馏出液，而馏出液组成恒定的间歇精馏要不断地提高回流比，操作又难以控制。因而，生产中常将两种方法结合进行，即维持回流比恒定操作一段时间，到 $x_D$ 有较明显的下降时增加回流比，如此阶跃式地增加回流比，以保持馏出液浓度基本不变。

工业中精馏虽以连续精馏为主，但对某些场合，却适宜采用间歇精馏操作，如对一些生产量不大或是料液品种和组成经常改变，或是原料液是分批生产得到，这时就要求分批进行分离。另外还可用于多组分混合液的初步分离。由于设备投资较小，操作变化灵活，在精细化工生产中经常使用。

## 第八节　特殊精馏

### 一、恒沸精馏

在被分离的混合液中加入第三组分（称为夹带剂），该组分能与原料液中一个或两个组分形成新的恒沸液，从而使原料液能用精馏的方法分离，这种精馏操作称为恒沸精馏。恒沸精馏可以用于各组分挥发度相近或具有恒沸组成的混合液分离。

用乙醇-水溶液制取无水酒精是一个典型的恒沸精馏过程。常压下乙醇-水溶液为具有恒沸物的物系，一般精馏所能达到的最高浓度为其所对应的恒沸组成。为了制取无水酒精，要在乙醇-水恒沸液中加入适量的夹带剂苯，原料液中水分可全部转移到新的恒沸液中去，而使得乙醇-水溶液得以分离。图 7-47 为制取无水酒精的流程示意图。

如图 7-47 所示，将组成接近于恒沸物的工业酒精加入恒沸精馏塔 1 中，夹带剂苯由塔上部加入，塔底排出的产品为无水酒精。塔顶馏出的三元恒沸物蒸气进入冷凝器 4 冷凝后，导入分层器 5 静置分为两液层，轻相主要为苯，可回流入塔；重相主要为水，还含有少量的苯和酒精，送入脱苯塔 2 被加热汽化，苯以三元恒沸物形式从塔顶被蒸出，经冷凝后送入分层器。脱苯塔 2 底部产品为稀酒精，可送入普通精馏塔 3 中提浓，提浓后的稀酒精返回恒沸精馏塔 1 作为原料，精馏塔 3 的底部排出的几乎为纯水。在操作中苯是循环使用的，由于实际生产中有各种损失，故隔一段时间后，需补充一定量的苯。

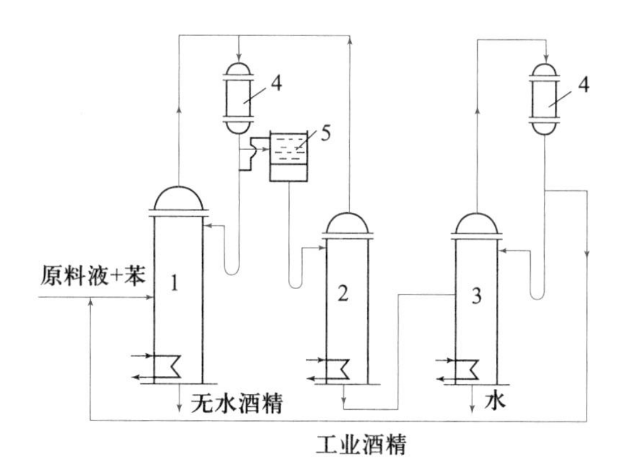


1—恒沸精馏塔；2—脱苯塔；3—精馏塔；4—冷凝器；5—分层器

图 7-47　制取无水酒精的流程示意图



在恒沸精馏中，选择适宜的夹带剂是很重要的，对夹带剂的基本要求是：

① 要能与被分离组分形成恒沸物，其沸点应与另一被分离的组分有较大的差别，一般要求大于 10 ℃；

② 希望能与原料中含量少的组分形成恒沸物，而且夹带的量越多越好，这样可减少夹带剂的用量，降低热耗量；

③ 确保恒沸物冷凝后能分为轻、重两相，以便于夹带剂的回收；

④ 满足无毒、无腐蚀性、热稳定性好和价廉易得等一般的工业要求。

动画

恒沸精馏流程

## 二、萃取精馏

在被分离的混合液中加入第三组分（萃取剂），以增加其相对挥发度，使混合液得以分离的精馏过程称为**萃取精馏**。萃取精馏常用于分离各组分间挥发度差别很小的混合液。

动画

苯-环己烷萃取精馏

例如，常压下在苯-环己烷溶液中加入萃取剂糠醛，则溶液的相对挥发度就发生了显著的变化，如表 7-2 所示。由表可见，相对挥发度随萃取剂的用量增加而增大。

**表 7-2　溶液中加入萃取剂后相对挥发度 $\alpha$ 的变化**

| 溶液中糠醛的摩尔分数 $x$ | 0 | 0.2 | 0.4 | 0.5 | 0.6 | 0.7 |
|---|---|---|---|---|---|---|
| $\alpha$ | 0.98 | 1.38 | 1.86 | 2.07 | 2.36 | 2.7 |

图 7-48 为苯-环己烷混合液萃取精馏流程示意图。原料液进入萃取精馏塔 1，糠醛（萃取剂）由萃取精馏塔 1 顶部加入，以便在每层板上都能与苯相接触，萃取精馏塔 1 顶部蒸出的是环己烷蒸气，送入冷凝器 4 冷凝后作为萃取精馏塔 1 顶部产品。为了回收微量的糠醛蒸气，在萃取精馏塔 1 的上部设置回收段 2（若萃取剂的沸点很高，也可不设回收段）。萃取精馏塔 1 底部残液为苯-糠醛混合液，送入回收塔 3 中很容易将其分离，回收塔的釜液为糠醛，可送萃取精馏塔 1 顶部循环使用。

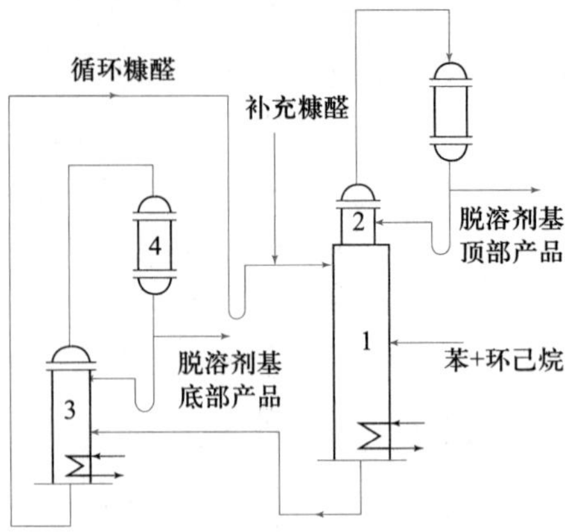

1—萃取精馏塔；2—回收段；3—回收塔；4—冷凝器

图 7-48　苯-环己烷混合液萃取精馏流程示意图



选择萃取剂时主要应考虑以下几点：

① 萃取剂应使原组分间的相对挥发度发生显著的变化；

② 萃取剂的挥发性要低，其沸点应较纯组分高，且不与原组分形成恒沸液；

③ 满足无毒、无腐蚀性、热稳定性好和价廉易得等一般的工业要求。

## 第九节　板　式　塔

板式塔与填料塔是气、液传质设备的两大类型，对于填料塔已在吸收一章中进行介绍，本节将主要介绍板式塔。

工业生产中评价塔设备性能的主要指标为：① 生产能力；② 分离效率；③ 气体流动阻力；④ 操作弹性；⑤ 设备结构简单与否。由于板式塔具有空塔气速高，即生产能力大，塔板效率和操作弹性均较高，操作稳定，且设备造价低，清洗检修方便等优点，目前在工业生产上广泛使用。

动画

板式塔工作原理

板式塔的结构简图如图 7-49 所示，塔的主要构件有塔体、塔板及气体和液体的进、出口等。塔体为圆筒形的壳体，两端装有封头。塔内装有若干层按一定间距水平放置的塔板，在塔板上均匀地开孔，并在其上安装气、液接触构件（如浮阀、泡罩等）。在操作时，液体靠重力作用由塔顶部逐板下流从塔底排出，并在各层塔板的板面上形成流动的液层；气体则在压强差的推动下，自塔底向上依次通过各板上的开孔与板上的液层进行接触传质，最后从塔顶排出。板式塔是逐级接触型的气、液传质设备，所以气、液两相组成沿塔高呈梯级式变化。

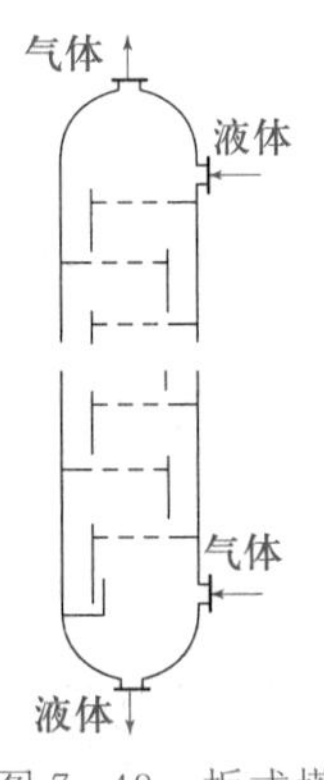


图 7-49　板式塔结构简图

### 一、塔板类型和塔板结构

#### （一）塔板类型

按照塔内气、液两相的流动方式，可将塔板分为错流塔板和逆流塔板两类。

**错流塔板**又称为**有溢流装置塔板**，如图 7－50(a)所示。板间设有供液体流过的降液管（又称溢流管），适当安排降液管的位置及调节堰的高度，可控制塔板上液体流动的途径及液层的高度。在塔板上气、液两相呈错流接触。常见板型有泡罩塔板、浮阀塔板和筛孔塔板等。

**逆流塔板**又称为**无溢流装置塔板**，如图 7－50(b)所示。板间不设降液管，气、液两相同时由板上孔道逆向穿流而过，故又称为穿流式塔板。这种塔板结构简单，在塔板上气、液两相呈逆流接触。常见的板型有筛孔及栅缝式穿流塔。

动画
板式塔内流体的流动



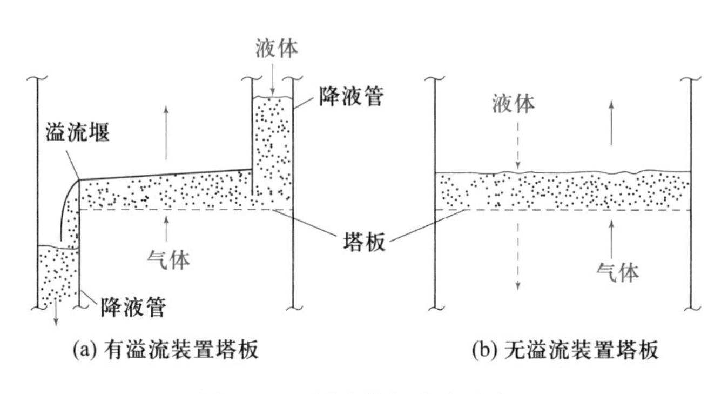

(a) 有溢流装置塔板　　(b) 无溢流装置塔板

图 7－50　板式塔气液流动类型

视频
板式塔气液流动

下面将介绍几种常见的塔板类型。

1. 泡罩塔板

泡罩塔板是工业生产中应用得最早的塔板类型。塔板上的气流通道是由升气管和泡罩组成，如图 7－51 所示。泡罩的底缘开有齿缝，浸没在塔板上的液层内，沿升气管上升的气流经泡罩的齿缝被破碎为小气泡，通过塔板上液层以增大气、液两相接触面积。气体从塔板上液面穿出后，再进入上一层塔板进行传质。

动画
泡罩塔板操作

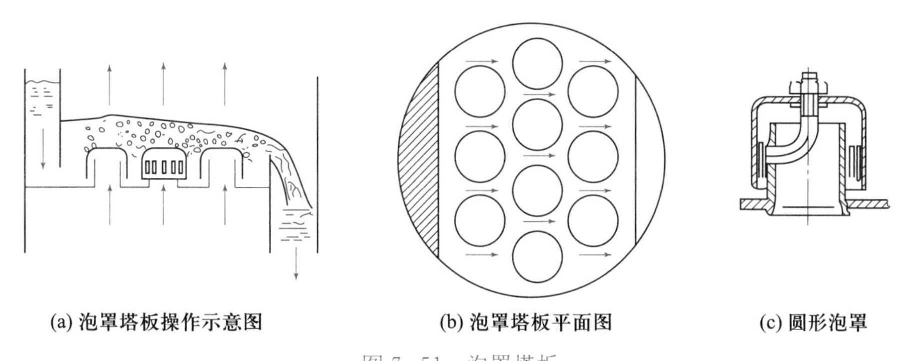
(a) 泡罩塔板操作示意图　　(b) 泡罩塔板平面图　　(c) 圆形泡罩

图 7－51　泡罩塔板

视频
泡罩塔板介绍

由于升气管的存在，在气相负荷很小的情况下也不易漏液，因而有较大的操作弹性，气相负荷在较大的范围内波动时，塔板效率基本维持不变。塔板不易堵塞，可处理较为污浊的物料。所以泡罩塔自 1813 年问世以来至今仍有一些厂家在使用。但由于塔板结构复杂，制造成本高；气流通道曲折，板上液层厚，气流阻力大；气相流速不宜太大，生产能力小。在新建的化工厂中，泡罩塔已很少采用。

2. 筛孔塔板

筛孔塔板也是较早用于工业生产中塔板类型之一，如图 7-52 所示。其气流通道是在塔板上均匀地开有许多直径为 4～8 mm 的小孔。上升的气流通过筛孔分散成细小的流股并通过板上液层鼓泡而出。筛孔塔板具有结构简单、造价低廉及塔板阻力小等优点。但长期以来由于易漏液、操作弹性小、筛孔易堵塞及不易控制等缺点而受冷遇。直到 20 世纪 50 年代，人们发现只要设计合理和操作适当，筛孔塔板仍能满足生产上所需的操作弹性，而且效率较高，操作稳定。若采用大孔径筛孔，如孔径为 10～25 mm，堵塞问题亦可解决。生产实践说明，筛孔塔板比起泡罩塔板，生产能力可增大 10%～15%，塔板效率约提高 15%，单板压强降可降低 30%左右，造价可降低 20%～50%。目前，筛孔塔板是各国广泛应用的塔板类型。



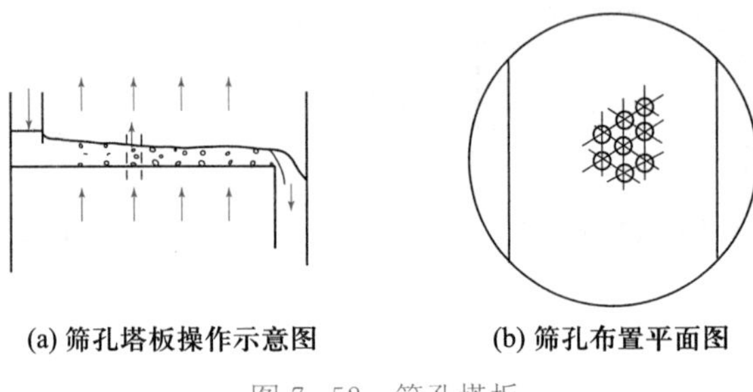
(a) 筛孔塔板操作示意图　(b) 筛孔布置平面图

图 7-52　筛孔塔板

3. 浮阀塔板

浮阀塔板是 20 世纪 50 年代初开发的一种塔板类型。它综合了泡罩塔板和筛孔塔板的优点，在每个开孔处装有一个可上下浮动的浮阀代替了升气管和泡罩。塔板上所开的孔径较大(标准孔径为 39 mm)，避免了孔道堵塞。常用的浮阀有 F1 型(重阀)、V—4 型及 T 型，图 7-53 中为 F1 型(重阀)。浮阀的升降位置可根据气量的大小进行调节。当气量较小时，浮阀的开度小，但通过阀片与塔盘之间环隙气速仍足够大，避免了过多的漏

动画 浮阀塔板

视频 浮阀动作

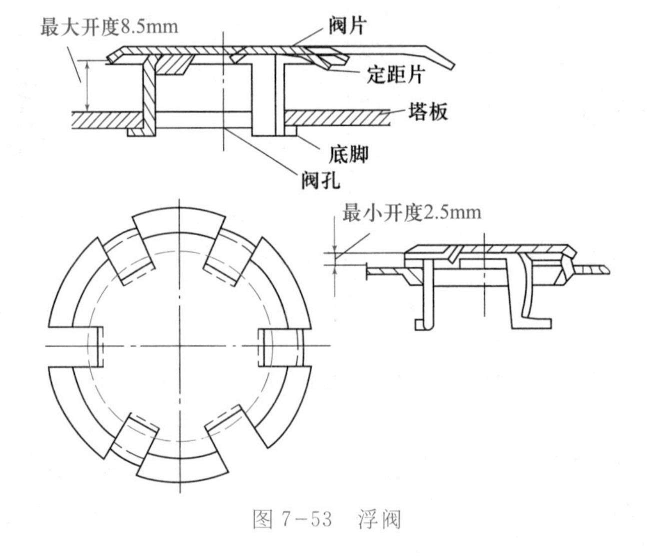


图 7-53　浮阀

液;气量较大时,阀片被顶起、上升,浮阀开度增大,通过环隙的气速也不会太高,使阻力不致增加太多。因此浮阀塔板保持了泡罩塔板操作弹性大的优点,而塔板效率,气体压强降大致与筛孔塔板相当,且具有生产能力大等优点。所以自此种塔型问世以来,一直在工业生产中广泛应用。浮阀塔板的主要缺点是浮阀长期使用后,由于频繁活动而易脱落或被卡住,使操作失常。为保证浮阀能灵活地上下浮动,阀片和塔盘多用不锈钢材料制成,其制造费用较高。浮阀塔板不宜用于易结垢、黏度大的物系分离。

生产实践表明,浮阀塔生产能力要比泡罩塔大 20%～40%,操作弹性最大可达 7～9,塔板效率比泡罩塔高约 15%,制造费用为泡罩塔的 60%～80%,为筛孔塔的 120%～130%。

4. 喷射型塔板

人们在 20 世纪 60 年代开发了喷射型塔板。喷射型塔板的主要特点是塔板上气体通道中的气流方向和塔板倾斜有一个较小的角度(有些甚至接近于水平),气体从气流通道中以较高的速度(可达 20～30 m/s)喷出,将液体分散为细小的液滴,以获得较大的传质面积,且液滴在塔板上反复多次落下和抛起,传质表面不断更新,促进了两相之间的传质。即使气体流速较高,但因气流成倾斜方向喷出,气流带出液层的液滴向上分速度较小,液沫夹带量亦不致过大;另外这种类型塔板的气流与液流的流动方向一致,由于气流起到了推动液体流动的作用,液面落差较小,塔板上液层较薄,塔板阻力不太大。因此喷射型塔板具有塔板效率高、塔板的生产能力较大、塔板阻力亦较小等优点。其缺点是液体受气流的喷射作用下,在进入降液管时气泡夹带现象较为严重,这是喷射型塔板设计、制造和操作时一个必须注意的问题。图 7-54 中所示的是两种典型的喷射型塔板。其中舌形塔板的操作弹性较小,而浮舌塔板则是结合舌形塔板和浮阀塔板的优点,兼有浮动和喷射的特点,具有较大的操作弹性,且在压强降、塔板效率等方面优于舌形塔板和浮阀塔板。

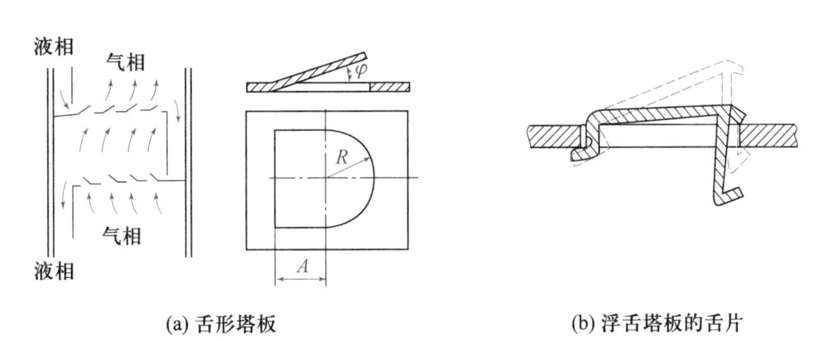


(a) 舌形塔板　　(b) 浮舌塔板的舌片

图 7-54　喷射型塔板

5. 淋降筛孔塔板

淋降筛孔塔板即为没有降液管的筛孔塔板,又称为无溢流型筛孔塔板。塔板上气、液两相为逆流流动,气、液都穿过筛孔,故又称为穿流式筛孔塔板。这种塔板较筛孔塔板的结构更为简单,造价更低。因其节省了降液管所占据的塔截面积,使塔板的有效鼓泡区域面积增加了 15%～30%,从而使生产能力提高。根据生产资料表明,淋降筛板塔的生产能力比泡罩塔大 20%～100%,压强降比泡罩塔小 40%～80%,特别适用于真空操作。

这种塔在操作时，液体时而从某些筛孔漏下，时而又从另外一些筛孔漏下，气体流过塔板的情况也类似。塔板上液层厚度对气体流量变化相当敏感。当气体流量变小时漏液严重，板上液层薄；气体流量大时则板上液层厚，液沫夹带严重，故操作弹性较小。

淋降筛孔塔板的板材一般为金属，也可用塑料、石墨或陶瓷等。塔板可开圆的筛孔或条形孔，也可采用栅板作为塔板。塔板为栅板时称为淋降栅板。

淋降筛孔塔板因其操作弹性小现已很少使用，通常使用的是改进型的波纹塔板。

**(二) 塔板结构**

目前工业生产中多数使用的是有溢流管的筛板塔和浮阀塔，现以有溢流管的塔板为例来介绍塔板结构的情况。

具有单溢流弓形管的塔板结构如图 7-55 所示。它是由开有升气孔道的塔板、溢流堰和降液管组成。塔板是气、液两相传质的场所，为了能使气、液两相充分接触，可以在其上装有浮阀、浮舌、泡罩等气液接触元件。塔板有整块式和分块式两种，在塔径为 800 mm 的小塔内采用整块式塔板，塔径在 900 mm 以上的大塔内，通常采用分块式塔板，以便通过人孔装拆塔板。



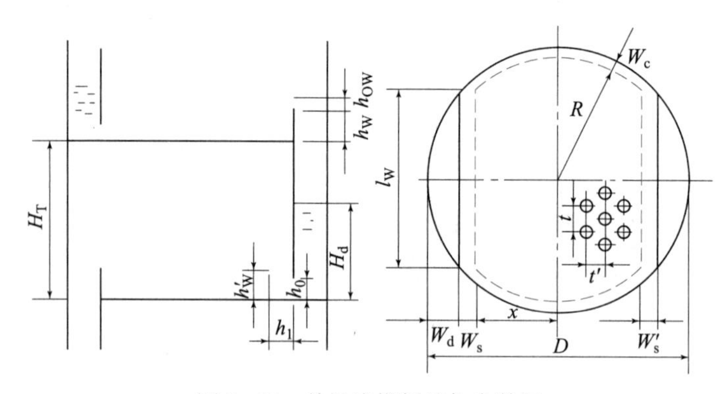


图 7-55 单溢流塔板结构参数图

单溢流塔板的面积可分为四个区域：

(1) 鼓泡区　即图 7-55 中虚线以内的区域，为气、液传质的有效区域。

(2) 溢流区　即溢流管及受液盘所占的区域。

(3) 安定区　在鼓泡区和溢流区之间的面积。目的是为在液体进入溢流管前，有一段不鼓泡的安定区域，以免液体夹带大量泡沫进入溢流管。其宽度 $W_s$ 一般可按下述范围选取：外堰前的安定区 $W_s$ 取 70～100 mm；内堰前的安定区 $W'_s$ 取 50～100 mm。在小塔中，安定区可适当减小。

(4) 边缘区　在靠近塔壁的部分，需留出一圈用于支持塔板边梁使用的边缘区域 $W_c$。对于2.5 m 以下的塔径，可取为 50 mm，大于 2.5 m 的塔径则取 60 mm，或更大些。

图 7-55 中 $h_W$ 为出口堰高，$h_{OW}$ 为堰上液层高度，$h_0$ 为降液管底隙高度；$h_1$ 为进口堰与降液管间的水平距离，$h'_W$ 为进口堰高；$H_d$ 为降液管中清液层高度，$H_T$ 为板间距，$l_W$ 为堰长，$W_d$ 为弓形降液管宽度，$W_s$，$W'_s$ 为破沫区宽度，$W_c$ 为无效周边宽度，$D$ 为塔径，$R$ 为鼓泡区半径，$x$ 为鼓泡区宽度的 1/2，$t$ 为孔心距，$t'$ 为相邻两排孔中心线的距离。单位均为 m。

降液管是液体从上一层塔板流向下一层塔板的通道。降液管的横截面有弓形和圆形两种。因塔体多为圆筒形，弓形降液管可充分利用塔内空间，使降液管在可能条件下流通截面最大，通液能力最强，故被普遍采用。降液管下缘在操作时必须要浸在液层内，以保证液封，即不允许气体通过降液管"短路"流至上一层塔板上方空间。降液管下缘与下一层塔板间的距离称为降液管底隙高度 $h_0$，$h_0$ 一般为 20～25 mm。若 $h_0$ 过小则液体流过降液管底隙时的阻力太大。为了保证液封，要求 $(h_W-h_0)$ 大于 6 mm。

在液体横向流过塔板后到达末端，设有溢流堰。溢流堰是一条直条形板，溢流堰高 $h_W$ 对板上液层的高度起控制作用。$h_W$ 值大，则板上液层厚，气、液接触时间长，对传质有利，但气体通过塔板的压强降大。常压操作时，一般 $h_W$ 为 20～50 mm，真空操作时 $h_W$ 为 10～20 mm，加压操作时 $h_W$ 为 40～80 mm。

## 二、板式塔的流体力学性能



板式塔的操作能否正常进行，板上的气、液两相传质效果如何，很大程度上取决于气、液两相在塔板上的接触状态和流体力学性能。

### （一）塔板上的气液接触状态

由于气体通过塔板上气体孔道的速度不同，气、液两相在塔板上的接触状态大致有三种：

1. 鼓泡接触状态

鼓泡接触状态如图 7-56(a)所示。当孔速很低时，气体以鼓泡形式通过板上液层，气泡表面即为两相传质面积。此时，板上存在着大量的清液，气泡数量少且分散于液体之中，传质面积小，气、液湍动程度弱，传质效果差，塔板效率低，一般不宜采用。

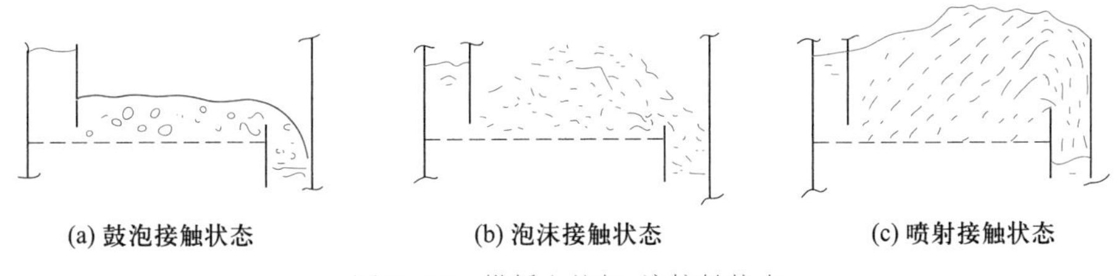


图 7-56　塔板上的气、液接触状态

视频
气液接触状态

2. 泡沫接触状态

随着孔速的增大，气泡的数量急剧增多，气泡表面连成一片并不断发生合并和破裂，此时板上大部分液体是以液膜形式存在于气泡之间，使得板上清液层变薄，这种接触状态称为泡沫接触状态，如图 7-56(b)所示。泡沫接触状态的液体仍为连续相，气体为分散相。这种接触状态的两相传质表面不是为数不多较为稳定的气泡表面，而是面积很大的液膜。由于泡沫的高度湍动并不断合并和破裂，为气、液两相接触传质提供了良好的流体力学条件。

3. 喷射接触状态

当孔速很大时，动能很大的气体从塔板气体孔道中呈气流状连续喷出穿过液层，将板上部分液体破碎成许多大小不等的液滴并抛向塔板上方空间。这种接触状态称为喷射接触状态,如图 7-56(c)所示。喷射接触状态气相为连续相,液体被分散为小液滴,提供的传质面积大。由于液滴在上升过程中的分散与合并使得传质表面不断更新,一方面增加了过程的推动力,也为两相传质提供了良好的流体力学条件。

在工业生产实际应用中,板式塔内气、液接触状态多为泡沫接触状态或喷射接触状态。对于精馏操作而言,当易挥发组分表面张力小于难挥发组分表面张力时,采用泡沫接触状态较为适宜;当易挥发组分表面张力大于难挥发组分表面张力时,采用喷射接触状态较为适宜。

**(二) 板式塔流体力学性能**

板式塔的流体力学性能包括:塔板压强降、雾沫夹带、液泛(淹塔)、漏液及液面落差等。

1. 塔板压强降



上升气体通过塔板的总压强降由以下几部分压强降组成:克服塔板本身干板阻力所产生的压强降;气流通过板上充气液层克服液层静压强所产生的压强降;气流从液层表面冲出克服液体表面张力所产生的压强降。

气体通过塔板的压强降是影响板式塔操作特性的重要因素。对精馏操作,各层塔板的压强降直接影响了塔釜的操作压强。若压强降过大,精馏塔釜压强增高,使溶液相对挥发度减小,增加了分离难度。尤其对真空精馏操作,若压强降的变化大,对操作影响极其显著,因此塔板压强降是真空精馏操作的主要控制指标。塔板压强降的增大,也会造成精馏过程的能耗增加。

然而,塔板上液层厚度的增加,会使塔板压强降增大,但由于液层增厚而使得气、液接触时间增长,塔板效率提高。因此进行塔板设计时,应在保证较高塔板效率的前提下,力求尽量减小压强降,以减少精馏能耗及改善塔板的操作性能。

视频

雾沫夹带

2. 雾(液)沫夹带

雾沫夹带(又称液沫夹带)是指塔板上的液体被上升气流带入上一层塔板的现象。在板式塔正常操作时,多少总是有一些雾沫被夹带到上一层塔板,但过多的雾沫夹带会造成液相在塔板间的返混,导致塔板效率严重下降。影响雾沫夹带的影响因素很多,最主要的是空塔气速和塔板间距。板间距增大,雾沫夹带量减少;空塔气速增加,雾沫夹带量增大。工业生产中将雾沫夹带量限制在一定数值内,规定每千克上升气体中夹带到上一层塔板的液体量不超过 0.1 kg,即控制雾沫夹带量 $e_V \leqslant 0.1$ kg(液)/kg(气)。

视频

液泛

3. 液泛(淹塔)

在直径一定的板式塔中,气、液两相做逆流流动的流通截面积是一定的,塔板压强降随两相流量增加而增大。当两相中之一的流量增加到一定程度,上、下两层塔板间的压强降增大足以使得降液管中液体不能通畅地下流,必然使降液管中存液增多,当降液管内的液体漫过上一层塔板溢流堰后,并漫到上一层塔板上去,这种现象称为液泛,亦称淹塔。



导致液泛一般有两种情况:一种是较为常见的由于气体流量过大,气速过大,对一定的液体流量,气体通过塔板上液层时,雾沫夹带量太多,液体夹带到上一层塔板,与进入上一层塔板的液体一起进入下一层塔板,意味着实际上液体流量在增大。液体流量增大又使得塔板上液层增厚,造成两板间压强降增加,雾沫夹带量更多,直至降液管内液体不能通畅下流而造成液泛，这种液泛称为过量液沫夹带液泛。另一种情况是液体流量过大，降液管的流通截面不足以使液体及时通过，于是降液管内液面升高，逐渐升到溢流堰上方而导致液泛，称为溢流管液泛。

液泛时的气速称为液泛气速，液泛气速为塔操作的极限速度。从传质的角度考虑，气速增大，增加了气、液两相间的湍动程度，使传质效率提高，但应控制在液泛气速以下，以进行正常操作。影响液泛速度的因素除气、液两相流量和流体物性外，塔板结构，特别是塔板间距 $H_T$ 也是重要参数，采用较大的塔板间距，可提高液泛气速。

视频

漏液

4. 漏液

对于塔板上开有升气孔道的塔，如筛板塔、浮阀塔等，当气体流量减小，致使上升气体通过升气孔道时的动压不足以阻止板上液体经孔道流下时，便产生漏液现象。对于错流型塔板，在正常操作时，液体应沿塔板板面横向流动，在板上与垂直上流的气体进行错流接触后从降液管流下。漏液时液体经升气孔道流下，漏下的液体如同“短路”，影响气、液在塔板上的充分接触，使塔板效率下降，严重的漏液会使塔板不能积液而无法操作。工业上正常操作时，规定漏液量不大于液体流量的 10%。



漏液有两种类型，一种称为倾向性漏液，另一种称为随机性漏液。造成**倾向性漏液**的主要原因是板面上的液面落差，因从降液管刚进入塔板时的板上液层最厚，该区域内升气孔道在操作时便产生漏液。造成**随机性漏液**的主要原因是气体流速偏低。漏液量达 10%时升气孔道内气流速度为漏液速度，漏液速度是升气孔道内气流速度的下限。

5. 液面落差

当液体横向流过板面时，为克服板面摩擦阻力和板上部件（如泡罩、浮阀）的局部阻力，需要一定的液位差，在塔板上形成了**液面落差**，以 $\Delta$ 表示。液层厚度的不均匀性引起气流不能均匀分布，从而倾向性漏液，严重影响了塔板效率。液面落差与塔板结构有关，板上部件结构复杂，液体的流动阻力大，液面落差大。对于筛板塔而言，在塔径不大的情况下，常可忽略液面落差的影响。液面落差还与塔径和液体流量有关，当塔径和液体流量很大时，会造成较大的液面落差。对于大塔径的情况，可采用双溢流、阶梯溢流等溢流形式来减小液面落差。这部分内容将在浮阀塔设计中介绍。

## 三、浮阀塔的设计原则

板式塔的设计是在给定气相和液相的流量、操作温度和压强、流体的物性（如密度、黏度等），以及实际塔板数等条件下进行的。其设计内容包括塔高、塔径的设计，塔板板面的布置和有关结构尺寸的选择，以及流体力学特性的校核等。尽管塔板类型很多，但其设计原则和步骤却大同小异，下面以浮阀塔为例进行讨论。

### （一）塔的有效段高度

当实际塔板数 $N$ 为已知时，就可用下式计算塔的有效段高度 $Z$。即

$$Z = H_T N \tag{7-50}$$

式中的 $H_T$ 为塔板间距，即两层相邻塔板之间的距离。塔板间距 $H_T$ 小，塔高 $Z$ 可降低，但塔板间距对于雾沫夹带及液泛有重要影响。若 $H_T$ 较大，则允许的空塔气速可以较大，

所需的塔径可较小，但塔高要增大。因此塔板间距的大小与塔径之间的关系，应全面进行经济权衡来确定。表7-3列出了浮阀塔板间距的参考数值以供设计时参考。

表 7-3 浮阀塔塔板间距的参考数值

| 塔径 $D$/m | 0.3～0.5 | 0.5～0.8 | 0.8～1.6 | 1.6～2.0 | 2.0～2.4 | >2.4 |
|---|---|---|---|---|---|---|
| 塔板间距 $H_T$/m | 0.20～0.30 | 0.30～0.35 | 0.35～0.45 | 0.45～0.60 | 0.50～0.80 | ≥0.60 |

选择塔板间距的数值要按规定选取整数，如 300 mm、350 mm、400 mm、450 mm、500 mm、600 mm、800 mm 等。在决定板间距时还要考虑物料的起泡性、制造和维修等问题，如在塔体人孔处，应留有足够的工作空间，其值不应小于 600 mm。

(二) 塔径

根据流量公式可计算塔径，即



$$D=\sqrt{\frac{4q_{V,V}}{\pi u}} \tag{7-51}$$

式中 $D$——塔径，m；

$q_{V,V}$——操作状态下气体流量，$m^3/s$；

$u$——空塔气速，即按空塔截面积计算的气体流速，m/s。

计算塔径的关键是确定适宜的空塔气速 $u$。空塔气速的上限是由严重的雾沫夹带或液泛决定，下限是由漏液速度决定，适宜的空塔气速应介于两者之间。一般依据最大允许空塔气速 $u_{max}$来确定。最大允许空塔气速 $u_{max}$可根据下式来确定：

$$u_{max}=C\sqrt{\frac{\rho_L-\rho_V}{\rho_V}} \tag{7-52}$$

式中 $u_{max}$——最大允许空塔气速，m/s；

$C$——负荷系数；

$\rho_V$——气相密度，$kg/m^3$；

$\rho_L$——液相密度，$kg/m^3$。

研究表明**负荷系数** $C$ 值与气、液流量及密度，塔板间距与板上液层高度及液体的表面张力有关。史密斯等人汇集了若干泡罩、筛板和浮阀塔的数据，整理成负荷系数与这些影响因素的关联曲线，常称为**史密斯关联图**，如图 7-57 所示。

图 7-57 中 $q_{V,V}$，$q_{V,L}$ 为塔内气、液相的体积流量，$m^3/s$；$\rho_V$，$\rho_L$ 为塔内气、液两相密度，$kg/m^3$；$H_T$为塔板间距，m；$h_L$为板上液层高度，m。

横坐标 $\left(\frac{q_{V,L}}{q_{V,V}}\right)\left(\frac{\rho_L}{\rho_V}\right)^{\frac{1}{2}}$ 量纲为 1，称为**液气动能参数**，它反映气、液两相的流量和密度的影响，图中 $H_T-h_L$反映了塔板间液滴沉降空间高度的影响。塔板间距 $H_T$可按表 7-3 选取，板上液层高度 $h_L$对常压塔一般取 0.05～0.1 m，对减压塔应取低一些，可低到 0.025 m 以下。

图中的 $C_{20}$为液体表面张力 $\sigma$=20 mN/m 时的负荷系数。若实际液体的表面张力不等于上述值，则可由下式进行计算操作物系的负荷系数 $C$ 值：

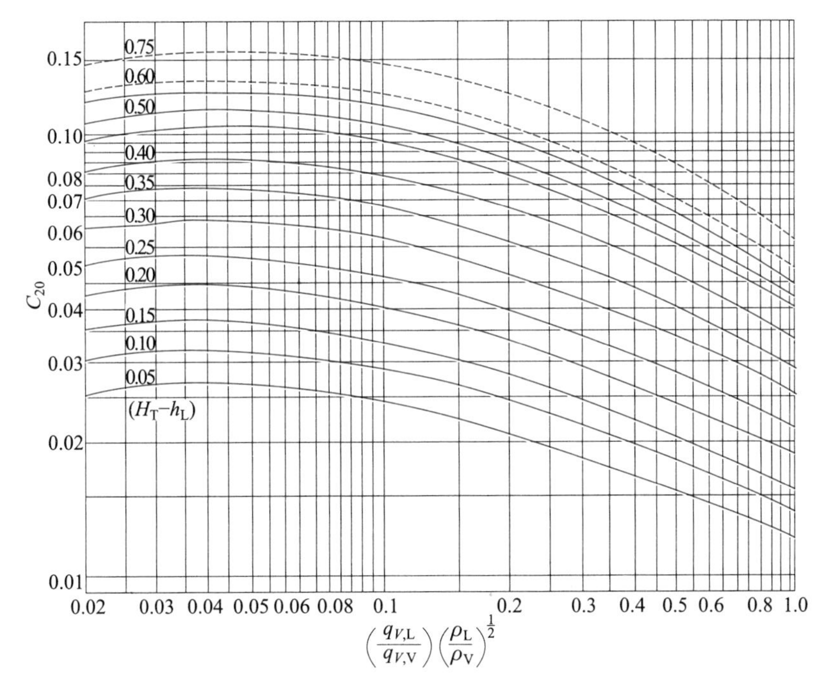


图 7-57　史密斯关联图

$$C=C_{20}\left(\frac{\sigma}{20}\right)^{0.2} \tag{7-53}$$

式中　$\sigma$——液体的表面张力，mN/m。

当由式(7-53)确定 $C$ 值后，即可由式(7-52)确定最大允许空塔气速 $u_{max}$。求出最大允许空塔气速 $u_{max}$ 后，乘以安全系数，便可得到适宜的空塔气速 $u$，即

$$u=(0.6\sim0.8)u_{max}$$

将求得适宜空塔气速代入式(7-51)算出塔径后，还需根据浮阀塔直径系列标准予以圆整。算出的塔径值若在 1 m 以内，应圆整为按 0.1 m 递增值的尺寸，若超过 1 m 则按 0.2 m 递增值进行圆整。如 0.7 m、0.8 m、0.9 m、1.0 m、1.2 m、1.4 m 等。

**小贴士**

如此算出的塔径只是初估值，以后还需根据流体力学原则进行核算，必要时要对初估的塔径进行修正。此外若精馏塔的精馏段和提馏段上升气量差别较大时，两段的塔径应分别计算。

### （三）溢流形式的选择

液体横过塔板的流动行程长，气、液两相接触充分，传质效果好。但液体行程长必然导致流动阻力大，液面落差大，容易造成倾向性漏液，影响了塔板效率。当液体流量很大或塔径过大时，这一问题更为严重。所以溢流形式的选择是塔板设计中重要的一个环

节。液体流量或塔径较小时，则可采用U形溢流，如图7-58(a)所示。单溢流型具有结构简单，制造安装方便，液体行程较长等优点，是板式塔中最常用的溢流形式，如图7-58(b)所示。对于液体流量大或塔径大的情况可采用图7-58中的(c)双溢流或(d)阶梯溢流等。溢流形式的初步选择可参考表7-4。

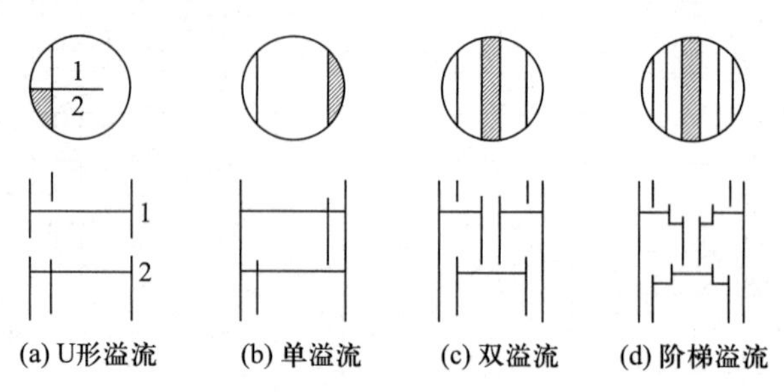


图7-58　塔板溢流形式



表7-4　板上溢流形式的选择

| 塔径 $D$/mm | 液体流量 $q_{V,L}/(m^3 \cdot h^{-1})$ | | | |
|---|---|---|---|---|
| | U形溢流 | 单溢流 | 双溢流 | 阶梯溢流 |
| 1 000 | 7以下 | 45以下 | | |
| 1 400 | 9以下 | 70以下 | | |
| 2 000 | 11以下 | 90以下 | 90～160 | |
| 3 000 | 11以下 | 110以下 | 110～200 | 200～300 |
| 4 000 | 11以下 | 110以下 | 110～230 | 230～350 |
| 5 000 | 11以下 | 110以下 | 110～250 | 250～400 |
| 6 000 | 11以下 | 110以下 | 110～250 | 250～450 |

**(四) 溢流装置的设计**

溢流装置包括溢流堰、降液管和受液盘几部分，其结构和尺寸对塔的性能有着重要的影响。

1. 溢流堰

溢流堰有内堰(进口堰)和外堰(出口堰)之分。在较大的塔内，有时在液体进入塔板处设有进口堰，以保证降液管的液封，并减少液体水平冲出，使液体在塔板上分布均匀。但对常见的弓形降液管，液体在塔板上的分布一般比较均匀，而进口堰要占用较多板面，还容易发生沉淀物沉积造成堵塞，故多不设置进口堰。

出口堰的作用是维持板上有一定的液层厚度和使板上液体流动均匀，除个别情况以外(如很小的塔或用非金属制作的塔板)，一般均设置出口堰。出口堰的主要尺寸为堰长 $l_W$ 和堰高 $h_W$。

(1) 堰长　堰长 $l_W$ 是指弓形降液管的弦长，根据液体负荷及流动形式决定。对于单溢流一般取 $l_W$ 为 $(0.6\sim0.8)D$；对于双溢流，取 $l_W$ 为 $(0.5\sim0.7)D$，其中 $D$ 为塔径。

按一般经验，堰上最大液体流速不宜超过100～130 $m^3/(h \cdot m)$，可按此确定堰长。

(2) 堰高　为了保证塔板上有一定的液层，降液管上端必须要高出塔板板面一定高度，这一高度即为堰高，以 $h_W$ 表示，单位为 m。板上液层高度 $h_L$ 为堰高 $h_W$ 与堰上液层高度 $h_{OW}$ 之和，即

$$h_L = h_W + h_{OW} \tag{7-54}$$

式中堰上液层高度 $h_{OW}$ 可用下式确定：

$$h_{OW} = \frac{2.84}{1\ 000} E \left(\frac{q_{V,L}}{l_W}\right)^{2/3} \tag{7-55}$$

式中　$h_{OW}$——堰上液高度，m；

$q_{V,L}$——液体体积流量，$m^3/h$；

$l_W$——堰长，m；

$E$——液流收缩系数，可由图 7-59 查得，若 $q_{V,L}$ 不大，一般可近似取 $E=1$。



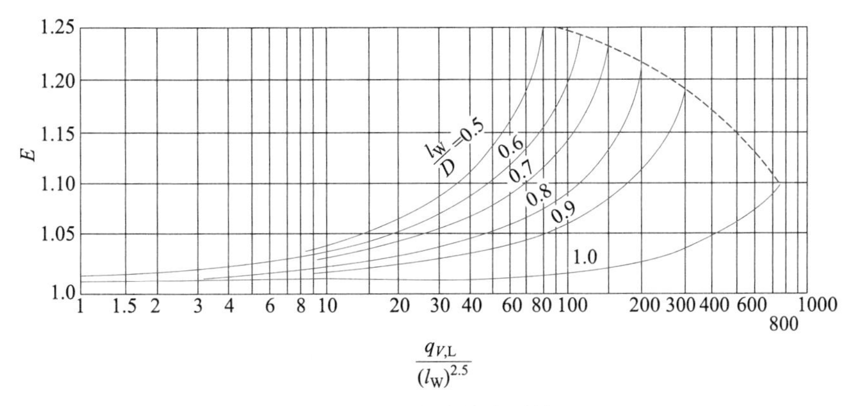


图 7-59　液流收缩系数

若求得的 $h_{OW}$ 值太小，则会由于堰与塔板安装时的水平误差引起液体横过塔板时流动不均，而引起塔板效率降低。一般 $h_{OW}$ 不应小于 6 mm，否则需调整 $l_W/D$ 或采用堰的上缘开有锯齿形缺口的溢流堰。

2. 降液管

降液管有弓形和圆形之分，由于弓形降液管应用较为普遍，这里以弓形降液管为例说明有关尺寸确定方法。

(1) 弓形降液管的宽度和截面积　在塔径 $D$ 和塔板间距 $H_T$ 一定的条件下，确定了堰长 $l_W$，实际上是已经固定了弓形降液管的尺寸。根据 $l_W/D$ 查图 7-60 即可求得弓形降液管的宽度 $W_d$ 和截面积 $A_f$。$A_T$ 为塔截面积。

降液管的截面积 $A_f$ 应能保证液体在降液管内有足够的停留时间，使溢流液体中夹带的气泡能分离出来。为此液体在降液管内的停留时间不应小于 3 s，对于高压操作的塔及易起泡的系统，停留时间应更长些。因此，在求得降液管截面积后，应按下式验算降液管内液体的停留时间 $\theta$，即

$$\theta = \frac{A_f H_T}{q_{V,L}} \tag{7-56}$$

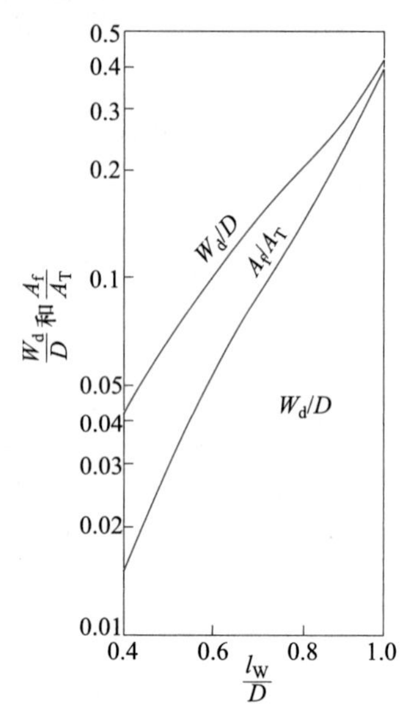


图 7-60　弓形降液管几何关系

式中　$q_{V,L}$——液体体积流量，$m^3/s$。

(2) 降液管的底隙高度　降液管的底隙高度 $h_0$ 为降液管底缘与塔板之间距离。确定降液管的底隙高度 $h_0$ 的原则是：保证液体流经此处的局部阻力不大，防止沉淀物在此堆积而堵塞降液管；同时又要有良好的液封，防止气体通过降液管造成短路。一般按下式计算 $h_0$，即

$$h_0=\frac{q_{V,L}}{l_W u_0'} \tag{7-57}$$

式中　$u_0'$——液体通过降液管底隙时的流速，$m\cdot s^{-1}$。根据经验，一般取 $u_0'=0.07\sim0.25$ m/s。

为了简便起见，有时用下式确定 $h_0$，即

$$h_0=h_W-0.006\ \text{m} \tag{7-58}$$

式(7-58)表明要使降液管的底隙高度比溢流堰高低 6 mm，以保证降液管底部的液封。

降液管的底隙高度一般不宜小于 20 mm，否则容易发生堵塞，或因安装偏差造成液体流动不畅，造成液泛。

3. 受液盘

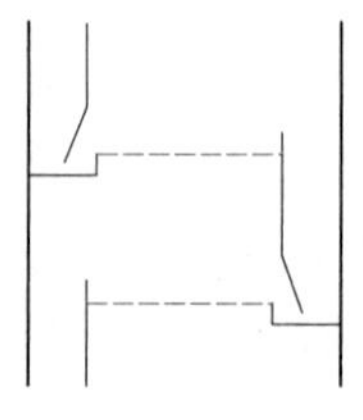

图 7-61　凹形受液盘

塔板上接受降液管流下液体的那部分区域称为受液盘。它有平形和凹形两种型式，平形受液盘结构简单，最为常用。对于直径较大的塔，多采用凹形受液盘，如图 7-61 所示。这种结构可在液体流量较小时仍能有良好的液封，且有改变液体流向的缓冲作用，凹形受液盘的深度一般在 50 mm 以上，但受液盘不适宜用于易聚合及有悬浮固体的情况，因其易造成死角而堵塞。

### （五）浮阀数确定和布置

当气相流量 $q_{V,V}$ 为已知时，可根据流量关系式来确定塔板上的浮阀数，即

$$n=\frac{q_{V,V}}{\frac{\pi}{4}d_0^2u_0} \tag{7-59}$$

式中 $n$——塔板上的浮阀数；

$q_{V,V}$——操作状态下气体体积流量，$m^3/s$；

$d_0$——阀孔直径，mm；对常用的 F1 重型、V—4 型、T 型浮阀孔径均为 0.039 m；

$u_0$——阀孔气速，m/s。

阀孔气速 $u_0$ 由阀孔的动能因数 $F_0$ 来确定。$F_0$ 反映了密度为 $\rho_V$ 的气体以流速 $u_0$ 通过阀孔时动能的大小。$F_0$ 与气体密度 $\rho_V$ 和阀孔流速 $u_0$ 之间的关系为 $F_0=u_0\sqrt{\rho_V}$，根据经验，当 $F_0$ 为 8～12 时，塔板上所有浮阀刚刚全开，此时塔板的压强降和漏液量都较小而操作弹性大，其操作性能最好。在确定浮阀数时，应在 8～12 取 $F_0$，即可求得适宜阀孔气速为

$$u_0=\frac{F_0}{\sqrt{\rho_V}} \tag{7-60}$$

当由式(7-59)求得浮阀数后，可在塔板上的鼓泡区内进行试排列。排列方式有正三角形与等腰三角形两种，按阀孔中心连线与液流方向的关系，又有顺排和叉排之分，如图 7-62所示。叉排时的气、液接触效果好，故一般情况下都采用叉排方式。对于整块式塔板多采用正三角形叉排，孔心距 $t$ 为 75 mm、100 mm、125 mm、150 mm 等；对于分块式塔板，宜采用等腰三角形叉排，此时常将同一横排的阀中心距定为 75 mm，而相邻两排阀中心线的距离 $t'$ 可取为 65 mm、80 mm、100 mm等几种尺寸，必要时还可以调整。

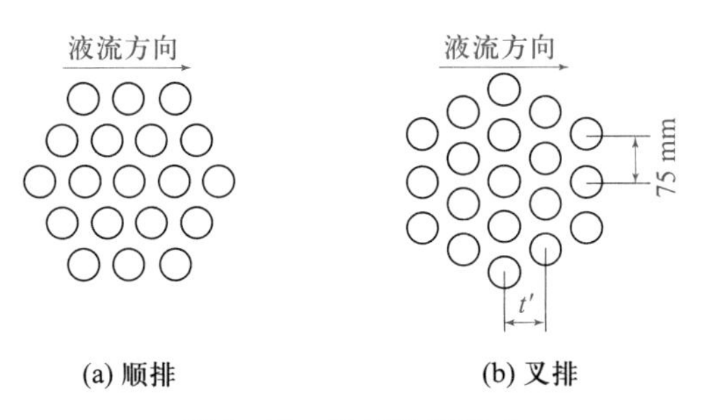


图 7-62　浮阀排列方式

按照确定的孔距作图，可准确得到鼓泡区内可以布置的浮阀数。若此数与前面计算所得的浮阀数相近，则按此阀孔数目重算阀孔气速，并校核阀孔动能因数 $F_0$。若 $F_0$ 仍为 8～12，即可认为画图所得的浮阀数能满足要求。否则需调整孔距、浮阀数，重新作图，甚至要调整塔径，反复计算，直至满足 $F_0$ 在 8～12 范围的要求为止。

塔板上阀孔总面积与塔截面积之比称为**开孔率** $\varphi$，即

$$\varphi=\frac{\frac{\pi}{4}d_0^2 n}{\frac{\pi}{4}D^2}=n\frac{d_0^2}{D^2} \tag{7-61}$$

对常压塔或减压塔，开孔率 $\varphi$ 常为 10%～13%；对加压塔，小于 10%，常见为 6%～9%。

**（六）浮阀塔板的流体力学校核**

1. 气体通过浮阀塔板的压强降校核

气体通过一层浮阀塔板时的总压强降 $\Delta p_p$ 是由克服塔板本身干板阻力所产生的压强降 $\Delta p_c$、气流通过板上充气液层克服液层静压强所产生的压强降 $\Delta p_1$、气流从液层表面冲出克服液体表面张力所产生的压强降 $\Delta p_\sigma$ 三项组成。即

$$\Delta p_p=\Delta p_c+\Delta p_1+\Delta p_\sigma \tag{7-62}$$



(1) 干板压强降　气体通过浮阀塔板的干板压强降，在浮阀全部开启前后有着不同的规律。板上所有浮阀刚好全部开启时，气体通过阀孔的速度称为临界孔速，以 $u_{0c}$ 表示。对 F1 型重阀可用以下经验公式求取干板压强降 $\Delta p_c$：

浮阀全开前（$u_0 \leqslant u_{0c}$）　　$\Delta p_c=19.9u_0^{0.175}g$　　(7-63)

浮阀全开后（$u_0 \geqslant u_{0c}$）　　$\Delta p_c=2.67u_0^2\rho_V$　　(7-64)

式中　$\Delta p_c$——干板压强降，Pa；

$u_0$——阀孔气速，m/s；

$\rho_V$——气体密度，$kg/m^3$；

$g$——重力加速度，$m/s^2$。

在计算 $\Delta p_c$ 时，可先将式(7-63)和式(7-64)联立解得临界孔速 $u_{0c}$，令

$$19.9u_{0c}^{0.175}g=2.67u_{0c}^2\rho_V$$

将 $g=9.81$ m/s 代入解得

$$u_{0c}=\sqrt[1.825]{\frac{73.1}{\rho_V}} \tag{7-65}$$

将计算出的 $u_{0c}$ 与 $u_0$ 进行比较，便可在两式中选定一个来计算干板压强降 $\Delta p_c$。在塔板设计中，习惯上常将压强降大小用塔内液体的液柱高度 $h_c$ 表示，即

$$h_c=\frac{\Delta p_c}{\rho_L g} \tag{7-66}$$

式中　$h_c$——干板阻力，m；

$\rho_L$——液体密度，$kg/m^3$。

(2) 板上充气液层阻力产生的压强降　一般用下面的经验公式计算，即

$$\Delta p_1=\varepsilon_0 h_L \rho_L g \tag{7-67}$$

式中　$\Delta p_1$——板上充气液层阻力产生的压强降，Pa。

$h_L$——板上液层高度，m，用计算塔径时的选定值。

$\rho_L$——液体密度,kg/m$^3$。

$\varepsilon_0$——反映板上液层充气程度的因素,称为充气系数,量纲为1。液相为水时,$\varepsilon_0=0.5$;液相为油时,$\varepsilon_0=0.2\sim0.35$;液相为糖类时,$\varepsilon_0=0.4\sim0.5$。

同理,也可将 $\Delta p_l$用塔内液体的液柱高度表示,则

$$h_l=\varepsilon_0 h_L \tag{7-68}$$

式中 $h_l$——气体通过板上充气液层的阻力,m。

(3) 液体表面张力造成的压强降

$$\Delta p_\sigma=\frac{2\sigma}{h} \tag{7-69}$$

式中 $\Delta p_\sigma$——液体表面张力造成的压强降,Pa;

$\sigma$——液体的表面张力,N/m;

$h$——浮阀的开度,m。

若用塔内液体的液柱高度表示,则有

$$h_\sigma=\frac{2\sigma}{h\rho_L g} \tag{7-70}$$

式中 $h_\sigma$——液体表面张力造成的阻力,m。通常浮阀塔的 $h_\sigma$很小,计算时可忽略不计。

若以塔内液体的液柱高度表示通过一层浮阀塔板的总阻力,符号为 $h_p$,单位为 m,则

$$h_p=h_c+h_l+h_\sigma \tag{7-71}$$

一般说来,浮阀塔的压强降要比筛板塔的大,比泡罩塔的小,在正常操作情况下,常压和加压塔的塔板压强降以 290～490 Pa 为宜,在减压塔内为了减少塔的真空度损失,一般为200 Pa 左右。通常应在保证较高的板效率前提下,力求减小压强降,以降低能耗和改善塔的操作性能。当所设计塔板的压强降超出以上规定的范围时,则需对所设计的塔板进行调整,直至满足要求为止。

2. 液泛(淹塔)校核

为了防止液泛现象的发生,须控制降液管中液体和泡沫的当量清液层高度 $H_d$要低于上层塔板的出口堰顶,为此在设计中令

$$H_d\leqslant\phi(H_T+h_W) \tag{7-72}$$

式中 $H_d$——降液管中全部泡沫及液体折合为清液柱的高度,m。

$\phi$——系数。对一般物系,$\phi$ 值取 0.5;对于发泡严重的物系,取 0.3～0.4;对不易发泡的物系取 0.6～0.7。

$H_T$——塔板间距,m。

$h_W$——出口堰高,m。

降液管中的当量清液层高度 $H_d$所应保持的高度,由操作中气体通过一层浮阀塔板的阻力 $h_p$、板上液层高度的阻力 $h_L$及液体流过降液管时的阻力 $h_d$之和所决定。因此可用下式来表示:

$$H_d = h_p + h_L + h_d \tag{7-73}$$

式中 $h_p$可由式(7-71)计算,$h_L$在计算塔径时已选定。液体流过降液管的阻力 $h_d$,主要是由降液管底隙处的局部阻力造成,可按下面经验公式计算:

塔板上不设进口堰时

$$h_d = 0.153\left(\frac{q_{V,L}}{l_W h_0}\right)^2 \tag{7-74}$$

塔板上设有进口堰时

$$h_d = 0.2\left(\frac{q_{V,L}}{l_W h_0}\right)^2 \tag{7-75}$$

式中 $q_{V,L}$——液体流量,$m^3/s$;

$l_W$——堰长,m;

$h_0$——降液管的底隙高度,m。



将计算所得的降液管中当量清液层高度 $H_d$与 $\phi(H_T + h_W)$比较,必须要符合式(7-72)的规定。若计算所得的 $H_d$过大,不能满足上述规定,可设法减小塔板阻力 $h_p$,特别是其中的 $h_c$,或适当增大塔的板间距 $H_T$。

3. 液沫夹带量校核

正常操作的浮阀塔液沫夹带量的一般要求为 $e_V \leqslant 0.1$ kg(液)/kg(气),在设计中,常用泛点率 $F_1$大小来验算液沫夹带量是否在 0.1 kg(液)/kg(气)以下。

泛点率 $F_1$的意义为设计负荷与该塔泛点负荷之比,以百分数表示。对正常操作的精馏塔,若要液沫夹带量在 0.1 kg(液)/kg(气)以下,泛点率 $F_1$应在以下范围:

一般的大塔,$F_1 < 82\%$;

减压塔,$F_1 < 77\%$;

直径小于 0.9 m 的小塔,$F_1 < 75\%$。

泛点率 $F_1$可按以下两个经验公式计算:

$$F_1 = \frac{q_{V,V}\sqrt{\dfrac{\rho_V}{\rho_L - \rho_V}} + 1.36 q_{V,L} Z_L}{K C_F A_b} \times 100\% \tag{7-76}$$

或

$$F_1 = \frac{q_{V,V}\sqrt{\dfrac{\rho_V}{\rho_L - \rho_V}}}{0.78 K C_F A_T} \times 100\% \tag{7-77}$$

式中 $q_{V,V}$,$q_{V,L}$——分别为塔内气、液两相体积流量,$m^3/s$。

$\rho_V$,$\rho_L$——分别为塔内的气、液相密度,$kg/m^3$。

$Z_L$——板上液体流径长度,m。对单溢流塔板,$Z_L = D - 2W_d$;其中 $D$ 为塔径,$W_d$为弓形降液管的宽度。

$A_b$——板上液流面积,$m^2$。对单溢流塔板,$A_b = A_T - 2A_f$,其中 $A_T$为塔截面积,$A_f$为弓形降液管截面积。

$C_F$——泛点负荷系数,可根据气相密度 $\rho_V$及板间距 $H_T$由图 7-63 查得。

$K$——物性系数,其值见表 7-5。

按以上两式分别计算 $F_1$ 后,取其中数值大者为验算的依据。若两式之一所计算的泛点率不在规定的范围内,则应适当调整有关参数,如板间距、塔径等,并重新计算。

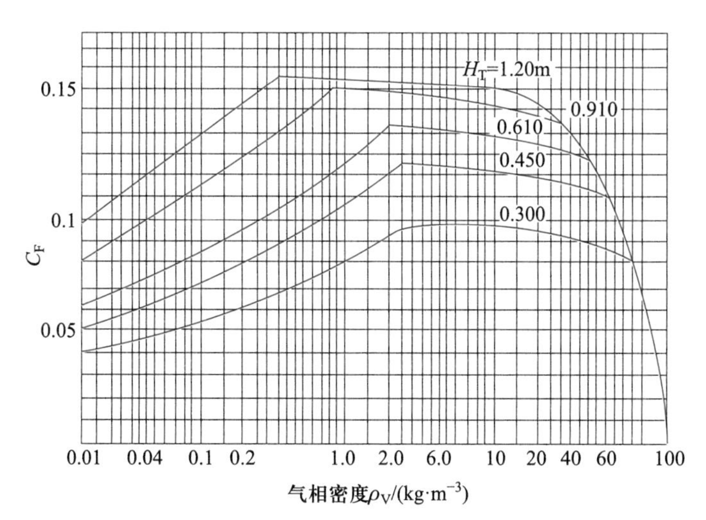


图 7-63　泛点负荷系数

表 7-5　物性系数 $K$

| 系　　统 | 物性系数 $K$ |
|---|---|
| 无泡沫,正常系统 | 1.0 |
| 氟化物(如 $BF_3$、氟利昂) | 0.9 |
| 中等发泡系统(如油吸收塔、胺及乙二醇再生塔) | 0.85 |
| 多泡沫系统(如胺及乙二胺吸收塔) | 0.73 |
| 严重发泡系统(如甲乙酮装置) | 0.60 |
| 形成稳定泡沫的系统(如碱再生塔) | 0.30 |

**(七) 塔板负荷性能图**

任何一个物系和工艺尺寸均已给定的塔板,操作时气、液两相负荷必须维持在一定范围之内,以防止塔板上两相出现异常流动而影响正常操作。通常以气相负荷 $q_{V,V}$($m^3$/s)为纵坐标,液相负荷 $q_{V,L}$($m^3$/s)为横坐标,在坐标图上用曲线表示开始出现异常流动时气、液负荷之间的关系;由这些曲线组合而成的图形就称为塔板的负荷性能图。图中由这些曲线围成的区域即为该塔的适宜操作区,越出这个区域就可能出现不正常操作现象,导致塔板效率明显降低。浮阀塔的负荷性能图如图 7-64 所示,图中各条曲线的意义和作法如下:

1. 液沫夹带上限线

液沫夹带上限线如图 7-64 中曲线 1 所示,此线表示液沫夹带量 $e_V$ 为 0.1 kg(液)/kg(气)时的 $q_{V,V}$ 与 $q_{V,L}$ 之间的关系。适宜操作区应在此线以下,否则将因过多的液沫夹带而使塔板效率严重下降。此线可由式(7-76)或式(7-77)整理出一个 $q_{V,V}=f(q_{V,L})$的函数式,据此关系作出液沫夹带上限线。

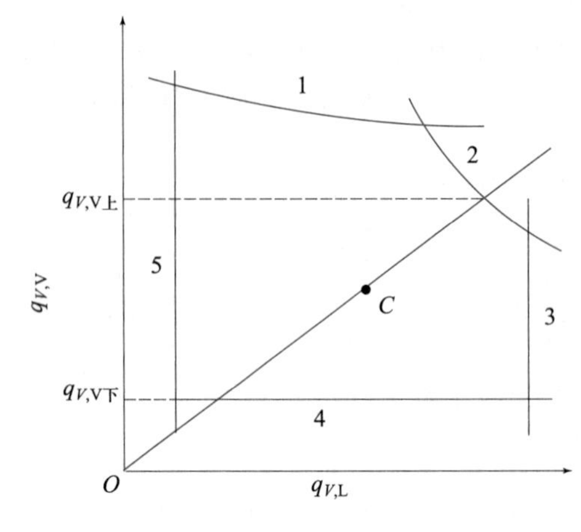


图 7-64　塔板负荷性能图



2. 液泛线

液泛线如图 7-64 中曲线 2 所示。此线表示降液管内液体当量高度超过最大允许值时的 $q_{V,V}$ 与 $q_{V,L}$ 之间的关系，塔板的适宜操作区也应在此线以下，否则将可能发生淹塔现象，破坏塔的正常操作。

根据此线可将式(7-72)写为 $H_d=\phi(H_T+h_W)$，即

$$\phi(H_T+h_W)=h_p+h_L+h_d=h_c+h_1+h_\sigma+h_L+h_d$$

将式中各项的计算经验式代入上式并整理，也可得一个 $q_{V,V}=f(q_{V,L})$ 函数式，据此即可作出液泛线 2。

3. 液相负荷上限线

液相负荷上限线如图 7-64 中曲线 3 所示。若液体流量超过此线，则表明液体流量过大，液体在降液管内停留时间过短，进入降液管中的气泡来不及与液相分离而被带入下一层塔板，造成气相返混，降低塔板效率。液体在降液管内停留时间 $\theta$ 不得小于 3 s，若取 5 s 为最短停留时间，依式(7-56)得塔内液体的上限值为

$$q_{V,L}=\frac{A_f H_T}{5\ s}$$

由求得的液体上限值 $q_{V,L}$ 可作出液相负荷上限线 3。

4. 漏液线

漏液线如图 7-64 中曲线 4 所示。漏液线又称为气相负荷下限线，此线表明不发生严重漏液现象的最低气相负荷，低于此线塔板将产生超过液体流量 10%的漏液量。对于浮阀塔板，可取动能因数$F_0=5$ 作为确定气相负荷下限的依据，依式(7-59)和式(7-60)可得气相流量下限值为

$$q_{V,V}=\frac{\pi}{4}d_0^2 n u_0=\frac{\pi}{4}d_0^2 n\frac{5}{\sqrt{\rho_V}}=\frac{5\pi}{4}\frac{d_0^2 n}{\sqrt{\rho_V}}$$

将上式求得的气相流量下限值作图，得漏液线 4。

5. 液相负荷下限线

液相负荷下限线表明塔板允许的最小液体流量，低于此值便不能保证塔板上液流的均匀分布以致降低气、液接触效果。此液相负荷下限线，可将式(7-55)中的堰上液层高度 $h_{OW}$ 用平直堰上液层高度最低限 0.006 m 代入，即可求得液相负荷下限值，由此可作出液相负荷下限线 5。

操作时的气相流量 $q_{V,V}$ 与液相流量 $q_{V,L}$ 在负荷性能图上的坐标点称为**操作点**，如 $C$ 点所示。对定态精馏过程，塔板上的 $q_{V,V}/q_{V,L}$ 为定值。因此，每层塔板上的操作点都是沿通过原点、斜率为 $q_{V,V}/q_{V,L}$ 的直线变化，该直线称为**操作线**，如图中 $OC$ 直线。

操作线与负荷性能图上曲线的交点，分别表示塔的上、下操作极限，气体流量的上、下两个极限 $q_{V,V上}$ 和 $q_{V,V下}$ 的比值称为塔板的操作弹性。若操作弹性大，则说明塔适应变动负荷的能力大，操作性能好。对于浮阀塔，一般操作弹性都可达 3～4，若所设计操作弹性较小，则说明塔板设计不合理。此时，应分析影响上、下操作极限的因素，找出关键问题，对塔板结构尺寸进行调整。



### 四、板式塔与填料塔的比较

板式塔和填料塔是气、液传质操作中最常用的两类塔设备，它们在性能上各有其特点，了解其不同点，便于今后合理地选用和正确地使用。

(1) 填料塔操作弹性小，特别对液体负荷的变化更为敏感。当液体负荷较小时，填料表面不能充分润湿，传质效果差；当液体负荷增大时，则容易发生液泛。对设计良好的板式塔，则有较大的操作弹性。

(2) 填料塔不宜处理易聚合或含有固体悬浮物的物料，而某些类型的板式塔(如泡罩塔、大孔径的筛板塔)则可以有效地处理这些物料。另外板式塔的清洗也较填料塔方便。

(3) 当传质过程需要移走热量时，板式塔可在塔板上安装冷却盘管，而填料塔因涉及液体均布的问题，安装冷却装置将使结构复杂化。

(4) 填料塔直径一般不宜太大，所以处理量小；板式塔塔径一般不小于 0.65 m，可以有较大的处理量。

(5) 板式塔的设计资料容易得到而且可靠，因此板式塔的设计比较准确，安全系数可取得更小。

(6) 当塔径不很大时，填料塔因结构简单而造价低。

(7) 对易起泡的物系，因填料对泡沫有限制和破碎作用，因此填料塔更为合适。

(8) 对有腐蚀性的物料，填料塔更合适，便于用耐腐蚀材料制造。

(9) 对热敏性的物系宜采用填料塔，因填料塔的持液量少，物料在塔内的停留时间短。

(10) 填料塔压强降比板式塔小，对真空操作更为适宜。

## 案例分析

**[案例 1]　利用塔板性能负荷图对塔板进行改造**



某石油化工厂在浮阀塔板上增开筛孔后，使得生产能力提高 20%以上，如此一个成功的经验，很多化工厂纷纷效仿，一些厂家经过改造后确实得到一些效果，但有些厂家经过改造后，不仅没有能够提高生产能力，反而使塔板操作弹性变小。厂家为了找出其中原因，求助于某高校相关技术人员。经过对这些厂家的浮阀塔的性能进行分析后，利用塔板性能负荷图给出了答案。

案例附图 7-1 为塔板性能负荷图，图中 1 为漏液线，2 为过量液沫夹带线，3 为液相流量下限线，4 为液相流量上限线，5 为液泛线。研究认为在浮阀塔板上增开筛孔，主要是增加塔板的开孔率，开孔率的增加使干板阻力减小，液泛线的位置由 5 上移至 5′，漏液线的位置由 1 上移至 1′，其他各线位置基本不随开孔率改变而变化。

若塔的操作点位于 $I$ 处，连接 $OI$ 分别与液泛线 5 及漏液线 1 相交于 $D$ 与 $C$ 点，$D$ 与 $C$ 点表示该塔操作的上、下限，此塔的上限受液泛线控制，下限受漏液线控制。当开孔率增加，上下限由 $D$ 与 $C$ 点移至 $D'$ 与 $C'$ 点，上限增加十分明显，操作弹性变大，生产能力得到提高，改造成功的厂家应属于此种类型。若操作点位于 $H$ 处，此种情况属液气比很低的情况，连接 $OH$ 分别与过量液沫夹带线 2 及液相流量下限线 3 相交于 $B$ 与 $A$ 点，上限受过量液沫夹带线控制，当开孔率增加，并没有改变 2、3 两线的位置，因此此类的塔型改造后，不会有什么效果。若操作点位于 $J$ 处，此种情况属液气比很高的情况，其上限受液相流量上限线控制，同样当开孔率增加时，上限没有变化，下限则由 $E$ 处升到 $E'$ 处，生产能力没有提高，操作弹性反而变小。

对于后两种类型，即液气比很低或很高的情况，专家建议可采用改变降液管面积或板间距达到增加生产能力的目的。现以改变降液管面积来说明：当降液管面积减小时，过量液沫夹带线 2 和液泛线 5 上移，液相流量上限线 4 左移，见案例附图 7-2。由图可以得知，当液气比很低时，降液管面积减小可使塔的生产能力有所提高。但当液气比很高时，降液管面积减小反而使塔的生产能力下降，这是由于气泡在降液管内沉清时间减小，气泡夹带量增加的缘故。因此液气比很高时，采用增大板间距来提高生产能力则更为有效。增大板间距后，2、5 两线上移，而 4 线右移，操作上限升高，塔的正常操作区域变大。

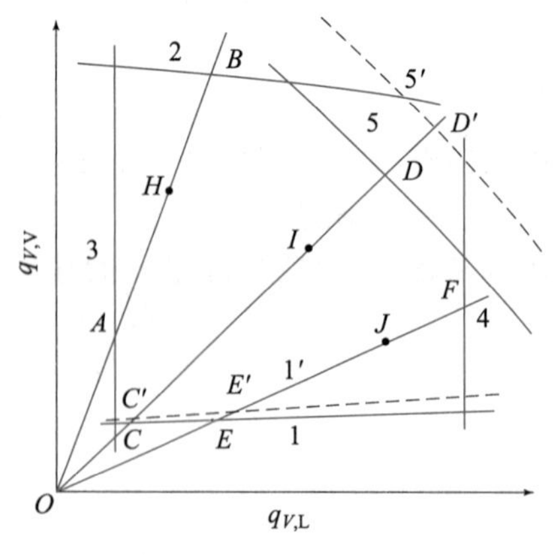


案例附图 7-1　塔板性能负荷图 1

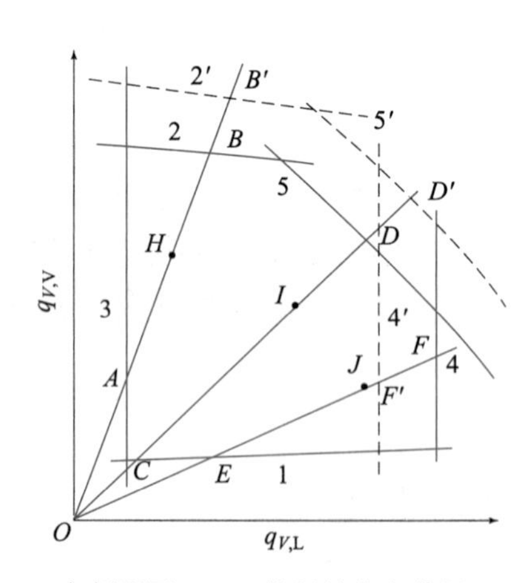


案例附图 7-2　塔板性能负荷图 2

由此案例得知，对一个精馏塔进行改造，不能盲目效仿，应首先对塔本身性能有充分了解,利用塔板性能负荷图进行分析,然后制订合理的改造方案,只有这样才能得到预期的效果。

## [案例2] 甲醇精馏装置的技术改造

问题的提出:

某企业合成氨工艺中采用醇烷化精炼工艺,副产80%左右的粗甲醇,粗甲醇应用范围窄,价格低廉。在后续工艺中对粗甲醇进行精制,工艺流程见案例附图7-3。该工艺流程脱醚塔、常压塔蒸汽消耗量较大。为实现利润最大化,并节能降耗,考虑对该工艺流程进行改造。

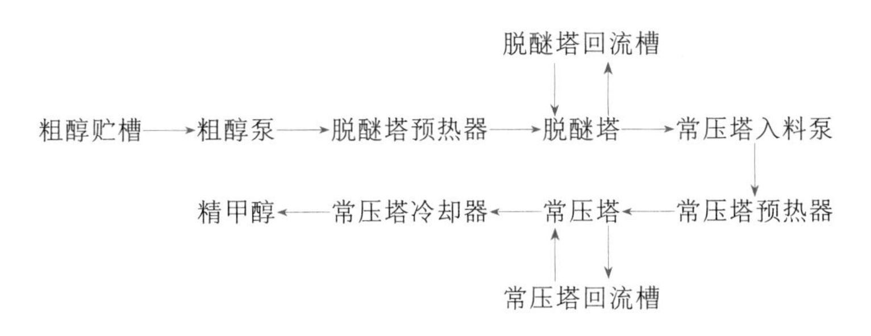


案例附图7-3 粗甲醇精制的工艺流程图

分析:

两塔精馏得到的甲醇纯度不够高,可以在流程中增加一精馏塔,改造两塔甲醇精馏装置为三塔甲醇精馏装置,生产附加值更高的精甲醇。在三塔工艺中,可以考虑各塔之间的能量相互利用,降低能耗。

采取措施:

根据以上分析,改造后的工艺流程见案例附图7-4。

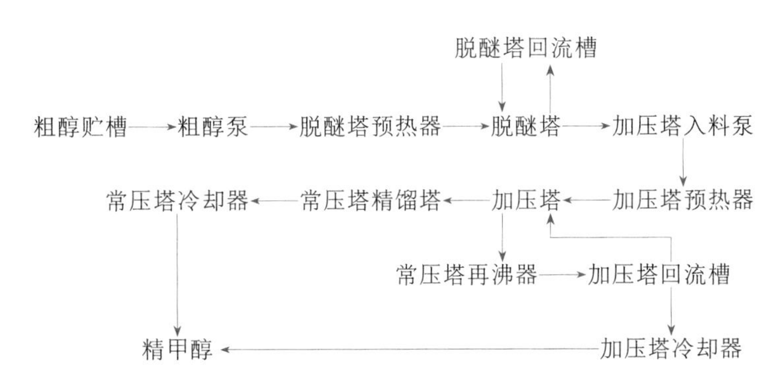


案例附图7-4 改造后的工艺流程图

从粗醇工段送来的浓度为80%左右的粗甲醇到粗醇贮槽,经粗醇泵打到粗醇预热器,由蒸汽冷凝液提温至80 ℃左右,然后进入脱醚塔(又称“预精馏塔”,简称“预塔”)。脱醚塔下部的脱醚塔再沸器采用0.5 MPa饱和蒸汽间接加热液体粗醇,保持温度在80 ℃左右,塔顶温度用回流液控制在70 ℃左右。甲醇蒸气压强随着温度升高而增加,为避免脱醚塔放空气体中甲醇含量大，造成甲醇的浪费，应控制排气温度小于 55 ℃。粗甲醇加碱控制其 pH，以减少粗醇介质对设备的腐蚀。

粗甲醇中含有部分 $C_5$～$C_{10}$ 的烷烃类杂质，其沸点低于或接近于甲醇沸点，易与甲醇形成共沸物，不溶于水，而甲醇与水可以任意比例混溶。在预塔顶和油分中加入软水或稀醇水（约为入料量的 30%），增加轻组分物质与甲醇的沸点差，一般控制预后甲醇相对密度（预精馏塔出来的甲醇相对密度）为 0.84～0.87。从脱醚塔顶冷凝器冷凝下来的液体进脱醚塔回流槽，经脱醚塔回流泵再打入塔内作为回流。从排气冷凝器冷凝下来的低沸点液体去杂醇油贮槽。脱醚塔釜液依次通过加压塔进料泵、预后粗醇预热器进入加压精馏塔，用0.5 MPa 蒸汽加热釜液，控制塔釜温度在 130～132 ℃。塔顶蒸汽温度约 122 ℃进入常压塔再沸器冷凝，冷凝液流入加压塔回流槽，一部分通过加压塔回流泵打回加压精馏塔作为回流液，另一部分经过加压精馏塔冷却器冷却至 35～40 ℃作为产品去精醇贮槽。塔底较稀的甲醇溶液经减压进入常压精馏塔。常压精馏塔塔釜再沸器由加压塔塔顶蒸汽加热，维持塔釜温度在 108～112 ℃，塔顶蒸汽去常压塔冷凝器，冷凝液流入常压塔回流槽，经过常压塔回流泵一部分打入塔顶作为回流液，另一部分取出，经过常压塔精醇冷却器冷却后作为产品去精醇贮槽。常压精馏塔溶液中还有一部分沸点介于甲醇与水之间的杂醇物，一般聚集在入料口下部，因此，在入料口下部取出杂醇油，经冷却后去杂醇油贮槽。脱醚塔和常压精馏塔的最终不凝性气体通过脱醚塔液封槽和常压塔液封槽后高空排放。

结论：

三塔工艺中采用加压塔塔顶蒸汽冷凝放出的热量加热常压塔塔底液体，使其部分汽化，气相回流入塔。整个工艺过程的蒸汽消耗从改造前的 2.3 t/(t $CH_3OH$ ) 降至 1.0 t/(t $CH_3OH$)，在能耗上有了明显的降低。残液中甲醇含量最大幅度的降低基本接近“0”，并将残液回收实现了甲醇零排放，使甲醇获得最大限度的利用。

### [案例 3]　分馏塔经常出现淹塔

问题的提出：

某石化集团催化裂化分馏塔，原塔为 $\phi$4 200 mm/$\phi$5 800 mm 共 32 层板，催化裂化进料为2 600～3 300 吨/天，进行多产柴油方案时，塔顶经常出现淹塔，此时塔顶四块塔板上的溢流强度达 148.561～168.095 $m^3/(h\cdot m)$，需进行扩产改造。

分析：

本次扩产改造在原塔外壳、降液管、支撑圈均不变的条件下，增大通量，降低板压，增大操作弹性，并尽可能提高效率。

问题解决：

用 CTST（立体传质塔板）大液相塔板更换顶部循环回流四层塔板，CTST 塔板具有如下优越性能：① 通量大，可达 $F_1$ 浮阀的 150%～200%；② 效率高，比 F1 浮阀高 10%以上；③ 板压强降低，低于 $F_1$ 浮阀 20%以上；④ 操作弹性大，可达 5.4～7.2；⑤ 液体提升量大；⑥ 节省投资，改造方便，施工周期短。

改造前后的变化如下：

| 项目 | 改造前 | 改造后 |
|---|---|---|
| 进料量 | 3 300 吨/天 | 3 500 吨/天 |
| 塔顶循环回流量 | 130～150 吨/时 | 230 吨/时 |
| 塔顶循环回流温差 | 90 ℃ | 90 ℃ |
| 汽油干点 | 198 ℃ | <180 ℃ |

汽油、柴油馏程脱空约 20 ℃，柴油收率提高了零点几个百分点，该塔自改造以来从未再发生过淹塔现象。



## 复习与思考

1. 蒸馏操作的依据是什么？如何判断混合液中的难、易挥发组分？

2. 用相对挥发度的大小判断混合液的分离难易。

3. 叙述精馏原理。说明为什么精馏操作必须有回流？精馏塔中气相组成、液相组成及温度沿塔高如何变化？

4. 精馏塔为什么要分为上、下两段？精馏段和提馏段的作用分别是什么？

5. 恒摩尔流假定与理论板的意义和作用是什么？实际操作的精馏塔中在什么情况下可近似符合恒摩尔流假定？

6. 逐板计算和图解计算求理论板数的关系是什么？在什么情况下用图解法求理论板数会引起较大误差？

7. 为什么说再沸器就是一块理论板？用全塔效率将理论板数校核至实际板数时，为什么再沸器不应计在理论板数中？

8. 为什么取较小的回流比和取较大的回流比所需理论塔板数不同？怎样确定最小回流比和实际回流比？

9. 板式塔操作有哪些不正常现象，是什么原因引起的，会产生怎么样的不良后果？为什么液体在降液管中停留时间不能太短？

10. 泡罩塔、筛孔塔、浮阀塔、喷射塔各有哪些优缺点？

## 习　　题

7-1　某苯与甲苯混合液在 365 K 时的饱和蒸气压分别为：$p^*_{苯}=143.4$ kPa，$p^*_{甲苯}=57.6$ kPa，试分别求算总压为 100 kPa 时平衡的气、液组成。

7-2　正戊烷(A)和正己烷(B)的饱和蒸气压数据如下表所示，假设物系为理想物系。

| 温度 $t$/K | 260.6 | 265.0 | 270.0 | 275.0 | 280.0 | 285.0 | 289.0 |
|---|---|---|---|---|---|---|---|
| $p^*_A$/kPa | 13.3 | 16.5 | 21.0 | 26.0 | 32.5 | 40.0 | 47.0 |
| $p^*_B$/kPa | 2.85 | 3.60 | 5.00 | 6.70 | 8.90 | 11.00 | 13.30 |

(1) 试绘制总压为 13.30 kPa 的 $t-x-y$ 和 $x-y$ 图；(2) 计算正戊烷对正己烷在各温度下的相对挥发度及以平均相对挥发度表示的平衡方程；(3) 利用图求混合液中正戊烷摩尔分数为 0.4 时的泡点和露点。

7-3　某连续精馏塔分离苯-甲苯混合液，处理量为 14 kmol/h，原料中苯的含量为 0.45(摩尔分数，下同），塔底残液中含甲苯 0.98，其采出量为 7.5 kmol/h，求塔顶馏出液量和组成。

7-4　在连续精馏塔中分离二硫化碳-四氯化碳混合液。原料处理量为 4 000 kg/h，其中二硫化碳的含量为 0.35，要求釜液中二硫化碳含量不大于 0.06（均为质量分数），塔顶二硫化碳回收率为 90%。试求馏出液量及组成，分别以摩尔流量和摩尔分数表示。

7-5　一连续精馏塔，将含轻组分为 24%的原料分离成为含轻组分为 95%的馏出液和 3%的残液（以上均为摩尔分数）。已知进入冷凝器的蒸汽量为 850 kmol/h，回流比为 3.72，试求塔顶、塔底产品量及塔顶回流液量。

7-6　常压连续精馏塔分离甲醇-水混合液，塔顶为全凝器，泡点回流，塔釜间接加热。进料量为 100 kmol/h，其中甲醇含量为 0.4（摩尔分数，下同），要求将其分离成为含甲醇 0.95 馏出液和含甲醇为 0.04 的残液。操作回流比为 2.5，试分别求算泡点进料及露点进料时：(1) 精馏段内下降的液相量和上升的气相量；(2) 提馏段内下降的液相量和上升的气相量。

7-7　常压连续精馏塔，塔顶为全凝器，泡点回流，塔釜间接加热。用于分离含苯与甲苯各为 50%的混合液，泡点进料。要求馏出液中含苯为 96%，残液中含甲苯不低于 95%（以上均为摩尔分数）。回流比为 3，试写出精馏段操作线方程和提馏段操作线方程。



7-8　某精馏塔分离 A，B 混合液，饱和液体加料，料液中 A，B 组分摩尔分数各为 50%，原料液量为 100 kmol/h，馏出液量为 50 kmol/h，精馏段操作线方程为 $y=0.8x+0.18$，塔顶采用全凝器，泡点回流，塔釜间接加热，试写出提馏段操作线方程。

7-9　根据习题 7-7 的条件，用逐板计算法确定所需的理论塔板数与理论加料板位置。全塔平均相对挥发度为 2.49。

7-10　在常压下连续精馏塔中，分离含甲醇 0.35（摩尔分数）的甲醇-水混合液。试求温度为 20 ℃时进料的 $q$ 值。

7-11　常压下用连续精馏塔分离甲醇-水混合液，以得到含甲醇 95%的馏出液与含甲醇 4%的残液（以上均为摩尔分数）。进料组成与温度同习题 7-10，塔顶采用全凝器，泡点回流，塔釜间接加热，操作回流比为 1.5，试求所需的理论塔板数。

7-12　若习题 7-11 中精馏塔的总板效率为 60%，试确定实际塔板数和实际进料板位置。

7-13　常压下用连续精馏塔分离甲醇-水混合液，进料组成与温度及馏出液组成同习题 7-11，若取操作回流比为最小回流比的 2.0 倍，试确定操作回流比。

7-14　一连续精馏塔分离相对挥发度为 3.0 的混合液，饱和蒸气进料。原料液量为 10 kmol/h，其中易挥发组分含量为 50%，要求塔顶馏出液中易挥发组分含量为 90%（均为摩尔分数）。塔顶易挥发组分的回收率为 90%，回流比为最小回流比的 2 倍，试求 $q_{n,L}$，$q'_{n,L}$，$q_{n,V}$，$q'_{n,V}$。

7-15　含苯 0.4 及甲苯 0.6 的混合液在常压下进行精馏分离，要求馏出液中含苯为 0.96，残液中含苯为 0.03（均为摩尔分数）。(1) 求此混合液在进料温度为 20 ℃时的最小回流比；(2) 若取操作回流比为最小回流比的 1.5 倍，试用捷算法确定理论塔板数。已知平均相对挥发度为 2.49。

7-16　用精馏分离某混合液，塔顶为全凝器，泡点回流，再沸器间接加热。要求馏出液中含易挥发组分 0.95（摩尔分数），已知进料线方程为 $y=-2x+1.32$，混合液相对挥发度为 2.5。回流比为最小回流比的 1.5 倍，试确定从塔顶数第二块理论板上升的蒸气组成。

7-17　已知 $x_F=0.5$，$x_D=0.95$，$q_{n,D}=50$ kmol/h，热状态参数为 1.0，塔顶回收率为 0.96，采用一个分凝器和一个全凝器，分凝器内的冷凝液泡点回流，回流液组成为 0.88，第一块塔板下降的液相组成为 0.79，塔内各板均为理论板，且相对挥发度为一常数，试求：(1) 原料量，kmol/h；(2) $q_{n,V}$ 和 $q'_{n,V}$，kmol/h；(3) 实际回流比 $R$ 与最小回流比 $R_{min}$ 之比。

7-18　一个无回流的回收塔，加料量为 100 kmol/h，热状态参数为 0.8，馏出液量为 60 kmol/h，残液组成为 0.1。试写出该回收塔的操作线方程。

## 本章主要符号说明

**英文字母**

$c$——比热容,kJ/(kg·K)或 kJ/(kmol·K);

$D$——塔径,m;

$E$——塔板效率;

$H_T$——塔板间距,m;

$H$——物质的焓,kJ/kg 或 kJ/kmol;

$q_{n,L}$——塔内下降液体量,kmol/h;

$M$——流体的摩尔质量,kg/kmol;

$N$——塔板数;

$p$——有下标的为组分的分压,无下标的为系统的总压或外压,kPa;

$q$——进料热状态参数;

$q_{n,D}$——馏出液(塔顶产品)流量,kmol/h;

$q_{n,F}$——原料流量,kmol/h;

$q_{n,V}$——塔内上升的蒸气量,kmol/h;

$q_{n,W}$——残液(塔底产品)流量,kmol/h;

$Q$——传热速率或热负荷,kW;

$r$——汽化潜热,kJ/kg 或 kJ/kmol;

$R$——回流比;

$t$——温度,℃;

$T$——热力学温度,K;

$v$——组分挥发度;

$x$——液相中易挥发组分的摩尔分数;

$x_F$——进料中易挥发组分的摩尔分数;

$y$——气相中易挥发组分的摩尔分数;

$Z$——塔的有效高度,m。

**希腊字母**

$\alpha$——相对挥发度;

$\mu$——黏度,Pa·s;

$\rho$——密度,kg/ $m^3$。

**下标**

A——易挥发组分;

B——难挥发组分;

D——馏出液;

F——原料液;

L——液相;

m——平均或塔板序号;

min——最小或最少;

$n$——塔板序号;

q——与平衡线交点;

T——理论的;

V——气相的;

W——残液。

**上标**

*——纯态。

# 第八章　液液萃取

## 学习目标

**知识目标：**

掌握三角形坐标图中相组成的表示方法及杠杆规则，掌握萃取原理，部分互溶物系的相平衡、分配系数、选择性系数的定义及物理意义，掌握萃取过程的计算；

理解影响萃取操作的主要因素、溶剂性质及选择溶剂的原则，以及温度对萃取操作的影响；

了解萃取操作在工业中的应用，萃取操作的特点，各种萃取设备的简单结构、操作原理、特点及应用场合。

**能力目标：**

能运用三角形相图进行萃取过程的计算；

能选择合适的萃取剂进行萃取操作。

# 知 识 框 图

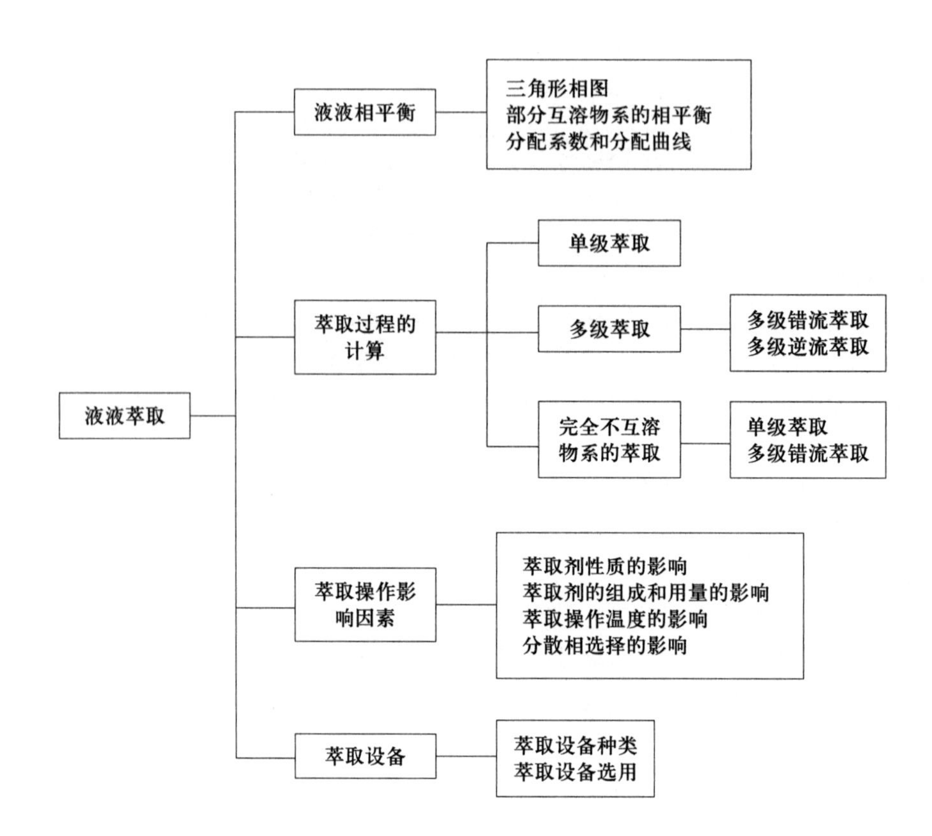

液液萃取
液液相平衡
三角形相图
部分互溶物系的相平衡
分配系数和分配曲线
萃取过程的计算
单级萃取
多级萃取
多级错流萃取
多级逆流萃取
完全不互溶物系的萃取
单级萃取
多级错流萃取
萃取操作影响因素
萃取剂性质的影响
萃取剂的组成和用量的影响
萃取操作温度的影响
分散相选择的影响
萃取设备
萃取设备种类
萃取设备选用

## 第一节 概 述

**液液萃取**亦称**溶剂萃取**，简称**萃取**或**抽提**。它是20世纪30年代用于工业生产的新的液体混合物分离技术。随着萃取应用领域的扩展，回流萃取、双溶剂萃取、反应萃取、超临界萃取及液膜分离技术相继问世，使得萃取成为分离液体混合物很有生命力的操作单元之一。

### 一、液液萃取的原理

对于液体混合物的分离，除可采用蒸馏的方法外，还可采用萃取的方法。**萃取**是向液体混合物中加入某种适当溶剂，利用组分溶解度的差异使溶质A由原溶液转移到萃取剂的过程。在萃取过程中，所用的溶剂称为**萃取剂**，以S表示；混合液中欲分离的组分称为**溶质**，以A表示；混合液中的溶剂称为**稀释剂**，以B表示。萃取剂应对溶质具有较大的溶解能力，与稀释剂应不互溶或部分互溶。

萃取操作的基本过程如图8-1所示。将一定量萃取剂S加入原料液(A+B)中，若萃取剂与混合液间不互溶或部分互溶，则混合槽中存在两个液相。然后加以搅拌使其中一个液相以小液滴的形式分散于另一个液相中，从而造成很大的相际接触面积，使原料液与萃取剂充分混合，由于原料液中溶质A在萃取剂中的溶解度大，溶质A通过相界面由原料液向萃取剂中扩散，所以萃取操作与精馏、吸收等过程一样，也属于两相间的传质过程。搅拌停止后，混合液因密度不同而分为两层：一层以溶剂S为主，并溶有较多的溶质，称为**萃取相**，以E表示；另一层以原溶剂(稀释剂)B为主，且含有未被萃取完的溶质，称为**萃余相**，以R表示。若溶剂S和B为部分互溶，则萃取相中还含有少量的B，萃余相中亦含有少量的S。

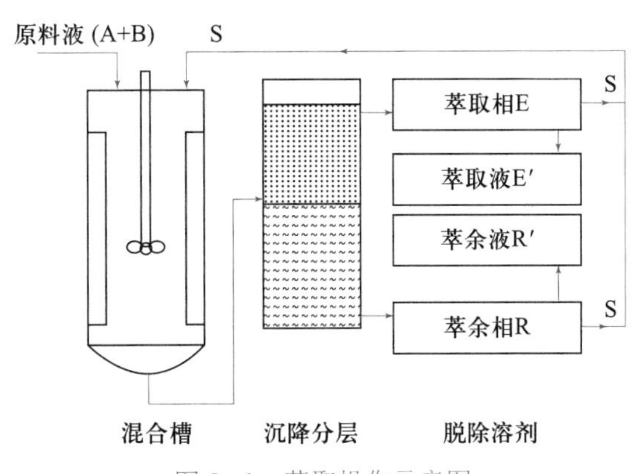


图8-1 萃取操作示意图

由上可知，萃取操作并未得到纯净的组分，而是得到新的混合液：萃取相E和萃余相R。为了得到产品A，并回收溶剂以供循环使用，尚需对这两相分别进行分离。通常采用蒸馏或蒸发的方法，有时也可采用结晶等其他方法。脱除溶剂后的萃取相和萃余相分别称为**萃取液**和**萃余液**，以E′和R′表示。对于一种液体混合物，究竟是采用蒸馏还是萃取加以分离,主要取决于技术上的可行性和经济上的合理性。

## 二、液液萃取流程

萃取过程的两相接触方式可分为级式接触和连续接触。

如图 8-2 所示的喷洒萃取塔,原料液与萃取剂中的较重者(重相)自塔顶加入,图中重相以连续相形式流至塔底排出;较轻者(轻相)自塔底进入,经分布器分散成液滴上浮,并与重相接触进行传质,当液滴上升到塔顶部后凝聚成液层,从塔顶排出。在塔内两液相呈逆流接触,两相组成沿着流动方向连续变化。

如图 8-3 所示单级混合沉降槽为级式接触萃取流程,两相组成是逐级变化的。原料液和萃取剂进入混合器,在搅拌作用下两相发生密切接触进行相际传质,然后流入沉降槽,经沉降分离成萃取相和萃余相两个液层并分别排出。可以间歇式或连续式操作,达到从原料液中分离出一定组分的目的。若单级萃取得到的萃余相中还有较多溶质需要进一步萃取,可采用多个混合沉降槽实现多级接触萃取,各级间可错流和逆流安排,分别称为多级错流萃取和多级逆流萃取。如图 8-4(a)为多级错流萃取,原料液依次通过各级,新鲜溶剂则分别加入各级混合器。如图8-4(b)为多级逆流萃取,原料液和溶剂依次按反方向通过各级。在溶剂量相同的情况下,逆流接触可提供最大的传质推动力,因而所需设备容积最小;而对指定的设备和分离要求,逆流时所需的溶剂量较少。



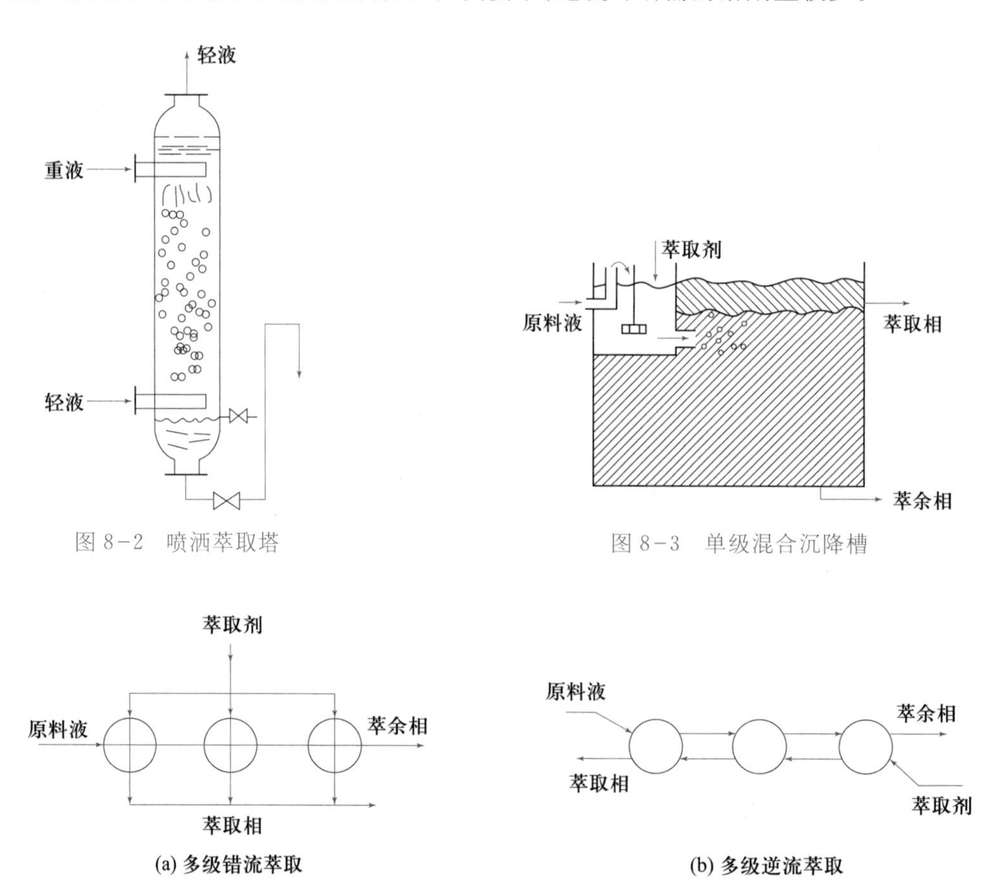


图 8-2 喷洒萃取塔

图 8-3 单级混合沉降槽

图 8-4 多级萃取

### 三、萃取操作的工业应用

液液萃取操作于20世纪初才工业化，20世纪40年代后期，由于生产核燃料的需要，促进了萃取操作的研究开发。现今液液萃取操作已在石油、化工、医药、有色金属冶炼等工业中得到广泛应用。在下列情况下通常采用萃取方法更为有利。

(1) 原料液中各组分间的相对挥发度接近于1或形成恒沸物。例如，从催化重整和烃类裂解得到的汽油中回收轻质芳烃，由于轻质芳烃与相近碳原子数的非芳烃沸点相差很小，有时还会形成共沸物，因此不能用蒸馏的方法加以分离。

(2) 原料液中需分离的组分含量很低且为难挥发组分，若采用蒸馏或蒸发过程须将大量稀释剂汽化，能耗大，极不经济。用萃取的方法先将溶质A组分富集到萃取相中，然后对萃取相进行蒸馏，能耗就会显著降低。例如，由稀醋酸水溶液制备无水醋酸的萃取操作。

(3) 分离热敏性混合液，蒸馏时易于分解、聚合或发生其他变化。可采用液液萃取方法加以分离。例如，制药生产中用液态丙烷在高压下从植物油或动物油中萃取维生素和脂肪酸等。

(4) 高沸点有机化合物的分离。若要采用蒸馏方法对高沸点有机化合物进行分离，则必须采用高真空蒸馏或分子蒸馏，这对技术要求很高，而且能耗也高，这种情况下可采用萃取方法进行分离。如用乙酸来萃取植物油中油酸的操作。

(5) 其他，如多种金属物质的分离(如稀有元素的提取、铜-铁、铀-钒、铌-钽、钴-镍的分离等)，核工业材料的制取，治理环境污染(如废水脱酚)等都为液液萃取提供了广泛的应用领域。

### 四、萃取操作的特点

萃取操作特点可以概括成以下几点：

(1) 液液萃取过程是溶质从一个液相转入另一个液相的相际传质过程，所以萃取过程和蒸馏、吸收等过程类似，但萃取过程是液液相之间的物质传递，而蒸馏和吸收过程则是气、液相之间的物质传递。

(2) 萃取与精馏一样可用于分离均相混合液，蒸馏操作可直接获取较纯的难、易挥发组分，而萃取操作若要获取较纯的A组分，并回收供循环使用的萃取剂S，则需对萃取相和萃余相进行进一步分离，其分离方法一般采用蒸馏或蒸发方法，有时也可采用结晶或其他化学方法。

(3) 萃取过程包括两相的充分混合和分离两个步骤。萃取设备中，两相的混合往往是靠外部机械做功来完成，如搅拌等。两相的分离，则要求两相必须具有一定的密度差，以利于相对流动与分层。

## 第二节　液液相平衡

### 一、三角形相图

液液相平衡是萃取传质过程进行的极限，与气液传质相同，在讨论萃取之前，首先要了解液液相平衡问题。由于萃取的两相通常为三元混合物,故其组成和相平衡的图解表示法与前述气液传质不同,在此首先介绍三元混合物组成在三角形坐标图上的表示方法,然后介绍液液平衡相图及萃取过程的基本原理。

**(一) 三角形坐标图**

三角形坐标图通常有等边三角形坐标图、等腰直角三角形坐标图和非等腰直角三角形坐标图,其中以等腰直角三角形坐标图最为常用,如图 8-5 所示。

在三角形坐标图中通常以质量分数表示混合物中各组分的组成,有时也采用体积分数或摩尔分数表示。一般情况下,没有特殊说明,均指质量分数。习惯上,在三角形坐标图中,三角形三个顶点分别表示纯组分 A,B 及 S,边 $AB$,$BS$,$SA$ 表示二元混合物系。例如,$AB$ 边上的 $E$ 点,表示由 A,B 组成的二元混合物系,由图可读得:A 的组成为 0.40,则 B 的组成为 1.0−0.40=0.60,S 的组成为零。

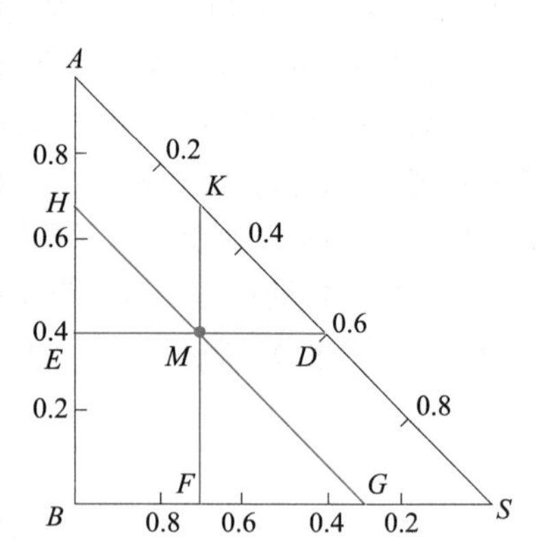

图 8-5　等腰直角三角形坐标图

三角形坐标图内任一点代表一个三元混合物系。例如,$M$ 点即表示由 A,B,S 三个组分组成的混合物系。其组成可按下法确定:过物系点 $M$ 分别作对边的平行线 $ED$,$HG$,$KF$,则由点 $E$,$G$,$K$ 可直接读得 A,B,S 的组成分别为:$x_A=0.4$,$x_B=0.3$,$x_S=0.3$;也可由点 $D$,$H$,$F$ 读得 A,B,S 的组成。在诸三角形坐标图中,等腰直角三角形坐标图可直接在普通直角坐标纸上进行标绘,且读数较为方便,故目前多采用等腰直角三角形坐标图。在实际应用时,一般首先由两直角边的标度读得 A,S 的组成 $x_A$ 及 $x_S$,再根据归一化条件求得 $x_B$,$x_B=1-x_A-x_S=1-0.4-0.3=0.3$。

在上述三角形坐标图中,也可以自 $M$ 点作三条边垂线,由三条相应的垂线长度可以更直观方便地读出此三元体系的组成关系,即由点 $M$ 至 $AB$ 边的垂直距离占点 S 至 $AB$ 边垂直距离的分数为组分 S 在 $M$ 中的质量分数 $x_S$,同理可求出组分 A 的质量分数 $x_A$,组分 B 的质量分数 $x_B$(或归一化求出 $x_B$)。

动画

杠杆规则(定律)

**(二) 杠杆规则**

如图 8-6 所示,将质量为 $r$、组成为 $x_A$,$x_B$,$x_S$ 的混合物系 R 与质量为 $e$、组成为 $y_A$,$y_B$,$y_S$ 的混合物系 E 相混合,得到一个质量为 $m$、组成为 $z_A$,$z_B$,$z_S$ 的新混合物系 M,其在三角形坐标图中分别以点 $R$,$E$ 和 $M$ 表示。$M$ 点称为 $R$ 点与 $E$ 点的**和点**,$R$ 点与 $E$ 点称为**差点**。

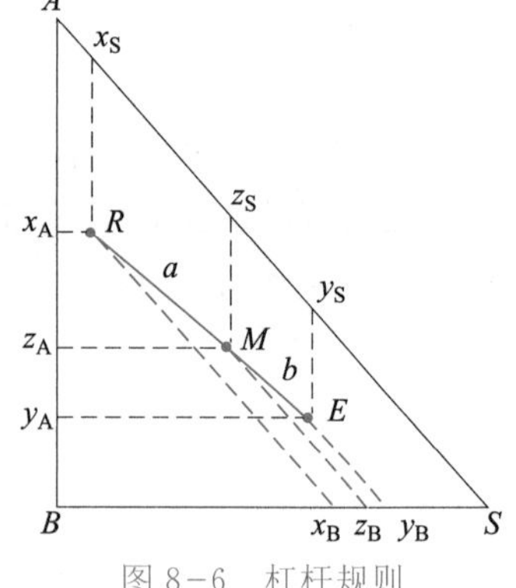

图 8-6　杠杆规则

总物料衡算得

$$r+e=m \tag{8-1}$$

溶质 A 的物料衡算得

$$rx_A+ey_A=mz_A \tag{8-2}$$

将式(8-1)代入式(8-2)得

$$rx_A + ey_A = (r+e)z_A$$

整理上式得

$$\frac{e}{r} = \frac{x_A - z_A}{z_A - y_A} = \frac{\overline{RM}}{\overline{ME}} = \frac{a}{b} \tag{8-3}$$

和点 $M$ 与差点 $E$,$R$ 之间的关系可用**杠杆规则**描述,即

(1) 几何关系　和点 $M$ 与差点 $E$,$R$ 共线。即:和点在两差点的连线上;一个差点在另一差点与和点连线的延长线上。

(2) 数量关系　和点与差点的量 $m$,$r$,$e$ 与线段长 $a$,$b$ 之间的关系符合杠杆规则,即:以 $R$ 为支点可得 $m$,$e$ 之间的关系:

$$ma = e(a+b) \tag{8-4}$$

以 $M$ 为支点可得 $r$,$e$ 之间的关系:

$$ra = eb \tag{8-5}$$

以 $E$ 为支点可得 $r$,$m$ 之间的关系:

$$r(a+b) = mb \tag{8-6}$$

根据杠杆规则,若已知两个差点,则可确定和点;若已知和点和一个差点,则可确定另一个差点。

杠杆规则的具体运用可以通过下面的例子加以说明。如图 8-7 所示,某 A,B 二元混合液的组成以 $AB$ 边上某点 $F$ 代表,将萃取剂 S 加入其中,所得的三元混合液的总组成在连线 $FS$ 上以点 $M$ 表示,那么萃取剂的质量 S 与混合液的质量 F 之比符合下列比例关系:

$$\frac{S}{F} = \frac{\overline{FM}}{\overline{MS}} = \frac{a}{b}$$

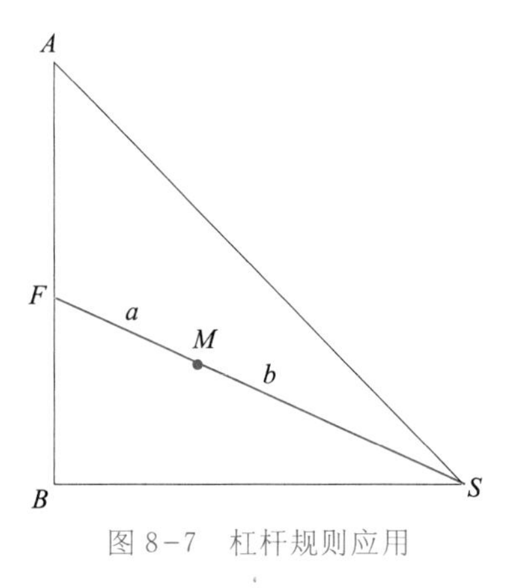

图 8-7　杠杆规则应用

如果逐渐增加萃取剂的量,点 $M$ 将按此比例关系沿着 $FS$ 线向 $S$ 点的方向移动。如

果萃取相的组成在 $M$ 点，蒸馏回收溶剂，其物系组成点必将在 $SM$ 反向延长线和 $AB$ 交点上，最后得到萃取液组成点 $F$。

由此可见，根据杠杆规则和二元混合液的质量及萃取剂的质量可以较方便地确定三元混合液和点 $M$ 的位置，反之，也可以根据 $M$ 点的位置，通过量取 $FM$ 及 $MS$ 的距离方便地求出质量 $F$ 和 $S$。

## 二、部分互溶物系的相平衡

根据萃取操作中各组分的互溶性，可将三元物系分为以下三种情况：① 组分 A 可完全溶解于 B 及 S，但 B 与 S 不互溶；② 组分 A 可完全溶解于 B 及 S，但 B 与 S 部分互溶；③ 组分 A 可完全溶解于 B，但 A 与 S 及 B 与 S 为部分互溶。习惯上，将①、②两种情况的物系称为第Ⅰ类物系，而将③情况的物系称为第Ⅱ类物系。在萃取操作中，第Ⅰ类物系较为常见，以下主要讨论这类物系的相平衡关系。



### （一）溶解度曲线及联结线

如图 8-8 所示为一定温度下溶质 A 可完全溶于 B 及 S，但 B 与 S 为部分互溶体系的平衡曲线。图中曲线 $R_0R_1R_2R_iR_nKE_nE_iE_2E_1E_0$ 称为溶解度曲线，该曲线将三角形相图分为两个区域：曲线以内的区域为分层区或两相区，即三元混合液组成在此区域分成两层；曲线以外的区域为单相区或均相区，即三元混合液组成在此区域为一层。位于两相区内的混合物分成两个互相平衡的液相，称为共轭相，联结两共轭相相点的直线称为联结线，如图 8-8 中的 $R_iE_i$ 线（$i=0,1,2,\cdots,n$）。显然，萃取操作只能在两相区内进行。

溶解度曲线可通过下述实验方法得到：在一定温度下，将组分 B 与组分 S 以一定比例相混合，使其总组成位于两相区，设为 $M$，则达平衡后必然得到两个互不相溶的液层，其相点为 $R_0$，$E_0$。在恒温下，向此二元混合液中加入适量的溶质 A 并充分混合，使之达到新的平衡，静置分层后得到一对共轭相，其相点为 $R_1$，$E_1$，然后继续加入溶质 A，重复上述操作，即可以得到 $n+1$ 对共轭相的相点 $R_i$，$E_i$（$i=0,1,2,\cdots,n$），当加入 A 的量使混合液恰好由两相变为一相时，其组成点用 $K$ 表示，$K$ 点称为混溶点或分层点。联结各共轭相的相点及 $K$ 点的曲线即为实验温度下该三元物系的溶解度曲线。通常联结线的斜率随混合液的组成而变，但同一物系其联结线的倾斜方向一般是一致的，有少数物系联结线的斜率会有较大的改变，如图 8-9 所示吡啶-氯苯-水体系即为此类型。

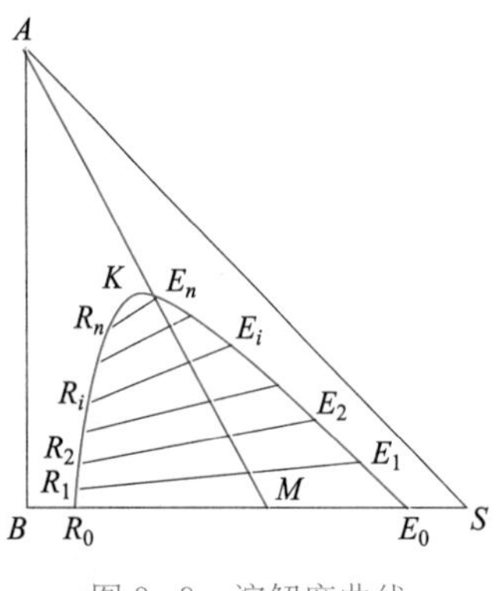

图 8-8　溶解度曲线

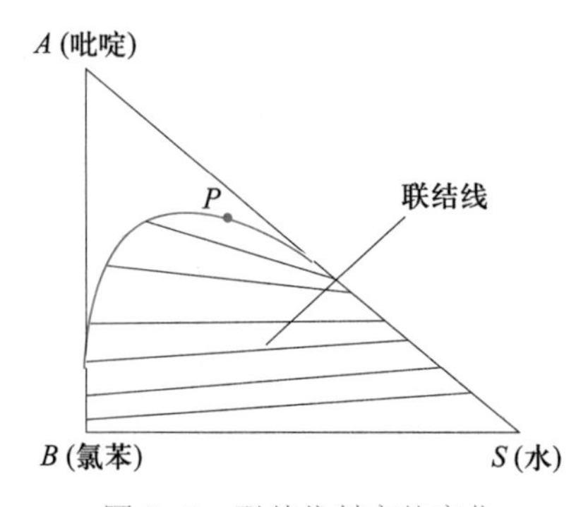

图 8-9　联结线斜率的变化

若组分 B 与组分 S 完全不互溶，则点 $R_0$ 与 $E_0$ 分别与三角形顶点 $B$ 及顶点 $S$ 相重合。

**（二）辅助曲线和临界混溶点**

一定温度下，溶解度曲线和联结线是通过实验测出而绘制的，在实际应用时，如果要求与已知相成平衡的另一相的数据常借助辅助曲线（亦称共轭曲线）。

只要有若干组联结线数据即可作出辅助曲线，参照图 8-10(a)。具体步骤如下：假设已知联结线 $R_1E_1$、$R_2E_2$、$R_3E_3$，分别过 $R_1$、$R_2$、$R_3$ 作 $BS$ 边的平行线，再过相应联结线的另一端点 $E_1$、$E_2$、$E_3$ 分别作 $AB$ 边的平行线，可得三个对应的交点 $H$、$K$、$J$，连接诸交点所得的平滑曲线 $LJKHP$ 即为辅助曲线。或参考图 8-10(b)所示的方法绘制，即从 $E_1$、$E_2$、$E_3$、$E_4$ 和 $R_1$、$R_2$、$R_3$、$R_4$ 各点分别作 $AB$ 边和 $AS$ 边的平行线，得四个相应的交点 $H$、$I$、$L$、$N$，连接这些交点所得的平滑曲线也可得辅助曲线。



因此，根据图 8-10(a)的辅助曲线，从溶解度曲线右支上任一点 $E$ 作 $AB$ 边的平行线，与辅助曲线交于 $M$ 点，再从 $M$ 点作 $BS$ 边的平行线与溶解度曲线左支交于 $R$ 点，则 $R$ 点即为 $E$ 相的共轭相。同理，亦可由溶解度曲线左支上任一点 $R$，利用辅助曲线找出与之对应的溶解度曲线右支上的 $E$ 点，该 $E$ 点即为 $R$ 相的共轭相。或根据图 8-10(b)中的辅助曲线，由溶解度曲线上的任一点找出对应的共轭相。

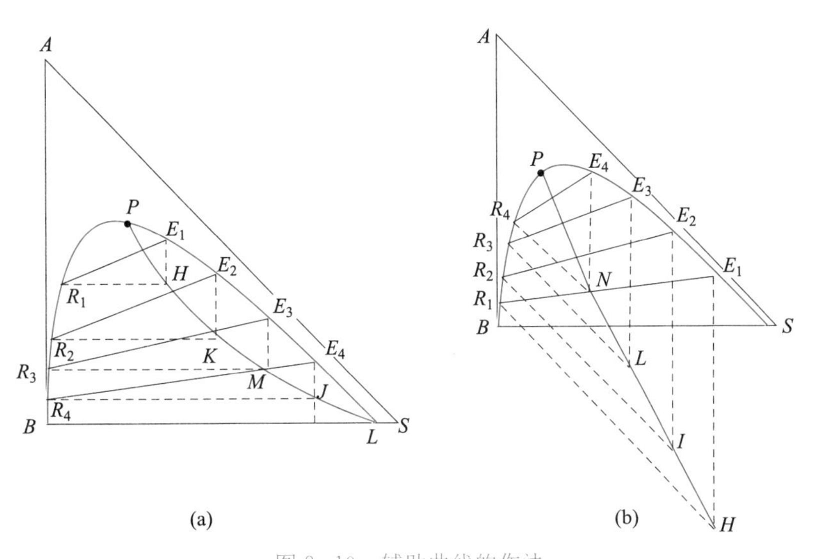


图 8-10 辅助曲线的作法

动画

三角形相图中的辅助曲线

辅助曲线与溶解度曲线的交点为 $P$，显然通过 $P$ 点的联结线无限短，即该点所代表的平衡液相无共轭相，相当于该体系的临界状态，故称点 $P$ 为临界混溶点。它把溶解度曲线分为左右两部分：靠稀释剂 B 一侧为萃余相部分，靠萃取剂 S 一侧为萃取相部分。由于联结线通常都有一定的斜率，因而临界混溶点一般并不在溶解度曲线的顶点。临界混溶点由实验测得，仅当已知的联结线很短即共轭相接近临界混溶点时，才可用外延辅助曲线的方法确定临界混溶点。

一定温度下的三元物系溶解度曲线、联结线、辅助曲线及临界混溶点的数据都是由实验测得，也可从手册或有关专著中查得。

### 三、分配系数和分配曲线

#### （一）分配系数

一定温度下，某组分在互相平衡的 E 相与 R 相中的组成之比称为该组分的**分配系数**，以 $K$ 表示，即

溶质 A
$$K_A=\frac{y_A}{x_A} \tag{8-7a}$$

稀释剂 B
$$K_B=\frac{y_B}{x_B} \tag{8-7b}$$

式中 $y_A, y_B$——组分 A，B 在 E 相中的质量分数；

$x_A, x_B$——组分 A，B 在 R 相中的质量分数；

$K_A$——分配系数。



分配系数 $K_A$ 表达了溶质在两个平衡液相中的分配关系。显然，$K_A$ 值越大，萃取分离的效果越好。通常情况下，由于组分 A 在萃取剂中的溶解度大于稀释剂中的溶解度，故 $K_A>1$。对于部分互溶物系，$K_A$ 值与联结线的斜率有关。同一物系，其值随温度和组成而变。一定温度下，仅当溶质组成范围变化不大时，$K_A$ 值才可视为常数。

对于萃取剂 S 与稀释剂 B 互不相溶的物系，溶质在两液相中的分配关系与吸收中的类似，即

$$Y=KX \tag{8-8}$$

式中 $Y$——萃取相 E 中溶质 A 的质量比组成；

$X$——萃余相 R 中溶质 A 的质量比组成；

$K$——相组成以质量比表示时的分配系数。

#### （二）分配曲线

由相律可知，温度、压强一定时，三组分体系两液相呈平衡时，自由度为 1。故只要已知任一平衡液相中的任一组分的组成，则其他组分的组成及其共轭相的组成就为确定值。换言之，当温度、压强一定时，组分 A 在两平衡液相间的平衡关系如下：

$$y_A=f(x_A) \tag{8-9}$$

式中 $y_A$——萃取相 E 中组分 A 的质量分数；

$x_A$——萃余相 R 中组分 A 的质量分数。

此即分配曲线的数学表达式。

如图 8-11 所示，溶质 A 在三元物系互成平衡的两个液层中的组成，也可像蒸馏吸收一样，在 $x-y$ 直角坐标图中用曲线表示。若以 $x_A$ 为横坐标，以 $y_A$ 为纵坐标，则互成平衡的 R 相和 E 相的组成在直角坐标图上用点 $N$ 表示。每一对共轭相可得一个点，将这些点联结成平滑曲线 $ONP$，称为**分配曲线**。曲线上的 $P$ 点即为**临界混溶点**。分配曲线表达了溶质 A 在互成平衡的 E 相与 R 相中的分配关系。若已知某液相组成，则可由分配曲线求出其共轭相的组成。若在分层区内 $y$ 均大于 $x$，即分配系数 $K_A>1$，则分配曲线位于 $y=x$ 直线的上方，反之则位于 $y=x$ 直线的下方。

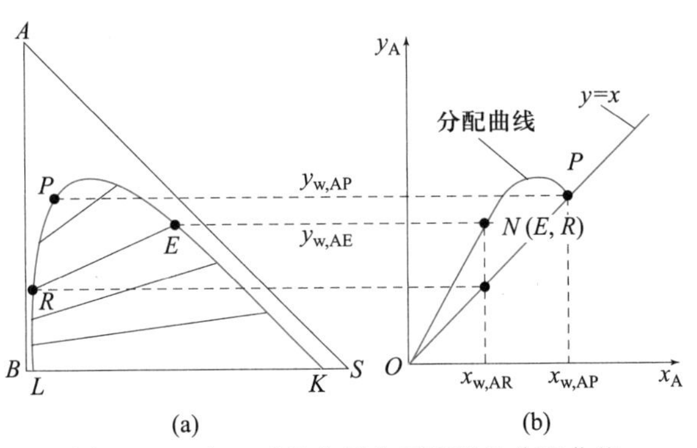


图 8-11　有一对组分部分互溶时的分配曲线

动画

三角形相图与分配曲线转换



**[例 8-1]**　一定温度下测得的 A,B,S 三元物系的平衡数据如表 8-1 所示。

试求:(1) 绘出溶解度曲线和辅助曲线;(2) 求出临界混溶点的组成;(3) 求当萃余相中 $x_A$=20% 时的分配系数 $K_A$;(4) 在 200 kg 含 30%A 的原料液中加入多少(kg)S 才能使混合液开始分层;(5) 对于第(4)项的原料液,欲得到含 36%A 的萃取相 E,试确定萃余相的组成及混合液的总组成。

表 8-1　A,B,S 三元物系平衡数据(质量分数/%)

| E 相 | | R 相 | | E 相 | | R 相 | |
|---|---|---|---|---|---|---|---|
| $y_A$ | $y_S$ | $x_A$ | $x_S$ | $y_A$ | $y_S$ | $x_A$ | $x_S$ |
| 0 | 90 | 0 | 5 | 36.5 | 45.7 | 17.5 | 6.2 |
| 7.9 | 82 | 2.5 | 5.05 | 39 | 41.4 | 20 | 6.6 |
| 15 | 74.2 | 5 | 5.1 | 42.5 | 33.9 | 25 | 7.5 |
| 21 | 67.5 | 7.5 | 5.2 | 44.5 | 27.5 | 30 | 8.9 |
| 26.2 | 61.1 | 10 | 5.4 | 45 | 21.7 | 35 | 10.5 |
| 30 | 55.8 | 12.5 | 5.6 | 43 | 16.5 | 40 | 13.5 |
| 33.8 | 50.3 | 15 | 5.9 | 41.6 | 15 | 41.6 | 15 |

**解:**(1) 溶解度曲线和辅助曲线　由题给数据,可绘出溶解度曲线 $LPJ$,由相应的联结线数据,可作出辅助曲线 $JCP$,如图 8-12 所示。

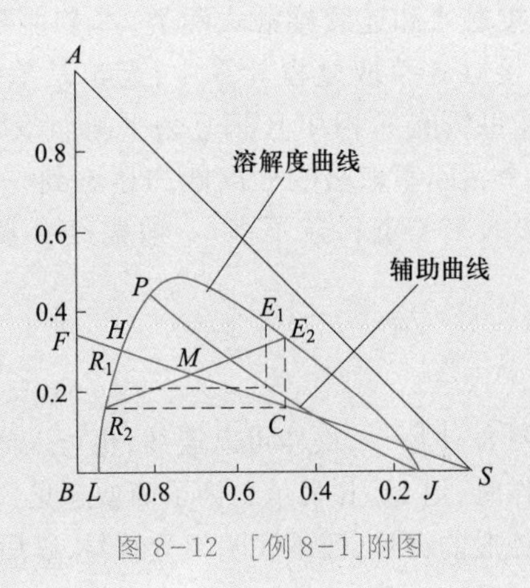


图 8-12　[例 8-1]附图

(2) 临界混溶点的组成　辅助曲线与溶解度曲线的交点 $P$ 即为临界混溶点，由附图可读出该点处的组成为

$$x_A=41.6\%,\quad x_B=43.4\%,\quad x_S=15\%$$

(3) 分配系数 $K_A$　根据萃余相中 $x_A=20\%$，在图中定出 $R_1$ 点，利用辅助曲线定出与之平衡的萃取相 $E_1$ 点，由附图读出两相的组成为

E 相　　$y_A=39.0\%,\quad y_B=19.6\%$

R 相　　$x_A=20.0\%,\quad x_B=73.4\%$

由式(8-7a)、式(8-7b)计算分配系数，即

$$K_A=\frac{y_A}{x_A}=\frac{39.0}{20.0}=1.95$$

$$K_B=\frac{y_B}{x_B}=\frac{19.6}{73.4}=0.267$$



(4) 使混合液开始分层的溶剂用量　根据原料液的组成在 $AB$ 边上确定点 $F$，联结点 $F$,$S$，则当向原料液加入 S 时，混合液的组成点必位于直线 $FS$ 上。当 S 的加入量恰好使混合液的组成落于溶解度曲线的 $H$ 点时，混合液即开始分层。分层时溶剂的用量可由杠杆规则求得，即

$$\frac{S}{F}=\frac{\overline{HF}}{\overline{HS}}=\frac{8}{96}=0.0833$$

所以　　$S=0.0833F=0.0833\times200\ \text{kg}=16.66\ \text{kg}$

(5) 两相的组成及混合液的总组成　根据萃取相中 $y_A=36\%$，在图中定出 $E_2$ 点，由辅助曲线定出与之平衡的 $R_2$ 点。由图读得

$$x_A=17.0\%,\quad x_B=77.0\%,\quad x_S=6.0\%$$

$R_2E_2$ 线与 $FS$ 线的交点 $M$ 即为混合液的总组成点，由图读得

$$x_A=23.5\%,\quad x_B=55.5\%,\quad x_S=21.0\%$$

动画

单级萃取

## 第三节　萃取操作流程和计算

萃取操作可分为分级接触式和连续接触式两类，本节主要讨论分级接触式萃取操作的流程和计算。在分级接触式萃取过程计算中，无论是单级还是多级萃取操作，均假设各级为理论级，即离开每级的 E 相和 R 相互为平衡。萃取操作中的理论级概念和蒸馏中的理论板相当。一个实际萃取级的分离能力达不到一个理论级，两者的差异用级效率校正。目前，关于级效率的资料还不多，一般需结合具体的设备型式通过实验测定。

### 一、单级萃取

单级萃取流程操作如图 8-1 所示，操作可以连续，也可以间歇。间歇操作时，各股物料的量以 kg 表示，连续操作时，用 kg/h 表示。为了简便起见，萃取相组成 $y$ 及萃余相组成 $x$ 的下标只标注了相应流股的符号，而不注明组分符号，以后不再说明。

在单级萃取操作图解计算中，如图 8-13 所示，依物系的平衡数据绘出溶解度曲线和辅助曲线，根据 $x_F$ 及 $x_R$ 确定 $F$ 点及 $R$ 点，过 $R$ 点借助辅助曲线作联结线与 $FS$ 线交于 $M$ 点，与溶解度曲线交于 $E$ 点。连接 $SE$，$SR$ 交 $AB$ 于 $E'$ 及 $R'$，则图中 $E'$ 及 $R'$ 点为从 E 相及 R 相中脱除全部溶剂后的萃取液及萃余液组成坐标点，各流股组成可从图中相应点直接读出。

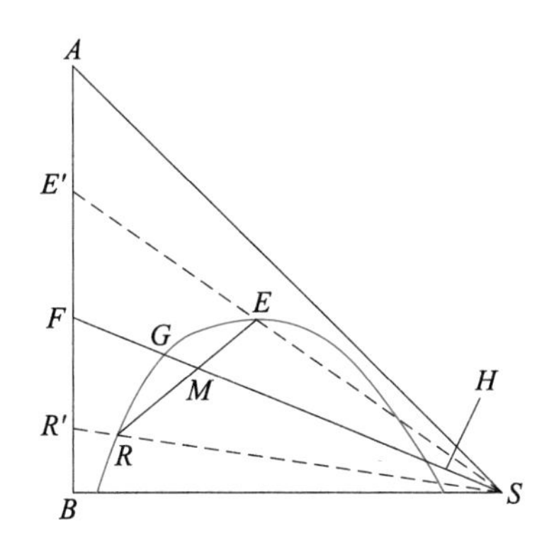


图 8-13 单级萃取三角形坐标图解

根据总物料衡算得

$$F+S=E+R=M \tag{8-10}$$

$$F=E'+R' \tag{8-11}$$

式中 $S$，$E$ 和 $E'$ 的量可根据前述杠杆规则求得，也可由下述的物料衡算方法求得。若对组分 A 作物料衡算得

$$Fx_F+Sx_S=Ey_E+Rx_R=Mx_M \tag{8-12}$$

联立式(8-10)和式(8-12)并整理得

$$E=M\frac{x_M-x_R}{y_E-x_R} \tag{8-13}$$

同理，对 $E'$ 和 $R'$ 中的组分 A 作衡算，可得

$$Fx_F=E'y'_E+R'x'_R \tag{8-14}$$

联立式(8-11)和式(8-14)并整理得

$$E'=F\frac{x_F-x'_R}{y'_E-x'_R} \tag{8-15}$$

**[例 8-2]** 在 25 ℃以水为萃取剂从醋酸与氯仿的混合液中提取醋酸。已知原料液流量为 2 500 kg/h，其中醋酸的质量分数为 35%，其余为氯仿。用水量为 2 000 kg/h，操作温度下，E 相和 R 相以质量分数表示的平衡数据列于表 8-2 中。试求：(1) 经单级萃取后 E 相和 R 相的组成和流量；(2) 若将 E 相和 R 相中的溶剂完全脱除，求萃取液及萃余液的组成和流量。

表 8-2 E 相和 R 相的平衡数据(质量分数/%)

| 氯仿层(R 相) | | 水层(E 相) | |
| --- | --- | --- | --- |
| 醋酸 | 水 | 醋酸 | 水 |
| 0.00 | 0.99 | 0.00 | 99.16 |
| 6.77 | 1.38 | 25.10 | 73.69 |
| 17.72 | 2.28 | 44.12 | 48.58 |
| 25.72 | 4.15 | 50.18 | 34.71 |
| 27.65 | 5.20 | 50.56 | 31.11 |
| 32.08 | 7.93 | 49.41 | 25.39 |
| 34.16 | 10.03 | 47.87 | 23.28 |
| 42.5 | 16.5 | 42.50 | 16.50 |



**解**:由题给平衡数据,在等腰直角三角形坐标图中绘出溶解度曲线和辅助曲线,如图 8-14 所示。

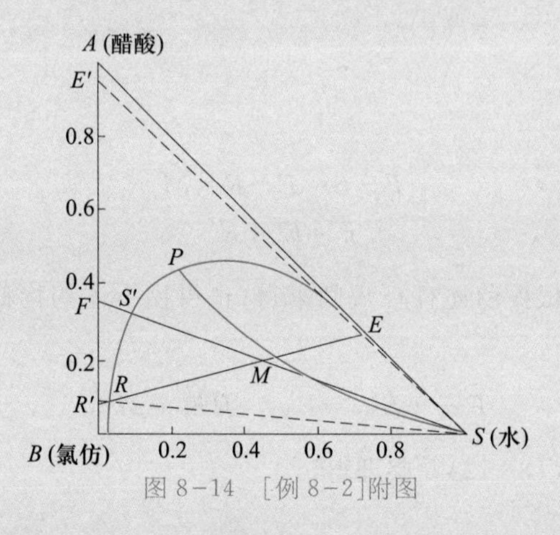


图 8-14 [例 8-2]附图

(1) E 相和 R 相的组成及流量 根据醋酸在原料液中的质量分数为 35%,在 $AB$ 边上确定点 $F$,联结点 $F,S$,按 $F,S$ 的流量依杠杆规则在 $FS$ 线上确定和点 $M$。

因 E 相和 R 相的组成均未给出,故需借助辅助曲线用试差作图来确定过 $M$ 点的联结线 $ER$。由图读得两相的组成为

E 相 $y_A=27\%$, $y_B=1.5\%$, $y_S=71.5\%$

R 相 $x_A=7.2\%$, $x_B=91.4\%$, $x_S=1.4\%$

由总的物料衡算得

$$M=F+S=(2\ 500+2\ 000)\text{kg/h}=4\ 500\ \text{kg/h}$$

从图中量出 $RM$ 和 $RE$ 长度分别为 26 mm 和 42 mm,则由杠杆规则可求出 E 相和 R 相流量,即

$$E=M\frac{\overline{RM}}{\overline{RE}}=4\ 500\times\frac{26}{42}\ \text{kg/h}=2\ 786\ \text{kg/h}$$

$$R=M-E=(4\ 500-2\ 786)\ \text{kg/h}=1\ 714\ \text{kg/h}$$

(2) 萃取液及萃余液的组成和流量　联结点 $S,E$ 并延长 $SE$ 与 $AB$ 边交于 $E'$，由图读得 $y'_{E}=92\%$；联结点 $S,R$ 并延长 $SR$ 与 $AB$ 边交于 $R'$，由图读得 $x'_{R}=7.3\%$。

$$E'=F\frac{x_{F}-x'_{R}}{y'_{E}-x'_{R}}=2\ 500\times\frac{35-7.3}{92-7.3}\ \text{kg/h}=818\ \text{kg/h}$$

$$R'=F-E'=(2\ 500-818)\text{kg/h}=1\ 682\ \text{kg/h}$$

## 二、多级萃取

### (一) 多级错流萃取

在萃取操作中，为了进一步降低萃余相中溶质的浓度，可将单级萃取所获得的萃余相再次加入新鲜溶剂进行萃取，如此重复地单级萃取操作，即为**多级错流萃取**，如图 8-15所示。操作时原料液 F 由第 1 级引入，原料液被萃取后，所得的萃余相依次通过各级并与新鲜溶剂 S 混合进行萃取，如此不断反复多次萃取，只要级数足够多，最终就可得到溶质组成低于指定值的萃余相。必要时可以将 $R_n$ 送入溶剂回收设备 N 以回收溶剂。由各级所得到的萃取相是分别排出的，由于其中含有大量的萃取剂，故可将各级所排出的萃取相合并一起送到溶剂回收设备 N 以回收萃取剂。



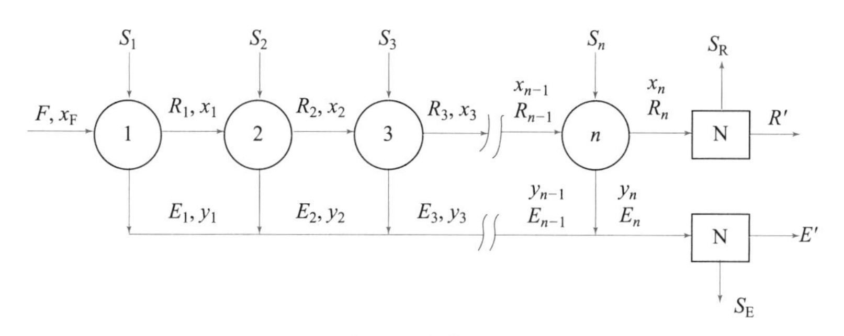


图 8-15　多级错流萃取流程示意图

在这种多级错流接触式萃取中，由于在各级均加入新鲜萃取剂，一方面有利于降低最后萃余相溶质的浓度，得到较好的萃取效果，但另一方面由于萃取剂的需要量增多，其回收和输送所消耗的能量大，因此在工业上的应用受到限制，只有当物系的分配系数较大或萃取剂为水而无需回收等情况下较为适用。

动画

多级错流萃取图解法

对于稀释剂 B 与萃取剂 S 部分互溶的物系，通常采用三角形坐标图解法求解理论级数，其计算步骤如下：

由已知的平衡数据在等腰直角三角形坐标图中绘出溶解度曲线及辅助曲线，并在此相图上标出 $F$ 点，如图 8-16 所示。联结点 $F,S$ 得 $FS$ 线，根据 $F,S$ 的量，依杠杆规则在 $FS$ 线上确定混合物系点 $M_1$。利用辅助曲线通过试差作图求出过 $M_1$ 的联结线 $E_1R_1$，相应的萃取相 $E_1$ 和萃余相 $R_1$ 即为第一个理论级分离的结果。以 $R_1$ 为原料液，加入新鲜萃取剂 $S$(此处假定 $S_1=S_2=S_3=S$ 且 $y_s=0$)，依杠杆规则找出二者混合点 $M_2$，按以上类似的方法可以得到 $E_2$ 和 $R_2$，此即第二个理论级分离的结果。以此类推，直至某级萃余相中溶质的组成等于或小于规定的 $x_R$ 组成为止，重复作出的联结线数目即为所需的理论级数。

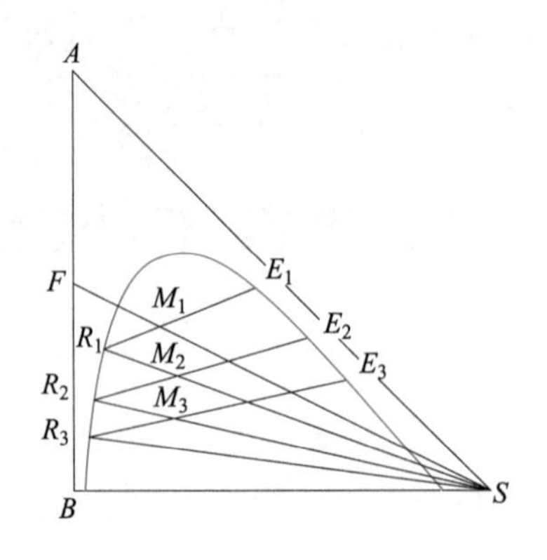


图 8-16　三级错流萃取三角形坐标图解



多级错流萃取的总溶剂用量为各级溶剂用量之和，原则上，各级溶剂用量可以相等也可以不等。但根据实践发现，当各级溶剂用量相等时，达到一定的分离程度所需的总溶剂用量最少，故在多级错流萃取操作中，一般各级溶剂用量均相等。

**[例 8-3]** 25 ℃下以三氯乙烷为萃取剂，采用三级错流萃取从丙酮水溶液中提取丙酮。已知原料液中丙酮质量分数为 40%、处理量为 1 000 kg/h，第一级溶剂用量与原料液流量之比为 0.5，各级溶剂用量相等。操作温度下物系的平衡数据如表 8-3 和表 8-4 所示。试求丙酮的回收率。

表 8-3　溶解度数据(质量分数/%)

| 三氯乙烷(S) | 水(B) | 丙酮(A) | 三氯乙烷(S) | 水(B) | 丙酮(A) |
|---|---|---|---|---|---|
| 99.89 | 0.11 | 0 | 38.31 | 6.84 | 54.85 |
| 94.73 | 0.26 | 5.01 | 31.67 | 9.78 | 58.55 |
| 90.11 | 0.36 | 9.53 | 24.04 | 15.37 | 60.59 |
| 79.58 | 0.76 | 19.66 | 15.39 | 26.28 | 58.33 |
| 70.36 | 1.43 | 28.21 | 9.63 | 35.38 | 54.99 |
| 64.17 | 1.87 | 33.96 | 4.35 | 48.47 | 47.18 |
| 60.06 | 2.11 | 37.83 | 2.18 | 55.97 | 41.85 |
| 54.88 | 2.98 | 42.14 | 1.02 | 71.80 | 27.18 |
| 48.78 | 4.01 | 47.21 | 0.44 | 99.56 | 0 |

表 8-4　联结线数据(质量分数/%)

| 水相中丙酮 $x_A$ | 5.96 | 10.0 | 14.0 | 19.1 | 21.0 | 27.0 | 35.0 |
|---|---|---|---|---|---|---|---|
| 三氯乙烷相中丙酮 $y_A$ | 8.75 | 15.0 | 21.0 | 27.7 | 32.0 | 40.5 | 48.0 |

**解：** 丙酮的总萃取率可由下式计算：

$$\varphi_A = \frac{Fx_F - R_3x_3}{Fx_F}$$

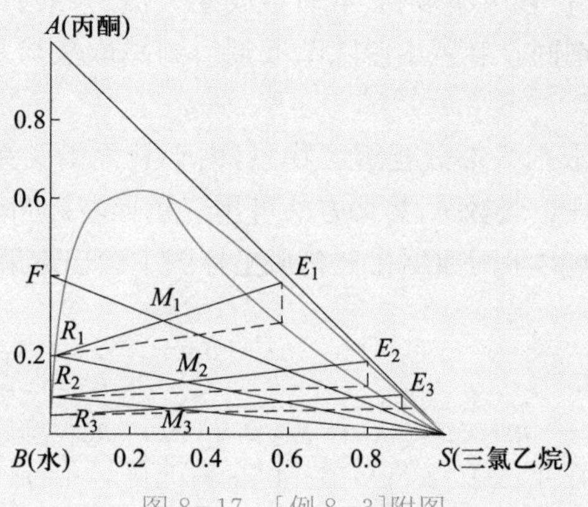

图 8-17 [例 8-3]附图

计算的关键是求算 $R_3$ 及 $x_3$。

首先由题给数据绘出溶解度曲线和辅助曲线，如图 8-17 所示。

各级萃取剂用量为

$$S=0.5F=0.5\times 1\ 000\ \text{kg/h}=500\ \text{kg/h}$$

由第一级的总物料衡算得

$$M_1=F+S=(1\ 000+500)\text{kg/h}=1\ 500\ \text{kg/h}$$

由 $F$ 和 $S$ 的量按杠杆规则确定第一级混合物系点 $M_1$，用试差法作过点 $M_1$ 的联结线 $E_1R_1$。根据杠杆规则得

$$R_1=M_1\times\frac{\overline{E_1M_1}}{\overline{E_1R_1}}=1\ 500\times\frac{19.2}{39}\ \text{kg/h}=738.5\ \text{kg/h}$$

再用 500 kg/h 的溶剂对第一级的 $R_1$ 进行萃取。重复上述步骤计算第二级的有关参数，即

$$M_2=R_1+S=(738.5+500)\text{kg/h}=1\ 238.5\ \text{kg/h}$$

$$R_2=M_2\times\frac{\overline{E_2M_2}}{\overline{E_2R_2}}=1\ 238.5\times\frac{25}{49}\ \text{kg/h}=631.9\ \text{kg/h}$$

同理，第三级的有关参数为

$$M_3=R_2+S=(631.9+500)\text{kg/h}=1\ 131.9\ \text{kg/h}$$

$$R_3=M_3\times\frac{\overline{E_3M_3}}{\overline{E_3R_3}}=1\ 131.9\times\frac{28}{64}\ \text{kg/h}=495.2\ \text{kg/h}$$

由图读得 $x_3=0.035$，于是丙酮的总萃取率为

$$\varphi_A=\frac{Fx_F-R_3x_3}{Fx_F}=\frac{1\ 000\times 0.4-495.2\times 0.035}{1\ 000\times 0.4}\times 100\%=95.7\%$$

### （二）多级逆流萃取

在生产中，为了用较少的萃取剂达到较高的萃取率，常采用多级逆流萃取操作，其流程如图8-18(a)所示。原料液从第 1 级进入系统，依次经过各级萃取，成为各级的萃余相，其溶质组成逐级下降，最后从第 $n$ 级流出；萃取剂则从第 $n$ 级进入系统，依次通过各

级与萃余相逆向接触，进行多次萃取，其溶质组成逐级提高，最后从第 1 级流出。最终的萃取相与萃余相可在溶剂回收装置中脱除萃取剂得到萃取液与萃余液，脱除的溶剂返回系统循环使用。

对于稀释剂 B 与萃取剂 S 部分互溶的物系，由于其平衡关系难以用解析式表达，通常应用逐级图解法求解理论级数 $n$，具体方法可用三角形坐标图解法。

(1) 根据操作条件下的平衡数据在三角形坐标图上绘出溶解度曲线和辅助曲线。如图8-18(b)所示。

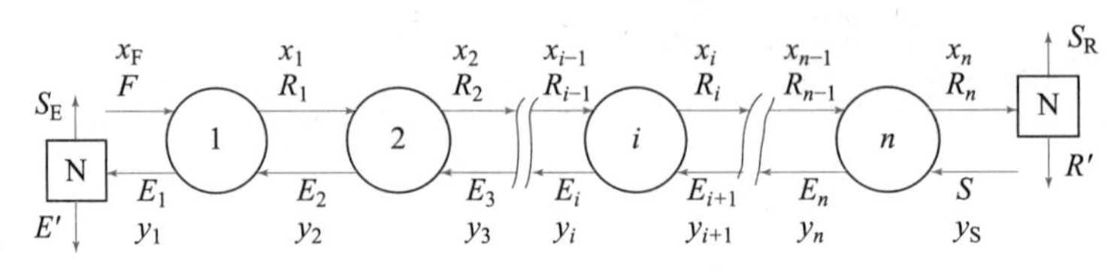


(a) 多级逆流萃取流程图

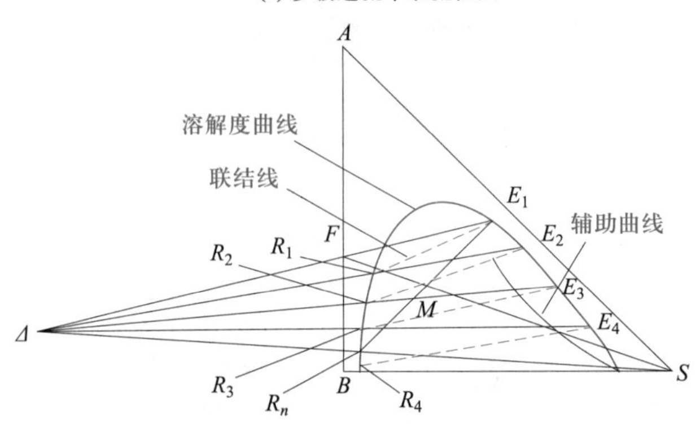


(b) 多级逆流萃取图解法计算

图 8-18　多级逆流萃取

(2) 根据原料液和萃取剂的组成，在图上定出点 $F$，$S$(图中是采用纯溶剂)，再由溶剂比 $S/F$ 依杠杆规则在 $FS$ 连线上定出和点 $M$ 的位置。要注意，在多级逆流萃取操作中，$S$ 与 $F$ 并没有直接发生混合，此处的和点 $M$ 并不代表任何萃取剂的物系点。

(3) 由规定的最终萃余相组成在图上定出点 $R_n$，连接点 $M$ 并延长与溶解度曲线交于点 $E_1$，此点即为最终萃取相组成点。在此也应注意，$R_nE_1$ 也不是联结线。

根据杠杆规则，计算最终萃取相和萃余相的流量，即

$$E_1 = M \times \frac{\overline{MR_n}}{\overline{R_nE_1}} \tag{8-16}$$

$$R_n = M - E_1 \tag{8-17}$$

式中

$$M = F + S \tag{8-18}$$

(4) 应用相平衡关系与物料衡算，用图解法求理论级数。

在图 8-18(a)所示的第 1 级与第 $n$ 级之间作总物料衡算得

$$F + S = R_n + E_1$$

动画

多级逆流萃取

对第 1 级作总物料衡算得

$$F+E_2=R_1+E_1 \quad 或 \quad F-E_1=R_1-E_2$$

对第 2 级作总物料衡算得

$$R_1+E_3=R_2+E_2 \quad 或 \quad R_1-E_2=R_2-E_3$$

以此类推,对第 $n$ 级作总物料衡算得

$$R_{n-1}+S=R_n+E_n \quad 或 \quad R_{n-1}-E_n=R_n-S \tag{8-19}$$

由以上各式可得

$$F-E_1=R_1-E_2=R_2-E_3=\cdots=R_i-E_{i+1}=\cdots=R_{n-1}-E_n=R_n-S=\Delta \tag{8-20}$$

式(8-20)表明离开每一级的萃余相流量 $R_i$ 与进入该级的萃取相流量 $E_{i+1}$ 之差为常数,以 $\Delta$ 表示。$\Delta$ 为一虚拟量,可视为通过每一级的“净流量”,其组成也可在三角形相图上用某点($\Delta$ 点)表示。显然,$\Delta$ 点分别为 $F$ 与 $E_1$、$R_1$ 与 $E_2$、$R_2$ 与 $E_3$、…、$R_{n-1}$ 与 $E_n$、$R_n$ 与 $S$ 诸流股的差点,根据杠杆规则,联结 $R_i$ 与 $E_{i+1}$ 两点的直线均通过 $\Delta$ 点,通常称 $R_iE_{i+1}\Delta$ 的连线为多级逆流萃取的操作线,$\Delta$ 点称为操作点。根据理论级的假设,离开每一级的萃取相 $E_i$ 与萃余相 $R_i$ 互成平衡,故 $E_i$ 和 $R_i$ 应位于联结线的两端。据此,就可以根据联结线与操作线的关系,方便地进行逐级计算以确定理论级数。首先作 $F$ 与 $E_1$、$R_n$ 与 $S$ 的连线,并延长使其相交,交点即为点 $\Delta$,然后由点 $E_1$ 作联结线与溶解度曲线交于点 $R_1$,作 $R_1$ 与 $\Delta$ 的连线并延长使之与溶解度曲线交于点 $E_2$,再由点 $E_2$ 作联结线得点 $R_2$,连 $R_2\Delta$ 并延长使之与溶解度曲线交于点 $E_3$,这样交替地应用操作线和平衡线(溶解度曲线)直至萃余相的组成小于或等于所规定的数值为止,重复作出的联结线数目即为所求的理论级数。

点 $\Delta$ 的位置与物系联结线的斜率、原料液的流量及组成、萃取剂用量及组成、最终萃余相组成等有关,可能位于三角形相图的左侧,也可能位于三角形相图的右侧。若其他条件一定,则点 $\Delta$ 的位置由溶剂比决定:当 $S/F$ 较小时,点 $\Delta$ 在三角形相图的左侧,$R$ 为和点;当 $S/F$ 较大时,点 $\Delta$ 在三角形相图的右侧,$E$ 为和点。

**[例 8-4]** 在多级逆流萃取装置中,用纯溶剂 S 处理溶质 A 质量分数为 30% 的 A、B 两组分原料液。已知原料液处理量为 2 000 kg/h,溶剂用量为 700 kg/h,要求最终萃余相中溶质 A 的质量分数不超过 7%。试求:(1) 所需的理论级数;(2) 若将最终萃取相中的溶剂全部脱除,求最终萃取液的流量和组成。

操作条件下的溶解度曲线和辅助曲线如图 8-19 所示。

**解:** (1) 所需的理论级数 由 $x_F=30\%$ 在 $AB$ 边上定出 $F$ 点,连接 $FS$。操作溶剂比为

$$\frac{S}{F}=\frac{700}{2\ 000}=0.35$$

由溶剂比在 $FS$ 线上定出和点 $M$。

由 $x_n=7\%$ 在相图上定出 $R_n$ 点,连接 $R_nM$ 并延长交溶解度曲线于 $E_1$ 点,此点即为最终萃取相组成点。作点 $E_1$ 与 $F$、点 $S$ 与 $R_n$ 的连线,并延长两连线交于点 $\Delta$,此点即为操作点。过点 $E_1$ 作联结线 $E_1R_1$,$R_1$ 点即为与 $E_1$ 成平衡的萃余相组成点。连接点 $\Delta$ 和 $R_1$ 并延长交溶解度曲线于 $E_2$ 点,

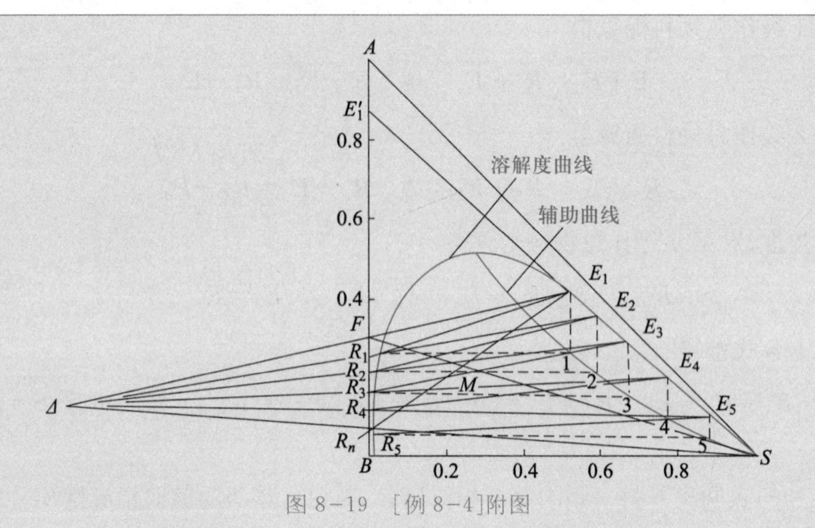

图 8-19 [例 8-4]附图



此点即为进入第一级的萃取相组成点。重复上述步骤，过 $E_2$ 点作联结线 $E_2R_2$，得点 $R_2$，连接点 $R_2$ 和 Δ 并延长交溶解度曲线于 $E_3$ 点……由图可知，当作至联结线 $E_5R_5$ 时，$x_5=5\%<7\%$，即用五个理论级即可满足萃取分离要求。

(2) 最终萃取液的流量和组成　连接点 $S$ 和 $E_1$ 并延长交 $AB$ 边于点 $E_1'$，此点即代表最终萃取液的组成点。由图读得

$$y_1'=0.87$$

应用杠杆规则求 $E_1$ 的流量，即

$$E_1=M\times\frac{\overline{MR_n}}{\overline{E_1R_n}}=(2\ 000+700)\times\frac{19.5}{43}\ \text{kg/h}=1\ 224\ \text{kg/h}$$

萃取液由 $E_1$ 完全脱除溶剂 S 而得到，故可应用杠杆规则求得 $E_1'$，即

$$E_1'=E_1\times\frac{\overline{E_1S}}{\overline{SE_1'}}=1\ 224\times\frac{43.5}{91.5}\ \text{kg/h}=582\ \text{kg/h}$$

## 三、完全不互溶物系的萃取

对于原溶剂 B 与萃取剂 S 不互溶的物系，在萃取过程中，仅有溶质 A 发生相际转移，原溶剂 B 及溶剂 S 均只分别出现在萃余相及萃取相中，故用质量比表示两相中的组成较为方便。此时溶质在两液相间的平衡关系可以用与吸收中的气、液平衡类似的方法表示，在计算过程中能够大大简化计算，下面将分别予以讨论。

### (一) 单级萃取

若在操作范围内，以质量比表示相组成的分配系数 $K$ 为常数，则平衡关系可表示为

$$Y=KX \tag{8-21}$$

组分 A 的物料衡算为

$$B(X_F-X_1)=S(Y_1-Y_S) \tag{8-22}$$

式中　$B$——原料液中稀释剂的量,kg 或 kg/h;

$S$——萃取剂中纯萃取剂的量,kg 或 kg/h;

$X_F$,$Y_S$——原料液和萃取剂中组分 A 的质量比组成;

$X_1$,$Y_1$——单级萃取后萃余相和萃取相中组分 A 的质量比组成。

联立求解式(8-21)与式(8-22),即可求得 $Y_1$ 与 $S$。

上述解法亦可在直角坐标图上表示,式(8-22)可改写为式(8-22a):

$$\frac{Y_1-Y_S}{X_1-X_F}=-\frac{B}{S} \tag{8-22a}$$

式(8-22a)即为该单级萃取的操作线方程。

由于该萃取过程中 B,S 均为常量,故操作线为过点($X_F$,$Y_S$)、斜率为 $-B/S$ 的直线。如图8-20所示,当已知原料液处理量 $F$、组成 $X_F$、溶剂的组成 $Y_S$ 和萃余相的组成 $X_1$ 时,可由 $X_1$ 在图中确定点($X_1$,$Y_1$),连接点($X_1$,$Y_1$)和点($X_F$,$Y_S$)得操作线,计算该操作线的斜率即可求得所需的溶剂用量 $S$;当已知原料液处理量 $F$、组成 $X_F$、溶剂的用量 $S$ 和组成 $Y_S$ 时,则可在图中确定点($X_F$,$Y_S$),过该点作斜率为 $-B/S$ 的直线(操作线)与分配曲线的交点坐标($X_1$,$Y_1$)即为萃取相和萃余相的组成。

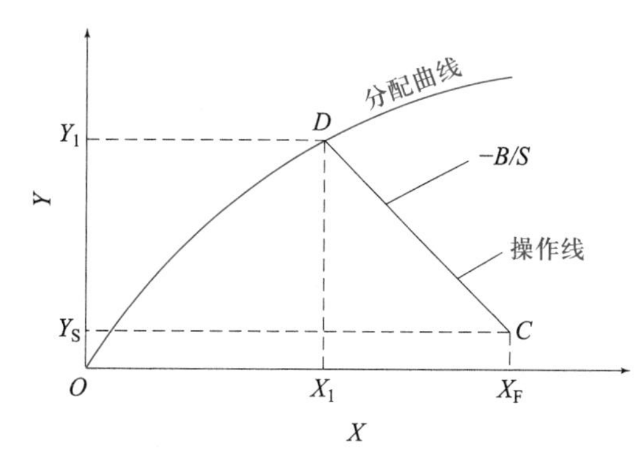


图 8-20　单级萃取直角坐标图解计算

应予指出,在实际生产中,由于萃取剂都是循环使用的,故其中会含有少量的组分 A 与 B。同样,萃取液和萃余液中也会含有少量的 S。此时,图解计算的原则和方法仍然适用,但点 $S$ 及 $E'$、$R'$的位置均在三角形坐标图的均相区内。

**(二) 多级错流萃取**

假设每一级的溶剂 S 加入量相等,由于 B 与 S 不互溶,则各级萃取相中溶剂 S 的量和萃余相中稀释剂 B 的量均可视为常数,E 相中只有 A、S 两组分,R 相中只有 A、B 两组分。此时可以质量比 $Y$ 和 $X$ 表示溶质在萃取相和萃余相中的组成。

对图 8-15 中的第一级作组分 A 的物料衡算得

$$BX_F+SY_S=BX_1+SY_1 \tag{8-23}$$

经整理得

$$Y_1-Y_S=-\frac{B}{S}(X_1-X_F) \tag{8-23a}$$

动画

完全不互溶物系多级错流萃取



对第二级作组分 A 的物料衡算得

$$Y_2-Y_S=-\frac{B}{S}(X_2-X_1) \tag{8-24}$$

同理，对第 $n$ 级作组分 A 的物料衡算得

$$Y_n-Y_S=-\frac{B}{S}(X_n-X_{n-1}) \tag{8-25}$$

式(8-25)表示了 $Y_n-Y_S$ 和 $X_n-X_{n-1}$ 间的关系，称为操作线方程。在 $X-Y$ 直角坐标图上为过点 $(X_{n-1}, Y_S)$、斜率为 $-B/S$ 的直线。

根据理论级的假设，离开任一萃取级的 $Y_n$ 与 $X_n$ 符合平衡关系，故点 $(X_n, Y_n)$ 必位于分配曲线上，换言之，点 $(X_n, Y_n)$ 为操作线与分配曲线的交点。于是可在 $X-Y$ 直角坐标图上图解理论级，其步骤如下：

(1) 在直角坐标图上作出系统的分配曲线，如图8-21 所示。

(2) 根据 $X_F$ 及 $Y_S$ 确定点 $L$，自点 $L$ 出发，以 $-B/S$ 为斜率作直线（操作线）交分配曲线于点 $E_1$，$LE_1$ 即为第一级的操作线，$E_1$ 点的坐标 $(X_1、Y_1)$ 即为离开第一级的萃取相与萃余相的组成。

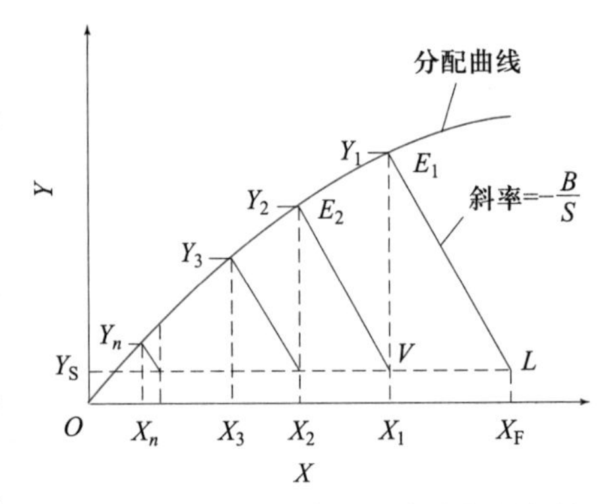

图 8-21　多级错流萃取直角坐标图解法

(3) 过点 $E_1$ 作 $X$ 轴的垂线交 $Y=Y_S$ 于点 $V$，则第二级操作线必通过点 $V$，因各级萃取剂用量相等，故各级操作线的斜率相同，即各级操作线互相平行，于是自点 $V$ 作 $LE_1$ 的平行线即为第二级操作线，其与分配曲线交点 $E_2$ 的坐标 $(X_2, Y_2)$ 即为离开第二级的萃取相与萃余相的组成。

(4) 以此类推，直至萃余相组成等于或低于指定值 $X_n$ 为止。重复作出的操作线数目即为所需的理论级数。

若各级萃取剂用量不相等，则操作线不再相互平行，此时可仿照第一级的作法，过点 $V$ 作斜率为 $-B/S_2$ 的直线与分配曲线相交，以此类推，即可求得所需的理论级数。若溶剂中不含溶质，则 $L$，$V$ 等点均落在 $X$ 轴上。

## 第四节　萃取操作分析

### 一、萃取剂性质的影响

选择合适的萃取剂是保证萃取操作能够正常进行且经济合理的关键。萃取剂的选择主要考虑以下因素。

1. 萃取剂的选择性及选择性系数

萃取剂的选择性是指萃取剂 S 对原料液中两个组分溶解能力的差异。要求萃取剂 S

对溶质 A 的溶解能力要大，而对稀释剂 B 的溶解能力要小，同时要求对 A 的分配系数越大越好。

萃取剂的选择性可用**选择性系数** $\beta$ 表示，其定义式为

$$\beta=\frac{\text{萃取相中 A 的质量分数}}{\text{萃取相中 B 的质量分数}}\Big/\frac{\text{萃余相中 A 的质量分数}}{\text{萃余相中 B 的质量分数}}=\frac{y_A}{y_B}\Big/\frac{x_A}{x_B}=\frac{y_A}{x_A}\Big/\frac{y_B}{x_B}$$

将式(8-7a)、式(8-7b)代入上式得

$$\beta=\frac{K_A}{K_B} \tag{8-26}$$

由 $\beta$ 的定义可知，选择性系数 $\beta$ 为组分 A，B 的分配系数之比，其物理意义颇似蒸馏中的相对挥发度。若 $\beta>1$，说明组分 A 在萃取相中的相对含量比萃余相中的高，即组分 A，B 得到了一定程度的分离，工业生产中，一般要求 $\beta>2$；若 $\beta=1$，则由式(8-26)可知萃取相和萃余相在脱除溶剂 S 后将具有相同的组成，并且等于原料液的组成，说明 A，B 两组分不能用此萃取剂分离，换言之所选择的萃取剂是不适宜的。若萃取剂的选择性越高，则完成一定的分离任务，所需的萃取剂用量也就越少，相应的用于回收溶剂操作的能耗也就越低。由式(8-26)可知，当组分 B，S 完全不互溶时，则选择性系数趋于无穷大，显然这是最理想的情况。

2. 稀释剂 B 与萃取剂 S 的互溶度

由图 8-22 可知，互溶度越小，两相区的面积越大，所得的萃取液浓度越高。所以选择与组分 B 具有较小互溶度的萃取剂 $S_1$ 比 $S_2$ 更利于溶质 A 的分离。

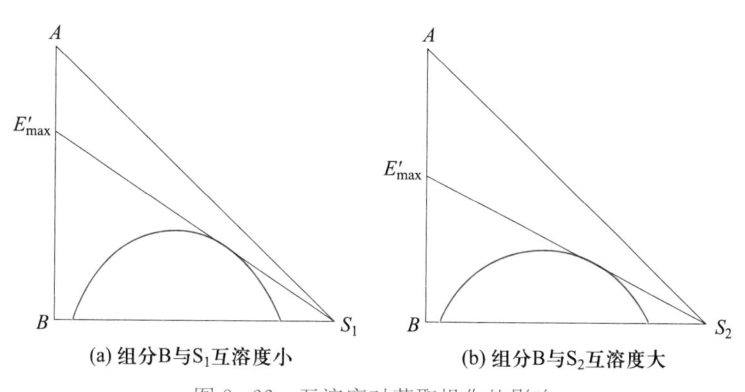


图 8-22 互溶度对萃取操作的影响

3. 萃取剂回收的难易与经济性

萃取剂回收的难易直接影响萃取操作的费用，而萃取后的 E 相和 R 相，通常以蒸馏的方法进行分离，能耗在很大程度上决定萃取过程的经济性。因此，要求萃取剂 S 与原料液中的组分的相对挥发度要大，不应形成恒沸物，并且最好是组成低的组分为易挥发组分。若被萃取的溶质不挥发或挥发度很低时，则要求 S 的汽化热要小，以节省能耗。

4. 萃取剂的其他物性

(1) 密度　在萃取操作中，为了使两相充分接触，迅速分层，并提高设备的生产能力，这就要求两相间有较大密度差。

(2) 界面张力　界面张力较大时，分散相液滴易聚结，有利于分层，但界面张力过大，则液体不易分散，难以使两相充分混合，反而使萃取效果降低。界面张力过小，虽然液体容易分散，但易产生乳化现象，使两相较难分离，因此，界面张力要适中。

(3) 黏度　溶剂的黏度低，有利于两相的混合与分层，也有利于流动与传质。

(4) 其他　选择萃取剂时，还应考虑其他因素，如萃取剂应具有化学稳定性和热稳定性，对设备的腐蚀性要小，来源充分，价格较低廉，不易燃、易爆等。

通常，很难找到能同时满足上述所有要求的萃取剂，这就需要根据实际情况加以权衡，以保证满足主要要求。

## 二、萃取剂的组成和用量的影响

### 1. 萃取剂的组成



在萃取操作中萃取剂通常需回收后循环使用，对于 B 和 S 互溶的物系，送入萃取器的萃取剂中将会含有少量溶质 A 或稀释剂 B。在操作溶剂比 $S/F$、$x_F$ 及萃取设备一定时，由相图可知，萃取剂中的溶质 A 或稀释剂 B 的含量越高，萃取相和萃余相中 $y_E$ 与 $x_R$ 均增高，尽管萃取相中 A 组分含量增多，但萃取相量 $E$ 减少，同时萃余相中 A 组分提高后，造成了 A 组分回收率的降低。因此，萃取剂再生时应尽量地降低其中 A 与 B 的浓度，提高萃取效果。

### 2. 萃取剂的用量

在萃取操作中，改变萃取剂用量是调节萃取效果的重要手段。一般来讲，在其他条件和设备级数不变的情况下，适当地增加萃取剂用量，萃余相中溶质 A 的浓度将降低，分离效果提高。但萃取剂用量过大，将使萃取剂回收负荷加重，再生效果不好，导致循环使用的萃取剂中 A 组分含量增加，萃取效果反而下降。因此在实际生产中，必须注意萃取与萃取剂回收操作之间的相互制约的关系。

## 三、萃取操作温度的影响

相图上两相区的面积大小与操作温度也有关系，通常物系的温度升高，溶质在溶剂中的溶解度增大，反之减小。图 8-23 所示为温度对第 Ⅰ 类物系溶解度曲线和联结线的影响。显然，温度升高，分层区面积减小，不利于萃取分离的进行。

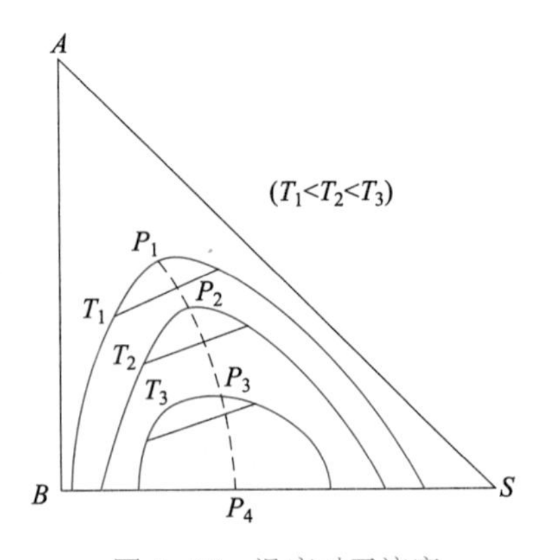

图 8-23　温度对互溶度的影响(Ⅰ类物系)

## 四、分散相选择的影响

萃取操作的两液相在萃取设备中，一相为连续相，充满设备空间；另一相为分散相，以液滴形式分散在连续相中。液滴表面为两液相提供了接触面积，液滴的分散及聚结情况和液滴的大小，将直接影响到萃取设备的操作性能和萃取过程的传质效果。尤其是连续接触萃取，正确选择作为分散相的液体是萃取操作中的重要因素。通常分散相的选择可按以下几个方面考虑：

(1) 为获得较大的相际接触表面积，一般以流量大的作为分散相。但当两流量相差较大，而且所选用的设备又可能产生严重轴向混合时（如喷洒萃取塔），为减少轴向混合的影响，应将流量小的作为分散相。

（2）对于界面张力随溶质含量增加而增大的物系，分散相以原料液为好。因为随着液滴中溶质向萃取剂中传递，液滴表面的溶质含量逐渐减小，界面张力减小，液滴稳定性差，容易破碎，液滴平均滴径小，相际接触面积大，增大了液滴表面的湍动，强化传质过程。黏度较小的连续相对液滴的浮升或沉降的阻滞力小，可获得较大的相对速度，强化了传质过程，提高了设备能力。所以应将黏度大的液体作为分散相。而对于填料塔和筛板塔等传质设备，可将不易湿润的填料或筛板表面的液相作为分散相，这样可以保持分散相更好地形成液滴状分散于连续相中，以增大相际接触面积。

（3）从成本和安全角度考虑，应将成本高和易燃、易爆的液体作为分散相。

当作为分散相的液体确定后，为确保液体分散成液滴，首先是分散液体通过分布器分散后再进入连续相。另外，在操作时应控制分散相在设备内的滞留量，滞留量大，液滴碰撞机会增多，可能会由分散相转变为连续相，两相接触面积减小。因此，在萃取操作过程中作为连续相的液体在设备内的滞留量大，而分散相滞留量小。



## 第五节　萃取设备

### 一、萃取设备的种类

#### （一）萃取设备的分类

1. 按两相的接触方式分类

（1）逐级接触式萃取设备　两相逐级相遇发生传质，组成发生阶梯式变化。既可用于间歇操作，也可用于连续操作。

（2）微分接触式萃取设备　两相连续接触，发生连续的传质过程，从而使两相组成也发生连续的变化。一般用于连续操作。

2. 按外界是否输入能量分类

（1）无外加能量萃取设备　用于两相密度差较大的场合。此时两相的分散及流动仅仅依靠密度差来实现，而不需外界输入能量。

（2）有外加能量萃取设备　用于两相密度差很小、界面张力较大、液滴易合并而不易分散的场合。此时需借助外界输入能量，如加搅拌、振动等，以实现分散和流动。

3. 根据设备结构的特点和形状分类

（1）组件式萃取设备　多由单级萃取设备组合而成，根据需要可灵活地增减组合的级数。

（2）塔式萃取设备　有板式塔、喷洒塔及填料塔等。

#### （二）萃取设备主要类型

1. 混合沉降槽

如图 8-3 所示的单级混合沉降槽，它由混合器及沉降槽两部分组成，为了使两相充分混合，增大两相之间的接触面积，提高传质效果，混合器内装有搅拌器。操作时原料液及溶剂同时加入混合器内充分混合，进行传质后流入沉降槽，借助两相之间密度的差异进行沉降,分离形成萃取相和萃余相。若为了进一步提高分离程度,可将多个混合沉降槽按错流或逆流的流程组合成多级萃取设备,所需级数多少随工艺的分离要求而定。

动画

混合沉降槽

混合沉降槽可以单级使用,也可以多级串联使用;可间歇操作,也可连续操作。

混合沉降槽具有如下优点:

(1) 传质效率高,处理量大,一般单级效率可达 80%以上;

(2) 两液相流量比范围大,流量比达到 1/10 时仍能正常操作;

(3) 操作方便,设备结构简单,易于放大,运转稳定可靠,适应性强;

(4) 易实现多级连续操作,便于调节级数。

混合沉降槽的缺点是水平排列的设备占地面积大,溶剂储量大,每级内都设有搅拌装置,搅拌功率大,能量消耗多。

2. 萃取塔



通常将高径比较大的萃取装置统称为塔式萃取设备,简称萃取塔。为了获得满意的萃取效果,萃取塔应具有分散装置,以提供两相间良好的接触条件;同时,塔顶、塔底均应有足够的分离空间,以便两相的分层。两相混合和分散所采用的措施不同,萃取塔的结构型式也多种多样。下面介绍几种工业上常用的萃取塔。

(1) 喷洒塔　喷洒塔又称喷淋塔,是最简单的萃取塔,如图 8-2 所示,操作时,轻、重两相分别从塔底和塔顶进入。若以重相为分散相,则重相经塔顶的分布装置分散为液滴后进入轻相,与其逆流接触传质,重相液滴降至塔底分离段处聚合形成重相液层排出;而轻相上升至塔顶并与重相分离后排出。若以轻相为分散相,则轻相经塔底的分布装置分散为液滴后进入连续的重相,与重相进行逆流接触传质,轻相升至塔顶分离段处聚合形成轻液层排出。而重相流至塔底与轻相分离后排出。

喷洒塔结构简单,塔体内除进出各流股物料的接管和分散装置外,无其他内部构件。缺点是轴向返混严重,传质效率较低,因而适用于仅需一两个理论级的场合,如水洗、中和或处理含有固体的物系。

(2) 填料萃取塔　填料萃取塔的结构与精馏和吸收填料塔基本相同,如图 8-24 所示。塔内装有适宜的填料,轻、重两相分别由塔底和塔顶进入,由塔顶和塔底排出。萃取时,连续相充满整个填料塔,分散相由分布器分散成液滴进入填料层中的连续相,在与连续相逆流接触中进行传质。

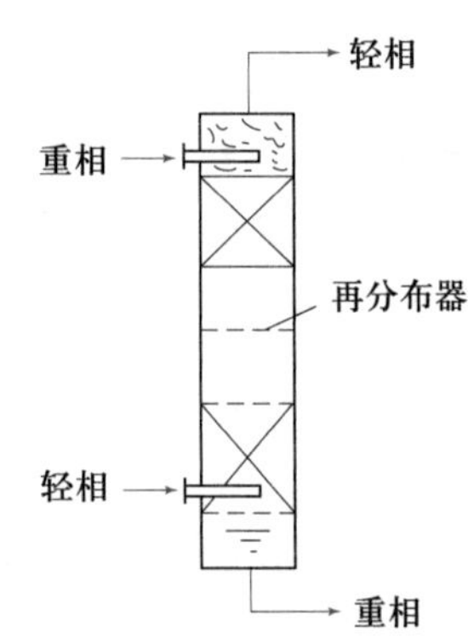

图 8-24　填料萃取塔

填料的存在能起到减少轴向返混的作用,使液滴不断发生凝聚与再分散,以促进液滴的表面更新。

为增大相际传质面积、提高传质速率,应选择适当的分散相。填料萃取塔结构简单、造价低廉、操作方便,故在工业上有一定的应用。在运行中,尽管填料塔对两相的流动有所改善,返混有所抑制,但其级效率仍然较小。一般用于所需理论级数较少(如 3 个萃取理论级)的场合。



(3) 筛板萃取塔　筛板萃取塔如图 8-25 所示,塔内装有若干层筛板,筛板的孔径一般为3～9 mm,孔距为孔径的 3～4 倍,板间距为 150～600 mm。

筛板萃取塔是逐级接触式萃取设备,两相依靠密度差,在重力的作用下,进行分散和逆向流动。若以轻相为分散相，则其通过塔板上的筛孔而被分散成细小的液滴，与塔板上的连续相充分接触进行传质。穿过连续相的轻相液滴逐渐凝聚，并聚集于上层筛板的下侧，待两相分层后，轻相借助压强差的推动，再经筛孔分散，液滴表面得到更新。如此分散、凝聚交替进行，达塔顶进行澄清、分层、排出。而连续相则横向流过筛板，在筛板上与分散相液滴接触传质后，由降液管流至下一层塔板。若以重相为分散相，则重相穿过板上的筛孔，分散成液滴落入连续的轻相中进行传质，穿过轻液层的重相液滴逐渐凝聚，并聚集于下层筛板的上侧，轻相则连续地从筛板下侧横向流过，从升液管进入上层塔板。

筛板萃取塔由于塔板的限制，减小了轴向返混，同时由于分散相的多次分散和聚集，液滴表面不断更新，使筛板萃取塔的效率比填料塔有所提高，加之筛板萃取塔结构简单，造价低廉，可处理腐蚀性料液，因而应用较广。



(4) 脉冲筛板塔　脉冲筛板塔亦称液体脉动筛板塔，是由外力作用下，液体在塔内产生脉冲运动的筛板塔，其结构与气、液传质过程中无降液管的筛板塔类似，如图 8-26 所示。塔两端直径较大部分为上澄清段和下澄清段，中间为两相传质段，其中装有若干层具有小孔的筛板，板间距较小，一般为 50 mm。在塔的下澄清段装有脉冲管，萃取操作时，由脉冲发生器提供的脉冲使塔内液体做上下往复运动，迫使液体经过筛板上的小孔，使分散相破碎成较小的液滴分散在连续相中，并形成强烈的湍动，从而促进传质过程的进行。脉冲发生器的类型有多种，如活塞型、膜片型、风箱型等。

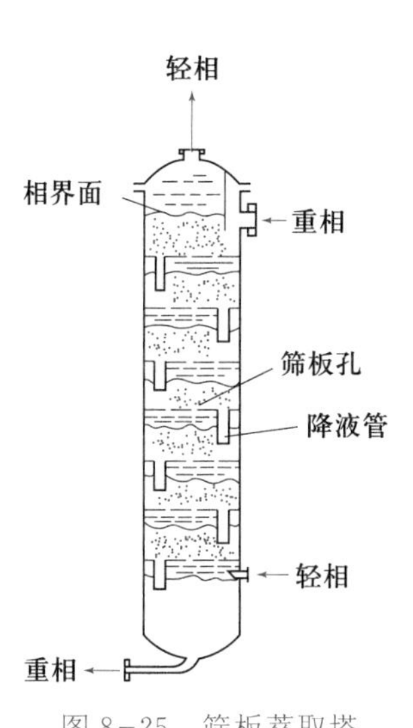

图 8-25　筛板萃取塔

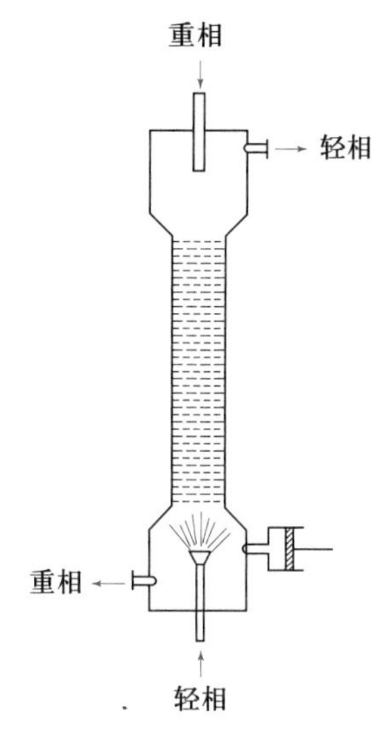

图 8-26　脉冲筛板塔

在脉冲筛板塔内，一般脉冲振幅为 9～50 mm，频率为 30～200 $min^{-1}$。实验研究和生产实践表明，萃取效率受脉冲频率影响较大，受振幅影响较小。一般认为频率较高、振幅较小时萃取效果较好。如脉冲过于激烈，将导致严重的轴向返混，传质效率反而下降。

脉冲筛板塔的优点是结构简单，传质效率高，但其生产能力一般有所下降，在化工生产中的应用受到一定限制。

(5) 转盘萃取塔(RDC 塔)　转盘萃取塔的基本结构如图8-27所示，在塔体内壁面上按一定间距装有若干个环形挡板，称为固定环，固定环将塔内分割成若干个小空间。两固定环之间均装一转盘。转盘固定在中心轴上，转轴由塔顶的电动机驱动。转盘的直径小于固定环的内径，以便于装卸。

萃取操作时，转盘随中心轴高速旋转，其在液体中产生的剪应力将分散相破裂成许多细小的液滴，在液相中产生强烈的涡旋运动，从而增大了相际接触面积和传质系数。同时固定环的存在在一定程度上抑制了轴向返混，因而转盘萃取塔的传质效率较高。

转盘萃取塔结构简单，传质效率高，生产能力大，因而在石油化工中应用比较广泛。

3. 离心萃取器

离心萃取器又称离心萃取机，是利用离心力的作用使两相快速混合、分离的萃取装置。如图 8-28 所示是单级转筒式离心萃取器。重液和轻液由底部的三通管并流进入混合室，在搅拌桨的剧烈搅拌下，两相充分混合进行传质，然后共同进入高速旋转的转筒。在转筒中，混合液在离心力的作用下，重相被甩向转鼓外缘，而轻相则被挤向转鼓的中心。两相分别经轻、重相堰流至相应的收集室，并经各自的排出口排出。



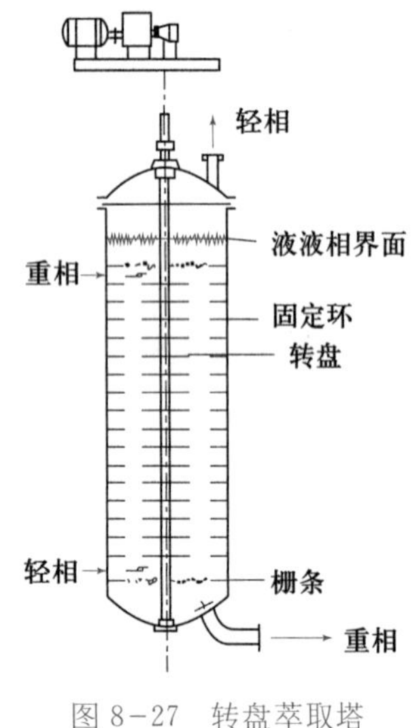

图 8-27　转盘萃取塔

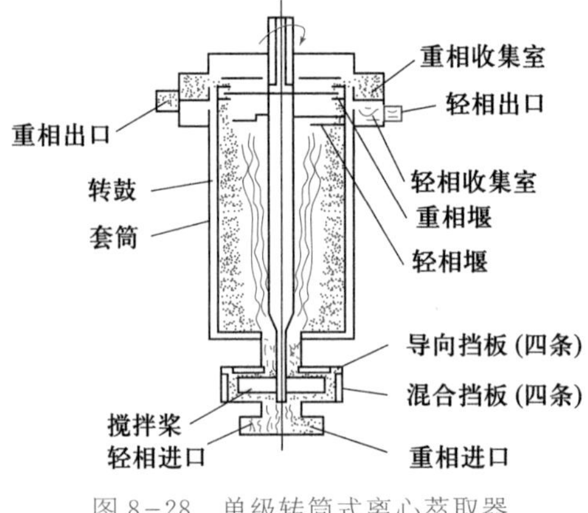

图 8-28　单级转筒式离心萃取器

离心萃取器的特点在于高速旋转时，产生很强的离心力，即使密度差很小、容易乳化的液体也可以在离心萃取器内进行高效率的萃取分离。

二、萃取设备的选用

1. 所需的理论级数

当所需的理论级数不大于 2 级时，各种萃取设备均可满足要求；当所需的理论级数较多(如大于 4 级)时，可选用筛板塔；当所需的理论级数再多(如 10～20 级)时，可选用有能量输入的设备，如脉冲塔、转盘塔、往复筛板塔、混合沉降槽等。

2. 生产能力

当处理量较小时，可选用填料塔、脉冲塔。对于较大的生产能力，可选用筛板塔、转盘塔及混合沉降槽。离心萃取器的处理能力也相当大。

3. 物系的物理性质

对界面张力较小、密度差较大的物系，可选用无外加能量的设备。对密度差小、界面张力小、易乳化的难分层物系，应选用离心萃取器。对有较强腐蚀性的物系，宜选用结构简单的填料塔或脉冲填料塔。对于放射性元素的提取，脉冲塔和混合沉降槽用得较多。若物系中有固体悬浮物或在操作过程中产生沉淀物时，需周期停工清洗，一般可采用转盘萃取塔或混合沉降槽。另外，往复筛板塔和液体脉动筛板塔有一定的自清洗能力，在某些场合也可考虑选用。

4. 物系的稳定性和液体在设备内的停留时间

对于工业生产要考虑物料的稳定性，要求在萃取设备内停留时间短的物系，如抗菌素的生产，用离心萃取器合适；反之，若萃取物系中伴有缓慢的化学反应，要求有足够的反应时间，则选用混合沉降槽较为适宜。



5. 其他

在选用设备时，还需考虑其他一些因素。例如，能源供应状况，在缺电的地区应尽可能选用依重力流动的设备；当厂房地面受到限制时，宜选用塔式设备，而当厂房高度受到限制时，应选用混合沉降槽。

## 案例分析

### ［案例］ 萃取塔扩能改造

问题的提出：

某公司的己内酰胺生产装置设计生产能力为年产5万吨。其中粗己内酰胺经转盘萃取塔(RDC)进行提纯，以苯为萃取剂。在年产6万吨己内酰胺条件下操作，塔底水相中己内酰胺含量为0.8%～1.5%(质量分数)，超过设计要求。因此，转盘萃取塔改造的关键是在生产能力提高后如何保证塔底水相中己内酰胺的浓度达标。

分析：

转盘萃取塔的操作状况直接关系到己内酰胺生产消耗的高低和产品质量的优劣。RDC具有结构简单、操作稳定、处理能力大等特点，但存在较严重的轴间返混。

清华大学萃取实验室利用激光多普勒仪(LDV)和计算流体力学(CFD)软件，对转盘萃取塔内的单相(连续相)流动的速度场进行了测量和模拟，发现塔内存在沟流和级间的旋涡流动，级间返混严重。为了消除转盘萃取塔内的级间返混，提高传质效率，发明了一种装有级间传动挡板的新型转盘萃取塔(见案例附图8-1，NRDC，中国发明专利ZL 99 1 06151.9)，即在转盘萃取塔内的固定环平面增加筛孔挡板以抑制轴向返混，结构见附图。增加筛孔挡板后有效抑制

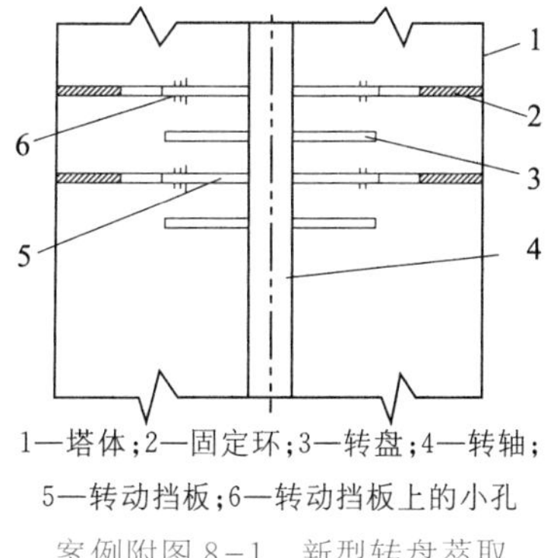


1—塔体；2—固定环；3—转盘；4—转轴；5—转动挡板；6—转动挡板上的小孔

案例附图8-1 新型转盘萃取塔结构示意图

沟流和级间的旋涡流动，抑制了级间的轴向返混，同时级内的混合度加强，传质效率提高，而液泛速度大致相当。

**问题解决：**

在流场测量和计算流体力学模拟的基础上，在塔径为 100 mm 的转盘萃取塔内进行了传质实验。根据该公司已内酰胺萃取塔的操作特点，进行了针对性的传质实验。传质实验结果表明，安装挡板的新型转盘萃取塔传质效率平均提高 15%～25%。之后该公司在己内酰胺 7 万吨/年扩能改造项目中用 NRDC 实施了转盘萃取塔的改造，在原塔外形尺寸不变的前提下完成了 NRDC 的优化设计。

改造后，转盘萃取塔的处理能力由 5 万吨/年扩大至 7 万吨/年，塔底水相己内酰胺含量由设计值 0.5%降低到 0.2%～0.3%，改造后操作稳定，经济效益巨大。

## 复习与思考



1. 液液萃取溶剂的必要条件有哪些？
2. 简述萃取过程中选择溶剂的基本要求有哪些。
3. 简述萃取(三元物系)过程中的临界混溶点、选择性系数。
4. 液液萃取塔设备的主要技术性能有哪些？
5. 何谓萃取操作的选择性系数？
6. 液液萃取操作中，分散相的选择应从哪些方面考虑？

## 习　　题

8-1　在操作条件下，丙酮(A)-水(B)-氯苯(S)三元混合溶液的平衡数据如下表所示。试求：

(1) 在直角三角形相图上绘出溶解度曲线及辅助曲线，在直角坐标图上绘出分配曲线。

(2) 水层中丙酮含量为 45%(质量分数)时，水与氯苯的组成。

(3) 与上述水层成平衡的氯苯层组成。

(4) 由 0.12 kg 氯苯和 0.08 kg 水所构成的混合液中，尚需加入多少(kg)丙酮即可使此三元混合物成为均相混合液？

丙酮(A)-水(B)-氯苯(S)体系的平衡数据(质量分数/%)

| 水层 | | | 氯苯层 | | |
|---|---|---|---|---|---|
| 丙酮(A) | 水(B) | 氯苯(S) | 丙酮(A) | 水(B) | 氯苯(S) |
| 0 | 99.89 | 0.11 | 0 | 0.18 | 99.82 |
| 10 | 89.79 | 0.21 | 10.79 | 0.49 | 88.72 |
| 20 | 79.69 | 0.31 | 22.23 | 0.79 | 76.98 |
| 30 | 69.42 | 0.58 | 37.48 | 1.72 | 60.80 |
| 40 | 58.64 | 1.36 | 49.44 | 3.05 | 47.51 |
| 50 | 46.28 | 3.72 | 59.19 | 7.24 | 33.57 |
| 60 | 27.41 | 12.59 | 62.07 | 22.85 | 15.08 |
| 60.58 | 25.66 | 13.76 | 60.58 | 25.66 | 13.76 |

8-2　求出下表中序号 1、4、7 的选择性系数。

丙酮(A)-水(B)-三氯乙烷(S)在 25 ℃ 下的平衡数据(质量分数/%)

| 水层 | | | 三氯乙烷层 | | |
|---|---|---|---|---|---|
| 丙酮(A) | 水(B) | 三氯乙烷(S) | 丙酮(A) | 水(B) | 三氯乙烷(S) |
| 5.96 | 93.52 | 0.52 | 8.75 | 0.32 | 90.93 |
| 10.00 | 89.40 | 0.60 | 15.00 | 0.60 | 84.40 |
| 13.97 | 85.35 | 0.68 | 20.78 | 0.90 | 78.32 |
| 19.05 | 80.16 | 0.79 | 27.66 | 1.33 | 71.01 |
| 27.63 | 71.33 | 1.04 | 39.39 | 2.40 | 58.21 |
| 35.73 | 62.67 | 1.60 | 48.21 | 4.26 | 47.53 |
| 46.05 | 50.20 | 3.75 | 57.40 | 8.90 | 33.70 |

8-3　现有含 15%(质量分数)醋酸的水溶液 30 kg,用 60 kg 纯乙醚在 25 ℃下作单级萃取。试求:

(1) 萃取相、萃余相的量及组成。

(2) 平衡两相中醋酸的分配系数,溶剂的选择性系数。

已知在 25 ℃下,醋酸(A)-水(B)-乙醚(S)体系的平衡数据如下表:

醋酸(A)-水(B)-乙醚(S)在 25 ℃ 下的平衡数据(质量分数/%)

| 水层 | | | 乙醚层 | | |
|---|---|---|---|---|---|
| 醋酸(A) | 水(B) | 乙醚(S) | 醋酸(A) | 水(B) | 乙醚(S) |
| 0 | 93.2 | 6.7 | 0 | 2.3 | 97.7 |
| 5.1 | 88.0 | 6.9 | 3.8 | 3.6 | 92.6 |
| 8.8 | 84.0 | 7.2 | 7.3 | 5.0 | 87.7 |
| 13.8 | 78.2 | 8.0 | 12.5 | 7.2 | 80.3 |
| 18.4 | 72.1 | 9.5 | 18.1 | 10.4 | 71.5 |
| 23.1 | 65.0 | 11.9 | 23.6 | 15.1 | 61.3 |
| 27.9 | 55.7 | 16.4 | 28.7 | 23.6 | 47.7 |

8-4　将习题 8-3 中的萃取剂分为两等份,进行两级错流萃取,将所得结果与习题 8-3 对比。

8-5　在 25 ℃下以水(S)为萃取剂从醋酸(A)与氯仿(B)的混合液中提取醋酸。已知原料液流量为 1 000 kg/h,其中醋酸的质量分数为 35%,其余为氯仿。用水量为 800 kg/h。操作温度下,E 相和 R 相的平衡数据列于下表中。

两相平衡数据(质量分数/%)

| 氯仿层(R 相) | | 水层(E 相) | |
|---|---|---|---|
| 醋酸(A) | 水(S) | 醋酸(A) | 水(S) |
| 0.00 | 0.99 | 0.00 | 99.16 |
| 6.77 | 1.38 | 25.10 | 73.69 |
| 17.72 | 2.28 | 44.12 | 48.58 |
| 25.72 | 4.15 | 50.18 | 34.71 |
| 27.65 | 5.20 | 50.56 | 31.11 |
| 32.08 | 7.93 | 49.41 | 25.39 |
| 34.16 | 10.03 | 47.87 | 23.28 |
| 42.5 | 16.5 | 42.50 | 16.50 |

试求:(1) 经单级萃取后 E 相和 R 相的组成及流量;(2) 若将 E 相和 R 相中的溶剂完全脱除,再求萃取液及萃余液的组成和流量;(3) 操作条件下的选择性系数 $\beta$;(4) 若组分 B、S 可视作完全不互溶,且操作条件下以质量比表示相组成的分配系数 $K=3.4$,要求原料液中溶质 A 的 80%进入萃取相,则每千克稀释剂 B 需要消耗多少千克萃取剂 S?

8-6 对丙酮(A)-水(R)-氯苯(S)体系进行多级错流萃取,以氯苯为萃取剂。原料液为含 50%(质量分数)丙酮的水溶液,处理量为 1 000 kg/h,要求最终萃余相中组分 A 的组成不大于 6%。若每一级均加入与料液量相等的萃取剂,试求每小时氯苯的用量、理论级数及溶质 A 组成为最高的萃取相组成。

操作条件下溶解度曲线数据见习题 8-1。

8-7 以二异丙醚在逆流萃取器中使醋酸水溶液的醋酸含量由 30%降到 5%(质量分数),萃取剂可以认为是纯态,其流量为原料液的两倍,应用三角形图解法求出所需的理论级数。操作温度为 20 ℃,此温度下的平衡数据如下表所示。



醋酸(A)-水(B)-二异丙醚(S)在 20 ℃下的平衡数据(质量分数/%)

| 水层 | | | 乙醚层 | | |
|---|---|---|---|---|---|
| 醋酸(A) | 水(B) | 二异丙醚(S) | 醋酸(A) | 水(B) | 二异丙醚(S) |
| 0.7 | 98.1 | 1.2 | 0.2 | 0.5 | 99.3 |
| 1.4 | 97.1 | 1.5 | 0.37 | 0.7 | 98.9 |
| 2.7 | 95.7 | 1.6 | 0.8 | 0.8 | 98.4 |
| 6.4 | 91.7 | 1.9 | 1.9 | 1.0 | 97.1 |
| 13.30 | 84.4 | 2.3 | 4.8 | 1.9 | 93.3 |
| 25.50 | 71.1 | 3.4 | 11.40 | 3.9 | 84.7 |
| 37.00 | 58.6 | 4.4 | 21.60 | 6.9 | 71.5 |
| 44.30 | 45.1 | 10.6 | 31.10 | 10.8 | 58.1 |
| 46.40 | 37.1 | 16.5 | 36.20 | 15.1 | 48.7 |

## 本章主要符号说明

**英文字母**

$A$——溶质的质量或质量流量,kg 或 kg/h;

$B$——稀释剂的质量或质量流量,kg 或 kg/h;

$S$——萃取剂的质量或质量流量,kg 或 kg/h;

$E$——萃取相的质量或质量流量,kg 或 kg/h;

$R$——萃余相的质量或质量流量,kg 或 kg/h;

$E'$——萃取液的质量或质量流量,kg 或 kg/h;

$R'$——萃余液的质量或质量流量,kg 或 kg/h;

$F$——原料液的质量或质量流量,kg 或 kg/h;

$M$——混合液的质量或质量流量,kg 或 kg/h;

$K$——分配系数;

$y$——萃取相中组分的质量分数;

$x$——萃余相中组分的质量分数;

$Y$——萃取相中组分的质量比组成;

$X$——萃余相中组分的质量比组成。

**希腊字母**

$\beta$——选择性系数;

$\Delta$——净流量,kg/h。

**下标**

A,B,S——分别代表组分 A,B,S;

1,2,…,$n$——级数。

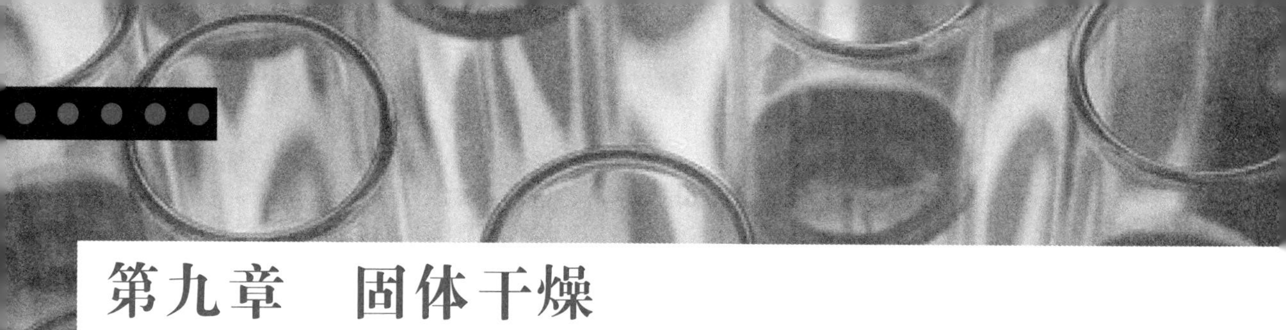

# 第九章　固体干燥

## 学习目标

**知识目标：**

了解工业生产中的干燥原理及过程分析，干燥器的主要类型及特点；

理解湿空气的性质，物料中所含水分的性质及平衡关系，影响干燥速率的因素；

掌握湿空气的湿焓图的应用，干燥过程的物料衡算和热量衡算，掌握干燥速率及干燥时间的计算。

**能力目标：**

能分析、应用干燥技术。

# 知 识 框 图

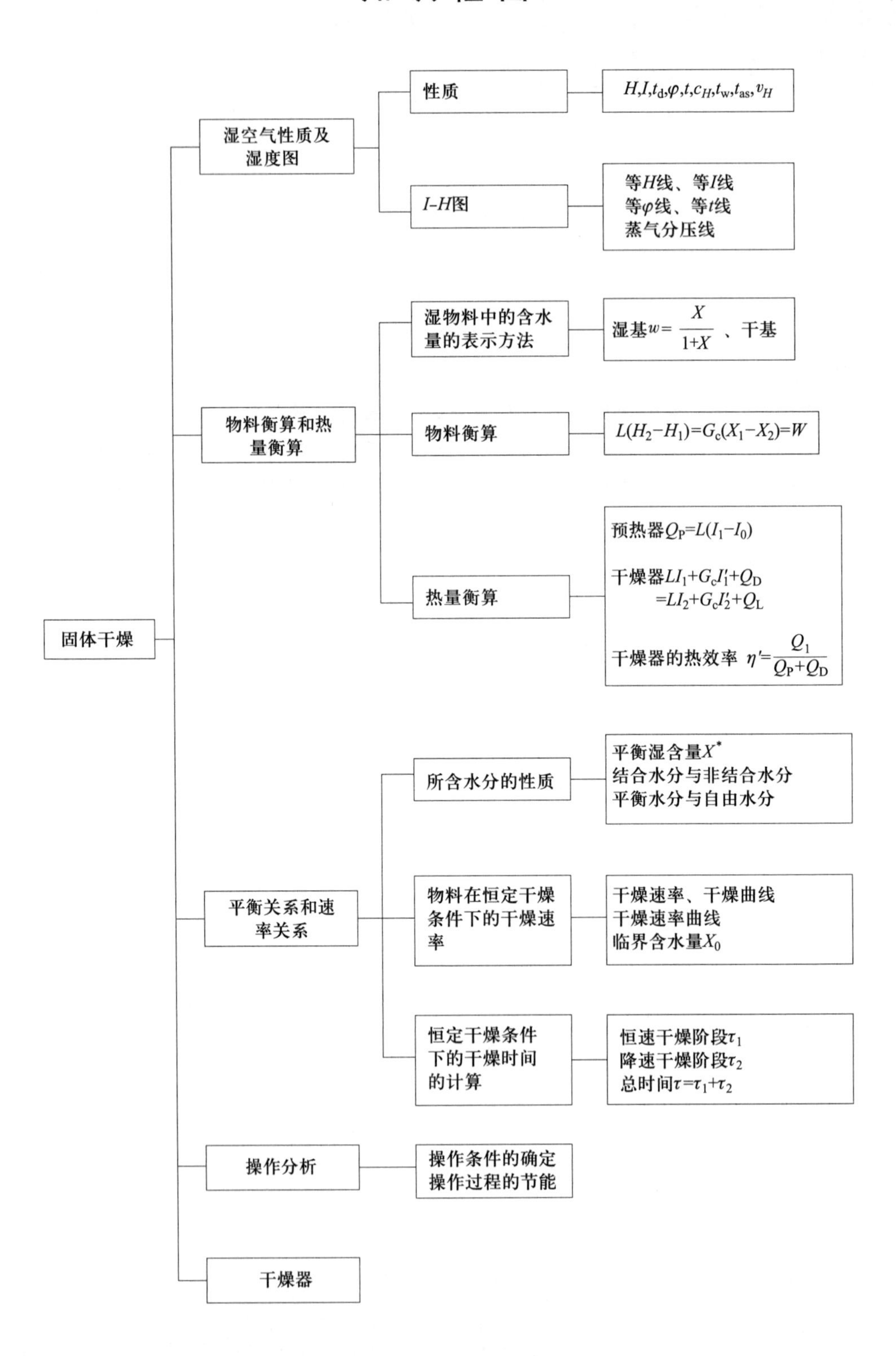

固体干燥
湿空气性质及湿度图
性质
$H, I, t_d, \varphi, t, c_H, t_w, t_{as}, v_H$
$I$–$H$图
等$H$线、等$I$线
等$\varphi$线、等$t$线
蒸气分压线
物料衡算和热量衡算
湿物料中的含水量的表示方法
湿基$w=\frac{X}{1+X}$、干基
物料衡算
$L(H_2-H_1)=G_c(X_1-X_2)=W$
热量衡算
预热器$Q_P=L(I_1-I_0)$
干燥器$LI_1+G_cI_1'+Q_D=LI_2+G_cI_2'+Q_L$
干燥器的热效率 $\eta'=\frac{Q_1}{Q_P+Q_D}$
平衡关系和速率关系
所含水分的性质
平衡湿含量$X^*$
结合水分与非结合水分
平衡水分与自由水分
物料在恒定干燥条件下的干燥速率
干燥速率、干燥曲线
干燥速率曲线
临界含水量$X_0$
恒定干燥条件下的干燥时间的计算
恒速干燥阶段$\tau_1$
降速干燥阶段$\tau_2$
总时间$\tau=\tau_1+\tau_2$
操作分析
操作条件的确定
操作过程的节能
干燥器

## 第一节　概　　述

### 一、固体物料的去湿方法

在化工生产中，固体原料、产品（或半成品）中所含有的水分或其他溶剂，称为**湿分**。将固体物料中所含的湿分去除的操作，称为**去湿**。含较多湿分（规定含量以上）的固体物料，称为**湿物料**，而去湿后含有少量湿分（规定含量以下）的固体物料，称为**干物料**，完全不含湿分的固体物料，称为**绝干物料**。

若固体物料中含有过多的湿分，可能会造成一系列不良影响。例如，药物或食物中若含水过多，久藏必将变质；塑料颗粒若含水超过规定含量，则在以后的成型加工中会产生气泡，影响产品的质量。因此，去湿操作广泛应用于化工生产中。

去湿的方法很多，常用的有机械法、化学法和热能法。

1. 机械法

机械法是利用固体与湿分之间的密度差，借助于重力、离心力或压力等外力的作用，使固体与液体（湿分）之间产生相对运动，从而达到固、液分离的目的。过滤、压榨、沉降、离心分离等都是常用的机械去湿法。

机械法的特点是设备简单、能耗较低，但去湿后物料的湿含量往往达不到规定的标准。因此，该法常用于湿物料的初步去湿或溶剂不需要完全除尽的场合。

2. 化学法

化学法是利用吸湿性很强的物料，即干燥剂或吸附剂，如生石灰、浓硫酸、无水氯化钙、硅胶、分子筛等吸附物料中的湿分而达到去湿的目的。

化学法的特点是去湿后物料中的湿含量一般可达到规定的要求，但干燥剂或吸附剂的再生比较困难，应用于工业生产时的操作费用较高，且操作复杂，故该法一般适用于小批量物料的去湿，如实验室中用于去除液体或气体中的水分等。

3. 热能法

热能法又称干燥法，它是借助于热能使湿物料中的湿分化为蒸气，再借助于抽吸或气流将蒸气移走而达到去湿的目的。

一般情况下，热能法的操作费用比机械法高，但比化学法低，且物料的最终含水量也能达到规定的要求。因此，为使去湿过程更为经济有效，常采用机械法与热能法相组合的联合操作，即先采用机械法去除物料中的大部分湿分，然后再用干燥法达标。

### 二、干燥过程的分类

干燥过程的种类很多，但可按一定的方式进行分类。

1. 按操作压强分类

按操作压强的不同，干燥操作可分为常压干燥和真空干燥两种。真空干燥具有操作温度低、干燥速率快、热效率高等优点，适用于热敏性、易氧化及要求最终含水量极低的物料的干燥。

2. 按操作方式分类

按操作方式的不同，干燥操作可分为连续式和间歇式两种。连续式具有生产能力强、热效率高、产品质量均匀、劳动条件好等优点，缺点是适应性较差。而间歇式具有投资少、操作控制方便、适应性强等优点，缺点是生产能力小、干燥时间长、产品质量不均匀和劳动条件差。

3. 按传热方式分类

(1) 对流干燥　载热体(干燥介质)将热能以对流的方式传给与其直接接触的湿物料，产生的蒸气被干燥介质带走。通常用热空气作为干燥介质。在对流干燥中，热空气的温度容易调节，但由于热空气在离开干燥器时，带走相当大的一部分热能，使得对流干燥的热能利用率较差。

(2) 传导干燥　载热体(加热蒸汽)将热能通过传热壁以传导的方式加热湿物料，产生的蒸气被干燥介质带走或用真空泵排出。传导干燥的热能利用率较高，但物料易过热变质。



(3) 辐射干燥　热能以电磁波的形式由辐射器发射到湿物料表面，被其吸收重新转变为热能，将湿分汽化而达到干燥的目的。辐射器可分为电能和热能两种。电能辐射器如专供发射红外线的灯泡。热能辐射器是用金属辐射板或陶瓷辐射板产生红外线。辐射干燥的速率快、效率高、耗能少，产品干燥均匀而洁净，特别适合于表面干燥，如木材和装饰板、纸张、印染织物等。

(4) 介电加热干燥　将需要干燥的物料置于高频电场内，由于高频电场的交变作用使物料加热而达到干燥的目的，是高频干燥和微波干燥的统称。采用微波干燥时，湿物料受热均匀，传热和传质方向一致，干燥效果好，但费用高。

在上述四种干燥操作中，以对流干燥的应用最为广泛。多数情况下，对流干燥使用的干燥介质为空气，湿物料中被除去的湿分为水分。因此，本章主要讨论干燥介质为空气、湿分为水的常压对流干燥过程。

### 三、对流干燥过程

图 9-1 表明在对流干燥中，热空气与湿物料间的传热和传质情况。空气经过预热升温后，从湿物料的表面流过。热气流将热能传至物料表面，再由物料表面传至物料内部，这是一个传热过程；同时，水分从物料内部汽化扩散至物料表面，水汽透过物料表面的气膜扩散至热气流的主体，这是一个传质过程。因此，对流干燥过程属于传热和传质相结合的过程。干燥速率既和传热速率有关，又和传质速率有关，干燥过程中，干燥介质既是载热体又是载湿体。

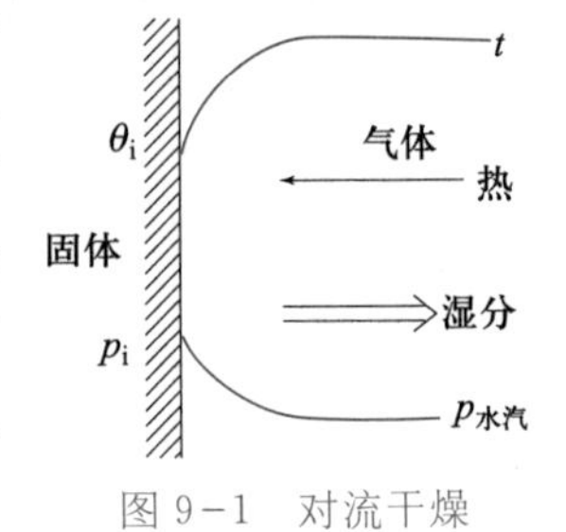

图 9-1　对流干燥过程的热、质传递

干燥进行的必要条件是物料表面气膜两侧必须有压强差，即被干燥物料表面所产生的水汽压强必须大于干燥介质(空气)中水汽分压。两者的压强差的大小表示汽化水分的推动力。压强差越大，干燥过程进行得越迅速。所以，必须用干燥介质及时地将汽化的水分带走，以保持一定的传质推动力。

对流干燥可以是连续过程也可以是间歇过程，图 9-2 是典型的对流干燥流程示意图。空气经预热器加热至适当温度后，进入干燥器。在干燥器内，气流与湿物料直接接触。沿其行程气体温度降低，湿含量增加，废气自干燥器另一端排出。若为间歇过程，湿物料成批放入干燥器内，待干燥至指定的含湿要求后一次取出。若为连续过程，物料被连续地加入与排出，物料与气流可呈并流、逆流或其他形式的接触。

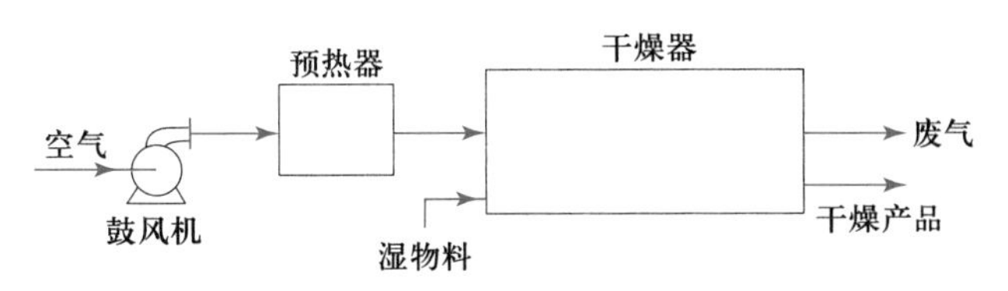

图 9-2　对流干燥流程示意图



## 第二节　湿空气的性质和湿度图

### 一、湿空气的性质

我们周围的大气是由绝干空气和水汽所组成的气体混合物，又称为湿空气，是最常用的干燥介质。在干燥操作中通常可作为理想气体来处理。在干燥过程中，湿空气的水汽含量、温度和焓等都将发生变化，而绝干空气仅作为湿和热的载体，其质量保持不变。因此，在讨论湿空气性质和干燥过程计算中，常取单位质量的绝干空气为物料基准。

1. 湿空气中的水汽分压 $p_w$

由道尔顿分压定律可知，湿空气的总压等于绝干空气与水汽的分压之和，即

$$p_{总}=p_g+p_w \tag{9-1}$$

式中　$p_{总}$——湿空气的总压，Pa；

$p_g$——湿空气中绝干空气的分压，Pa；

$p_w$——湿空气中水汽的分压，Pa。

当总压一定时，湿空气中水汽的分压越大，水汽的含量就越大，即

$$\frac{n_w}{n_g}=\frac{p_w}{p_g}=\frac{p_w}{p_{总}-p_w} \tag{9-2}$$

式中　$n_w$——湿空气中水汽的物质的量，mol 或 kmol；

$n_g$——湿空气中绝干空气的物质的量，mol 或 kmol。

2. 湿度 $H$

湿空气中所含的水汽的质量与绝干空气的质量之比，称为湿空气的湿度，即

$$H=\frac{M_w n_w}{M_g n_g}=\frac{M_w}{M_g}\times\frac{p_w}{p_{总}-p_w}=0.622\ \frac{p_w}{p_{总}-p_w} \tag{9-3}$$

式中　$H$——湿空气的湿度，kg 水汽/kg 绝干空气；

$M_w$——水汽的摩尔质量，kg/kmol；

$M_g$——绝干空气的摩尔质量,kg/kmol。

由式(9-3)可见,湿度 $H$ 与绝干空气的总压 $p_总$ 及水汽分压 $p_w$ 有关;当总压 $p_总$ 一定时,$H$ 只与 $p_w$ 有关。

当湿空气的水汽达到饱和时,其湿度称为饱和湿度,以 $H_s$ 表示,此时湿空气中的水汽分压即为该空气温度下水的饱和蒸气压,则式(9-3)变为

$$H_s=0.622\frac{p_s}{p_总-p_s} \tag{9-4}$$

式中　$p_s$——水在该空气温度下的饱和蒸气压。

式(9-4)说明,在一定总压 $p_总$ 下,空气的饱和湿度 $H_s$ 只取决于其温度。

3. 相对湿度 $\varphi$

在一定温度及总压下,湿空气中的水汽分压与同温度下水的饱和蒸气压之比的百分数,称为湿空气的相对湿度。即



$$\varphi=\frac{p_w}{p_s}\times100\% \tag{9-5}$$

式中　$\varphi$——湿空气的相对湿度,量纲为1。

相对湿度的大小可衡量湿空气的不饱和程度,当相对湿度 $\varphi=100\%$ 时,表明湿空气中的水汽已达到饱和,此时湿空气中的水汽分压即为同温度下水的饱和蒸气压,该湿空气不具有吸湿能力,不能作为载湿体。湿空气的 $\varphi$ 值越低,偏离饱和的程度就越远,容纳或吸收水汽的能力就越强。当相对湿度 $\varphi=0$ 时,表明湿空气中完全不含水汽,该湿空气称为绝干空气,此时湿空气的吸湿能力达到最大。可见,湿空气的 $\varphi$ 值的大小反映了湿空气载湿能力的大小。

由式(9-5)可知,$p_w=\varphi p_s$ 代入式(9-3)得

$$H=0.622\frac{\varphi\cdot p_s}{p_总-\varphi\cdot p_s} \tag{9-6}$$

$$\varphi=\frac{p_总 H}{p_s(0.622+H)} \tag{9-7}$$

当总压 $p_总$ 和湿度 $H$ 一定时,由于饱和蒸气压 $p_s$ 的值随温度的升高而增大,因此相对湿度 $\varphi$ 的值随温度的升高而下降。换言之,提高温度可增加湿空气的载湿能力,这是湿空气需要预热的主要原因之一。

当温度一定时,饱和蒸气压 $p_s$ 为定值。若湿度 $H$ 也为定值,则相对湿度 $\varphi$ 的值随总压 $p_总$ 的增加而增大。可见,降低操作压强可提高湿空气的载湿能力,这正是工业生产中常采用常压或减压干燥,而不采用加压干燥的主要原因。

4. 湿空气的比体积 $v_H$

湿空气的比体积 $v_H$ 是指1 kg绝干空气及其所带的 $H$ kg水汽所占的总体积,单位为 $m^3$ 湿空气/kg绝干空气。在常压下,1 kg绝干空气的体积为

$$V_g=\frac{22.4}{29}\times\frac{t+273}{273}=2.83\times10^{-3}(t+273) \tag{9-8}$$

$H$ kg 水汽的体积为

$$V_w = H\frac{22.4}{18}\times\frac{t+273}{273} = 4.56\times10^{-3}H(t+273) \tag{9-9}$$

常压下温度为 $t$、湿度为 $H$ 的湿空气的体积为

$$V_H = (2.83\times10^{-3} + 4.56\times10^{-3}H)(t+273) \tag{9-10}$$

5. 湿空气的比热容 $c_H$

常压下，将 1 kg 绝干空气及其所带有的 $H$ kg 水汽温度升高 1 ℃所需的热称为湿空气的比热容，用 $c_H$ 表示，单位为 kJ/(kg 绝干空气·℃)，即

$$c_H = c_g + c_w H = 1.01 + 1.88H \tag{9-11}$$

式中　$c_g$——绝干空气的比热容，可取 1.01 kJ/(kg 绝干空气·℃)；

$c_w$——水汽的比热容，可取 1.88 kJ/(kg 水汽·℃)。

6. 湿空气的焓 $I$

含有 1 kg 绝干空气的湿空气所具有的焓，称为湿空气的焓，以 $I$ 表示，单位为 kJ/kg 绝干空气，即

$$I = I_g + HI_w \tag{9-12}$$

式中　$I_g$——绝干空气的焓，kJ/kg 绝干空气；

$I_w$——水汽的焓，kJ/kg 水汽。

由于焓是相对值，通常规定绝干空气及液态水在 0 ℃时的焓值为零，则温度为 $t$ 的绝干空气的焓为

$$I_g = c_g t \tag{9-13}$$

温度为 $t$ 的水汽的焓为

$$I_w = r_0 + c_w t = 2\,491 + 1.88t \tag{9-14}$$

式中　$r_0$——0 ℃时水的汽化潜热，其值为 2 491 kJ/kg，所以，式(9-12)可以写为

$$I = (1.01 + 1.88H)t + 2\,491H \tag{9-15}$$

**［例 9-1］**　若常压下某湿空气的温度为 20 ℃、湿度为 0.014 673 kg/kg 绝干空气，试求：(1) 湿空气的相对湿度；(2) 湿空气的比体积；(3) 湿空气的比热容；(4) 湿空气的焓。若将上述空气加热到 50 ℃，再分别求上述各项。

**解：** 20 ℃时的性质：

(1) 相对湿度　从附录查出 20 ℃时水蒸气的饱和蒸气压 $p_s = 2.337$ kPa。

$$H = \frac{0.622\varphi p_s}{p_{总} - \varphi p_s}$$

$$0.014\,673 = \frac{0.622\times2.337\varphi}{101.3 - 2.337\varphi}$$

解得 $\varphi = 1 = 100\%$，该空气为水气饱和，不能作干燥介质用。

(2) 比体积 $v_H$

$$\begin{aligned} v_H &= (2.83\times10^{-3} + 4.56\times10^{-3}H)(t+273) \\ &= (2.83\times10^{-3} + 4.56\times10^{-3}\times0.014\,673)(20+273)\ \text{m}^3\ \text{湿空气}/\text{kg 绝干空气} \\ &= 0.849\ \text{m}^3\ \text{湿空气/kg 绝干空气} \end{aligned}$$

(3) 比热容 $c_H$

$$c_H = 1.01 + 1.88H = 1.01 + 1.88 \times 0.014\,673 = 1.038 \text{ kJ/(kg 水汽·℃)}$$

(4) 焓 $I$

$$\begin{aligned} I &= (1.01 + 1.88H)t + 2\,491H \\ &= (1.01 + 1.88 \times 0.014\,673) \times 20 + 2\,491 \times 0.014\,673 \text{ kJ/kg 绝干空气} \\ &= 57.30 \text{ kJ/kg 绝干空气} \end{aligned}$$

50 ℃时的性质:

(1) 相对湿度　从附录查出 50 ℃时水蒸气的饱和蒸气压为 12.335 kPa。

当空气从 20 ℃加热到 50 ℃时,湿度没有变化,仍为 0.014 673 kg/kg 绝干空气,故

$$0.014\,673 = \frac{0.622 \times 12.335\varphi}{101.3 - 12.335\varphi}$$



解得 $\varphi = 0.189\,3 = 18.93\%$。

由计算结果看出,湿空气被加热后虽然湿度没有变化,但相对湿度降低了。所以在干燥操作中,总是先将空气加热后再送入干燥器中,目的是降低相对湿度以提高吸湿能力。

(2) 比体积 $v_H$

$$\begin{aligned} v_H &= (2.83 \times 10^{-3} + 4.56 \times 10^{-3} H)(t + 273) \\ &= (2.83 \times 10^{-3} + 4.56 \times 10^{-3} \times 0.014\,673)(50 + 273) \text{ m}^3 \text{ 湿空气 /kg 绝干空气} \\ &= 0.936 \text{ m}^3 \text{ 湿空气/kg 绝干空气} \end{aligned}$$

湿空气被加热后虽然湿度没有变化,但受热后体积膨胀,所以比体积加大。因常压下湿空气可视为理想混合气体,故 50 ℃时的比体积也可用下法求得:

$$v_H = 0.848 \times \frac{273 + 50}{273 + 20} \text{ m}^3 \text{ 湿空气 /kg 绝干空气} = 0.935 \text{ m}^3 \text{ 湿空气/kg 绝干空气}$$

(3) 比热容 $c_H$　湿空气的比热容只是湿度的函数,因此 20 ℃与 50 ℃时的湿空气比热容相同,均为1.038 kJ/(kg 绝干空气·℃)。

(4) 焓 $I$

$$\begin{aligned} I &= (1.01 + 1.88 \times 0.014\,673) \times 50 + 2\,491 \times 0.014\,673 \text{ kJ/kg 绝干空气} \\ &= 88.43 \text{ kJ/kg 绝干空气} \end{aligned}$$

湿空气被加热后虽然湿度没有变化,但温度增高,故焓值加大。

7. 湿空气的温度

(1) 干球温度 $t$ 和湿球温度 $t_w$　用普通温度计测出的湿空气的温度称为干球温度,它是湿空气的真实温度,常用 $t$ 表示,单位为℃或 K。

将普通温度计的感温球用湿纱布包裹,并将湿纱布的下部浸于水中,使之始终保持湿润,即成为湿球温度计,如图 9-3 所示。湿球温度计在空气中达到稳定时的温度,称为湿球温度,以 $t_w$ 表示,单位为℃或 K。

测量时,大量的不饱和湿空气以一定的速度流过湿纱布表面。设开始时湿纱布中水分的温度与空气的温度相同。由于湿空气处于不饱和状态,故湿纱布表面所产生的水蒸气分压大于空气中的水蒸气分压,水分便从湿纱布表面汽化并扩散至空气中。汽化所需的潜热只能取自于水中,于是水温下降。水温一旦下降,与空气之间便产生温差,热量即

由空气向水中传递。只要空气传给水分的传热速率小于水分汽化所需的传热速率，水温将继续下降，使温差进一步增大。当空气传给水分的显热等于水分汽化所需的潜热时，水温将维持恒定，此时的温度即为湿空气的湿球温度。

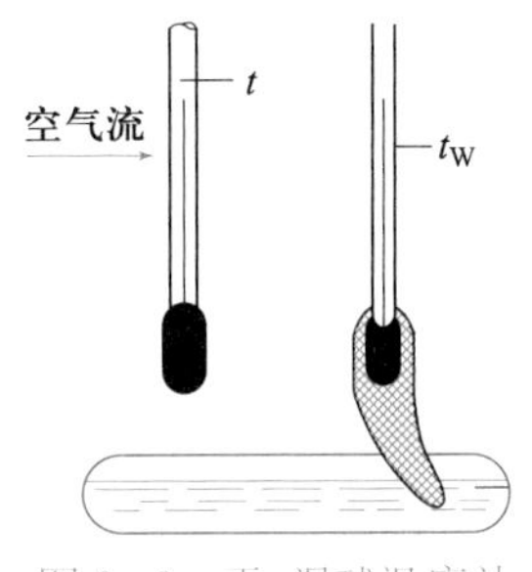

图 9-3　干、湿球温度计

可见，湿球温度并非湿空气的真实温度，而是当湿纱布中的水与湿空气达到动态平衡时湿纱布中水的温度，湿球温度取决于湿空气的干球温度和湿度，是湿空气的性质或状态参数之一，当达到稳定状态时，空气向湿纱布的传热速率为

$$Q=\alpha A(t-t_w) \tag{9-16}$$

式中　$\alpha$——空气向湿纱布的对流传热膜系数，W/(m²·℃)；

$A$——空气与湿纱布的接触面积，m²；

$t$——空气的温度，℃；

$t_w$——空气的湿球温度，℃。

与此同时，湿纱布中水分汽化并向空气中传递，其传质速率为

$$N=k_H(H_{sw}-H)A \tag{9-17}$$

式中　$N$——水汽由湿纱布表面向空气的传质速率，kg/s；

$k_H$——以湿度差为推动力的传质系数，kg/(m²·s·$\Delta H$)；

$H_{sw}$——温度为湿球温度时的饱和湿度，kg 水汽/kg 绝干空气；

$H$——空气的湿度，kg 水汽/kg 绝干空气。

达到稳定状态时，空气传入的显热等于水的汽化潜热为

$$Q=Nr_w \tag{9-18}$$

式中　$r_w$——在湿球温度下的汽化潜热，kJ/kg。

将式(9-16)、式(9-17)、式(9-18)合并，整理得

$$t_w=t-\frac{k_H\cdot r_w}{\alpha}(H_{sw}-H) \tag{9-19}$$

式中 $k_H$ 与 $\alpha$ 为通过同一气膜的传质系数和对流传热系数。对于空气-水体系而言，$\alpha/k_H\approx1.09$，则

$$t_w=t-\frac{r_w}{1.09}(H_{sw}-H) \tag{9-20}$$

由此可见，对于饱和空气，湿球温度与干球温度相等；对于不饱和的空气，湿球温度小于干球温度。

(2) 露点 $t_d$　不饱和湿空气在总压 $p_总$ 和湿度 $H$ 不变的情况下进行冷却，当出现第一颗液滴，即空气刚刚达到饱和状态时的温度，称为该空气的露点，以 $t_d$ 表示，单位为℃或 K。

将不饱和湿空气等湿冷却至饱和状态时，空气的湿度变为饱和湿度，但数值仍等于

原湿空气的湿度；而水汽分压变为露点温度下水的饱和蒸气压，但数值仍等于原湿空气中水汽分压，即

$$p_{s,t_d}=\frac{p_{总}H}{\varphi(0.622+H)}=\frac{p_{总}H}{0.622+H} \tag{9-21}$$

式中　$p_{s,t_d}$——露点温度下水的饱和蒸气压，Pa。

将湿空气的总压和湿度代入式(9-21)可求出 $p_{s,t_d}$，再从饱和水蒸气表中查出与 $p_{s,t_d}$ 相对应的温度，即为该湿空气的露点 $t_d$。

将露点 $t_d$ 与干球温度 $t$ 进行比较，可确定湿空气所处的状态。若 $t>t_d$，则湿空气处于不饱和状态，可作为干燥介质使用；若 $t=t_d$，则湿空气处于饱和状态，不能作为干燥介质使用；若 $t<t_d$，则湿空气处于过饱和状态，与湿物料接触时会析出露水。空气在进入干燥器之前先进行预热可使过程在远离露点下操作，以免湿空气在干燥过程中析出露水，这是湿空气需要预热的又一主要原因。



(3) 绝热饱和温度 $t_{as}$　在绝热条件下，使湿空气增湿冷却达到饱和时的温度，称为绝热饱和温度，以符号 $t_{as}$ 表示，单位为℃或 K。

如图 9-4 所示为一绝热饱和器，设有温度为 $t$、湿度为 $H$ 的不饱和空气在绝热饱和器内与大量的水密切接触，水用泵循环，若设备保温良好(无热损失，也不补充热量)，则热量只在气、液两相之间传递，即水分向空气汽化所需的潜热只能取自空气的显热，因此，空气的温度随着过程的进行而逐渐下降，而空气的湿度增加。可见，空气失去显热，而水汽将此部分热量以潜热的形式带回空气中，故可认为空气的焓值不变(忽略水汽带进的显热)，这一过程为空气的绝热降温过程，也称等焓过程。

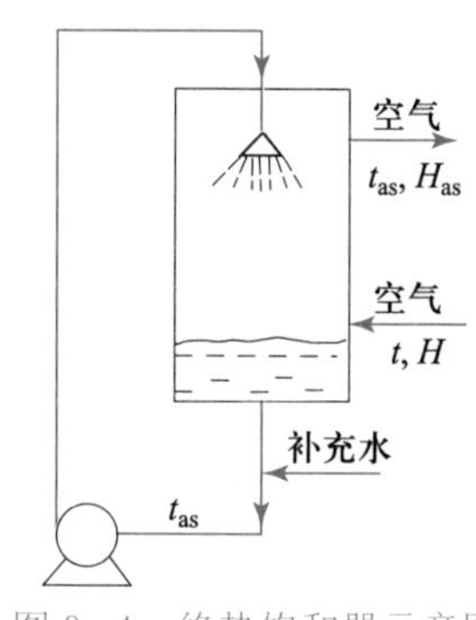

图 9-4　绝热饱和器示意图

当空气的绝热增湿过程进行到空气被水汽所饱和时，空气的温度不再下降，而等于循环水的温度，称此温度为该空气的绝热饱和温度 $t_{as}$。

当达到稳定状态时，空气释放出的显热等于水分汽化所需的潜热，则

$$c_H(t-t_{as})=r_{as}(H_{as}-H) \tag{9-22}$$

整理得

$$t_{as}=t-\frac{r_{as}}{c_H}(H_{as}-H) \tag{9-23}$$

式中　$r_{as}$——在绝热饱和温度下的汽化潜热，kJ/kg；

$H_{as}$——在绝热饱和温度下的饱和湿度，kg 水汽/kg绝干空气。

试验测定证明，对空气-水体系，$\alpha/k_H\approx c_H$，故绝热饱和温度 $t_{as}$ 与湿球温度 $t_w$ 数值相等。应指出的是，绝热饱和温度 $t_{as}$ 与湿球温度 $t_w$ 是两个完全不同的概念，但两者都是湿空气状态($t$ 和 $H$)的函数，而湿球温度 $t_w$ 比较容易测定，给干燥计算带来方便。

由以上的讨论可知，对于空气-水体系，干球温度 $t$、湿球温度 $t_w$、绝热饱和温度 $t_{as}$ 及露点 $t_d$ 之间的关系为

不饱和空气：　$t>t_w=t_{as}>t_d$　(9-24)

饱和空气：　$t=t_w=t_{as}=t_d$　(9-25)

**[例 9-2]**　常压下湿空气的温度为 30 ℃、湿度为 0.024 03 kg 水汽/kg 绝干空气，试计算湿空气的各种性质，即：(1) 分压 $p_w$；(2) 露点 $t_d$；(3) 绝热饱和温度 $t_{as}$；(4) 湿球温度 $t_w$。

**解**：(1) 分压 $p_w$

$$H=\frac{0.622p_w}{p_{总}-p_w}\quad 即\quad 0.024\ 03=\frac{0.622p_w}{1.013\times10^5-p_w}$$

解得

$$p_w=3\ 768\ \text{Pa}$$

(2) 露点 $t_d$　将湿空气等湿冷却到饱和状态时的温度为露点，相应的蒸气压为水的饱和蒸气压，由附录查出对应的温度为 27.5 ℃，此温度即为露点。

(3) 绝热饱和温度 $t_{as}$

$$t_{as}=t-\frac{r_{as}}{c_H}(H_{as}-H)$$

由于 $H_{as}$是 $t_{as}$的函数，故用上式计算 $t_{as}$时要用试差法。其计算步骤为

① 设 $t_{as}=28.4$ ℃。

② 由附录查出 28.4 ℃时水的饱和蒸气压为 3 870 Pa，故

$$H_{as}=\frac{0.622\ p_{as}}{p_{总}-p_{as}}=\frac{0.622\times3\ 870}{1.013\times10^5-3\ 870}\ \text{kg 水汽 /kg 绝干空气}$$
$$=0.024\ 71\ \text{kg 水汽 /kg 绝干空气}$$

③ 求 $c_H$，即

$$c_H=1.01+1.88H=(1.01+1.88\times0.024\ 03)\text{kJ/(kg·℃)}$$
$$=1.055\ \text{kJ/(kg·℃)}$$

④ 核算 $t_{as}$。

28.4 ℃时水的汽化热，$r_{as}=2\ 426$ kJ/kg，故

$$t_{as}=\left[30-\frac{2\ 426}{1.055}\times(0.024\ 71-0.024\ 03)\right]℃=28.436\ ℃$$

因此假设 $t_{as}=28.4$ ℃可以接受。

(4) 湿球温度 $t_w$　对于水蒸气-空气体系，湿球温度 $t_w$ 等于绝热饱和温度 $t_{as}$，但为了熟练计算，仍用公式计算湿球温度 $t_w$。

$$t_w=t-\frac{k_H\cdot r_w}{\alpha}(H_{sw}-H)$$

与计算 $t_{as}$一样，用试差法计算，计算步骤如下：

① 假设 $t_w=28.4$ ℃。

② 对水蒸气-空气体系，$\alpha/k_H\approx1.09$。

③ 由附录查出 28.4 ℃时水的汽化热 $r_w$ 为 2 426 kJ/kg。

④ 前面已算出 28.4 ℃时湿空气的饱和湿度为 0.024 71 kg 水汽/kg 绝干空气。

⑤
$$t_w=\left[30-\frac{2\ 426}{1.09}\times(0.024\ 71-0.024\ 03)\right]℃=28.49\ ℃$$

与假设的 28.4 ℃很接近，故假设正确。

计算结果证明对水蒸气-空气体系，$t_{as}=t_w$。

**想一想**

湿空气的干球温度、湿球温度、绝热饱和温度和露点之间的关系如何？根据哪两个温度的差值可判断湿空气吸湿能力的大小？

## 二、湿空气的湿度图及其应用

由上述可知，湿空气的各项状态参数都可以用公式计算出来，但计算比较烦琐，甚至需要试差。工程上为方便起见，将湿空气各参数间的函数关系标绘在坐标图上，只要知道湿空气的任意两个独立参数，即可以从图上迅速查出其他参数，这种图统称为湿度图。在干燥计算中，常用的湿度图是焓湿图，即 $I-H$ 图。

### 1. 焓湿图的构造

图 9-5 为常压下湿空气的 $I-H$ 图，为了使各种关系曲线分散开采用两个坐标夹角为 135°的坐标图，以提高读数的准确性。为了便于读数和节省图的幅面，将斜轴（图中没有将斜轴全部画出）上的数值投影在辅助水平轴上。

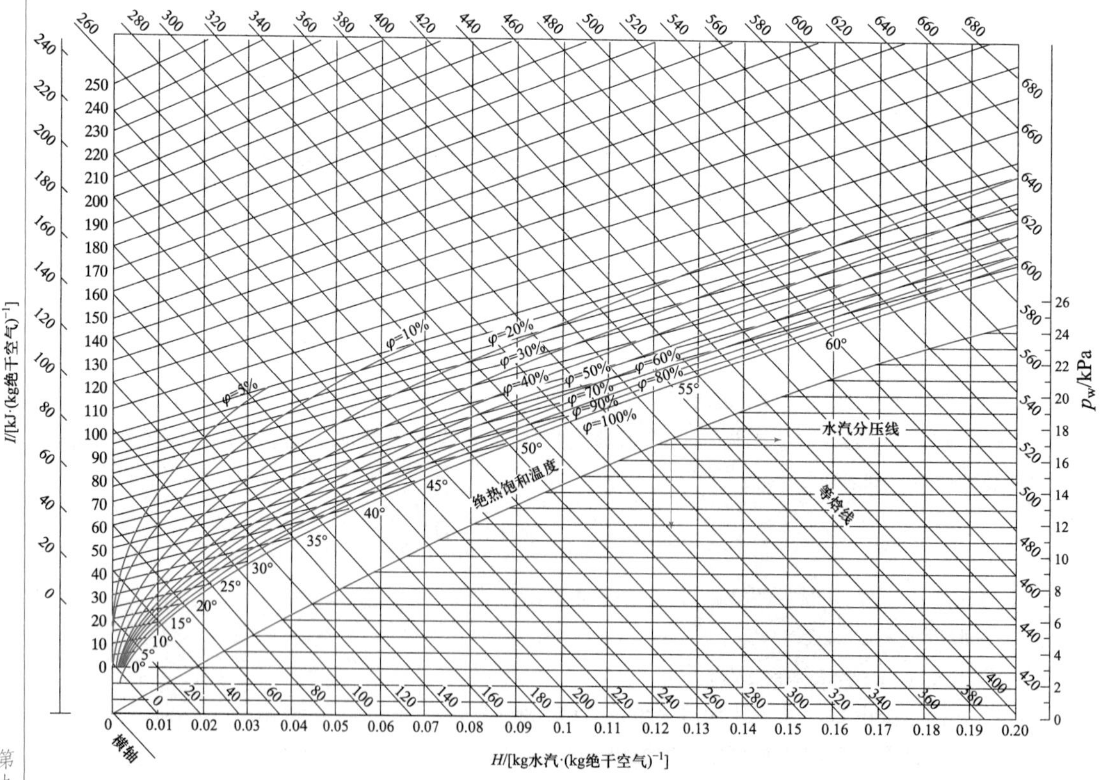


图 9-5　湿空气的 $I-H$ 图

湿空气的 $I-H$ 图由以下诸线群组成。

（1）等湿度线（等 $H$ 线）群　等湿度线是平行于纵轴的线群，图 9-5 中 $H$ 的读数范围为0～0.2 kg/kg绝干空气。

(2) 等焓线(等 $I$ 线)群　等焓线是平行于斜轴的线群,图 9-5 中的 $I$ 的读数范围为 0～680 kJ/kg绝干空气。

(3) 等温线(等 $t$ 线)　由式(9-15)得

$$I=1.01t+(1.88t+2\ 491)H \tag{9-26}$$

可见,当温度一定时,$I$ 与 $H$ 呈线性关系,直线的斜率为(1.88 $t$+2 491)。因此,任意规定一温度值即可绘出一条 $I-H$ 直线,此直线即为一条等温线,如此规定一系列的温度值即可得到一组等温线群。等温线与 $H$ 轴不垂直,其斜率为(1.88 $t$+2 491),且温度越高,斜率越大,所以这些等温线并不互相平行。图 9-5 中 $t$ 的读数范围为 0～250 ℃。

(4) 等相对湿度线(等 $\varphi$ 线)　当总压一定时,式(9-6)表示 $\varphi$ 与 $p_s$ 及 $H$ 之间的关系。由于 $p_s$ 是温度的函数,故实际上表示 $\varphi$、$t$、$H$ 之间的关系。取一定的 $\varphi$ 值,在不同 $t$ 下求出 $H$ 值,就可画出一条等 $\varphi$ 线。显然,在每一条等 $\varphi$ 线上,随 $t$ 增加,$p_s$ 增加,$H$ 也增加,而且温度越高,$p_s$ 与 $H$ 增加越快。图中的等 $\varphi$ 线为 $\varphi$=5%～100%的一簇曲线。

图 9-5 中最下面一条等 $\varphi$ 线为 $\varphi$=100%的曲线,称为饱和空气线,线上任意点的空气状态均为一定温度下的被水汽饱和的饱和空气,该点对应的湿度也就是该温度下的饱和湿度。此线以上的区域称为不饱和区,作为干燥介质的空气状态点必在此区域内。

(5) 水蒸气分压线　由式(9-3)得

$$p_w=\frac{p_{总}H}{0.622+H} \tag{9-27}$$

可见,当总压 $p_{总}$ 一定时,水蒸气分压是湿度 $H$ 的函数,当 $H\ll 0.622$ 时,$p_w$ 与 $H$ 可视为线性关系。在总压 $p_{总}$=101.3 kPa 的条件下,根据式(9-27)在焓湿图上标绘出 $p_w$ 与 $H$ 的关系曲线,即为水蒸气分压线。为保持图面清晰,将水蒸气分压线标绘于饱和空气线的下方,其水蒸气分压可从右端的纵轴上读出。

2. 湿度图的应用

在 $p_{总}$=101.3 kPa 下,只要已知湿空气的 $t$,$I$(或 $t_w$,$t_{as}$),$H$(或 $t_d$,$p_w$)、$\varphi$ 各参数中任意两个相互独立的状态参数,即可在 $I-H$ 图上定出一个湿空气的状态点,一旦状态点被确定,其他各状态参数值即可从图中查得。

例如,图 9-6 中 $A$ 点表示一定状态的不饱和湿空气。由 $A$ 点即可从 $I-H$ 图上查得该湿空气以下各性质参数:

(1) 湿度 $H$　由 $A$ 点沿等 $H$ 线向下与水平辅助轴交于 $C$ 点,即可读出 $A$ 点的 $H$ 值。

(2) 焓值 $I$　过 $A$ 点作等 $I$ 线的平行线交纵轴于 $E$ 点,即可读出 $A$ 点的 $I$ 值。

(3) 水蒸气分压 $p_w$　由 $A$ 点沿等湿度线向下交水蒸气分压线于 $B$ 点,由右端纵坐标读出 $B$ 点的 $p_w$ 值。

(4) 露点 $t_d$　由于湿空气变化到露点是等湿度过程,而露点又必落在饱和空气线上,故可由 $A$ 点沿等 $H$ 线向下交 $\varphi$=100%的饱和空气线于 $F$ 点,过 $F$ 点按内插法作等温线由纵轴读出露点 $t_d$ 值。

(5) 绝热饱和温度 $t_{as}$(或湿球温度 $t_w$)　由于不饱和空气的绝热饱和过程是沿等焓

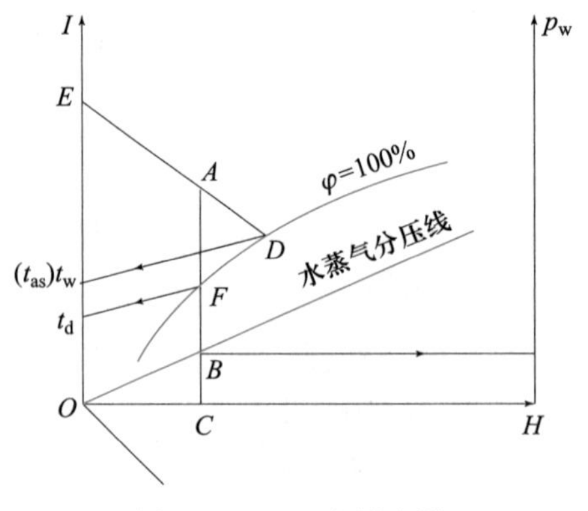


图 9-6　$I-H$ 图的用法



线进行的，且 $t_{as}$ 必在饱和空气线上，故 $A$ 点沿等 $I$ 线与饱和空气线交于 $D$ 点，由过 $D$ 点的等温线读出 $t_{as}$(即 $t_w$)值。

**[例 9-3]**　利用 $I-H$ 图确定空气的状态。

今测得空气的干球温度为 60 ℃，湿球温度为 45 ℃，求湿空气的湿度 $H$、相对湿度 $\varphi$、焓 $I$ 及露点 $t_d$。

**解：** 在 $I-H$ 图上作 $t=45$ ℃等温线与 $\varphi=100\%$ 线相交，再从交点 $A$ 作等 $I$ 线与 $t=60$ ℃等温线相交于 $B$ 点，$B$ 点即为空气的状态点(如图 9-7 所示)。由此点读得

$$I=212\ \text{kJ/kg};\quad \varphi=43\%;\quad H=0.057\ \text{kg 水汽 /kg 绝干空气}$$

从 $B$ 点引一垂直线与 $\varphi=100\%$ 线相交于 $C$ 点，$C$ 点的温度就是所求的露点，读得 $t_d=43$ ℃。

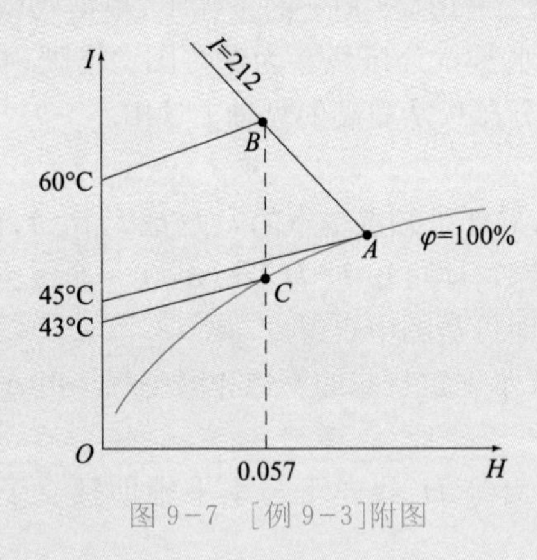


图 9-7　[例 9-3]附图

**想一想**

要利用湿度图确定空气的状态，必须已知几个空气性质参数？如何在图上反映空气在干燥器中的状态变化过程？

# 第三节　干燥过程的物料衡算和热量衡算

## 一、干燥过程的物料衡算

物料衡算的目的在于求出干燥过程中的水分蒸发量和空气消耗量，为进一步确定空气预热器的热负荷、选用通风机和确定干燥器的尺寸提供有关数据。

**（一）湿物料中含水量的表示方法**

1. 湿基含水量 $w$

湿基含水量即以湿物料为计算基准的物料中水分的质量分数。

$$w=\frac{湿物料中水分的质量}{湿物料的总质量} \tag{9-28}$$

湿基含水量是以湿物料为基准的，单位为 kg 水/kg 湿物料。工业生产中通常是以湿基含水量来表示物料中含水分的多少。

2. 干基含水量 $X$

干基含水量为以绝干物料为基准的湿物料中的含水量，单位为 kg 水/kg 绝干物料。

$$X=\frac{湿物料中水分的质量}{湿物料中绝干物料的质量} \tag{9-29}$$

由于绝干物料的质量在干燥过程中不变，故用干基含水量表示可将干燥前后物料的含水量直接相减即可知干燥中所除去的水分，计算方便。

$X$，$w$ 之间的关系：

$$X=\frac{w}{1-w} \quad 及 \quad w=\frac{X}{1+X} \tag{9-30}$$

**（二）物料衡算**

进行干燥器的物料衡算时，通常已知单位时间（1 s 或 1 h）或每批物料的质量、物料在干燥前后的含水量、湿空气进入干燥器的状况（$t$，$H$）等，如图 9-8 所示。

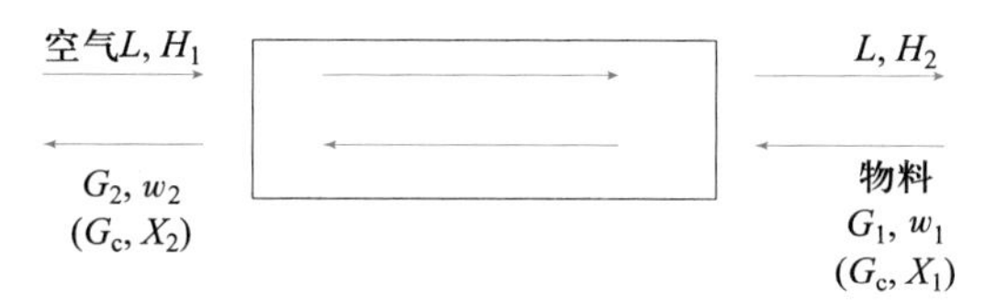


图 9-8　连续干燥器物料衡算示意图

符号　$G_1$，$G_2$——进、出干燥器的湿物料质量流量，kg/s；

$G_c$——绝干物料质量流量，kg/s；

$w_1$，$w_2$——干燥前后物料的湿基含水量，kg 水/kg 湿物料。

1. 水分蒸发量

若不计干燥过程中物料损失量，则干燥前后物料中绝对干物料量不变，即

$$G_c=G_1(1-w_1)=G_2(1-w_2) \tag{9-31}$$

干燥器的总物料衡算：

$$G_1=G_2+W \tag{9-32}$$

则得

$$W=G_1-G_2=G_1\frac{w_1-w_2}{1-w_2}=G_2\frac{w_1-w_2}{1-w_1} \tag{9-33}$$

若以干基含水量表示为

$$W=G_c(X_1-X_2) \tag{9-34}$$

2. 干空气消耗量

干燥过程中，湿物料中水分的减少量即等于空气水分中水汽的增加量。

$$W=L(H_2-H_1) \tag{9-35}$$

$$L=\frac{W}{H_2-H_1} \tag{9-36}$$

$$l=\frac{L}{W}=\frac{1}{H_2-H_1} \tag{9-37}$$

$l$ 为蒸发 1 kg 水分所消耗的绝干空气，称为单位空气消耗量，单位为 kg 绝干空气/kg 水分。

由于湿空气经预热器前后的湿度不变，故 $H_1=H_0$，则由式(9-37)可看出，$l$ 仅与 $H_2$，$H_0$ 有关，与路径无关。在 $H_2$ 一定的前提下，$H_0$ 增大，$l$ 亦增大，而 $H_0=f(t_0,\varphi_0)$，所以在其他条件相同的情况下，夏季空气消耗量比冬季大，在选择输送空气的鼓风机时应考虑这一因素。干燥过程中用于输送空气的通风机，应以全年中最大空气消耗量为依据，通风机的通风量 $V$，可由绝干空气消耗量 $L$ 与湿空气的比体积 $v_H$ 的乘积来确定：

$$V=Lv_H=L(2.83\times10^{-3}+4.56\times10^{-3}H)(t+273) \tag{9-38}$$

式中的湿度 $H$ 和温度 $t$ 取决于通风机所安装的位置。

**［例 9-4］** 某干燥器，每小时处理湿物料 800 kg，要求物料干燥后含水量由 30%减至 4%(均为湿基含水量)。干燥介质为空气，初温 20 ℃，相对湿度为 60%，经预热器加热至 120 ℃进入干燥器，出干燥器时降温至 40 ℃，相对湿度为 80%。试求：(1) 水分蒸发量 $W$；(2) 空气消耗量 $L$、单位空气消耗量 $l$；(3) 进口处新鲜空气的风量。

**解：**(1) 水分蒸发量 $W$　已知 $G_1=800$ kg/h，$w_1=0.3$，$w_2=0.04$，则

$$W=G_1\frac{w_1-w_2}{1-w_2}=800\times\frac{0.3-0.04}{1-0.04}\ \text{kg 水 /h}=216.7\ \text{kg 水 /h}$$

(2) 空气消耗量 $L$、单位空气消耗量 $l$　由湿空气 $I-H$ 图查得，空气在 $t_0=20$ ℃，$\varphi_0=60\%$时，$H_0=0.009$ kg 水/kg 绝干空气。

当 $t_2=40$ ℃，$\varphi_2=80\%$，$H_2=0.039$ kg 水/kg 绝干空气。空气通过预热器湿度不变，即 $H_0=H_1$。

$$L=\frac{W}{H_2-H_0}=\frac{216.7}{0.039-0.009}\ \text{kg绝干空气 /h}=7\ 223\ \text{kg 绝干空气 /h}$$

$$l=\frac{1}{H_2-H_0}=\frac{1}{0.039-0.009}\ \text{kg 绝干空气/kg 水}=33.3\ \text{kg 绝干空气 /kg 水}$$

(3) 进口处新鲜空气的风量　新鲜空气的温度 $t_0=20$ ℃，湿度 $H_0=0.009$ kg 水/kg 绝干空气，湿空气的体积流量为

$$
\begin{aligned}
V &= Lv_H = L(2.83\times10^{-3}+4.56\times10^{-3}H)(t+273) \\
&= 7\,223\times(2.83\times10^{-3}+4.56\times10^{-3}\times0.009)\times(20+273)\ \text{m}^3/\text{h} \\
&= 6\,076\ \text{m}^3/\text{h}
\end{aligned}
$$

## 二、干燥过程的热量衡算

热量衡算可以确定干燥过程中热量消耗和各项热量的分配，从而计算加热剂用量或燃料消耗量、空气预热器的传热面积及分析干燥器的热效率。

热量衡算是以 1 s 为时间基准，温度以 0 ℃为基准。

现对图 9－9 所示的连续干燥器作热量衡算。图中所示新鲜空气(温度为 $t_0$、湿度为 $H_0$ 和焓为 $I_0$)先经预热器间接加热升温后再送入干燥器。空气经预热后的状态变为 $t_1$，$H_1$ ($H_1=H_0$)和 $I_1$。在干燥器中热空气与湿物料进行逆流接触干燥，在离开干燥器时空气的湿度增加而温度下降，空气的状态为 $t_2$，$H_2$ 和 $I_2$。绝干空气流量为 $L$。物料进、出干燥器时的干基含水量分别为 $X_1$ 和 $X_2$，温度为 $\theta_1$ 和 $\theta_2$，焓分别为 $I_1'$和 $I_2'$，绝干物料的流量为 $G_c$。图中 $Q_P$ 为预热器的传热速率，$Q_D$ 为向干燥器内补充热量的速率，$Q_L$ 为干燥器的热损失速率。

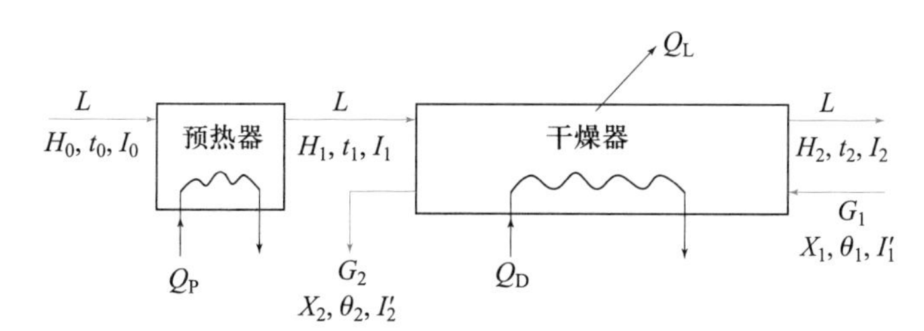


图 9－9　连续干燥过程的热量衡算示意图

热量衡算是以 1 s 为时间基准，温度以 0 ℃为基准。

对干燥全系统进行热量衡算：

$$LI_0+G_cI_1'+Q_P+Q_D=LI_2+G_cI_2'+Q_L \tag{9-39}$$

或

$$Q=Q_P+Q_D=L(I_2-I_0)+G_c(I_2'-I_1')+Q_L \tag{9-40}$$

式中　$Q$——整个干燥系统所需要的传热速率，kW。

在上两式中物料的焓 $I'$是指以 0 ℃为基准温度时，1 kg 绝干物料及其所含水分两者焓值之和，单位以 kJ/kg 绝干物料表示。

若物料的温度为 $\theta$，干基含水量为 $X$，则 1 kg 绝干物料为基准的湿物料焓 $I'$为

$$I'=c\cdot\theta+X\cdot c_w\cdot\theta=(c+Xc_w)\cdot\theta=c_m\cdot\theta \tag{9-41}$$

式中　$c$——绝干物料的比热容，kJ/(kg·℃)；

$c_w$——水分的比热容，其值为 4.187 kJ/(kg·℃)；

$c_m$——湿物料的比热容，kJ/(kg·℃)。

若忽略预热器的热损失，对预热器进行热量衡算，则

$$Q_P+LI_0=LI_1 \tag{9-42}$$

或

$$Q_P=L\cdot(I_1-I_0) \tag{9-43}$$

式中 $Q_P$——预热器的供热量，kW；

$L$——干空气流量，kg 绝干空气/s；

$I_0$，$I_1$——空气进、出预热器时的焓，kJ/kg 绝干空气。

将式(9-43)代入式(9-40)则

$$\begin{aligned}Q_D&=L(I_2-I_0)+G_c(I'_2-I'_1)+Q_L-Q_P\\&=L(I_2-I_1)+G_c(I'_2-I'_1)+Q_L\end{aligned} \tag{9-44}$$



为了简化计算，现假设：

① 新鲜空气中水蒸气的焓等于出干燥器时废气中的水蒸气的焓，即 $I_{v2}=I_{v0}$；

② 进、出干燥器的湿物料比热容相等，即 $c_{m1}=c_{m2}$。

则式(9-40)可以写成为

$$\begin{aligned}Q=Q_P+Q_D&=L[(c_gt_2+H_2I_{v2})-(c_gt_0+H_0I_{v0})]+G_c(c_{m2}\theta_2-c_{m1}\theta_1)+Q_L\\&=L[c_g(t_2-t_0)+I_{v2}(H_2-H_0)]+G_cc_{m2}(\theta_2-\theta_1)+Q_L\end{aligned}$$

再将 $W=L(H_2-H_0)$ 及 $I_{v2}=r_0+c_vt_2$ 的关系代入上式并整理得

$$\begin{aligned}Q&=Q_P+Q_D\\&=Lc_g(t_2-t_0)+W(r_0+c_vt_2)+G_cc_{m2}(\theta_2-\theta_1)+Q_L\\&=1.01L(t_2-t_0)+W(2\ 491+1.88t_2)+G_cc_{m2}(\theta_2-\theta_1)+Q_L\end{aligned} \tag{9-45}$$

若干燥器中不补充热量，即 $Q_D=0$，则

$$Q_P=1.01L(t_2-t_0)+W(2\ 491+1.88t_2)+G_cc_{m2}(\theta_2-\theta_1)+Q_L \tag{9-46}$$

由式(9-46)可见，干燥系统中加入的热量为四部分：① 加热空气；② 蒸发水分；③ 加热物料；④ 热损失。通过热量衡算可知干燥系统热量消耗的分配情况，进而可据其分析干燥器的操作性能。

**[例 9-5]** 某糖厂的干燥器的生产能力(以干燥产品量计)为 4 000 kg/h。湿糖含水量 1.25%，于 30 ℃进入干燥器，离开干燥器时的温度为 35 ℃，含水量降为 0.20%，此时糖的比热容为 1.26 kJ/(kg·℃)。干燥介质为空气，空气进入干燥器的初始状态为 $H_0=0.011$ kg 水/kg 绝干空气，$t_0=97$ ℃；空气离开干燥器时 $H_2=0.026\ 5$ kg 水/kg 绝干空气。已知 $I_0=48$ kJ/kg，$I_1=127$ kJ/kg，$I_2=110$ kJ/kg，取蒸汽的潜热为 2 202.4 kJ/kg。试求：(1) 蒸发的水分量；(2) 空气用量；(3) 预热器的蒸汽用量；(4) 干燥器的热损失。

**解：**(1) 蒸发的水分量

$$W=G_2\frac{w_1-w_2}{1-w_1}=4\ 000\times\frac{0.012\ 5-0.002}{1-0.012\ 5}\ \text{kg/h}=42.53\ \text{kg/h}$$

(2) 空气用量

$$L=\frac{W}{H_2-H_0}=\frac{42.53}{0.026\ 5-0.011}\ \text{kg 绝干空气/h}=2\ 744\ \text{kg 绝干空气/h}$$

(3) 预热器的蒸汽用量

$$Q_P = L(I_1 - I_0) = 2\,744 \times (127 - 48)\ \text{kJ/h} = 216\,776\ \text{kJ/h}$$

已知蒸汽的潜热为 2 202.4 kJ/kg,故蒸汽用量 $D$ 为

$$D = \frac{Q_P}{r} = \frac{216\,776}{2\,202.4}\ \text{kg/h} = 98.43\ \text{kg/h}$$

(4) 干燥器的热损失

$$Q_L = Q_P + Q_D - L(I_2 - I_0) - G_2 c_m(\theta_2 - \theta_1) + W c_w \theta_1$$

式中 $Q_D = 0$ 即

$$Q_L = [216\,776 - 2\,744 \times (110 - 48) - 4\,000 \times 1.26 \times (35 - 30) + 42.53 \times 4.187 \times 30]\ \text{kJ/h} = 26\,790\ \text{kJ/h}$$



## 三、干燥器出口空气状态的确定

对干燥系统进行物料衡算与热量衡算时,必须知道空气离开干燥器的状态参数,确定这些参数涉及空气在干燥器内所经历的过程性质。在干燥器内空气与物料间既有热量传递,也有质量传递,有时还要向干燥器补充热量,而且又有热量损失于周围环境中,情况比较复杂,故确定干燥器的出口处空气状态参数较为繁琐。通常根据空气在干燥器内焓的变化,将干燥过程分为等焓干燥过程与非等焓干燥过程两大类。

1. 等焓干燥过程

当热空气流与湿物料在干燥器内相互接触时,若同时满足以下条件:① 干燥器内不补充热量,$Q_D = 0$;② 干燥器的热损失可忽略不计,$Q_L = 0$;③ 湿物料进、出干燥器的焓值可认为近似相等,$I'_1 = I'_2$。则式(9-44)可简化为:$L(I_2 - I_1) = 0$;即 $I_1 = I_2$。

说明此时空气状态在干燥器中经历的变化过程是一个等焓增湿过程。空气状态变化如图9-10中 $BC$ 线所示。在实际生产中,等焓干燥过程是难以实现的,故又将其称为理想干燥过程。

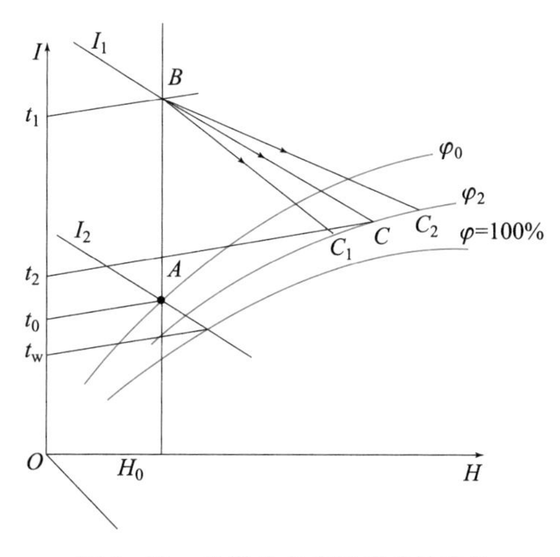


图 9-10　干燥器内空气状态的变化

2. 非等焓干燥过程

在实际干燥过程中，由于出干燥器的干燥产品的温度升高会带走一部分热量、有的物料干燥过程要求在干燥器内补充热量（如为避免物料高热分解或变形等，入口气流温度不宜过高）、干燥器的热损失不能忽略等原因，所以实际干燥过程常为非等焓干燥过程。

非等焓干燥过程通常又可分为以下两种情况：

(1) 若干燥器内不补充热量，即 $Q_D=0$；而物料进、出干燥器的焓差及热损失不能忽略时，由式(9-44)得 $L(I_1-I_2)=G_c(I_2'-I_1')+Q_L$，此式等号右侧总值为正值，故 $I_2<I_1$，说明空气通过干燥器后焓值降低，此过程如图 9-10 中 $BC_1$ 线所示，位于 $BC$ 线下方。显然，若出口 $t_2$ 一定，$H_2$ 将变低。如果水分蒸发量不变，则空气用量将随之增加。

(2) 若干燥器内补充加热，$Q_D>0$，则由式(9-40)得

$L(I_2-I_1)=Q_D-[G_c(I_2'-I_1')+Q_L]$，此时，① 若$Q_D>G_c(I_2'-I_1')+Q_L$，则 $I_2>I_1$，空气状态沿图 9-10 中 $BC_2$ 线变化，$BC_2$ 线位于 $BC$ 线上方；② 若$Q_D<G_c(I_2'-I_1')+Q_L$，则 $I_2<I_1$，与$Q_D=0$ 时的情况一样。



上述 $BC$、$BC_1$ 或 $BC_2$ 线称为干燥器的操作线，它表示干燥介质在干燥器内状态变化过程。

## 四、干燥器的热效率和干燥效率

干燥器的热效率 $\eta'$ 一般定义为

$$\eta'=\frac{\text{干燥器内蒸发水分所消耗的热量 } Q_1}{\text{加入干燥系统的总热量}(Q_P+Q_D)}\times 100\% \tag{9-47}$$

若蒸发水分为 $W$，空气出干燥器时温度为 $t_2$，物料进干燥器温度为 $\theta_1$，则干燥器内(汽化)水分所需热量 $Q_1$，可用下式计算，即

$$Q_1=W(2\,491+1.88t_2-4.187\theta_1) \tag{9-48}$$

干燥器的干燥效率 $\eta$ 一般定义为

$$\eta=\frac{\text{干燥器内蒸发水分所消耗的热量 } Q_1}{\text{空气在干燥器内放出的热量 } Q_2}\times 100\% \tag{9-49}$$

式中

$$Q_2=L(1.01+1.88H_0)(t_1-t_2) \tag{9-50}$$

干燥操作中干燥器的热效率和干燥效率是表示干燥器操作的性能，效率越高表示热利用程度越好。

提高干燥操作的热效率的途径有：① 回收出口废气中的热量，如采用废气循环使用、利用废气预热冷空气和湿物料等；② 注意干燥设备和管道的保温，可减少干燥系统的热量损失；③ 适当增加出口废气的湿度、降低其温度，可节省空气的消耗量，从而减少热耗量。但是空气的湿度增加，会使物料和空气间的传质推动力(即 $H_{sw}-H$)减小。一般对吸水性物料的干燥，空气出口的温度应高一些，而湿度应低些。通常，在实际干燥操作中，空气出干燥器的温度 $t_2$ 需比进入干燥器时的绝热饱和温度高 20～50 ℃，这样可保证在干燥器以后的设备中空气不致析出水滴，以免造成设备材料的腐蚀等问题。

**想一想**

若空气在干燥器中是等焓变化过程，则干燥器的热效率和干燥效率为多少？

## 第四节　干燥速率和干燥时间

### 一、物料中所含水分的性质

1. 平衡水分和自由水分

根据物料在一定的干燥条件下，其中所含水分能否用干燥的方法除去来划分，可分为平衡水分与自由水分。

(1) **平衡水分**　当湿物料与一定温度和湿度的湿空气接触，物料将释放水分或吸收水分，直至物料表面所产生的水蒸气分压与空气中水蒸气分压相等，此时，物料中所含水分不再因与空气接触时间的延长而有增减，含水量恒定在某一值，此即该物料的平衡含水量，用 $X^*$ 表示。物料的平衡含水量 $X^*$ 随相对湿度 $\varphi$ 增大而增大，当 $\varphi=0$ 时，$X^*=0$，即只有在干空气中才有可能获得干物料，平衡水分还随物料种类的不同而有很大的差别。图 9-11 表示空气温度在 25 ℃时某些物料的平衡含水量曲线。

在一定的空气温度和湿度条件下，物料的干燥极限为 $X^*$。想要进一步干燥，应减小空气湿度或增大温度。平衡含水量曲线上方为干燥区，下方为吸湿区。

(2) **自由水分**　物料中所含的大于平衡水分的那部分水分，即干燥中能够除去的水分，称为自由水分。

2. 结合水分和非结合水分

按照物料与水分的结合方式，将水分分为结合水分和非结合水分。其基本区别是表现出的平衡蒸气压不同。

(1) **结合水分**　通过化学力或物理化学力与固体物料相结合的水分称为结合水分，如结晶水、毛细管中的水及细胞中溶胀的水分。结合水与物料结合力较强，其蒸气压低于同温度下的饱和蒸气压。因此，将图 9-11 中给定的湿物料平衡水分曲线延伸到与 $\varphi=100\%$ 的相对湿度线相交，交点所对应含水量即为结合水分量。

(2) **非结合水分**　物料中所含的大于结合水分的那部分水分，称为非结合水分。非

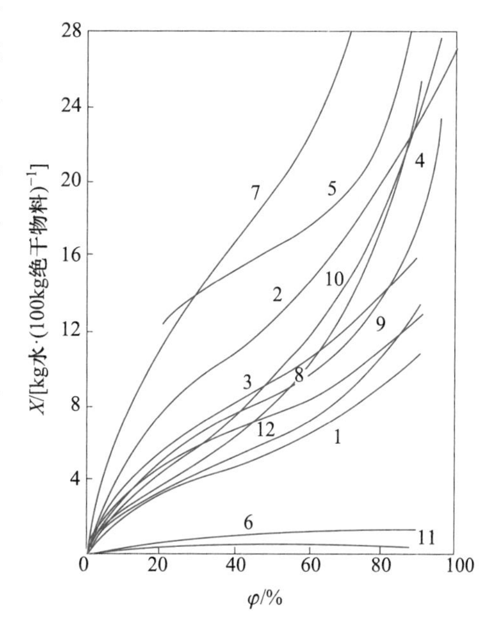


1—新闻纸；2—羊毛、毛织物；3—硝化纤维；4—丝；5—皮革；6—陶土；7—烟叶；8—肥皂；9—牛皮胶；10—木材；11—玻璃绒；12—棉花

图 9-11　25 ℃时某些物料的平衡含水量 $X^*$ 与空气相对湿度 $\varphi$ 的关系

结合水分通过机械的方法附着在固体物料上，如固体表面和内部较大空隙中的水分。非结合水分的蒸气压等于纯水的饱和蒸气压，易于除去。

自由水分、平衡水分、结合水分、非结合水分及物料总水分之间的关系如图 9-12 所示。

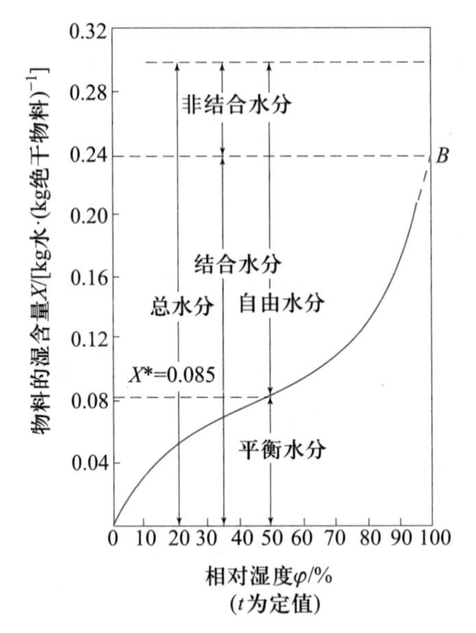


图 9-12　固体物料(丝)中所含水分的性质

## 二、干燥速率及其影响因素

1. 干燥速率

单位时间内在单位干燥面积上汽化的水分量称为**干燥速率**，单位为 $kg/(m^2 \cdot s)$，用符号 $U$ 表示。

$$U=\frac{dW}{A d\tau}=-\frac{G_c dX}{A d\tau} \tag{9-51}$$

式中　$W$——干燥过程所汽化的水分量，kg；

$A$——干燥面积，$m^2$；

$\tau$——干燥时间，s；

$G_c$——湿物料中绝干物料的质量，kg。

式(9-51)中的负号表示物料含水量随着干燥时间的增加而减少。

2. 干燥速率和干燥速率曲线

干燥过程中，干燥速率 $U$ 及物料表面温度 $\theta$ 与干燥时间 $\tau$ 之间的关系曲线，统称为**干燥曲线**；而干燥速率 $U$ 与物料含水量 $X$ 之间的关系曲线，称为**干燥速率曲线**。

干燥过程中，若干燥介质的状态、流速及与物料的接触方式均保持恒定，则称为恒定干燥条件。为简化过程的影响因素，干燥曲线和干燥速率曲线通常是在恒定干燥条件下测得。

如图 9-13 和图 9-14 所示。从干燥速率曲线可以看出，干燥过程明显地分成两个阶段：恒速干燥阶段和降速干燥阶段。

(1) 恒速干燥阶段　如图 9-14 中 $ABC$ 段，其中 $BC$ 段的干燥速率保持恒定，$U$ 不随 $X$ 而变，称为**恒速干燥阶段（或干燥第一阶段）**；$AB$ 段为预热段，此段经历时间较短，一般并入 $BC$ 段。在这个阶段中，物料的干燥速率从 $B$ 点至 $C$ 点保持恒定值，且为最大值 $U_1$，干燥速率与含水量无关。

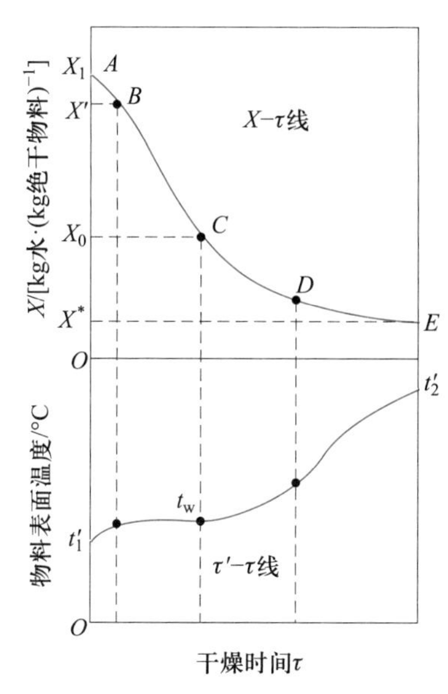


图 9-13　恒定干燥条件下物料的干燥曲线　　图 9-14　恒定干燥条件下干燥速率曲线

在恒速干燥阶段中，干燥速率主要取决于表面汽化速率，也称为**表面汽化控制阶段**。对于空气-水蒸气系统，在恒速干燥阶段内，物料表面的温度始终保持为空气的湿球温度。

(2) 降速干燥阶段　如图 9-14 中 $CDE$ 所示，$U$ 随 $X$ 的减小而降低，称为**降速干燥阶段（或干燥第二阶段）**。在这个阶段中，物料的干燥速率 $U_2$ 从 $C$ 点降至 $D$ 点，近似地与湿物料的自由水分量成正比。

干燥操作进行到一定时间后，内部水分扩散速率小于表面水分汽化速率，物料表面的湿润面积不断减少，干燥速率 $U_2$ 逐渐降低。这时干燥速率主要取决于物料本身的结构、形状和大小等性质，而与空气的性质关系很小。

降速干燥阶段也称为内部水分移动控制阶段。由于空气传给湿物料的热量大于水分汽化所需的热量，物料表面的温度不断上升，接近于空气的温度。

(3) 临界含水量　两段的交点 $C$ 称为**临界点**，该点的干燥速率 $U_c$ 仍等于恒速干燥阶段的干燥速率 $U_1$。与该点对应的物料含水量 $X_0$，称为**临界含水量**。临界点是物料中非结合水分与结合水分划分的界限。物料中大于临界含水量 $X_0$ 的那一部分水分是非结合水分，在临界水分 $X_0$ 以下是结合水分。图中 $E$ 点对应的干燥速率为零，相应的物料中含水量为该干燥条件下物料的平衡含水量 $X^*$。

小贴士

当物料的含水量大于临界含水量 $X_0$ 时，属于等速干燥阶段；而当物料含水量小于 $X_0$ 时，属于降速干燥阶段。在平衡含水量 $X^*$ 时，干燥速率等于零。实际上，在工业生产中，物料不会干燥到 $X^*$，而是在 $X_0$ 和 $X^*$ 之间，视生产要求和经济核算而定。

3. 干燥速率的影响因素

影响干燥速率的因素主要有三个方面：湿物料、干燥介质和干燥设备，这三者互相关联。现就其中较为重要的影响因素讨论如下。

(1) 物料的性质和形状　包括湿物料的物理结构、化学组成、形状和大小、物料层的厚薄及水分的结合方式等。在等速干燥阶段，主要受干燥介质条件的影响。但物料的形状、大小和物料层的厚薄影响物料的临界含水量。在降速干燥阶段，物料的性质和形状对干燥速率起决定性影响。



(2) 物料的温度　若物料的温度越高，则干燥速率越大。但物料的温度与干燥介质的温度和湿度有关。

(3) 物料的含水量　物料的最初、最终及临界含水量决定干燥各阶段所需时间的长短。

(4) 干燥介质的温度和湿度　干燥介质(空气)的温度越高、湿度越低，则等速干燥阶段的干燥速率越大，但是以不损害物料为原则。有些干燥设备采用分段中间加热方式可以避免过高的介质温度。

(5) 干燥介质的流速和流向　在等速干燥阶段，提高气速可以提高干燥速率。介质的流动方向垂直于物料表面的干燥速率比平行时要大。在降速干燥阶段，气速和流向对干燥速率影响很小。

(6) 干燥器的构造　上述各项因素都和干燥器的构造有关。许多新型干燥器就是针对某些有关因素设计的。

由于影响干燥速率的因素很多，目前还不能从干燥机理得出计算干燥速率和干燥时间的公式，也没有统一的计算方法来确定干燥器的主要尺寸。通常在小型实验装置中测定有关数据作为放大设计计算的依据。

## 三、恒定干燥条件下干燥时间的计算

在恒定干燥条件下，物料从最初含水量 $X_1$ 干燥至最终含水量 $X_2$ 所需的时间，可根据干燥速率曲线和干燥速率公式进行计算。由于干燥过程可分为恒速干燥和降速干燥两个阶段，因此干燥时间可分为恒速干燥时间和降速干燥时间。

1. 恒速干燥时间

由于恒速干燥阶段的干燥速率等于临界点的干燥速率 $U_c$，因此式(9-51)可改写为

$$d\tau = -\frac{G_c}{AU_c}dX \tag{9-52}$$

式中　$U_c$——临界点所对应的干燥速率，$kg/(m^2 \cdot s)$ 或 $kg/(m^2 \cdot h)$。

设恒速干燥时间为 $\tau_1$，则式(9-52)的积分条件为

$$当\ \tau=0\ 时, X=X_1 \qquad 当\ \tau=\tau_1\ 时, X=X_0$$

所以
$$\tau_1=\int d\tau=-\frac{G_c}{AU_c}\int_{X_1}^{X_0}dX=\frac{G_c(X_1-X_0)}{AU_c} \tag{9-53}$$

式(9-53)即为恒速干燥时间的计算公式，式中 $X_0$ 和 $U_c$ 的数值可从干燥速率曲线中查得。

2. 降速干燥时间

在降速干燥阶段，干燥速率不再是定值。由式(9-51)得

$$d\tau=-\frac{G_c}{AU}dX \tag{9-54}$$

设降速干燥时间为 $\tau_2$，则式(9-54)的积分条件为

$$当\ \tau=0\ 时, X=X_0; \qquad 当\ \tau=\tau_2\ 时, X=X_2$$

所以
$$\tau_2=\int_0^{\tau_2}d\tau=-\frac{G_c}{A}\int_{X_0}^{X_2}\frac{dX}{U}=\frac{G_c}{A}\int_{X_2}^{X_0}\frac{dX}{U} \tag{9-55}$$

当缺乏物料在降速干燥阶段的干燥速率曲线，则可用图 9-13 中的曲线 $CE$ 近似代替降速干燥阶段的干燥速率曲线。由曲线的斜率可得

$$\frac{U-0}{X-X^*}=\frac{U_c-0}{X_0-X^*}$$

即
$$U=\frac{U_c}{X_0-X^*}(X-X^*)$$

代入式(9-55)积分得
$$\tau_2=\frac{G_c(X_0-X^*)}{AU_c}\ln\frac{X_0-X^*}{X_2-X^*} \tag{9-56}$$

3. 总干燥时间

对于连续干燥过程，总干燥时间等于恒速干燥时间与降速干燥时间之和，即

$$\tau=\tau_1+\tau_2 \tag{9-57}$$

式中 $\tau$——总干燥时间，s 或 h。

对于间歇干燥过程，总干燥时间(又称为干燥周期)还应包括辅助操作时间，即

$$\tau=\tau_1+\tau_2+\tau' \tag{9-58}$$

式中 $\tau'$——辅助操作时间，s 或 h。

**[例 9-6]** 已知某物料在恒定干燥条件下从初始含水量 0.4 kg 水/kg 绝干物料降至 0.08 kg 水/kg 绝干物料，共需 6h，物料的临界含水量 $X_0=0.15$ kg 水/kg 绝干物料，平衡含水量 $X^*=0.04$ kg 水/kg 绝干物料，降速阶段的干燥速率曲线可作为直线处理。试求：(1) 恒速干燥阶段所需时间 $\tau_1$ 及降速干燥阶段所需时间 $\tau_2$ 分别为多少？(2) 若在同样条件下继续将物料干燥至 0.05 kg 水/kg 绝干物料，还需多少时间？

**解：**(1) $X$ 由 0.4 kg 水/kg 绝干物料降至 0.08 kg 水/kg 绝干物料经历两个阶段：

因为
$$\tau_1=\frac{G_c(X_1-X_0)}{AU_c}$$

$$\tau_2=\frac{G_c(X_0-X^*)}{AU_c}\ln\frac{X_0-X^*}{X_2-X^*}$$

所以

$$\frac{\tau_1}{\tau_2}=\frac{X_1-X_0}{(X_0-X^*)\ln\frac{X_0-X^*}{X_2-X^*}}=\frac{0.4-0.15}{(0.15-0.04)\ln\frac{0.15-0.04}{0.08-0.04}}=2.247$$

又因 $$\tau_1+\tau_2=6\ \text{h}$$

解得 $$\tau_1=4.15\ \text{h},\quad \tau_2=1.85\ \text{h}$$

(2) 继续干燥时间　设从临界含水量 $X_0=0.15$ kg 水/kg 绝干物料降至 $X_3=0.05$ kg 水/kg 绝干物料所需时间为 $\tau_3$，则

$$\frac{\tau_3}{\tau_2}=\frac{\ln\frac{X_0-X^*}{X_3-X^*}}{\ln\frac{X_0-X^*}{X_2-X^*}}=\frac{\ln\frac{0.15-0.04}{0.05-0.04}}{\ln\frac{0.15-0.04}{0.08-0.04}}=2.37$$

继续干燥所需时间为 $$\tau_3-\tau_2=1.37\tau_2=1.37\times1.85\ \text{h}=2.54\ \text{h}$$



## 第五节　干燥过程的操作分析

### 一、干燥操作条件的确定

干燥操作条件的确定与很多因素(如干燥器的型式、物料的特性及干燥过程的工艺要求等)有关。而且各种操作条件(如干燥介质的温度和湿度等)之间又是相互制约的，所以应综合考虑。干燥过程的最佳操作条件，通常由实验测定。下面仅介绍一般的选择原则。

1. 干燥介质的选择

干燥介质的选择，取决于干燥过程的工艺及可利用的热源。基本的热源有饱和水蒸气、液态或气态的燃料和电能。在对流干燥中，干燥介质可采用空气、惰性气体、烟道气和过热蒸汽。

当干燥操作温度不太高且氧气的存在不影响被干燥物料的性能时，可采用热空气作为干燥介质。对某些易氧化的物料，或从物料中蒸发出易爆的气体时，则宜采用惰性气体作为干燥介质。烟道气适用于高温干燥，但要求被干燥的物料不怕污染且不与烟气中的 $SO_2$ 和 $CO_2$ 等气体发生作用。由于烟道气温度高，故可强化干燥过程，缩短干燥时间。此外还应考虑干燥介质的经济性及来源。

2. 流动方式的选择

气体和物料在干燥器中的流动方式，一般可分为并流、逆流和错流。

在并流操作中，物料的移动方向与介质的流动方向相同。与逆流操作相比，若气体初始温度相同，并流时物料的出口温度可较逆流时低，被物料带走的热量就少，就干燥强度和经济性而论，并流优于逆流，但并流干燥的推动力沿程逐渐下降，后期变得很小，使干燥速率降低，因而难以获得含水量低的产品。并流操作适用于：① 当物料含水量较高

时，允许进行快速干燥而不产生龟裂或焦化的物料；② 干燥后期不耐高温，即干燥产品易变色、氧化或分解等的物料。

在逆流操作中，物料移动方向和介质的流动方向相反，整个干燥过程中的干燥推动力较均匀，它适用于：① 在物料含水量高时，不允许采用快速干燥的场合；② 在干燥后期，可耐高温的物料；③ 要求干燥产品的含水量很低时。

在错流操作中，干燥介质与物料间运动方向相互垂直。各个位置上的物料都与高温、低湿的介质相接触，因此干燥推动力比较大，又可采用较高的气体速度，所以干燥速率很高，它适用于：① 无论在高或低的含水量时，都可以进行快速干燥，且可耐高温的物料；② 因阻力大或干燥器构造的要求不适宜采用并流或逆流操作的场合。

3. 干燥介质进入干燥器时的温度

为了强化干燥过程和提高经济性，干燥介质的进口温度宜保持在物料允许的最高温度范围内，但也应考虑避免物料发生变色、分解等理化变化。对于同一种物料、允许介质的进口温度随干燥器型式不同而异。



4. 干燥介质离开干燥器时的相对湿度和温度

增高干燥介质离开干燥器的相对湿度 $\varphi_2$，可以减少空气消耗量及传热量，即可降低操作费用；但因 $\varphi_2$ 增大，也就是介质中水汽的分压增高，使干燥过程的平均推动力下降，为了保持相同的干燥能力，就需增大干燥器的尺寸，即加大了投资费用。所以，最适宜的 $\varphi_2$ 值应通过经济衡算来决定。

干燥介质离开干燥器的温度 $t_2$ 与 $\varphi_2$ 应同时予以考虑。若 $t_2$ 增高，则热损失增大，干燥热效率就降低；若 $t_2$ 降低，而 $\varphi_2$ 又较高，此时湿空气可能会在干燥器后面的设备和管路中析出水滴，因此会破坏干燥的正常操作。

5. 物料离开干燥器时的温度

物料出口温度 $\theta_2$ 与很多因素有关，但主要取决于物料的临界含水量 $X_0$ 值及降速干燥阶段的传质系数。$X_0$ 值越低，物料出口温度 $\theta_2$ 也越低；传质系数越高，$\theta_2$ 越低。

## 二、干燥操作过程的节能

干燥是能量消耗较大的单元操作之一。因此，必须设法提高干燥设备的能量利用率，节约能源，采取措施改变干燥设备的操作条件，选择热效率高的干燥装置，回收排出的废气中部分热量等来降低生产成本。干燥操作可通过以下途径进行节能。

1. 减少干燥过程的各项热量损失

一般来说，干燥器的热损失不会超过 10%，大中型生产装置若保温适当，热损失约为 5%。因此，要做好干燥系统的保温工作，求取一个最佳保温层的厚度。

为防止干燥系统的渗漏，一般在干燥系统中采用送风机和副风机串联使用，经过合理调整使系统处于零表压状态操作，这样可以避免对流干燥器因干燥介质的泄漏造成干燥器热效率的下降。

2. 降低干燥器的蒸发负荷

物料进入干燥器前，通过过滤、离心分离或蒸发等预脱水方法，增加物料中固体含量，降低干燥器蒸发负荷，这是干燥器节能的最有效方法之一。例如，将固体含量为 30% 的料液增浓到 32%，其产量和热量利用率提高约 9%。对于液体物料（如溶液、悬浮液、乳浊液等),干燥前进行预热也可以节能,因为在对流式干燥器内加热物料利用的是空气显热,而预热则是利用水蒸气的潜热或废热等。对于喷雾干燥,料液预热还有利于雾化。

3. 提高干燥器入口空气温度、降低出口废气温度

由干燥器热效率定义可知,提高干燥器入口热空气温度,有利于提高干燥器热效率。但是,入口温度受产品允许温度限制。在并流的颗粒悬浮干燥器中,颗粒表面温度比较低,因此,干燥器入口热空气温度可以比产品允许温度高很多。

一般来说,对流式干燥器的能耗主要由蒸发水分和废气带走这两部分组成,而后一部分占 15%~40%,有的高达 60%,因此,降低干燥器出口废气温度比提高进口热空气温度更经济,既可以提高干燥器热效率又可增加生产能力。

4. 部分废气循环



部分废气循环的干燥系统,由于利用了部分废气中的部分余热使干燥器的热效率有所提高,但随着废气循环量的增加而使热空气的湿含量增加,干燥速率将随之降低,使物料干燥时间增加而带来干燥装置费用的增加,因此,存在一个最佳废气循环量的问题。一般的废气循环量为总气量的 20%~30%。

## 第六节　干　燥　器

### 一、对干燥器的要求

动画

厢(箱)式干燥器

在化工生产中,由于被干燥物料的形状(如块状、粒状、溶液、浆状及膏糊状等)和性质(如耐热性、含水量、分散性、黏性、耐酸碱性、防爆性及湿度等)各不相同;生产规模或生产能力存在很大差别;对于干燥后的产品要求(如含水量、形状、强度及粒度等)也不尽相同。因此,所采用的干燥方法和干燥器的型式也是多种多样的。通常,对干燥器有以下主要要求:

(1) 能保证干燥产品的质量要求,如含水量、强度、形状等。

(2) 要求干燥速率快、干燥时间短,以减少干燥器的尺寸、降低能量消耗,同时还应考虑干燥器的辅助设备的规格和成本,即经济性要好。

(3) 操作控制方便,劳动条件好。

动画

洞(通)道式干燥器

### 二、干燥器的主要型式

1. 厢式干燥器

厢式干燥器又称盘架式干燥器,一般小型的称为烘箱,大型的称为烘房,是典型的常压间歇操作干燥设备。这种干燥器的基本结构如图 9-15 所示,湿物料置于厢内支架上的浅盘内,浅盘装在小车上推入厢内。空气由入口进入干燥器与废气混合后进入风扇,由风扇出来的混合气体一小部分由废气出口放空,大部分经加热器加热后沿挡板尽量均匀地掠过各层湿物料表面,增湿降温后的废气再循环进入风扇。浅盘内的湿物料经干燥一定时间达到产品质量要求后由器中取出。

厢式干燥器的优点是结构简单,投资费用少,可同时干燥几种物料,具有较强的适应能力,适用于小批量的粉粒状、片状、膏状物料及脆性物料的干燥。缺点是装卸物料的劳

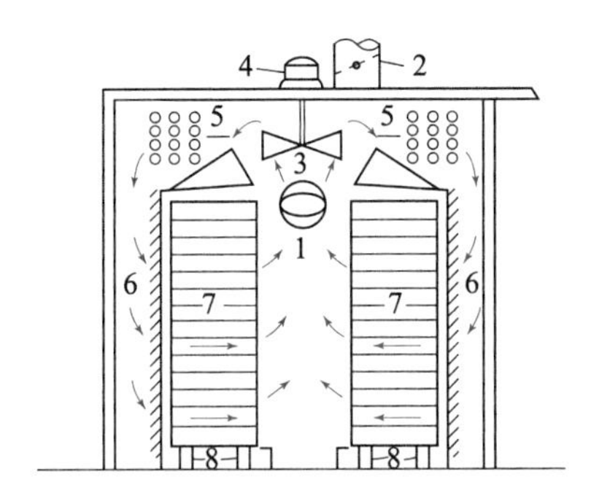


1—空气入口;2—空气出口;3—风机;4—电动机;
5—加热器;6—挡板;7—盘架;8—移动轮

图 9-15　厢式干燥器



动强度较大,且热空气仅与静止的物料相接触,因而干燥速率较小,干燥时间较长,且干燥不易均匀。

将采用小车的厢式干燥器发展为连续的或半连续的操作,便成为洞道式干燥器,如图9-16所示。器身做成狭长的洞道,内敷设铁轨,一系列的小车载着盛于浅盘中或悬挂在架上的物料通过洞道,使与热空气接触而进行干燥。小车可以连续地或间歇地进出洞道。

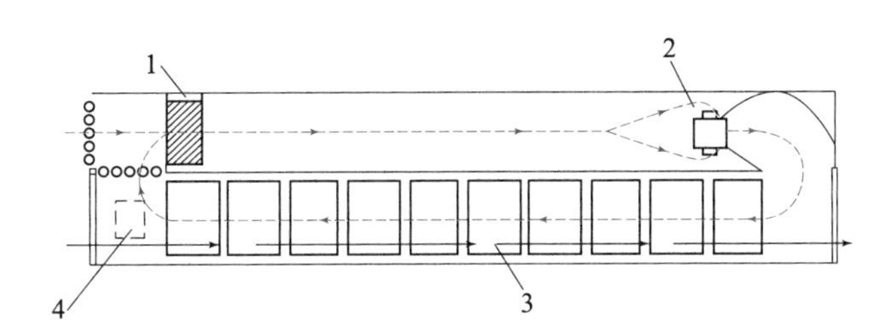


1—加热器;2—风扇;3—装料车;4—排气口

图 9-16　洞道式干燥器

2. 气流干燥器

气流干燥器是利用高速热气流,使粒状或块状物料悬浮于气流中,一边随气流并流输送,一边进行干燥。

如图 9-17 所示,气流干燥器的主体是一根 10～20 m 的直立圆筒,称为干燥管。工作时,物料由螺旋加料器输送至干燥管下部。空气由风机输送,经热风炉加热至一定温度后,以 20～40 m/s 的高速进入干燥管。在干燥管内,湿物料被热气流吹起,并随热气流一起流动。在流动过程中,湿物料与热气流之间进行充分的传质与传热,使物料得以干燥,经旋风分离器分离后,干燥产品由底部收集包装,废气经袋滤器回收细粉后排入大气。

气流干燥器结构简单,占地面积小,热效率较高,可达 60%左右。由于干物料高度分散于气流中,因而气、固两相间的接触面积较大,从而使传热和传质速率较大,所以干燥速率高,干燥时间短,一般仅需 0.5～2 s。由于物料的粒径较小,故临界含水量较低,从

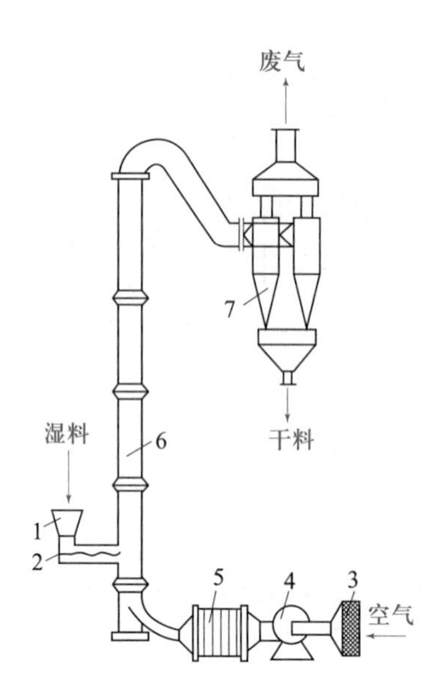


1—料斗;2—螺旋加料器;3—空气过滤器;4—风机;
5—预热器;6—干燥管;7—旋风分离器
图 9-17　气流干燥器



而使干燥过程主要处于恒速干燥阶段。因此,即使热空气的温度高达 300～600 ℃,物料的表面温度也仅为湿空气的湿球温度(62～67 ℃),因而不会使物料过热。在降速干燥阶段,物料的温度虽有所提高,但空气的温度因供给水分汽化所需的大量潜热通常已降至 77～127 ℃。因此,气流干燥器特别适用于热敏性物料的干燥。

气流干燥器因使用高速气流,故阻力较大,能耗较高,且物料之间的磨损较为严重,对粉尘的回收要求较高。

气流干燥器适用于以非结合水分为主的颗粒状物料的干燥,但不适用于对晶体形状有一定要求的物料的干燥。

3. 喷雾干燥器

喷雾干燥器是利用喷雾器将溶液、悬浮液、浆状液或熔融液等喷成细小的雾滴而分散于热气流中,使水分迅速汽化而达到干燥的目的。

图 9-18 为喷雾干燥流程图,浆料由高压泵压至干燥器顶部的压力喷嘴,喷成雾状液滴,与热空气混合后并流向下,气流做螺旋形流动旋转下降,液滴在接触干燥室内壁前已经完成干燥过程,成为微粒或细粉落到干燥器底部。产品随气体进入旋风分离器中而被分出,废气经风机排出。

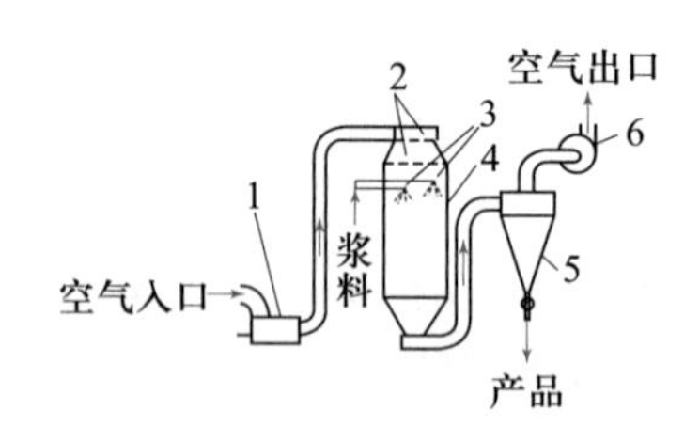


1—燃烧炉;2—空气分布器;3—压力式喷嘴;
4—干燥塔;5—旋风分离器;6—风机
图 9-18　喷雾干燥流程

喷雾干燥器广泛应用于化工、医药、食品等工业生产中,特别适用于热敏性物料的干燥。它的主要优点有:由于液滴直径小,气、液接触面积大,扰动剧烈,干燥过程极快,干燥完成后，物料表面温度仍接近于湿球温度，非常适宜处理热敏性的物料；喷雾干燥可直接由液态物料获得产品，省去了蒸发、结晶、过滤、粉碎等多种工序。能得到速溶的粉末和空心细颗粒。其缺点是：干燥器体积大，单位产品热量消耗高，机械能消耗大。

4. 沸腾床干燥器

沸腾床干燥器是流态化原理在干燥中的应用。在沸腾床干燥器中，颗粒在热气流中上下翻动，彼此碰撞混合，气、固间进行传热和传质，以达到干燥目的。图 9-19(a)所示为单层沸腾床干燥器。散粒物料由加料口加入，热空气通过多孔气体分布板由底部进入床层同物料接触，只要热空气保持一定的气速，颗粒即能在床层内悬浮，并上下翻动，在与热空气接触过程中使物料得到干燥。干燥后的颗粒由床的出料口卸出，废气由顶部排出。

在单层沸腾床干燥器中，由于床层内的颗粒的不规则运动，颗粒的停留时间分布不均，容易引起返混和短路现象，使产品质量不均匀。为此可采用多层或卧式多室沸腾床干燥器。如图 9-19(b)、图 9-19(c)所示。



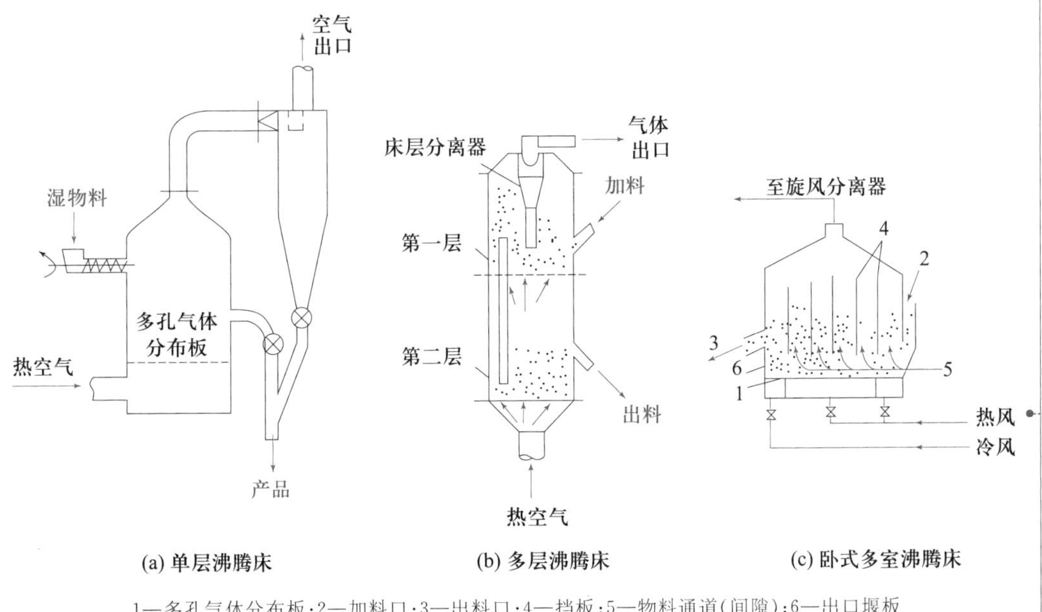


1—多孔气体分布板；2—加料口；3—出料口；4—挡板；5—物料通道(间隙)；6—出口堰板

图 9-19　沸腾床干燥器

沸腾床干燥器的主要优点是：传热、传质效率高，处理能力大；物料停留时间短，有利于处理热敏性物料；设备结构简单，操作稳定。

5. 冷冻干燥器

冷冻干燥是将湿物料冷冻至凝固点以下，然后将其置于高真空中加热，使其中的水分由固态冰直接升华为气态水而除去，从而达到干燥的目的。

冷冻干燥可保持物料原有的化学组成和物理性质(如多孔结构、胶体性质)，特别适用于热敏性物料的干燥。对抗生素、生物制剂等药物的干燥，冷冻干燥几乎是无可代替的干燥方法。但冷冻干燥设备的投资较大，干燥时间较长，能量消耗较高。

6. 红外干燥器

红外干燥器是利用红外辐射器发出的红外线被湿物料所吸收，引起分子激烈共振并迅速转变为热能，从而使物料中的水分汽化而达到干燥的目的。由于物料对红外辐射的吸收波段大部分位于远红外区域，如水、有机物等在远红外区域内具有很宽的吸收带，因此在实际应用中以远红外干燥技术最为常用。

红外干燥器是一种辐射干燥器，工作时不需要干燥介质，从而可避免废气带走大量的热量，故热效率较高。此外，红外干燥器具有结构简单、造价较低、维修方便、干燥速度快、控温方便迅速、产品均匀清净等优点，但红外干燥器一般仅限于薄层物料的干燥。

7. 微波干燥器

微波干燥器是一种介电加热干燥器，水分汽化所需的热能并不依靠物料本身的热传导，而是依靠微波深入物料内部，并在物料内部转化为热能，因此微波干燥的速度很快。微波加热是一种内部加热方式，且含水量较多的部位，吸收能量也较多，即具有自动平衡性能，从而可避免常规干燥过程中的表面硬化和内、外干燥不均匀现象。微波干燥的热效率较高，并可避免操作环境的高温，劳动条件较好。缺点是设备投资大，能耗高，若安全防护措施欠妥，泄漏的微波会对人体造成伤害。



## 三、干燥器的选用

干燥器的种类很多，特点各异，实际生产中应根据被干燥物料的性质、干燥要求和生产能力等具体情况选择适宜的干燥器。

从操作方式的角度，间歇存在的干燥器适用于小批量、多品种、干燥体积变化大、干燥时间长的物料的干燥，而连续操作的干燥器可缩短干燥时间，提高产品质量，适用于品种单一、大批量的物料的干燥。从物料的角度，对于热敏性、易氧化及含水量要求较低的物料，宜选用真空干燥器；对于生物制品等冻结物料，宜选用冷冻干燥器；对于液状或悬浮液状物料，宜选用喷雾干燥器；对于形状有要求的物料，宜选用厢式、洞道式或微波干燥器；对于糊状物料，宜选用厢式干燥器、气流干燥器和沸腾床干燥器；对于颗粒状或块状物料，宜选用气流干燥器、沸腾床干燥器，等等。

总之，对于特定的干燥任务，常可选出几种适用的干燥器，在保证产品质量的前提下，通过经济衡算并结合环境要求来选出最适宜的干燥器类型。

## 案例分析

### [案例]　流化床干燥器的改造

问题的提出：

某化工厂制盐分厂有套年产 15 万吨制盐装置的干燥器，采用的是风帽式流化床，是一种较传统的干燥器。随着时间的推移，在生产中暴露出了许多问题。为此，该厂决定对其进行改造。

分析：

改造前的流化床干燥器其空气分布板采用圆帽侧孔型，热空气由圆帽中心直孔进入，从帽顶下侧均匀分布的八个小孔吹出，侧孔风速为 20 m/s。为了防止颗粒沉积和在平板、风帽上结盐疤，同时保证空气分布均匀，在空气分布板上添加有 75 mm 左右厚的鹅卵石。这种干燥器在生产中存在以下问题：

(1) 操作弹性小。该公司的制盐分厂处于蒸汽管网末端，干燥器使用的蒸汽压强波动大，压强低时仅为 0.3 ～0.4 MPa。因此，干燥器容易出现产品水分含量超高，严重时甚至产生死床现象，造成整个制盐系统无法正常运行。

(2) 操作周期短。一般生产 3 天至 4 天后。因固体盐黏结在鹅卵石四周，必须停车对干燥器进行清洗。每次洗炉、烘炉直至正常生产需 6～8 h，大大缩短了有效生产时间。

(3) 能耗高。干燥器设计每吨盐汽耗为 103.92 kg，电耗 9.04 kW·h，大大高于国外同行业水平。

问题解决：

为解决上述问题，该公司对干燥器空气分布板进行了研究，并汲取了瑞士苏尔寿公司干燥器的优点，在保证设备不做较大改动的前提下，以条形空气分布板取代了风帽式空气分布板和鹅卵石。结构如本案例附图 9－1 所示。



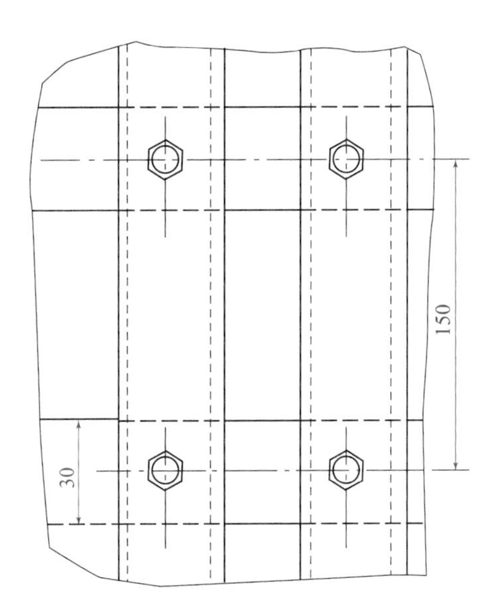


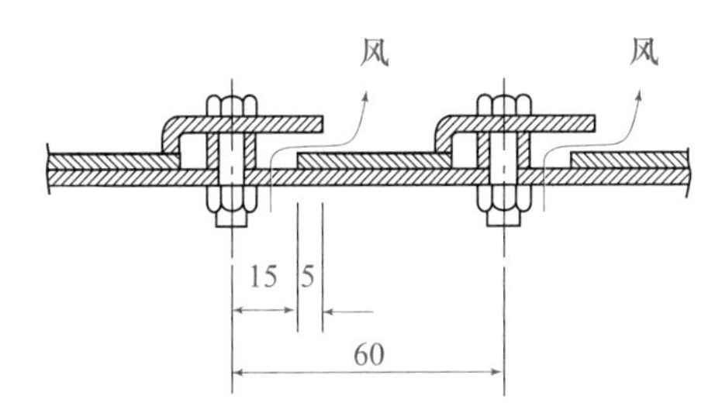


案例附图 9－1　干燥器空气分布板

鼓风机来的热空气通过空气预分布器后，进入干燥器底部，热空气向上运动经上层分布板折流后，从上、下两层板间隙中排出，与被干燥的物料接触，进行传热、传质。进料侧的间隙被弧形板封闭，热空气只能从排料侧进入床层，因此，可推动物料向出料口移动，使物料干燥更加均匀。由于改进后的分布板上方不再添加鹅卵石，如果开孔率仍保持原值，床层压强降会减小。根据流态化的一般经验，为使空气通过开孔的流量均匀，分布板必须有足够的压强。其压强降粗略为通过床层压强降的10%，并且在一切情况下，其最小值约为35 cm水柱，因此，改进后的分布板开孔率较以前有所下降，为1.5%～2%。

改造后的干燥炉，从使用情况看，该系统较改进前相比，操作性能及其他方面都有明显改善：

(1) 生产周期长，劳动强度小。由于不再设有鹅卵石，加之，热风是紧贴分布板表面进入床层的。因此，固体物料很难黏附在分布板上，流化床生产周期得以延长，减少了洗炉次数，降低了工人的劳动强度。

(2) 生产能力增大。平均每小时生产干燥盐23.2 t，超出原设计能力20.8 t约12%。

(3) 含水量由改进前的0.3%下降至0.07%左右。

(4) 能耗低。每吨干燥盐消耗蒸汽72.74 kg，消耗电6.67 kW·h，大大低于改进前的消耗量。

此次改造只是对干燥器的空气分布板进行了技术更新，对其他部分未做任何改动，总体投入较少。但无论是经济效益，还是操作状况其效果都有很明显的改善。

## 复习与思考

1. 通常物料除湿的方法有哪些？
2. 对流干燥过程的特点是什么？
3. 干燥过程中干燥介质的作用是什么？
4. 为什么说干燥过程既是传热过程又是传质过程？
5. 通常露点、湿球温度、干球温度的大小关系如何？何时三者相等？
6. 结合水分与非结合水分的区别是什么？
7. 何谓平衡含水量、自由含水量和临界含水量？
8. 干燥速率对产品物料的性质会有什么影响？
9. 理想干燥过程有哪些假定条件？
10. 为提高干燥热效率可采取哪些措施？

## 习　题

9-1　常压下，空气的温度$t$=40 ℃，相对湿度$\varphi$=20%，试计算：(1) 空气的湿度$H$；(2) 空气的比体积$v_H$；(3) 空气的比热容$c_H$；(4) 空气的焓$I_H$；(5) 空气的露点$t_d$。

9-2　常压下，空气的温度$t$=85 ℃，湿度$H$=0.02 kg水汽/kg绝干空气，试计算：(1) 空气中的水汽分压$p_w$；(2) 空气的相对湿度$\varphi$；(3) 空气的露点$t_d$；(4) 空气的焓$I_H$；(5) 空气的绝热饱和温度$t_{as}$；(6) 空气的湿球温度$t_w$。

9-3　利用空气的焓湿图用图解法重做习题9-1、习题9-2。

9-4　含水量为40%（湿基，下同）的物料，干燥后含水量降至20%，求从100 kg原料中蒸发的水分。

9-5　用一干燥器将湿物料的含水量由30%（湿基，下同）干燥至1%。已知湿物料的处理量为2 000 kg/h；新鲜空气的初始温度为25 ℃，相对湿度为60%；空气在预热器中被加热至120 ℃后送入干燥器，离开干燥器时的温度为40 ℃，相对湿度为80%，试计算：(1) 水分的蒸发量；(2) 绝干空气的消耗量；(3) 新鲜空气的体积流量。

9-6 现用一干燥器干燥某湿物料，已知干燥器的生产能力为 4 030 kg/h。物料的含水量从 1.27%(湿基，下同)降至 0.18%。绝对干物料的比热容为 1.25 kJ/(kg·℃)，物料在干燥器内由 30 ℃升温至 35 ℃。干燥介质为空气，其初始状态的干球温度为 20 ℃，湿球温度为 17 ℃，预热至 110 ℃后进入干燥器。若废气离开干燥器的温度为 40 ℃，湿球温度为 32 ℃，试求：(1) 蒸发水分量；(2) 空气用量；(3) 若加热蒸汽压强为 196.1 kPa，计算预热器中蒸汽用量；(4) 干燥器的热损失。

9-7 常压下，以温度为 20 ℃、相对湿度为 60%的新鲜空气为介质，干燥某种湿物料。空气在预热器中被加热至 90 ℃后送入干燥器，离开干燥器时的温度为 45 ℃，湿度为 0.022 kg 水汽/kg 绝干空气。湿物料进入干燥器时的温度为 20 ℃，湿基含水量为 3%，物料离开干燥器时的温度为 60 ℃，湿基含水量为 0.2%。每小时湿物料的处理量为 1 100 kg，物料的平均比热容为 3.28 kJ/(kg·℃)。预热器的热损失可忽略不计，干燥器的热损失为1.2 kW。试计算：(1) 水分蒸发量；(2) 空气消耗量；(3) 新鲜空气的体积流量；(4) 预热器的加热量；(5) 干燥器内的补充加热量；(6) 干燥系统的总加热量；(7) 干燥系统的热效率。



9-8 用一间歇操作的干燥器，将湿物料的含水量由 30%(湿基，下同)干燥至 5%。已知每批操作的投料量为 200 kg(湿料)，干燥表面积为 0.025 $m^2$/kg 绝干物料，恒速干燥速率为 1.5 kg/($m^2$·h)，物料的临界含水量为0.2 kg 水/kg绝干物料，平衡含水量为 0.05 kg 水/kg 绝干物料。若辅助操作时间为 1.5 h，试计算每批物料的干燥周期。

## 本章主要符号说明

**英文字母**

$A$——传热面积(干燥面积)，$m^2$；

$c_H$——湿空气的比热容，kJ/(kg 绝干空气·℃)；

$c_w$——水汽的比热容，kJ/(kg 水汽·℃)；

$v_H$——湿空气的比体积，$m^3$ 湿空气/kg 绝干空气；

$H$——湿空气的湿度，kg 水汽/kg 绝干空气；

$H_{sw}$——在 $t_w$ 时空气的饱和湿度，kg 水汽/kg 绝干空气；

$H_{as}$——在 $t_{as}$时空气的饱和湿度，kg 水汽/kg 绝干空气；

$I_H$——湿空气的焓，kJ/kg 绝干空气；

$k_H$——以湿度差为推动力的传质系数，kg/($m^2$·s·$\Delta H$)；

$p_w$——空气中的水汽分压，kPa；

$r_0$——在 0 ℃时水的汽化潜热，kJ/kg；

$r_{as}$——在绝热饱和温度 $t_{as}$ 下水的汽化潜热，kJ/kg；

$r_w$——在湿球温度 $t_w$ 下水的汽化潜热，kJ/kg；

$w$——物料的湿基含水量，kg 水/kg 湿物料；

$X$——物料的干基含水量，kg 水/kg 绝干物料；

$X_0$——物料的临界含水量，kg 水/kg 绝干物料；

$X^*$——物料的平衡含水量，kg 水/kg 绝干物料；

$L$——干空气流量，kg 绝干空气/s；

$l$——单位空气消耗量，kg 绝干空气/kg 水；

$W$——湿物料蒸发的水分量，kg/s；

$G_c$——绝干物料质量流量，kg/s；

$Q_D$——干燥器内补充热量，kW；

$Q_L$——干燥系统的热损失，kW；

$Q_P$——预热器的供热量，kW；

$Q_1$——用于蒸发水分所需的热量，kW；

$U$——干燥速率，kg/($m^2$·s)；

$I'$——物料的焓，kJ/kg 绝干物料。

**希腊字母**

$\theta$——物料的温度，℃；

$\varphi$——空气的相对湿度，%；

$\eta'$——干燥系统的热效率，%；

$\eta$——干燥效率，%。

# 第十章　现代分离技术

学习目标

了解吸附、膜分离、超临界流体萃取等新型分离方式的过程原理与工业应用。

# 知 识 框 图

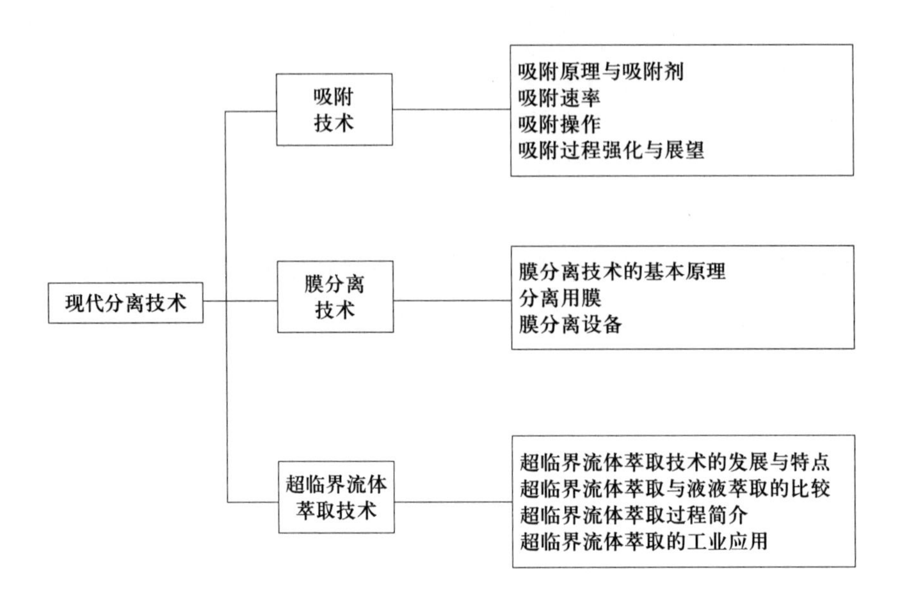

现代分离技术
吸附
技术
吸附原理与吸附剂
吸附速率
吸附操作
吸附过程强化与展望
膜分离
技术
膜分离技术的基本原理
分离用膜
膜分离设备
超临界流体
萃取技术
超临界流体萃取技术的发展与特点
超临界流体萃取与液液萃取的比较
超临界流体萃取过程简介
超临界流体萃取的工业应用

# 第一节　吸 附 技 术

## 一、吸附原理与吸附剂

### （一）吸附的工业应用

吸附是利用多孔固体颗粒选择性地吸附流体中的一种或几种组分，从而使流体混合物中的组分彼此分离的单元操作过程。通常称被吸附的物质为**吸附质**，用作吸附的多孔固体颗粒称为**吸附剂**。

吸附现象早已被人们发现和利用，日常生活中用木炭和骨灰使气体和液体脱湿和除臭已有悠久的历史。目前吸附分离广泛应用于化工、石油化工、医药、冶金和电子等工业部门，用于气体分离、干燥及空气净化、废水处理等领域。如常温空气分离氧氮，酸性气体脱除，从各种混合气体中分离回收 $H_2$、$CO_2$、$CO$、$C_2H_4$ 等气相分离；也可从废水中回收有用成分或除去有害成分，石化产品和化工产品的分离等液相分离。



### （二）吸附原理

吸附作用起因于固体颗粒的表面力，其作用发生在两相的界面上。此表面力可以是由于范德华力的作用使吸附质分子单层或多层地覆盖于吸附剂的表面，这种吸附属**物理吸附**。例如，活性炭与废水相接触，废水中的污染物会从水中转移到活性炭的表面上。吸附时所放出的热量称为**吸附热**。物理吸附的吸附热在数值上与该组分的冷凝热相当，大致为 42～62 kJ/mol。吸附也可因吸附质与吸附剂表面原子间的化学键合作用造成，这种吸附属**化学吸附**，吸附热相对较高。化工吸附分离多为物理吸附。

动画

吸附脱附过程

与吸附相反，组分脱离固体吸附剂表面的现象称为**解吸**（或**脱附**）。脱附的方法有多种，原则上是升温和降低吸附质的分压以改变平衡条件使吸附质脱附。与吸收－解吸过程相类似，吸附－脱附过程的循环操作构成一个完整的工业吸附过程。

### （三）吸附剂

1. 工业吸附对吸附剂的要求

吸附分离的效果很大程度上取决于吸附剂的性能，吸附剂应满足以下条件：

（1）有较大的内表面　吸附剂的比表面积是指单位质量吸附剂所具有的吸附表面积，它主要是由颗粒的孔道内表面构成的，比表面积越大吸附容量越大。它是衡量吸附剂性能的重要参数。

（2）选择性高　吸附剂对不同的吸附质具有不同的吸附能力。其差异越显著，分离效果越好。不同的吸附剂由于结构、吸附机理不同，对吸附质的选择性有显著的差别。

（3）具有一定的机械强度和耐磨性。

（4）具有良好的化学稳定性、热稳定性，价廉易得。

（5）容易再生。

2. 吸附剂的特性

吸附剂具有良好的吸附特性，主要是因为它有多孔结构和较大的比表面积。

（1）吸附剂的比表面积　**吸附剂的比表面积** $a$ 是指单位质量吸附剂所具有的吸附表面积，单位为 $m^2/g$。它是衡量吸附剂性能的重要参数。吸收剂的比表面积主要是由颗粒孔道内表面构成，吸附剂孔隙的孔径大小直接影响吸附剂的比表面积，孔径大小可分三类：大孔(孔径大于200 nm)、中孔(孔径为 2～200 nm)和微孔(孔径小于 2 nm)。吸附剂的比表面积以微孔提供的表面积为主，以活性炭为例，微孔的比表面积占总比表面积的 95%以上，而中孔和大孔主要是为吸附质提供进入内部的通道。

(2) 吸附容量　吸附容量为吸附表面每个空位都单层吸满吸附质分子时的吸附量。吸附容量与系统的温度、吸附剂的孔径大小和孔隙结构形状、吸附剂的性质有关。吸附容量表示了吸附剂的吸附能力。吸附量指单位质量吸附剂所吸附的吸附质的质量，即 kg 吸附质/kg 吸附剂。吸附量也称为吸附质在固体相中的含量。吸附量可以通过观察吸附前后吸附质体积和质量的变化测得，也可用电子显微镜等观察吸附剂固体表面的变化测得。

(3) 吸附剂密度　根据需要，吸附剂密度可有不同的表示方法。



① 装填密度 $\rho_B$ 与空隙率 $\varepsilon_B$　装填密度指单位填充体积的吸附剂质量。通常将烘干的吸附剂颗粒放入量筒中摇实至体积不变，吸附剂质量与该吸附剂所占体积比即为装填密度。吸附剂颗粒与颗粒之间的空隙体积与吸附剂所占体积之比为空隙率 $\varepsilon_B$。用汞置换法置换颗粒与颗粒之间的空气，即可测得空隙率。

② 颗粒密度 $\rho_p$(表观密度)　颗粒密度是单位颗粒体积(包括颗粒内孔腔体积)吸附剂的质量。

③ 真实密度 $\rho_t$　真实密度是单位颗粒体积(扣除颗粒内孔腔体积)吸附剂的质量。内孔腔体积与颗粒总体积之比为内孔隙率 $\varepsilon_p$。

3. 常用吸附剂

化工生产中常用天然和人工制作的两类吸附剂。天然矿物吸附剂有硅藻土、白土、天然沸石等。虽然其吸附能力小，选择吸附分离能力低，但价廉易得，常在简易加工精制中采用，而且一般使用一次后即舍弃，不再进行回收。人工吸附剂则有活性炭、硅胶、活性氧化铝、合成沸石等。

(1) 活性炭　将煤、椰子壳、果核、木材等进行炭化，再经活化处理，可制成各种不同性能的活性炭，其比表面积可达 1 500 $m^2/g$。活性炭具有多孔结构、很大的比表面积和非极性表面，为疏水性和亲有机物的吸附剂。它可用于回收混合气体中的溶剂蒸气，各种油品和糖液的脱色，水的净化，气体的脱臭等。将超细的活性炭微粒加入纤维中，或将合成纤维炭化可制得活性炭纤维吸附剂。这种吸附剂可以编织成各种织物，因而减少对流体的阻力，使装置更为紧凑。活性炭纤维的吸附能力比一般的活性炭高 1～10 倍。活性炭也可制成炭分子筛，可用于空气分离中氮的吸附。

分子筛是晶格结构一定、具有许多孔径大小均一的微孔物质，能选择性地将小于晶格内微孔的分子吸附于其中，起到筛选分子的作用。

(2) 硅胶　硅酸钠溶液用硫酸处理，沉淀所得的胶状物经老化、水洗、干燥后，制得硅胶。它是一种坚硬的由无定形 $SiO_2$ 构成的多孔结构的固体颗粒，即是无定形水合二氧化硅，其表面羟基产生一定的极性，使硅胶对极性分子和不饱和烃具有明显的选择性。依制造过程条件的不同，可以控制微孔尺寸、空隙率和比表面积的大小，硅胶的比表面积达 800 $m^2/g$。硅胶主要用于气体干燥、气体吸收、液体脱水、制备色谱柱和催化剂等。

(3) 活性氧化铝　活性氧化铝为无定形的多孔结构物质，通常由氧化铝(以三水合物为主)加热、脱水和活化而得,其比表面积为 200～500 m²/g。活性氧化铝是一种极性吸附剂,对水有很强的吸附能力。在不同的原料、不同的工艺条件下,可制得不同结构、不同性能的活性氧化铝。活性氧化铝主要用于气体与液体的干燥及焦炉气或炼厂气的精制等。

(4) 合成沸石和天然沸石分子筛　沸石是一种硅铝酸金属盐的晶体,其比表面积达 750 m²/g。它是一种强极性的吸附剂,对极性分子,特别是对水有很大的亲和能力,随着晶体中的硅铝比的增加,极性逐渐减弱。其晶格中有许多大小相同的空穴,可包藏被吸附的分子;空穴之间又由许多直径相同的孔道相连。因此,分子筛能使比其孔道直径小的分子通过孔道,吸附到空穴内部,而比孔道直径大的物质分子则排斥在外面,从而使分子大小不同的混合物分离,起到了筛选分子的作用,具有很强的选择性。

由于分子筛突出的吸附性能,使它在吸附分离中的应用十分广泛,如环境保护中的水处理、脱除重金属离子、海水提钾、各种气体和液体的干燥、烃类气体或液体混合物的分离等。

(5) 吸附树脂　高分子物质,如纤维素、木质素、甲壳素和淀粉等,经过反应交联或引进官能团,可制成吸附树脂,有非极性、极性、中极性和强极性之分。它的性能是由孔径、骨架结构、官能团的性质及其极性决定的。吸附树脂可用于废水处理、维生素的分离及过氧化氢的精制等。

(6) 各种活性土(如漂白土、铁矾土、酸性白土等)　由天然矿物(主要成分是硅藻土)在80～110 ℃下经硫酸处理活化后制得,其比表面积可达 250 m²/g。活性土可用于润滑油或石油重馏分的脱色和脱硫精制等。

## 二、吸附速率

### 1. 吸附平衡

在一定条件下,当流体与固体吸附剂接触时,流体中的吸附质将被吸附剂吸附。吸附剂对吸附质的吸附,包含吸附质分子碰撞到吸附剂表面被截留在吸附剂表面的过程(吸附)和吸附剂表面截留的吸附质分子脱离吸附剂表面的过程(脱附)。当温度、压强一定时,吸附剂与流体经过足够长时间的接触,吸附量不再增加,互呈平衡,称为吸附平衡。实际上,流体与吸附剂接触时,若流体中吸附质浓度高于其平衡浓度,则吸附质被吸附;反之,若流体中吸附质的浓度低于其平衡浓度,则已吸附在吸附剂上的吸附质将脱附。因此,吸附平衡关系决定了吸附过程的方向和限度,是吸附过程的基本依据。

### 2. 吸附速率

吸附速率系指吸附质在单位时间内被吸附的量(kg/s),它是吸附过程设计与生产操作的重要参数。吸附速率与体系性质(吸附剂、吸附质及其混合物的物理化学性质)、操作条件(温度、压强、两相接触状况)及两相组成等因素有关。对于一定体系,在一定操作条件下,两相接触、吸附质被吸附剂吸附的过程如下:开始时吸附质在流体相中含量较高,在吸附剂上的含量较低,远离平衡状态,传质推动力大,故吸附速率高。随着过程的进行,流体相中吸附质含量降低,吸附剂上吸附质含量增高,传质推动力降低,吸附速率逐渐下降。经过很长时间,吸附质在两相间接近平衡,吸附速率趋近于零。

通常组分的吸附传质包括外扩散、内扩散及吸附三个步骤,其每一步的速率都将不同程度地影响总吸附速率。

(1) 外扩散是指吸附质分子从流体主体以对流扩散方式传递到吸附剂固体表面。在紧贴固体表面附近有一层流膜层,这一步的传递速率主要取决于吸附质以分子扩散方式通过这一层流膜层的传递速率。

(2) 内扩散是指吸附质分子从吸附剂的外表面进入其微孔道进而扩散到孔道的内表面。

(3) 在吸附剂微孔道的内表面上吸附质被吸附剂吸附。

对于物理吸附,通常吸附剂表面上的吸附速率往往很快,因此影响吸附总速率的是外扩散与内扩散速率。有的情况下外扩散速率比内扩散速率慢得多,吸附速率由外扩散速率决定,称为外扩散控制。较多的情况是内扩散速率比外扩散速率慢,过程称为内扩散控制。

### 三、吸附操作



吸附分离过程大多包括两个步骤:吸附操作和吸附剂的脱附与再生操作。由于需要处理的流体浓度、性质及要求吸附的程度不同,吸附操作有多种形式。

1. 接触过滤式操作

将要处理的液体和吸附剂一起加入带有搅拌器的吸附槽中,使吸附剂与溶液充分接触,溶液中的吸附质被吸附剂吸附,经过一段时间,吸附剂达到饱和,将料浆送到过滤机中,吸附剂从液相滤出,若吸附剂可用,则经适当解吸后回收利用。

在这种吸附操作中,用搅拌将溶液呈湍流状态,可使颗粒外表面膜阻力减小,该操作适用于外扩散控制的传质过程。常用设备有釜式或槽式,设备结构简单,操作简便,广泛用于活性炭脱除糖液中的颜色等方面。

2. 固定床吸附操作

固定床吸附操作是把吸附剂均匀堆放在吸附塔中的多孔支撑板上,含吸附质的流体可自上而下或自下而上流过吸附剂。吸附过程中,吸附剂处于静止状态。

通常固定床的吸附过程与再生过程在两个塔设备中交替进行。如以活性炭作为吸附剂,用固定床吸附器回收工业废气中的苯蒸气操作如图 10-1 所示:先使混合气体进入吸附塔 1,苯被吸附截留,废气则放空。操作一段时间后,活性炭上所吸附的苯逐渐增多,在放空废气中出现了苯蒸气且其浓度达到限定数值后,即切换使用吸附塔 2。同时在吸附塔 1 中送入水蒸气使苯解吸,苯随水蒸气一起在冷凝器中冷凝,经分层后回收苯。在吸附塔 1 中通入空气将活性炭干燥并冷却以备再用。

固定床吸附器广泛用于气体或液体的深度去湿脱水、天然气脱水脱硫、从废气中除去有害物或回收有机蒸气、污水处理等场合。此类设备的最大优点是结构简单、造价低,吸附剂磨损少。但因是间歇操作,操作过程中两个吸附器需不断地周期性切换,操作麻烦。备用设备虽然装有吸附剂,但处于非生产状态,故单位吸附剂生产能力低。吸附剂床层还存在传热性能较差、床层传热不均匀等缺点。

3. 移动床吸附操作

移动床吸附操作是指待处理的流体和吸附剂可以连续而均匀地在吸附器中移动,稳定地输入和输出,两相接触后,吸附质被吸附,已达饱和的吸附剂从塔内连续或间歇排出,同时向塔内补充新鲜的或再生后的吸附剂。与固定床相比,移动床吸附操作因吸附和再生过程在同一个塔中进行,设备投资费用较少;流体与固体两相接触良好,不致发生两相不均

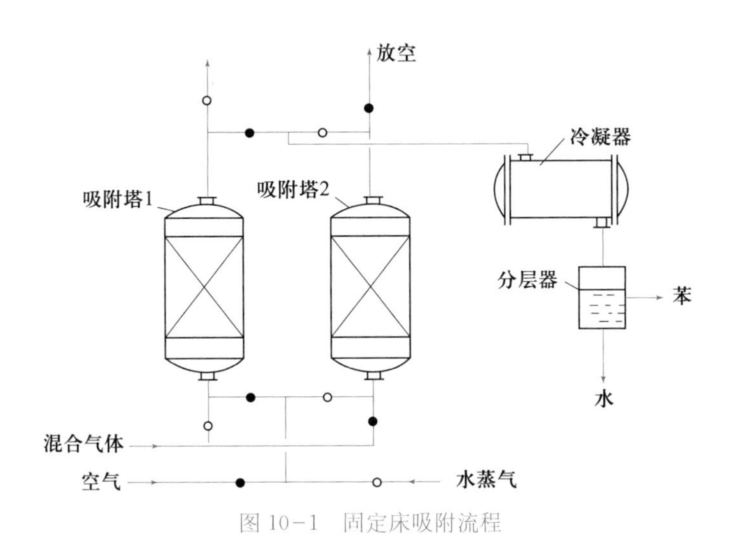

图 10-1　固定床吸附流程



匀现象。吸附剂用量少，但磨损严重。能否降低吸附剂的磨损消耗，减少吸附装置的运转费用，是移动床吸附器能否大规模用于工业生产的关键。

4. 流化床吸附操作与流化床-移动床联合吸附操作

流化床吸附操作是使流体自下而上流动，流体的流速控制在一定的范围，保证吸附剂颗粒被托起但不被带出，处于流态化状态进行的吸附操作。该操作的生产能力大，具有连续、吸附效果好的特点。但吸附剂颗粒磨损程度严重，常被加热使吸附剂易老化变性，且由于流态化的限制，操作范围较窄。

流化床-移动床联合吸附操作将吸附再生集于一塔，如图 10-2 所示。塔上部为多层流化床，原料与流态化的吸附剂在这里充分接触，经过一次吸附后的吸附剂进入塔中部带有加热装置的移动床层再经过二次吸附，升温后进入塔下部的解吸段。在解吸段，吸附剂与通入的惰性气体经逆流接触得到再生。最后靠气力输送至塔顶再重新进入流化床吸附段。再生后的流体可通过冷却器回收吸附质。流化床-移动床联合吸附操作常用于混合气体中溶剂的回收、脱除 $CO_2$ 和水蒸气等场合。

## 四、吸附过程的强化与展望

强化吸附过程可从两方面入手，一是对吸附剂进行开发与改进，二是开发新的吸附工艺。

1. 吸附剂的改性与新型吸附剂的开发

吸附效果的好坏及吸附过程规模化与吸附剂性能的关系非常密切，尽管吸附剂的种类繁多，但实用的吸附剂却有限。通过改性或接枝的方法可得到各种性能不同的吸附剂，工业上希望开发出吸附容量大、选择性强、再生容易的吸附剂，目前大多数吸附剂吸附容量小，限制了吸附设备的处理能力，使得吸附过程频繁地进行吸附、解吸、再生。一些新型吸附剂如炭分子筛、活性炭纤维、金属吸附剂和各种专用吸附剂不同程度地解决了吸附容量小和选择性弱的缺陷，使某些有机异构体、热敏性物质、性能相近的混合物分离成为可能。

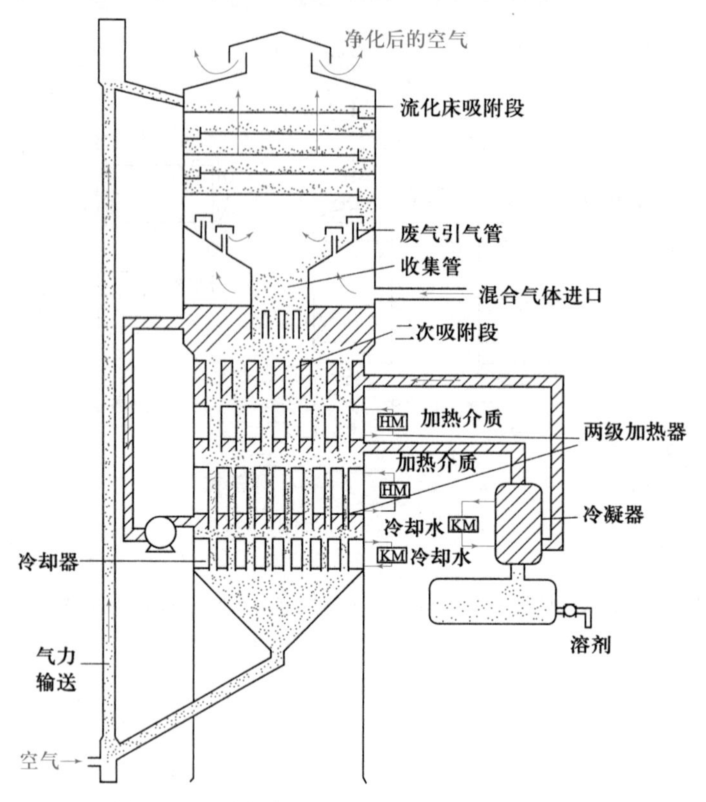


图 10-2 流化床-移动床联合吸附分离示意图



2. 开发新的吸附分离工艺

随着食品、医药、精细化工和生物化工的发展，需要开发出新的吸附分离工艺，吸附过程需要完善和大型化已成为一个重要问题。吸附分离工艺与解吸方法有关，而再生方法又取决于组分在吸附剂上吸附性能的强弱和进料量的大小等因素。随着各种新型吸附剂的不断开发，吸附分离工艺也得以迅速发展。如大型工业色谱吸附分离工艺、快速变压吸附工艺等。

**想一想**

吸附剂有哪些性能要求？工业上常用的吸附剂有哪些？

## 第二节 膜分离技术

### 一、膜分离技术的基本原理

1. 膜分离技术的工业应用

随着制膜技术的发展，膜分离技术不断进入工业应用领域。膜分离技术的大规模应用是从 20 世纪 60 年代的海水淡化工程开始的，目前除大规模用于海水、苦咸水的淡化及纯水、超纯水生产外，还用于食品、医药、生物工程、石油、化工、环保等领域。微滤、超滤、反渗透、电渗析、渗析、气体膜分离和渗透汽化等都取得了很多新的进展。前四种液体分离膜技术在膜和应用技术上都相对比较成熟，称为第一代膜技术，20 世纪 70 年代末走上工业应用的气体分离膜技术为第二代膜技术，80 年代开始工业应用的渗透汽化为第三代膜技术。其他一些膜过程，大多处于实验室和中试开发阶段。膜分离技术作为分离混合物的重要方法，在生产实践中越来越显出其重要作用。

2. 膜分离过程

利用固体选择性透过膜对流体混合物中各组分的选择性渗透从而分离各组分的方法统称为膜分离。固体选择性透过膜的能力可分为两类：一类是借助外界能量，物质发生由低位到高位的流动；另一类是由于本身的化学位差，物质发生由高位到低位的流动。操作推动力可以是膜两侧的压强差、浓度差、电位差、温度差等。依据推动力的不同，膜分离又分为多种过程。几种主要的膜分离过程见表 10-1。



表 10-1 几种主要的膜分离过程

| 过程 | 示意图 | 膜及膜孔径 | 推动力 | 传递机理 | 透过物 | 截留物 |
|---|---|---|---|---|---|---|
| 微滤 MF | 原料液 滤液 | 多孔膜 (0.02～10 μm) | 压强差 <0.1 MPa | 颗粒尺寸的筛分 | 水、溶剂溶解物 | 悬浮物颗粒 |
| 超滤 UF | 原料液 浓缩液 滤液 | 非对称性膜 (1～20 nm) | 压强差 0.1～1 MPa | 微粒及大分子尺度形状的筛分 | 水、溶剂、小分子溶解物 | 胶体大分子、细菌等 |
| 反渗透 RO | 原料液 浓缩液 溶剂 | 非对称性膜或复合膜 (0.1～1 nm) | 压强差 1～10 MPa | 溶剂和溶质的选择性扩散 | 水、溶剂 | 溶质、盐(悬浮物、大分子、离子) |
| 电渗析 ED | 浓电解质 溶剂 阳极 阴极 阴膜 阳膜 原料液 | 离子交换膜 (1～10 nm) | 电位差 | 电解质离子在电场下的选择传递 | 电解质离子 | 非电解质溶剂 |
| 混合气体分离 GS | 混合气体 渗余气 渗透气 | 均质膜(孔径<50 nm)、多孔膜、非对称性膜 | 压强差 1～10 MPa 浓度差 | 气体的选择性扩散渗透 | 易渗透的气体 | 难渗透的气体 |
| 渗透汽化 PVAP | 原料液 溶质或液剂 渗透蒸气 | 均质膜(孔径<1 nm)、复合膜、非对称性膜(孔径 0.3～0.5 μm) | 分压差 | 气体的选择性扩散渗透 | 溶液中的易透过组分(蒸气) | 溶液中的难透过组分(液体) |

膜分离过程的特点：

(1) 多数膜分离过程中组分不发生相变化,所以能耗较低；

(2) 膜分离过程在常温下进行,对食品及生物药品的加工特别适合；

(3) 膜分离过程不仅可除去病毒、细菌等微粒,也可除去溶液中大分子和无机盐,还可分离共沸物或化学性质及物理性质相似的沸点相近的组分和受热不稳定的组分；

(4) 由于以压强差或电位差为推动力,因此装置简单,操作方便。

3. 膜分离技术的原理简介

(1) **反渗透**　反渗透是利用反渗透膜选择性地只能透过溶剂(通常是水)而截留离子物质的性质,以膜两侧静压差为推动力,克服溶剂的渗透压,使溶剂通过反渗透膜而实现对液体混合物进行分离的膜过程。用一个半透膜将水和盐水隔开,若初始时水和盐水的液面高度相同,则纯水将透过膜向盐水侧移动,盐水侧的液面将不断升高,这一现象称为**渗透**,如图 10-3 (a)所示。待水的渗透过程达到定态后,盐水侧的液位升高不再变动,如图 10-3(b)所示,$\rho gh$ 即表示盐水的**渗透压** $\Pi$。若在膜两侧施加压强差 $\Delta p$,且 $\Delta p>\Pi$,则水将从盐水侧向纯水侧做反向移动,此即为**反渗透**,如图 10-3(c)所示。这样,可利用反渗透现象截留盐(溶质)而获取纯水(溶剂),从而达到混合物分离的目的。反渗透膜分离过程如图 10-4 所示。

动画

渗透现象

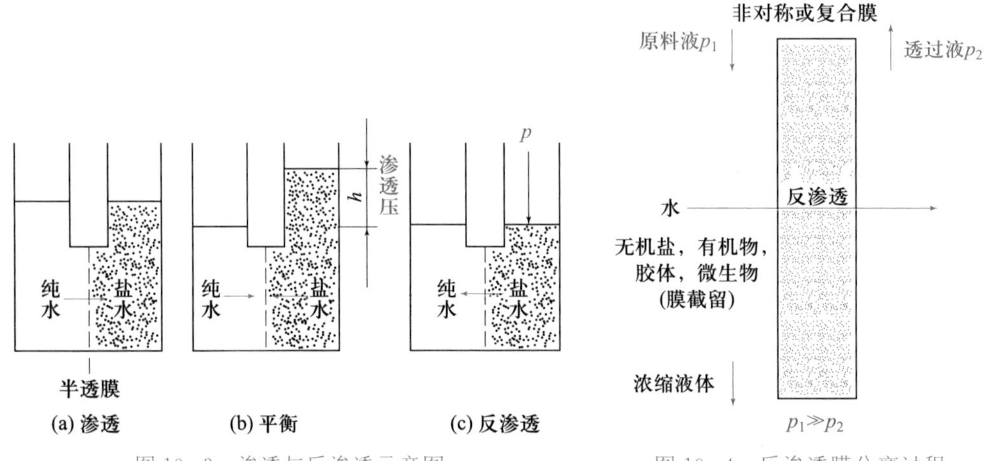


图 10-3　渗透与反渗透示意图

图 10-4　反渗透膜分离过程

反渗透膜常用醋酸纤维、聚酰胺等材料制成,主要用于除去溶液中的小分子盐类。它对溶质的截留机理并非按尺度大小的筛分作用,膜对溶剂(水)和溶质(盐)的选择性是由于水和膜之间存在各种亲和力使水分子优先吸附,结合或溶解于膜表面,且水比溶质具有更高的扩散速率,因而易于在膜中扩散透过。因此,对水溶液的分离而言,膜表面活性层是亲水的。

反渗透过程中,大部分溶质在膜表面截留,从而在膜的一侧形成溶质的高浓度区。当过程达到定态时,料液侧膜表面溶液的浓度显著高于主体溶液浓度。这一现象称为**浓差极化**。近膜处溶质的浓度边界层中,溶质将反向扩散进入料液主体。

影响反渗透速率的主要因素有以下几方面：

① 膜的性能　膜的材料及制膜工艺是影响膜分离速率的主要因素。

② 混合液的浓缩程度　浓缩程度高，膜两侧浓度差大，则渗透压差也大，使反渗透的有效推动力降低而使溶剂的透过通量减小。另外，料液浓度高易于引起膜的污染。

膜污染是指料液中的某些组分在膜表面或膜孔中沉积导致膜透过速率下降的现象。组分在膜表面沉积形成的污染层将产生额外的阻力，该阻力可能远大于膜本身的阻力而成为过滤的主要阻力；组分在膜孔中的沉积，将造成膜孔减小甚至堵塞，实际上减小了膜的有效面积。膜污染主要发生在超滤与微滤过程中。

③ 浓差极化　由于浓差极化使膜面溶质浓度增高，渗透压增大，在一定压强差 $\Delta p$ 下使溶剂的透过速率下降，溶质的截留率也下降，表明在一定的截留率下由于浓差极化的存在使透过速率受到限制。另外，膜面溶质浓度的升高，还可能导致溶质沉淀，额外增加了膜的透过阻力。浓差极化是反渗透过程中的一个不利于操作的因素。

减轻浓差极化的根本途径是提高传质系数。常用的方法是提高料液流速和在流道中加入内插件以增加湍动效果，或者在料液定态流动的基础上人为施加一个脉冲流动。还可以在管状组件中放入玻璃珠，玻璃珠在流动时不断撞击膜壁，使传质系数大为增加。



(2) 超滤　如图 10-5 所示，超滤是以压强差为推动力、用固体多孔膜截留混合物中的微粒和大分子溶质而使溶剂透过膜孔的分离操作。超滤的分离机理主要是多孔膜表面的筛分作用。大分子溶质在膜表面及孔内的吸附和滞留虽然也起截留作用，但易造成膜污染。在操作中必须采用适当的流速、压强、温度等条件，并定期清洗以减少膜污染。由于超滤是截留溶液中的大分子溶质，即使溶液的浓度较高，但渗透压较低，操作压强也相对较低(0.07～0.7 MPa)。

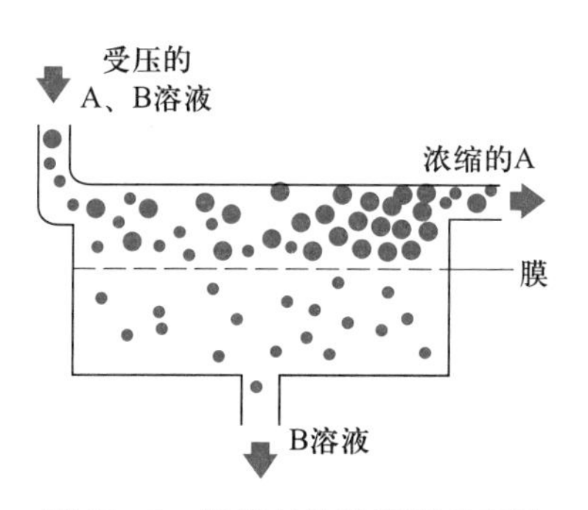


图 10-5　超滤与微滤原理示意图

与反渗透过程相似，超滤也会发生浓差极化现象。由于实际超滤的透过速率比反渗透速率大得多，而大分子物质的扩散系数小，浓差极化现象尤为严重。当膜表面大分子物质浓度达到凝胶化浓度时，膜表面形成一个不流动的凝胶层，凝胶层的存在大大增加了膜的阻力，使相同压强差下的透过速率显著降低。

超滤主要适用于热敏性物料、生物活性物等含大分子物质的溶液分离和浓缩。食品工业中用于果汁和牛奶等乳制品的加工，超滤可截留牛奶中几乎全部的脂肪和 90%以上的蛋白质，制成各种浓缩牛奶，生产成本也显著降低；用超滤制取纯水可以除去水中的大分子(相对分子质量大于 6 000)有机物及微粒、细菌等有害物，常用于注射液的净化；超滤还可用于生物酶的浓缩精制，从血液中除去尿毒素等。

(3) 微滤　微滤是以静压差为推动力，利用膜的“筛分”作用进行分离的过程。微孔滤膜具有比较整齐、均匀的多孔结构，在静压差的作用下，小于膜孔的粒子通过滤膜，比膜孔大的粒子则被阻拦在滤膜面上，使大小不同的微粒得以分离，其作用相当于“过滤”。

(4) 电渗析　电渗析是利用离子交换膜的选择性透过能力，在直流电场作用下使电解质溶液中形成电位差(推动力)，从而产生阴、阳离子的定向迁移，利用离子交换膜的选择透过性，达到溶液分离、提纯和浓缩的目的。离子交换膜被誉为电渗析的“心脏”，是一种膜状的离子交换树脂，用高分子化合物为基膜，在其分子链上接引一些可解离的活性基团。按膜中所含活性基团的种类可分为阳离子交换膜、阴离子交换膜和特殊离子交换膜三大类。典型的电渗析过程如图 10-6 所示，图中的四片离子选择性膜按阴、阳膜交替排列。其中阳膜(磺酸基，带负电荷)只允许水中的阳离子通过而阻挡阴离子，阴膜(季铵盐，带正电荷)只允许水中的阴离子通过而阻挡阳离子。



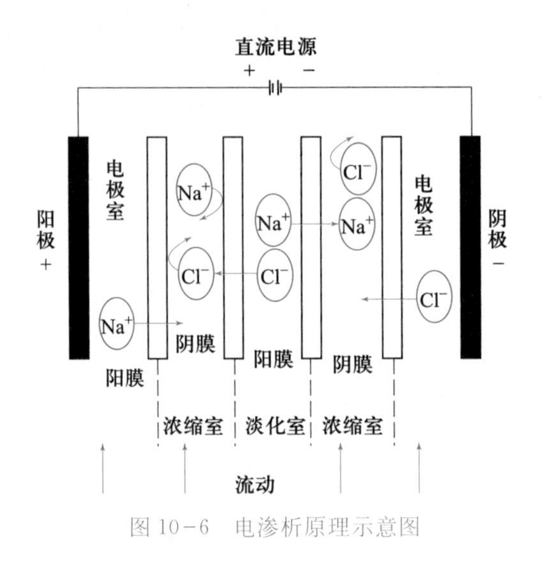

图 10-6　电渗析原理示意图

在电渗析过程中，不仅存在反离子(与膜的电荷符号相反的离子)的迁移过程，而且还伴随着同性离子迁移、水的渗透和水的解离分解等非理想传递现象。

同性离子分离是指与膜的电荷符号相同的离子迁移。当浓缩室中的溶液浓度过高时，阴离子可能会闯入阳膜中，同样，阳离子也可能会闯入阴膜中，为此，当浓缩室中的溶液浓度过高时，应用原水将其浓度调至适宜值；水的渗透是指膜两侧存在电解质(盐类)的浓度差，一方面电解质要由浓缩室向淡化室扩散，另一方面，淡化室中的水在渗透压作用下向浓缩室渗透，两者都不利于电解质的分离；当电流密度超过某一极限值，溶液中的盐离子数量不能满足电流传输的需要时，将由水分子解离出 $H^+$ 和 $OH^-$ 来补充，使溶液的 pH 发生改变；淡化室和浓缩室之间的压强差可能造成泄漏。所有这些非理想传递现象，加大了过程能耗，降低了截留率。

(5) 气体膜分离　气体膜分离的基本原理是根据混合气体中各组分在压强的推动下透过膜的传递速率不同，从而使气体混合物中的各组分得以分离或富集。气体膜分离过程如图 10-7 所示。

用于分离气体的膜有多孔膜、均质膜及非对称性膜三类。对不同结构的膜，气体通过膜的传递扩散方式不同，因而分离机理也各异。多孔膜一般由无机陶瓷、金属或高分子材料制成，其中的孔径必须小于气体的分子平均自由程，一般孔径在50 nm以下。均质膜由高分子材料制成。气体组分首先溶解于膜的高压侧表面，通过固体内部的分子扩散移到膜的低压侧表面，然后解吸进入气相，因此，这种膜的分离机理是各组分在膜中溶解度和扩散系数的差异。非对称膜则是以多孔底层为支撑体，其表面覆以均质膜构成。

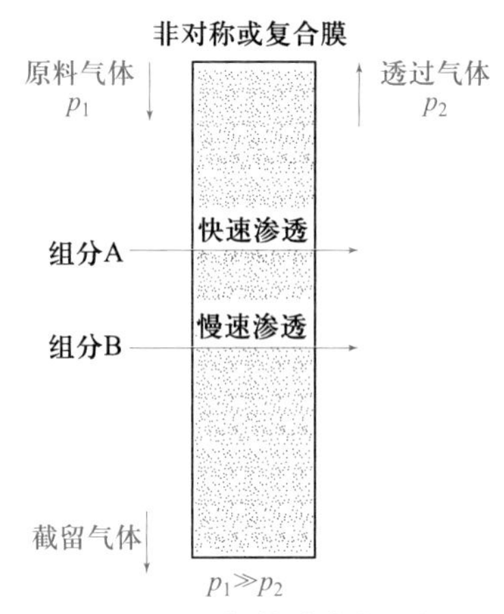

图 10-7　气体膜分离过程

工业上用膜分离气体混合物的典型过程有：① 从合成氨尾气中回收氢，氢气含量可从尾气中的 60%提高到 90%，氢的回收率达 95%以上；② 从油田气中回收 $CO_2$，油田气中含 $CO_2$约 70%，经膜分离后，渗透气中含 $CO_2$达 93%以上；③ 空气经膜分离以制取含氧约60%的富氧气，用于医疗和燃烧；此外还用膜分离除去空气中的水汽（去湿）；从天然气中提取氦等。

（6）渗透汽化　渗透汽化也称渗透蒸发，是利用液体混合物中组分在膜两侧的蒸气分压的不同，首先选择性溶解在膜料一侧表面，再以不同的速率扩散透过膜，最后在膜的透过侧表面汽化、解吸，从而实现分离的过程。膜的渗透速率和分离因子是表征渗透汽化膜分离性能的主要参数，它与膜的物化性质和结构有关，还与分离体系及过程操作参数（温度、压强等）有关。

20 世纪 80 年代以来对渗透汽化过程进行了比较广泛的研究，用渗透汽化法分离工业酒精制取无水酒精已经实现工业化，并在其他共沸体系的分离中也展示了良好的发展前景。无机膜中分子筛膜用作渗透汽化的过程已有少量工业应用，预计渗透汽化与气体膜分离可能成为 21 世纪化工分离过程中的重要技术。

## 二、分离用膜

### 1. 对膜的基本要求

膜分离的效果主要取决于膜本身的性能，膜材料的化学性质和膜的结构对膜分离的性能起着决定性影响，而膜材料及膜的制备是膜分离技术发展的制约因素。膜的性能包括物化稳定性及膜的分离透过性两个方面。首先要求膜的分离透过性好，通常用膜的截留率、透过通量（速率）、截留相对分子质量等参数表示。不同的膜分离过程，习惯上使用不同的参数以表示膜的分离透过性。

（1）截留率　对于反渗透过程，通常用截留率表示其分离性能。它是指截留物浓度与料液主体浓度之比。截留率越小，说明膜的分离透过特性越好。

（2）透过通量（速率）　指单位时间、单位膜面积的透过物的物质的量，常用单位为 $kmol/(m^2 \cdot s)$。由于操作过程中膜的压密、堵塞等多种原因，膜的透过通量将随时间增长而衰减。

（3）截留相对分子质量　在超滤中，通常用截留相对分子质量表示其分离性能。当分离溶液中的大分子物质时，截留物的相对分子质量在一定程度上反映膜孔的大小。但是通常多孔膜的孔径大小不一,被截留物的相对分子质量将分布在某一范围内。所以,一般取截留率为 90%的物质的相对分子质量称为膜的截留相对分子质量。

截留率大、截留相对分子质量小的膜往往透过通量低。因此,在选择膜时需在两者之间做出权衡。其次要求分离用膜要有足够的机械强度和化学稳定性。

(4) **分离因数** 对于气体分离和渗透汽化过程,通常用分离因数表示各组分透过的选择性。对于含有 A、B 两组分的混合物,分离因数 $\alpha_{AB}$定义为

$$\alpha_{AB}=\frac{y_A/y_B}{x_A/x_B}$$

式中 $x_A$,$x_B$——原料中组分 A 与组分 B 的摩尔分数;

$y_A$,$y_B$——透过物中组分 A 与组分 B 的摩尔分数。

通常,用组分 A 表示透过速率快的组分,因此 $\alpha_{AB}$的数值大于 1。分离因数的大小反映该体系分离的难易程度,$\alpha_{AB}$越大,表明两组分的透过速率相差越大,膜的选择性越好,分离程度越高;若 $\alpha_{AB}$等于 1,则表明膜没有分离能力。



膜的分离性能主要取决于膜材料的化学特性和分离膜的形态结构,同时也与膜分离过程的一些操作条件有关。该性能对分离效果、操作能耗都有决定性的影响。

2. 膜的种类

由于膜的种类和功能繁多,分类方法有多种。按膜的形态结构分类,将分离膜分为对称膜和非对称膜两类。

(1) **对称膜** 对称膜又称为**均质膜**,是一种均匀的薄膜,膜两侧截面的结构及形态完全相同,包括致密的无孔膜和对称的多孔膜两种。一般对称膜的厚度为 10～200 μm,传质阻力由膜的总厚度决定,降低膜的厚度可以提高透过速率。

(2) **非对称膜** 非对称膜的横断面具有不对称结构。一体化非对称膜是用同种材料制备、由厚度为 0.1～0.5 μm 的致密皮层和 50～150 μm 的多孔支撑层构成,其支撑层结构具有一定的强度,在较高的压强下也不会引起很大的形变。也可在多孔支撑层上覆盖一层不同材料的致密皮层构成复合膜。显然,复合膜也是一种非对称膜。对于复合膜,可优选不同的膜材料制备致密皮层与多孔支撑层,使每一层独立地发挥最大作用。非对称膜的分离主要或完全由很薄的皮层完成,传质阻力小,其透过速率较对称膜高得多,因此非对称膜在工业上应用十分广泛。

## 三、膜分离设备

将膜按一定的技术要求组装在一起即成为膜组件,它是所有膜分离装置的核心部件,其基本要素包括膜、膜的支撑体或连接物、流体通道、密封件、壳体及外接口等。将膜组件与泵、过滤器、阀、仪表及管路等按一定的技术要求装配在一起,即成为膜分离设备。常见的膜组件有板框式、螺旋卷式、圆管式和中空纤维式膜组件,如图 10-8 所示。

板框式组件尽管造价高,填充密度也不很大,但在工业膜过程中应用较广。螺旋卷式膜组件由于它的低造价和良好的抗污染性能亦被广泛采用。中空纤维式膜组件由于具有很高的填充密度和低造价,在膜污染小和不需要进行膜清洗的场合应用普遍。

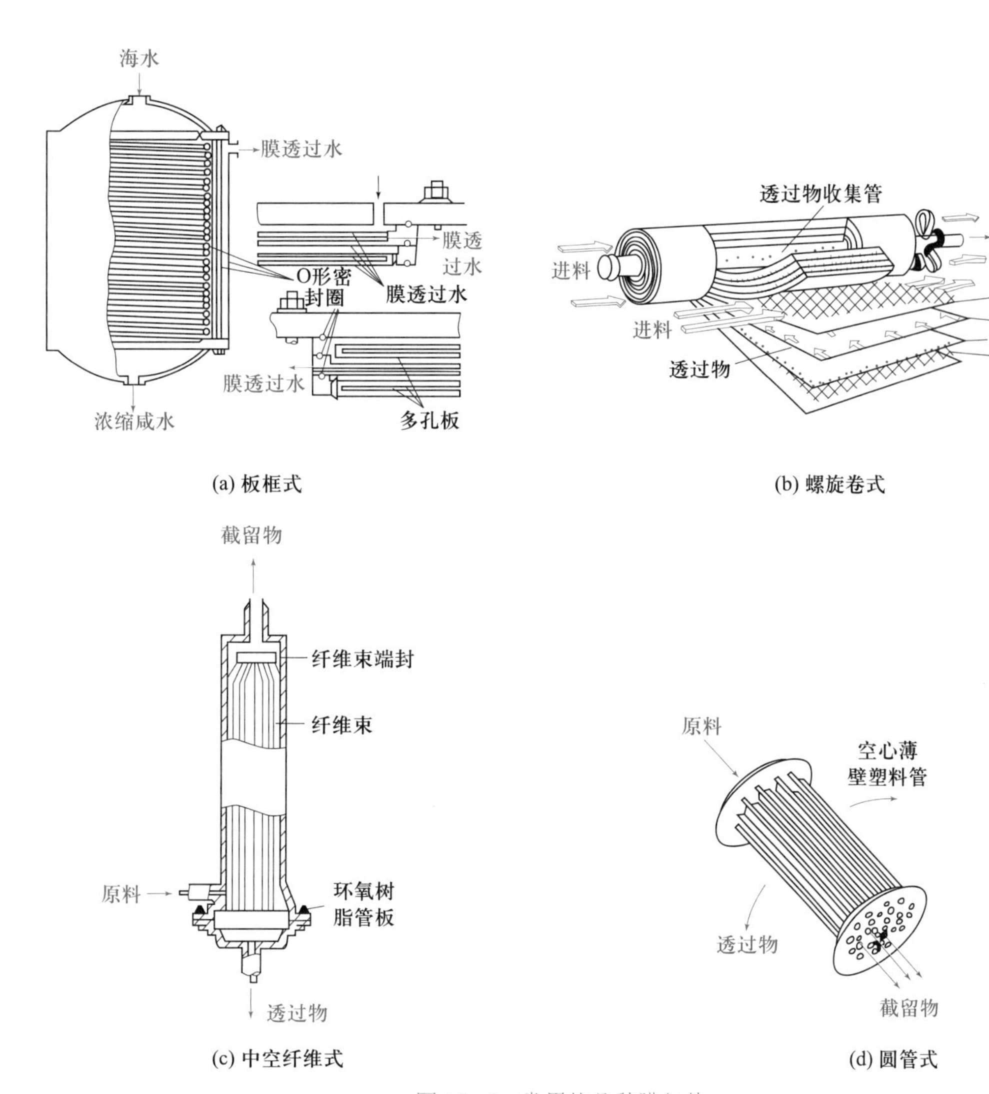

图 10-8　常用的几种膜组件



动画

中空纤维膜分离器示意图

动画

常用的几种膜组件

**想一想**

膜分离技术在工业上有哪些应用?

# 第三节　超临界流体萃取技术

## 一、超临界流体萃取技术的发展与特点

1. 超临界流体萃取技术的发展

**超临界流体**,顾名思义是指温度和压强均超过临界点时的流体。一般而言,只需温度高于临界值,而压强只要低于物质转变成固相的极限值,也被认为是超临界流体。超

临界流体的性质介于气体性质和液体性质之间。在这些性质中,超临界流体的密度及其溶解能力更接近于液体的性质,而其动力学性质如黏度、扩散系数和表面张力则更接近于气体的性质。且超临界流体的大多数性质都会随其温度和压强的微小变化而发生显著的改变(如密度和溶解能力等)。正是由于超临界流体同时具有类似气体和液体性质的特性,及其性质的可调性,使之成为化学反应和萃取过程中非常有应用前景的溶剂介质。

超临界流体具有选择性溶解物质的能力,而且这种能力具有简单的可调性。因此超临界流体可从混合物中选择性地溶解其中的某些组分,再通过升温、降压或吸附等手段将其分离析出。

1978 年联邦德国建成从咖啡豆脱除咖啡因的超临界 $CO_2$ 萃取工业化装置。同年在联邦德国首次召开"超临界流体萃取"国际会议,从基础理论、工艺过程和设备等方面讨论该项新技术。超临界流体萃取在高附加值、热敏性、难分离物质的回收和微量杂质的脱除等方面有其优越之处,在天然产物提取和生物技术领域也找到了其应有的位置。20 世纪 80 年代以来,国际上投入大量人力、物力进行研究,研究范围涉及食品、香料、医药和化工等领域,并已取得一系列工业应用成果:采用超临界 $CO_2$ 流体萃取技术广泛应用于香精、香辛料的提取,如从花中提取天然香剂,从胡椒、肉桂、薄荷等中提取香辛料,对茶叶进行全价提取,从中提取叶绿素、儿茶酚等。



常用的超临界流体有二氧化碳、乙烯、乙烷、丙烯、丙烷和氨等,以二氧化碳最受注意。超临界 $CO_2$ 具有如下优点:$CO_2$ 密度大,溶解能力强,传质速率高;$CO_2$ 临界压强适中,临界温度31 ℃,分离过程可在接近室温条件下进行;价廉易得,无毒,惰性,以及极易从萃取产物中分离出来等。由于超临界 $CO_2$ 具有以上优点,因而当前绝大部分超临界流体萃取都以 $CO_2$ 为溶剂。

近几年,国内外针对中药西制开始对药用植物进行有效成分的提取,目前已可从药用植物中萃取的有效成分已达几十种之多。同时从各种动物中提取药物成分也得到较多研究。超临界流体萃取作为一种新的分离技术已受到人们广泛的关注。

2. 超临界流体萃取技术的特点

(1) 萃取效率高,过程易于调节。超临界流体兼具气体和液体特性,既有液体的溶解能力,又有气体良好的流动和传递性能。并且在临界点附近,压强和温度的少量变化,都有可能显著改变流体溶解能力,控制分离过程。

(2) 超临界萃取过程具有萃取和精馏的双重特性,可分离一些较难分离的物质。

(3) 分离工艺流程简单。超临界萃取只由萃取器和分离器两部分组成,不需要溶剂回收设备,与传统分离工艺流程相比不但流程简化,而且节省能耗。

(4) 分离过程有可能在接近室温下完成,特别适用于提取或精制热敏性、易氧化物质。

(5) 必须在高压下操作,设备及工艺技术要求高,费用比较大。

### 二、超临界流体萃取与液液萃取的比较

超临界流体萃取是用超过临界温度、临界压强状态下的流体作为溶剂,萃取待分离混合物中的溶质,然后采用等温变压或等压变温等方法,将溶剂与溶质分离的单元操作。

如图 10-9 所示为二氧化碳-乙醇-水物系的三角相图。可以看到，超临界流体萃取具有与一般液液萃取相类似的相平衡关系，属于平衡分离过程。两者的比较见表10-2。

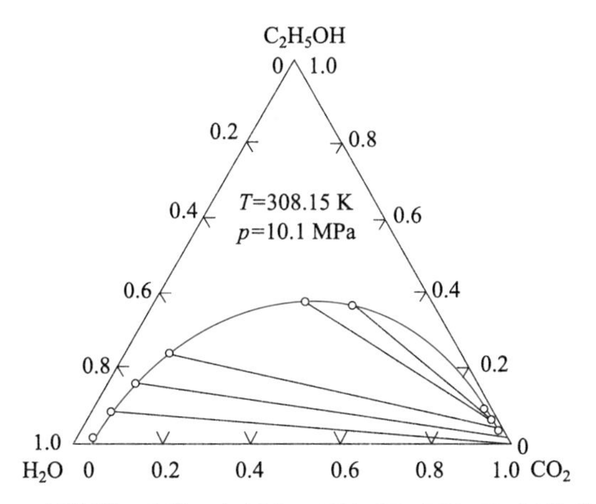


图 10-9　二氧化碳-乙醇-水($CO_2$-$CH_3CH_2OH$-$H_2O$)物系的相平衡

表 10-2　超临界流体萃取和液液萃取的比较

| 序号 | 超临界流体萃取 | 液液萃取 |
|---|---|---|
| 1 | 挥发性小的物质在流体中选择性溶解而被萃出，形成超临界流体相 | 溶剂加到液相混合物中，形成萃取相和萃余相 |
| 2 | 超临界流体的萃取能力主要与其密度有关，选用适当压强、温度对其进行控制 | 溶剂的萃取能力取决于温度和混合液的组成，与压强的关系不大 |
| 3 | 在高压及临界温度以上操作($CO_2$ 在室温 31 ℃操作)，对处理热敏性物料有利，在制药、食品和生物工业得到应用 | 常温、常压操作 |
| 4 | 萃取后的溶质和超临界流体间的分离，可用等温下减压、等压下升温两种方法 | 萃取后的液体混合物，通常用蒸馏把溶剂和溶质分开，不利于处理热敏性物质 |
| 5 | 溶质的传质能力强 | 传质条件远逊于超临界流体萃取 |
| 6 | 在多数情况下，溶质在超临界萃取相中的浓度很小，超临界相组成接近纯超临界流体 | 萃出相为液相，溶质浓度可以很大 |

## 三、超临界流体萃取过程简介

超临界流体萃取过程是由萃取和分离两个阶段组合而成的。在萃取阶段，超临界流体将所需组分从原料中提取出来。在分离阶段，通过变化某个参数或其他方法，使萃取组分从超临界流体中分离出来，并使萃取剂循环使用。根据分离方法的不同，可以把超临界流体萃取流程分为等温法、等压法和吸附吸收法三类。

如图 10-10 所示为超临界 $CO_2$ 萃取的等温降压流程示意图。被萃取原料加入萃取器，采用 $CO_2$ 为超临界溶剂。$CO_2$ 气体经压缩达到较大溶解度状态(即超临界流体状

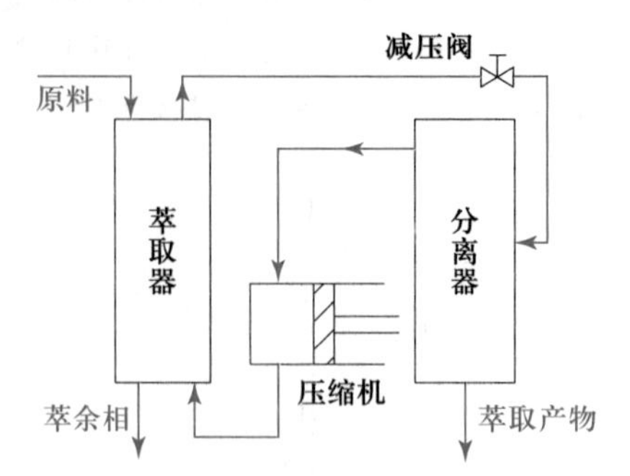


图 10-10　超临界 $CO_2$ 萃取等温降压流程示意图

态），然后经萃取器与原料接触。萃取得溶质后，二氧化碳与溶质的混合物经减压阀进入分离器。在较低的压强下，溶质在二氧化碳中的溶解度大大降低，从而分离出来。离开分离器的二氧化碳经压缩后循环使用。



### 四、超临界流体萃取的工业应用

1. 超临界流体萃取在石油化工中的应用

如图 10-11 所示为渣油超临界萃取脱沥青过程。渣油中主要含有沥青质、树脂质和脱沥青油三种馏分。渣油先进入混合器 M-1 中与经压缩的循环轻烃类超临界溶剂混合，混合物进入分离器 V-1，在 V-1 中加热蒸出溶剂，下部获得沥青质液体，并含有少量溶剂。将此股液体经加热器 H-1 加热后送入闪蒸塔 T-1，塔顶蒸出溶剂，从塔底可得液态沥青质。从分离器 V-1 顶部离开的树脂质-脱沥青油-溶剂的混合物，经换热器 E-1 与循环溶剂换热升温后，进入分离器 V-2，由于温度升高了，从流体中第二次析出液相，其成分主要是树脂质和少量溶剂。将此液体经闪蒸塔 T-2 回收溶剂后，在 T-2 底部获得树脂质。从分离器 V-2 顶部出来的脱沥青油-溶剂混合物，经与循环溶剂在换热器 E-4 中换热，再经加热器 H-2 加热，使温度升高到溶剂的临界温度以上，并进入分离器 V-3，大部分溶剂从其顶部出来，经两次热量回收换热后，再用换热器 E-2 调节温度，经压缩后循环使用。分离器 V-3 底部液体经闪蒸塔 T-3 回收溶剂后，从 T-3 底部可获得脱沥青油。

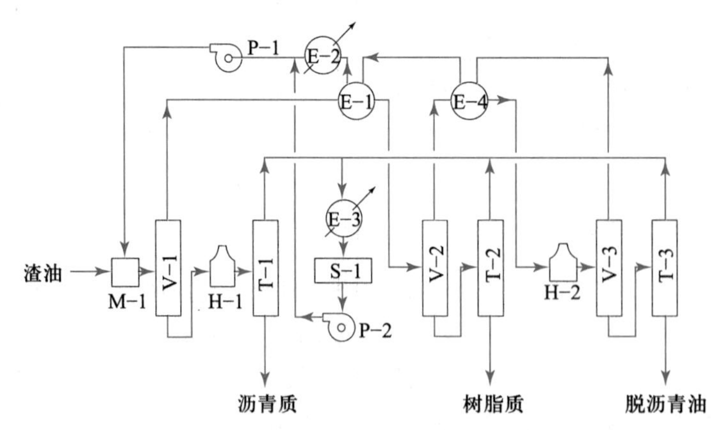


M—混合器；V—分离器；H—加热器；E—换热器；
T—闪蒸塔；P—压缩机；S—贮罐

图 10-11　渣油超临界萃取脱沥青过程

活性炭吸附是回收溶剂和处理废水的一种有效方法，其困难主要在于活性炭的再生。目前多采用高温或化学方法再生，很不经济，不仅会造成吸附剂的严重损失，有时还会产生二次污染。利用超临界 $CO_2$ 萃取法可以解决这一难题，图 10-12 为其流程示意图。

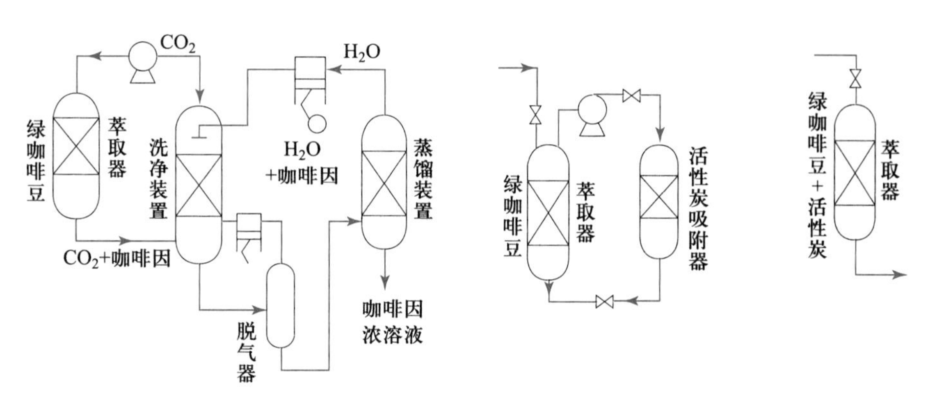


图 10-12　从咖啡豆中脱出咖啡因



2. 超临界流体萃取在食品方面的应用

超临界流体萃取技术作为一种新型的化工分离技术，在食品加工领域有着广阔的应用前景，特别适合于分离精制风味特征物质、热敏性物质和生物活性物质，主要应用在有害成分的脱除、有效成分的提取、食品原料的处理等几个方面。例如，从咖啡、茶中脱咖啡因；啤酒花萃取；从植物中萃取风味物质；从各种动植物中萃取各种脂肪酸、提取色素；从奶油和鸡蛋中去除胆固醇等。

从咖啡豆中脱除咖啡因是超临界流体萃取的第一个工业化项目，其生产工艺主要有三种，如图 10-12 所示。其过程大致为：先用机械法清洗鲜咖啡豆，去除灰尘和杂质；接着加蒸汽和水预泡，提高其水分含量达 30%～50%；然后将预泡过的咖啡豆装入萃取器，不断往萃取器中送入 $CO_2$，直至操作压强达到 16～20 MPa，操作温度达到 70～90 ℃，咖啡因就逐渐被萃取出来。带有咖啡因的 $CO_2$ 被送往装有水[图 10-12(a)]或者活性炭[图 10-12(b)]的分离器，使咖啡因转入水相或被活性炭吸附；也有将活性炭与咖啡豆一起装入萃取器[图 10-12(c)]，在工艺条件下浸泡，使咖啡豆中咖啡因转移至活性炭中，用筛分分离咖啡豆和活性炭，然后水相中或活性炭中的咖啡因用蒸馏法或脱附法加以回收，$CO_2$ 则循环使用。

**想一想**

超临界流体萃取技术有何特点？

## 复习与思考



1. 从日常生活中举例说明吸附现象。

2. 吸附分离的基本原理是什么?
3. 吸附分离有哪几种常用的吸附脱附循环操作?
4. 吸附脱附操作与吸收脱吸操作有何相似之处?
5. 吸附过程有哪几个传质步骤?
6. 什么是膜? 膜分离过程是怎样进行的? 有哪几种常用的膜分离过程?
7. 分离过程对膜有哪些基本要求?
8. 电渗析的基本原理是什么? 离子交换膜由什么构成?
9. 渗透和反渗透现象是怎样产生的?
10. 膜分离技术在工业上有哪些应用? 试举例说明。
11. 气体膜法分离的机理是什么?
12. 比较超滤与微滤的异同点。
13. 比较超临界流体萃取与液液萃取的异同点。



## 本章主要符号说明

**英文字母**

$x$——原料中组分的摩尔分数;

$y$——透过物中组分的摩尔分数。

**希腊字母**

$\rho_B$——装填密度, $kg/m^3$;

$\rho_t$——真实密度, $kg/m^3$;

$\rho_p$——颗粒密度或表观密度, $kg/m^3$;

$\varepsilon_B$——空隙率;

$\varepsilon_p$——内空隙率;

$\alpha_{AB}$——分离因数。

# 附　　录

1. 单位换算表

(1) 长度

| cm　厘米 | m　米 | ft　英尺 | in　英寸 |
|---|---|---|---|
| 1 | $10^{-2}$ | 0.032 8 | 0.393 7 |
| 100 | 1 | 3.281 | 39.37 |
| 30.48 | 0.304 8 | 1 | 12 |
| 2.54 | 0.025 4 | 0.083 33 | 1 |

(2) 面积

| $cm^2$　厘米$^2$ | $m^2$　米$^2$ | $ft^2$　英尺$^2$ | $in^2$　英寸$^2$ |
|---|---|---|---|
| 1 | $10^{-4}$ | 0.001 076 | 0.155 0 |
| $10^4$ | 1 | 10.76 | 1 550 |
| 929.0 | 0.092 9 | 1 | 144.0 |
| 6.452 | 0.000 645 2 | 0.006 944 | 1 |

(3) 体积

| $cm^3$　厘米$^3$ | $m^3$　米$^3$ | L　升 | $ft^3$　英尺$^3$ | Imperial gal 英加仑 | U. S. gal 美加仑 |
|---|---|---|---|---|---|
| 1 | $10^{-6}$ | $10^{-3}$ | $3.531\times10^{-5}$ | $2.2\times10^{-4}$ | $2.642\times10^{-4}$ |
| $10^6$ | 1 | $10^3$ | 35.31 | 220.0 | 264.2 |
| $10^3$ | $10^{-3}$ | 1 | 0.035 31 | 0.220 0 | 0.264 2 |
| 28 320 | 0.028 32 | 28.32 | 1 | 6.228 | 7.481 |
| 4 546 | 0.004 546 | 4.546 | 0.160 5 | 1 | 1.201 |
| 3 785 | 0.003 785 | 3.785 | 0.133 7 | 0.832 7 | 1 |

(4) 质量

| g 克 | kg 千克 | t 吨 | lb 磅 |
|---|---|---|---|
| 1 | $10^{-3}$ | $10^{-6}$ | 0.002 205 |
| 1 000 | 1 | $10^{-3}$ | 2.205 |
| $10^6$ | $10^3$ | 1 | 2 204.62 |
| 453.6 | 0.453 6 | $4.536\times10^{-4}$ | 1 |

2. 水的物理性质

| 温度 $t$<br>℃ | 密度 $\rho$<br>$kg\cdot m^{-3}$ | 压强 $p$<br>$10^5$ Pa | 黏度 $\mu$<br>$10^{-5}$ Pa·s | 导热系数 $\lambda$<br>$10^{-2}$ W·(m·K)$^{-1}$ | 比定压热容 $c_p$<br>$10^3$ J·(kg·K)$^{-1}$ | 膨胀系数 $\beta$<br>$10^{-4}$ $K^{-1}$ | 表面张力 $\sigma$<br>$10^{-3}$ N·m$^{-2}$ | 普朗特数 $Pr$ |
|---|---|---|---|---|---|---|---|---|
| 0 | 999.9 | 1.013 | 178.78 | 55.08 | 4.212 | −0.63 | 75.61 | 13.66 |
| 10 | 999.7 | 1.013 | 130.53 | 57.41 | 4.191 | 0.70 | 74.14 | 9.52 |
| 20 | 998.2 | 1.013 | 100.42 | 59.85 | 4.183 | 1.82 | 72.67 | 7.01 |
| 30 | 995.7 | 1.013 | 80.12 | 61.71 | 4.174 | 3.21 | 71.20 | 5.42 |
| 40 | 992.2 | 1.013 | 65.32 | 63.33 | 4.174 | 3.87 | 69.63 | 4.30 |
| 50 | 988.1 | 1.013 | 54.92 | 64.73 | 4.174 | 4.49 | 67.67 | 3.54 |
| 60 | 983.2 | 1.013 | 46.98 | 65.89 | 4.178 | 5.11 | 66.20 | 2.98 |
| 70 | 977.8 | 1.013 | 40.60 | 66.70 | 4.187 | 5.70 | 64.33 | 2.53 |
| 80 | 971.8 | 1.013 | 35.50 | 67.40 | 4.195 | 6.32 | 62.57 | 2.21 |
| 90 | 965.3 | 1.013 | 31.48 | 67.98 | 4.208 | 6.59 | 60.71 | 1.95 |
| 100 | 958.4 | 1.013 | 28.24 | 68.12 | 4.220 | 7.52 | 58.84 | 1.75 |
| 110 | 951.0 | 1.433 | 25.89 | 68.44 | 4.233 | 8.08 | 56.88 | 1.60 |
| 120 | 943.1 | 1.986 | 23.73 | 68.56 | 4.250 | 8.64 | 54.82 | 1.47 |
| 130 | 934.8 | 2.702 | 21.77 | 68.56 | 4.266 | 9.17 | 52.86 | 1.35 |
| 140 | 926.1 | 3.62 | 20.10 | 68.44 | 4.287 | 9.72 | 50.70 | 1.26 |
| 150 | 917.0 | 4.761 | 18.63 | 68.33 | 4.312 | 10.3 | 48.64 | 1.18 |
| 160 | 907.4 | 6.18 | 17.36 | 68.21 | 4.346 | 10.7 | 46.58 | 1.11 |
| 170 | 897.3 | 7.92 | 16.28 | 67.86 | 4.379 | 11.3 | 44.33 | 1.05 |
| 180 | 886.9 | 10.03 | 15.30 | 67.40 | 4.417 | 11.9 | 42.27 | 1.00 |
| 190 | 876.0 | 12.55 | 14.42 | 66.93 | 4.460 | 12.6 | 40.01 | 0.96 |
| 200 | 863.0 | 15.55 | 13.63 | 66.24 | 4.505 | 13.3 | 37.66 | 0.93 |
| 250 | 799.0 | 39.78 | 10.98 | 62.71 | 4.844 | 18.1 | 26.19 | 0.86 |
| 300 | 712.5 | 85.92 | 9.12 | 53.92 | 5.736 | 29.2 | 14.42 | 0.97 |
| 350 | 574.4 | 165.38 | 7.26 | 43.00 | 9.504 | 66.8 | 3.82 | 1.60 |
| 370 | 450.5 | 210.54 | 5.69 | 33.70 | 40.319 | 264 | 0.47 | 6.80 |

3. 水在不同温度下的黏度

| 温度 $t$ / ℃ | 黏度 / mPa·s | 温度 $t$ / ℃ | 黏度 / mPa·s | 温度 $t$ / ℃ | 黏度 / mPa·s | 温度 $t$ / ℃ | 黏度 / mPa·s | 温度 $t$ / ℃ | 黏度 / mPa·s |
|---|---|---|---|---|---|---|---|---|---|
| 0 | 1.792 | | | | | | | | |
| 1 | 1.731 | 21 | 0.981 0 | 41 | 0.643 9 | 61 | 0.461 8 | 81 | 0.352 1 |
| 2 | 1.673 | 22 | 0.957 9 | 42 | 0.632 1 | 62 | 0.455 0 | 82 | 0.347 8 |
| 3 | 1.619 | 23 | 0.935 8 | 43 | 0.620 7 | 63 | 0.448 3 | 83 | 0.343 6 |
| 4 | 1.567 | 24 | 0.914 2 | 44 | 0.609 7 | 64 | 0.441 8 | 84 | 0.339 5 |
| 5 | 1.519 | 25 | 0.893 7 | 45 | 0.598 8 | 65 | 0.435 5 | 85 | 0.335 5 |
| 6 | 1.473 | 26 | 0.873 7 | 46 | 0.583 3 | 66 | 0.429 3 | 86 | 0.331 5 |
| 7 | 1.428 | 27 | 0.854 5 | 47 | 0.578 2 | 67 | 0.423 3 | 87 | 0.327 6 |
| 8 | 1.386 | 28 | 0.836 0 | 48 | 0.568 3 | 68 | 0.417 4 | 88 | 0.323 9 |
| 9 | 1.346 | 29 | 0.818 0 | 49 | 0.558 8 | 69 | 0.411 7 | 89 | 0.320 2 |
| 10 | 1.308 | 30 | 0.800 7 | 50 | 0.549 4 | 70 | 0.406 1 | 90 | 0.316 5 |
| 11 | 1.271 | 31 | 0.784 0 | 51 | 0.540 4 | 71 | 0.400 6 | 91 | 0.313 0 |
| 12 | 1.236 | 32 | 0.767 9 | 52 | 0.531 5 | 72 | 0.395 2 | 92 | 0.309 5 |
| 13 | 1.203 | 33 | 0.752 3 | 53 | 0.522 9 | 73 | 0.390 0 | 93 | 0.306 0 |
| 14 | 1.171 | 34 | 0.737 1 | 54 | 0.514 6 | 74 | 0.384 9 | 94 | 0.302 7 |
| 15 | 1.140 | 35 | 0.722 5 | 55 | 0.506 4 | 75 | 0.379 9 | 95 | 0.299 4 |
| 16 | 1.111 | 36 | 0.708 5 | 56 | 0.498 5 | 76 | 0.375 0 | 96 | 0.296 2 |
| 17 | 1.083 | 37 | 0.694 7 | 57 | 0.490 7 | 77 | 0.370 2 | 97 | 0.293 0 |
| 18 | 1.056 | 38 | 0.681 4 | 58 | 0.483 2 | 78 | 0.365 5 | 98 | 0.289 9 |
| 19 | 1.030 | 39 | 0.668 5 | 59 | 0.475 9 | 79 | 0.361 0 | 99 | 0.286 8 |
| 20 | 1.005 | 40 | 0.656 0 | 60 | 0.468 8 | 80 | 0.356 5 | 100 | 0.283 8 |

4. 某些液体的物理性质

| 名称 | 分子式 | 密度(20 ℃) / $kg \cdot m^{-3}$ | 沸点(101.3 kPa) / ℃ | 黏度(20 ℃) / mPa·s | 比定压热容(20 ℃) / $kJ \cdot (kg \cdot K)^{-1}$ | 导热系数(20 ℃) / $W \cdot (m \cdot K)^{-1}$ |
|---|---|---|---|---|---|---|
| 硫酸 | $H_2SO_4$ | 1 831 | 340(分解) | 23 | 1.42 | 0.384 |
| 硝酸 | $HNO_3$ | 1 513 | 86 | 1.17(10 ℃) | 1.74 | |
| 盐酸(30%) | $HCl$ | 1 149 | (110) | 2 | 2.55 | 0.42 |
| 甲酸 | $CH_2O_2$ | 1 220 | 100.7 | 1.9 | 2.169 | 0.256 |
| 醋酸 | $C_2H_4O_2$ | 1 049 | 118.1 | 1.3 | 1.997 | 0.174 |
| 二硫化碳 | $CS_2$ | 1 262 | 46.3 | 0.38 | 1.005 | 0.16 |
| 戊烷 | $C_5H_{12}$ | 626 | 36.07 | 0.229 | 2.32 | 0.113 |
| 己烷 | $C_6H_{14}$ | 659 | 68.74 | 0.313 | 2.261 | 0.119 |
| 庚烷 | $C_7H_{16}$ | 684 | 98.43 | 0.411 | 2.219 | 0.123 |
| 辛烷 | $C_8H_{18}$ | 703 | 125.7 | 0.540 | 2.198 | 0.131 |
| 苯 | $C_6H_6$ | 879 | 80.1 | 0.737 | 1.704 | 0.148 |
| 甲苯 | $C_7H_8$ | 867 | 110.6 | 0.675 | 1.70 | 0.138 |
| 邻二甲苯 | $C_8H_{10}$ | 880 | 144.4 | 0.811 | 1.742 | 0.142 |
| 间二甲苯 | $C_8H_{10}$ | 864 | 139.1 | 0.611 | 1.7 | 0.167 |

| 名称 | 分子式 | 密度(20 ℃) kg·m$^{-3}$ | 沸点(101.3 kPa) ℃ | 黏度(20 ℃) mPa·s | 比定压热容(20 ℃) kJ·(kg·K)$^{-1}$ | 导热系数(20 ℃) W·(m·K)$^{-1}$ |
|---|---|---|---|---|---|---|
| 对二甲苯 | $C_8H_{10}$ | 861 | 138.4 | 0.643 | 1.704 | 0.129 |
| 三氯甲烷 | $CHCl_3$ | 1 489 | 61.2 | 0.58 | 0.992 | 0.138(30 ℃) |
| 四氯化碳 | $CCl_4$ | 1 594 | 76.8 | 1.0 | 0.850 | 0.12 |
| 苯乙烯 | $C_8H_8$ | 906 | 145.2 | 0.72 | 1.733 | |
| 硝基苯 | $C_6H_5NO_2$ | 1 203 | 210.9 | 2.1 | 1.47 | 0.15 |
| 苯胺 | $C_6H_5NH_2$ | 1 022 | 184.4 | 4.3 | 2.07 | 0.17 |
| 甲醇 | $CH_3OH$ | 791 | 64.7 | 0.6 | 2.48 | 0.212 |
| 乙醇 | $C_2H_5OH$ | 789 | 78.3 | 1.15 | 2.39 | 0.172 |
| 甘油 | $C_3H_5(OH)_3$ | 1 261 | 290(分解) | 1 499 | 2.34 | 0.593 |
| 丙酮 | $C_3H_6O$ | 792 | 56.2 | 0.32 | 2.35 | 0.17 |
| 乙醚 | $C_4H_{10}O$ | 714 | 84.6 | 0.24 | 2.336 | 0.14 |

5. 干空气的物理性质($p$=101.3 kPa)

| 温度 $t$ ℃ | 密度 $\rho$ kg·m$^{-3}$ | 黏度 $\mu$ $10^{-5}$ Pa·s | 导热系数 $\lambda$ $10^{-2}$ W·(m·K)$^{-1}$ | 比定压热容 $c_p$ $10^3$ J·(kg·K)$^{-1}$ | 普朗特数 $Pr$ |
|---|---|---|---|---|---|
| −50 | 1.584 | 1.46 | 2.034 | 1.013 | 0.727 |
| −40 | 1.515 | 1.52 | 2.115 | 1.013 | 0.728 |
| −30 | 1.453 | 1.57 | 2.196 | 1.013 | 0.724 |
| −20 | 1.395 | 1.62 | 2.278 | 1.009 | 0.717 |
| −10 | 1.342 | 1.67 | 2.359 | 1.009 | 0.714 |
| 0 | 1.293 | 1.72 | 2.440 | 1.005 | 0.708 |
| 10 | 1.247 | 1.77 | 2.510 | 1.005 | 0.708 |
| 20 | 1.205 | 1.81 | 2.591 | 1.005 | 0.686 |
| 30 | 1.165 | 1.86 | 2.673 | 1.005 | 0.701 |
| 40 | 1.128 | 1.91 | 2.754 | 1.005 | 0.696 |
| 50 | 1.093 | 1.96 | 2.824 | 1.005 | 0.697 |
| 60 | 1.060 | 2.01 | 2.893 | 1.005 | 0.698 |
| 70 | 1.029 | 2.06 | 2.963 | 1.009 | 0.701 |
| 80 | 1.000 | 2.11 | 3.044 | 1.009 | 0.699 |
| 90 | 0.972 | 2.15 | 3.126 | 1.009 | 0.693 |
| 100 | 1.946 | 2.19 | 3.207 | 1.009 | 0.695 |
| 120 | 1.898 | 2.29 | 3.335 | 1.009 | 0.692 |
| 140 | 0.854 | 2.37 | 3.486 | 1.013 | 0.688 |
| 160 | 0.815 | 2.45 | 3.637 | 1.017 | 0.685 |
| 180 | 0.779 | 2.53 | 3.777 | 1.022 | 0.684 |
| 200 | 0.746 | 2.60 | 3.928 | 1.026 | 0.679 |
| 250 | 0.674 | 2.74 | 4.265 | 1.038 | 0.667 |
| 300 | 0.615 | 2.97 | 4.602 | 1.047 | 0.675 |
| 350 | 0.556 | 3.14 | 4.904 | 1.059 | 0.678 |

续表

| 温度 $t$ / ℃ | 密度 $\rho$ / $kg\cdot m^{-3}$ | 黏度 $\mu$ / $10^{-5}$ Pa·s | 导热系数 $\lambda$ / $10^{-2}$ W·(m·K)$^{-1}$ | 比定压热容 $c_p$ / $10^3$ J·(kg·K)$^{-1}$ | 普朗特数 $Pr$ |
|---|---|---|---|---|---|
| 400 | 0.524 | 3.31 | 5.206 | 1.068 | 0.679 |
| 500 | 0.456 | 3.62 | 5.740 | 1.093 | 0.689 |
| 600 | 0.404 | 3.91 | 6.217 | 1.114 | 0.701 |
| 700 | 0.362 | 4.18 | 6.711 | 1.135 | 0.707 |
| 800 | 0.329 | 4.43 | 7.170 | 1.156 | 0.714 |
| 900 | 0.301 | 4.67 | 7.623 | 1.172 | 0.718 |
| 1 000 | 0.277 | 4.90 | 8.064 | 1.185 | 0.720 |

6. 饱和水与饱和蒸气表(按温度排列)

| 温度 $t$ / ℃ | 压强 $p$ / $10^5$ Pa | 比体积 $v$/($m^3\cdot kg^{-1}$) | | 密度 $\rho$/($kg\cdot m^{-3}$) | | 焓 $H$/($kJ\cdot kg^{-1}$) | | 汽化潜热 $r$ / $kJ\cdot kg^{-1}$ |
|---|---|---|---|---|---|---|---|---|
| | | 液体 | 蒸汽 | 液体 | 蒸汽 | 液体 | 蒸汽 | |
| 0.01 | 0.006 112 | 0.001 000 2 | 206.3 | 999.80 | 0.004 847 | 0.00 | 2 501 | 2 501 |
| 1 | 0.006 566 | 0.001 000 1 | 192.6 | 999.90 | 0.005 192 | 4.22 | 2 502 | 2 498 |
| 2 | 0.007 054 | 0.001 000 1 | 179.9 | 999.90 | 0.005 559 | 8.42 | 2 504 | 2 496 |
| 3 | 0.007 575 | 0.001 000 1 | 168.2 | 999.90 | 0.005 945 | 12.63 | 2 506 | 2 493 |
| 4 | 0.008 129 | 0.001 000 1 | 157.3 | 999.90 | 0.006 357 | 16.84 | 2 508 | 2 491 |
| 5 | 0.008 719 | 0.001 000 1 | 147.2 | 999.90 | 0.006 793 | 21.05 | 2 510 | 2 489 |
| 6 | 0.009 347 | 0.001 000 1 | 137.8 | 999.90 | 0.007 257 | 25.25 | 2 512 | 2 487 |
| 7 | 0.010 013 | 0.001 000 1 | 129.1 | 999.90 | 0.007 746 | 29.45 | 2 514 | 2 485 |
| 8 | 0.010 721 | 0.001 000 2 | 121.0 | 999.80 | 0.008 264 | 33.55 | 2 516 | 2 482 |
| 9 | 0.011 473 | 0.001 000 3 | 113.4 | 999.70 | 0.008 818 | 37.85 | 2 517 | 2 479 |
| 10 | 0.012 277 | 0.001 000 4 | 106.42 | 999.60 | 0.009 398 | 42.04 | 2 519 | 2 477 |
| 11 | 0.013 118 | 0.001 000 5 | 99.91 | 999.50 | 0.010 01 | 46.22 | 2 521 | 2 475 |
| 12 | 0.014 016 | 0.001 000 6 | 93.84 | 999.40 | 0.010 66 | 50.41 | 2 523 | 2 473 |
| 13 | 0.014 967 | 0.001 000 7 | 88.18 | 999.30 | 0.011 34 | 54.60 | 2 525 | 2 470 |
| 14 | 0.015 974 | 0.001 000 8 | 82.90 | 999.20 | 0.012 06 | 58.78 | 2 527 | 2 468 |
| 15 | 0.017 041 | 0.001 001 0 | 77.97 | 999.00 | 0.012 82 | 62.97 | 2 528 | 2 465 |
| 16 | 0.018 170 | 0.001 001 1 | 73.39 | 998.90 | 0.013 63 | 67.16 | 2 530 | 2 463 |
| 17 | 0.019 364 | 0.001 001 3 | 69.10 | 998.70 | 0.014 47 | 71.34 | 2 532 | 2 461 |
| 18 | 0.020 62 | 0.001 001 5 | 65.09 | 998.50 | 0.015 36 | 75.53 | 2 534 | 2 458 |
| 19 | 0.021 96 | 0.001 001 6 | 61.34 | 998.40 | 0.016 30 | 79.72 | 2 536 | 2 456 |
| 20 | 0.023 37 | 0.001 001 8 | 57.84 | 998.20 | 0.017 29 | 83.90 | 2 537 | 2 451 |
| 22 | 0.026 43 | 0.001 002 3 | 51.50 | 997.71 | 0.019 42 | 92.27 | 2 541 | 2 449 |
| 24 | 0.029 82 | 0.001 002 8 | 45.93 | 997.21 | 0.021 77 | 100.63 | 2 545 | 2 444 |
| 26 | 0.033 60 | 0.001 003 3 | 41.04 | 996.71 | 0.024 37 | 108.99 | 2 548 | 2 440 |
| 28 | 0.037 79 | 0.001 003 8 | 36.73 | 996.21 | 0.027 23 | 117.35 | 2 552 | 2 435 |
| 30 | 0.042 41 | 0.001 004 4 | 32.93 | 995.62 | 0.030 37 | 125.71 | 2 556 | 2 430 |
| 35 | 0.056 22 | 0.001 006 1 | 25.24 | 993.94 | 0.039 62 | 146.60 | 2 565 | 2 418 |
| 40 | 0.073 75 | 0.001 007 9 | 19.55 | 992.16 | 0.051 15 | 167.50 | 2 574 | 2 406 |

续表

| 温度 $t$/℃ | 压强 $p$/$10^5$ Pa | 比体积 $v$/($m^3 \cdot kg^{-1}$) | | 密度 $\rho$/($kg \cdot m^{-3}$) | | 焓 $H$/($kJ \cdot kg^{-1}$) | | 汽化潜热 $r$/$kJ \cdot kg^{-1}$ |
|---|---|---|---|---|---|---|---|---|
| | | 液体 | 蒸汽 | 液体 | 蒸汽 | 液体 | 蒸汽 | |
| 45 | 0.095 84 | 0.001 009 9 | 15.28 | 990.20 | 0.065 44 | 188.40 | 2 582 | 2 394 |
| 50 | 0.123 35 | 0.001 012 1 | 12.04 | 988.04 | 0.083 06 | 209.3 | 2 592 | 2 383 |
| 55 | 0.157 40 | 0.001 014 5 | 9.578 | 985.71 | 0.104 4 | 230.2 | 2 600 | 2 370 |
| 60 | 0.199 17 | 0.001 017 1 | 7.678 | 983.19 | 0.130 2 | 251.1 | 2 609 | 2 358 |
| 65 | 0.250 1 | 0.001 019 9 | 6.201 | 980.49 | 0.161 3 | 272.1 | 2 617 | 2 345 |
| 70 | 0.311 7 | 0.001 022 8 | 5.045 | 977.71 | 0.198 2 | 293.0 | 2 626 | 2 333 |
| 75 | 0.385 5 | 0.001 025 8 | 4.133 | 974.85 | 0.242 0 | 314.0 | 2 635 | 2 321 |
| 80 | 0.473 6 | 0.001 029 0 | 3.048 | 971.82 | 0.293 4 | 334.9 | 2 643 | 2 308 |
| 85 | 0.578 1 | 0.001 032 4 | 2.828 | 968.62 | 0.353 6 | 355.9 | 2 651 | 2 295 |
| 90 | 0.701 1 | 0.001 035 9 | 2.361 | 965.34 | 0.423 5 | 377.0 | 2 659 | 2 282 |
| 100 | 1.013 25 | 0.001 043 5 | 1.673 | 958.31 | 0.597 7 | 419.1 | 2 676 | 2 257 |
| 110 | 1.432 6 | 0.001 051 5 | 1.210 | 951.02 | 0.826 4 | 461.3 | 2 691 | 2 230 |
| 120 | 1.985 4 | 0.001 060 3 | 0.891 7 | 943.13 | 1.121 | 503.7 | 2 706 | 2 202 |
| 130 | 2.701 1 | 0.001 069 7 | 0.668 3 | 934.84 | 1.496 | 546.3 | 2 721 | 2 174 |
| 140 | 3.614 | 0.001 079 8 | 0.508 7 | 926.10 | 1.966 | 589.0 | 2 734 | 2 145 |
| 150 | 4.760 | 0.001 090 6 | 0.392 6 | 916.93 | 2.547 | 632.2 | 2 746 | 2 114 |
| 160 | 6.180 | 0.001 102 1 | 0.306 8 | 907.36 | 3.253 | 675.6 | 2 758 | 2 082 |
| 170 | 7.920 | 0.001 114 4 | 0.242 6 | 897.34 | 4.122 | 719.2 | 2 769 | 2 050 |
| 180 | 10.027 | 0.001 127 5 | 0.193 9 | 886.92 | 5.157 | 763.1 | 2 778 | 2 015 |
| 190 | 12.553 | 0.001 141 5 | 0.156 4 | 876.04 | 6.394 | 807.5 | 2 786 | 1 979 |
| 200 | 15.551 | 0.001 156 5 | 0.127 2 | 864.68 | 7.862 | 852.4 | 2 793 | 1 941 |
| 210 | 19.080 | 0.001 172 6 | 0.104 3 | 852.81 | 9.588 | 897.7 | 2 798 | 1 900 |
| 220 | 23.201 | 0.001 190 0 | 0.086 06 | 840.34 | 11.62 | 943.7 | 2 802 | 1 858 |
| 230 | 27.979 | 0.001 208 7 | 0.071 47 | 827.34 | 13.99 | 990.4 | 2 803 | 1 813 |
| 240 | 33.480 | 0.001 229 1 | 0.059 67 | 813.60 | 16.76 | 1 037.5 | 2 803 | 1 766 |
| 250 | 39.776 | 0.001 251 2 | 0.050 06 | 799.23 | 19.28 | 1 085.7 | 2 801 | 1 715 |
| 260 | 46.94 | 0.001 275 5 | 0.042 15 | 784.01 | 23.72 | 1 135.1 | 2 796 | 1 661 |
| 270 | 55.05 | 0.001 302 3 | 0.035 60 | 767.87 | 28.09 | 1 185.3 | 2 790 | 1 605 |
| 280 | 64.19 | 0.001 332 1 | 0.030 13 | 750.69 | 33.19 | 1 236.9 | 2 780 | 1 542.9 |
| 290 | 74.45 | 0.001 365 5 | 0.025 54 | 732.33 | 39.15 | 1 290.0 | 2 766 | 1 476.3 |
| 300 | 85.92 | 0.001 403 6 | 0.021 64 | 712.45 | 46.21 | 1 344.9 | 2 749 | 1 404.3 |
| 310 | 98.70 | 0.001 447 | 0.018 32 | 691.09 | 54.58 | 1 402.1 | 2 727 | 1 325.2 |
| 320 | 112.90 | 0.001 499 | 0.015 45 | 667.11 | 64.72 | 1 462.1 | 2 700 | 1 237.8 |
| 330 | 128.65 | 0.001 562 | 0.012 97 | 640.20 | 77.10 | 1 526.1 | 2 666 | 1 139.6 |
| 340 | 146.08 | 0.001 639 | 0.010 78 | 610.13 | 92.76 | 1 594.7 | 2 622 | 1 027.0 |
| 350 | 165.37 | 0.001 741 | 0.008 803 | 574.38 | 113.6 | 1 671 | 2 565 | 893.5 |
| 360 | 186.74 | 0.001 894 | 0.006 943 | 527.98 | 144.0 | 1 762 | 2 481 | 719.3 |
| 370 | 210.53 | 0.002 22 | 0.004 93 | 450.45 | 203 | 1 893 | 2 321 | 438.4 |
| 374 | 220.87 | 0.002 80 | 0.003 47 | 357.14 | 288 | 2 032 | 2 147 | 114.7 |
| 374.1 | 221.297 | 0.003 26 | 0.003 26 | 306.75 | 306.75 | 2 100 | 2 100 | 0.0 |

7. 饱和水与饱和蒸气表(按压强排列)

| 压强 $p$ / $10^5$ Pa | 温度 $t$ / ℃ | 比体积 $v/(m^3 \cdot kg^{-1})$ | | 密度 $\rho/(kg \cdot m^{-3})$ | | 焓 $H/(kJ \cdot kg^{-1})$ | | 汽化潜热 $r$ / $kJ \cdot kg^{-1}$ |
|---|---|---|---|---|---|---|---|---|
| | | 液体 | 蒸汽 | 液体 | 蒸汽 | 液体 | 蒸汽 | |
| 0.010 | 6.92 | 0.001 000 1 | 129.9 | 999.0 | 0.007 70 | 29.32 | 2 513 | 2 484 |
| 0.020 | 17.514 | 0.001 001 4 | 66.97 | 998.6 | 0.014 93 | 73.52 | 2 533 | 2 459 |
| 0.030 | 24.097 | 0.001 002 8 | 45.66 | 997.2 | 0.021 90 | 101.04 | 2 545 | 2 444 |
| 0.040 | 28.979 | 0.001 004 1 | 34.81 | 995.9 | 0.028 73 | 121.42 | 2 554 | 2 433 |
| 0.050 | 32.88 | 0.001 005 3 | 28.19 | 994.7 | 0.035 47 | 137.83 | 2 561 | 2 423 |
| 0.060 | 36.18 | 0.001 006 4 | 23.74 | 993.6 | 0.042 12 | 151.50 | 2 567 | 2 415 |
| 0.070 | 39.03 | 0.001 007 5 | 20.53 | 992.6 | 0.048 71 | 163.43 | 2 572 | 2 409 |
| 0.080 | 41.54 | 0.001 008 5 | 18.10 | 991.6 | 0.055 25 | 173.9 | 2 576 | 2 402 |
| 0.090 | 43.79 | 0.001 009 4 | 16.20 | 990.7 | 0.061 72 | 183.3 | 2 580 | 2 397 |
| 0.10 | 45.84 | 0.001 010 3 | 14.68 | 989.8 | 0.068 12 | 191.9 | 2 584 | 2 392 |
| 0.15 | 54.00 | 0.001 014 0 | 10.02 | 986.2 | 0.099 80 | 226.1 | 2 599 | 2 373 |
| 0.20 | 60.08 | 0.001 017 1 | 7.647 | 983.2 | 0.130 8 | 251.4 | 2 609 | 2 358 |
| 0.25 | 64.99 | 0.001 019 9 | 6.202 | 980.5 | 0.161 2 | 272.0 | 2 618 | 2 346 |
| 0.30 | 69.12 | 0.001 022 2 | 5.226 | 978.3 | 0.191 3 | 289.3 | 2 625 | 2 336 |
| 0.40 | 75.88 | 0.001 026 4 | 3.994 | 974.3 | 0.250 4 | 317.7 | 2 636 | 2 318 |
| 0.45 | 78.75 | 0.001 028 2 | 3.574 | 972.6 | 0.279 7 | 329.6 | 2 641 | 2 311 |
| 0.50 | 81.35 | 0.001 029 9 | 3.239 | 971.0 | 0.308 7 | 340.6 | 2 645 | 2 404 |
| 0.55 | 83.74 | 0.001 031 5 | 2.963 | 969.5 | 0.337 5 | 350.7 | 2 649 | 2 298 |
| 0.60 | 85.95 | 0.001 033 0 | 2.732 | 968.1 | 0.366 1 | 360.0 | 2 653 | 2 293 |
| 0.70 | 89.97 | 0.001 035 9 | 2.364 | 965.3 | 0.423 0 | 376.8 | 2 660 | 2 283 |
| 0.80 | 93.52 | 0.001 038 5 | 2.087 | 962.9 | 0.479 2 | 391.8 | 2 665 | 2 273 |
| 0.90 | 96.72 | 0.001 040 9 | 1.869 | 960.7 | 0.535 0 | 405.3 | 2 670 | 2 265 |
| 1.0 | 99.64 | 0.001 043 2 | 1.694 | 958.6 | 0.590 3 | 417.4 | 2 675 | 2 258 |
| 1.5 | 111.38 | 0.001 052 7 | 1.159 | 949.9 | 0.862 7 | 467.2 | 2 693 | 2 226 |
| 2.0 | 120.23 | 0.001 060 5 | 0.885 4 | 943.0 | 1.129 | 504.8 | 2 707 | 2 202 |
| 2.5 | 127.43 | 0.001 067 2 | 0.718 5 | 937.0 | 1.393 | 535.4 | 2 717 | 2 182 |
| 3.0 | 133.54 | 0.001 073 3 | 0.605 7 | 931.7 | 1.651 | 561.4 | 2 725 | 2 164 |
| 3.5 | 138.88 | 0.001 078 6 | 0.524 1 | 927.1 | 1.908 | 584.5 | 2 732 | 2 148 |
| 4.0 | 143.62 | 0.001 083 6 | 0.462 4 | 922.8 | 2.163 | 604.7 | 2 738 | 2 133 |
| 4.5 | 147.92 | 0.001 088 3 | 0.413 9 | 918.9 | 2.416 | 623.4 | 2 744 | 2 121 |
| 5.0 | 151.84 | 0.001 092 7 | 0.374 7 | 915.2 | 2.669 | 640.1 | 2 749 | 2 109 |
| 6.0 | 158.84 | 0.001 100 7 | 0.315 6 | 908.5 | 3.169 | 670.5 | 2 757 | 2 086 |
| 7.0 | 164.96 | 0.001 108 1 | 0.272 8 | 902.4 | 3.666 | 697.2 | 2 764 | 2 067 |
| 8.0 | 170.42 | 0.001 114 9 | 0.240 3 | 896.9 | 4.161 | 720.9 | 2 769 | 2 048 |

续表

| 压强 $p$ / $10^5$ Pa | 温度 $t$ / ℃ | 比体积 $v/(m^3 \cdot kg^{-1})$ | | 密度 $\rho/(kg \cdot m^{-3})$ | | 焓 $H/(kJ \cdot kg^{-1})$ | | 汽化潜热 $r$ / $kJ \cdot kg^{-1}$ |
|---|---|---|---|---|---|---|---|---|
| | | 液体 | 蒸汽 | 液体 | 蒸汽 | 液体 | 蒸汽 | |
| 9.0 | 175.35 | 0.001 121 3 | 0.214 9 | 891.8 | 4.654 | 742.8 | 2 774 | 2 031 |
| 10.0 | 179.88 | 0.001 127 3 | 0.194 6 | 887.1 | 5.139 | 762.7 | 2 778 | 2 015 |
| 11.0 | 184.05 | 0.001 133 1 | 0.177 5 | 882.5 | 5.634 | 781.1 | 2 781 | 2 000 |
| 12.0 | 187.95 | 0.001 138 5 | 0.163 3 | 878.3 | 6.124 | 798.3 | 2 785 | 1 987 |
| 13.0 | 191.60 | 0.001 143 8 | 0.151 2 | 874.3 | 6.614 | 814.5 | 2 787 | 1 973 |
| 14.0 | 195.04 | 0.001 149 0 | 0.140 8 | 870.3 | 7.103 | 830.0 | 2 790 | 1 960 |
| 15.0 | 198.28 | 0.001 153 9 | 0.131 7 | 866.6 | 7.593 | 844.6 | 2 792 | 1 947 |
| 16.0 | 201.36 | 0.001 158 6 | 0.123 8 | 863.1 | 8.080 | 858.3 | 2 793 | 1 935 |
| 17.0 | 204.30 | 0.001 163 2 | 0.116 7 | 859.7 | 8.569 | 871.6 | 2 795 | 1 923 |
| 18.0 | 207.10 | 0.001 167 8 | 0.110 4 | 856.3 | 9.058 | 884.4 | 2 796 | 1 912 |
| 19.0 | 209.78 | 0.001 172 2 | 0.104 7 | 853.1 | 9.549 | 896.6 | 2 798 | 1 901 |
| 20.0 | 212.37 | 0.001 176 6 | 0.099 58 | 849.9 | 10.041 | 908.5 | 2 799 | 1 891 |
| 22.0 | 217.24 | 0.001 185 1 | 0.090 68 | 843.8 | 11.03 | 930.9 | 2 801 | 1 870 |
| 24.0 | 221.77 | 0.001 193 2 | 0.083 24 | 838.1 | 12.01 | 951.8 | 2 802 | 1 850 |
| 26.0 | 226.03 | 0.001 201 2 | 0.076 88 | 835.2 | 13.01 | 971.7 | 2 803 | 1 831 |
| 28.0 | 230.04 | 0.001 208 8 | 0.071 41 | 827.3 | 14.00 | 990.4 | 2 803 | 1 813 |
| 30 | 233.83 | 0.001 216 3 | 0.066 65 | 822.2 | 15.00 | 1 008.3 | 2 804 | 1 796 |
| 35 | 242.54 | 0.001 234 5 | 0.057 04 | 810.0 | 17.53 | 1 049.8 | 2 803 | 1 753 |
| 40 | 250.33 | 0.001 252 0 | 0.049 77 | 798.7 | 20.09 | 1 087.5 | 2 801 | 1 713 |
| 45 | 257.41 | 0.001 269 0 | 0.044 04 | 788.0 | 22.71 | 1 122.1 | 2 798 | 1 676 |
| 50 | 263.91 | 0.001 285 7 | 0.039 44 | 777.8 | 25.35 | 1 154.4 | 2 794 | 1 640 |
| 60 | 275.56 | 0.001 318 5 | 0.032 43 | 758.4 | 30.84 | 1 213.0 | 2 785 | 1 570.8 |
| 70 | 285.80 | 0.001 351 0 | 0.027 37 | 740.2 | 36.54 | 1 267.4 | 2 772 | 1 504.9 |
| 80 | 294.98 | 0.001 383 8 | 0.023 52 | 722.6 | 42.52 | 1 317.0 | 2 758 | 1 441.1 |
| 90 | 303.32 | 0.001 417 4 | 0.020 48 | 705.5 | 48.83 | 1 363.7 | 2 743 | 1 379.3 |
| 100 | 310.96 | 0.001 452 1 | 0.018 03 | 688.7 | 55.46 | 1 407.7 | 2 725 | 1 317.0 |
| 110 | 318.04 | 0.001 489 | 0.015 98 | 671.6 | 62.58 | 1 450.2 | 2 705 | 1 255.4 |
| 120 | 324.63 | 0.001 527 | 0.014 26 | 654.9 | 70.13 | 1 491.1 | 2 685 | 1 193.5 |
| 130 | 330.81 | 0.001 567 | 0.012 77 | 638.2 | 78.30 | 1 531.5 | 2 662 | 1 130.8 |
| 140 | 336.63 | 0.001 611 | 0.011 49 | 620.7 | 87.03 | 1 570.8 | 2 638 | 1 066.9 |
| 160 | 347.32 | 0.001 710 | 0.009 318 | 584.8 | 107.3 | 1 650 | 2 582 | 932.0 |
| 180 | 356.96 | 0.001 837 | 0.007 504 | 544.4 | 133.2 | 1 732 | 2 510 | 778.2 |
| 200 | 365.71 | 0.002 04 | 0.005 85 | 490.2 | 170.9 | 1 827 | 2 410 | 583 |
| 220 | 373.7 | 0.003 73 | 0.003 67 | 366.3 | 272.5 | 2 016 | 2 168 | 152 |
| 221.29 | 374.15 | 0.003 26 | 0.003 26 | 306.75 | 306.75 | 2 100 | 2 100 | 0 |

8. 某些有机液体的相对密度共线图

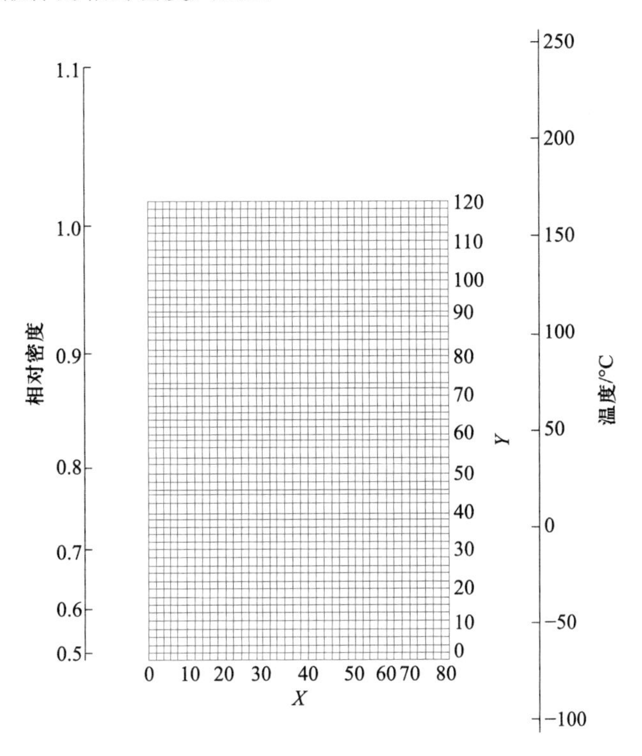


有机液体相对密度共线图的坐标

| 有机液体 | X | Y | 有机液体 | X | Y | 有机液体 | X | Y | 有机液体 | X | Y |
|---|---|---|---|---|---|---|---|---|---|---|---|
| 乙炔 | 20.8 | 10.1 | 十一烷 | 14.4 | 39.2 | 甲酸乙酯 | 37.6 | 68.4 | 氯苯 | 41.9 | 86.7 |
| 乙烷 | 10.3 | 4.4 | 十二烷 | 14.3 | 41.4 | 甲酸丙酯 | 33.8 | 66.7 | 癸烷 | 16.0 | 38.2 |
| 乙烯 | 17.0 | 3.5 | 十三烷 | 15.3 | 42.4 | 丙烷 | 14.2 | 52.2 | 氨 | 22.4 | 24.6 |
| 乙醇 | 24.2 | 48.6 | 十四烷 | 15.8 | 43.3 | 丙酮 | 26.1 | 47.8 | 氯乙烷 | 42.7 | 62.4 |
| 乙醚 | 22.6 | 35.8 | 三乙胺 | 17.9 | 37.0 | 丙醇 | 23.8 | 50.8 | 氯甲烷 | 52.3 | 62.9 |
| 乙丙醚 | 20.0 | 37.0 | 三氯化磷 | 28.0 | 22.1 | 丙酸 | 35.0 | 83.5 | 氯苯 | 41.7 | 105.0 |
| 乙硫醇 | 32.0 | 55.5 | 己烷 | 13.5 | 27.0 | 丙酸甲酯 | 36.5 | 68.3 | 氰丙烷 | 20.1 | 44.6 |
| 乙硫醚 | 25.7 | 55.3 | 壬烷 | 16.2 | 36.5 | 丙酸乙酯 | 32.1 | 63.9 | 氰甲烷 | 21.8 | 44.9 |
| 二乙酸 | 17.8 | 33.5 | 六氢吡啶 | 27.5 | 60.0 | 戊烷 | 12.6 | 22.6 | 环己烷 | 19.6 | 44.0 |
| 二氧化碳 | 78.6 | 45.4 | 甲乙醚 | 25.0 | 34.4 | 异戊烷 | 13.5 | 22.5 | 醋酸 | 40.6 | 93.5 |
| 异丁烷 | 13.7 | 16.5 | 甲醇 | 25.8 | 49.1 | 辛烷 | 12.7 | 32.5 | 醋酸甲酯 | 40.1 | 70.3 |
| 丁酸 | 31.3 | 78.7 | 甲硫醇 | 37.3 | 59.6 | 庚烷 | 12.6 | 29.8 | 醋酸乙酯 | 35.0 | 65.0 |
| 丁酸甲酯 | 31.5 | 65.5 | 甲硫醚 | 31.9 | 57.4 | 苯 | 32.7 | 63.0 | 醋酸丙酯 | 33.0 | 65.5 |
| 异丁酸 | 31.5 | 75.9 | 甲酸 | 27.2 | 30.1 | 苯酯 | 35.7 | 103.8 | 甲苯 | 27.0 | 61.0 |
| 丁酸(异)甲酯 | 33.0 | 64.1 | 甲酸甲酯 | 46.4 | 74.6 | 苯胺 | 33.5 | 92.5 | 异戊醇 | 20.5 | 52.0 |

9. 液体黏度共线图

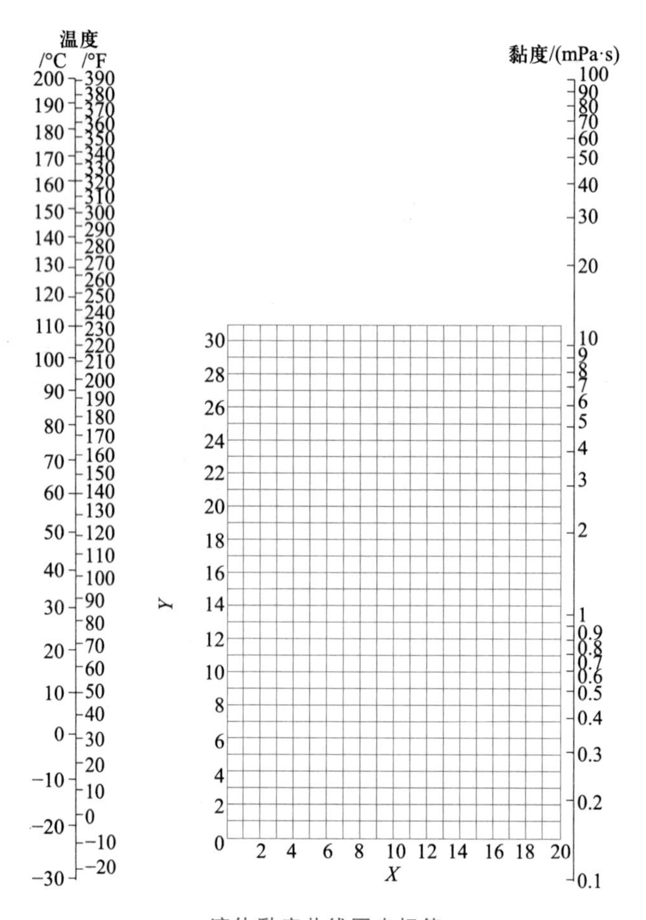


液体黏度共线图坐标值

用法举例,求苯在 50 ℃时的黏度,从本表序号 26 查得苯的 $X=12.5$,$Y=10.9$。把这两个数值标在前页共线图的 $X-Y$ 坐标上的一点,把这点与图中左方温度标尺上 50 ℃的点连成一直线,延长,与右方黏度标尺相交,由此交点定出 50 ℃苯的黏度。

| 序号 | 名称 | $X$ | $Y$ | 序号 | 名称 | $X$ | $Y$ |
|---|---|---|---|---|---|---|---|
| 1 | 水 | 10.2 | 13.0 | 9 | 溴 | 14.2 | 18.2 |
| 2 | 盐水(25%NaCl) | 10.2 | 16.6 | 10 | 汞 | 18.4 | 16.4 |
| 3 | 盐水(25%$CaCl_2$) | 6.6 | 15.9 | 11 | 硫酸(110%) | 7.2 | 27.4 |
| 4 | 氨 | 12.6 | 2.0 | 12 | 硫酸(100%) | 8.0 | 25.1 |
| 5 | 氨水(26%) | 10.1 | 13.9 | 13 | 硫酸(98%) | 7.0 | 24.8 |
| 6 | 二氧化碳 | 11.6 | 0.3 | 14 | 硫酸(60%) | 10.2 | 21.3 |
| 7 | 二氧化硫 | 15.2 | 7.1 | 15 | 硝酸(95%) | 12.8 | 13.8 |
| 8 | 二硫化碳 | 16.1 | 7.5 | 16 | 硝酸(60%) | 10.8 | 17.0 |

续表

| 序号 | 名称 | $X$ | $Y$ | 序号 | 名称 | $X$ | $Y$ |
|---|---|---|---|---|---|---|---|
| 17 | 盐酸(31.5%) | 13.0 | 16.6 | 39 | 甲醇(90%) | 12.3 | 11.8 |
| 18 | 氢氧化钠(50%) | 3.2 | 25.8 | 40 | 甲醇(40%) | 7.8 | 15.5 |
| 19 | 戊烷 | 14.9 | 5.2 | 41 | 乙醇(100%) | 10.5 | 13.8 |
| 20 | 己烷 | 14.7 | 7.0 | 42 | 乙醇(95%) | 9.8 | 14.3 |
| 21 | 庚烷 | 14.1 | 8.4 | 43 | 乙醇(40%) | 6.5 | 16.6 |
| 22 | 辛烷 | 13.7 | 10.0 | 44 | 乙二醇 | 6.0 | 23.6 |
| 23 | 三氯甲烷 | 14.4 | 10.2 | 45 | 甘油(100%) | 2.0 | 30.0 |
| 24 | 四氯化碳 | 12.7 | 13.1 | 46 | 甘油(50%) | 6.9 | 19.6 |
| 25 | 二氯乙烷 | 13.2 | 12.2 | 47 | 乙醚 | 14.5 | 5.3 |
| 26 | 苯 | 12.5 | 10.9 | 48 | 乙醛 | 15.2 | 14.8 |
| 27 | 甲苯 | 13.7 | 10.4 | 49 | 丙酮 | 14.5 | 7.2 |
| 28 | 邻二甲苯 | 13.5 | 12.1 | 50 | 甲酸 | 10.7 | 15.8 |
| 29 | 间二甲苯 | 13.9 | 10.6 | 51 | 醋酸(100%) | 12.1 | 14.2 |
| 30 | 对二甲苯 | 13.9 | 10.9 | 52 | 醋酸(70%) | 9.5 | 17.0 |
| 31 | 乙苯 | 13.2 | 11.5 | 53 | 醋酸酐 | 12.7 | 12.8 |
| 32 | 氯苯 | 12.3 | 12.4 | 54 | 醋酸乙酯 | 13.7 | 9.1 |
| 33 | 硝基苯 | 10.6 | 16.2 | 55 | 醋酸戊酯 | 11.8 | 12.5 |
| 34 | 苯胺 | 8.1 | 18.7 | 56 | 氟利昂-11 | 14.4 | 9.0 |
| 35 | 酚 | 6.9 | 20.8 | 57 | 氟利昂-12 | 16.8 | 5.6 |
| 36 | 联苯 | 12.0 | 18.3 | 58 | 氟利昂-21 | 15.7 | 7.5 |
| 37 | 萘 | 7.9 | 18.1 | 59 | 氟利昂-22 | 17.2 | 4.7 |
| 38 | 甲醇(100%) | 12.4 | 10.5 | 60 | 煤油 | 10.2 | 16.9 |

10. 液体的比热容共线图

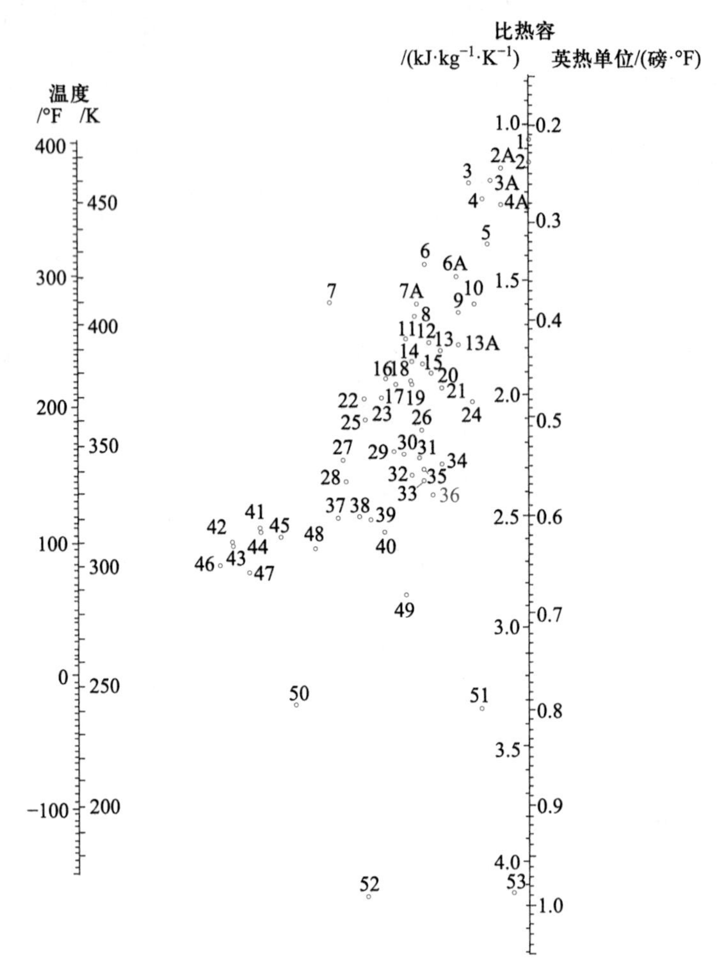


液体比热容共线图中的编号

| 编号 | 名称 | 温度范围/℃ | 编号 | 名称 | 温度范围/℃ |
|---|---|---|---|---|---|
| 53 | 水 | 10～200 | 28 | 庚烷 | 0～60 |
| 51 | 盐水(25%NaCl) | −40～20 | 33 | 辛烷 | −50～25 |
| 49 | 盐水(25%$CaCl_2$) | −40～20 | 34 | 壬烷 | −50～25 |
| 52 | 氨 | −70～50 | 21 | 癸烷 | −80～25 |
| 11 | 二氧化硫 | −20～100 | 13A | 氯甲烷 | −80～20 |
| 2 | 二氧化碳 | −100～25 | 5 | 二氯甲苯 | −40～50 |
| 9 | 硫酸(98%) | 10～45 | 4 | 三氯甲烷 | 0～50 |
| 48 | 盐酸(30%) | 20～100 | 22 | 二苯基甲烷 | 30～100 |
| 35 | 己烷 | −80～20 | 3 | 四氯化碳 | 10～60 |

续表

| 编号 | 名称 | 温度范围/℃ | 编号 | 名称 | 温度范围/℃ |
| --- | --- | --- | --- | --- | --- |
| 13 | 氯乙烷 | −30～40 | 50 | 乙醇(50%) | 20～80 |
| 1 | 溴乙烷 | 5～25 | 45 | 丙醇 | −20～100 |
| 7 | 碘乙烷 | 0～100 | 47 | 异丙醇 | 20～50 |
| 6A | 二氯乙烷 | −30～60 | 44 | 丁醇 | 0～100 |
| 3 | 过氯乙烯 | −30～40 | 43 | 异丁醇 | 0～100 |
| 23 | 苯 | 10～80 | 37 | 戊醇 | −50～25 |
| 23 | 甲苯 | 0～60 | 41 | 异戊醇 | 10～100 |
| 17 | 对二甲苯 | 0～100 | 39 | 乙二醇 | −40～200 |
| 18 | 间二甲苯 | 0～100 | 38 | 甘油 | −40～20 |
| 19 | 邻二甲苯 | 0～100 | 27 | 苯甲醇 | −20～30 |
| 8 | 氯苯 | 0～100 | 36 | 乙醚 | −100～25 |
| 12 | 硝基苯 | 0～100 | 31 | 异丙醇 | −80～200 |
| 30 | 苯胺 | 0～130 | 32 | 丙酮 | 20～50 |
| 10 | 苯甲基氯 | −30～30 | 29 | 醋酸 | 0～80 |
| 25 | 乙苯 | 0～100 | 24 | 醋酸乙酯 | −50～25 |
| 15 | 联苯 | 80～120 | 26 | 醋酸戊酯 | 0～100 |
| 16 | 联苯醚 | 0～200 | 20 | 吡啶 | −50～25 |
| 16 | 联苯-联苯醚 | 0～200 | 2A | 氟利昂-11 | −20～70 |
| 14 | 萘 | 90～200 | 6 | 氟利昂-12 | −40～15 |
| 40 | 甲醇 | −40～20 | 4A | 氟利昂-21 | −20～70 |
| 42 | 乙醇(100%) | 30～80 | 7A | 氟利昂-22 | −20～60 |
| 46 | 乙醇(95%) | 20～80 | 3A | 氟利昂-113 | −20～70 |

## 11. 液体汽化潜热共线图

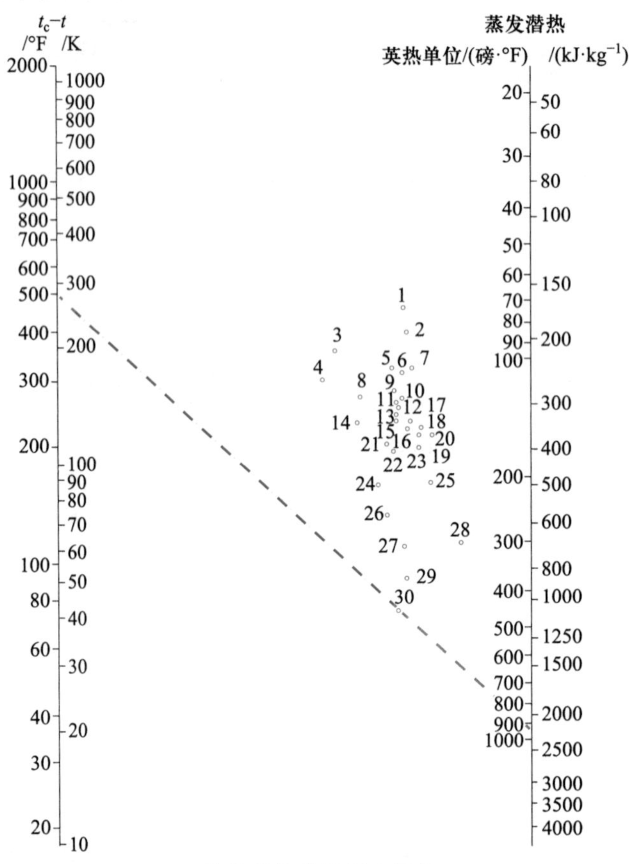


蒸发潜热共线图坐标值

| 号数 | 化合物 | 范围 $(t_c-t)$/℃ | 临界温度 $t_c$/℃ | 号数 | 化合物 | 范围 $(t_c-t)$/℃ | 临界温度 $t_c$/℃ |
|---|---|---|---|---|---|---|---|
| 18 | 醋酸 | 100～225 | 321 | 2 | 氟利昂-12($CCl_2F_2$) | 40～200 | 111 |
| 22 | 丙酮 | 120～210 | 235 | 5 | 氟利昂-21($CHCl_2F$) | 70～250 | 178 |
| 29 | 氨 | 50～200 | 133 | 6 | 氟利昂-22($CHClF_2$) | 50～170 | 96 |
| 13 | 苯 | 10～400 | 289 | 1 | 氟利昂-113 ($CCl_2F-CClF_2$) | 90～250 | 214 |
| 16 | 丁烷 | 90～200 | 153 | | | | |
| 21 | 二氧化碳 | 10～100 | 31 | 10 | 庚烷 | 20～300 | 267 |
| 4 | 二硫化碳 | 140～275 | 273 | 11 | 己烷 | 50～225 | 235 |
| 2 | 四氯化碳 | 30～250 | 283 | 15 | 异丁烷 | 80～200 | 134 |
| 7 | 三氯甲烷 | 140～275 | 263 | 27 | 甲醇 | 40～250 | 240 |
| 8 | 二氯甲烷 | 150～250 | 516 | 20 | 氯甲烷 | 0～250 | 143 |
| 3 | 联苯 | 175～400 | 5 | 19 | 一氧化二氮 | 25～150 | 36 |
| 25 | 乙烷 | 25～150 | 32 | 9 | 辛烷 | 30～300 | 296 |
| 26 | 乙醇 | 20～140 | 243 | 12 | 戊烷 | 20～200 | 197 |
| 28 | 乙醇 | 140～300 | 243 | 23 | 丙烷 | 40～200 | 96 |
| 17 | 氯乙烷 | 100～250 | 187 | 24 | 丙醇 | 20～200 | 264 |
| 13 | 乙醚 | 10～400 | 194 | 14 | 二氧化硫 | 90～160 | 157 |
| 2 | 氟利昂-11($CCl_3F$) | 70～250 | 198 | 30 | 水 | 150～500 | 374 |

12. 气体黏度共线图(常压下使用)

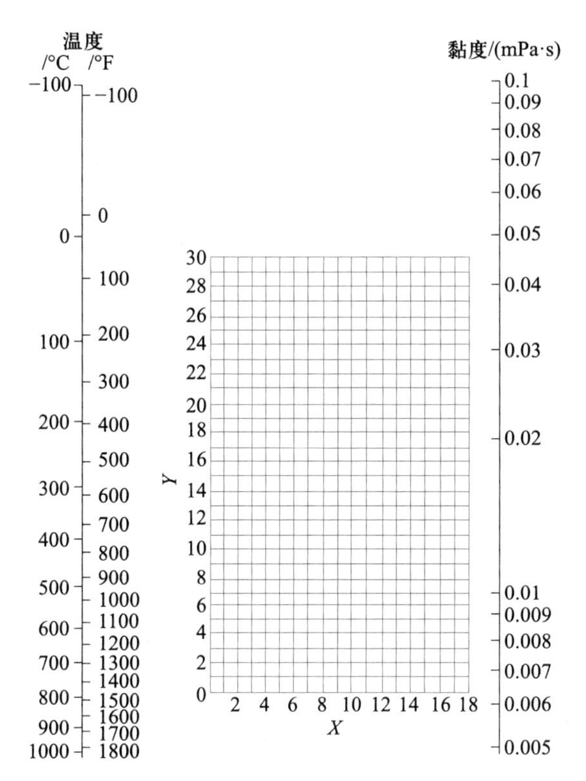


气体黏度共线图坐标值

| 序号 | 名称 | X | Y | 序号 | 名称 | X | Y | 序号 | 名称 | X | Y |
|---|---|---|---|---|---|---|---|---|---|---|---|
| 1 | 空气 | 11.0 | 20.0 | 15 | 氟 | 7.3 | 23.8 | 29 | 甲苯 | 8.6 | 12.4 |
| 2 | 氧 | 11.0 | 21.3 | 16 | 氯 | 9.0 | 18.4 | 30 | 甲醇 | 8.5 | 15.6 |
| 3 | 氮 | 10.6 | 20.0 | 17 | 氯化氢 | 8.8 | 18.7 | 31 | 乙醇 | 9.2 | 14.2 |
| 4 | 氢 | 11.2 | 12.4 | 18 | 甲烷 | 9.9 | 15.5 | 32 | 丙醇 | 8.4 | 13.4 |
| 5 | $3H_2+N_2$ | 11.2 | 17.2 | 19 | 乙烷 | 9.1 | 14.5 | 33 | 醋酸 | 7.7 | 14.3 |
| 6 | 水蒸气 | 8.0 | 16.0 | 20 | 乙烯 | 9.5 | 15.1 | 34 | 丙酮 | 8.9 | 13.0 |
| 7 | 二氧化碳 | 9.5 | 18.7 | 21 | 乙炔 | 9.8 | 14.9 | 35 | 乙醚 | 8.9 | 13.0 |
| 8 | 一氧化碳 | 11.0 | 20.0 | 22 | 丙烷 | 9.7 | 12.9 | 36 | 醋酸乙酯 | 8.5 | 13.2 |
| 9 | 氨 | 8.4 | 16.6 | 23 | 丙烯 | 9.0 | 13.8 | 37 | 氟利昂−11 | 10.6 | 15.1 |
| 10 | 硫化氢 | 8.6 | 18.0 | 24 | 丁烯 | 9.2 | 13.7 | 38 | 氟利昂−12 | 11.1 | 16.0 |
| 11 | 二氧化硫 | 9.6 | 17.0 | 25 | 戊烷 | 7.0 | 12.8 | 39 | 氟利昂−21 | 10.8 | 15.3 |
| 12 | 二硫化碳 | 8.0 | 16.0 | 26 | 己烷 | 8.6 | 11.8 | 40 | 氟利昂−22 | 10.1 | 17.0 |
| 13 | 一氧化二氮 | 8.8 | 19.0 | 27 | 三氯甲烷 | 8.9 | 15.7 | | | | |
| 14 | 一氧化氯 | 10.9 | 20.5 | 28 | 苯 | 8.5 | 13.2 | | | | |

13. 101.3 kPa 压强下气体的比热容共线图

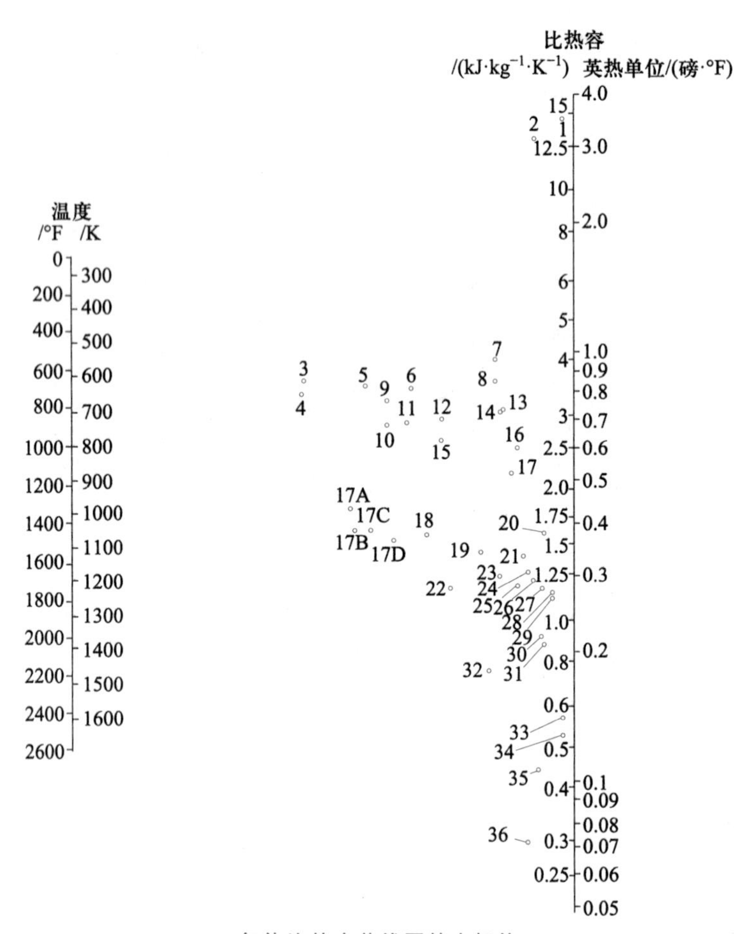


气体比热容共线图的坐标值

| 号数 | 气体 | 温度范围/K | 号数 | 气体 | 温度范围/K |
|---|---|---|---|---|---|
| 10 | 乙炔 | 273～473 | 3 | 乙烷 | 273～473 |
| 15 | 乙炔 | 473～673 | 9 | 乙烷 | 473～873 |
| 16 | 乙炔 | 673～1 673 | 8 | 乙烷 | 873～1 673 |
| 27 | 空气 | 273～1 673 | 4 | 乙烯 | 273～473 |
| 12 | 氨 | 273～873 | 11 | 乙烯 | 473～873 |
| 14 | 氨 | 873～1 673 | 13 | 乙烯 | 873～1 673 |
| 18 | 二氧化碳 | 273～673 | 17B | 氟利昂-11($CCl_3F$) | 273～423 |
| 24 | 二氧化碳 | 673～1 673 | 17C | 氟利昂-21($CHCl_2F$) | 273～423 |
| 26 | 一氧化碳 | 273～1 673 | 17A | 氟利昂-22($CHClF_2$) | 273～423 |
| 32 | 氯 | 273～473 | 17D | 氟利昂-113($CCl_2F-CClF_2$) | 273～423 |
| 34 | 氯 | 473～1 673 | 1 | 氢 | 273～873 |

续表

| 号数 | 气体 | 温度范围/K | 号数 | 气体 | 温度范围/K |
|---|---|---|---|---|---|
| 2 | 氢 | 873～1 673 | 25 | 一氧化氢 | 273～973 |
| 35 | 溴化氢 | 273～1 673 | 28 | 一氧化氢 | 973～1 673 |
| 30 | 氯化氢 | 273～1 673 | 26 | 氮 | 273～1 673 |
| 20 | 氟化氢 | 273～1 673 | 23 | 氧 | 273～773 |
| 36 | 碘化氢 | 273～1 673 | 29 | 氧 | 773～1 673 |
| 19 | 硫化氢 | 273～973 | 33 | 硫 | 573～1 673 |
| 21 | 硫化氢 | 973～1 673 | 22 | 二氧化硫 | 273～673 |
| 5 | 甲烷 | 273～573 | 31 | 二氧化硫 | 673～1 673 |
| 6 | 甲烷 | 573～973 | 17 | 水 | 273～1 673 |
| 7 | 甲烷 | 973～1 673 | | | |

14. 某些液体的导热系数(单位:$W \cdot m^{-1} \cdot K^{-1}$)

| 液体名称 | 温度/℃ | | | | | | |
|---|---|---|---|---|---|---|---|
| | 0 | 25 | 50 | 75 | 100 | 125 | 150 |
| 丁醇 | 0.156 | 0.152 | 0.148 3 | 0.144 | | | |
| 异丙醇 | 0.154 | 0.150 | 0.146 0 | 0.142 | | | |
| 甲醇 | 0.214 | 0.210 7 | 0.207 0 | 0.205 | | | |
| 乙醇 | 0.189 | 0.183 2 | 0.177 4 | 0.171 5 | | | |
| 醋酸 | 0.177 | 0.171 5 | 0.166 3 | 0.162 | | | |
| 甲酸 | 0.206 5 | 0.256 | 0.251 8 | 0.247 1 | | | |
| 丙酮 | 0.174 5 | 0.169 | 0.163 | 0.157 6 | 0.151 | | |
| 硝基苯 | 0.154 1 | 0.150 | 0.147 | 0.143 | 0.140 | 0.136 | |
| 二甲苯 | 0.136 7 | 0.131 | 0.127 | 0.121 5 | 0.117 | 0.111 | |
| 甲苯 | 0.141 3 | 0.136 | 0.129 | 0.123 | 0.119 | 0.112 | |
| 苯 | 0.151 | 0.144 8 | 0.138 | 0.132 | 0.126 | 0.120 4 | |
| 苯胺 | 0.186 | 0.181 | 0.177 | 0.172 | 0.168 1 | 0.163 4 | 0.159 |
| 甘油 | 0.277 | 0.279 7 | 0.283 2 | 0.286 | 0.289 | 0.292 | 0.295 |
| 凡士林 | 0.125 | 0.120 4 | 0.122 | 0.121 | 0.119 | 0.117 | 0.115 7 |
| 蓖麻油 | 0.184 | 0.180 8 | 0.177 4 | 0.174 | 0.171 | 0.168 0 | 0.165 |

15. 常用气体的导热系数图

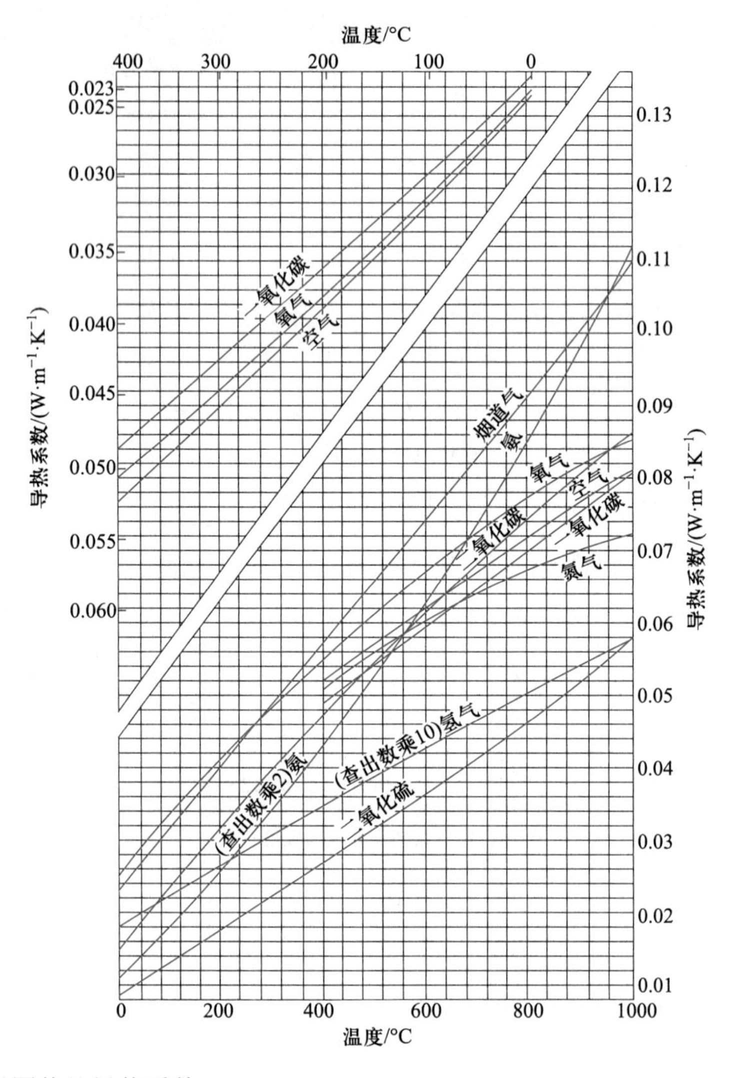


16. 常见固体的导热系数

(1) 常见金属的导热系数(单位:W·m$^{-1}$·K$^{-1}$)

| 材料 | 温度/℃ | | | | |
|---|---|---|---|---|---|
| | 0 | 100 | 200 | 300 | 400 |
| 铝 | 227.95 | 227.95 | 227.95 | 227.95 | 227.95 |
| 铜 | 383.79 | 379.14 | 372.16 | 367.51 | 362.86 |
| 铁 | 73.27 | 67.45 | 61.64 | 54.66 | 48.85 |
| 铅 | 35.12 | 33.38 | 31.40 | 29.77 | — |
| 镁 | 172.12 | 167.47 | 162.82 | 158.17 | — |
| 镍 | 93.04 | 82.57 | 73.27 | 63.97 | 59.31 |

续表

| 材料 | 温度/℃ | | | | |
|---|---|---|---|---|---|
| | 0 | 100 | 200 | 300 | 400 |
| 银 | 414.03 | 409.38 | 373.32 | 361.69 | 359.37 |
| 锌 | 112.81 | 109.90 | 105.83 | 101.18 | 93.04 |
| 碳钢 | 52.34 | 48.85 | 44.19 | 41.87 | 34.89 |
| 不锈钢 | 16.28 | 17.45 | 17.45 | 18.49 | — |

(2) 常见非金属材料导热系数

| 材料 | 温度/℃ | 导热系数/W/(m·K) | 材料 | 温度/℃ | 导热系数/W/(m·K) |
|---|---|---|---|---|---|
| 软木 | 30 | 0.043 0 | 矿渣棉 | 30 | 0.058 |
| 超细玻璃棉 | 36 | 0.030 | 玻璃棉毡 | 28 | 0.043 |
| 保温灰 | — | 0.07 | 泡沫塑料 | — | 0.046 5 |
| 硅藻土 | — | 0.114 | 玻璃 | 30 | 1.093 |
| 膨胀蛭石 | 20 | 0.052～0.07 | 混凝土 | — | 1.28 |
| 石棉板 | 50 | 0.146 | 耐火砖 | — | 1.05 |
| 石棉绳 | — | 0.105～0.209 | 普通砖 | — | 0.8 |
| 水泥珍珠岩制品 | — | 0.07～0.113 | 绝热砖 | — | 0.116～0.21 |

17. 某些双组分混合物在 101.3 kPa 压强下的气、液平衡数据

(1) 甲醇－水

| 温度 $t$/℃ | 甲醇的摩尔分数 | | 温度 $t$/℃ | 甲醇的摩尔分数 | |
|---|---|---|---|---|---|
| | 液相,$x$ | 气相,$y$ | | 液相,$x$ | 气相,$y$ |
| 100.0 | 0.0 | 0.0 | 75.3 | 0.40 | 0.729 |
| 96.4 | 0.02 | 0.134 | 73.1 | 0.50 | 0.779 |
| 93.5 | 0.04 | 0.234 | 71.2 | 0.60 | 0.825 |
| 91.2 | 0.06 | 0.304 | 69.3 | 0.70 | 0.870 |
| 89.3 | 0.08 | 0.365 | 67.6 | 0.80 | 0.915 |
| 87.7 | 0.10 | 0.418 | 66.0 | 0.90 | 0.958 |
| 84.4 | 0.15 | 0.517 | 65.0 | 0.95 | 0.979 |
| 81.7 | 0.20 | 0.579 | 64.5 | 1.00 | 1.00 |
| 78.0 | 0.30 | 0.665 | | | |

(2) 苯-甲苯

| 温度 $t$/℃ | 苯的摩尔分数 | | 温度 $t$/℃ | 苯的摩尔分数 | |
|---|---|---|---|---|---|
| | 液相,$x$ | 气相,$y$ | | 液相,$x$ | 气相,$y$ |
| 110.4 | 0.0 | 0.0 | 92.0 | 0.508 | 0.720 |
| 108.0 | 0.058 | 0.128 | 88.0 | 0.659 | 0.830 |
| 104.0 | 0.155 | 0.304 | 84.0 | 0.83 | 0.932 |
| 100.0 | 0.256 | 0.453 | 80.02 | 1.00 | 1.00 |
| 96.0 | 0.376 | 0.596 | | | |



(3) 正己烷-正庚烷

| 温度 $T$/K | 正己烷的摩尔分数 | | 温度 $T$/K | 正己烷的摩尔分数 | |
|---|---|---|---|---|---|
| | 液相,$x$ | 气相,$y$ | | 液相,$x$ | 气相,$y$ |
| 303 | 1.00 | 1.00 | 323 | 0.214 | 0.449 |
| 309 | 0.715 | 0.856 | 329 | 0.091 | 0.228 |
| 313 | 0.524 | 0.770 | 331 | 0.0 | 0.0 |
| 319 | 0.347 | 0.625 | | | |

(4) 乙醇-水

| 温度 $t$/℃ | 乙醇的摩尔分数 | | 温度 $t$/℃ | 乙醇的摩尔分数 | |
|---|---|---|---|---|---|
| | 液相,$x$ | 气相,$y$ | | 液相,$x$ | 气相,$y$ |
| 100.0 | 0 | 0 | 81.5 | 0.327 3 | 0.582 6 |
| 95.5 | 0.019 0 | 0.170 0 | 80.7 | 0.396 5 | 0.612 2 |
| 89.0 | 0.072 1 | 0.389 1 | 79.8 | 0.507 9 | 0.656 4 |
| 86.7 | 0.096 6 | 0.437 5 | 79.7 | 0.519 8 | 0.659 9 |
| 85.3 | 0.123 8 | 0.470 4 | 79.3 | 0.573 2 | 0.684 1 |
| 84.1 | 0.166 1 | 0.508 9 | 78.74 | 0.676 3 | 0.738 5 |
| 82.7 | 0.233 7 | 0.544 5 | 78.41 | 0.747 2 | 0.781 5 |
| 82.3 | 0.260 8 | 0.558 0 | 78.15 | 0.894 3 | 0.894 3 |

## 18. 某些气体溶于水中的亨利系数

| 气体 | 温度 $t$/℃ | | | | | | | | | | | | | | | |
|---|---|---|---|---|---|---|---|---|---|---|---|---|---|---|---|---|
| | 0 | 5 | 10 | 15 | 20 | 25 | 30 | 35 | 40 | 45 | 50 | 60 | 70 | 80 | 90 | 100 |
| | $E/(10^6\ kPa)$ | | | | | | | | | | | | | | | |
| $H_2$ | 5.87 | 6.16 | 6.44 | 6.70 | 6.92 | 7.16 | 7.39 | 7.52 | 7.61 | 7.70 | 7.75 | 7.75 | 7.71 | 7.65 | 7.61 | 7.55 |
| $N_2$ | 5.35 | 6.05 | 6.77 | 7.48 | 8.15 | 8.76 | 9.36 | 9.98 | 10.5 | 11.0 | 11.4 | 12.2 | 12.7 | 12.8 | 12.8 | 12.8 |
| 空气 | 4.38 | 4.94 | 5.56 | 6.15 | 6.73 | 7.30 | 7.81 | 8.34 | 8.82 | 9.23 | 9.59 | 10.2 | 10.6 | 10.8 | 10.9 | 10.8 |
| CO | 3.57 | 4.01 | 4.48 | 4.95 | 5.43 | 5.88 | 6.28 | 6.68 | 7.05 | 7.39 | 7.71 | 8.32 | 8.57 | 8.57 | 8.57 | 8.57 |
| $O_2$ | 2.58 | 2.95 | 3.31 | 3.69 | 4.06 | 4.44 | 4.81 | 5.14 | 5.42 | 5.70 | 5.96 | 6.37 | 6.72 | 6.96 | 7.08 | 7.10 |
| $CH_4$ | 2.27 | 2.62 | 3.01 | 3.41 | 3.81 | 4.18 | 4.55 | 4.92 | 5.27 | 5.58 | 5.85 | 6.34 | 6.75 | 6.91 | 7.01 | 7.10 |
| NO | 1.71 | 1.96 | 2.21 | 2.45 | 2.67 | 2.91 | 3.14 | 3.35 | 3.57 | 3.77 | 3.95 | 4.24 | 4.44 | 4.54 | 4.58 | 4.60 |
| $C_2H_6$ | 1.28 | 1.57 | 1.92 | 2.90 | 2.66 | 3.06 | 3.47 | 3.88 | 4.29 | 4.69 | 5.07 | 5.72 | 6.31 | 6.70 | 6.96 | 7.01 |
| | $E/(10^5\ kPa)$ | | | | | | | | | | | | | | | |
| $C_2H_4$ | 5.59 | 6.62 | 7.78 | 9.07 | 10.3 | 110.6 | 12.9 | — | — | — | — | — | — | — | — | — |
| $N_2O$ | | 1.19 | 1.43 | 1.68 | 2.01 | 2.28 | 2.62 | 3.06 | — | — | — | — | — | — | — | — |
| $CO_2$ | 0.738 | 0.888 | 1.05 | 1.24 | 1.44 | 1.66 | 1.88 | 2.12 | 2.36 | 2.60 | 2.87 | 3.46 | — | — | — | — |
| $C_2H_2$ | 0.73 | 0.85 | 0.97 | 1.09 | 1.23 | 1.35 | 1.48 | — | — | — | — | — | — | — | — | — |
| $Cl_2$ | 0.272 | 0.334 | 0.399 | 0.461 | 0.537 | 0.604 | 0.669 | 0.74 | 0.80 | 0.86 | 0.90 | 0.97 | 0.99 | 0.97 | 0.96 | |
| $H_2S$ | 0.272 | 0.319 | 0.372 | 0.418 | 0.489 | 0.552 | 0.317 | 0.686 | 0.755 | 0.825 | 0.869 | 1.04 | 1.21 | 1.37 | 1.46 | 1.50 |
| | $E/(10^4\ kPa)$ | | | | | | | | | | | | | | | |
| $SO_2$ | 0.167 | 0.203 | 0.245 | 0.294 | 0.355 | 0.413 | 0.485 | 0.567 | 0.661 | 0.763 | 0.871 | 1.11 | 1.39 | 1.70 | 2.01 | — |

19. 管子规格

(1) 无缝钢管规格(摘自 YB231—70)

| 公称直径 DN/mm | 实际外径 mm | 管壁厚度/mm | | | | | | |
|---|---|---|---|---|---|---|---|---|
| | | PN=16 | PN=25 | PN=40 | PN=64 | PN=100 | PN=160 | PN=200 |
| 15 | 18 | 2.5 | 2.5 | 2.5 | 2.5 | 3 | 3 | 3 |
| 20 | 25 | 2.5 | 2.5 | 2.5 | 2.5 | 3 | 3 | 4 |
| 25 | 32 | 2.5 | 2.5 | 2.5 | 3 | 3.5 | 3.5 | 5 |
| 32 | 38 | 2.5 | 2.5 | 3 | 3 | 3.5 | 3.5 | 6 |
| 40 | 45 | 2.5 | 3 | 3 | 3.5 | 3.5 | 4.5 | 6 |
| 50 | 57 | 2.5 | 3 | 3.5 | 3.5 | 4.5 | 5 | 7 |
| 70 | 76 | 3 | 3.5 | 3.5 | 4.5 | 6 | 6 | 9 |
| 80 | 89 | 3.5 | 4 | 4 | 5 | 6 | 7 | 11 |
| 100 | 103 | 4 | 4 | 4 | 6 | 7 | 12 | 13 |
| 125 | 133 | 4 | 4 | 4.5 | 6 | 9 | 13 | 17 |
| 150 | 159 | 4.5 | 4.5 | 5 | 7 | 10 | 17 | — |
| 200 | 219 | 6 | 6 | 7 | 10 | 13 | 21 | — |
| 250 | 273 | 8 | 7 | 8 | 11 | 16 | — | — |
| 300 | 325 | 8 | 8 | 9 | 12 | — | — | — |
| 350 | 377 | 9 | 9 | 10 | 13 | — | — | — |
| 400 | 426 | 9 | 10 | 12 | 15 | — | — | — |

注:表中公称压力 PN 的单位为 $kgf/cm^2$,1 $kgf/cm^2$ =98.1 kPa。

(2) 水、煤气钢管(有缝钢管)(摘自 YB234—63)

| 公称直径 DN | | 实际外径/mm | 壁厚/mm | |
|---|---|---|---|---|
| 英寸 | mm | | 普通级 | 加强级 |
| $\frac{1}{4}$ | 8 | 13.50 | 2.25 | 2.75 |
| $\frac{3}{8}$ | 10 | 17.00 | 2.25 | 2.75 |
| $\frac{1}{2}$ | 15 | 21.25 | 2.75 | 3.25 |
| $\frac{3}{4}$ | 20 | 26.75 | 2.75 | 3.50 |
| 1 | 25 | 33.50 | 3.25 | 4.00 |
| $1\frac{1}{4}$ | 32 | 42.25 | 3.25 | 4.00 |
| $1\frac{1}{2}$ | 40 | 48.00 | 3.50 | 4.25 |

续表

| 公称直径 DN | | 实际外径/mm | 壁厚/mm | |
|---|---|---|---|---|
| 英寸 | mm | | 普通级 | 加强级 |
| 2 | 50 | 60.00 | 3.50 | 4.50 |
| $2\frac{1}{2}$ | 70 | 75.50 | 3.75 | 4.50 |
| 3 | 80 | 88.50 | 3.75 | 4.75 |
| 4 | 100 | 114.60 | 4.00 | 5.00 |
| 5 | 125 | 140.00 | 4.00 | 5.50 |
| 6 | 150 | 165.00 | 4.50 | 5.50 |

20. IS 型离心泵性能表

| 泵型号 | 流量 $m^3/h$ | 扬程 m | 转速 r/min | 气蚀余量/m | 泵效率 % | 功率/kW | | 参考价格 元 | 泵外形尺寸(长×宽×高)/mm | 泵口径/mm | |
|---|---|---|---|---|---|---|---|---|---|---|---|
| | | | | | | 轴功率 | 配带功率 | | | 吸入 | 排出 |
| IS50－32－125 | 7.5 | | 2 900 | | | | 2.2 | 570 | 465×190×252 | 50 | 32 |
| | 12.5 | 20 | 2 900 | 2.0 | 60 | 1.13 | 2.2 | | | | |
| | 15 | | 2 900 | | | | 2.2 | | | | |
| | 3.75 | | 1 450 | | | | 0.55 | | | | |
| | 6.3 | 5 | 1 450 | 2.0 | 54 | 0.16 | 0.55 | | | | |
| | 7.5 | | 1 450 | | | | 0.55 | | | | |
| IS50－32－160 | 7.5 | | 2 900 | | | | 3 | 610 | 465×240×292 | 50 | 32 |
| | 12.5 | 32 | 2 900 | 2.0 | 54 | 2.02 | 3 | | | | |
| | 15 | | 2 900 | | | | 3 | | | | |
| | 3.75 | | 1 450 | | | | 0.55 | | | | |
| | 6.3 | 8 | 1 450 | 2.0 | 48 | 0.28 | 0.55 | | | | |
| | 7.5 | | 1 450 | | | | 0.55 | | | | |
| IS50－32－200 | 7.5 | 52.5 | 2 900 | 2.0 | 38 | 2.62 | 5.5 | 690 | 465×240×340 | 50 | 32 |
| | 12.5 | 50 | 2 900 | 2.0 | 48 | 3.54 | 5.5 | | | | |
| | 15 | 48 | 2 900 | 2.5 | 51 | 3.84 | 5.5 | | | | |
| | 3.75 | 13.1 | 1 450 | 2.0 | 33 | 0.41 | 0.75 | | | | |
| | 6.3 | 12.5 | 1 450 | 2.0 | 42 | 0.51 | 0.75 | | | | |
| | 7.5 | 12 | 1 450 | 2.5 | 44 | 0.56 | 0.75 | | | | |

续表

| 泵型号 | 流量 $m^3/h$ | 扬程 m | 转速 r/min | 气蚀余量/m | 泵效率 % | 功率/kW 轴功率 | 功率/kW 配带功率 | 参考价格 元 | 泵外形尺寸(长×宽×高)/mm | 泵口径/mm 吸入 | 泵口径/mm 排出 |
|---|---|---|---|---|---|---|---|---|---|---|---|
| IS50—32—250 | 7.5 | 82 | 2 900 | 2.0 | 28.5 | 5.67 | 11 | 850 | 600×320×405 | 50 | 32 |
| | 12.5 | 80 | 2 900 | 2.0 | 38 | 7.16 | 11 | | | | |
| | 15 | 78.5 | 2 900 | 2.5 | 41 | 7.83 | 11 | | | | |
| | 3.75 | 20.5 | 1 450 | 2.0 | 23 | 0.91 | 15 | | | | |
| | 6.3 | 20 | 1 450 | 2.0 | 32 | 1.07 | 15 | | | | |
| | 7.5 | 19.5 | 1 450 | 2.5 | 35 | 1.14 | 15 | | | | |
| IS65—50—125 | 15 | 20 | 2 900 | 2.0 | 69 | 1.97 | 3 | | 465×210×252 | 65 | 50 |
| | 25 | | 2 900 | | | | 3 | | | | |
| | 30 | | 2 900 | | | | 3 | | | | |
| | 7.5 | 50 | 1 450 | 2.0 | 64 | 0.27 | 0.55 | | | | |
| | 12.5 | | 1 450 | | | | 0.55 | | | | |
| | 15 | | 1 450 | | | | 0.55 | | | | |
| IS65—50—160 | 15 | 35 | 2 900 | 2.0 | 54 | 2.65 | 5.5 | 670 | 465×240×292 | 65 | 50 |
| | 25 | 32 | 2 900 | 2.0 | 65 | 3.35 | 5.5 | | | | |
| | 30 | 30 | 2 900 | 2.5 | 66 | 3.71 | 5.5 | | | | |
| | 7.5 | 8.8 | 1 450 | 2.0 | 50 | 0.36 | 0.75 | | | | |
| | 12.5 | 8.0 | 1 450 | 2.0 | 60 | 0.45 | 0.75 | | | | |
| | 15 | 7.2 | 1 450 | 2.5 | 60 | 0.49 | 0.75 | | | | |
| IS65—40—200 | 15 | 53 | 2 900 | 2.0 | 49 | 4.42 | 7.5 | 730 | 485×265×340 | 65 | 40 |
| | 25 | 50 | 2 900 | 2.0 | 60 | 5.67 | 7.5 | | | | |
| | 30 | 47 | 2 900 | 2.5 | 61 | 6.29 | 7.5 | | | | |
| | 7.5 | 13.2 | 1 450 | 2.0 | 43 | 0.63 | 1.1 | | | | |
| | 12.5 | 12.5 | 1 450 | 2.0 | 55 | 0.77 | 1.1 | | | | |
| | 15 | 11.8 | 1 450 | 2.5 | 57 | 0.85 | 1.1 | | | | |
| IS65—40—250 | 15 | 80 | 2 900 | 2.0 | 53 | 10.3 | 15 | 760 | 600×320×405 | 65 | 40 |
| | 25 | | 2 900 | | | | 15 | | | | |
| | 30 | | 2 900 | | | | 15 | | | | |
| | 7.5 | 20 | 1 450 | 2.0 | 48 | 1.42 | 2.2 | | | | |
| | 12.5 | | 1 450 | | | | 2.2 | | | | |
| | 15 | | 1 450 | | | | | | | | |

续表

| 泵型号 | 流量 m³/h | 扬程 m | 转速 r/min | 气蚀余量/m | 泵效率 % | 功率/kW | | 参考价格 元 | 泵外形尺寸(长×宽×高)/mm | 泵口径/mm | |
|---|---|---|---|---|---|---|---|---|---|---|---|
| | | | | | | 轴功率 | 配带功率 | | | 吸入 | 排出 |
| IS65—40—315 | 15 | 127 | 2 900 | 2.5 | 28 | 18.5 | 30 | 1 060 | 625×345×450 | 65 | 40 |
| | 25 | 125 | 2 900 | 2.5 | 40 | 21.3 | 30 | | | | |
| | 30 | 123 | 2 900 | 3.0 | 44 | 22.8 | 30 | | | | |
| | 7.5 | 32 | 1 450 | 2.5 | 25 | 2.63 | 4 | | | | |
| | 12.5 | 32 | 1 450 | 2.5 | 37 | 2.94 | 4 | | | | |
| | 15 | 31.7 | 1 450 | 3.0 | 41 | 3.16 | 4 | | | | |
| IS80—65—125 | 30 | 22.5 | 2 900 | 3.0 | 64 | 2.87 | 5.5 | | 485×240×292 | 80 | 65 |
| | 50 | 20 | 2 900 | 3.0 | 75 | 3.63 | 5.5 | | | | |
| | 60 | 18 | 2 900 | 3.5 | 74 | 3.93 | 5.5 | | | | |
| | 15 | 5.6 | 1 450 | 2.5 | 55 | 0.42 | 0.75 | | | | |
| | 25 | 5 | 1 450 | 2.5 | 71 | 0.48 | 0.75 | | | | |
| | 30 | 4.5 | 1 450 | 3.0 | 72 | 0.51 | 0.75 | | | | |
| IS80—65—160 | 30 | 36 | 2 900 | 2.5 | 61 | 4.82 | 7.5 | 740 | 485×265×340 | 80 | 65 |
| | 50 | 32 | 2 900 | 2.5 | 73 | 5.97 | 7.5 | | | | |
| | 60 | 29 | 2 900 | 3.0 | 72 | 6.59 | 7.5 | | | | |
| | 15 | 9 | 1 450 | 2.5 | 55 | 0.67 | 1.5 | | | | |
| | 25 | 8 | 1 450 | 2.5 | 69 | 0.75 | 1.5 | | | | |
| | 30 | 7.2 | 1 450 | 3.0 | 68 | 0.86 | 1.5 | | | | |
| IS80—50—200 | 30 | 53 | 2 900 | 2.5 | 55 | 7.87 | 15 | 820 | 485×265×360 | 80 | 50 |
| | 50 | 50 | 2 900 | 2.5 | 69 | 9.87 | 15 | | | | |
| | 60 | 47 | 2 900 | 3.0 | 71 | 10.8 | 15 | | | | |
| | 15 | 13.2 | 1 450 | 2.5 | 51 | 1.06 | 2.2 | | | | |
| | 25 | 12.5 | 1 450 | 2.5 | 65 | 1.31 | 2.2 | | | | |
| | 30 | 11.8 | 1 450 | 3.0 | 67 | 1.44 | 2.2 | | | | |
| IS80—50—160 | 30 | 84 | 2 900 | 2.5 | 52 | 13.2 | 22 | 2 750 | 1 370×540×565 | 80 | 50 |
| | 50 | 80 | 2 900 | 2.5 | 63 | 17.3 | | | | | |
| | 60 | 75 | 2 900 | 3 | 64 | 19.2 | | | | | |

续表

| 泵型号 | 流量 $m^3/h$ | 扬程 m | 转速 r/min | 气蚀余量/m | 泵效率 % | 功率/kW | | 参考价格 元 | 泵外形尺寸(长×宽×高)/mm | 泵口径/mm | |
|---|---|---|---|---|---|---|---|---|---|---|---|
| | | | | | | 轴功率 | 配带功率 | | | 吸入 | 排出 |
| IS80−50−250 | 30 | 84 | 2 900 | 2.5 | 52 | 13.2 | 22 | 1 010 | 625×320×405 | 800 | 500 |
| | 50 | 80 | 2 900 | 2.5 | 63 | 17.3 | 22 | | | | |
| | 60 | 75 | 2 900 | 3.0 | 64 | 19.2 | 22 | | | | |
| | 15 | 21 | 1 450 | 2.5 | 49 | 1.75 | 3 | | | | |
| | 25 | 20 | 1 450 | 2.5 | 60 | 2.27 | 3 | | | | |
| | 30 | 18.8 | 1 450 | 3.0 | 61 | 2.52 | 3 | | | | |
| IS80−50−315 | 30 | 128 | 2 900 | 2.5 | 41 | 25.5 | 37 | 1 160 | 625×345×505 | 80 | 50 |
| | 50 | 125 | 2 900 | 2.5 | 54 | 31.5 | 37 | | | | |
| | 60 | 123 | 2 900 | 3.0 | 57 | 35.3 | 37 | | | | |
| | 15 | 32.5 | 1 450 | 2.5 | 39 | 3.4 | 5.5 | | | | |
| | 25 | 32 | 1 450 | 2.5 | 52 | 4.19 | 5.5 | | | | |
| | 30 | 31.5 | 1 450 | 3.0 | 56 | 4.6 | 5.5 | | | | |
| IS100−80−125 | 60 | 24 | 2 900 | 4.0 | 67 | 5.86 | 11 | 810 | 485×280×340 | 100 | 80 |
| | 100 | 20 | 2 900 | 4.5 | 78 | 7 | 11 | | | | |
| | 120 | 16.5 | 2 900 | 5.0 | 74 | 7.28 | 11 | | | | |
| | 30 | 6 | 1 450 | 2.5 | 64 | 0.77 | 1.5 | | | | |
| | 50 | 5 | 1 450 | 2.5 | 75 | 0.91 | 1.5 | | | | |
| | 60 | 4 | 1 450 | 3.0 | 71 | 0.92 | 1.5 | | | | |
| IS100−80−160 | 60 | 36 | 2 900 | 3.5 | 70 | 8.42 | 15 | 940 | 600×280×360 | 100 | 80 |
| | 100 | 32 | 2 900 | 4.0 | 78 | 11.2 | 15 | | | | |
| | 120 | 28 | 2 900 | 5.0 | 75 | 12.2 | 15 | | | | |
| | 30 | 9.2 | 1 450 | 2.0 | 67 | 1.12 | 2.2 | | | | |
| | 50 | 8.0 | 1 450 | 2.5 | 75 | 1.45 | 2.2 | | | | |
| | 60 | 6.8 | 1 450 | 3.5 | 71 | 1.57 | 2.2 | | | | |
| IS100−65−200 | 60 | 54 | 2 900 | 3.0 | 65 | 13.6 | 22 | 1 020 | 600×320×405 | 100 | 65 |
| | 100 | 50 | 2 900 | 3.6 | 76 | 17.9 | 22 | | | | |
| | 120 | 47 | 2 900 | 4.8 | 77 | 19.9 | 22 | | | | |
| | 30 | 13.5 | 1 450 | 2.0 | 60 | 1.84 | 4 | | | | |
| | 50 | 12.5 | 1 450 | 2.0 | 73 | 2.33 | 4 | | | | |
| | 60 | 11.8 | 1 450 | 2.5 | 74 | 2.61 | 4 | | | | |

续表

| 泵型号 | 流量 m³/h | 扬程 m | 转速 r/min | 气蚀余量/m | 泵效率 % | 功率/kW | | 参考价格 元 | 泵外形尺寸(长×宽×高)/mm | 泵口径/mm | |
|---|---|---|---|---|---|---|---|---|---|---|---|
| | | | | | | 轴功率 | 配带功率 | | | 吸入 | 排出 |
| IS100—65—250 | 60<br>100<br>120 | 87<br>80<br>74.5 | 2 900<br>2 900<br>2 900 | 3.5<br>3.8<br>4.8 | 61<br>72<br>73 | 23.4<br>30.3<br>33.3 | 37<br>37<br>37 | 1 120 | 625×360×450 | 100 | 065 |
| | 30<br>50<br>60 | 21.3<br>20<br>19 | 1 450<br>1 450<br>1 450 | 2.0<br>2.0<br>2.5 | 55<br>68<br>70 | 3.16<br>4<br>4.44 | 5.5<br>5.5<br>5.5 | | | | |
| IS100—65—315 | 60<br>100<br>120 | 133<br>125<br>118 | 2 900<br>2 900<br>2 900 | 3.0<br>3.6<br>4.2 | 55<br>66<br>67 | 39.6<br>51.6<br>57.5 | 75<br>75<br>75 | 1 280 | 655×400×505 | 100 | 065 |
| | 30<br>50<br>60 | 34<br>32<br>30 | 1 450<br>1 450<br>1 450 | 2.0<br>2.0<br>2.5 | 51<br>63<br>64 | 5.44<br>6.92<br>7.67 | 11<br>11<br>11 | | | | |
| IS125—100—200 | 120<br>200<br>240 | 57.5<br>50<br>44.5 | 2 900<br>2 900<br>2 900 | 4.5<br>4.5<br>5.0 | 67<br>81<br>80 | 28<br>33<br>36 | 45<br>45<br>45 | 1 150 | 625×360×480 | 125 | 100 |
| | 60<br>100<br>120 | 14.5<br>12.5<br>11 | 1 450<br>1 450<br>1 450 | 2.5<br>2.5<br>3.0 | 62<br>76<br>75 | 3.83<br>4.48<br>4.79 | 7.5<br>7.5<br>7.5 | | | | |
| IS125—100—250 | 120<br>200<br>240 | 87<br>80<br>72 | 2 900<br>2 900<br>2 900 | 3.8<br>4.2<br>5.0 | 66<br>78<br>75 | 43<br>55<br>62.8 | 75<br>75<br>75 | 1 380 | 670×400×505 | 125 | 100 |
| | 60<br>100<br>120 | 21.5<br>20<br>18.5 | 1 450<br>1 450<br>1 450 | 2.5<br>2.5<br>3.0 | 63<br>76<br>77 | 5.59<br>7.17<br>7.84 | 11<br>11<br>11 | | | | |

续表

| 泵型号 | 流量 $m^3/h$ | 扬程 m | 转速 r/min | 气蚀余量/m | 泵效率 % | 功率/kW | | 参考价格 元 | 泵外形尺寸(长×宽×高)/mm | 泵口径/mm | |
|---|---|---|---|---|---|---|---|---|---|---|---|
| | | | | | | 轴功率 | 配带功率 | | | 吸入 | 排出 |
| IS125—100—315 | 120<br>200<br>240 | 132.5<br>125<br>120 | 2 900<br>2 900<br>2 900 | 4.0<br>4.5<br>5.0 | 60<br>75<br>77 | 72.1<br>90.8<br>101.9 | 11<br>11<br>11 | 1 420 | 670×400×565 | 125 | 100 |
| | 60<br>100<br>120 | 33.5<br>32<br>30.5 | 1 450<br>1 450<br>1 450 | 2.5<br>2.5<br>3.0 | 56<br>73<br>74 | 9.4<br>11.9<br>13.5 | 15<br>15<br>15 | | | | |
| IS125—100—400 | 60<br>100<br>120 | 52<br>50<br>48.5 | 1 450 | 2.5<br>2.5<br>3.0 | 53<br>65<br>67 | 16.1<br>21<br>23.6 | 30 | 1 570 | 670×500×635 | 125 | 100 |
| IS150—125—250 | 120<br>200<br>240 | 22.5<br>20<br>17.5 | 1 450 | 3.0<br>3.0<br>3.5 | 71<br>81<br>78 | 10.4<br>13.5<br>14.7 | 18.5 | 1 440 | 670×400×605 | 150 | 125 |
| IS150—125—315 | 120<br>200<br>240 | 32 | 1 450 | | 78 | | 30 | 1 700 | 670×500×630 | 150 | 125 |
| IS150—125—400 | 120<br>200<br>240 | 53<br>50<br>46 | 1 450 | 2.0<br>2.6<br>3.5 | 62<br>75<br>74 | 27.9<br>36.3<br>40.6 | 45 | 1 800 | 670×500×715 | 150 | 125 |
| IS200—150—250 | 240<br>400<br>460 | 20 | 1 450 | | 82 | 26.6 | 37 | 1 960 | 690×500×655 | 200 | 150 |

21. 列管式换热器标准系列(摘录)

(1) 固定管板式(摘自 JB/T 4715—92)

(2) 浮头式换热器(摘自 JB/T 4714—92)

| 公称直径 DN/mm | 公称压力 PN/MPa | 管程数 $N$ | 管子根数 $n$ | | 中心排管数 | | 管程流通面积 m² | | 计算换热面积/m² | | | | | | | |
|---|---|---|---|---|---|---|---|---|---|---|---|---|---|---|---|---|
| | | | | | | | | | 换热管长/mm | | | | | | | |
| | | | | | | | | | 1 500 | | 2 000 | | 3 000 | | 6 000 | |
| | | | 19 | 25 | 19 | 25 | 19 | 25 | 19 | 25 | 19 | 25 | 19 | 25 | 19 | 25 |
| 325 | 1.6<br>2.5<br>4.0 | 1 | 99 | 57 | 11 | 9 | 0.017 5 | 0.017 9 | 8.3 | 6.3 | 11.2 | 8.5 | 017.1 | 13.0 | 034.9 | 026.4 |
| | 6.4 | 2 | 88 | 56 | 10 | 9 | 0.007 8 | 0.008 8 | 7.4 | 6.2 | 10.0 | 8.4 | 015.2 | 12.7 | 031.0 | 025.9 |
| 400 | 0.6 | 1 | 174 | 98 | 14 | 12 | 0.030 7 | 0.030 8 | 14.5 | 10.8 | 19.7 | 14.6 | 30.1 | 22.3 | 61.3 | 45.4 |
| | | 2 | 164 | 94 | 15 | 11 | 0.014 5 | 0.014 8 | 13.7 | 10.3 | 18.6 | 14.0 | 28.4 | 21.4 | 57.8 | 43.5 |
| | | 4 | 146 | 76 | 14 | 11 | 0.006 5 | 0.006 0 | 12.2 | 8.4 | 16.6 | 11.3 | 25.3 | 17.3 | 51.4 | 35.2 |
| 500 | 100 | 1 | 275 | 174 | 19 | 14 | 0.048 6 | 0.054 6 | | | 31.2 | 26.0 | 47.6 | 39.6 | 96.8 | 80.6 |
| | | 2 | 256 | 164 | 18 | 15 | 0.022 6 | 0.025 7 | | | 29.0 | 24.5 | 44.3 | 37.3 | 90.2 | 76.0 |
| | | 4 | 222 | 144 | 18 | 15 | 0.009 8 | 0.011 3 | | | 25.2 | 21.4 | 38.4 | 32.8 | 78.2 | 66.7 |
| 600 | 1.6 | 1 | 430 | 245 | 22 | 17 | 0.076 0 | 0.076 9 | | | 48.8 | 36.5 | 74.4 | 55.8 | 151.4 | 113.5 |
| | | 2 | 416 | 232 | 23 | 16 | 0.036 8 | 0.036 4 | | | 47.2 | 34.6 | 72.0 | 52.8 | 146.5 | 107.5 |
| | | 4 | 370 | 222 | 22 | 17 | 0.016 3 | 0.017 4 | | | 42.2 | 33.1 | 64.0 | 50.5 | 130.3 | 102.8 |
| | 2.5 | 6 | 360 | 216 | 20 | 16 | 0.010 6 | 0.011 3 | | | 40.8 | 32.2 | 62.3 | 49.2 | 126.8 | 100.0 |
| 700 | 4.00 | 1 | 607 | 355 | 27 | 21 | 0.107 3 | 0.111 5 | — | — | — | — | 105.1 | 80.0 | 213.8 | 164.4 |
| | | 2 | 547 | 342 | 27 | 21 | 0.050 7 | 0.053 7 | — | — | — | — | 99.4 | 77.9 | 202.1 | 158.4 |
| | | 4 | 542 | 322 | 27 | 21 | 0.023 9 | 0.025 3 | — | — | — | — | 93.8 | 73.3 | 190.9 | 149.1 |
| | | 6 | 518 | 304 | 24 | 20 | 0.015 3 | 0.015 9 | — | — | — | — | 89.7 | 69.2 | 182.4 | 140.8 |

续表

| 公称直径 DN/mm | 公称压力 PN/MPa | 管程数 $N$ | 管子根数 $n$ | | 中心排管数 | | 管程流通面积 $m^2$ | | 计算换热面积/$m^2$ | | | | | | | |
|---|---|---|---|---|---|---|---|---|---|---|---|---|---|---|---|---|
| | | | | | | | | | 换热管长/mm | | | | | | | |
| | | | | | | | | | 1 500 | | 2 000 | | 3 000 | | 6 000 | |
| | | | 19 | 25 | 19 | 25 | 19 | 25 | 19 | 25 | 19 | 25 | 19 | 25 | 19 | 25 |
| 800 | 0.60 | 1 | 797 | 467 | 31 | 23 | 0.140 8 | 0.146 6 | — | — | — | — | 138.0 | 106.3 | 280.7 | 216.3 |
| | | 2 | 776 | 450 | 31 | 23 | 0.068 6 | 0.070 7 | — | — | — | — | 134.3 | 102.4 | 273.3 | 208.5 |
| | | 4 | 722 | 442 | 31 | 23 | 0.031 9 | 0.034 7 | — | — | — | — | 125.0 | 100.6 | 254.3 | 204.7 |
| | | 6 | 710 | 430 | 30 | 24 | 0.020 9 | 0.022 5 | — | — | — | — | 122.9 | 97.9 | 250.0 | 199.2 |
| 900 | 1.60 | 1 | 1 009 | 605 | 35 | 27 | 0.178 3 | 0.190 0 | — | — | — | — | 174.7 | 137.8 | 355.3 | 280.2 |
| | | 2 | 988 | 588 | 35 | 27 | 0.087 3 | 0.092 3 | — | — | — | — | 171.0 | 133.9 | 347.9 | 272.3 |
| | | 4 | 938 | 554 | 35 | 27 | 0.041 4 | 0.043 5 | — | — | — | — | 162.4 | 126.1 | 330.3 | 256.6 |
| | 2.50 | 6 | 914 | 538 | 34 | 26 | 0.026 9 | 0.028 2 | — | — | — | — | 158.2 | 122.5 | 321.9 | 249.2 |
| 1 000 | 4.00 | 1 | 1 267 | 749 | 39 | 30 | 0.223 9 | 0.235 2 | — | — | — | — | 219.6 | 170.5 | 446.2 | 346.9 |
| | | 2 | 1 234 | 742 | 39 | 29 | 0.109 0 | 0.116 5 | — | — | — | — | 213.6 | 168.9 | 434.6 | 343.7 |
| | | 4 | 1 186 | 710 | 39 | 29 | 0.052 4 | 0.055 7 | — | — | — | — | 205.3 | 161.6 | 417.7 | 328.8 |
| | | 6 | 1 148 | 698 | 38 | 30 | 0.033 8 | 0.036 5 | — | — | — | — | 198.7 | 158.9 | 404.3 | 323.3 |

注:1. 换热管径 19 为 $\phi$19 mm×2 mm;25 为 $\phi$25 mm×2.5 mm。

2. 计算换热面积按式 $S=\pi d_o(L-0.1-0.006)n$ 确定,式中 $d_o$ 为换热管外径。

| 公称直径 DN/mm | 管程数 $N$ | 管子根数 $n$ | | 中心排管数 | | 管程流通面积 m² | | 计算换热面积/m² 换热管长/mm | | | | | | | |
|---|---|---|---|---|---|---|---|---|---|---|---|---|---|---|---|
| | | | | | | | | 3 000 | | 4 500 | | 6 000 | | 9 000 | |
| | | 19 | 25 | 19 | 25 | 19 | 25 | 19 | 25 | 19 | 25 | 19 | 25 | 19 | 25 |
| 325 | 2 | 60 | 32 | 7 | 5 | 0.005 3 | 0.005 0 | 10.5 | 7.4 | 15.8 | 11.1 | | | | |
| | 4 | 52 | 28 | 6 | 4 | 0.002 3 | 0.002 2 | 9.1 | 6.4 | 13.7 | 9.7 | | | | |
| 400 | 2 | 120 | 74 | 8 | 7 | 0.010 6 | 0.011 6 | 20.9 | 16.9 | 31.3 | 25.6 | 42.3 | 34.4 | | |
| | 4 | 108 | 68 | 9 | 6 | 0.004 8 | 0.005 3 | 18.8 | 15.6 | 28.4 | 23.6 | 34.1 | 31.6 | | |
| 500 | 2 | 206 | 124 | 11 | 8 | 0.018 2 | 0.019 4 | 35.7 | 28.3 | 54.1 | 42.8 | 72.5 | 57.4 | | |
| | 4 | 192 | 116 | 10 | 9 | 0.008 5 | 0.009 1 | 33.2 | 26.4 | 50.4 | 40.1 | 67.6 | 53.7 | | |
| 600 | 2 | 324 | 198 | 14 | 11 | 0.028 6 | 0.031 1 | 55.8 | 44.9 | 84.8 | 68.2 | 113.9 | 91.5 | | |
| | 4 | 308 | 188 | 14 | 10 | 0.013 6 | 0.014 8 | 53.1 | 42.6 | 80.6 | 64.8 | 108.2 | 86.9 | | |
| | 6 | 284 | 158 | 14 | 10 | 0.008 3 | 0.008 3 | 48.9 | 35.8 | 74.4 | 54.4 | 99.8 | 73.1 | | |
| 700 | 2 | 468 | 268 | 16 | 13 | 0.041 4 | 0.042 1 | 80.4 | 60.6 | 122.2 | 92.1 | 164.1 | 123.7 | | |
| | 4 | 448 | 256 | 17 | 12 | 0.019 8 | 0.020 1 | 76.9 | 57.8 | 117 | 87.9 | 157.1 | 118.1 | | |
| | 6 | 382 | 224 | 15 | 10 | 0.011 2 | 0.011 6 | 65.6 | 50.6 | 99.8 | 76.9 | 133.9 | 103.4 | | |
| 800 | 2 | 610 | 366 | 19 | 15 | 0.053 9 | 0.057 5 | | | 158.9 | 125.4 | 213.5 | 168.5 | | |
| | 4 | 588 | 352 | 18 | 14 | 0.026 0 | 0.027 6 | | | 153.2 | 120.6 | 205.8 | 162.1 | | |
| | 6 | 518 | 316 | 16 | 14 | 0.015 2 | 0.016 5 | | | 134.9 | 108.3 | 181.3 | 145.5 | | |
| 900 | 2 | 800 | 472 | 22 | 17 | 0.070 7 | 0.074 1 | | | 207.6 | 161.2 | 279.2 | 216.8 | | |
| | 4 | 776 | 456 | 21 | 16 | 0.034 3 | 0.035 3 | | | 201.4 | 155.7 | 270.8 | 209.4 | | |
| | 6 | 720 | 426 | 21 | 16 | 0.021 2 | 0.022 3 | | | 186.9 | 145.5 | 251.3 | 195.6 | | |
| 1 000 | 2 | 1 006 | 606 | 24 | 19 | 0.089 0 | 0.095 2 | | | 260.6 | 206.6 | 350.6 | 277.9 | | |
| | 4 | 980 | 588 | 23 | 18 | 0.043 3 | 0.046 2 | | | 253.9 | 200.4 | 341.6 | 269.7 | | |
| | 6 | 892 | 564 | 21 | 18 | 0.026 2 | 0.029 5 | | | 231.1 | 192.2 | 311.0 | 258.7 | | |
| 1 200 | 2 | 1 452 | 880 | 28 | 22 | 0.129 0 | 0.138 0 | | | 374.4 | 298.6 | 504.3 | 402.2 | 764.2 | 609.4 |
| | 4 | 1 424 | 860 | 28 | 22 | 0.062 9 | 0.067 5 | | | 367.2 | 291.8 | 494.6 | 393.1 | 749.5 | 595.6 |
| | 6 | 1 348 | 828 | 27 | 21 | 0.039 6 | 0.043 4 | | | 347.6 | 280.9 | 468.2 | 378.4 | 709.5 | 573.4 |

注:1.管数按正方形旋转 45°计算。

2.换热管径 19 为 $\phi$19 mm×2 mm;25 为 $\phi$25 mm×2.5 mm。

3.计算换热面积按光管及公称压力 2.5 MPa 的管板厚度 $\delta$ 确定,$S=\pi d_o(L-2\delta-0.006)n$。式中 $d_o$ 为换热管外径。

22. 几种常用填料的特性数据(摘录)

| 填料名称 | 尺寸 mm | 比表面积 $\sigma$ $m^2 \cdot m^{-3}$ | 空隙率 $\varepsilon$ $m^3 \cdot m^{-3}$ | 堆积密度 $\rho_p$ $kg \cdot m^{-3}$ | 1 $m^3$ 填料个数 | 填料因子 $\phi$ $m^{-1}$ |
|---|---|---|---|---|---|---|
| 陶瓷拉西环(乱堆) | 10×10×1.5 | 440 | 0.7 | 700 | $720\times10^3$ | 1 500 |
| | 25×25×2.5 | 190 | 0.78 | 505 | $49\times10^3$ | 450 |
| | 50×50×4.5 | 93 | 0.81 | 457 | $6\times10^3$ | 205 |
| | 80×80×9.5 | 76 | 0.68 | 714 | $19.1\times10^3$ | 280 |
| 陶瓷拉西环(整砌) | 50×50×4.5 | 124 | 0.72 | 673 | $8.83\times10^3$ | |
| | 80×80×9.5 | 102 | 0.57 | 962 | $2.58\times10^3$ | |
| | 100×100×13 | 65 | 0.72 | 930 | $1.06\times10^3$ | |
| | 125×125×14 | 51 | 0.68 | 825 | $0.53\times10^3$ | |
| 金属拉西环(乱堆) | 10×10×0.5 | 500 | 0.88 | 960 | $800\times10^3$ | 1 000 |
| | 25×25×0.8 | 220 | 0.92 | 640 | $55\times10^3$ | 260 |
| | 50×50×1 | 110 | 0.95 | 430 | $7\times10^3$ | 175 |
| | 76×76×1.5 | 68 | 0.95 | 400 | $1.87\times10^3$ | 105 |
| 金属鲍尔环(乱堆) | 16×16×0.4 | 364 | 0.94 | 467 | $235\times10^3$ | 230 |
| | 25×25×0.6 | 209 | 0.94 | 480 | $51\times10^3$ | 160 |
| | 38×38×0.8 | 130 | 0.95 | 379 | $13.4\times10^3$ | 92 |
| | 50×50×0.9 | 103 | 0.95 | 355 | $6.2\times10^3$ | 66 |
| 塑料鲍尔环(乱堆) | (直径)16 | 364 | 0.88 | 72.6 | $235\times10^3$ | 320 |
| | 25 | 20.9 | 0.90 | 72.6 | $51.1\times10^3$ | 170 |
| | 38 | 130 | 0.91 | 67.7 | $13.4\times10^3$ | 105 |
| | 50 | 103 | 0.91 | 67.7 | $6.38\times10^3$ | 82 |
| 塑料阶梯环(乱堆) | 25×12.5×1.4 | 223 | 0.9 | 97.8 | $81.5\times10^3$ | 172 |
| | 33.5×19×1.0 | 132.5 | 0.91 | 57.5 | $27.2\times10^3$ | 115 |
| 金属弧鞍填料 | 25 | 280 | 0.83 | 1 400 | $88.5\times10^3$ | |
| | 50 | 106 | 0.72 | 645 | $8.87\times10^3$ | 148 |
| 陶瓷弧鞍填料 | 25 | 252 | 0.69 | 725 | $78.1\times10^3$ | 360 |
| 陶瓷矩鞍填料 | 13×1.8 | 630 | 0.78 | 548 | $735\times10^3$ | 870 |
| | 19×2 | 338 | 0.77 | 563 | $231\times10^3$ | 480 |
| | 25×3.3 | 258 | 0.775 | 548 | $84\times10^3$ | 320 |
| | 38×5 | 197 | 0.81 | 483 | $25.2\times10^3$ | 170 |
| | 50×7 | 120 | 0.79 | 532 | $9.4\times10^3$ | 130 |
| $\theta$ 网环鞍形网压延孔环(镀锌铁丝网) | 8×8 | 1 030 | 0.936 | 490 | $2.12\times10^6$ | |
| | 10 | 1 100 | 0.91 | 340 | $4.56\times10^6$ | |
| | 6×6 | 1 300 | 0.96 | 355 | $10.2\times10^6$ | |

# 参考书目



[1] 大连理工大学.化工原理(上、下册).北京:高等教育出版社,2002.
[2] 陈敏恒,丛德滋,方图南.化工原理(上、下册).北京:化学工业出版社,2002.
[3] 姚玉英.化工原理(上、下册).天津:天津科学技术出版社,1997.
[4] 时钧.化学工程手册.2 版.北京:化学工业出版社,1990.
[5] 陆美娟.化工原理(上、下册).北京:化学工业出版社,1996.
[6] 北京大学.化学工程基础.2 版.北京:高等教育出版社,1983.
[7] 汤金石,赵锦全.化工过程及设备.北京:化学工业出版社,1996.
[8] 管国峰,赵汝溥.化工原理.北京:化学工业出版社,2003.
[9] 陈树章.非均相物系分离.北京:化学工业出版社,1993.
[10] 张近.化工基础.北京:高等教育出版社,2002.
[11] 武汉大学.化学工程基础.北京:高等教育出版社,2001.
[12] 李再资.化工基础.广州:华南理工大学出版社,1995.
[13] 陆辟疆,李春燕.精细化工工艺.北京:化学工业出版社,1996.
[14] 丁志平.精细化工工艺.北京:化学工业出版社,1998.
[15] 李和平,葛虹.精细化工工艺学.北京:科学出版社, 1997.
[16] 黄少烈,邹华生.化工原理.北京:高等教育出版社,2001.
[17] 张成芳.合成氨工艺与节能.北京:化学工业出版社,1988.
[18] 程桂花.合成氨.北京:化学工业出版社,1998.
[19] 吴迪胜.化工基础(下册).北京:高等教育出版社,1989.
[20] 刘盛宾.化工基础.北京:化学工业出版社,1995.
[21] 王锡玉,刘建中.化工基础.北京:化学工业出版社,2005.
[22] 柴诚敬.化工原理(上、下册).北京:高等教育出版社,2006.
[23] 刘佩田,闫晔.化工单元操作过程.北京:化学工业出版社,2004.
[24] 陈裕清,王纬武.化工原理(上、下册).上海:上海交通大学出版社,2000.
[25] 王松汉.石油化工设计手册.北京:化学工业出版社,2002.
[26] 王志祥.制药化工原理.北京:化学工业出版社,2005.
[27] 张宏丽,周长丽,闫志谦.化工原理.北京:化学工业出版社,2006.
[28] 杨祖荣.2 版.化工原理.北京.高等教育出版社,2014.

## 郑重声明